C++开发从入门到精通

王石磊 韩海玲◎编著

人 民 邮 电 出 版 社

北 京

图书在版编目（ＣＩＰ）数据

C++开发从入门到精通 / 王石磊，韩海玲编著. -- 北京 : 人民邮电出版社，2016.9
ISBN 978-7-115-41991-0

Ⅰ. ①C… Ⅱ. ①王… ②韩… Ⅲ. ①C语言－程序设计 Ⅳ. ①TP312

中国版本图书馆CIP数据核字(2016)第123661号

内 容 提 要

本书由浅入深地讲解了 C++的开发技术，并通过具体实例的实现过程演练了各个知识点的具体应用。全书共 26 章，其中第 1～2 章讲解了 C++技术的基础知识，包括 C++的重要特性和搭建开发环境；第 3～7 章分别讲解了 C++语法、变量、常量、流程控制、运算符和表达式等知识，这些内容都是 C++开发技术的核心知识；第 8～11 章分别讲解了输入、输出、函数、指针和复合类型的基本知识，包含了 C++开发技术的重点和难点；第 12～21 章讲解了面向对象、类、继承、派生、多态、内存管理和异常处理等内容；第 22～26 章通过 5 个综合实例的实现过程，介绍了 C++技术在综合项目中的开发流程。全书内容循序渐进，以“范例演练”和“技术解惑”贯穿全书，引领读者全面掌握 C++语言开发。

本书不但适合 C++的初学者，也适合有一定 C++基础的读者，还可以作为大专院校相关专业师生的学习用书和培训学校的教材。

♦ 编　　著　王石磊　韩海玲
　责任编辑　张　涛
　责任印制　焦志炜
♦ 人民邮电出版社出版发行　　北京市丰台区成寿寺路 11 号
　邮编　100164　　电子邮件　315@ptpress.com.cn
　网址　http://www.ptpress.com.cn
　固安县铭成印刷有限公司印刷
♦ 开本：787×1092　1/16
　印张：31.25　　　　2016 年 9 月第 1 版
　字数：827 千字　　　2024 年 7 月河北第 7 次印刷

定价：69.00 元（附光盘）

读者服务热线：(010)81055410　印装质量热线：(010)81055316
反盗版热线：(010)81055315

前　言

从你开始学习编程的那一刻起，就注定了以后所要走的路：从编程学习者开始，依次经历实习生、程序员、软件工程师、架构师、CTO 等职位的磨砺；当你站在职位顶峰的位置蓦然回首，会发现自己的成功并不是偶然，在程序员的成长之路上会有不断修改代码、寻找并解决 Bug、不停测试程序和修改项目的经历；不可否认的是，只要你在自己的开发生涯中稳扎稳打，并且善于总结和学习，最终将会得到可喜的收获。

选择一本合适的书

对于一名想从事程序开发的初学者来说，究竟如何学习才能提高自己的开发技术呢？其一的答案就是买一本合适的程序开发图书进行学习。但是，市面上许多面向初学者的编程类图书中，大多数篇幅都是基础知识讲解，多偏向于理论，读者读了以后面对实战项目时还是无从下手。讲清如何实现从理论平滑过渡到项目实战的图书，是初学者迫切需要的，为此，作者特意编写了本书。

本书讲解了入门类、范例类和项目实战类 3 类图书的内容。并且对实战知识不是点到为止地讲解，而是深入地探讨。用纸质书＋光盘资料（视频和源程序）＋网络答疑的方式，实现了入门＋范例演练＋项目实战的完美呈现，帮助读者从入门平滑过渡到适应项目实战的角色。

本书的特色

1．以“入门到精通”的写作方法构建内容，让读者入门容易

为了使读者能够完全看懂本书的内容，本书遵循“入门到精通”基础类图书的写法，循序渐进地讲解这门开发语言的基本知识。

2．破解语言难点，“技术解惑”贯穿全书，绕过学习中的陷阱

本书不是编程语言知识点的罗列式讲解，为了帮助读者学懂基本知识点，每章都会有“技术解惑”板块，让读者知其然又知其所以然，也就是看得明白，学得通。

3．全书共有 440 个实例，和“实例大全”类图书同数量级

书中一共有 440 个实例，其中正文实例 145 个，综合实例 5 个，每一个正文实例都穿插加入了 2 个与知识点相关的范例，即 290 个拓展范例。通过对这些实例及范例的练习，本书实现了对知识点的横向切入和纵向比较，让读者有更多的演练机会，并且可以从不同的角度展现一个知识点的用法，真正实现了举一反三。

4．视频讲解，降低学习难度

书中每一章均提供声、图并茂的语音教学视频，这些视频能够引导初学者快速入门，增强学习的信心，从而快速理解所学知识。

5．贴心提示和注意事项提醒

本书根据需要在各章安排了很多“注意”“说明”和“技巧”等小板块，让读者可以在学习过程中更轻松地理解相关知识点及概念，更快地掌握个别技术的应用技巧。

6．源程序＋视频＋PPT 丰富的学习资料，让学习更轻松

因为本书的内容非常多，不可能用一本书的篇幅囊括“基础+范例+项目案例”的诸多内容，所以，需要配套 DVD 来辅助实现。在本书的光盘中不但有全书的源代码，而且还精心制作了实例讲解视频。本书配套的 PPT 资料可以在 QQ 群（347459801）下载。

7．QQ 群+网站论坛实现教学互动，形成互帮互学的朋友圈

本书作者为了方便给读者答疑，特提供了网站论坛、QQ 群等技术支持，并且随时在线与读者互动。让大家在互学互帮中形成一个良好的学习编程的氛围。

本书的 QQ 群是：347459801。

本书的内容

本书循序渐进、由浅入深地详细讲解了 C++语言开发的技术，并通过具体实例的实现过程演练了各个知识点的具体应用。全书共 26 章，分别讲解了 C++的基础语法，变量和常量，运算符，表达式，流程控制语句，学习 C++的最大障碍——指针，复合类型，函数，输入和输出，类和封装，命名空间和作用域，类的继承和派生，多态性详解，模板，string 类，异常处理，内存管理，预处理，错误和调试，初入江湖——图书借阅系统的实现过程，开始闯关（1）——C++实现网络应用项目，开始闯关（2）——C++实现游戏项目，功成名就——DirectX 实现媒体播放器，笑傲江湖——C++网络视频监控系统等内容。书中以“技术讲解”→“范例演练”→“技术解惑”贯穿全书，引领读者全面掌握 C++语言开发。

各章的内容版式

本书的最大特色是实现了入门知识、实例演示、范例演练、技术解惑、综合实战 5 大部分内容的融合。其中各章内容由如下模块构成。

① 入门知识：循序渐进地讲解了 C++语言开发的基本知识点。

② 实例演示：遵循理论加实践的学习模式，用 145 个实例演示了各个入门知识点的用法。

③ 范例演练：为了达到对知识点融会贯通，举一反三的效果，每个正文实例配套了 2 个演练范例，全书共计 290 个拓展范例，从多角度演示了各个知识的用法和技巧。

④ 技术解惑：把读者容易混淆的部分单独用一个板块进行讲解和剖析，对读者所学的知识实现了“拔高”处理。

下面以本书第 5 章为例，演示本书各章内容版式的具体结构。

① 入门知识

再看逻辑运算符

知识点讲解：光盘:视频\PPT 讲解（知识点）\第 5 章\再看逻辑运算符.mp4

C++语言提供了 3 个逻辑运算符，用于表示操作数之间的逻辑关系：!、&&和||。

逻辑非（!）是单目运算符，其功能是对操作数进行取反运算。当操作数为逻辑真时，“！”运算后结果为逻辑假（0）；反之，若操作数为逻辑假，“!”运算后结果为逻辑真（1）。

逻辑与（&&）和逻辑或（||）是双目运算符。当两个操作数都是逻辑真（非 0）时，“&&”运算后的结果为逻辑真（1），否则为 0；当两个操作数都是逻辑假（0）时，“||”运算后的结果为逻辑假（0），否则为逻辑真（1）。实例结果如下。

```
!(3>5)                    //结果为1
5>3 && 8>6                //结果为1
5>3 || 6>8                //结果为1
```

②实例演示＋③范例演练

实例 015　演示逻辑运算符的使用方法

源码路径　光盘\daima\5\luoji　　　　视频路径　光盘\视频\实例\第 5 章\015

本实例的实现文件为 luoji.cpp，具体实现代码如下。

```
void main(){
    int  iNum1;
    cout<<"请输入一个整数！"<<endl;
    cin>>iNum1;
    cout<<endl;
    if (iNum1>0&&iNum1<100)
    {
        cout<<"您输入的是一个0到100之间的数！
        "<<endl;
    }
    else
        cout<<"您输入的不是一个0到100之间的数！
        "<<endl;
};
```

范例 029：对实例 015 进行改造

源码路径：光盘:**演练范例**\029\

视频路径：光盘:**演练范例**\029\

范例 030：打印输出多个三角形

源码路径：光盘:**演练范例**\030\

视频路径：光盘:**演练范例**\030\

编译并运行程序，执行效果如图 5-5 所示。

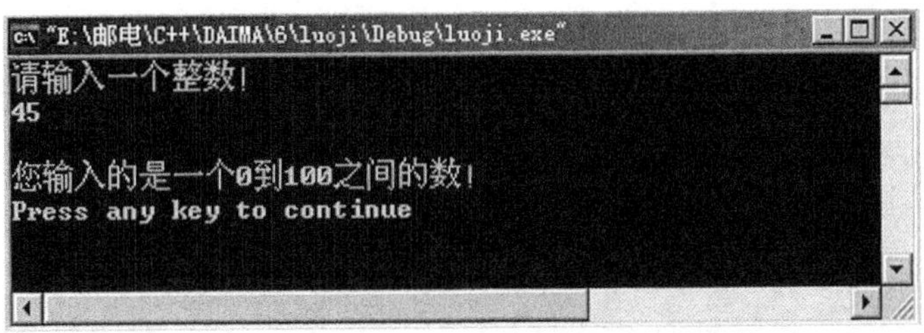

图 5-5　执行后的效果

④技术解惑

5.10　技术解惑

5.10.1　避免运算结果溢出的一个方案

5.10.2　运算符重载的权衡

5.10.3　运算符的优先级和结合性

5.10.4　运算符重载是对已有运算符赋予多重含义

赠送资料

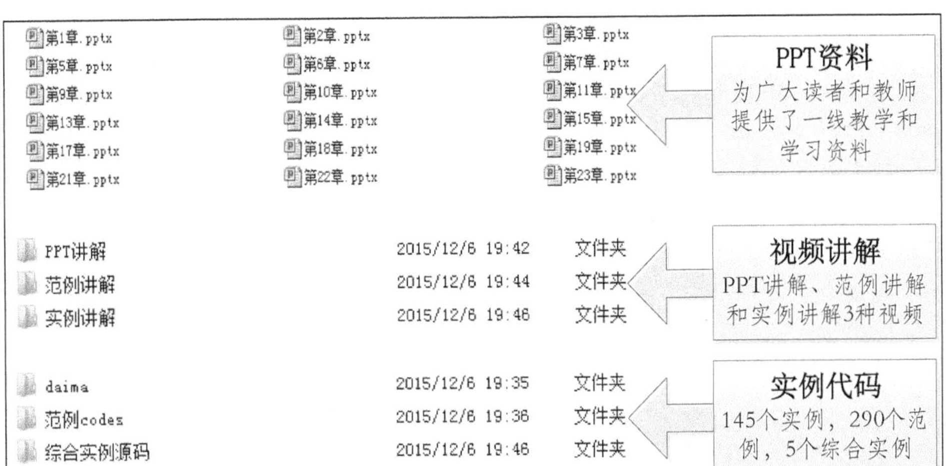

售后服务

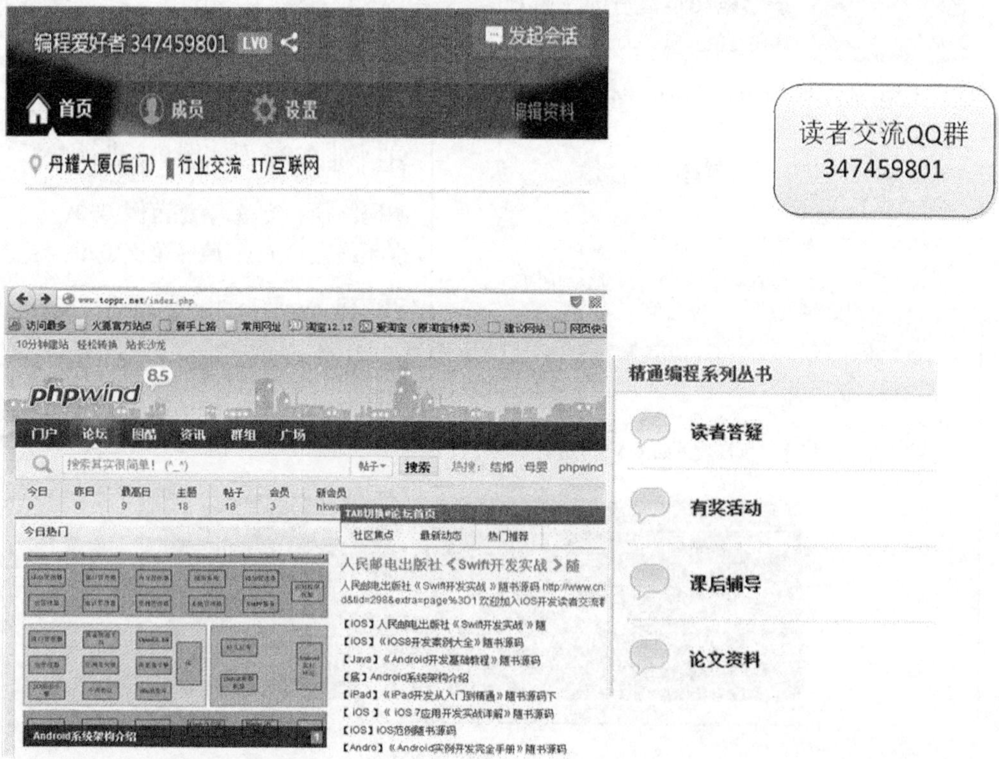

本书的读者对象

- 初学编程的自学者
- 编程爱好者
- 大中专院校的教师和学生
- 相关培训机构的教师和学员
- 毕业设计的学生
- 初、中级程序开发人员
- 软件测试人员
- 参加实习的初级程序员
- 在职程序员

致谢

在本书编写过程中，十分感谢我的家人给予的巨大支持。本人水平毕竟有限，书中存在纰漏之处在所难免，诚请读者提出意见或建议，以便修订并使之更臻完善。编辑联系邮箱：zhangtao@ptpress.com.cn。

最后感谢您购买本书，希望本书能成为您编程路上的领航者，祝您阅读快乐！

作者

目 录

本书实例目录

第1章

说真的，我们还要学习 C++吗

想必大家都听说过“C++语言”吧，过去我们一般使用 C 语言，因为用 C 语言编制的程序不仅执行速度快，还可以充分地使用硬件的各种资源。而 C++语言是对 C 语言的重大改进，C++的最大特点是通过“类”而成为了一门“面向对象”的语言。本章将介绍学习 C++语言所必需的基础知识和遇到的常见问题的解决方法，为读者进行本书后面知识的学习打下基础。

本章内容

- C++概述
- 开发工具——Visual C++
- 使用 Visual Studio 2010
- 第一个 C++程序

技术解惑

初学者经常不知道自己该学什么
是否值得为 C++投入时间
初学者需要知道的正确观念

1.1　C++概述

知识点讲解：光盘:视频\PPT 讲解（知识点）\第 1 章\C++概述.mp4

C++是一种使用非常广泛的计算机编程语言。C++是一种静态数据类型检查的、支持多重编程范式的通用程序设计语言。

1. C++发展历史简单介绍

当 C 语言发展到顶峰时，出现了一个版本叫 C with Classes，这就是 C++最早的版本。其特点是在 C 语言中增加了 class 关键字和类，那时有很多版本的 C 都希望在 C 语言中增加类的概念。后来 C 标准委员会决定为这个版本的 C 起个新的名字，在当时征集了很多个名字，最后采纳了其中一个人的意见，以 C 语言中的运算符“++”来体现它是 C 语言的进步，所以就叫 C++，并成立了 C++标准委员会。

1998 年，国际标准组织（ISO）颁布了 C++程序设计语言的国际标准 ISO/IEC 1488—1998。C++是具有国际标准的编程语言，通常称作 ANSI/ISO C++。

2. 现在的 C++语言

就目前我们学习的 C++而言，可以认为是一门独立的语言。它并不依赖 C 语言，我们可以完全不学 C 语言，而直接学习 C++。根据《C++编程思想》（Thinking in C++）一书所评述的，C++与 C 的效率往往相差在正负 5%之间，所以有人认为，在大多数场合 C++完全可以取代 C 语言。

1.2　开发工具——Visual C++

知识点讲解：光盘:视频\PPT 讲解（知识点）\第 1 章\Visual C++ 6.0.mp4

自从 C++诞生以来，前辈们一直在探索、研究它的最佳开发工具。经过多年的不懈努力，Visual C++ 6.0 登上历史舞台（也简称 VC++），它和 C++双剑合璧，成为受开发人员欢迎的组合。在本节的内容中，将详细讲解搭建 Visual C++ 6.0 开发环境的基本知识。

1.2.1　先看 Visual C++的基本特点

Visual C++ 6.0 是一个功能强大的可视化软件开发工具，现在已成为专业程序员进行 C++开发的首选工具，也是最常用的一个版本。Visual C++ 6.0 的基本特点如下。

① Visual C++的源程序要求用 C++语言编写，它支持面向对象的程序设计方法。

② 使用了 Microsoft 的基础类库 MFC，使得开发 Windows 应用程序比以往任何时候都要容易。利用 Visual C++可以编制各种类型的 Windows 应用程序，从最简单的单文档、对话框程序到复杂的多文档和组合界面程序。而且可以与 Visual Studio 可视化组件家族中的其他可视化开发工具（如 Visual Basic、C#）紧密地集成在一起，可进行不同类型的程序开发工作。

③ Visual C++ 6.0 源代码编辑器提供了自动语句完成功能，编辑输入源程序时，它能自动显示当前对象的成员变量和成员函数，并指明函数的参数类型。

④ Visual C++ 6.0 程序调试器功能更强大，它提供了诊断映射机制，以及无需重新编译的调试、远程调试和实时调试等功能。

⑤ Visual C++ 6.0 联机帮助 MSDN 采用当前最流行的 HTML 格式，它既能与集成开发环境有机结合在一起，使得用户在编程时随机查询需要的内容，又能脱离集成开发环境而独立运行。用户还可以通过网络获取实时的帮助信息和实例。

⑥ Visual C++ 6.0 通过 Visual Studio 为用户提供了一些实用的工具，如 Spy++查看器、Register Control（控件注册程序），扩展了 Visual C++的功能。

但是，Visual C++ 6.0 也存在缺点，由于 C++本身编程的困难和 MFC 类库功能的复杂、庞大，加上应用程序向导生成的程序框架结构的复杂性，使得相对于其他开发工具，学习 Visual C++ 6.0 开发会更困难些。用 Visual C++编写 Windows 应用程序具有挑战性，但是当熟练掌握 Visual C++编程后就会感到作为 Visual C++程序员的无比优越性。

1.2.2 安装 Visual C++

要想安装并运行 Visual C++ 6.0，所需的最低软、硬件配置要求如下。

- Windows 95 或 Windows NT 以上操作系统。
- 最小安装需要 140MB 的可用硬盘空间，典型安装需要 200MB 的可用硬盘空，CD-ROM 安装需要 50MB 的可用硬盘空间，完整安装需要 300MB 的可用硬盘空间。

目前主流计算机配置已经远远超过 Visual C++ 6.0 的安装最小要求，因此，用户基本上不需要考虑计算机的硬件配置问题。

安装 Visual C++ 6.0 的具体流程如下。

① 将安装光盘放入光驱中，此时，安装光盘自动运行，弹出图 1-1 所示的安装画面。

② 在弹出的对话框中显示了所购买的产品的版本信息。单击“Next”按钮到下一步安装中。此时弹出用户许可协议对话框，如图 1-2 所示，选择“I accept the agreement”项，表示接受用户许可协议，然后才可以单击“Next”按钮进入下一步。

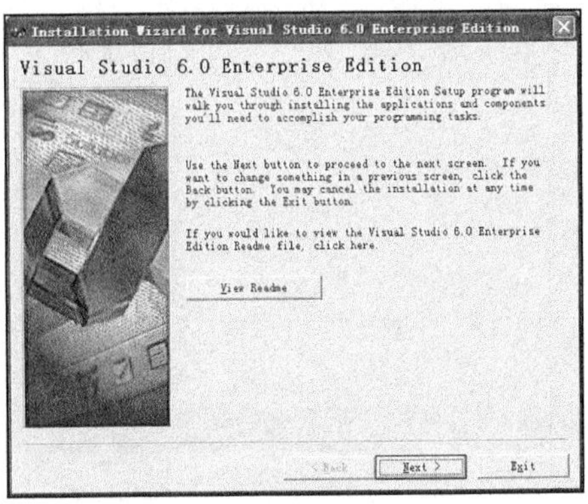

图 1-1 开始安装对话框

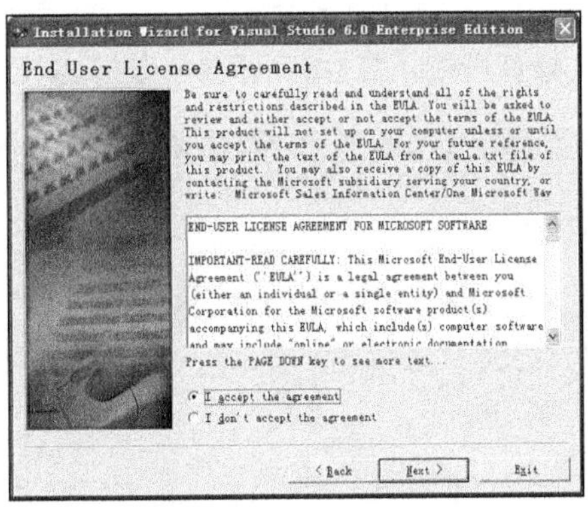

图 1-2 同意安装协议

③ 进入图 1-3 所示的对话框中，填入产品序列号和用户信息，单击“Next”按钮进入下一步。

④ 进入图 1-4 所示的对话框中，选择“Custom”项，单击“Next”按钮进入下一步。

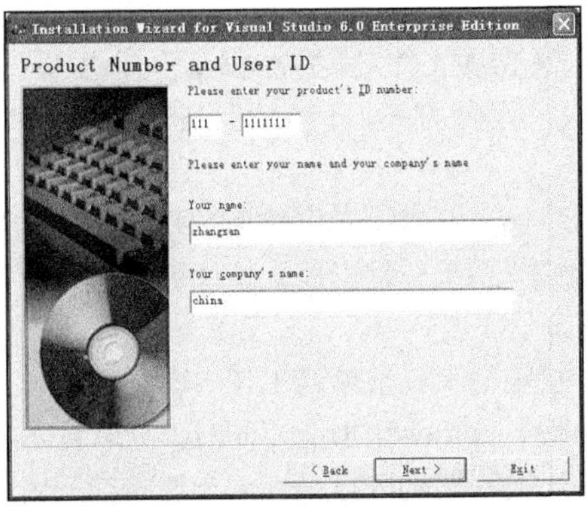

图 1-3 填写产品序列号和用户信息

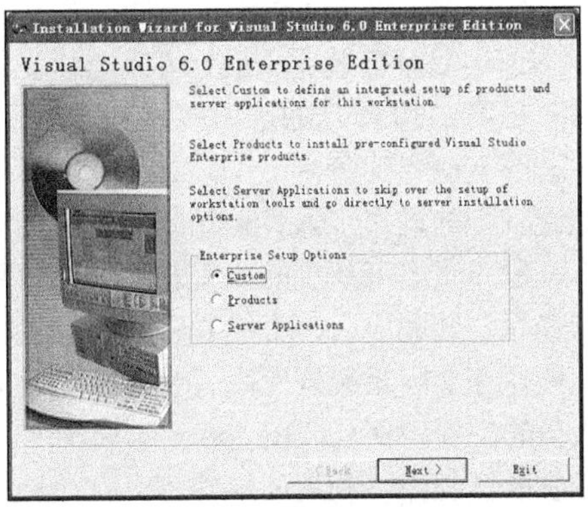

图 1-4 选择安装选项

⑤ 进入图 1-5 所示的对话框中，设置 Visual C++的安装路径，单击“Next”按钮进入下一步。

⑥ 进入图 1-6 所示的安装界面，单击“Continue”按钮继续。

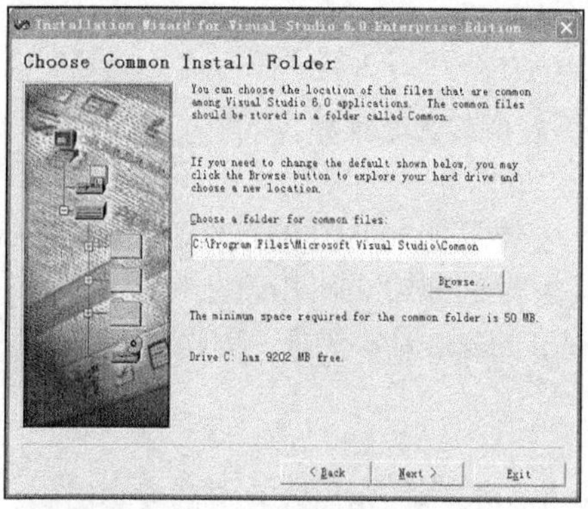

图 1-5　选择安装文件路径

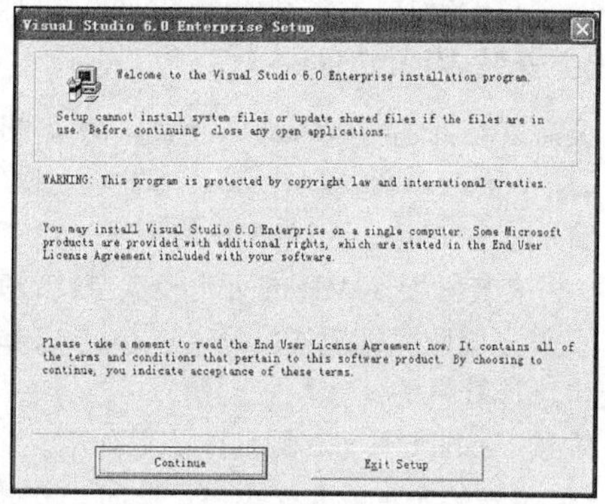

图 1-6　安装确认界面

⑦ 弹出图 1-7 所示的对话框，此界面把所有的安装项目都列了出来。选择需要的安装项目，然后单击“Continue”按钮进入下一步。

⑧ 安装程序计算所需要的硬盘空间是否足够，如果满足要求，则安装程序开始复制文件到用户的计算机中，图 1-8 所示为安装进度条。

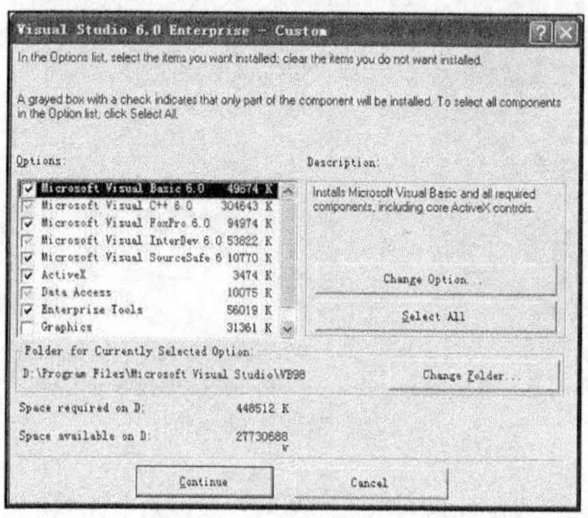

图 1-7　安装项目选项

图 1-8　文件安装进度条

⑨ 当所有的文件都复制完毕后，需要按照程序的默认选项“Restart Windows”，重新启动计算机完成安装，如图 1-9 所示。

⑩ Visual C++安装完成后，可以继续安装 MSDN 帮助文件，具体步骤不再详述，只是需要提醒用户在图 1-10 所示的选项中，注意选择 MSDN 的运行方式，一般情况是选择“Full”选项，将文件全部复制到硬盘中。

通过以上的操作步骤，我们成功完成了 Visual C++6.0 开发工具以及 MSDN 的安装，MSDN 是 VC++程序员不可缺少的联机帮助文件，用户最好随系统一起安装。请读者课后练习安装，并注意查看安装完成后，集成开发环境都包括哪些开发工具。

此外，在实际系统开发中，我们还经常需要一些辅助工具来提高工作效率和便于开发小组内部人员的交流，例如，Rational Rose 软件（常用版本 Rational Rose 2003），该软件是一个高效的系统设计软件，利用该软件可以有效地对系统开发的架构进行设计，合理安排开发进度，特别是对大型系统软件的开发具有重要意义。而且，通过该软件还能够实现逆向工程，提取现有软件的功能结构图和类图等，对我们分析软件具有重要意义。

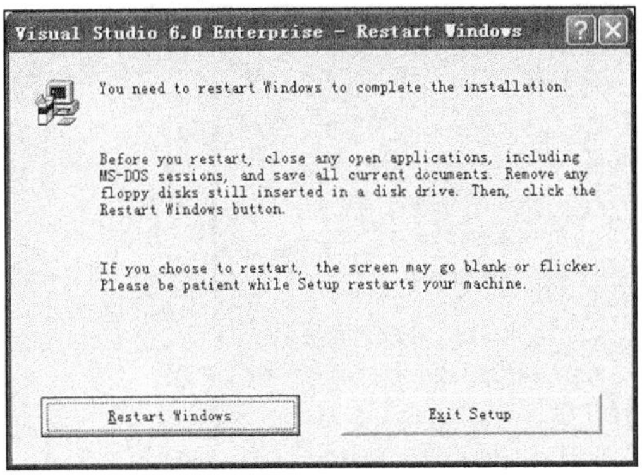

图 1-9 重新启动计算机

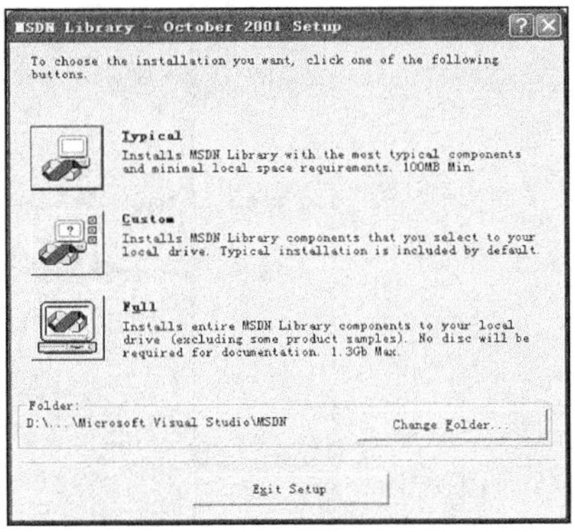

图 1-10 MSDN 选项对话框

1.2.3 Visual C++集成开发环境介绍

1. 集成开发环境的主窗口 Developer Studio

Visual C++6.0 通过 Developer Studio 窗口将所有的组件集成到开发环境中，这样用户就可以利用 Developer Studio 编写各种 Windows 应用程序。在默认情况下，无法使用和集成开发环境有关的工具，只有在创建一个新工程或打开一个现有工程之后，才能查看集成开发环境。具体的使用流程如下。

① 启动 Visual C++ 6.0，打开“File”菜单，执行“New”菜单命令，出现“New”对话框，如图 1-11 所示。然后在“Projects”页面窗口选择“MFC AppWizard[exe]”选项，在“Project name”编辑框中输入项目名称“MySDIDemo”，在“Location”编辑框中输入保存项目的路径，单击“OK”按钮，进入 MFC AppWizard-Sep1 操作向导的第一步。

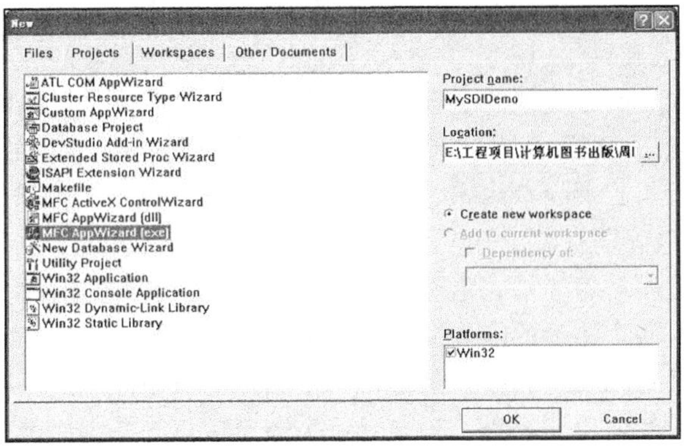

图 1-11 创建一个应用程序

② 在“MFC AppWizard-Sep1”对话框中设置应用程序类型为“Single document”项，单击“Finish”按钮，出现“New Project Information”对话框，单击“OK”按钮，将生成应用程序框架文件，并在项目工作区窗口打开生成的应用程序项目。图 1-12 所示为集成开发环境的主窗口 Developer Studio。

集成开发环境的主窗口 Developer Studio 可以分为如下 5 个部分。

- ❑ 窗口最顶端为标题栏，显示当前项目的名称和当前编辑文档的名称，如“MySDIDemo - Microsoft Visual C++ - [MySDIDemoView.cpp]”。在名称后面有时会显示一个星号(*)，表示当前文档在修改后还没有保存。

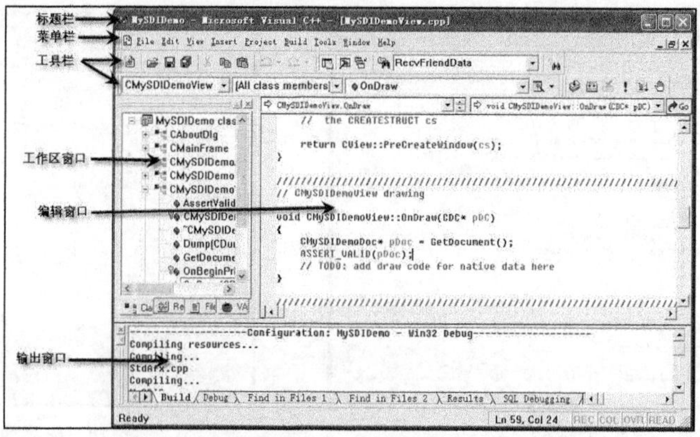

图 1-12　集成开发环境的主窗口 Developer Studio

- ❑ 标题栏下面是菜单栏和工具栏，菜单栏中的菜单项包括了 Visual C++的全部操作命令，工具栏以位图按钮的形式显示常用操作命令。
- ❑ 工具栏下面的左边是工作区（Workspace）窗口，其中包括：类视图（ClassView）、资源视图（ResourceView）和文件视图（FileView）3 个页面，分别列出了当前应用程序中所有的类、资源和源文件。
- ❑ 工具栏下面的右边是编辑窗口，用来显示当前编辑的 C++程序源文件或资源文件。编辑窗口是含有最大化、最小化、关闭按钮和系统菜单的普通框架窗口。当打开一个源文件或资源文件时，就会自动打开对应的编辑窗口。在 Developer Studio 中可以同时打开多个编辑窗口。编辑窗口可以以平铺或层叠方式显示。
- ❑ 编辑窗口和工作区窗口的下面是输出窗口，当编译、链接程序时，输出窗口会显示编译和链接信息。

2. 浮动窗口与停靠窗口

集成开发环境提供了两种类型的窗口：浮动窗口和停靠窗口，具体说明如下。

① 浮动窗口。是带边框的子窗口，它可以显示源代码和图形，以平铺或层叠的方式显示在集成开发环境中，如图 1-12 所示的编辑窗口。

② 停靠窗口。可以固定在集成开发环境中的顶端、底端和侧面，也可以浮动在屏幕的任何位置。停靠窗口无论是浮动着还是固定着，总是出现在浮动窗口的前面。

集成开发环境中有两个主要的停靠窗口：Workspace 工作区窗口和 Output 输出窗口。停靠窗口的固定和浮动形式可以相互转换，当拖动一个固定窗口边缘未使用部分至屏幕中间位置，该固定窗口就转换为浮动窗口。反之，当拖动一个浮动窗口的标题栏至开发环境主窗口的任何边缘上，该浮动窗口就会转换成固定窗口。单击窗口上的关闭按钮可以关闭窗口，要想重新打开窗口，可以在 View 主菜单中选择相应的菜单项。

3. 集成开发环境菜单项

在集成开发环境中的菜单栏中共提供了“File”“Edit”“View”“Insert”“Project”“Build”“Tools”“Window”和“Help”9 个菜单，如图 1-13 所示。在本节内容中，我们将对这些菜单进行详细介绍。

图 1-13　集成开发环境的菜单栏

(1)“File”菜单

在“File”菜单中包含了用于对文件进行操作的命令选项，如图 1-14 所示。

(2)“New”菜单项

该菜单项用于打开“New”对话框，利用“New”对话框可以创建新的文件、项目或者工作区。如果要创建新的文件，请从“New”对话框的“Files”选项卡中单击要创建的文件类型，如图 1-15 所示，然后在“File”文本框中键入文件的名字，如果要添加新文件到已有的项目中，请选中“Add to project”复选框并选择项目名。

图 1-14 “File”菜单

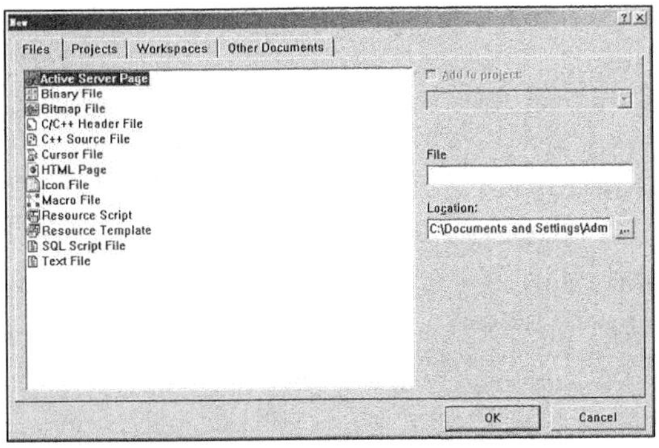

图 1-15 “File”菜单“New”菜单项

使用 Visual C++ 6.0 可以创建如下文件类型。

- Active Server Page：创建服务器页。
- Binary File：创建二进制文件。
- Bitmap File：创建位图文件。
- C++ Header File：创建 C++头文件。
- C/C++ Source File：创建 C++源文件。
- Cursor File：创建光标文件。
- HTML File：创建 HTML 页。
- Icon File：创建宏文件。
- Resource Script：创建资源脚本文件。
- Resource Template：创建资源模板文件。
- SQL Script File：创建 SQL 脚本文件。
- Text File：创建文本文件。

① 创建新的项目。从“New”对话框的“Projects”选项卡中单击要创建的项目类型，然后在“Project name”编辑框键入项目的名字，在“Location”编辑框中输入项目文件地址，同时还可以通过“Create new workspcae”和“Add to current workspace”选项，确定是创建一个新的工作区，还是添加到现有的工作区中，如图 1-16 所示。

使用 Visual C++ 6.0 可以创建如下项目类型。

- ATL COM AppWizard：用于创建 ATL 应用程序。
- Cluster Resource Type Wizard：用于创建 Resource DLL 应用程序。
- Custom AppWizard：用于创建自定义的 AppWizard。
- Database Project：用于直接创建数据库项目。
- DevStudio Add-in Wizard：用于创建自动化宏。

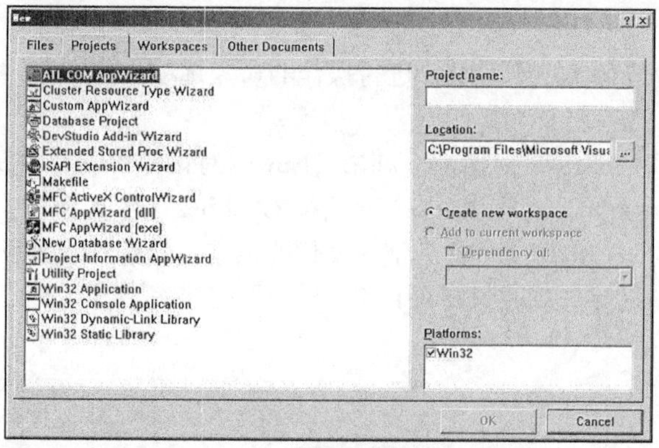

图 1-16　“File”菜单“Projects”选项卡

- ❑ Extended Stored Proc Wizard：用于创建 SQL Server 应用程序。
- ❑ ISAPI Extension Wizard：用于创建 Internet 服务器或过滤器。
- ❑ Makefile：用于创建 Make 文件。
- ❑ MFC ActiveX ControlWizard：用于创建 ActiveX 控件程序。
- ❑ MFC AppWizard（dll）：用于创建 MFC 动态链接库。
- ❑ MFC AppWizard（exe）：用于创建 MFC 可执行程序。
- ❑ New Database Wizard：用于创建 SQL 服务器数据库。
- ❑ Utility Project：用于创建容器类项目。
- ❑ Win32 Application：创建 Win32 应用程序。
- ❑ Win32 Console Application：用于创建 Win32 控制台应用程序。
- ❑ Win32 Dynamic-Link Library：用于创建 Win32 动态链接库。
- ❑ Win32 Static Library：用于创建 Win32 静态库。

② 创建新的工作区。从“New”对话框的“Workspaces”选项卡选择一种工作区类型，然后在“Workspace name”文本框中键入工作区的名字。默认只有“Blank Workspace”选项，用于创建一空白工作区，如图 1-17 所示。

(3)“Edit”菜单

“Edit”菜单包含用于编辑或者搜索的命令选项，如图 1-18 所示。

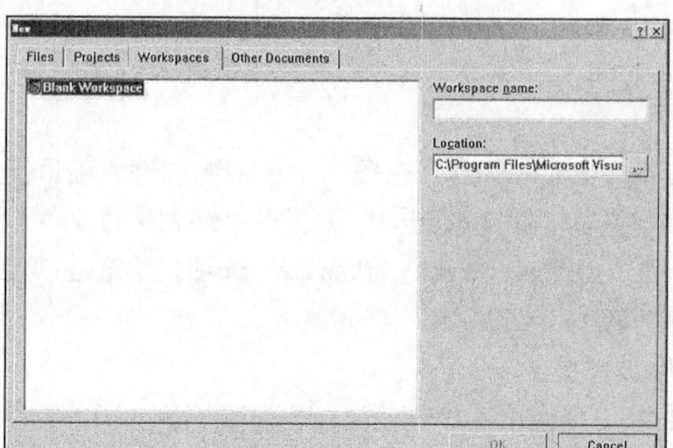

图 1-17　“File”菜单“Workspaces”选项卡

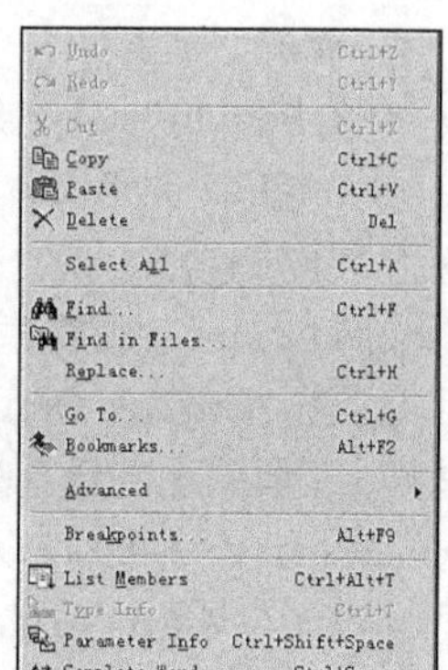

图 1-18　“Edit”菜单

- ❑ “Undo”菜单项：用于取消最近一次的编辑修改操作。
- ❑ “Redo”菜单项：用于最近一次的“Undo”操作，可以恢复被“Undo”命令取消的修改操作。

- ❑ “Cut”菜单项：将当前活动窗口中选定的内容复制到剪贴板中，然后再将其从当前活动窗口中删除。
- ❑ “Copy”菜单项：将当前活动窗口中被选定的内容复制到剪贴板中，但并不将其从当前活动窗口中删除。
- ❑ “Paste”菜单项：用于将剪贴板中的内容插入到当前光标所在的位置中，必须先剪切或者复制选定到剪贴板后，才能进行粘贴。Cut、Copy、Paste 与 Windows 中的操作是一样的。
- ❑ “Delete”菜单项：用于删除被选定的内容。删除以后还可以使用“Undo”命令来恢复删除操作。
- ❑ “Select All”菜单：用于选择当前活动窗口中的所有内容。
- ❑ “Find”选项菜单：用于查找指定的字符串，选择“Find”选项将弹出“Find”对话框，如图 1-19 所示。

(4)“View”菜单

“View”菜单包含用于检查源代码和调试信息的命令选项，如图 1-20 所示。

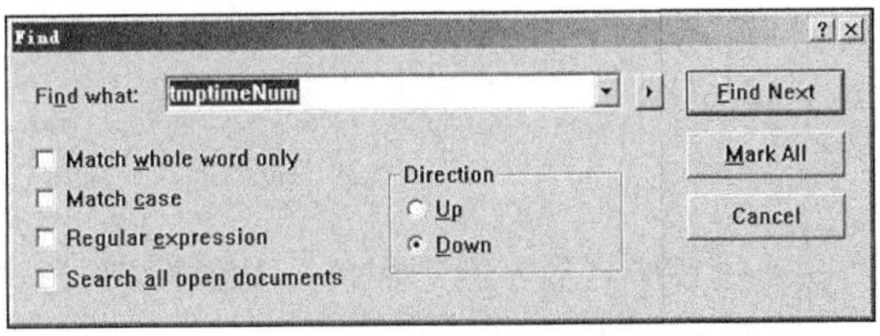

图 1-19 “Edit”菜单“Find”菜单项弹出对话框

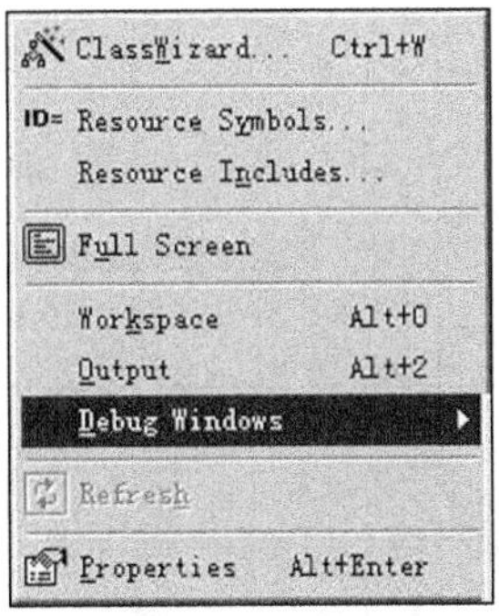

图 1-20 “View”菜单

- ❑ “ClassWinzard”菜单项：选择该项将启动 MFC ClassWizard 对话框，如图 1-21 所示。

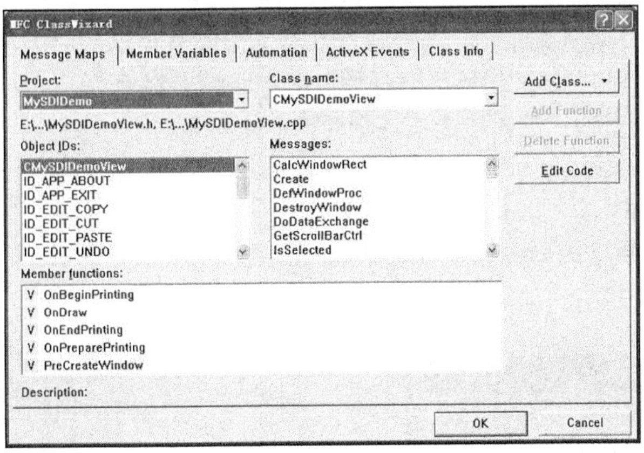

图 1-21 “MFC ClassWizard”对话框

ClassWizard 是一个运用于 MFC 应用程序的专用工具，使用它可以实现如下功能。

- ➢ 创建新类，新类是从处理 Windows 消息和记录集（Recordset）的主框架基类派生的。
- ➢ 映射消息与窗口、对话框、控件、菜单选项和快捷键有关的处理函数。

> 创建新的消息处理函数。
> 删除消息处理函数。
> 查看已经拥有处理函数的消息并跳转到相应的处理代码中去。
> 定义成员变量用于自动初始化收集并验证输入到对话框或表单视图（Form View）中的数据。
> 创建新类时添加自动化方法和属性。

- “Resource Symbols”菜单项：选择该项将打开资源符号浏览器，如图 1-22 所示，从中可以浏览和编辑资源符号。资源符号是映射到整数值上的一串字符，可以在源代码或资源编辑器中通过资源符号引用资源。
- “Resource Includes”菜单项：选择该项将自动弹出“Resource Includes”对话框，如图 1-23 所示，从中可以修改资源符号文件名和预处理器指令。

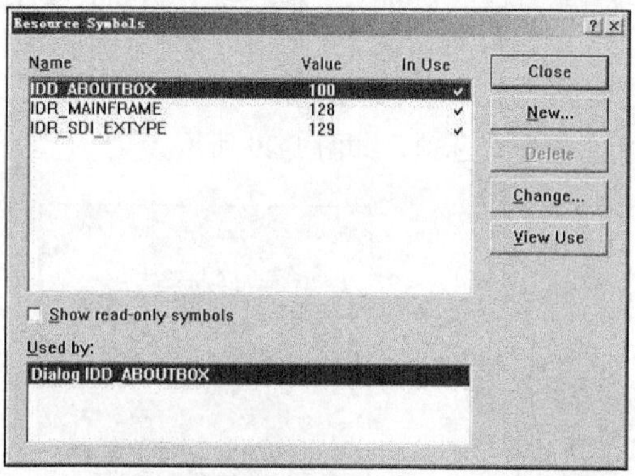

图 1-22 “View”菜单“Resource Symbols”对话框

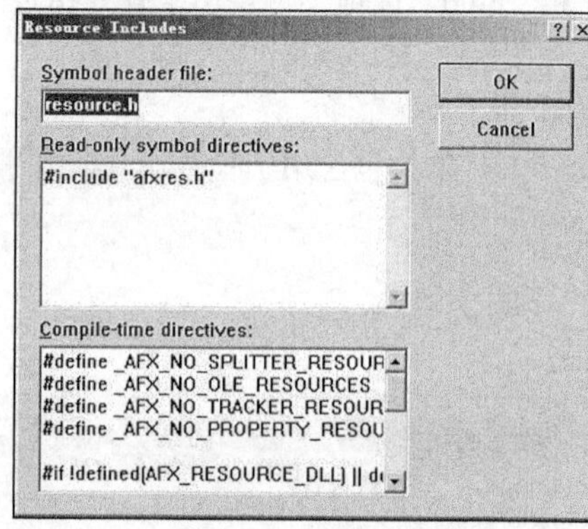

图 1-23 “View”菜单“Resource Includes”对话框

- “Full Screen”菜单项：选择该项将按全屏幕方式显示活动窗口。切换到全屏幕方式后，可以单击“Toole Ful Sceen”按钮或按 Esc 键切换回原来的显示方式。
- “Workspace”菜单项：如果工作区窗口未显示，选择该选项将显示工作区窗口。
- “Output”菜单项：在输出窗口显示程序建立过程的有关信息或错误信息，并显示调试运行时的输出结果。
- “Debug Windows”菜单项：选择该选项将弹出级联菜单，用于显示调试信息窗口。这些命令选项只有在调试运行状态时才可用，如图 1-24 所示。
- “Refresh”菜单项：选择该选项将刷新选定的内容。
- “Properties”菜单项：选择该选项可以从弹出的属性对话框设置或查阅对象的属性。

（5）“Insert“菜单

使用“Insert”菜单中的命令选项可以创建新的类、创建新的资源、插入文件到文档中、添加新的 ATL 对象到项目中，如图 1-25 所示。

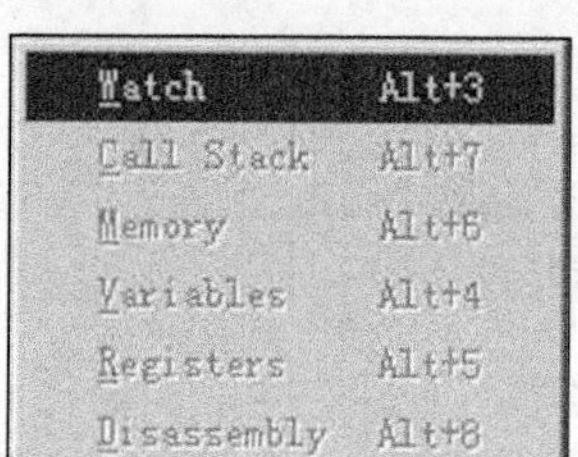

图 1-24 “View”菜单“Debug Windows”选项

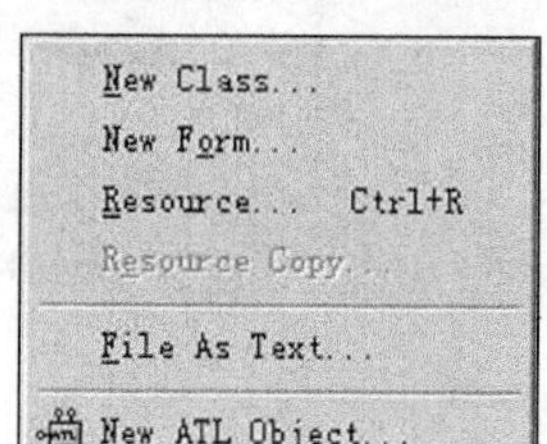

图 1-25 “Insert”菜单

- ❑ “New Class”菜单项：选择该菜单项将弹出“New Class”对话框，利用该对话框可以创建新的类并添加到项目中。
- ❑ “New Form”菜单项：选择该菜单项将弹出“New Form”对话框，利用该对话框可以创建新的对话框并添加到项目中。该选项是添加新的对话框的快捷方法。
- ❑ “Resource”菜单项：选择该菜单项将弹出“Insert resurce”对话框，利用该对话框可以创建新的资源或插入资源到资源文件中。
- ❑ “Resource Copy”菜单项：选择该菜单项可以创建选定资源的备份，即复制选定的资源。
- ❑ “File As Text”菜单项：选择该菜单项将弹出“Insert File”对话框，选择要插入到文档中的文件。
- ❑ “New ATL Object”菜单项：选择该菜单项将启动 ATL Object Wizard，利用该向导可以添加新的 ATL 对象到项目中。

(6)“Project”菜单

“Project”菜单中的命令选项用于管理项目和工作区，如图 1-26 所示。

- ❑ “Set Active Project”菜单项：选择指定的项目为工作区中的活动项目。
- ❑ “Add To Project”菜单项：选择该菜单项将弹出级联菜单，用于添加文件、文件夹、数据链接以及可再用部件到项目中。
- ❑ “Dependencies”菜单项：选择该菜单项将弹出“Project Dependncies”对话框，利用该对话框可以编辑项目之间的依赖关系。
- ❑ “Settings”菜单项：选择该菜单项将弹出“Project Settings”对话框，如图 1-27 所示，在此可以为项目配置不同的设置。

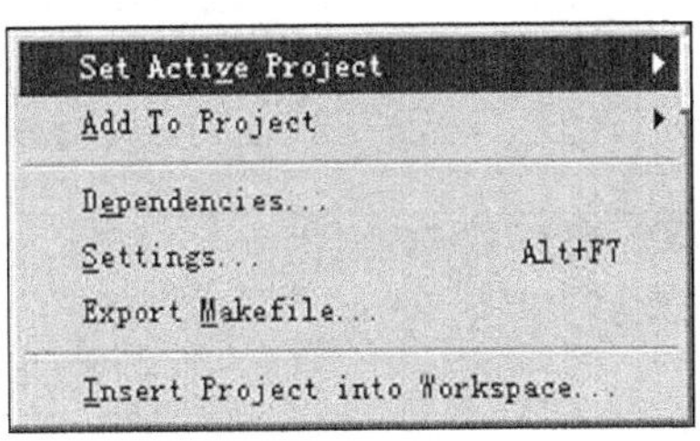

图 1-26 “Project”菜单

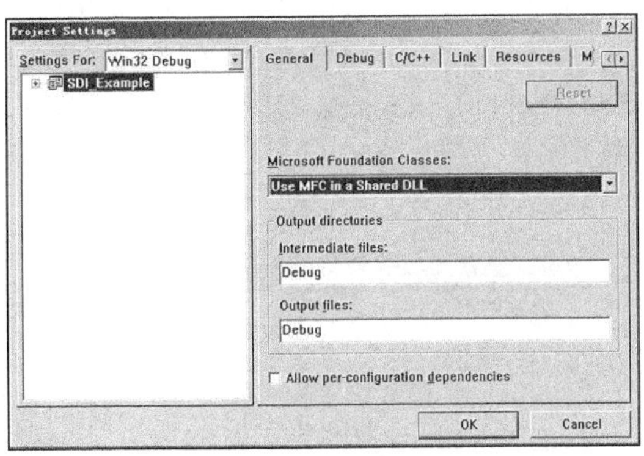

图 1-27 “Project”菜单“Settings”选项

(7)“Build”菜单

“Build”菜单中的命令选项用于编译建立和执行应用程序，如图 1-28 所示。

- ❑ “Compile”菜单项：该菜单项用于编译显示在源代码编辑窗口中的源文件，用于检查源文件中是否有语法错误。如果在编译过程中检查出语法错误（警告或错误），那么将在输出窗口中显示错误信息。
- ❑ “Build”菜单项：用于查看项目中的所有文件，并对最近修改过的文件（其标志日期比可执行文件日期要新）进行编译和链接。如果建立过程中检测出某些语法错误就将它们显示在输出窗口中。
- ❑ “Rebuild All”菜单项：该菜单项与“Build”菜单项的唯一区别在于“Rebuild All”选项在编译和链接项目中的文件时，不管其标志日期是何时，一律重新进行编译和链接。

- "Batch Build"菜单项：该菜单项用于一次建立多个项目，能够弹出"Batch Build"对话框，指定要建立的项目。
- "Clean"菜单项：该菜单项用于删除项目的中间文件和输出文件。
- "Start Debug"菜单项：选择该菜单项将弹出级联菜单，包含有启动调试器控制程序运行的子选项 Go、Step Into、Run To Cursor 和 Attach to Process，如图 1-29 所示。

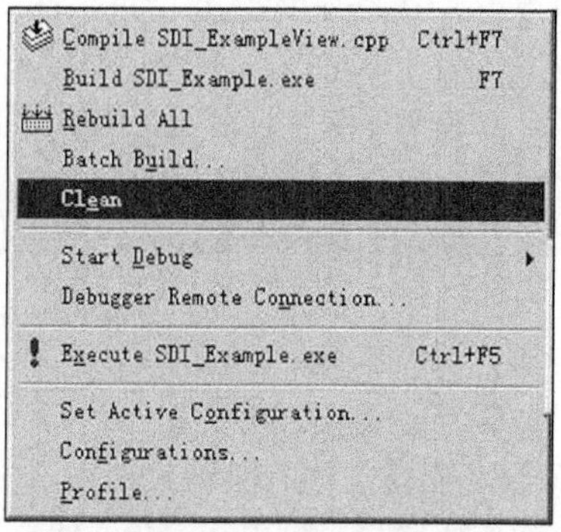

图 1-28　"Build"菜单

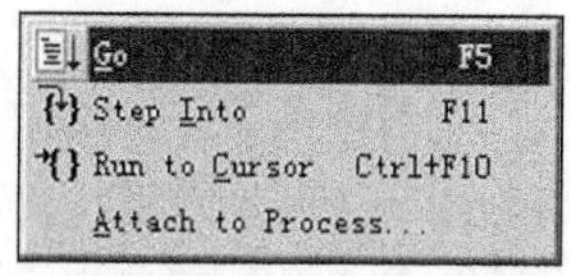

图 1-29　"Start Debug"选项

(8)"Tools"菜单

"Tools"菜单中的命令选项如图 1-30 所示，用于浏览程序符号定制菜单与工具栏激活常用的工具，例如 Spy++等，或者更改选项设置。

- "Source Browser"菜单项：默认情况下，在建立项目时，编译器会创建与项目中每一程序文件信息有关的.SBR 文件，实用程序 BSCMAKE 将汇编这些.SBR 文件为单个浏览信息数据库，浏览信息数据库的名字为项目基类名加上扩展名.BSC 组成。

选择"Source Browser"选项将弹出浏览窗口，如图 1-31 所示。从中显示与程序中所有符号（类、函数、数据、宏、类型）有关的信息。对于不同类型的对象或上下文，浏览窗口的外观和控制是不同的。

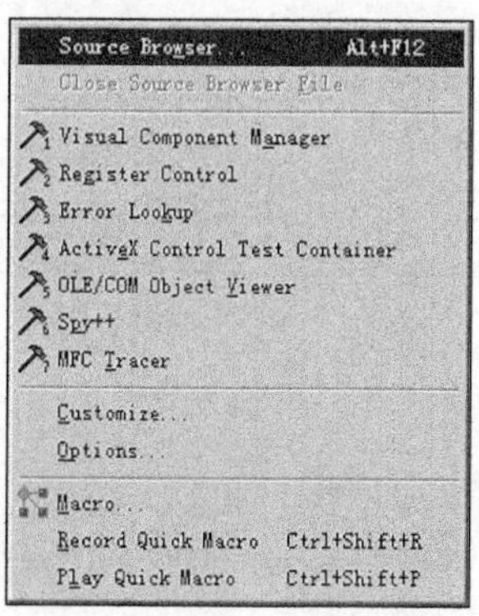

图 1-30　"Tools"菜单选项

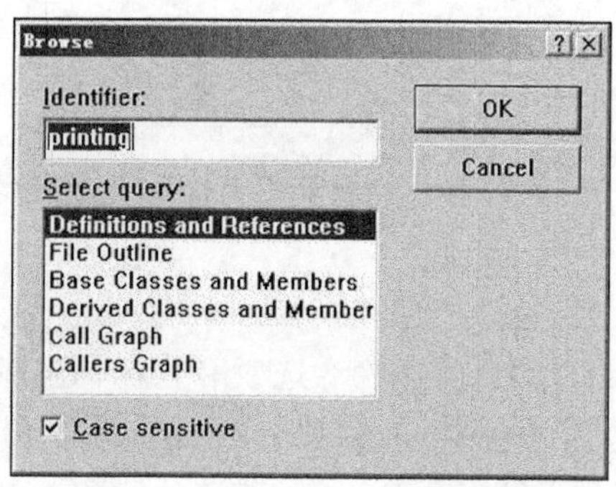

图 1-31　"Source Browser"选项

通常，使用浏览窗口主要可以查看以下信息。

- 源文件中所有符号的信息。
- 包含某个符号定义的源代码行。
- 利用某个符号的所有源代码行。

➢ 基类和派生类之间的关系图。

➢ 调用函数和被调用函数之间的关系图。

❑ “Close Source Browser File”菜单项：用于关闭打开的浏览信息数据库。

❑ “Spy++”菜单项：Spy++是 Win32 实用程序，用于给出系统的进程、线程、窗口和窗口消息的图形表示，如图 1-32 所示。

(9)“Window”菜单

“Window”菜单包含用于控制窗口属性的命令选项，如图 1-33 所示。

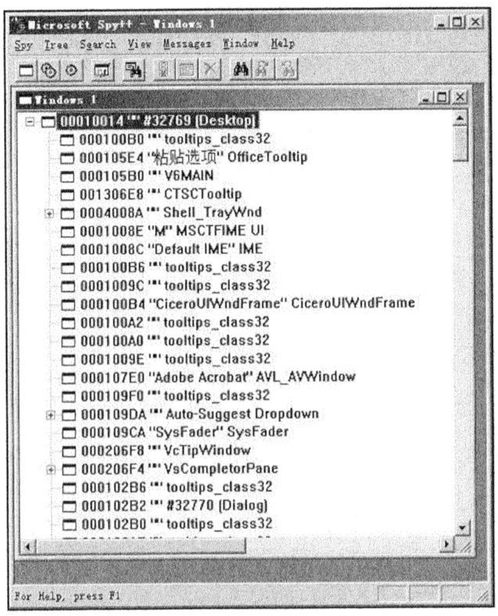

图 1-32 “Spy++”对话框

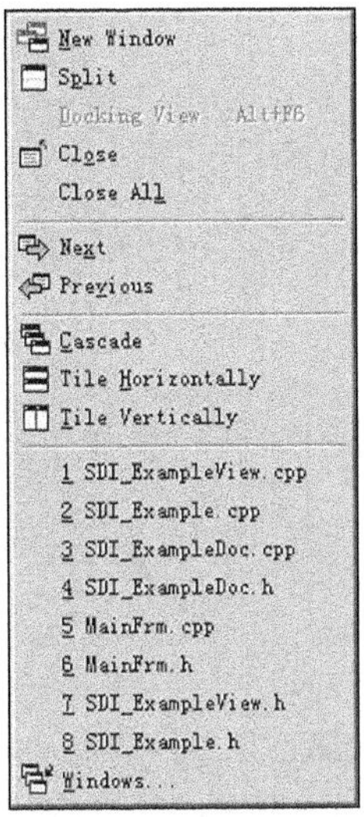

图 1-33 “Window”菜单

❑ “New Window”菜单项：选择该菜单项将打开新的窗口，从中显示当前文档信息。

❑ “Split”菜单项：选择该菜单项，将窗口拆分为多个面板，为同时查看同一文档的不同内容提供了方便。

❑ “Docking View”菜单项：选择该菜单项将打开或者关闭窗口的船坞化（docking）特征。

❑ “Close”菜单项：选择该菜单项将关闭选定的活动窗口。

❑ “Close All”菜单项：选择该菜单项将关闭所有打开的窗口。

❑ “Next”菜单项：选择该菜单项将激活下一个未船坞化的窗口。

❑ “Previous”菜单项：选择该菜单项将激活上一个未船坞化的窗口。

❑ “Cascade”菜单项：用于将当前所有打开的窗口在屏幕上重复排放，就像一叠卡片一样。这样，用户就可以很容易地查看打开窗口的数目以及相应的文件名。这种排列窗口的方法缺点是只能看到最顶层窗口中的内容。

❑ “Tile Horizontally”菜单项：选择该菜单项将使当前所有打开的窗口在屏幕上纵向平铺。每个打开的窗口都具有同样的形状和大小。这种排列窗口的方法优点是可以同时浏览所有打开的窗口内容，缺点是如果打开的窗口过多，那么每个窗口就会太小。

❑ “Tile Vertically”菜单项：选择该菜单项将使当前所有打开的窗口在屏幕上横向平铺。

❑ 打开窗口的历史记录：在“Tile Vertically”选项下面列出的是最近打开的窗口的文件名。用鼠标单击某个文件名即可显示相应的窗口。

❑ “Windows”菜单项：选择该菜单项将打开“Windows”对话框，可以管理刚打开的窗口。

（10）“Help”菜单

通过“Help”菜单可打开 Visual C++ 6.0 的帮助窗口 MSDN（Microsoft Developer Network），如图 1-34 所示，它应用 HTML Help 技术，使查询帮助与编写代码可以同时进行，可以把帮助窗口 MSDN Visual Studio 平铺在桌面，或者将 MSDN 窗口暂时最小化到状态条，需要时随时激活，这样一边编程一边查询帮助，效率极大提高。

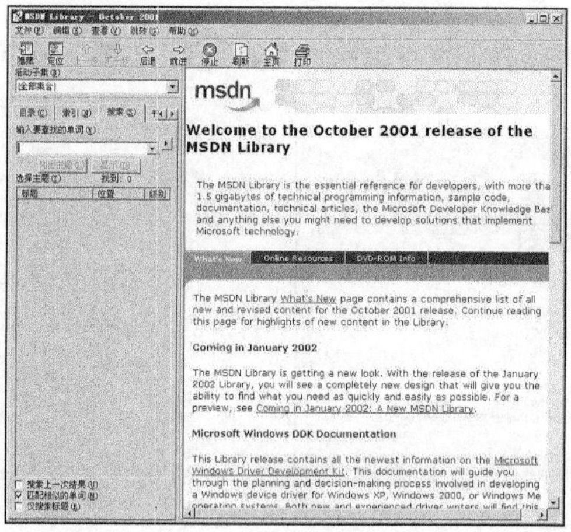

图 1-34　“MSDN”帮助窗口

选择 Help 菜单的“Contents”“Search”或“Index”选项均可以激活 MSDN 窗口，另外，在源代码编辑窗口中，选定对象（把光标置于其上）后按 F2 功能键，亦能启动 MSDN 窗口。

4. 集成开发环境的工具栏

为了提高操作效率，Visual C++ 6.0 的集成开发环境为菜单命令项提供了对应的快捷键，但需要用户熟练记忆使用。Windows 应用程序一般都提供了工具栏，弥补了快捷键的不足之处。工具栏是由一些形象化的位图按钮组成，工具栏一般对应菜单命令项，用于方便、快捷地使用 Visual C++集成开发环境的常用功能。

集成开发环境的工具栏以停靠窗口的形式出现，工具栏的位置可以通过鼠标拖曳的方法改变，并可以根据需要进行显示或隐藏切换。一般的方法是执行 Tools 菜单的 Customize 菜单命令，打开 Customize 对话框，然后选择 Toolbars 选项卡，并根据需要进行选择，如图 1-35 所示。

也可以在菜单栏或工具栏的空白处单击鼠标右键，然后在弹出的菜单中选择要显示或隐藏的工具，如图 1-36 所示。

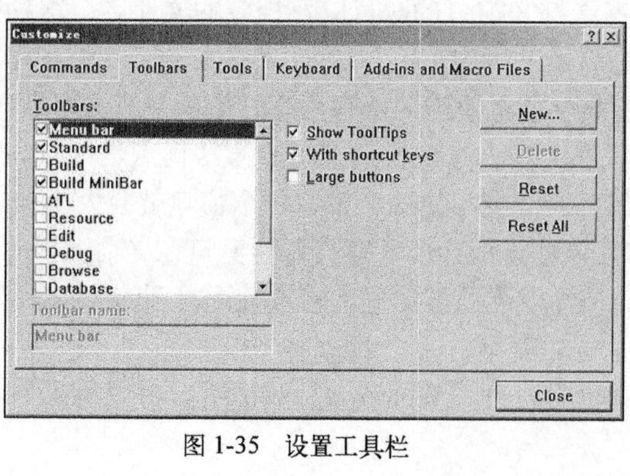

图 1-35　设置工具栏

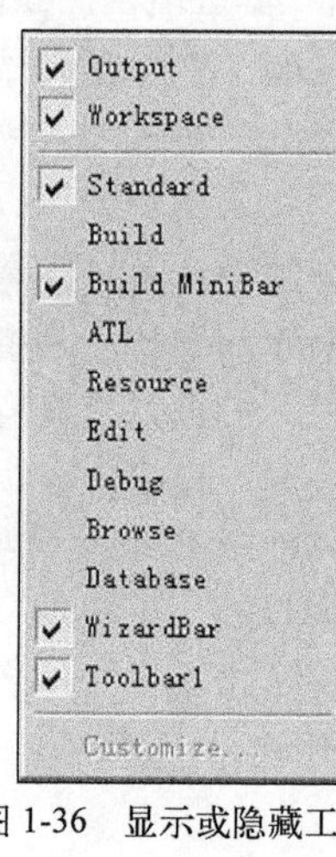

图 1-36　显示或隐藏工具栏

Visual C++6.0 集成开发环境的工具栏有很多个，如 Standard、Build MiniBar、WizardBar、Resource、Debug 等。下面介绍常用工具栏的基本用途。

（1）“Standard”工具栏

“Standard”工具栏中包括一些与文件和编辑有关的常用操作命令，每个按钮的功能都与 File、Edit 和 View 等主菜单中某个菜单项对应，如图 1-37 所示。

图 1-37 “Standard”工具栏

使用“Standard”工具栏的按钮可以实现如下功能。

- New Text File：创建新的文本文件。
- Open：打开一个现有的文件。
- Save：保存当前的文件。
- Save All：保存所有打开的文件。
- Cut：剪切选定的内容。
- Copy：复制选定的内容。
- Past：粘贴。
- Undo：撤销上一次的操作。
- Redo：恢复被撤销的编辑操作。
- Workspace：显示或隐藏工作区窗口。
- Output：显示或隐藏输出窗口。
- Window List：显示当前已经打开的窗口。
- Find In Files：在多个文件中查找指定的字符串。
- Find：在当前的文件中查找指定的字符串。

（2）“Build MiniBar”工具栏

“Build MiniBar”工具栏也包括了项目的选择、编译、链接和调试等操作命令，如图 1-38 所示。

图 1-38 “Build MiniBa”工具栏

“Build MiniBar”工具栏的功能如下。

- Compile：编译程序。
- Build：编译、链接并生成应用程序。
- Stop Build：终止应用程序的编译或链接。
- Execute Program：运行应用程序。
- Go：开始或继续调试程序。
- Insert/Remove Breakpoint：在程序中插入或取消断点。

（3）“WizardBar”工具栏

默认设置情况下，在 Visual C++6.0 集成开发环境中将显示“WizardBar”工具栏，它是对 Visual C++ IDE 中特色功能的快捷操作，如图 1-39 所示。

图 1-39 “WizardBar”工具栏

WizardBar 使类和成员函数的操作更加方便，单击“WizardBar”工具栏中的按钮即可实现多项功能。

5. 项目与项目工作区

Developer Studio 以项目工作区（Project Workspace）的方式来组织文件、项目和项目配置，项目工作区记录了一个项目的集成开发环境的设置，通过项目工作区窗口可以查看和访问项目中所有元素。

项目工作区用项目工作区文件 DSW（Developer Studio Workspace File）来描述，文件后缀名为 dsw。工作区文件保存了应用程序集成开发环境的项目设置信息，它将一个 DSP 项目文件与具体的 Developer Studio 结合在一起，在 Visual C++集成开发环境中一般以打开工作区文件 DSW 的方式来打开指定的项目。

在创建项目后，用户可以通过项目工作区 Workspace 窗口来查看项目中的组成元素，如图 1-40 所示，Workspace 窗口一般由 Class View、Resource View、File View 3 个页面组成。这些页面按照一定的逻辑关系将一个项目分成几个部分，以树形结构形式显示项目所创建的类、资源和文件。用户可以方便地使用 3 个页面标签在不同视图之间进行切换，通过它们查看项目中所有的类、资源和文件。

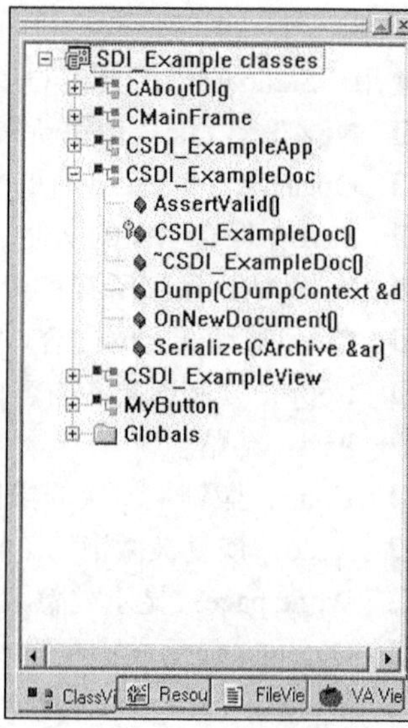

图 1-40　工作区窗口

下面详细介绍 3 个页面视图的结构与作用。

（1）类视图 Class View

类视图 Class View 页面用于显示项目中定义的 C++类，如图 1-41 所示，扩展顶层文件夹可以显示类，扩展类可以显示该类的成员。通过 Class View 视图，可以定义新类、直接跳转到代码（如类定义、函数或者方法定义等）以及创建函数或方法声明等。

（2）资源视图 Resource View

资源视图 Resource View 页面用于显示项目中包含的资源文件。扩展顶层文件夹可以显示资源类型，扩展资源类型可以显示其下的资源，如图 1-42 所示。

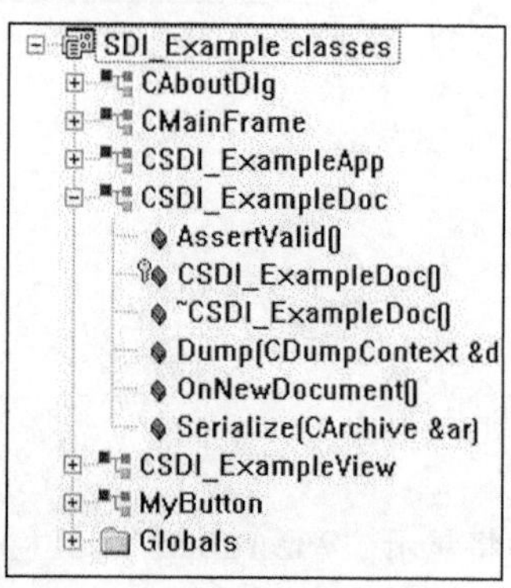

图 1-41　类视图 Class View

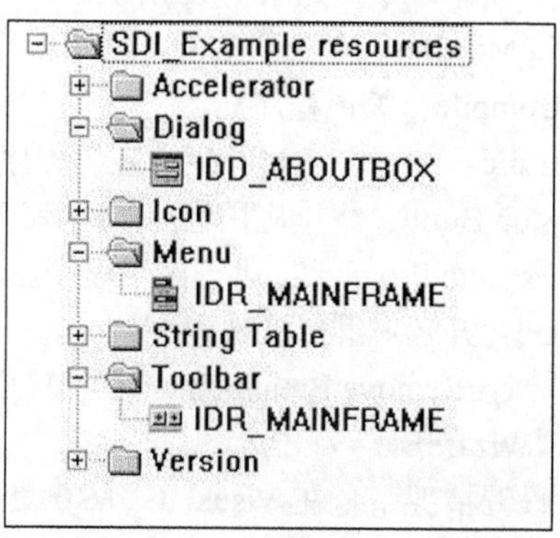

图 1-42　资源视图 Resource View

（3）文件视图 File View

文件视图 File View 页面显示项目之间的关系以及包含在项目工作区中的文件。扩展顶层文件夹可以显示包含在项目中的文件，如图 1-43 所示。

6. 编辑器

程序代码由操作码和数据组成，除了一般数据，一个 Windows 应用程序还大量使用被称为资源的数据。Visual C++作为可视化的程序开发工具，提供了功能强大的源代码编辑器和各种类型的资源编辑器。这里首先介绍源代码编辑器。

（1）源代码编辑器

Visual C++的源代码编辑器是一个很出色的文本编辑器，可用于编辑很多类型的文件，如C/C++头文件、C++源文件、Text 文本文件和 HTML 文件等。当打开或建立上述类型的文件时，该编辑器自动打开。Visual C++的源代码编辑器除了具有一般的编辑功能，如复制、查找和替换等，还具有方便编程的特色功能，如在编辑 C++源程序时，在编辑窗口中将根据 C++语法对不同的语句元素以不同的颜色显示。

源代码编辑器还具有自动提示功能，当用户输入源程序代码时，编辑器会显示对应类的成员函数和变量，如图 1-44 所示。用户可以在成员列表中选择需要的成员，减少了输入工作量，避免了手工输入的错误。当输入函数用语句时，编辑器会自动提示函数的参数个数和类型。用户还可以将光标指向变量、函数或类，此时编辑器将给出对应的变量类型、函数声明或类的信息。

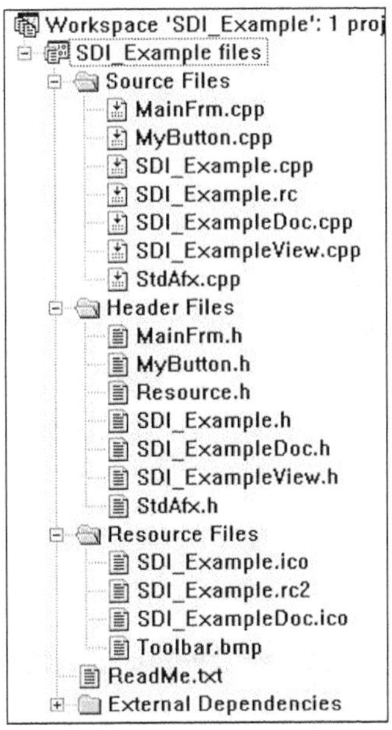

图 1-43 文件视图 File View

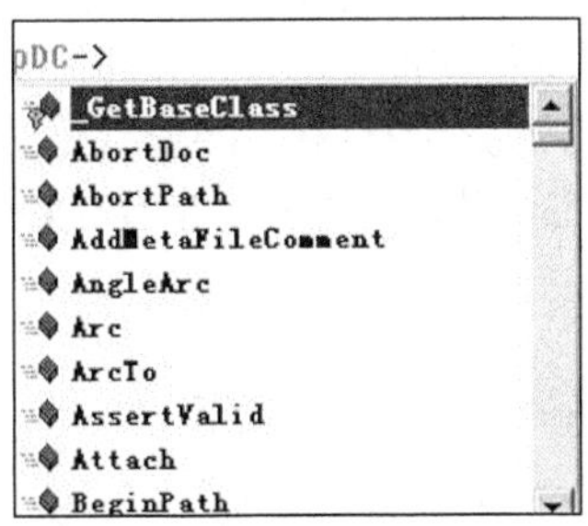

图 1-44 源代码编辑器的自动提示功能

（2）资源编辑器

在 Windows 环境下，资源是独立于程序源代码的，作为一种界面，可以从中获取信息，并在其中执行某种动作。Visual C++ 6.0 可以处理的资源有快捷键（Accelerator）、位图（Bitmap）、光标（Cursor）、对话框（Dialog Box）、图标（Icon）、菜单（Menu）、串表（StringTable）、工具栏（Toolbar）和版本信息（Version In formation）等。由于不同的资源具有不同的特点，因此 Visual C++ 6.0 提供了不同的资源编辑器和资源属性对话框。使用资源编辑器可以实现如下功能。

- 创建新的资源。
- 修改已有的资源。
- 复制已有的资源。
- 删除不再要的资源。

（3）工具栏编辑器

工具栏通常由多个工具按钮组成，通过工具按钮可以快速执行使用最频繁的命令。系统将每个工具栏保存为相应的位图，其中包括工具栏上每个工具按钮的图像。工具按钮的图像具有相同的尺寸，默认是 16×16（以像素为单位）。工具按钮的图像在位图中依次排列，这种排列次序表明了屏幕上显示时工具按钮在工具栏上的排列次序。每个工具按钮都有相应的状态和风格（被按下的、面上的、面下的、无效的、向下无效的或不确定的）。

工具栏编辑器用于创建工具栏资源并可以将已有位图转换为工具栏资源。工具栏编辑器以图形方式显示要处理的工具栏及正被选择的工具栏按钮图像。图 1-45 所示是打开某一工具栏后的工具栏编辑器。

创建新的工具栏有两种方法：一是直接创建，另一种是将已有的位图转换为工具栏。具体说明如下。如果要直接创建，请从“Insert”菜单选择“Resource”命令，在弹出的“Insert Resource”对话框中选择“Toolbar”，然后单击“New”按钮进入工具栏编辑器后直接编辑。将已有的位图转换为工具栏的实现方法如下。

- 在图形编辑器中打开已有的位图资源。
- 在“Image”菜单选择“Toolbar Editor”命令，弹出“New Toolbar Resource”对话框，在对话框中设置与位图匹配的图标图像的高度和宽度。然后单击“OK”按钮进入工具栏编辑器。
- 完成转换后，从“Edit”菜单选择“Properties”命令，在弹出的属性对话框设置工具栏按钮的命令 ID。
- 创建工具栏资源后，可以使用 Class Wizard 将工具栏按钮与源代码连接。

（4）快捷键编辑器

快捷键表也是一种 Windows 资源，它含应用程序用到的所有快捷键及相应的命令标识符。Visual C++ 6.0 允许应用程序包含多个快捷键表。快捷键通常是菜单或工具栏上所用程序命令的键盘快捷键。定义快捷键后，可以使用 Class Wizard 为快捷键命令编写要执行的代码。

使用快捷键编辑器，可以添加、删除、更改和浏览项目所用到的快捷键，可以查看和更改与快捷键表中每个条目有关的资源标识符（资源标识符用于在程序代码中引用快捷键表中的每个条目），还可以为每个菜单选项定义快捷键。图 1-46 所示是打开某一快捷键表资源后的快捷键编辑器。

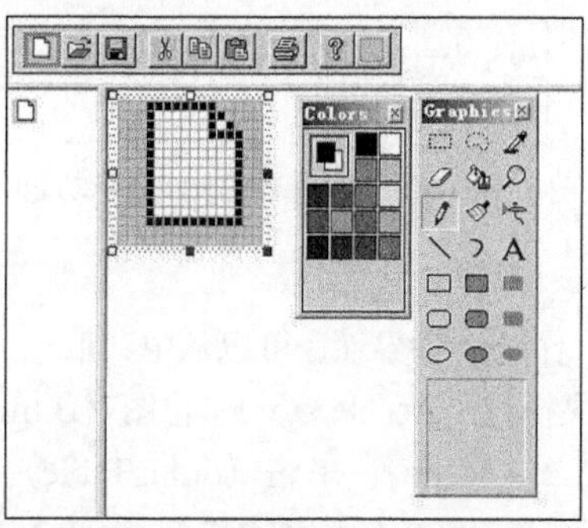

图 1-45　工具栏编辑器

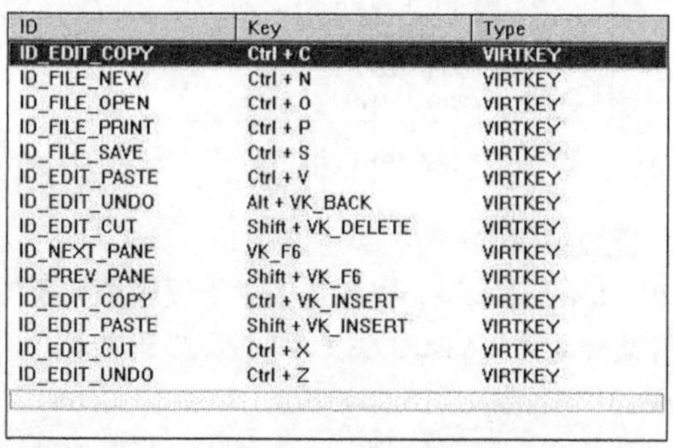

图 1-46　快捷键表资源

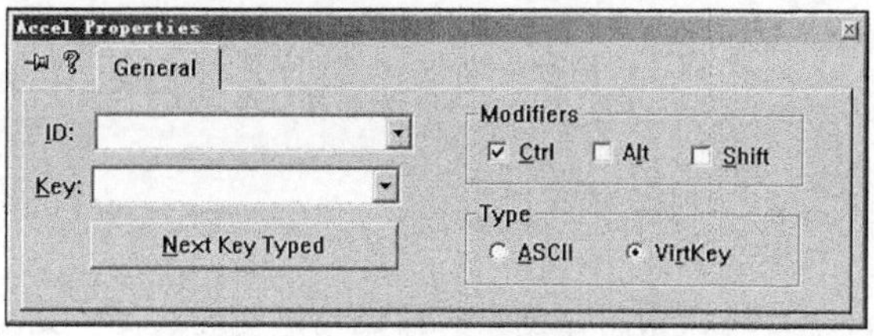

图 1-47　“Accel Properties”对话框

如果要在快捷键表中添加新的快捷键，选中表尾的新项方框输入快捷键名，弹出“Accel Properties”对话框，如图 1-47 所示。在“Key”文本框输入键名，在“ID”文本框输入加速键标识符。

（5）串表编辑器

串表也是一种 Windows 资源，包含应用程序用到的所有串的 ID 号、值和标题，例如，状态栏提示就可以放在串表中。每个应用程序只能有一个串表，串表中的串以 16 个为一组构成段或块。某一串属于哪一段取决于该串的标识符值。例如，标识符值为 0～15 的串放在第一段，标识符值为 16～32 的串放在第二段等。图 1-48 所示为打开某一应用程序的串表资源后的串编辑器。

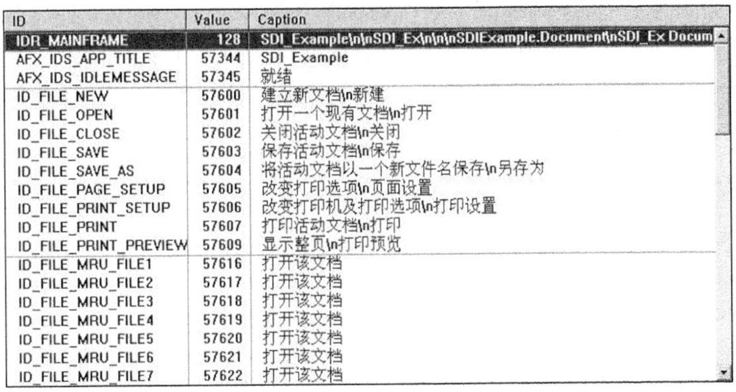

图 1-48　串编辑器

在串编辑器中，串表中的每个段用水平线分开。如果要在串表中添加新的串，在要添加串的串段中，选择新项方框输入串标识符，弹出“String Properties”对话框，如图 1-49 所示。在“ID”文本框输入串标识符和值，在“Caption”文本框输入串标题。

图 1-49　“String Properties”对话框

（6）版本编辑器

版本信息主要由公司名称、产品标识、产品版本号、版权和商标注册等信息组成。尽管版本信息不是应用程序所必须的，但它是标识应用程序的有效手段。每个应用程序只能有一个版本信息资源，其名称为 VSVER SIONINFO。版本信息编辑器是用于编辑和维护版本信息的工具，如图 1-50 所示，是打开某一应用程序的版本信息资源后的版本信息编辑器。

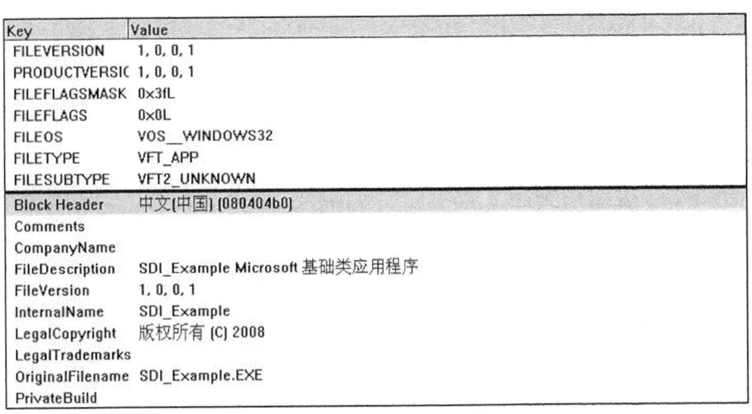

图 1-50　版本信息编辑器

1.3　使用 Visual Studio 2010

知识点讲解：光盘:视频\PPT 讲解（知识点）\第 1 章\使用 Visual Studio 2010.mp4

Visual Studio 2010 是微软为适用.NET 平台而推出的专用开发工具，它是一个集成的开发环境工具，能够适用 Visual Basic、Visual C++、Visual C#等专业编程语言。通过 Visual Studio 2010 可以在同一项目内使用不同的语言，并能实现它们间的相互无缝接口处理，共同实现指定的功能。使用 Visual Studio 2010，也可以开发本书我们讲解的 C++语言。在本节的内容中，将简要讲解 Visual Studio 2010 的基本知识。

安装 Visual Studio 2010

1．不同的版本介绍

Visual Studio 2010 有不同的版本，具体说明如下。

- Visual Studio 2010 Ultimate 企业旗舰版：全功能版本，包含 Visual Studio 2010 Premium 企业版及 Visual Studio 2010 Professional 专业版所有功能；包括需求管理、架构设计、开发、测试、部署等软件开发所需的功能。
- Visual Studio 2010 Professional 专业版：基本程序开发工具。
- Visual Studio Test Professional 2010：用于测试管理及手动测试。

2．安装

① 将 Visual Studio 2010 安装盘放入光驱，或双击存储在硬盘内的安装文件 autorun.exe，弹出安装界面，如图 1-51 所示。

② 单击“安装 Microsoft Visual Studio 2010”选项，弹出“组件加载”对话框，如图 1-52 所示。

图 1-51　开始安装界面

图 1-52　“组件加载”对话框

③ 加载完毕后单击“下一步”按钮后弹出“起始页”对话框，选中“我已阅读并接受许可条款”，如图 1-53 所示。

④ 单击“下一步”按钮后弹出“选项页”对话框，选中“完全”选项，选择安装路径，如图 1-54 所示。

⑤ 单击“安装”按钮后弹出“安装页”对话框，开始进行安装，如图 1-55 所示。

⑥ 安装完毕后弹出“完成页”对话框，Visual Studio 2010 成功完成安装，如图 1-56 所示。

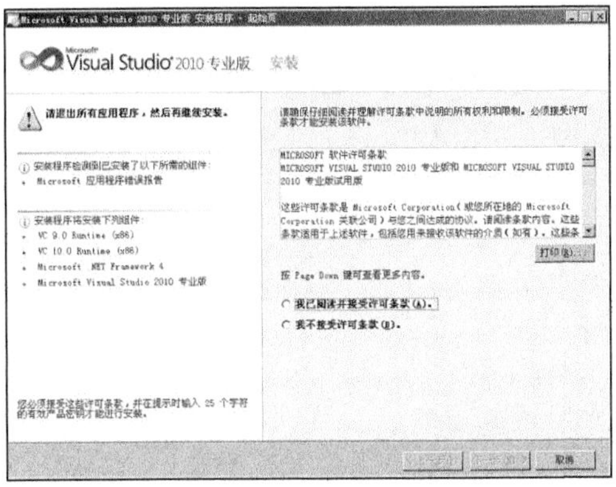

图 1-53 “起始页”对话框

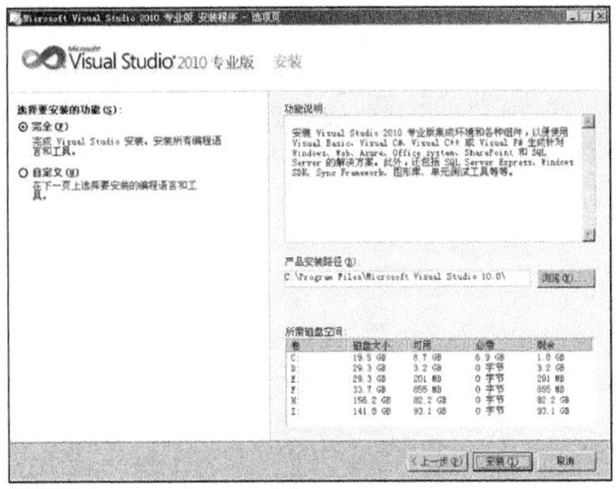

图 1-54 “选项页”对话框

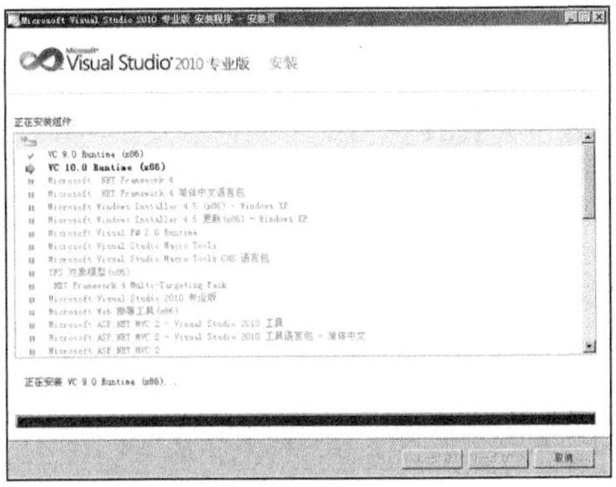

图 1-55 “安装页”对话框

图 1-56 “完成页”对话框

安装 Visual Studio 2010 完毕后，需要对其进行设置，使其符合自己的开发需求。首次打开 Visual Studio 2010 后会弹出“选择默认环境设置”对话框，在此选择所需的语言选项，如图 1-57 所示。然后单击“启动 Visual Studio”按钮后开始配置，如图 1-58 所示。

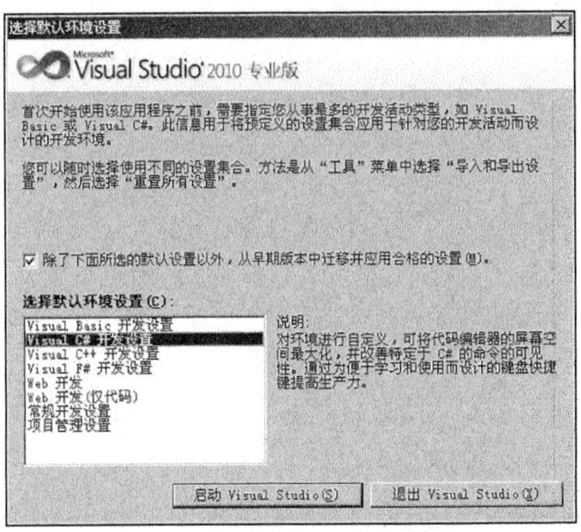

图 1-57 “选择默认环境设置”对话框

图 1-58 环境配置

配置完成后将来到 Visual Studio 2010 的集成开发界面，如图 1-59 所示，下面就可以开始使用了。

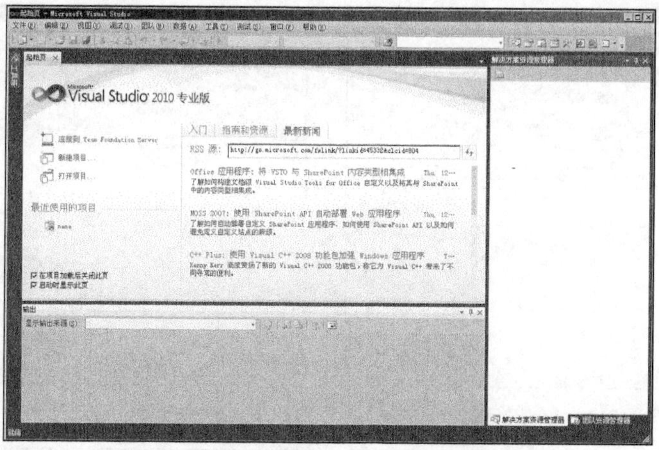

图 1-59　Visual Studio 2010 默认集成开发界面

1.4　第一个 C++程序

知识点讲解：光盘:视频\PPT 讲解（知识点）\第 1 章\第一个 C++程序.mp4

简单了解了 C++的重要性和基本知识后，本节内容将通过一个简单的 C++程序来讲解其程序结构、语法规则和表达方式，为读者进行本书后面知识的学习打下基础。

实例 001　**在屏幕中输出指定的字符串**

源码路径　光盘\视频\实例\第 1 章\001　　视频路径　光盘\视频\实例\第 1 章\001

本程序通过 Visual C++ 6.0 开发实现，功能是实现简单的指定的字符串。本实例的具体实现过程如下。

① 打开 Visual C++ 6.0，依次选择“Flie | New”命令，弹出“New”对话框，在此选择要创建的工程类型、工程文件的保存位置和工程名称，如图 1-60 所示。

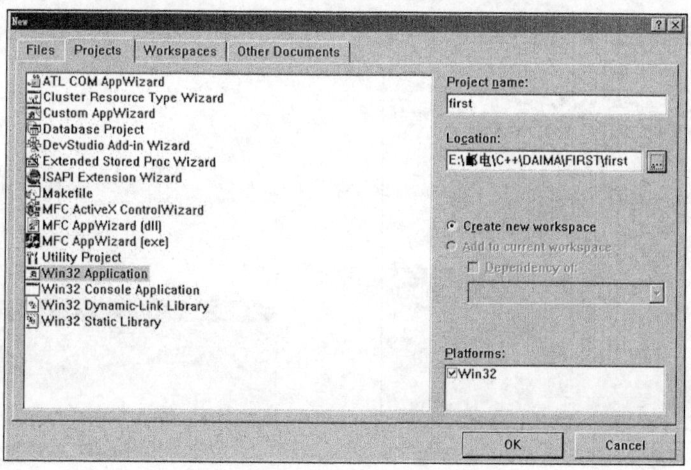

图 1-60　设置新工程

② 选择“Win32 Console Application”选项，在“Project name”框中输入工程名称“first”，在“Location”框中输入工程的保存位置。最后单击“OK”按钮，弹出图 1-61 所示对话框。

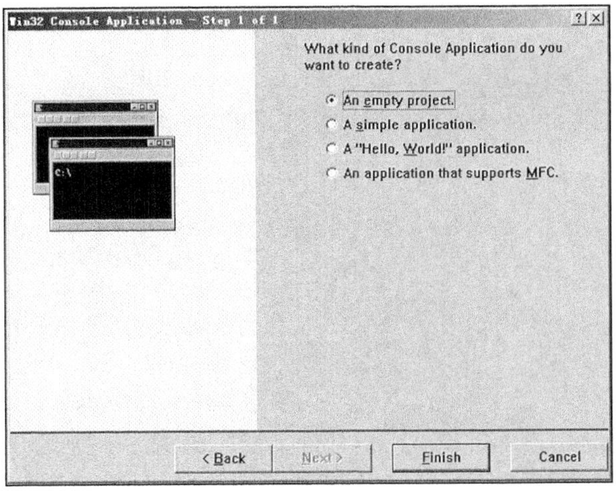

图 1-61　选择控制台程序类型

在此选择设置控制台程序的类型，此时会有如下 3 个选项。

- An empty project：创建一个空工程，不会自动生成程序文件，只包含环境配置文件。
- A simple application：创建一个简单程序，只是一个简单的程序框架，不包含任何有用的代码。
- A “Hello World!” application：创建一个有输出语句的简单程序。
- An application that supports MFC：创建带有 MFC 支持的框架程序。

此处选择 A “Hello World!” application 项，单击“Finish”按钮，弹出图 1-62 所示对话框。

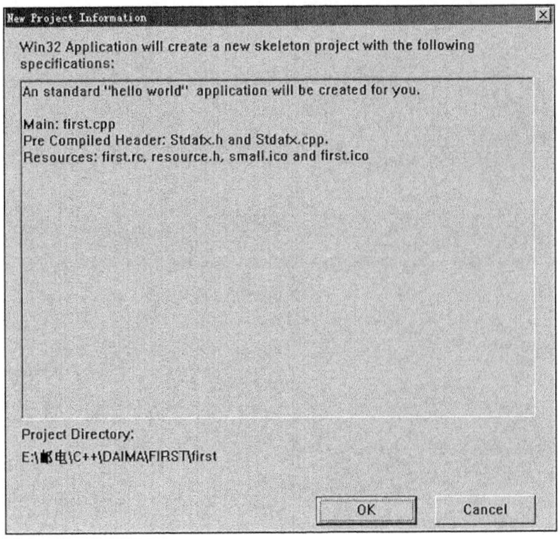

图 1-62　工程摘要

③ 此窗口是摘要说明窗口，说明了里面包含哪些文件。单击“OK”按钮后会成功创建一个简单的控制台程序。此时返回 Visual C++ 6.0 的主窗口，左侧“File View”选项卡显示了文件结构图，右侧是编写代码的地方，如图 1-63 所示。

④ 建立和编辑 C++源程序文件，执行“Project | Add to Project | New”菜单命令，在“New”对话框的“File”页面选择“C++ Source File”项，输入文件名，单击“OK”项确认，编辑源程序代码，如图 1-64 所示。

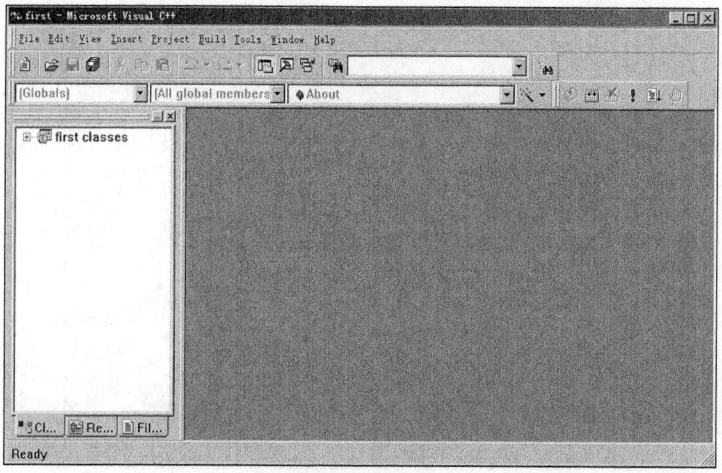

图 1-63　主窗口

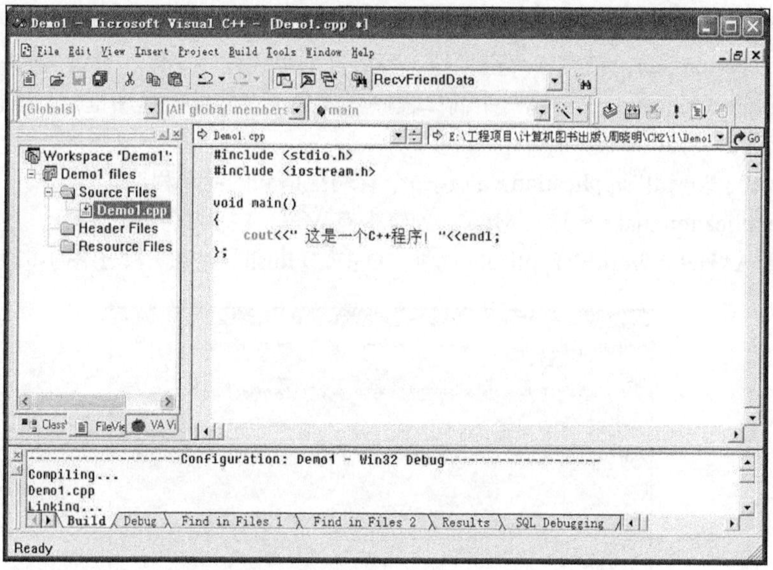

图 1-64　新创建一个 C++文件

实例文件 first.cpp 的源代码如下。

```
#include "stdafx.h"
#include "iostream.h"
void main () {
    cout<<" 这是一个C++程序！ "<<endl;
    cout<<" 这是一个C++程序！ "<<endl;
    cout<<" 这是一个C++程序！ "<<endl;
    cout<<" 这是一个C++程序！ "<<endl;
    cout<<" 这是一个C++程序！ "<<endl;
    cout<<" 这是一个C++程序！ "<<endl;
};
```

⑤ 编译程序、生成可执行程序。执行“Build | Build”菜单命令，即可以建立可执行程序，若有语法错误，编译器会在窗口下方的输出窗口中显示错误信息。

> 范例 **001**：输出“大家好才是真的好！”字符串
>
> 源码路径：光盘**演练范例**\\001\\
>
> 视频路径：光盘**演练范例**\\001\\
>
> 范例 **002**：输出节日的祝福
>
> 源码路径：光盘**演练范例**\\002\\
>
> 视频路径：光盘**演练范例**\\002\\

执行“Bulid | Execute”菜单命令即可在伪 DOS 状态下运行程序，也可以进入 DOS 状态后运行已建立的程序，如图 1-65 所示。

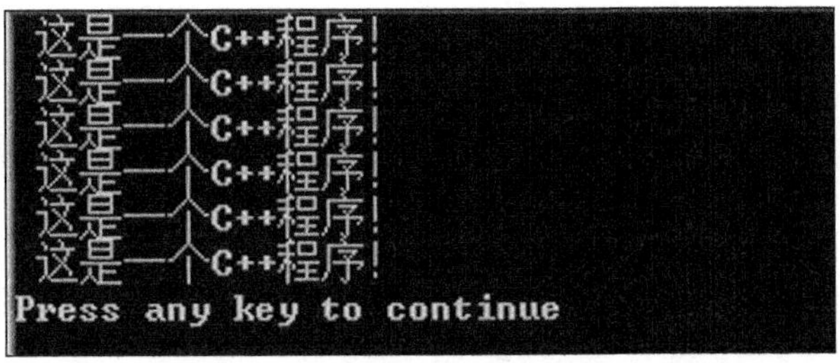

图 1-65 控制台应用程序运行界面

通过以上步骤，我们引导读者使用 Visual C++6.0 创建、编译和运行了一个最简单的 C++程序，请读者在课后练习，尝试实现自己的 C++程序。上面的实例比较简单，在实际的应用程序开发过程中，要编写的程序将比这复杂得多，也会出现各种各样的错误，所以希望读者多加注意。

1.5 技术解惑

1.5.1 初学者经常不知道自己该学什么

最近经常看到一些疑问：我刚学编程，我应该学习什么语言？我想以后找个高薪的工作，我应该学习什么？诸如这类的话题很多，那么学习什么语言好呢？如果你想自己在程序界永葆青春，那就先学习 C++吧，C++语言语法结构简洁精妙，便于描述算法，能够深入底层编程，我们所知道的操作系统，基本上都是用 C++语言写出来的，如 Windows、UNIX、Linux、Mac、Os/2。但是你说现在很多的面向对象语言好不好呢？好，确实好，.NET、C#、Java、perl……这些语言已经把需要你自己实现的算法打成了包，你直接去用就好了。但是它们并不适合新手，任何东西都要循序渐进，一定要多动手多实践，我相信你终将成为高手。

1.5.2 初学者需要知道的正确观念

现在，“一个月打造高级程序员”的口号层出不穷，书店里销售入门、捷径的书同样很火，看了这类书，结果往往一无所获，反而可能学到错误的观念。现在很多的 C++书都是 C 语言的翻版而已。笔者认为学习 C++最好的方法之一就是阅读源代码。

请大家好好体会 C++语言在编程风格、算法与数据结构、设计与实现、界面、排错、测试、性能、可移植性这些方面的特色，千万不要浮躁，若基础打不牢就去学那些精彩的技巧是无任何用处的。

注意：C++语言从 C 演变而来，它是给那些愿意获得更方便和更产品化的企业开发人员而创造的。C++现代、简单、面向对象和类型安全。尽管它借鉴了 C 的许多东西，但是在一些诸如名字空间、类、方法和异常处理等特定领域，它们之间还存在着巨大的差异。希望大家遵循函数要小、代码要少、算法要好、命名要清的路线去创作每一个程序。

第 2 章

C++的重要特质分析

C++是继 C 语言之后的又一门令程序员执爱的编程语言，它不但是 C 的加强版，而且吸取了传统汇编语言的优点，开创了全新的面向对象的语言世界。从此，软件开发领域彻底进入面向对象时代。由此可以看出，C++的最重要特质是面向对象。除了面向对象外，C++还有很多其他方面的特质，在本章将一一介绍。

本章内容

- 什么是面向对象（object-oriented）
- 分析 C++的程序结构
- 必须遵循的编码规范
- 输入输出基础
- 算法是程序的灵魂

技术解惑

C++是面向对象，C 是面向过程，那么这个对象和过程是什么意思呢

面向对象和面向过程的区别

学好 C++的建议

2.1 什么是面向对象（object-oriented）

知识点讲解：光盘:视频\PPT 讲解（知识点）\第 2 章\什么是面向对象.mp4

面向对象程序设计即 OOP，是 Object-Oriented Programming 的缩写。由于很多原因，国内大部分程序设计人员并没有很深的 OOP 以及 OOPL 理论基础，很多人从一开始学习到工作很多年都只是接触到 C/C++、Java 等静态类型语言，而对纯粹的 OOP 思想和作为 OOPL 基础的 Smalltalk 以及动态类型语言知之甚少，不知道还有一些可以针对变量不绑定类型的编程语言。

2.1.1 什么是 OOP

OOP 的许多思想都来之于 Simula 语言，并在 Smalltalk 语言的完善和标准化过程中得到更多的扩展和对以前的思想的重新注解。可以说 OOP 思想和 OOPL 几乎是同步发展、相互促进的。与函数式程序设计（functional-programming）和逻辑式程序设计（logic-programming）所代表的接近于机器的实际计算模型所不同的是，OOP 几乎没有引入精确的数学描叙，而是倾向于建立一个对象模型，它能够近似反映应用领域内的实体之间的关系，其本质是更接近于一种人类认知事物所采用的哲学观的计算模型。

对象的产生通常基于如下两种基本方式：以原型对象为基础产生新的对象和以类为基础产生新对象。

1. 基于原型

原型模型本身就是通过提供一个有代表性的对象为基础来产生各种新的对象，并由此继续产生更符合实际应用的对象。而原型—委托也是 OOP 中的对象抽象，代码共享机制中的一种。

2. 基于类

一个类提供了一个或多个对象的通用性描叙。从形式化的观点看，类与类型有关，因此，一个类相当于从该类中产生的实例的集合。在类模型基础上还诞生了一种拥有元类的新对象模型，即类本身也是一种其他类的对象。

2.1.2 面向对象编程

面向对象编程是 C++编程的指导思想。使用 C++进行编程时，应该首先利用对象建模技术来分析目标问题，抽象出相关对象的共性，对它们进行分类，并分析各类之间的关系；然后再用类来描述同一类对象，归纳出类之间的关系。编程专家在对象建模技术、面向对象编程和知识库系统的基础之上设计了一整套面向对象的方法，具体来说分为面向对象分析（OOA）和面向对象设计（OOD）。对象建模技术、面向对象分析和面向对象设计共同构成了系统设计的过程，如图 2-1 所示。

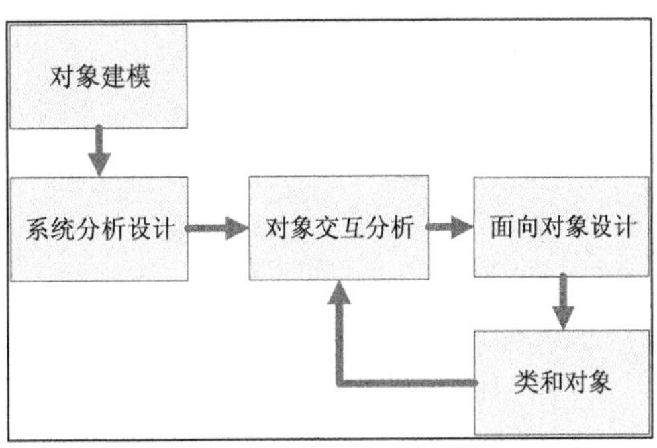

图 2-1 系统设计处理流程

2.2 分析 C++的程序结构

知识点讲解：光盘:视频\PPT 讲解（知识点）\第 2 章\分析 C++的程序结构.mp4

程序结构是程序的组织结构，它包括语句结构、语法规则和表达式，内容包含了代码组织结构和文件组织结构。在 C++开发中，我们必须严格遵循这些规则，才能编写出高效、易懂的程序。

2.2.1　从一段代码看 C++程序结构

请读者先看如下代码。

```
//这是一个演示程序，它从命令行读入一个整数，然后加1再输出。
#include <stdafx.h>
#include <iostream.h>
int main(){
   int x;
   cout<<"请输入一个数字：";
   cin>>x;
   x=x+1;
   cout<<"x=x+1="<<x<<endl;
   return 0;
}
```

在上述代码中，整段程序被划分为了如下 3 个部分。

1. 注释部分

即上述代码中的首行，用双斜杠标注。

```
//这是一个演示程序，它从命令行读入一个整数，然后加1再输出。
```

注释部分即对当前程序的解释说明部分，通常会说明此文件的作用和版权等信息。

2. 预处理部分

即上述代码中的第二行。

```
#include <iostream.h>
```

预处理即在编译前需要提前处理的工作。例如此段代码表示编译器在预处理时，将文件 iostream.h 中的代码嵌入该代码指示的地方，此处的#include 是编译命令。在文件 iostream.h 中声明了程序需要的输入输出操作信息。

3. 主程序部分

即剩余的代码。

```
int main(){
   int x;
   cout<<"请输入一个数字：";
   cin>>x;
   x=x+1;
   cout<<"x=x+1="<<x<<endl;
   return 0;
}
```

此部分是整个程序的核心，用于实现此程序的功能。C++的每个可执行程序都有且只有一个 main 函数，它是程序的入口点。执行 C++程序后，首先会执行这个函数，然后从该函数内调用其他需要的操作。下面依次分析上述代码的主要功能。

- 第 1 行“int x;”：表示定义一个对象，并命名为 x，后面的分号表示此条代码到此结束。
- 第 2 行“cout<<"请输入一个数字："；”：表示通过 cout 输出一行文字。此处的 cout 是 C++中预定义的系统对象，当程序要向输出设备输出内容时，需要在程序中用此对象，输出操作符用“<<”表示，表示将“<<”右边的内容输出到“<<”左边的对象上。例如此行代码表示在标准输出设备上输出字符串文字“请输入一个数字：”。
- 第 3 行“cin>>x;”：cin 代表标准输入设备的对象，即 C++中的预定义对象。当程序需要从输入设备接受输入时，就需要在程序中使用该对象。输入的操作符是“>>”，表示将“>>”左边接受的输入放到右边的对象中。当程序执行到该代码时，会停止并等待来自标准输入设备的输入。输入完毕后按下“Enter”键，cin 会接收输入并将输入放到对应的对象中，然后跳到下一条代码开始执行。
- 第 4 行“x=x+1;”：“+”当然是表示加法运算，将“+”两边的数字相加；“=”表示赋值之意，将“=”右边的运算结果放到“=”左边的对象中去。

- 第 5 行“cout<<"x=x+1="<<x<<endl;”：是一条在标准输出设备上输出文字的代码，包含了 3 个输出操作符。第 1 个操作输入了文字 x=x+1；第 2 个操作输出对象 x 保存的值；第 3 个操作的右边是 endl，表示回车换行之意。
- 第 6 行“return 0;”：表示跳出当前程序，即返回操作系统，使用数字 0 作为返回值。

注意：很多编译器并不特别要求函数 main 必须有返回值，例如 Visual C++，但是为了使读者养成好的习惯，建议必须有返回值。

2.2.2 看 C++的文件组织

如果是一个简单的程序，仅仅需要几行代码就可以完成，这种情况是最简单的，只需一个文件即可保存所有的代码，不需要我们在此讨论。例如图 2-2 所示的结构。

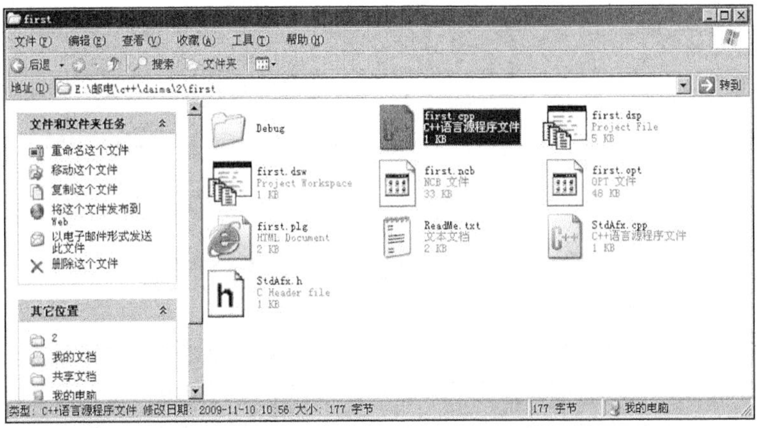

图 2-2 简单 C++文件结构

在图 2-2 所示的结构中，只有文件 first.cpp 包含了当前项目中的程序代码。但是在日常应用中，往往一个项目的程序代码会比较复杂，例如经常需要另写几个类和一些过程函数。为了文档的规整有序和程序的排错，需要为文档设置比较合理的安排方法。

① 每个类的声明写在一个头文件中，根据编译器的要求可以加.h 后缀名，也可以不加。这个头文件一般以类的名字命名。并且为了防止编译器多次包含同一个头文件，头文件总是以下面的框架组织。

```
#ifndef CLASSNMAE_H_
#define CLASSNAME_H_
在此将你类的声明写在这里面
#endif
```

说明：CLASSNAME_H_ 中的 CLASSNAME 就是在这个文件中声明的类名。

② 将类的实现放在另一个文件中，取名为 classname.cpp（classname 为用户在类声明文件中声明的类名）。并且在该文件中的第一行包含类声明的头文件，如#include"classname"（C++新标准不支持带.h 的头文件）。然后在此文件中写类的实现代码。一般格式如下。

```
#include"classname"
```

③ 与类相似，在编写函数时，总是把函数的声明和一些常数的声明放在一个头件中，然后把函数的具体实现放在另一个头文件中。

④ 通常来说，如果在某个源文件中需要引入的头文件很多，或者为了源程序的简洁，可以将头文件的引入功能写在另一个头文件中，然后在源程序的第一行引入这个头文件即可。

⑤ 当在文件中需要使用函数和类时，只需引入类和函数声明的头文件，而无需包含实现的文件。

经过上述方法处理后，就会合理地为一个项目规划好整体的文件结构。在现实项目中，一个大型项目通常会包含很多.cpp 文件和函数文件，例如图 2-3 所示的结构。

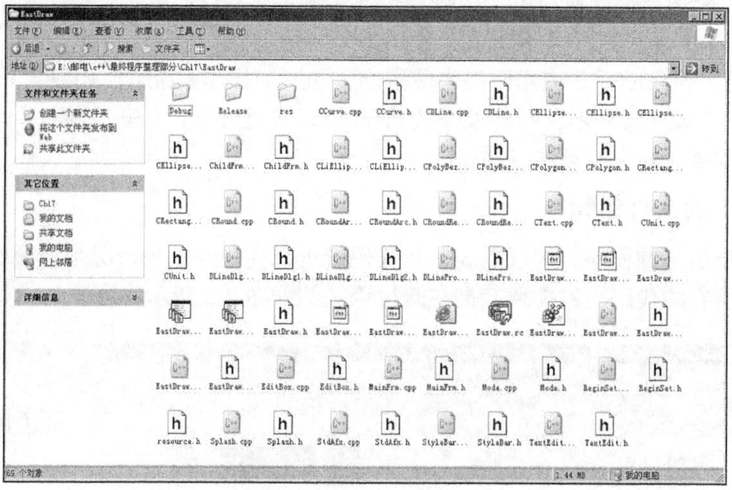

图 2-3　复杂 C++文件结构

2.3　必须遵循的编码规范

知识点讲解：光盘:视频\PPT 讲解（知识点）\第 2 章\必须遵循的编码规范.mp4

编码规范即在编写代码时需要遵守的一些规则。好的编码规范可以大大提高代码的可读性和可维护性，甚至提高程序的可靠性和可修改性，保证了代码的质量。特别是在团队开发大型项目时，编码规范就成为项目高效运作的重要要素。在本节的内容中，将简要介绍在编写 C++程序时必须遵循的编码规范。

2.3.1　养成良好的风格

- 程序快缩进，要使用 Tab 键缩进，不能和空格键混合使用。
- 函数不要太长，如果太长，建议拆分处理。
- 不要使用太深的 if 嵌套语句，可以使用函数来代替。
- 双目操作符号前后加空格，更加醒目。
- 单目操作符前后不加空格。
- 不要使用太长的语句，如果太长，可以分行处理。
- 每个模板中只有一个类。
- If、while、for、case、default、do 等语句要独占一行。
- 一行不能写多条语句。
- 如果表达式中有多个运算符，要用括号标出优先级。

上述建议只是众多风格的主要部分，在实际编写过程中，还需要遵循更多的规则规范。

2.3.2　必须使用的注释

注释可以帮助阅读程序，通常用于概括算法、确认变量的用途或者阐明难以理解的代码段。注释并不会增加可执行程序的大小，编译器会忽略所有注释。

C++中有两种类型的注释：单行注释和成对注释。单行注释以双斜线（//）开头，行中处于双斜杠右边的内容是注释，被编译器忽略。如下。

```
//计算m和n的和
z=add(m,n);
```

另一种定界符：注释对（/**/），是从 C 语言继承过来的。这种注释以“/*”开头，以“*/”结尾，编译器把落入注释对“/**/”之间的内容作为注释。如下。

```
/*计算m和n的和
Z只是个简单函数
*/
z=add(m,n);
```

任何允许有制表符、空格或换行符的地方都允许放注释对。注释对可跨越程序的多行，但不是一定要如此。当注释跨越多行时，最好能直观地指明每一行都是注释的一部分。我们的风格是在注释的每一行以星号开始，指明整个范围是多行注释的一部分。

程序通常混用两种注释形式。注释对一般用于多行解释，而双斜线注释则常用于半行或单行的标记。太多的注释混入程序代码可能会使代码难以理解，通常最好是将一个注释块放在所解释代码的上方。

当改变代码时，注释应与代码保持一致。程序员即使知道系统其他形式的文档已经过期，还是会信任注释，认为它会是正确的。错误的注释比没有注释更糟，因为它会误导后来者。

在使用注释时，必须遵循下述原则。

- 禁止乱用注释。
- 注释必须和被注释内容一致，不能描述和其无关的内容。
- 注释要放在被注释内容的上方或被注释语句的后面。
- 函数头部需要注释，主要包含文件名、作者信息、功能信息和版本信息。
- 注释对不可嵌套：注释总是以“/*”开始并以“*/”结束。这意味着，一个注释对不能出现在另一个注释对中。由注释对嵌套导致的编译器错误信息容易使人迷惑。

2.3.3 代码也需要化妆

对代码进行化妆处理后，可以大大提高代码的可视性，能够充分显示一个程序员的良好素养和编程风格。下面通过一个简单实例的代码，让读者体会代码的缩进和注释的艺术。

实例 002　获取 3 个输入值中的最大数值

源码路径　光盘\daima\2\second　　视频路径　光盘\视频\实例\第 2 章\002

本实例的功能是获取 3 个数中的最大数值，具体实现过程如下。

① 打开 Visual C++6.0，依次选择“Flie | New”命令，弹出“New”对话框，在此选择要创建的工程类型、工程文件的保存位置和工程名称，如图 2-4 所示。

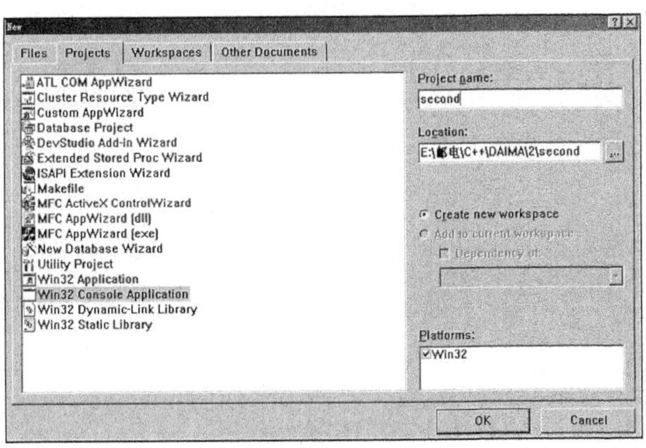

图 2-4　设置新建工程

② 单击“OK”按钮，弹出图 2-5 所示对话框，在此选择设置控制台程序的类型。

③ 单击“Finish”按钮，弹出图 2-6 所示对话框。此窗口是摘要说明窗口，说明了里面包含哪些文件。单击“OK”按钮后会成功创建一个简单的控制台程序。

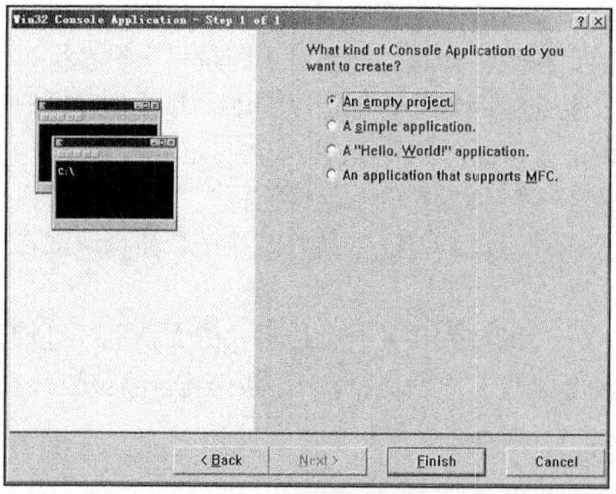

图 2-5　选择控制台程序类型

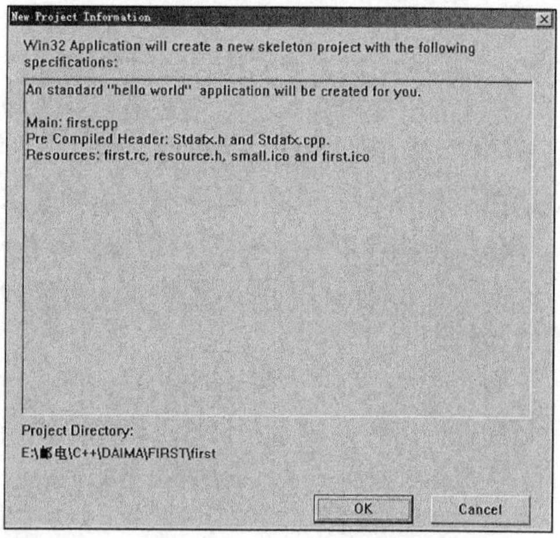

图 2-6　工程摘要

④ 编写 C++程序，文件 second.cpp 的具体代码如下。

```
#include "stdafx.h"
int MaxIn3(int x,int y,int z);
int main(int argc, char* argv[])
{
   int x,y,z;
   cout<<"请输入3个数字：";
   cin>>x>>y>>z;
   cout<<MaxIn3(x,y,z)<<endl;
   return 0;
}
/*
*  函数名称：MaxIn3
*  参      数：接收3个整型参数
*  返回值  ：无
*  函数功能：找出3个整型数中较大的数
*  作      者：XXX
*  版本号  ：0.0.1
*  修改日期：XXXX.XX.XX
*/
int MaxIn3(int x,int y,int z)
{
   int num=0;                                    //存放最大数

   //选择最大数
   if (x>y)
   {
      //x较大
      if (x>z)
         num=x;                                  //x是最大数
      else
         num=z;                                  //z是最大数
   }
   else
   {
      //y较大
      if (y>z)
         num=y;                                  //y是最大数
      else
         num=z;                                  //z是最大数
   }

   //返回最大数
```

范例 **003**：输出带边框的问候语

源码路径：光盘**演练范例**\\003\\

视频路径：光盘**演练范例**\\003\\

范例 **004**：输出不同类型的数据

源码路径：光盘**演练范例**\\004\\

视频路径：光盘**演练范例**\\004\\

```
    return num;
}
```

通过“Build”菜单下的 Compile、Build 和 Execute 命令进行调试，运行后将首先提示输入 3 个数字，如图 2-7 所示；输入 3 个数字并按下回车键后，将输出其中最大的数字，如图 2-8 所示。在此按下回车键退出当前程序。

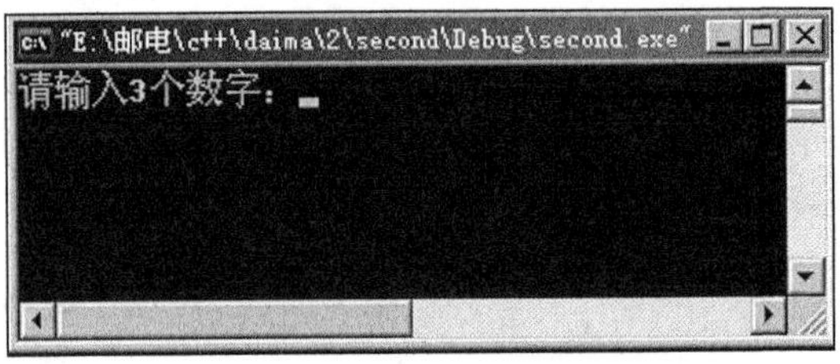

图 2-7 提示输入 3 个数字

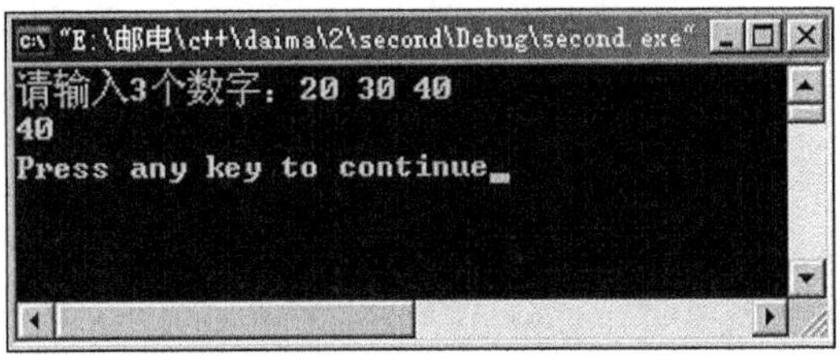

图 2-8 输出其中最大的数字

上述实例的目的不是说明代码的语法或功能实现等知识，而是让读者仔细观察这段代码，分析其中的代码缩进和注释的书写格式。

2.4 输入输出基础

知识点讲解：光盘:视频\PPT 讲解（知识点）\第 2 章\输入输出基础.mp4

C++并没有直接定义进行输入或输出（IO）的任何语句，而是由标准库（standard library）提供，IO 库为程序员提供了大量的工具。然而对于许多应用来说，包括本书的例子而言，编程者只需要了解一些基本概念和操作。本书中的大多数例子都使用了处理格式化输入和输出的 iostream 库。iostream 库的基础是两种命名为 istream 和 ostream 的类型，分别表示输入流和输出流。流是指要从某种 IO 设备上读入或写出的字符序列。术语“流”试图说明字符是随着时间顺序生成或消耗的。在本节的内容中，将简要讲解 C++实现输入和输出的基本知识。

2.4.1 标准输入与输出对象

标准库定义了 4 个 IO 对象。处理输入时使用命名为 cin（读作 see-in）的 istream 类型对象。这个对象也叫作标准输入（standard input）。处理输出时使用命名为 cout（读作 see-out）的 ostream 类型对象，这个对象也称为标准输出（standard output）。标准库还定义了另外两个 ostream 对象，分别命名为 cerr 和 clog（分别读作“see-err”和“see-log”）。cerr 对象又叫作标准错误（standard error），通常用来输出警告和错误信息给程序的使用者。而 clog 对象用于产生程序执行的一般信息。

在一般情况下，系统将这些对象与执行程序的窗口联系起来。这样，当我们从 cin 读入时，数据从执行程序的窗口读入，当写到 cout、cerr 或 clog 时，输出写至同一窗口。运行程序时，大部分操作系统都提供了重定向输入或输出流的方法。利用重定向可以将这些流与所选择的文件联系起来。

2.4.2 一个使用 IO 库的程序

到目前为止，我们已经明白如何编译与执行简单的程序，虽然那个程序什么也不做。在接下来的内容中，我们先来看一看应该如何实现把两数相加的处理代码。我们可以使用 IO 库来扩充 main 程序，实现输出用户给出的两个数的和的功能，具体代码如下。

```
#include <iostream>
int main()
```

```
{
    std::cout << "输入两个数字：" << std::endl;
    int v1, v2;
    std::cin >> v1 >> v2;
    std::cout << "它们的和是" << v1 << " and " << v2
            << " is " << v1 + v2 << std::endl;
    return 0;
}
```

在上述代码中，首先在用户屏幕上显示提示语“输入两个数字：”，输入后按下回车键，将输出两者的和。程序的第一行是一个预处理指示。

```
#include <iostream>
```

功能是告诉编译器要使用 iostream 库。尖括号里的名字是一个头文件。当程序使用库工具时必须包含相关的头文件。#include 指令必须单独写成一行——头文件名和#include 必须在同一行。通常，#include 指令应出现在任何函数的外部。而且习惯上，程序的所有#include 指示都在文件开头部分出现。

1．写入到流

main 函数体中第一条语句执行了一个表达式（expression）。C++中，一个表达式由一个或几个操作数和通常是一个操作符组成。该语句的表达式使用输出操作符（<<操作符），在标准输出上输出如下提示语。

```
std::cout << "Enter two numbers:" << std::endl;
```

上述代码用了两次输出操作符，每个输出操作符实例都接受两个操作数：左操作数必须是 ostream 对象，右操作数是要输出的值。操作符将其右操作数写到作为其左操作数的 ostream 对象。

在 C++中，每个表达式产生一个结果，通常是将运算符作用到其操作数所产生的值。当操作符是输出操作符时，结果是左操作数的值。也就是说，输出操作返回的值是输出流本身。

既然输出操作符返回的是其左操作数，那么我们就可以将输出请求链接在一起。输出提示语的那条语句等价下面的代码。

```
(std::cout << "Enter two numbers:") << std::endl;
```

因为（std::cout << "Enter two numbers:"）返回其左操作数 std::cout，这条语句等价下面的代码。

```
std::cout << "Enter two numbers:";
std::cout << std::endl;
```

endl 是一个特殊值，称为操纵符（manipulator），将它写入输出流时，具有输出换行的效果，并刷新与设备相关联的缓冲区（buffer）。通过刷新缓冲区，保证用户立即看到写入到流中的输出。

注意：程序员经常在调试过程中插入输出语句，这些语句都应该刷新输出流。忘记刷新输出流可能会造成输出停留在缓冲区中，如果程序崩溃，将会导致程序错误推断崩溃位置。

2．使用标准库中的名字

细心的读者会注意到这个程序中使用的是 std::cout 和 std::endl，而不是 cout 和 endl。前缀 std::表明 cout 和 endl 是定义在命名空间（namespace）std 中的。命名空间使程序员可以避免与库中定义的名字相同引起的无意冲突。因为标准库定义的名字定义在命名空间中，所以我们可以按自己的意图使用相同的名字。

标准库使用命名空间的副作用是，当我们使用标准库中的名字时，必须显式地表达出使用的是命名空间 std 下的名字。std::cout 的写法使用了作用域操作符（scope operator，::操作符），表示使用的是定义在命名空间 std 中的 cout。

3．读入流

在输出提示语后，将读入用户输入的数据。先定义两个名为 v1 和 v2 的变量（variable）来保存输入。

```
int v1, v2;
```

将这些变量定义为 int 类型，int 类型是一种代表整数值的内置类型。这些变量未初始化(uninitialized)，表示没有赋给它们初始值。这些变量在首次使用时会读入一个值，因此可以没有初始值。下一条语句读取输入如下。

```
std::cin >> v1 >> v2;
```

输入操作符（>>操作符）行为与输出操作符相似，功能是接受一个 istream 对象作为其左操作数，接受一个对象作为其右操作数，它从 istream 操作数读取数据并保存到右操作数中。像输出操作符一样，输入操作符返回其左操作数作为结果。由于输入操作符返回其左操作数，我们可以将输入请求序列合并成单个语句。换句话说，这个输入操作等价于下面的代码。

```
std::cin >> v1;
std::cin >> v2;
```

输入操作的效果是从标准输入读取两个值，将第一个存放在 v1 中，第二个存放在 v2 中。

4. 完成程序

剩下的就是要输出结果。

```
std::cout << "The sum of " << v1 << " and " << v2
        << " is " << v1 + v2 << std::endl;
```

上述代码虽然比输出提示语的语句长，但是在概念上没什么区别，功能是将每个操作数输出到标准输出。有趣的是操作数并不都是同一类型的值，有些操作数是字符串字面值。例如下面的代码。

```
"The sum of "
```

其他是不同的 int 值，如 v1 和 v2 以及对算术表达式 v1 + v2 求值的结果。iostream 库定义了接受全部内置类型的输入输出操作符版本。

注意：在写 C++程序时，大部分出现空格符的地方，可用换行符代替。这条规则的一个例外是字符串字面值中的空格符不能用换行符代替。另一个例外是换行符不允许出现在预处理指示中。

2.5 算法是程序的灵魂

知识点讲解：光盘:视频\PPT 讲解（知识点）\第 2 章\算法是程序的灵魂.mp4

任何程序语言都需要进行大量的运算，为达到某个目的以获取指定的结果，这就需要了解算法的基础知识。算法是对操作的描述，是编程语言实现一种功能的操作方法。任何一门语言都有自己的数据类型，通过数据类型，能够实现具体的功能。

2.5.1 算法的概念

一个程序应包括对数据的描述和对操作的描述 2 个部分，其中，“数据的描述”在程序中要指定数据的类型和数据的组织形式，即数据结构（data structure）；而“对操作的描述”即操作步骤，也就是算法（algorithm）。

在现实工作中，做任何事情都有一定的步骤。为解决一个问题而采取的方法和步骤，就称为算法。而计算机领域中的算法被称为计算机算法，计算机算法可分为如下 2 类。

- 数值运算算法：用于求解数值。
- 非数值运算算法：用于事务管理领域。

看下面的运算。

$1\times2\times3\times4\times5$

上述运算通常需要按照如下步骤来计算。

第 1 步：先求 1×2，得到结果 2。

第 2 步：将步骤 1 得到的乘积 2 乘以 3，得到结果 6。

第 3 步：将 6 再乘以 4，得 24。

第 4 步：将 24 再乘以 5，得 120。

上述过程就是一个算法，虽然过程有点复杂。而在计算机程序中，对上述算法进行了改进，使用如下算法。

第 1 步：使 t=1

第 2 步：使 i=2

第 3 步：使 $t \times i$，乘积仍然放在变量 t 中，可表示为 $t \times i \rightarrow t$

第 4 步：使 i 的值+1，即 $i+1 \rightarrow i$

第 5 步：如果 $i \leqslant 5$，返回重新执行步骤 3 以及其后的步骤 4 和步骤 5；否则，算法结束。

上述算法方式就是数学中的“$n!$”公式。

看下面的数学应用题。

问题 1：有 80 个学生，要求将他们之中成绩在 60 分以上者打印出来。

在此设 n 表示学生学号，n_i 表示第 i 个学生学号；$cheng$ 表示学生成绩，$cheng_i$ 表示第 i 个学生成绩。则对应算法表示如下。

第 1 步：$1 \rightarrow i$

第 2 步：如果 $cheng_i \geqslant 60$，则打印 n_i 和 $cheng_i$，否则不打印。

第 3 步：$i+1 \rightarrow i$

第 4 步：若 $i \leqslant 80$，返回步骤 2，否则，结束。

问题 2：判定 1900～2500 年中的每一年是否闰年，将结果输出。

润年需要满足的条件如下。

（1）能被 4 整除，但不能被 100 整除的年份。

（2）能被 100 整除，又能被 400 整除的年份。

在此可以设 y 为被检测的年份，则对应算法如下。

第 1 步：$1900 \rightarrow y$

第 2 步：若 y 不能被 4 整除，则输出 y“不是闰年”，然后转到第 6 步。

第 3 步：若 y 能被 4 整除，不能被 100 整除，则输出 y“是闰年”，然后转到第 6 步。

第 4 步：若 y 能被 100 整除，又能被 400 整除，输出 y“是闰年”否则输出 y“不是闰年”，然后转到第 6 步。

第 5 步：输出 y“不是闰年”。

第 6 步：$y+1 \rightarrow y$

第 7 步：当 $y \leqslant 2500$ 时，返回第 2 步继续执行，否则，结束。

2.5.2　流程图表示算法

算法的表示方法即算法的描述和外在表现，上节中的算法都是通过语言描述来体现的。除了语言描述外，还可以通过流程图来描述。

在入场应用中，流程图的描述格式如图 2-9 所示。

例如，有 80 个学生，要求将他们之中成绩在 60 分以上者打印出来。对上述问题的算法即可使用图 2-10 所示的流程图来表示。

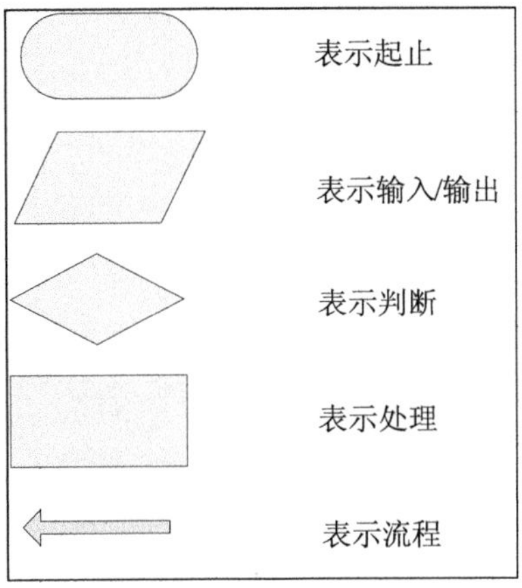

图 2-9 流程图标识说明

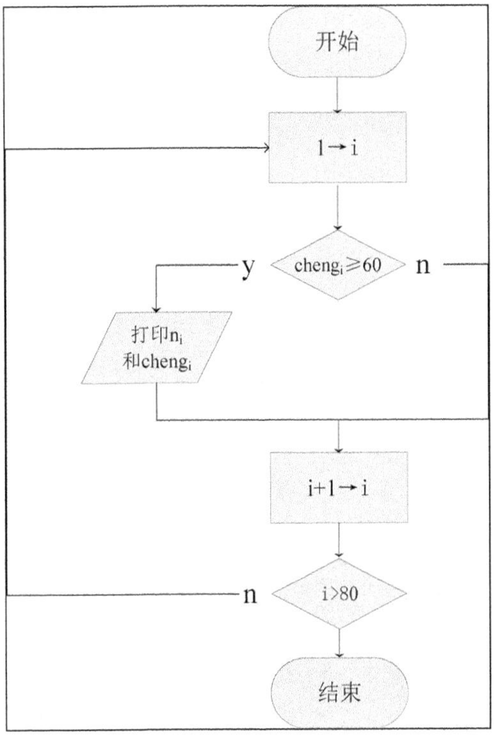

图 2-10 算法流程图

在日常流程设计应用中，流程图通常包含如下 3 种结构。

- 顺序结构：顺序结构如图 2-11 所示，其中 A 和 B 两个框是顺序执行的。即在执行完 A 以后再执行 B 的操作。顺序结构是一种基本结构。
- 选择结构：选择结构也称为分支结构，如图 2-12 所示。此结构中必含一个判断框，根据给定的条件是否成立而选择是执行 A 框还是 B 框。无论条件是否成立，只能执行 A 框或 B 框之一，也就是说 A、B 两框只有一个，也必须有一个被执行。若两框中有一框为空，程序仍然按两个分支的方向运行。
- 循环结构：循环结构分为两种，一种是当型循环，一种是直到型循环。当型循环是先判断条件 P 是否成立，成立才执行 A 操作，而直到型循环是先执行 A 操作再判断条件 P 是否成，成立又执行 A 操作，如图 2-13 所示。

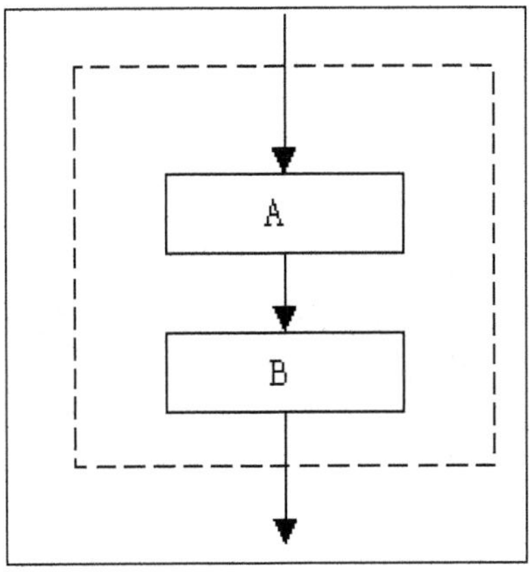

图 2-11 顺序结构

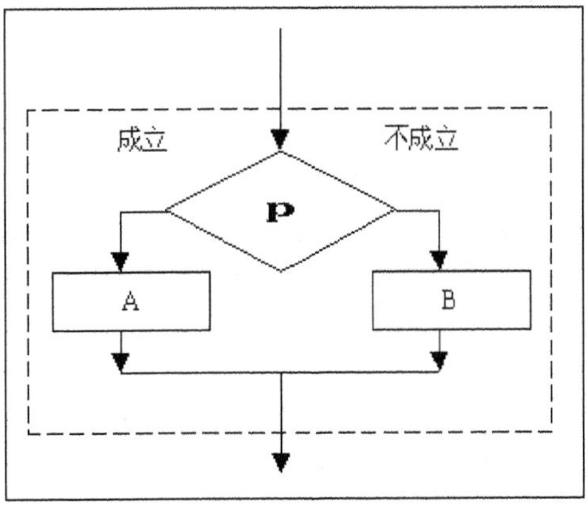

图 2-12 选择结构

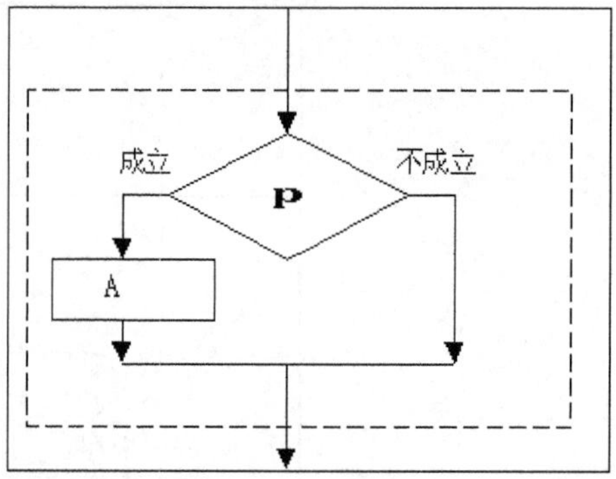

图 2-13　循环结构

2.5.3　计算机语言表示算法

计算机语言表示算法时，必须严格遵循所用语言的语法规则。例如，题目要求计算输入的任意两个分数的和，用 C++编程可以通过如下代码实现。

```
#include<iostream>
using namespace std;
int main(){
cout<<"请输入两个分数："<<endl;                    //提示输入2个分数
double a,b;
cin>>a>>b;
cout<<a+b<<endl;                                  //输出和
eturn 0;
}
```

至此，和语言相关的算法介绍完毕。此部分内容的目的是让读者了解各种数学问题的解决方法，掌握 C++的处理流程，为进行后面的学习打下基础。

2.6　技术解惑

2.6.1　C++是面向对象，C 是面向过程，那么这个对象和过程是什么意思呢

面向对象指的是把属性和方法封装成类，实例化对象后，要完成某个操作时，直接调用类里面相应的方法。面向过程则不进行封装，要完成什么功能需要详细地把算法写出来。举个例子来说，我要完成买东西这个任务，面向对象的实现方法就是，先对手下的人进行指导，教他们怎么去买（相当于定义类的属性和方法），以后要让他们买东西，只要喊“张三（或者李四，相当于实例化对象），你用上次我教你的方法去买个东西”，这样就可以了。而面向过程的方法则不进行指导，每次要去买东西，都找张三过来，再教他怎么去买，但是下次再喊他去买，又要重新教一次。

2.6.2　面向对象和面向过程的区别

C 语言是一门面向过程的语言，C++是一门面向对象的语言。究竟面向对象和面向过程有什么区别呢？面向过程就是分析出解决问题所需要的步骤，然后用函数把这些步骤一步一步实现，使用的时候一个一个依次调用就可以了。 面向对象是把构成问题的事务分解成各个对象，建立对象的目的不是为了完成一个步骤，而是为了描叙某个事物在整个解决问题的步骤中的行为。

例如开发一个五子棋游戏，使用面向过程的设计思路的步骤如下。

① 开始游戏。

② 黑子先走。

③ 绘制画面。

④ 判断输赢。

⑤ 轮到白子。

⑥ 绘制画面。

⑦ 判断输赢。

⑧ 返回步骤②。

⑨ 输出最后结果。

把上面每个步骤用各自的函数来实现，问题就解决了。而面向对象的设计则是从另外的思路来解决问题的，开发整个五子棋游戏的基本过程如下。

① 设计黑白双方，这两方的行为是一模一样的。

② 设计棋盘系统，负责绘制画面。

③ 开发规则系统，负责判定诸如犯规、输赢等。

上述 3 个过程分别代表 3 个对象，其中第一类对象（玩家对象）负责接受用户输入，并告知第二类对象（棋盘对象）棋子布局的变化，棋盘对象接收到了棋子的变化就要负责在屏幕上面显示出这种变化，同时利用第三类对象（规则系统）来对棋局进行判定。

由此可以明显地看出，面向对象是以功能来划分问题，而不是步骤。同样是绘制棋局，这样的行为在面向过程的设计中分散在了诸多步骤中，很可能出现不同的绘制版本，因为通常设计人员会考虑到实际情况进行各种各样的简化。而面向对象的设计中，绘图只可能在棋盘对象中出现，从而保证了绘图的统一。

功能上的统一保证了面向对象设计的可扩展性，比如要加入“悔棋”这一功能，如果要改动面向过程的设计，那么从输入到判断到显示这一连串的步骤都要改动，甚至步骤之间的顺序都要进行大规模调整。如果是面向对象的话，只改动棋盘对象就行了，棋盘系统保存了黑白双方的棋谱，简单回溯就可以了，而显示和规则判断则不用顾及，同时整个对对象功能的调用顺序都没有变化，改动只是局部的。

再比如，要把这个五子棋游戏改为围棋游戏，如果使用的是面向过程设计，那么五子棋的规则就分布在了程序的每一个角落，要改动还不如重写。但是如果一开始就使用了面向对象的设计，那么只改动规则对象就可以了，五子棋和围棋的区别不就是规则吗？而下棋的大致步骤从面向对象的角度来看没有任何变化。

当然，要达到“改动只是局部的”，需要设计者有足够的经验，使用对象不能保证你的程序就是面向对象，初学者或者很蹩脚的程序员很可能以面向对象之虚而行面向过程之实，这样设计出来的所谓面向对象的程序很难有良好的可移植性和可扩展性。

2.6.3 学好 C++的建议

（1）学得要深入，基础要扎实

基础的作用不必多说，在大学课堂上老师曾经讲过很多次了，在此重点说明“深入”。职场不是学校，企业要求你能高效完成项目功能，但是现实中的项目种类繁多，我们需要掌握 C++技术的精髓。走马观花式的学习已经被社会所淘汰，入门水平不会被开发公司所接受，他们需要的是高手。

（2）恒心，演练，举一反三

学习编程的过程是枯燥的过程，我们需要将学习 C++当成是自己的乐趣，只有做到持之以恒才能有机会学好。另外，编程最注重实践，最害怕闭门造车。每一个语法，每一个知识点，都要反复用实例来演练，这样才能加深对知识的理解。并且要做到举一反三，只有这样才能对知识深入理解。

第 3 章

你不一定了解的基础语法

语法是任何一门编程语言的基础，一个程序员只有在掌握了语法知识后，才能根据语法规则编写出项目需要的代码。C++语法比 C 语言的更加复杂，更加难以理解，这就需要我们以更多的精力来掌握它。从本章开始，将从 C++语言的基础语法知识讲起，一步步引导读者步入 C++高手殿堂。

本章内容

- 先看标识符
- 最基本的数据类型
- 标准类型库基础

技术解惑

C++ 的标识符长度应当符合“min-length && max-information”原则

字符和字符串有什么区别

C++中 string 类字符串和 C 中 char*/char[]型字符串的差别

C++字符串和 C 字符串的转换

C++字符串和字符串结束标志

3.1 先看标识符

知识点讲解：光盘:视频\PPT 讲解（知识点）\第 3 章\先看标识符.mp4

所谓标识符，就是为变量、函数和类以及其他对象所起的名称。但是这些名称不能随意命名，因为在 C++系统中，已经预定义了很多标识符，这些预定义的标识符不能被用来定义其他内容。

3.1.1 C++中的保留字

C++中的保留字即前面提到的已经预定义了的标识符，常见的 C++保留字如表 3-1 所示。

表 3-1 C++预定义标识符

asm	default	float	operator	static_cast	union
auto	delete	for	private	struct	unsigned
bool	do	friend	protected	switch	using
break	double	goto	public	template	virtual
case	dynamic_cast	if	register	this	void
catch	else	inline	reinterpret_cast	throw	volatile
char	enum	int	return	true	wchar_t
class	explicit	long	short	try	while
const	export	mutable	signed	typedef	.
const_cast	extern	namespace	sizeof	typeid	..
continue	false	new	static	typename	..

表 3-1 中的预留关键字已经被赋予了特殊的含义，不能再被命名为其他的对象。例如 int 表示整形数据类型，float 表示浮点型数据。C++语言的标识符经常用在以下情况中。

- 标识对象或变量的名字。
- 类、结构和联合的成员。
- 函数或类的成员函数。
- 自定义类型名。
- 标识宏的名字。
- 宏的参数。

3.1.2 需要遵循的命名规则

在 C++语言中，标识符需要遵循如下命名规则。

① 所有标识符必须由一个字母（a～z 或 A～Z）或下划线(_)开头。

② 标识符的其他部分可以用字母、下划线或数字（0～9）组成。

③ 大小写字母表示不同意义，即代表不同的标识符，如前面的 cout 和 Cout。

④ 在定义标识符时，虽然语法上允许用下划线开头，但是，我们最好避免定义用下划线开头的标识符，因为编译器常常定义一些下划线开头的标识符。

⑤ C++没有限制一个标识符中字符的个数，但是，大多数的编译器都会有限制。不过，我们在定义标识符时，通常并不用担心标识符中字符数会超过编译器的限制，因为编译器限制的数字很大（例如 255）。

⑥ 标识符应当直观且可以拼读，可望文知意，不必进行“解码”。标识符最好采用英文单词或其组合，便于记忆和阅读。切忌使用汉语拼音来命名。程序中的英文单词一般不会太复杂，

用词应当准确。例如不要把 CurrentValue 写成 NowValue。

⑦ 命名规则尽量与所采用的操作系统或开发工具的风格保持一致。例如 Windows 应用程序的标识符通常采用"大小写"混排的方式，如 AddChild。而 Unix 应用程序的标识符通常采用"小写加下划线"的方式，如 add_child。别把这两类风格混在一起用。

⑧ 程序中不要出现仅靠大小写区分的相似的标识符，如下。

```
int x, X; // 变量x 与 X 容易混淆void foo(int x);                // 函数foo与FOO容易混淆
void FOO(float x);
```

⑨ 程序中不要出现标识符完全相同的局部变量和全局变量，尽管两者的作用域不同而不会发生语法错误，但是这样会使人产生误解。

⑩ 变量的名字应当使用"名词"或者"形容词＋名词"，如下。

```
float value;
float oldValue;
float newValue;
```

⑪ 全局函数的名字应当使用"动词"或者"动词＋名词"（动宾词组）。类的成员函数应当只使用"动词"，被省略掉的名词就是对象本身，如下。

```
drawBox();                    // 全局函数
box->Draw();                  // 类的成员函数
```

⑫ 用正确的反义词组命名具有互斥意义的变量或相反动作的函数等，如下。

```
int minValue;
int maxValue;
int SetValue(…);
int GetValue(…);
```

⑬ 尽量避免名字中出现数字编号，如 Value1，Value2 等，除非逻辑上的确需要编号。这是为了防止程序员偷懒，不肯为命名动脑筋而导致产生无意义的名字（因为用数字编号最省事）。

而在 Windows 应用程序中，需要遵循如下命名规则。

① 类名和函数名用大写字母开头的单词组合而成，如下。

```
class Node;                   // 类名
class LeafNode;               // 类名
void Draw(void);              // 函数名
void SetValue(int value);     // 函数名
```

② 变量和参数用小写字母开头的单词组合而成，如下。

```
BOOL flag;
int drawMode;
```

③ 常量全用大写的字母，用下划线分割单词，如下。

```
const int MAX = 100;const int MAX_LENGTH = 100;
```

④ 静态变量加前缀 s_（表示 static），如下。

```
void Init(…){
static int s_initValue;       // 静态变量
…
}
```

⑤ 如果不得已需要全局变量，则使全局变量加前缀 g_（表示 global），如下。

```
int g_howManyPeople;          // 全局变量
int g_howMuchMoney;           // 全局变量
```

⑥ 类的数据成员加前缀 m_（表示 member），这样可以避免数据成员与成员函数的参数同名，如下。

```
void Object::SetValue(int width, int height)
{
m_width = width;
m_height = height;
}
```

⑦ 为了防止某一软件库中的一些标识符和其他软件库中的冲突，可以为各种标识符加上能反映软件性质的前缀。例如三维图形标准 OpenGL 的所有库函数均以 gl 开头，所有常量（或宏定义）均以 GL 开头。

3.2　最基本的数据类型

知识点讲解：光盘:视频\PPT 讲解（知识点）\第 3 章\最基本的数据类型.mp4

数据类型是指被计算机存储的对象，我们编写的一系列操作都是基于数据的。但是不同的项目、不同的处理功能会需要不同的数据，为此，C++推出了数据类型这一概念。数据类型规定了数据的组织和操作方式，它能说明数据是怎么存储的以及怎么对数据进行操作。C++中的数据类型可以分为如下 4 大类。

- 数字运算型。
- 逻辑运算型。
- 字符型和字符串。
- 复合类型。

在本节的内容中，将详细讲解上述 4 种基本数据类型的基本知识。

3.2.1　数字运算型

数据是人们记录概念和事物的符号表示，例如记录人的姓名用汉字，记录人的年龄用十进制数字，记录人的体重用十进制数字和小数点等，由此得到的姓名、年龄和体重都叫数据。根据数据的性质不同，可以把数据分为不同的类型。在日常开发应用中，数据主要被分为数值和文字（即非数值）两大类，数值又细分为整数和小数两类。

这里的数字型是指能够进行数学运算的数据类型，可以分为整型、浮点型和双精度型。整形数字可以用十进制、八进制、十六进制 3 种进制表示。根据整形字长的不同，又可以分为短整型、整型和长整型。

表 3-2 列出了 32 位编译器中的基本数据类型所占空间的大小和值域范围。

表 3-2　数据类型说明

基本数据类型	存储空间/字节	数值范围
short int	2	−32768～32767
signed short int	2	−32768～32767
unsigned short int	2	0～65535
int	4	−2147483648～2147483647
signed int	4	−2147483648～2147483647
unsigned int	4	0～4294967295
long int	4	−2147483648～2147483647
signed long int	4	−2147483648～2147483647
unsigned long int	4	0～4294967295
char	1	−128～127
signed char	1	−128～127
unsigned char	1	0～255
float	4	$3.4E+10^{-38}$～$3.4E+10^{38}$
double	8	1.7×10^{-308}～1.7×10^{308}
long double	10	$-1.2*10^{-4932}$～$1.2*10^{4932}$

注意：不同编译器，不同 CPU 的取值范围不同，上述取值范围是笔者的机器环境中的取值。

1. 整型

整型用 int 表示，短整型只需在前面加上 short，长整型只需在前面加上 long 即可。根据有无符号，还可以分为有符号型和无符号型，分别用 signed 和 unsigned 来修饰。具体信息如表 3-3 所示。

表 3-3　　整型类型说明

类　型	取值范围	类　型	取值范围
signed short int	−32767～32768	unsigned int	0～65535
snsigned short int	0～65535	uigned long int	−2147483647～2147483648
signed int	−32767～32768	long int	0～4294967295

在通常情况下，signed 可以省略不写，系统会默认为有符号型。但是如果是无符号型时，如果不写，有的编译器就会报错，有的则不会，例如数字 1。如果被定义为 int，系统会用 16 位来存储，如果定义为 long，则将用 32 位来存储。

为了提高系统的可移植性，在实际的编程过程中，一般不会直接使用表 3-2 中的范围值。因为这些值都是在头文件 limits.h 中以宏定义的形式给出的。具体说明如表 3-4 所示。

表 3-4　　整型宏定义

类型/符号	有符号型		无符号型	
	最大值	最小值	最大值	最小值
Short int	SHRT_MAX	SHRT_MIN	USHRT_MAX	
int	INT_MAX	INT_MIN	UINT_MAX	
Long int	LONG_MAX	LONG_MIN	ULONG_MAX	

对于无符号型的最小值，在文件 limits.h 中没有说明，但是很明显的应该是 0。为了防止溢出，建议读者细心测试计算得到的数据是否在允许的范围内。

2. 实型

实型即实数类型。我们日常用到的数可以分为整数和实数，整数可以在计算机上表示，实数则不能直接表示。为解决实数的表示和存储问题，计算机中采用了“浮点”化的方法。在 C++中没有直接使用实型来命名实数类型，而是将其命名为浮点型。所以在计算机领域中将实数称为浮点数，例如基数是 3，则浮点数的表示方式是。

$$a=b\times 3^{e}$$

在此，b 代表尾数，e 代表阶码。在计算机中，只需保存尾数和阶码即可，具体数据结构格式如下。

阶码	尾数符号	尾数

此处数的精度是由尾数决定的，数的范围由阶码决定，数的符号由尾数符号决定。如果按照精度来分，可以分为单精度型和双精度型。

例如，实数 13.75 可以转换为二进制表示。

$$(13.75)_{10}=(1101.11)_{2}$$

然后规格化处理。

$$(13.75)_{10}=(1101.11)_{2}=(0.110111\times 2^{100})_{2}$$

然后浮点数就可以表示为。

100	0	110111

注意：具体的转换过程是比较复杂的，因为不是本书的重点，所以请读者参阅相关的资料来了解。

3. 浮点型

浮点是单精度实数，表示的是实数的子集。在 C++程序中，浮点型常量包括单精度（float）数，双精度（double）数，长双精度（long double）数 3 种。

浮点型有两种表示方式：小数表示法和指数表示法，具体说明如下。

（1）小数表示法

浮点数据的小数表示法，由整数和小数两部分组成，中间用十进制的小数点隔开。字符 f 或 F 作为后缀表示单精度数，如下。

```
2.71988f                         //单精度数
7.86                             //双精度数，系统默认类型
5.69L                            //长双精度数
```

（2）指数表示法（科学记数法）

浮点数据的指数表示法，由尾数和指数两部分组成，中间用 E 或 e 隔开，如下。

```
3.6E2                            //表示3.62×10^2
1E-10                            //表示10^-10
```

指数表示法必须有尾数和指数两部分，并且指数只能是整数。

4. 双精度型

双精度型即双精度浮点数，其表示的范围比单精度浮点数的要大很多。在 C++中用 double 来修饰双精度浮点型，共 64 位字长。双精度浮点数和单精度浮点数的区别只在所表示的范围上，两者的表示方式是一样的。

实例 003 演示整型数据的 3 种表示方法

源码路径 光盘\daima\3\1 视频路径 光盘\视频\实例\第 3 章\003

本实例的功能是用 3 种方法表示整型数据，实现文件 1.cpp 的具体代码如下。

```
int main(int argc, char* argv[])
{
    //  printf("Hello World!\n");
cout<<"整型数据的十进制表示方法"<<endl;
cout<<"128="<<128<<endl;                    //十进制整数
cout<<"50000L="<<50000L<<endl;              //十进制长整数
cout<<"2002u="<<2002u<<endl;                //无符号十进制整数
cout<<"123ul="<<123ul<<endl;                //无符号十进制长整数

cout<<endl<<"整型数据的八进制表示方法，以非0开头，后跟0～7范
          围内的数"<<endl;
cout<<"0126="<<0126<<endl;                  //八进制整数
cout<<"050000L="<<050000L<<endl;            //八进制长整数
cout<<"060002u="<<060002u<<endl;            //无符号八进制整数

cout<<endl<<"整型数据的十六进制表示方法，以0X或0x开头，
后跟0～9范围内的数以及A～F或a～f范围内的字母"<<endl;
cout<<"0x12A="<<0x12A<<endl;                //十六进制整数
cout<<"0x5a000L="<<0x5a000L<<endl;          //十六进制长整数
cout<<"0xF0002u="<<0xF0002u<<endl;          //无符号十六进制整数
return 0;
}
```

范例 005：演示浮点型数据的转换过程

源码路径：光盘**演练范例**\005\

视频路径：光盘**演练范例**\005\

范例 006：使用科学计数法来表示 3 个数

源码路径：光盘**演练范例**\006\

视频路径：光盘**演练范例**\006\

编译并运行程序，执行结果如图 3-1 所示。

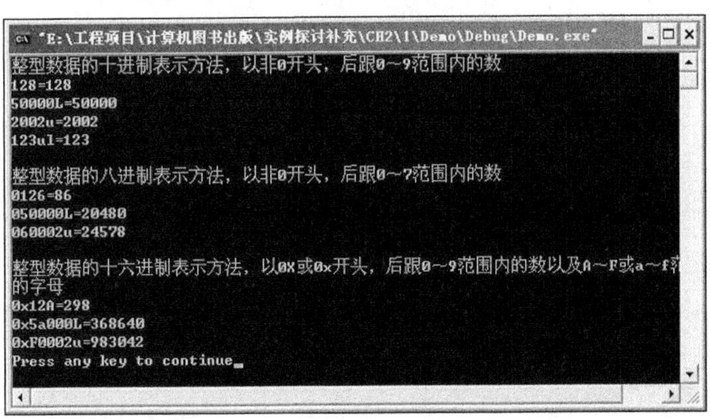

图 3-1 整型数据的 3 种表示方法

3.2.2 逻辑运算型

逻辑运算型是用来定义逻辑性数据的类型，用关键字 bool 来说明。在 C++中没有提供专门的逻辑类型，而是借用了其他类型来表示，如整型和浮点型。在 C++中用 0 来表示逻辑假，1 表示逻辑真。并分别定义了宏 true 表示真，false 表示假。C++提供了 3 种逻辑运算符，具体如表 3-5 所示。

表 3-5　　C++逻辑运算符

运 算 符	名 字	实 例
!	逻辑非	!(5 = = 5) //结果得出 0
&&	逻辑与	5 < 6 && 6 < 6 //结果得出 0
||	逻辑或	5 < 6 || 6 < 5 //结果得出 1

逻辑非（!）是单目运算符，它将操作数的逻辑值取反。即：如果操作数是非零，它使表达式的值为 0；如果操作数是 0，它使表达式的值为 1。

逻辑与（&&）与逻辑或（||）的含义参见表 3-6。

表 3-6　　逻辑与（&&）和逻辑或（||）运算

运 算 符	操作数 1	操作数 2	表达式的值
逻辑与（&&）	true	true	true
	false	true	false
	true	false	false
	false	false	false
逻辑或（||）	true	true	true
	false	true	true
	true	false	true
	false	false	false

下面是一些有效的逻辑表达式。

```
!20                 //结果得出 0
10 &&               //结果得出 1
10 || 5.5           //结果得出 1
10 && 0             //结果得出 0
```

3.2.3 字符型和字符串

字符型包括普通字符和转义字符。

1. 普通字符

普通字符常量是由一对单引号括起来的单个字符，如下。

```
'a'                 //字符常量
'A'                 //字符常量
```

在此，a 和 A 是两个不同的常量。

字符型表示单个字符，用 char 来修饰，通常是 8 位字长，具体格式如下。

```
char var;
```

其中 char 是说明符，var 是变量名，每个变量只能容纳一个字符，每个字符用一对单引号包含进来。

2. 转义字符

转义字符常量是一种特殊表示形式的字符常量，是以'\'开头，后跟一些字符组成的字符序列，表示一些特殊的含义。在 C++语言中，有如下常用字符。

- \'：指单引号。

- \"：指双引号。
- \\：指反斜杠。
- \0：指空字符。
- \a：指响铃。
- \b：指后退。
- \f：指走纸。
- \n：指换行。
- \r：指回车。
- \t：指水平制表符。
- \v：指垂直制表符。
- \xnnn：指表示十六进制数（nnn）。

例如下面的代码。

```
printf( "This\nis\na\ntest\n\nShe said, \"How are you?\"\n" );
```

执行上述代码后将输出如下结果。

```
This
is
a
test
She said, "How are you?"
```

3．字符串

字符串与字符数组都是描述由多个字符构成的数据，字符串借用字符数组来完成处理。在使用字符串时需要注意如下 4 点。

① 字符串数据用双引号表示，而字符数据用单引号。

② 字符串的长度可以根据串中字符个数临时确定，而字符数组的长度必须事先规定。

③ 对字符串，系统在串尾加“\0”作为字符串的结束标志，而字符数组并不要求最后一个字符为“\O”。

④ 用字符数组来处理字符串时，字符数组的长度应比要处理的字符串长度大 1，以存放串尾结束符“\O”，如下。

```
static char city[9]= 'c', 'h', 'a', 'n', 'g', 's', 'h', 'a', '\0\').
```

可用字符串描述为。

```
static char city[9]={\"changsha\"}或\"changsha\";
```

上述两条语句可分别理解为用字符数组来处理字符串，用字符串对字符数组初始化。但千万注意不能在程序中给字符数组赋值，如下。

```
city—\"changsha\"; /*是绝对错误的*/
```

除了上述类型外，还有符合类型。有关符合类型的具体信息，请参阅本书后面的知识。

3.3 标准类型库基础

知识点讲解：光盘:视频\PPT 讲解（知识点）\第 3 章\标准类型库基础.mp4

除了前面介绍的基本数据类型外，C++还定义了一个内容丰富的抽象数据类型标准库。其中最重要的标准库类型是 string 和 vector，它们分别定义大小可变的字符串和集合。string 和 vector 往往将迭代器当作伙伴类型（companion type），用于访问 string 中的字符，或者 vector 中的元素。这些标准库类型是作为语言组成部分的更基本的数据类型（如数组和指针）的抽象。

另一种标准库类型 bitset，提供了一种抽象方法来操作位的集合。与整型值上的内置位操作符相比，bitset 类型提供了一种处理位的更方便的方式。

前面介绍的类型都是低级数据类型，这些类型表示数值或字符的抽象，并根据其机器表示而定义。除了这些在语言中定义的类型外，C++标准库还定义了许多抽象程度更高的抽象数据类型（abstract data types）。这些标准库类型之所以是高级的，是因为其中反映了更复杂的概念。说它们是抽象的，是因为程序员在使用时不需要关心它们是如何表示的。程序员只需知道这些抽象数据类型支持哪些操作就可以了。

两种最重要的标准库类型是 string 和 vector。string 类型支持长度可变的字符串，vector 保存一系列指定类型的对象。说它们重要，是因为它们在 C++定义的基本类型基础上做了一些改进。第 3 章还将学习类似于标准库中 string 和 vector 类型的语言级构造，但标准库的 string 和 vector 类型可能更灵活，且不易出错。

另一种标准库类型提供了更方便和合理有效的语言级的抽象机制，它就是 bitset 类。该类允许程序员把某个值当作位的集合来处理。与 5.6 节介绍的位操作符相比，bitset 类提供操作位更直接的方法。在继续探究标准库类型之前，我们先看一种简化对标准库中所定义名字的访问的机制。

3.3.1　命名空间 using 声明

C++提供了更简洁的方式来使用命名空间成员。本章将介绍一种最安全的机制：using 声明。using 声明允许程序员访问命名空间中的名字，而不需要加前缀 namespace_name::。using 声明的形式如下。

```
using namespace::name;
```

一旦使用了 using 声明，程序员就可以直接引用名字，而不需要引用该名字的命名空间。

```
#include <string>
#include <iostream>
using std::cin;
using std::string;
int main(){
    string s;
    cin >> s;
    cout << s;
    std::cout << s;
}
```

如没有 using 声明，而直接使用命名空间中的名字的无限定符版本是错误的，尽管有些编译器也许无法检测出这种错误。

1. 每个名字需要一个 using 声明

一个 using 声明一次只能作用于一个命名空间成员。using 声明允许程序员在程序中明确指定用到的命名空间中的名字，如果程序员希望使用 std（或其他的命名空间）中的几个名字，则必须给出将要用到的每个名字的 using 声明。

2. 使用标准库类型的类定义

有一种情况下，程序员必须总是使用完全限定的标准库名字：在头文件中。理由是头文件的内容会被预处理器复制到程序员编制的程序中。当我们用#include 包含文件时，就好像把头文件中的文本当作我们编写的文件的一部分了。如果在头文件中放置了 using 声明，就相当于在包含该头文件的每个程序中都放置了同一 using 声明，不论该程序是否需要 using 声明。通常，头文件中只定义确实必要的东西。请养成这个好习惯。

3.3.2　标准库的 string 类

string 类型支持长度可变的字符串，C++标准库负责管理存储字符的相关内存，以及提供各种有用的操作。标准库 string 类型的目的就是满足对字符串的一般应用。

与其他的标准库类型一样，用户程序要使用 string 类型对象，必须包含相关头文件。如果程序员提供合适的 using 声明，那么编写出来的程序将会变得简短一些。

```
#include <string>
using std::string;
```

1. 定义和初始化 String 对象

string 标准库支持几个构造函数，构造函数是一个特殊成员函数，定义如何初始化该类型的对象。表 3-1 列出了几个 string 类型常用的构造函数。当没有明确指定对象初始代式时，系统将使用默认构造函数。

注意：有关构造函数的基本知识，将在本书后面的内容中进行讲解。

表 3-7　　几种初始化 String 对象的方式

string s1;	默认构造函数，s1 为空串
string s2(s1);	将 s2 初始化为 s1 的一个副本
string s3("value");	将 s3 初始化为一个字符串字面值副本
string s4(n, 'c');	将 s4 初始化为字符'c'的 n 个副本

注意：因为历史原因以及为了与 C 语言兼容，字符串字面值与标准库 string 类型不是同一种类型。这一点很容易引起混乱，编程时一定要注意区分字符串字面值和 string 数据类型的使用，这很重要。

2. string 的读写

在具体应用时，可以用 iostream 和 string 标准库，使用标准输入输出操作符来读写 string 对象。例如下面的代码。

```
int main(){
    string s;
    cin >> s;                          //从标准输入读取string，并将读入的串存储在s中。
    cout << s << endl;
    return 0;
}
```

输入和输出操作的行为与内置类型操作符基本类似。尤其是，这些操作符返回左操作数作为运算结果。因此可以把多个读操作或多个写操作放在一起。

```
string s1, s2;
cin >> s1 >> s2;
cout << s1 << s2 << endl;
```

（1）读入未知数目的 string 对象

和内置类型的输入操作符一样，string 的输入操作符也会返回所读的数据流。因此可以把输入操作作为判断条件。例如下面的程序将从标准输入读取一组 string 对象，然后在标准输出上逐行输出。

```
int main(){
    string word;
        while (cin >> word)
        cout << word << endl;
    return 0;
}
```

在上述代码中，使用输入操作符读取了 string 对象。该操作符返回所读的 istream 对象，并在读取结束后，作为 while 的判断条件。如果输入流是有效的，即还没到达文件尾且没遇到无效输入，则执行 while 循环体，并将读取到的字符串输出到标准输出。如果到达了文件尾，则跳出 while 循环。

（2）用 getline 读取整行文本

另外还有一个有用的 string IO 操作：getline。此函数可以接受两个参数：一个输入流对象和一个 string 对象。getline 函数从输入流的下一行读取，并保存读取的内容到 string 中，但不包括换行符。和输入操作符不一样的是，getline 并不忽略行开头的换行符。只要 getline 遇到换行符，即便它是输入的第一个字符，getline 也将停止读入并返回。如果第一个字符就是换行符，则 string 参数将被置为空 string。

getline 函数将 istream 参数作为返回值，和输入操作符一样也把它用作判断条件。例如重写前面那段程序，把每行输出一个单词改为每次输出一行文本。

```
int main(){
    string line;
    while (getline(cin, line))
        cout << line << endl;
    return 0;
}
```

由于 line 不含换行符，若要逐行输出需要自行添加。照常，我们用 endl 来输出一个换行符并刷新输出缓冲区。因为 getline 函数返回时丢弃换行符，换行符将不会存储在 string 对象中。

3．string 对象的操作

在 C++语言中，常用的 string 操作对象如下。

- s.empty()：如果 s 为空串，则返回 true，否则返回 false。
- s.size()：返回 s 中字符的个数。
- s[n]：返回 s 中位置为 n 的字符，位置从 0 开始计数。
- s1 + s2：把 s1 和 s2 连接成一个新字符串，返回新生成的字符串。
- s1 = s2：把 s1 内容替换为 s2 的副本。
- v1 == v2：比较 v1 与 v2 的内容，相等则返回 true，否则返回 false。
- !=, <, <=,> 和 >=：不等于、小于、小于等于、大于、大于等于。

（1）string 的 size 和 empty 操作

string 对象的长度指的是 string 对象中字符的个数，可以通过 size 操作获取。

```
int main(){
    string st("The expense of spirit\n");
    cout << "The size of " << st << "is " << st.size()
         << " characters, including the newline" << endl;
    return 0;
}
```

编译并运行这个程序，得到的结果如下。

```
The size of The expense of spirit
is 22 characters, including the newline
```

了解 string 对象是否为空是有用的。一种方法是将 size 与 0 进行比较。

```
if (st.size() == 0)
```

本例中，程序员并不需要知道 string 对象中有多少个字符，只想知道 size 是否为 0。用 string 的成员函数 empty()可以更直接地回答这个问题。

```
if (st.empty())
```

empty()成员函数将返回 bool 值，如果 string 对象为空则返回 true，否则返回 false。

（2）string::size_type 类型

从逻辑上来讲，size()成员函数似乎应该返回整型数值，或无符号整数。但事实上，size 操作返回的是 string::size_type 类型的值。我们需要对这种类型做一些解释。

string 类类型和许多其他库类型都定义了一些伙伴类型（companion types）。这些伙伴类型使得库类型的使用是与机器无关的（machine-independent）。size_type 就是这些伙伴类型中的一种。它定义为与 unsigned 型（unsigned int 或 unsigned long）具有相同的含义，而且可以保证足够大可存储任意 string 对象的长度。为了使用由 string 类型定义的 size_type 类型，程序员必须加上作用域操作符来说明所使用的 size_type 类型是由 string 类定义的。

任何存储 string 的 size 操作结果的变量必须为 string::size_type 类型。特别重要的是，不要把 size 的返回值赋给一个 int 变量。

虽然不知道 string::size_type 的确切类型，但可以知道它是 unsigned 型。对于任意一种给定的数据类型，它的 unsigned 型所能表示的最大正数值比对应的 signed 要大一倍。这个事实表明 size_type 存储的 string 长度是 int 所能存储的两倍。

使用 int 变量的另一个问题是，有些机器上 int 变量的表示范围太小，甚至无法存储实际并不长的string对象。如在有16位int型的机器上，int类型变量最大只能表示32767个字符的string对象。而能容纳一个文件内容的 string 对象轻易就会超过这个数字。因此，为了避免溢出，保存一个 string 对象 size 的最安全的方法就是使用标准库类型 string:: size_type。

（3）string 关系操作符

string 类定义了几种关系操作符用来比较两个 string 值的大小。这些操作符实际上是比较每个 string 对象的字符。

string 对象比较运算是区分大小写的，即同一个字符的大小写形式被认为是两个不同的字符。在多数计算机上，大写的字母位于小写字母之前：任何一个大写字母都小于任意的小写字母。

==操作符比较两个 string 对象，如果它们相等，则返回 true。两个 string 对象相等是指它们的长度相同，且含有相同的字符。标准库还定义了!=操作符来测试两个 string 对象是否不等。

（4）string 对象的赋值

总体上说，标准库类型尽量设计得和基本数据类型一样方便易用。因此，大多数库类型支持赋值操作。对 string 对象来说，可以把一个 string 对象赋值给另一个 string 对象。

```
string st1, st2 = "The expense of spirit";
st1 = st2;
```

赋值操作后，st1 就包含了 st2 串所有字符的一个副本。大多数 string 库类型的赋值等操作的实现都会遇到一些效率上的问题，但值得注意的是，从概念上讲，赋值操作确实需要的工作，它必须先把 st1 占用的相关内存释放掉，然后再分配给 st1 足够存放 st2 副本的内存空间，最后把 st2 中的所有字符复制到新分配的内存空间。

（5）两个 string 对象相加

string 对象的加法被定义为连接（concatenation）。也就是说，两个（或多个）string 对象可以通过使用加操作符+或者复合赋值操作符+=连接起来。

（6）从 string 对象获取字符

string 类型通过下标操作符（[]）来访问 string 对象中的单个字符。下标操作符需要取一个 size_type 类型的值，来标明要访问字符的位置。这个下标中的值通常被称为“下标”或“索引（index）”。

string 对象的下标从 0 开始。如果 s 是一个 string 对象且 s 不空，则 s[0]就是字符串的第一个字符，s[1]就表示第二个字符（如果有的话），而 s[s.size()-1]则表示 s 的最后一个字符。

注意：引用下标超出下标作用范围就会引起溢出错误。

（7）下标操作可用作左值

通常说变量是左值，且赋值操作的左操作数必须是左值。和变量一样，string 对象的下标操作返回值也是左值。因此，下标操作可以放于赋值操作符的左边或右边。

（8）计算下标值

任何可产生整型数值的表达式都可用作下标操作符的索引。例如，假设 someval 和 someotherval 是两个整型对象，可以这样写。

```
str[someotherval * someval] = someval;
```

虽然任何整型数值都可作为索引，但索引的实际数据类型却是 unsigned 类型 string:: size_type。要用 string::size_type 类型的变量接受 size 函数的返回值。在定义用作索引的变量时，出于同样的道理，string 对象的索引变量最好也用 string:: size_type 类型。

在使用下标索引 string 对象时，必须保证索引值“在上下界范围内”。“在上下界范围内”就是指索引值是一个赋值为 size_type 类型的值，其取值范围在 0 到 string 对象长度减 1 之间。使用 string::size_type 类型或其他 unsigned 类型作为索引，就可以保证索引值不小于 0。只要索引值是 unsigned 类型，就只需要检测它是否小于 string 对象的长度。

注意：标准库不要求检查索引值，所用索引的下标越界是没有定义的，这样往往会导致严重的运行时错误。

4. string 对象中字符的处理

我们经常要对 string 对象中的单个字符进行处理，例如，通常需要知道某个特殊字符是否为空白字符、字母或数字。表 3-8 列出了各种字符操作函数，适用于 string 对象的字符（或其他任何 char 值）。这些函数都在 cctype 头文件中定义。

表 3-8　　cctype 定义的函数

函　数	说　明
isalnum(c)	如果 c 是字母或数字，则为 true
isalpha(c)	如果 c 是字母，则为 true
iscntrl(c)	如果 c 是控制字符，则为 true
isdigit(c)	如果 c 是数字，则为 true
isgraph(c)	如果 c 不是空格，但可输出，则为 true
islower(c)	如果 c 是小写字母，则为 true
isprint(c)	如果 c 是可输出的字符，则为 true
ispunct(c)	如果 c 是标点符号，则为 true
isspace(c)	如果 c 是空白字符，则为 true
isupper(c)	如果 c 是大写字母，则为 true
isxdigit(c)	如果 c 是十六进制数，则为 true
tolower(c)	如果 c 是大写字母，则返回其小写字母形式，否则直接返回 c
toupper(c)	如果 c 是小写字母，则返回其大写字母形式，否则直接返回 c

表 3-8 中的大部分函数是测试一个给定的字符是否符合条件，并返回一个 int 值作为真值。如果测试失败，则该函数返回 0，否则返回一个（无意义的）非 0 值，表示被测字符符合条件。

表中的这些函数，可输出的字符是指那些可以显式表示的字符。空白字符则是空格、制表符、垂直制表符、回车符、换行符和进纸符中的任意一种；标点符号则是除了数字、字母或（可输出的）空白字符（如空格）以外的其他字符。

3.3.3　vector 类型简介

vector 是同一种类型的对象的集合，每个对象都有一个对应的整数索引值。和 string 对象一样，标准库负责管理存储元素的相关内存。我们把 vector 称为容器，是因为它可以包含其他对象。一个容器中的所有对象都必须是同一种类型的。我们将在本书后面的内容中更详细地介绍容器。

在使用 vector 之前，必须包含相应的头文件。本书给出的例子，都是假设已做了相应的 using 声明。

```
#include <vector>
using std::vector;
```

vector 是一个类模板（class template）。模板允许程序员编写单个类或函数定义，这个类和函数定义可用于不同的数据类型上。因此，我们可以定义保存 string 对象的 vector，或保存 int 值的 vector，又或是保存自定义的类类型对象（如 Sales_item 对象）的 vector。将在第 16 章介绍如何定义程序员自己的类模板。幸运的是，使用类模板时只需要简单了解类模板是如何定义的就可以了。

声明从类模板产生的某种类型的对象，需要提供附加信息，信息的种类取决于模板。以

vector 为例，必须说明 vector 保存何种对象的类型，通过将类型放在类模板名称后面的尖括号中来指定类型。

```
vector<int> ivec;
vector<Sales_item> Sales_vec;
```

和其他变量定义一样，定义 vector 对象要指定类型和一个变量的列表。上面的第一个定义，类型是 vector<int>，该类型即是含有若干 int 类型对象的 vector，变量名为 ivec。第二个定义的变量名是 Sales_vec，它所保存的元素是 Sales_item 类型的对象。

注意：vector 不是一种数据类型，而只是一个类模板，可用来定义任意多种数据类型。vector 类型的每一种都指定了其保存元素的类型。因此，vector<int>和 vector <string>都是数据类型。

1. vector 对象的定义和初始化

vector 类定义了好几种构造函数，用来定义和初始化 vector 对象。表 3-9 列出了这些构造函数。

表 3-9 几种初始化 vector 对象的方式

vector<T> v1;	vector 保存类型为 T 的对象。默认构造函数 v1 为空
vector<T> v2(v1);	v2 是 v1 的一个副本
vector<T> v3(n, I);	v3 包含 n 个值为 i 的元素
vector<T> v4(n);	v4 含有值初始化的元素的 n 个副本

（1）创建确定个数的元素

若要创建非空的 vector 对象，必须给出初始化元素的值。当把一个 vector 对象复制到另一个 vector 对象时，新复制的 vector 中每一个元素都初始化为原 vector 中相应元素的副本。但这两个 vector 对象必须保存同一种元素类型。

```
vector<int> ivec1;
vector<int> ivec2(ivec1);
vector<string> svec(ivec1);
```

可以用元素个数和元素值对 vector 对象进行初始化。构造函数用元素个数来决定 vector 对象保存元素的个数，元素值指定每个元素的初始值。

```
vector<int> ivec4(10, -1);
vector<string> svec(10, "hi!");
```

注意：vector 对象动态增长的相关概念

vector 对象（以及其他标准库容器对象）的重要属性就在于可以在运行时高效地添加元素。因为 vector 增长的效率高，在元素值已知的情况下，最好是动态地添加元素。

虽然可以对给定元素个数的 vector 对象预先分配内存，但更有效的方法是先初始化一个空 vector 对象，然后再动态地增加元素（我们随后将学习如何进行这样的操作）。

（2）值初始化

如果没有给出元素的初始化式，那么标准库将提供一个值初始化的（value initialized）元素初始化式。这个由库生成的初始值用于初始化容器中的每个元素。而元素初始化式的值取决于存储在 vector 中元素的数据类型。

如果 vector 保存内置类型（如 int 类型）的元素，那么标准库将用 0 值创建元素初始化值。

```
vector<string> fvec(10);
```

如果向量保存类类型（如 string）的元素，标准库将用该类型的默认构造函数创建元素初始值。

```
vector<string> svec(10);
```

2. vector 的操作

vector 标准库提供许多类似于 string 对象的操作，表 3-10 列出了几种最重要的 vector 操作。

表 3-10　vector 操作

v.empty()	如果 v 为空，则返回 true，否则返回 false
v.size()	返回 v 中元素的个数
v.push_back(t)	在 v 的末尾增加一个值为 t 的元素
v[n]	返回 v 中位置为 n 的元素
v1 = v2	把 v1 的元素替换为 v2 中元素的副本
v1 == v2	如果 v1 与 v2 相等，则返回 true
!=, <, <=, >, >=	保持这些操作符惯有的含义

（1）vector 对象的 size

empty 和 size 操作类似于 string 类型的相关操作。成员函数 size 返回相应 vector 类定义的 size_type 的值。使用 size_type 类型时，必须指出该类型是在哪里定义的。vector 类型总是包括 vector 的元素类型。

```
vector<int>::size_type
vector::size_type
```

（2）向 vector 添加元素

push_back()操作接受一个元素值，并将它作为一个新的元素添加到 vector 对象的后面，也就是"插入（push）"到 vector 对象的"后面（back）"。

```
string word;
vector<string> text;
while (cin >> word) {
text.push_back(word);
}
```

该循环从标准输入读取一系列 string 对象，逐一追加到 vector 对象的后面。首先定义一个空的 vector 对象 text。每循环一次就添加一个新元素到 vector 对象，并将从输入读取的 word 值赋予该元素。当循环结束时，text 就包含了所有读入的元素。

（3）vector 的下标操作

vector 中的对象是没有命名的，可以按 vector 中对象的位置来访问它们。通常使用下标操作符来获取元素。vector 的下标操作类似于 string 类型的下标操作。

vector 的下标操作符接受一个值，并返回 vector 中该对应位置的元素。vector 元素的位置从 0 开始。下例使用 for 循环把 vector 中的每个元素值都重置为 0。

```
for (vector<int>::size_type ix = 0; ix != ivec.size(); ++ix)
ivec[ix] = 0;
```

和 string 类型的下标操作符一样，vector 下标操作的结果为左值，因此可以像循环体中所做的那样实现写入。另外，和 string 对象的下标操作类似，这里用 size_type 类型作为 vector 下标的类型。

上述代码中，即使 ivec 为空，for 循环也会正确执行。ivec 为空则调用 size 返回 0，并且 for 中的测试比较 ix 和 0。第一次循环时，由于 ix 本身就是 0，则条件测试失败，for 循环体一次也不执行。

（4）下标操作不添加元素

初学 C++的程序员可能会认为 vector 的下标操作可以添加元素，其实不然。

```
vector<int> ivec;
for (vector<int>::size_type ix = 0; ix != 10; ++ix)
    ivec[ix] = ix;
```

上述程序试图在 ivec 中插入 10 个新元素，元素值依次为 0 到 9 的整数。但是，这里 ivec 是空的 vector 对象，而且下标只能用于获取已存在的元素。这个循环的正确写法应该如下。

```
for (vector<int>::size_type ix = 0; ix != 10; ++ix)
    ivec.push_back(ix);
```

3.3.4 迭代器简介

除了使用下标来访问 vector 对象的元素外，标准库还提供了另一种检测元素的方法：使用迭代器（iterator）。迭代器是一种允许程序员检查容器内元素，并实现元素遍历的数据类型。

标准库为每一种标准容器（包括 vector）定义了一种迭代器类型。迭代器类型提供了比下标操作更一般化的方法：所有的标准库容器都定义了相应的迭代器类型，而只有少数的容器支持下标操作。因为迭代器对所有的容器都适用，现代 C++程序更倾向于使用迭代器而不是下标操作访问容器元素，即使对支持下标操作的 vector 类型也这样。

1. 容器的 iterator 类型

每种容器类型都定义了自己的迭代器类型，如 vector。

```
vector<int>::iterator iter;
```

这条语句定义了一个名为 iter 的变量，它的数据类型是由 vector<int>定义的 iterator 类型。每个标准库容器类型都定义了一个名为 iterator 的成员，这里的 iterator 与迭代器实际类型的含义相同。

注意：程序员首次遇到有关迭代器的术语时可能会困惑不解，产生困惑的原因之一是由于本书中同一个术语 iterator 表示两个不同的事物。一般性提及的是迭代器的概念；而特别提及的则是由容器定义的具体的 iterator 类型，如 vector<int>。

重点要理解的是，定义了许多用作迭代器的类型，这些类型在概念上是相关的。若一种类型支持一组确定的行为（这些行为允许程序员遍历容器内的元素，并允许程序员访问这些元素值），我们就称这种类型为迭代器。

不同的容器类定义了自己的 iterator 类型，用于访问容器内的元素。换句话说，每个容器定义了一种名为 iterator 的类型，而这种类型支持（概念上的）迭代器的各种行为。

2. begin 和 end 操作

每种容器都定义了一对命名为 begin 和 end 的函数，用于返回迭代器。如果容器中有元素的话，由 begin 返回的迭代器指向第一个元素。

```
vector<int>::iterator iter = ivec.begin();
```

上述语句把 iter 初始化为由名为 begin 的 vector 操作返回的值。假设 vector 不空，初始化后，iter 即指该元素为 ivec[0]。由 end 操作返回的迭代器指向 vector 的“末端元素的下一个”。通常称为超出末端迭代器（off-the-end iterator），表明它指向了一个不存在的元素。如果 vector 为空，begin 返回的迭代器与 end 返回的迭代器相同。

由 end 操作返回的迭代器并不指向 vector 中任何实际的元素，相反，它只是起一个哨兵（sentinel）的作用，表示我们已处理完 vector 中所有元素。

3. vector 迭代器的自增和解引用运算

迭代器类型定义了一些操作来获取迭代器所指向的元素，并允许程序员将迭代器从一个元素移动到另一个元素。迭代器类型可使用解引用操作符（*操作符）来访问迭代器所指向 r 元素。

```
*iter = 0;
```

解引用操作符返回迭代器当前所指向的元素。假设 iter 指向 vector 对象 ivec 的第一个元素，那么*iter 和 ivec[0]就是指向同一个元素。上面这个语句的效果就是把这个元素的值赋为 0。

迭代器使用自增操作符向前移动迭代器指向容器中下一个元素。从逻辑上说，迭代器的自增操作和 int 型对象的自增操作类似。对 int 对象来说，操作结果就是把 int 型值“加 1”，而对迭代器对象则是把容器中的迭代器“向前移动一个位置”。因此，如果 iter 指向第一个元素，则++iter 指向第二个元素。

注意：因为 end 操作返回的迭代器不指向任何元素，因此不能对它进行解引用或自增操作。

4. 迭代器的其他运算

另一对可执行于迭代器的操作就是比较：用==或!=操作符来比较两个迭代器，如果两个迭代器对象指向同一个元素，则它们相等，否则就不相等。

5. 迭代器应用的程序示例

假设已声明了一个 vector<int>型的 ivec 变量，要把它所有元素值重置为 0，可以用下标操作来完成。

```
for (vector<int>::size_type ix = 0; ix != ivec.size(); ++ix)
    ivec[ix] = 0;
```

上述程序用 for 循环遍历 ivec 的元素，for 循环定义了一个索引 ix，每循环迭代一次 ix 就自增 1。for 循环体将 ivec 的每个元素赋值为 0。更典型的做法是用迭代器来编写循环。

```
for (vector<int>::iterator iter = ivec.begin();
                 iter != ivec.end(); ++iter)
    *iter = 0;
```

for 循环首先定义了 iter，并将它初始化为指向 ivec 的第一个元素。for 循环的条件测试 iter 是否与 end 操作返回的迭代器不等。每次迭代 iter 都自增 1，这个 for 循环的效果是从 ivec 第一个元素开始，顺序处理 vector 中的每一元素。最后，iter 将指向 ivec 中的最后一个元素，处理完最后一个元素后，iter 再增加 1，就会与 end 操作的返回值相等，在这种情况下，循环终止。

for 循环体内的语句用解引用操作符来访问当前元素的值。和下标操作符一样，解引用操作符的返回值是一个左值，因此可以对它进行赋值来改变它的值。上述循环的效果就是把 ivec 中所有元素都赋值为 0。

通过上述对代码的详细分析，可以看出这段程序与用下标操作符的版本达到相同的操作效果：从 vector 的第一个元素开始，把 vector 中每个元素都置为 0。

6. const_iterator

前面的程序用 vector::iterator 改变 vector 中的元素值。每种容器类型还定义了一种名为 const_iterator 的类型，该类型只能访问容器内元素，但不能改变其值。

当我们对普通 iterator 类型解引用时，得到对某个元素的非 const 引用。而如果我们对 const_iterator 类型解引用时，则可以得到一个指向 const 对象的引用，如同任何常量一样，该对象不能进行重写。

例如，如果 text 是 vector<string>类型，程序员想要遍历它，输出每个元素，则可以这样编写程序。

```
for (vector<string>::const_iterator iter = text.begin();
                          iter != text.end(); ++iter)
cout << *iter << endl;
```

除了是从迭代器读取元素值而不是对它进行赋值之外，这个循环与前一个相似。由于只需要借助迭代器进行读，不需要写，因此这里把 iter 定义为 const_iterator 类型。当对 const_iterator 类型解引用时，返回的是一个 const 值。不允许用 const_iterator 进行赋值。

```
for (vector<string>::const_iterator iter = text.begin();
                          iter != text.end(); ++ iter)
    *iter = " ";
```

使用 const_iterator 类型时，我们可以得到一个迭代器，它自身的值可以改变，但不能用来改变其所指向的元素的值。可以对迭代器进行自增以及使用解引用操作符来读取值，但不能对该元素值赋值。

不要把 const_iterator 对象与 const 的 iterator 对象混淆起来。声明一个 const 迭代器时，必须初始化迭代器。一旦被初始化后，就不能改变它的值。

```
vector<int> nums(10);
const vector<int>::iterator cit = nums.begin();
*cit = 1;
++cit;
```

const_iterator 对象可以用于 const vector 或非 const vector，因为不能改写元素值。const 迭代器这种类型几乎没什么用处：一旦它被初始化后，只能用它来改写其指向的元素，但不能使它指向任何其他元素。

```
const vector<int> nines(10, 9);
const vector<int>::iterator cit2 = nines.begin();
vector<int>::const_iterator it = nines.begin();
*it = 10;
++it;
vector<int>::const_iterator
const vector<int>::iterator
```

7. 迭代器的算术操作

除了一次移动迭代器的一个元素的增量操作符外，vector 的迭代器（很少有其他标准库容器迭代器）也支持其他的算术操作。这些操作称为迭代器算术操作（iterator arithmetic），包括如下内容。

```
iter + n
iter - n
```

可以对迭代器对象加上或减去一个整型值。这样做将产生一个新的迭代器，其位置在 iter 所指元素之前（加）或之后（减）n 个元素的位置。加或减之后的结果必须指向 iter 所指 vector 中的某个元素，或者是 vector 末端的后一个元素。加上或减去的值的类型应该是 vector 的 size_type 或 difference_type 类型。看下面的表达式。

```
iter1 - iter2
```

该表达式用来计算两个迭代器对象的距离，该距离是名为 difference_type 的 signed 整数类型的值，这里的 difference_type 类型类似于 size_type 类型，也是由 vector 定义的。difference_type 是 signed 类型，因为减法运算可能产生负数的结果。该类型可以保证足够大以存储任何两个迭代器对象间的距离。iter1 与 iter2 两者必须都指向同一 vector 中的元素，或者指向 vector 末端之后的下一个元素。

可以用迭代器算术操作来移动迭代器直接指向某个元素，例如下面的语句直接定位于 vector 的中间元素。

```
vector<int>::iterator mid = vi.begin() + vi.size()/2;
```

上述代码用来初始化 mid，使其指向 vi 中最靠近正中间的元素。这种直接计算迭代器的方法，与用迭代器逐个元素自增操作到达中间元素的方法是等价的，但前者的效率要高得多。

注意：任何改变 vector 长度的操作都会使已存在的迭代器失效。例如，在调用 push_back 之后，就不能再信赖指向 vector 的迭代器的值了。

3.3.5 bitset 类型初步

有些程序要处理二进制位的有序集，每个位可能包含的是 0（关）或 1（开）的值。位是用来保存一组项或条件的 yes/no 信息（有时也称标志）的简洁方法。标准库提供了 bitset 类使得处理位集合更容易一些。要使用 bitset 类就必须要包含相关的头文件。在本书提供的例子中，假设都使用了 std::bitset 的 using 声明。

```
#include <bitset>
using std::bitset;
```

1. bitset 的定义和初始化

表 3-11 中列出了 bitset 的构造函数。

表 3-11 初始化 bitset 对象的方法

bitset<n> b;	b 有 n 位，每位都为 0
bitset<n> b(u);	b 是 unsigned long 型 u 的一个副本
bitset<n> b(s);	b 是 string 对象 s 中含有的位串的副本
bitset<n> b(s, pos, n);	b 是 s 中从位置 pos 开始的 n 个位的副本

bitset 的构造函数类似于 vector，bitset 类是一种类模板；而与 vector 不一样的是，bitset 类型对象的区别仅在其长度而不在其类型。在定义 bitset 时，要明确 bitset 含有多少位，须在尖括号内给出它的长度值。

```
bitset<32> bitvec;                              //32位，全为0。
```

给出的长度值必须是常量表达式。正如这里给出的，长度值必须定义为整型字面值常量或是已用常量值初始化的整数类型的 const 对象。上述语句把 bitvec 定义为含有 32 位的 bitset 对象。和 vector 的元素一样，bitset 中的位是没有命名的，程序员只能按位置来访问它们。位集合的位置编号从 0 开始，因此，bitvec 的位序是从 0 到 31。以 0 位开始的位串是低阶位（low-order bit），以 31 位结束的位串是高阶位（high-order bit）。

（1）用 unsigned 值初始化 bitset 对象

当用 unsigned long 值作为 bitset 对象的初始值时，该值将转化为二进制的位模式。而 bitset 对象中的位集作为这种位模式的副本。如果 bitset 类型长度大于 unsigned long 值的二进制位数，则其余的高阶位置为 0；如果 bitet 类型长度小于 unsigned long 值的二进制位数，则只使用 unsigned 值中的低阶位，超过 bitet 类型长度的高阶位将被丢弃。

在 32 位 unsigned long 的机器上，十六进制值 0xffff 表示为二进制位就是 16 个 1 和 16 个 0（每个 0xf 可表示为 1111）。可以用 0xffff 初始化 bitset 对象。

```
bitset<16> bitvec1(0xffff);
bitset<32> bitvec2(0xffff);
bitset<128> bitvec3(0xffff);
```

上面的 3 个例子中，0 到 15 位都置为 1。由于 bitvec1 位数少于 unsigned long 的位数，因此 bitvec1 的初始值的高阶位被丢弃。bitvec2 和 unsigned long 长度相同，因此所有位正好放置了初始值。bitvec3 长度大于 32，31 位以上的高阶位就被置为 0。

（2）用 string 对象初始化 bitset 对象

当用 string 对象初始化 bitset 对象时，string 对象直接表示为位模式。从 string 对象读入位集的顺序是从右向左。

```
string strval("1100");
bitset<32> bitvec4(strval);
```

在 bitvec4 的位模式中，第 2 和 3 的位置为 1，其余位置都为 0。如果 string 对象的字符个数小于 bitset 类型的长度，则高阶位将置为 0。

注意：string 对象和 bitset 对象之间是反向转化的，string 对象的最右边字符（即下标最大的那个字符）用来初始化 bitset 对象的低阶位（即下标为 0 的位）。当用 string 对象初始化 bitset 对象时，记住这一差别很重要。

不一定要把整个 string 对象都作为 bitset 对象的初始值。相反，可以只用某个子串作为初始值。

```
string str("1111111000000011001101");
bitset<32> bitvec5(str, 5, 4);
bitset<32> bitvec6(str, str.size() - 4);
```

这里用 str 中从 str[5]开始包含 4 个字符的子串来初始化 bitvec5。照常，初始化 bitset 对象时总是从子串最右边结尾字符开始的，bitvec5 的从 0 到 3 的二进制位置为 1100，其他二进制位都置为 0。如果省略第 3 个参数，则意味着取操作从开始位置一直到 string 末尾的所有字符。在上述代码中，取出 str 末尾的 4 位来对 bitvec6 的低四位进行初始化，bitvec6 其余的位初始化为 0。

2. bitset 对象上的操作

多种 bitset 操作（表 3-12）用来测试或设置 bitset 对象中的单个或多个二进制位。

表 3-12　　bitset 操作

bitset 操作	说　明
b.any()	b 中是否存在置为 1 的二进制位?
b.none()	b 中不存在置为 1 的二进制位吗?
b.count()	b 中置为 1 的二进制位的个数
b.size()	b 中二进制位的个数
b[pos]	访问 b 中在 pos 处的二进制位
b.test(pos)	b 中在 pos 处的二进制位是否为 1?
b.set()	把 b 中所有二进制位都置为 1
b.set(pos)	把 b 中在 pos 处的二进制位置为 1
b.reset()	把 b 中所有二进制位都置为 0
b.reset(pos)	把 b 中在 pos 处的二进制位置为 0
b.flip()	把 b 中所有二进制位逐位取反
b.flip(pos)	把 b 中在 pos 处的二进制位取反
b.to_ulong()	用 b 中同样的二进制位返回一个 unsigned long 值
os << b	把 b 中的位集输出到 os 流

（1）测试整个 bitset 对象

如果 bitset 对象中有一个或多个二进制位置为 1，则 any 操作返回 true，也就是说，其返回值等于 1；相反，如果 bitset 对象中的二进制位全为 0，则 none 操作返回 true。

```
bitset<32> bitvec;
bool is_set = bitvec.any();
bool is_not_set = bitvec.none();
```

如果需要知道置为 1 的二进制位的个数，可以使用 count 操作，该操作可以返回值为 1 的二进制位的个数。

```
size_t bits_set = bitvec.count();
```

count 操作的返回类型是标准库中命名为 size_t 的类型。size_t 类型定义在 cstddef 头文件中，该文件是 C 标准库的头文件 stddef.h 的 C++版本。这是一个与机器相关的 unsigned 类型，大小可以保证存储内存中对象。与 vector 和 string 中的 size 操作一样，bitset 的 size 操作返回 bitset 对象中二进制位的个数，返回值的类型是 size_t。

```
size_t sz = bitvec.size();
```

（2）访问 bitset 对象中的位

可以用下标操作符来读或写某个索引位置的二进制位，同样地，也可以用下标操作符测试给定二进制位的值或设置某个二进制位的值。

```
for (int index = 0; index != 32; index += 2)
        bitvec[index] = 1;
```

上面的循环把 bitvec 中的偶数下标的位都置为 1。

除了用下标操作符，还可以用 set、test 和 reset 操作来测试或设置给定二进制位的值。

```
for (int index = 0; index != 32; index += 2)
        bitvec.set(index);
```

为了测试某个二进制位是否为 1，可以用 test 操作或者测试下标操作符的返回值。

```
if (bitvec.test(i))
if (bitvec[i])
```

如果下标操作符测试的二进制位为 1，则返回的测试值的结果为 true，否则返回 false。

（3）对整个 bitset 对象进行设置

set 和 reset 操作分别用来对整个 bitset 对象的所有二进制位全置 1 和全置 0。

```
bitvec.reset();
bitvec.set();
```

flip 操作可以对 bitset 对象的所有位或个别位按位取反。

```
bitvec.flip(0);
bitvec[0].flip();
bitvec.flip();
```

（4）获取 bitset 对象的值

to_ulong 操作返回一个 unsigned long 值，该值与 bitset 对象的位模式存储值相同。仅当 bitset 类型的长度小于或等于 unsigned long 的长度时，才可以使用 to_ulong 操作。

```
unsigned long ulong = bitvec3.to_ulong();
cout << "ulong = " << ulong << endl;
```

to_ulong 操作主要用于把 bitset 对象转到 C 风格或标准 C++之前风格的程序上。如果 bitset 对象包含的二进制位数超过 unsigned long 的长度，将会产生运行时异常。

（5）输出二进制位

可以用输出操作符输出 bitset 对象中的位模式。

```
bitset<32> bitvec2(0xffff);
cout << "bitvec2: " << bitvec2 << endl;
```

输出结果如下。

```
bitvec2: 00000000000000001111111111111111
```

（6）使用位操作符

bitset 类也支持内置的位操作符。C++定义的这些操作符都只适用于整型操作数，它们所提供的操作类似于本节所介绍的 bitset 操作。

3.4　技术解惑

3.4.1　C++的标识符长度应当符合“min-length && max-information”原则

以前，旧的 ANSI C 标准规定名字不准超过 6 个字符，现在的 C++/C 规则不再有此限制。一般来说，长名字能更好地表达含义，所以函数名、变量名、类名长达十几个字符不足为怪。那么名字是否越长约好？不见得！例如变量名 maxval 比 maxValueUntilOverflow 好用。单字符的名字也是有用的，常见的如 i、j、k、m、n、x、y、z 等，它们通常可用作函数内的局部变量。

3.4.2　字符和字符串有什么区别

字符和字符串的差异很小，因为字符也是由一个个字符组合而成，两者的主要区别如下。

- ❑ 字符使用单引号‘’标注，而字符串使用双引号“”标注。
- ❑ 字符串需要使用转义字符‘\0’来说明结束位置，而字符则不存在这个问题。
- ❑ 字符是一个元素，只能存放单个字符。而字符串是字符的集合，可以存放多个字符。
- ❑ 相同内容的字符数组和字符串都是字符的集合，但是字符数组比字符串少了一个转义字符‘0’。

3.4.3　C++中 string 类字符串和 C 中 char*/char[]型字符串的差别

在 C 语言中，是没有 string 类型的数据的，此处说有是因为 C 有<string.h>这个头文件。轻易让人误认为 C 中有 string 类型的数据。在 C 语言中，若是 string 默示字符串型数据，那么 C 语言中是有字符串类型数据的（用 char[]或者 char *来声明定义）。然则没有 string 类型数据。而 C 语言中的<string.h>这个头文件里声明的函数原型也满是针对 char 数组的各种操纵，如 strcmp，strcpy，strcat 等。在 C 语言中，如果是 string 默示 string 类型，那么 C 语言中没有。

3.4.4 C++字符串和C 字符串的转换

C ++提供的由 C++字符串得到对应的 C_string 的方法是使用 data()、c_str()和 copy()，其中，data()以字符数组的形式返回字符串内容，但并不添加'\0'。c_str()返回一个以'\0'结尾的字符数组，而 copy()则把字符串的内容复制或写入既有的 c_string 或字符数组内。C++字符串并不以“\0”结尾。笔者的建议是在程序中能使用 C++字符串就使用，除非万不得已，否则不选用 c_string。

3.4.5 C++字符串和字符串结束标志

为了测定字符串的实际长度，C++规定了一个“字符串结束标志”，以字符“\0”代表。对一个字符串常量来说，系统会自动在所有字符的后面加一个“\0”作为结束符。例如字符串“I am happy”共有 10 个字符，但是在内存中共占 11 字节，最后一字节“\0”是由系统自动加上的。

在程序中往往依靠检测“\0”的位置来判定字符串是否结束，而不是根据数组的长度来决定字符串长度。当然，在定义字符数组时应估计实际字符串长度，保证数组长度始终大于字符串实际长度。如果在一个字符数组中先后存放多个不同长度的字符串，则应使数组长度大于最长的字符串的长度。

第 4 章

你不一定了解的变量和常量

在 C++语言中，变量和常量用于保存和访问程序中需要的数据，如果保存的数据可变就称为变量，反之就称为常量。变量和常量是 C++程序访问数据的手段，是数据的载体。在本章的内容中，将详细介绍 C++语言变量和常量的基本知识，为读者进行本书后面知识的学习打下坚实的基础。

本章内容

- 先来看变量
- 变量的作用域
- 再来看常量

技术解惑

C++常量的命名需要遵循一定的规范吗

在 C++程序中，用 const 定义常量还是用#define

const 是个很重要的关键字，在使用时应该注意些什么呢

关于全局变量的初始化，C 语言和 C++有区别吗

C/C++变量在内存中的分布

静态变量的初始化顺序

4.1 先来看变量

知识点讲解：光盘:视频\PPT 讲解（知识点）\第 4 章\先来看变量.mp4

所谓变量是指内容可以变化的量，它是访问和保存数据的媒介。变量在程序中的应用比较频繁，这就需要我们正确、灵活地使用才能够编写出高效的程序。在本节的内容中，将详细讲解 C++变量的基本知识。

4.1.1 定义变量

变量不仅向编译器声明变量的存在，并同时为其分配所需的空间。具体格式如下。

```
type varl[=value1], var2[=value2],……
```

其中，type 是类型名，可以是 int、char 等任何类型的说明符；varl 和 var2 是变量的名字，可以是任何合法的非保留字标识符，value1 和 value2 是常量值。如果同时定义多个变量，则变量之间必须用逗号“,”隔开，最后一个变量后加分号“;”。

注意：变量类型决定了怎样去理解和操作该变量所对应的数据，变量名为程序提供了内存块的首地址和操作它的媒介。

实例 004 分别定义 5 个变量，并分别初始化赋值处理

源码路径 光盘\daima\4\bian 视频路径 光盘\视频\实例\第 4 章\004

本实例的核心文件是 bian.cpp，具体实现代码如下。

```
#include "stdafx.h"
#include "iostream.h"
int main(void)
{
    int a=20;              //定义整型变量a
    char ch='a';           //定义字符型变量ch
    double d1,d2;          //定义双精度型变量d1和d2
    double d3;             //定义双精度型变量d3
    /*使用定义的5个变量*/
    d1=2.9;
    d2=3.1;
    d3=14;
    d3=d1+d3;
    cout<<d1<<endl;
    cout<<d2<<endl;
    cout<<d3<<endl;
    return 0;
}
```

范例 007：演示变量和存储方式的关系

源码路径：光盘**演练范例**\007\

视频路径：光盘**演练范例**\007\

范例 008：获取输入的用户名和密码

源码路径：光盘**演练范例**\008\

视频路径：光盘**演练范例**\008\

在上述代码中，分别定义了 5 个变量 a、ch、d1、d2、d3，并分别为这 5 个变量进行了赋值处理。编译执行后将输出对应的结果，具体如图 4-1 所示。

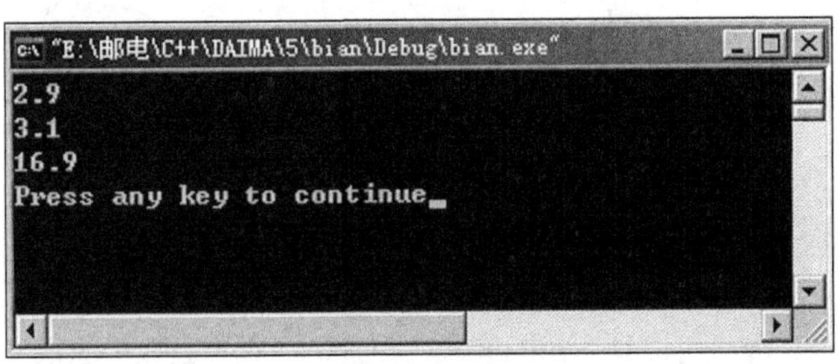

图 4-1 执行结果

4.1.2 声明变量

如果只需向编译器说明一个变量的存在，而不为其分配所需的存储空间，就叫变量的声明，

它仅仅是起到了占位符的作用。具体声明格式如下。

```
extern type var1,var2,……
```

其中，extern 是关键字，表示定义的外部变量；type 是变量的类型，var1 和 var2 是变量的名称。所谓外部变量，是指变量在当前程序的外部，要么是在另外一个文件中，要么是在本文件的后面。

实例 005　使用 extern 声明两个变量 a 和 b

源码路径　光盘\daima\4\wai　　　　视频路径　光盘\视频\实例\第 4 章\005

本实例的功能是使用 extern 声明两个变量 *a* 和 *b*，实例文件 wai.cpp 的具体代码如下所示。

```
#include "stdafx.h"
#include "iostream.h"
#include "a_wai.h"           //变量a所在的头文件
extern int a;                //从外部引入变量a
extern int b;                //从外部引入变量b
int main(void)
{
    int c=10;                //定义变量c
    cout<<"a在另一个文件内,a="<<a<<endl;
    cout<<"b是声明的,但在本文件内,b="<<b<<endl;
    cout<<"c是定义的,c="<<c<<endl;
    return 0;
}
int b = 1;                   //定义变量b
```

范例 **009**：判断是否是闰年

源码路径：光盘**演练范例**\009\

视频路径：光盘**演练范例**\009\

范例 **010**：组合判断处理

源码路径：光盘**演练范例**\010\

视频路径：光盘**演练范例**\010\

执行后的效果如图 4-2 所示。

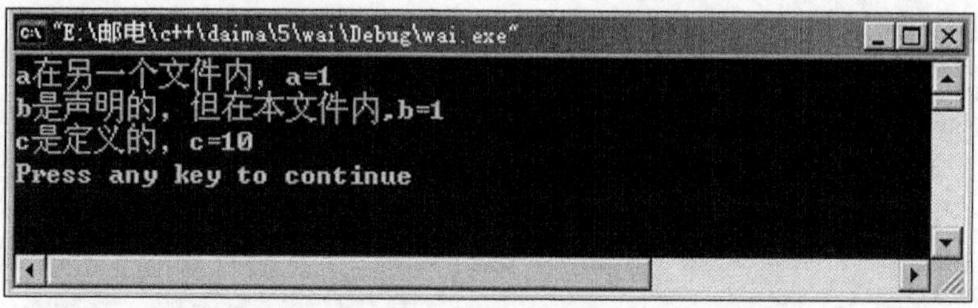

图 4-2　执行效果

在上述代码中，extern 声明一个来自其他文件的变量 *a*，然后声明一个在主函数后才被定义的变量 *b*。变量 *a* 是直接调用的，它在外部文件 a_wai.h 中被定义，具体代码如下。

```
extern int a=1;
```

这样，虽然 *a* 和 *b* 都被声明为外部变量，但是 *a* 是在文件 a_wai.h 中定义的，*b* 则是在函数 main 的末尾定义的，*c* 则只是一个定义。

注意：在上述代码中，变量的声明并没有给变量分配存储空间，所以在声明时不能给其赋值，因为它在实际上是不存在的。例如，将变量 *a* 的声明写为如下格式。

```
extern int a=1;              //从外部引入变量a
```

上述写法是错误的，因为此时的 *a* 还没有存储空间，数值 1 将无处可放。

4.2　变量的作用域

知识点讲解：光盘:视频\PPT 讲解（知识点）\第 4 章\变量的作用域.mp4

变量的作用域是指变量可以被引用的区域，变量的生存期是指变量的生命周期，变量的作用域与生存周期是密切相关的。在本节的内容中，将简要介绍变量作用域的基本知识。

4.2.1　作用域和生存期

变量的作用域决定了变量的可见性，说明变量在程序哪个区域可用，即程序中哪些语句可以使用变量。作用域有 3 种：局部、全局和文件作用域。具有局部作用域的变量称为局部变量，具有全局作用域和文件作用域的变量程为全局变量。

大部分变量都具有局部作用域，它们声明在函数内部。局部的作用域开始于变量声明的位置，并在标志该函数或块结束的右括号处结束。下面的例子列出了几种不同局部变量。

局部变量和函数形参具有局部作用域。

```
void Myprogram(int x)
{                                   //形参的作用域开始于此
int y=3;                            //局部变量的作用域开始于此
{
int z=x+y;                          //块内部变量z的作用域开始于此，x和y在该语句内可用
}                                   //z的作用域结束
}                                   //变量y、x作用域结束
```

全局变量声明在函数的外部，其作用域一般从变量声明的位置开始，在程序源文件结束处结束。全局作用域范围最广，甚至可以作用于组成该程序的所有源文件。当将多个独立编译的源文件链接成一个程序时，在某个文件中声明的全局变量或函数，在其他相链接的文件中也可以使用它们，但使用前必须进行 extern 外部声明。例如，具有全局作用域的变量。

```
int x=1;                            //全局变量x的作用域开始于此，结束于整个程序源文件
void Myprogram(int x)
{
    ..........................
}
..........................
```

全局作用域是指在函数外部声明的变量只在当前文件范围内可用，但不能被其他文件中的函数访问。要使变量或函数具有文件作用域，必须在它们的声明前加上 static 修饰符。当将多个独立编译的源文件链接成一个程序时，可以利用 static 修饰符避免一个文件中的外部变量由于与其他文件中的变量同名而发生冲突。

例如，下面的代码演示了具有文件作用域的全局变量。

```
staticx=1;                          //全局变量x的作用域开始于此，结束于当前文件
void Myprogram(int x)
{
..........................
}
..........................
```

在同一作用域内声明的变量不能同名，但不同作用域声明的变量可以同名。

变量的生存期是指在程序执行的过程中，一个变量从创建到被撤销的一段时间，它确定了变量是否存在。变量的生存期与作用域密切相关，一般变量只有在生存后才可见。但作用域与生存期还是有一些区别：作用域是指变量在源程序中的一段静态区域，而生存期是指变量在程序执行过程中存在的一段动态时间。有些变量（函数参数）没有生存期，但是有作用域；有些变量虽然在生存期，但却不在作用域。

实例 006 演示说明同名变量的屏蔽问题

源码路径 光盘\daima\4\yu 视频路径 光盘\视频\实例\第 4 章\006

本实例的核心文件是 yu.cpp，具体实现代码如下。

```
#include "stdafx.h"
#include "iostream.h"
int i_sum=100;
void main()
{
    cout<<" 这是一个C++程序！ "<<endl;
    int i_sum=200;
    cout<<i_sum<<endl;
};
```

执行后效果如图 4-3 所示。

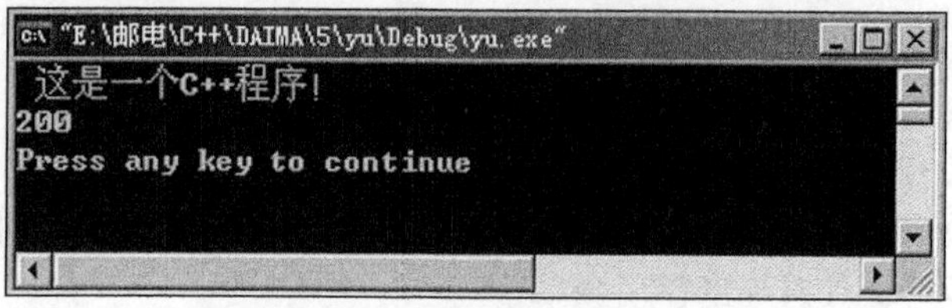

图 4-3　执行效果

在同一作用域内变量同名，在编译阶段编译器会报语法错误，我们可以方便地定位和调试。但是对于不同作用域的变量同名，则不会出现语法错误，但是会出现实例所演示的同名变量屏蔽问题。通过以上步骤，我们演示了不同作用域的同名变量的屏蔽问题，而如何才能够输出正确结果呢？则要借助下一节所要学习的作用域限定符。

范例 **011**：计算某年某月某日是第几天

源码路径：光盘**演练范例**\011\

视频路径：光盘**演练范例**\011\

范例 **012**：猴子吃桃的问题

源码路径：光盘**演练范例**\012\

视频路径：光盘**演练范例**\012\

4.2.2　作用域限定符

从上面的实例 006 可以看出，如果局部变量和全局变量同名，则在局部作用域内只有局部变量才起作用，C 语言没有提供这种情况下访问全局变量的途径。在 C++中，可以通过作用域限定符“: :”来标识同名的全局变量。

实例 007　使用作用域限定符“: :”

源码路径　光盘\daima\4\xian　　　视频路径　光盘\视频\实例\第 4 章\007

实例文件 xian.cpp 的具体实现代码如下。

```
#include "stdafx.h"
#include <iostream.h>
int i_sum=123;
void main(){
   cout<<" 这是一个C++程序! "<<endl;
   int i_sum=456;
   cout<<::i_sum<<endl;
};
```

程序运行后的效果如图 4-4 所示。

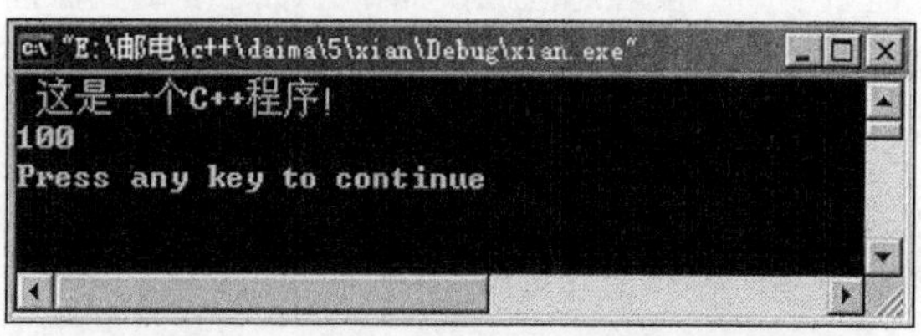

图 4-4　执行效果

范例 **013**：解决加油站加油问题

源码路径：光盘**演练范例**\013\

视频路径：光盘**演练范例**\013\

范例 **014**：解决买苹果的问题

源码路径：光盘**演练范例**\014\

视频路径：光盘**演练范例**\014\

以上步骤演示了使用作用域限定符来解决不同作用域的同名变量屏蔽问题的方法。在此需要说明的是，作用域限定符“::”只能用来访问全局变量，而不能用来访问一个在语句块外声明的同名局部变量。例如，下面的代码是错误的。

```
void main(){
    cout<<" 这是一个C++程序! "<<endl;
    int i_sum=123;
    {
        int i_sum=456;
```

```
        ::i_sum=789;
    }
};
```

编译程序就会弹出以下错误提示信息。

```
error C2039: 'i_sum' : is not a member of '`global namespace''
```

4.2.3 存储类型

当执行 C++程序时，系统除了为程序可执行代码分配内存，还为不同存储属性的变量分配不同类型的内存空间，系统为变量分配内存的方式决定了变量的作用域和生存期。C++程序中的变量有 3 种内存分配方式：静态分配、自动分配和动态分配。

系统可以为每个程序分配一个固定的静态存储区，静态分配是指在这个固定区域内为变量分配的内存空间。对于静态分配内存空间的变量，在编译时就分配了内存空间，在程序开始执行时变量就占用内存，直到程序结束时，变量释放。

在程序运行后，系统将为程序开辟一块称为栈的活动存储区，栈按照“后进先出”的方式使用存储空间。自动分配是指在栈中为变量临时分配的内存空间。对于自动分配内存空间的变量，程序运行后，在变量作用域开始时由系统自动为变量分配内存，在作用域结束后即释放内存。

动态分配是指利用一个被称为堆的内存块为变量分配内存空间，堆使用静态存储区和栈之外的部分内存。动态分配是一种完全由程序本身控制内存的使用的分配方式。对于动态分配内存空间的变量，程序运行后，利用 new 运算符自动分配内存，利用 delete 运算符或程序结束运行释放内存。

new 与 delete 是 C++语言特有的运算符，用于动态分配和释放内存。

new 用于为各种数据类型分配内存，并把分配到的内存首地址赋给相应的指针。new 的功能类似于 malloc()函数。使用 new 的格式如下。

```
<指针变量> new<数据类型>;
```

其中，<数据类型>可以是基本数据类型，也可以是由基本类型派生出来的类型；<指针变量>取得分配到的内存首地址。

在 C++程序中，new 有 3 种使用形式，具体说明如下。

1. 给单个对象申请分配内存

```
int *ip;
ip=new int;                          //ip指向1个未初始化的int型对象
```

该代码段首先定义了一个指向整型对象的指针，然后为该对象申请内存空间，如果申请成功，则 ip 指向一个 int 型对象的首地址。

2. 给单个对象申请分配内存的同时初始化该对象

```
int *ip;
ip=new int(68);                      //ip指向1个表示为68的int型对象
```

该代码段首先定义了一个指向整型对象的指针，然后为该对象申请内存空间，如果申请成功，则 ip 指向一个 int 型对象的首地址，并将该地址的内容初始化为 68。

3. 同时给多个对象申请分配内存

```
int *ip;
ip=new int [5];                      //ip指向5个未初始化的int型对象的首地址
for(int i=0;i<5;i++)
ip[i]=5*i+1;                         //给ip指向的5个对象赋值
```

该代码段首先定义了一个指向整型对象的指针，然后为 5 个 int 型对象申请内存空间，如果申请成功，则 ip 指向一个 int 型对象的首地址。

用 new 申请分配内存时，不一定会申请成功。若申请失败，则返回 NULL，即空指针。因此，在程序中可以通过判断 new 的返回值是否为 NULL 来获知系统中是否有足够的空间供用户使用。

4. 释放内存空间

当程序不再需要由 new 分配的内存空间时，可以用 delete 释放这些空间。使用 delete 的格式如下。

```
delete<指针变量>; 或delete [ ] <指针变量>;
```

其中，<指针变量>保存着用 new 申请分配的内存地址。中括号[ ]表示用 delete 释放为多个对象分配的地址，[]中不需要加对象的个数。

使用 new 和 delete 时应注意如下 4 点。

- 用 new 运算符申请分配的内存空间，必须用 delete 释放。
- 对于一个已分配内存的指针，只能用 delete 释放一次。
- delete 作用的指针对象必须是由 new 分配内存空间的首地址。
- 用 new 运算符为多个对象申请分配内存空间时，不能提供初始化。

实例 008　说明变量内存空间的动态分配与释放方法

源码路径　光盘\daima\4\fenpei　　　视频路径　光盘\视频\实例\第 4 章\008

本实例的实现文件为 fenpei.cpp，具体实现代码如下。

```
#include "stdafx.h"
#include <iostream.h>
void main(){
    int * p1=new int(34);
    int* p2=new int[6];
    for (int i=0;i<6;i++)
    {
        p2[i]=i*60;
    }
    delete p1;
    delete p2;
};
```

> 范例 015：解决“老师分糖果”问题
> 源码路径：光盘**演练范例**\015\
> 视频路径：光盘**演练范例**\015\
>
> 范例 016：新同学的年龄
> 源码路径：光盘**演练范例**\016\
> 视频路径：光盘**演练范例**\016\

通过以上步骤，我们演示了变量内存空间的动态分配与释放方法，请读者课后练习，熟练掌握。并养成释放内存的编程习惯，否则会造成内存泄漏，引起不必要的损失。特别是在实际应用程序开发过程中，对一些要经常改变存储内容的内存空间，在每次使用前最好先释放原有的内存空间，然后重新申请新的内存空间。

4.2.4　C++变量初始化

所谓的变量初始化，就是对变量一个初始的赋值，此操作可以在变量定义时进行，也可以在定义后再进行。在前面的实例中，我们多次实现了变量初始化处理。

当定义一个变量时，我们应进行初始化，除了系统会帮我们初始化的变量外（如全局变量，静态变量或外部变量，系统会帮我们初始化成 0，null）。对于局部变量，它是在一个堆或栈中如果我们不给它初始化，那我们再用它时就很难决定它的当前状态。

未初始化的变量是 C 和 C++程序中错误的常见来源。养成在使用内存之前先清除的习惯，可以避免这种错误，在定义变量的时候就将其初始化。

按照 C 和 C++相同的低层高效率传统，通常并不要求编译器初始化变量，除非你显式地这样做（比如，局部变量，构造函数初始式列表中遗漏的成员）。应该显式地初始化变量。

几乎没有理由不对变量进行初始化。实际上没有任何理由值得冒未定义行为可能带来的危险。

使用过程式语言（如 C、Fortran）的人可能有这样的习惯：独立于使用它们的代码来定义变量，然后在要使用的时候再赋值。这种方式已经过时了，是不可取的。

关于未初始化变量，有一个常见的误解：它们会使程序崩溃，因此通过简单的测试就能很快地发现分布在各处的那些为数不多的未初始化变量。但事实恰恰相反，如果内存布局碰巧满足了程序需求，带有未初始化变量的程序能够毫无问题地运行上数年。在此之后，如果从不同环境中调用，或者重新编译，或者程序的另一个部分进行了修改，都可能导致各种故障发生，轻则出现难以琢磨的行为，重则发生间歇性的崩溃。

初始化时，应在定义时就进行，或在距离定义最近的地方，或在第一次作为右键值使用前。

实例 009　分别初始化 a、b、c、d、e 共 5 个变量

源码路径　光盘\daima\4\chushi　　　　视频路径　光盘\视频\实例\第 4 章\009

本实例的实现文件为 chushi.cpp，具体实现代码如下。

```
int main(void) {
    int a;                          //定义整型变量a
    float b=1.1;                    //定义浮点型变量b
    char c=' ';                     //定义字符型变量c是空格
    bool d;                         //定义逻辑型变量d
    d=true;
    int e=100;                      //定义整型变量e
    char f='x';                     //定义字符型变量f
cout<<b<<endl;
    cout<<c<<endl;
    cout<<d<<endl;
    cout<<e<<endl;
    cout<<f<<endl;
    a=0;
    cin>>a;
    cout<<a<<endl;
    return 0;
}
```

范例 017：解决百钱买百鸡的问题

源码路径：光盘**演练范例**\017\

视频路径：光盘**演练范例**\017\

范例 018：解决三色球的问题

源码路径：光盘**演练范例**\018\

视频路径：光盘**演练范例**\018\

执行后效果如图 4-5 所示。

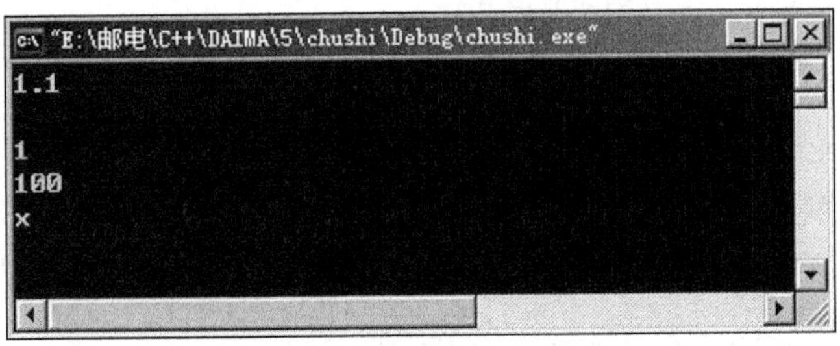

图 4-5　执行效果

在上述初始化过程中，*a* 在需要时才初始化，*b*、*c* 和 *e* 在定义时就初始化，*d* 是在定义后初始化的。

4.2.5　C++变量命名规范

俗话说，没有规矩不成方圆，命名当然不能任意命名，需要遵循一定的规范。C++变量的命名不但要遵循其标识符的命名规则，而且还要遵循一些其他的规范。

- 变量名的第一个字符必须是字母、下划线"_"或@。
- 第一个字符后的字符可以是字母、下划线或数字。
- 由字母（大写 A～Z 或小写 a～z）、数字（0～9）和下划线（_）组成。
- 不能包含除下划线之外的任何特殊字符。
- 不能包含换行、空格、制表符等空白字符。
- 不能包含 C++保留字，例如 int、main 等。
- 要区分大小写，例如 temp 和 Temp 是不同的。
- 变量长度无限制，但系统只会取前 1024 个字符。
- 变量名要有意义，要一看便懂，提高可读性，便于系统维护。
- 如果名称包含一个以上的单词，最好单词首字母大写。
- 在习惯上都趋于用小写字符命名。

例如，下面的变量名都是正确的。

```
aaaaaa
@aaaaaaa
_aaaaaa
```

而下面的变量名是不正确的。

```
6666aaa
aa-bb
namespace
```

4.3　再来看常量

知识点讲解：光盘:视频\PPT 讲解（知识点）\第 4 章\再来看常量.mp4

常量是指内容固定不变的量，无论程序怎样变化执行，它的值永远不会变。在编程中，常量常用于保存像圆周率之类的常数。在本节的内容中，将详细介绍 C++常量的基本知识。

4.3.1　什么是常量

常量是指在程序执行中不变的量，它分为字面常量和符号常量（又称标识符常量）两种表示方法。如 25，−3.26，'a'，"constant" 等都是字面常量，即字面本身就是它的值。符号常量是一个标识符，对应着一个存储空间，该空间中保存的数据就是该符号常量的值，这个数据是在定义符号常量时赋予的，是以后不能改变的。如 C++保留字中的 true 和 false 就是系统预先定义的两个符号常量，它们的值分别为数值 0 和 1。

注意：我们可以认为，声明一个常量与声明一个变量的区别是在语句前是否加上了 const。但是，声明常量的时候必须对其进行初始化，并且在除声明语句以外的任何地方不允许再对该常量赋值。

如果一个实型文字常量没有作任何说明，那么默认为双精度型数据。若要表示浮点型数据，要在该文字常量之后加上 F（大小写不限）；若要表示长双精度型数据，则要加上 L（大小写不限）。

cout 语句可以输出字符串，这些带着双引号的字符串的全称是字符串常量，它也是一种文字常量。而带着单引号的常量称为字符常量，它与字符串常量是不同的。字符常量只能是一个字符，而字符串常量可以是一个字符，也可以由若干个字符组成。

在事实上，在不改变变量值的情况下，常量可以由一个变量来代替。但是从程序的安全和严谨角度考虑，我们并不推荐这样做。

4.3.2　常量的分类

1. 整型常量

整型常量简称整数，它有十进制、八进制和十六进制 3 种表示方法。

（1）十进制整数

十进制整数由正号（+）或负号（−）开始的、接着为首位非 0 的若干个十进制数字所组成。若前缀为正号则为正数，若前缀为负号则为负数，若无符号则认为是正数。如 38，−25，+120，74286 等都是符合书写规定的十进制整数。

当一个十进制整数大于等于−2147483648 即-2^{31}，同时小于等于 2147483647 即 $2^{31}-1$ 时，则被系统看作 int 型常量；当在 2147483648～4294967295 即 $2^{32}-1$ 范围之内时，则被看作 unsigned int 型常量；当超过上述两个范围时，则无法用 C++整数类型表示，只有把它用实数（即带小数点的数）表示才能够被有效地存储和处理。

（2）八进制整数

八进制整数由首位数字为 0 的后接若干个八进制数字（借用十进制数字中的 0～7）所组成。

八进制整数不带符号位，隐含为正数。如 0，012，0377，04056 等都是八进制整数，对应的十进制整数依次为 0，10，255 和 2094。

当一个八进制整数大于等于 0 同时小于等于 017777777777 时，则称为 int 型常量，当大于等于 020000000000 同时小于等于 037777777777 时，则称为 unsigned int 型常量，超过上述两个范围的八进制整数则不要使用，因为没有相对应的 C++整数类型。

（3）十六进制整数

十六进制整数由数字 0 和字母 x（大、小写均可）开始的、后接若干个十六进制数字（0 9，A F 或 a f）所组成。同八进制整数一样，十六进制整数也均为正数。如 0x0，0X25，0x1ff，0x30CA 等都是十六进制整数，对应的十进制整数依次为 0，37，511 和 4298。

当一个十六进制整数大于等于 0 同时小于等于 0x7FFFFFFF 时，则称为 int 型常量，当大于等于 0x80000000 同时小于等于 0xFFFFFFFF 时，则称为 unsigned int 型常量，超过上述两个范围的十六进制整数没有相对应的 C++整数类型，所以不能使用它们。

（4）在整数末尾使用 u 和 l 字母

对于任一种进制的整数，若后缀有字母 u（大、小写等效），则硬性规定它为一个无符号整型（unsigned int）数，若后缀有字母 l（大、小写等效），则硬性规定它为一个长整型（long int）数。在一个整数的末尾，可以同时使用 u 和 l，并且对排列无要求。如 25U，0327UL，0x3ffbL，648LU 等都是整数，其类型依次为 unsigned int，unsigned long int，long int 和 unsigned long int。

2. 字符常量

字符常量简称字符，它以单引号作为起止标记，中间为一个或若干个字符。如'a'，'%'，'/n'，'/012'，'/125'，'/x4F'等都是合乎规定的字符常量。每个字符常量只表示一个字符，当字符常量的一对单引号内多于一个字符时，则将按规定解释为一个字符。如'a'表示字符 a，'/125'解释为字符 U（稍后便知是如何解释的）。

因为字符型的长度为 1，值域范围是−128～127 或 0～255，而在计算机领域使用的 ASCII 字符，其 ASCII 码值为 0～127，正好在 C++字符型值域内。所以，每个 ASCII 字符均是一个字符型数据，即字符型中的一个值。

3. 逻辑常量

逻辑常量是逻辑类型中的值，Visual C++用保留字 bool 表示逻辑类型，该类型只含有两个值，即整数 0 和 1，用 0 表示逻辑假，用 1 表示逻辑真。在 Visual C++中还定义了这两个逻辑值所对应的符号常量 false 和 true，false 的值为 0，表示逻辑假，true 的值为 1，表示逻辑真。

由于逻辑值是整数 0 和 1，所以它也能够象其他整数一样出现在表达式里，参与各种整数运算。

4. 枚举常量

枚举常量是枚举类型中的值，即枚举值。枚举类型是一种用户定义的类型，只有用户在程序中定义它后才能被使用。用户通常利用枚举类型定义程序中需要使用的一组相关的符号常量。枚举类型的定义格式如下。

```
enum <枚举类型名> {<枚举表>};
```

它是一条枚举类型定义语句，该语句以 enum 保留字开始，接着为枚举类型名，它是用户命名的一个标识符，以后就直接使用它表示该类型，枚举类型名后为该类型的定义体，它是由一对花括号和其中的枚举表所组成，枚举表为一组用逗号分开的由用户命名的符号常量，每个符号常量又称为枚举常量或枚举值。如下。

① enum color{red, yellow, blue};

② enum day{Sun, Mon, Tues, Wed, Thur, Fri, Sat};

第一条语句定义了一个枚举类型 color，用来表示颜色，它包含 3 个枚举值 red，yellow 和 blue，分别代表红色、黄色和蓝色。

第二条语句定义了一个枚举类型 day，用来表示日期，它包含 7 个枚举值，分别表示星期日、星期一至星期六。

一种枚举类型被定义后，可以像整型等预定义类型一样使用在允许出现数据类型的任何地方。如可以利用它定义变量。

① enum color c1, c2,c3;

② enum day today, workday;

③ c1=red;

④ workday=Wed;

第一条语句开始的保留字 enum 和类型标识符 color 表示上述定义的枚举类型 color，其中 enum 可以省略不写，后面的 3 个标识符 c1、c2 和 c3 表示该类型的 3 个变量，每一个变量用来表示该枚举表中列出的任一个值。

第二条语句开始的两个成分（成分之间的空格除外）表示上述定义的枚举类型 day，同样 enum 可以省略不写，后面的两个标识符 today 和 workday 表示该类型的两个变量，每一个变量用来表示该枚举表中列出的 7 个值中的任一个值。

第三条语句把枚举值 red 赋给变量 c1，第四条语句把枚举值 Wed 赋给变量 workday。

在一个枚举类型的枚举表中列出的每一个枚举常量都对应着一个整数值，该整数值可以由系统自动确认，也可以由用户指定。若用户在枚举表中一个枚举常量后加上赋值号和一个整型常量，则表示枚举常量被赋予了这个整型常量的值。如下。

```
enum day{Sun=7, Mon=0, Tues, Wed, Thur, Fri, Sat};
```

用户指定了 Sun 的值为 7，Mon 的值为 0。

若用户没有给一个枚举常量赋初值，则系统给它赋予的值是它前一项枚举常量的值加 1，若它本身就是首项，则被自动赋予整数 0。如对于上述定义的 color 类型，red，yellow 和 blue 的值分别为 0、1 和 2；对于刚被修改定义的 day 类型，各枚举常量的值依次为 7、0、1、2、3、4、5、6。

由于各枚举常量的值是一个整数，所以可把它同一般整数一样看待，参与整数的各种运算。又由于它本身是一个符号常量，所以当作为输出数据项时，输出的是它的整数值，而不是它的标识符，这一点同输出其他类型的符号常量是一致的。

5. 实型常量

实型常量简称实数，它有十进制的定点和浮点两种表示方法，不存在其他进制的表示。

（1）定点表示

定点表示的实数简称定点数，它是由一个符号（正号可以省略）后接若干个十进制数字和一个小数点所组成，这个小数点可以处在任何一个数字位之前或之后。如.12、1.2、12、0.12、−12.40、+3.14、−02037、−36.0 等都是符合书写规定的定点数。

（2）浮点表示

浮点表示的实数简称浮点数，它是由一个十进制整数或定点数后接一个字母 e（大、小均可）和一个 1～3 位的十进制整数所组成，字母 e 之前的部分称为该浮点数的尾数，之后的部分称为该浮点数的指数，该浮点数的值就是它的尾数乘以 10 的指数幂。如 3.23E5、+3.25e−8、2E4、0.376E−15、1e-6、−6.04E+12、43E0、96.e24 等都是合乎规定的浮点数，它们对应的数值分别

为 3.25×10^{5}、3.25×10^{-8}、20000、0.376×10^{-15}、10^{-6}、-6.04×10^{12}、0.43、96×10^{24} 等。

对于一个浮点数，若将它尾数中的小数点调整到最左边第一个非零数字的后面，则称它为规格化（或标准化）浮点数。如 21.6E8 和−0.074E5 是非规定化的，若将它们分别调整为 2.16E9 和−7.4E3 则都是规格化的浮点数。

（3）实数类型的确定

对于一个定点数或浮点数，C++自动按一个双精度数来存储，它占用 8 字节的存储空间。若在一个定点数或浮点数之后加上字母 f（大、小写均可），则自动按一个单精度数来存储，它占用 4 字节的存储空间。如 3.24 和 3.24f，虽然数值相同，但分别代表一个双精度数和一个单精度数，同样，−2.78E5 为一个双精度数，而−2.78E5F 为一个单精度数。

6. 地址常量

指针类型的值域是 $0\sim2^{32}-1$ 的所有整数，每一个整数代表内存空间中一个对应单元（若存在的话）的存储地址，每一个整数地址都不允许用户直接使用来访问内存，以防止用户对内存系统数据的有意或无意的破坏。但用户可以直接使用整数 0 作为地址常量，它是 C++中唯一允许使用的地址常量，并称为空地址常量，它对应的符号常量为 NULL，表示不代表任何地址，在 iostream.h 等头文件中有此常量的定义。

4.3.3 常量的应用

实例 010 用常变量来保存圆周率 PI 的值

源码路径 光盘\daima\4\changliang　　视频路径 光盘\视频\实例\第 4 章\010

本实例的实现文件为 changliang.cpp，具体实现代码如下。

```
#include "stdafx.h"
#include "iostream.h"
int main(void)
{
    const double _PI_=3.14159;          //圆周率
    double r=0.0;                       //半径
    cin>>r;                             //从命令行读入半径的值
    double area;                        //面积
    area=_PI_*r*r;                      //计算面积
    cout<<"面积是"<<area<<endl;
    return 0;
}
```

范例 019：斐波那契额数列

源码路径：光盘\演练范例\019\

视频路径：光盘\演练范例\019\

范例 020：哥德巴赫猜想

源码路径：光盘\演练范例\020\

视频路径：光盘\演练范例\020\

编译执行后将首先需要输入半径，如图 4-6 所示。

单击回车键后输出对应的面积，如图 4-7 所示。

图 4-6 输入半径

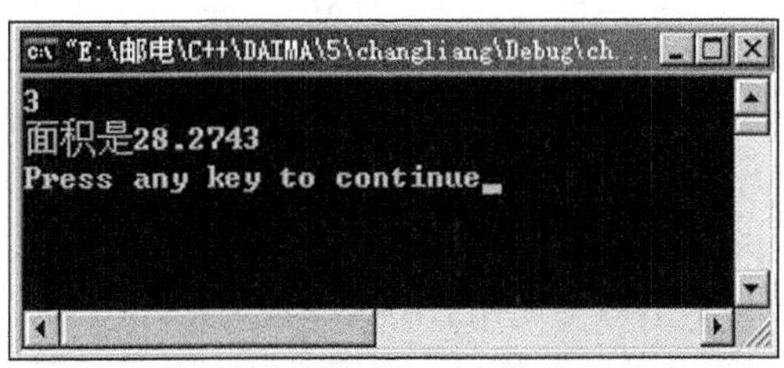

图 4-7 输出面积

在上述代码中，用常量 PI 保存了圆周率 3.14159 的值。

实例 011 分别定义常量并输出到控制台

源码路径 光盘\daima\4\zonghe　　视频路径 光盘\视频\实例\第 4 章\011

本实例的实现文件为 zonghe.cpp，具体实现代码如下。

```
#include <iostream.h>
#define YEARS 365                        //一年的天数
#define HOURS 24                         //一天的小时数
#define MONTHS   12                      //一年的月份数
int main()
{
    const float pi=3.1415926;            //圆周率
    const float max=100;                 //最大值
    cout<<" 圆周率为"<<pi<<endl;
    cout<<"一年的天数为"<<YEARS<<endl;
    cout<<"一天的小时数为"<<HOURS<<endl;
    cout<<" 一年的月数为"<<MONTHS<<endl;
    cout<<"最大值"<<max<<endl;
    return 0;
}
```

范例 **021**：邮票数量的问题

源码路径：光盘**演练范例**\\021\\

视频路径：光盘**演练范例**\\021\\

范例 **022**：序列求和问题

源码路径：光盘**演练范例**\\022\\

视频路径：光盘**演练范例**\\022\\

执行后分别输出各个变量的值，如图 4-8 所示。

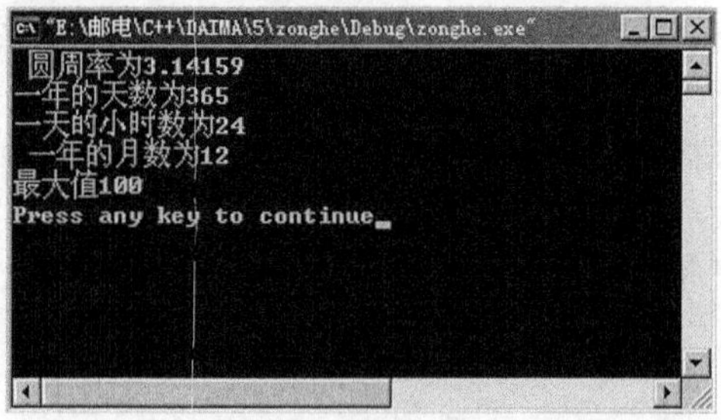

图 4-8　执行效果

4.4　技术解惑

4.4.1　C++常量的命名需要遵循一定的规范吗

因为常量属于标识符，所以也需要遵循 C++标识符的命名规范，也和变量的命名规范类似。另外，C++常量还要遵循如下 3 点规范。

① 用#define 定义的常量最好大写且以下划线开始，例如_PI 和_MAX。

② 如果用#define 定义的常量用于代替一个常数，则常量名和其常数符号要对应，例如圆周率就用 PI 表示。

③ 用 const 声明的常量应完全遵循 4.2.5 中 C++变量的命名规范。

4.4.2　在 C++程序中，用 const 定义常量还是用#define

在 C++程序中，既可以用 const 定义常量，也可以用#define 定义常量，但是前者比后者有如下 4 个优点。

① const 常量有数据类型，而宏常量没有数据类型：编译器可以对 const 进行类型安全检查，而对后者只进行字符替换，没有类型安全检查，并且在字符替换中可能会产生意料不到的错误（边际效应）。

② 有些集成化的调试工具可以对 const 常量进行调试，但是不能对宏常量进行调试。在 C++程序中只使用 const 常量而不使用宏常量，即 const 常量完全取代宏常量。

③ 编译器处理方式不同：define 宏是在预处理阶段展开；const 常量在编译运行阶段使用。

④ 存储方式不同：define 宏仅仅是展开，有多少地方使用，就展开多少次，不会分配内存；const 常量会在内存中分配（可以是堆中，也可以是栈中）。

4.4.3　const 是个很重要的关键字，在使用时应该注意些什么呢

在 C++程序中，const 是一个很重要的关键字，能够对常量施加一种约束。有约束其实不是

件坏事。应用了 const 之后，就不可以改变变量的数值了，要是一不小心改变了编译器就会报错，你就容易找到错误的地方。不要害怕编译器报错，正如不要害怕朋友指出你的缺点，编译器是写程序人的朋友，编译时期找到的错误越多，隐藏着的错误就会越少。所以，只要你觉得有不变的地方，就用 const 修饰，用得越多越好。 比如你想求圆的周长，需要用到 Pi，Pi 不会变的，就加 const，const double Pi = 3.1415926; 比如你需要在函数中传引用，只读，不会变的，前面加 const; 比如函数有个返回值，返回值是个引用，只读，不会变的，前面加 const; 比如类中有个 private 数据，外界要以函数方式读取时是不会变的，加的 const 是加在函数定义末尾，加在末尾只不过是个语法问题。其实语法问题不用太过注重，语法只不过是末节，记不住了，翻翻书就可以了，接触多了，自然记得，主要是一些概念难以理解。试想一下，const 加在前面修饰函数返回值，这时候 const 不放在末尾就没有什么地方放了。

4.4.4 关于全局变量的初始化，C 语言和 C++有区别吗

在 C 语言中，只能用常数对全局变量进行初始化，否则编译器会报错。在 C++中，如果在一个文件中定义了。

```
int a = 5;
```

要在另一个文件中定义 *b*。

```
int b = a;
```

前面必须对 *a* 进行声明。

```
extern    int    a;
```

否则编译不通过。即使是这样，int *b* = *a*；这句话也是分两步进行的：在编译阶段，编译器把 *b* 当作未初始化数据而将它初始化为 0；在执行阶段，在 main 被执行前有一个全局对象的构造过程，int *b* = *a*；被当作 int 型对象 *b* 的拷贝初始化构造来执行。

其实在 C++中，全局对象、变量的初始化是独立的，不是像。

```
int a =  5;
```

这样的已初始化数据，那么就是像 *b* 这样的未初始化数据。而 C++中全局对象、变量的构造函数调用顺序是跟声明有一定关系的，即在同一个文件中，先声明的先调用。对于不同文件中的全局对象、变量，它们的构造函数调用顺序是未定义的，取决于具体的编译器。

4.4.5 C/C++变量在内存中的分布

变量在内存地址的分布格式如下。

```
堆-栈-代码区-全局静态-常量数据
```

同一区域的各变量按声明的顺序在内存中依次由低到高分配空间，只有未赋值的全局变量是个例外。全局变量和静态变量如果不赋值，默认为 0。栈中的变量如果不赋值，则是一个随机的数据。编译器会认为全局变量和静态变量是等同的，已初始化的全局变量和静态变量分配在一起，未初始化的全局变量和静态变量另分配在一起。

4.4.6 静态变量的初始化顺序

静态变量进行初始化顺序是基类的静态变量先初始化，然后是它的派生类。直到所有的静态变量都被初始化。这里需要注意全局变量和静态变量的初始化是不分次序的。这也不难理解，其实静态变量和全局变量都被放在公共内存区。可以把静态变量理解为带有“作用域”的全局变量。在一切初始化工作结束后，main 函数会被调用，如果某个类的构造函数被执行，那么首先基类的成员变量会被初始化。要注意的是，成员变量的初始化次序只与定义成员变量的顺序有关，与构造函数中初始化列表的顺序无关。因为成员变量的初始化次序与变量在内存中的次序有关，而内存中的排列顺序早在编译期就根据变量的定义次序决定了。

第 5 章

你不一定了解的运算符

所谓的运算符就是能够运算数据的符号，它指定了对操作数所进行的运算类别。C++中有很多运算符：算数运算符、关系运算符、逻辑运算符、条件运算符等。其种类之多、功能之丰富，其他语言与其不可比。在本章将详细介绍 C++语言运算符的基本知识，为读者进行本书后面知识的学习打下坚实的基础。

本章内容

- 先看赋值运算符
- 再看算术运算符
- 再看比较运算符
- 再看逻辑运算符
- 单独看++/−−运算符
- 再看位运算符
- 再看求字节数运算符
- 再看条件运算符
- 再看逗号运算符

技术解惑

避免运算结果溢出的一个方案

运算符重载的权衡

运算符的优先级和结合性

运算符重载是对已有运算符赋予多重含义

5.1　先看赋值运算符

知识点讲解：光盘:视频\PPT 讲解（知识点）\第 5 章\先看赋值运算符.mp4

C++语言提供了两类赋值运算符：基本赋值运算符和复合赋值运算符，具体说明如下。

- 基本赋值运算符：=。
- 复合赋值运算符：+=、−=、*=、/=、%=、<<=、>>=、&=、^=、|=。

上述各运算符的具体说明如表 5-1 所示。

表 5-1　　赋值运算符说明

运　算　符	实　　例	等　价　于
=	n = 25	
+ =	n += 25	n = n + 25
− =	n −= 25	n = n − 25
* =	n *= 25	n = n * 25
/ =	n /= 25	n = n / 25
% =	n %= 25	n = n % 25
& =	n &= 0xF2F2	n = n & 0xF2F2
| =	n |= 0xF2F2	n = n | 0xF2F2
^ =	n ^= 0xF2F2	n = n ^ 0xF2F2
<< =	n <<= 4	n = n << 4
>> =	n >>= 4	n = n >> 4

注意：

① 赋值运算符都是双目运算符，结合性都是右结合，即赋值表达式的运算顺序是从右向左进行的，如下。

```
sum1=sum2=0                               //相当于sum1=(sum2=0)先执行sum2=0，后执行sum1=0。
```

② C++语言要求赋值运算符左边的操作数必须是左值，如下。

```
x=3+5                                     //x是左值
x+3=5                                     //语法错误，x+3不是左值
```

③ 当同一个变量出现在赋值运算符的两边时，可以用复合赋值运算符表示。复合赋值运算符被视为一个整体，中间不能用空格隔开，如下。

```
a*=6                                      //相当于a=a*6
a%=6                                      //相当于a=a%6
```

赋值运算符的优先级是同级的。

实例 012　分别定义 x 和 y，并分别对其赋值，最后将其值输出

源码路径　光盘\daima\5\fuzhi　　视频路径　光盘\视频\实例\第 5 章\012

本实例的实现文件是 fuzhi.cpp，具体实现代码如下。

```
int main(void){
    int x=1;
    int y=2;
    cin>>x;
    cin>>y;
    cout<<(x+=y)<<endl;          // x+=y表示x=x+y
    cout<<(x*=y)<<endl;          // x*=y表示x=x*y
    cout<<(x%=y)<<endl;          // x%y表示x=x%y
    cout<<(x<<=y)<<endl;         // x>>=n表示x=x>>n
    cout<<(x=y=100)<<endl;       // x=y=100表示x=100,y=100
    return 0;
}
```

范例 023：字符加密

源码路径：光盘**演练范例**\023\
视频路径：光盘**演练范例**\023\

范例 024：实现变量的互换操作

源码路径：光盘**演练范例**\024\
视频路径：光盘**演练范例**\024\

在上述代码中，定义了变量 x 和 y，然后分别进行了赋值处理。执行后我们先输入 2 个数字，如图 5-1 所示；按下回车键后将分别输出各个复制处理后的值，如图 5-2 所示。

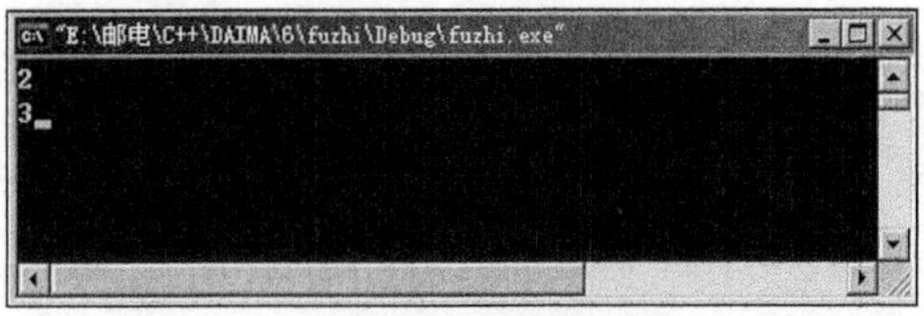

图 5-1　输入数字

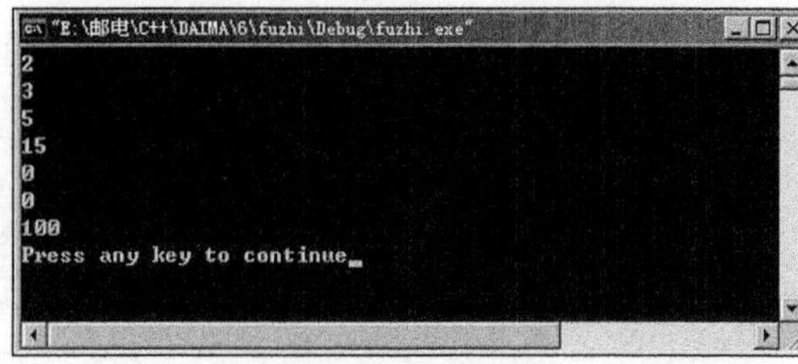

图 5-2　输出效果

5.2　再看算术运算符

知识点讲解：光盘:视频\PPT 讲解（知识点）\第 5 章\再看算术运算符.mp4

C++语言提供了 7 个算术运算符：+（正）-（负）+ - * /　%。

加法（+）、减法（-）和乘法（*）运算符的功能分别与数学中的加法、减法和乘法的功能相同，分别计算两个操作数的和、差、积。

除法运算符（/）要求运算符右边的操作数不能为 0，其功能是计算两个操作数的商。当/运算符作用于两个整数时，进行整除运算。

%运算符要求两个操作数必须是整数，其功能是求余，例如：

```
16/3             //整除运算，结果为5
15.3/3           //普通除法运算，结果为5.1
13%5             //取余运算，结果为3
```

算术运算符的优先级为：（单目+、-）高于（*、/、%）高于（双目+、-）。如下。

```
56%3=2
```

注意：括弧中运算符的优先级相同。

实例 013　分别定义变量进行数学运算，并将计算结果输出

源码路径　光盘\daima\5\suanshu　　　视频路径　光盘\视频\实例\第 5 章\013

本实例的实现文件为 suanshu.cpp，具体实现代码如下。

```
int main(){
    //结果保存在浮点变量中
     float f;                    //用浮点型变量保存计算结果
     f=16/8;                     //省略小数部分的除法运算
     cout<<"f=16/8="<<f<<endl;
     f=15.0/8;                   //除数省略小数部分的除法运算
     cout<<" f=15.0/8="<<f<<endl;
     f=16/8.0;                   //被除数省略小数部分的除法运算
     cout<<" f=16/8.0="<<f<<endl;
     f=15.0/8.0;                 //不省略小数部分的除法运算
    cout<<" f=15.0/8.0="<<f<<endl;
    //结果保存在整型变量中
    int i;                       //用整型变量保存计算结果，将会
                                   导致计算结果被截断
     i=16/8;
     cout<<"i=16/8="<<i<<endl;
     i=15.0/8;
     cout<<" i=15.0/8="<<i<<endl;
     i=16/8.0;
     cout<<" i=16/8.0="<<i<<endl;
     i=15.0/8.0;
    cout<<" i=15.0/8.0="<<i<<endl;
    //直接输出计算结果
    cout<<"16/8="<<4/8<<endl;
```

范例 **025**：判断性别

源码路径：光盘**演练范例**\\025\\

视频路径：光盘**演练范例**\\025\\

范例 **026**：用宏定义实现值互换

源码路径：光盘**演练范例**\\026\\

视频路径：光盘**演练范例**\\026\\

```
    cout<<" 15.0/8="<<15.0/8<<endl;
    cout<<" 16/8.0="<<16/8.0<<endl;
    cout<<" 15.0/8.0="<<15.0/8.0<<endl;
    return 0;
}
```

执行后分别输出各个运算结果的值，如图 5-3 所示。

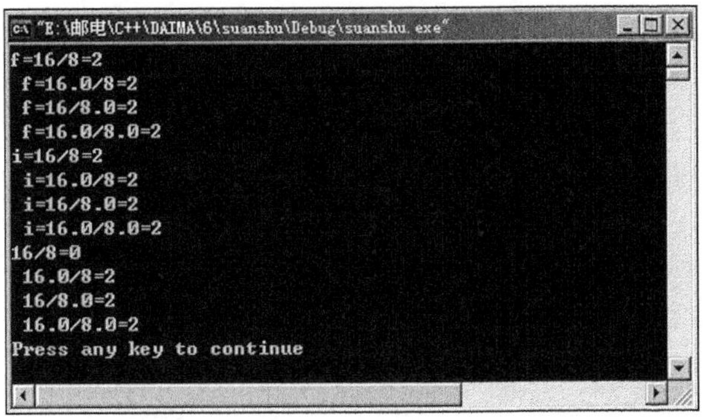

图 5-3　执行效果

除法的运算比较复杂，假如存在 M=a/b，则有以下 3 个类型。

- ❑ M 是整型：无论 a 和 b 为何种类型，结果都是整除运算。
- ❑ M 是浮点型：只要 a 和 b 中存在一个浮点型，结果就是非整除。
- ❑ M 是浮点型：如果 a 和 b 都是整型，则结果是整除运算。

5.3　再看比较运算符

知识点讲解：光盘:视频\PPT 讲解（知识点）\第 5 章\再看比较运算符.mp4

比较运算符的功能是对项目内的数据进行比较，并返回一个比较结果。在 C++中有多个比较运算符，具体说明如表 5-2 所示。

表 5-2　**C#比较运算符**

运　算　符	说　　明
mm= =nn	如果 mm 等于 nn 则返回 true，反之则返回 false
mm!=nn	如果 mm 不等于 nn 则返回 true，反之则返回 false
mm<nn	如果 mm 小于 nn 则返回 true，反之则返回 false
mm> nn	如果 mm 大于 nn 则返回 true，反之则返回 false
mm<= nn	如果 mm 小于等于 nn 则返回 true，反之则返回 false
mm >= nn	如果 mm 大于等于 nn 则返回 true，反之则返回 false

看下面的一段代码。

```
bool mm=5>10;
bool mm=5>=10;
bool mm=5<10;
bool mm=5<=10;
bool mm=5!=10;
```

在上述代码中，分别为变量 mm 定义了不同的值进行比较处理，具体处理结果如下。

- ❑ “mm=5>10”：结果是返回 false。
- ❑ “mm=5>=10”：结果是返回 false。
- ❑ “mm=5<10”：结果是返回 true。

- “mm=5<=10”：结果是返回 true。
- “mm=5!=10”：结果是返回 true。

实例 014　定义 6 个变量来演示 3 个比较运算符的使用方法

源码路径　光盘\daima\5\bijiao　　　视频路径　光盘\视频\实例\第 5 章\014

本实例的实现文件为 bijiao.cpp，具体实现代码如下所示。

```
#include <math.h>                 //在此需要调用数学函数库
#define MIN 0.0001                //定义最小数
int main(void){
    int a=97;
    int b=98;
    char ch1='a';
    char ch2='b';
    float f1=3.14159;
    float f2=3.14160;
    cout<<(a>b)<<endl;                    //大于号的使用
    cout<<(ch1==a)<<endl;                 //相等比较
    cout<<(fabs(f1-f2)<MIN)<<endl;        //浮点数相等比较的方法
    return 0;
}
```

范例 **027**：实现简单的位运算

源码路径：光盘**\演练范例**\027\

视频路径：光盘**\演练范例**\027\

范例 **028**：演示整数的加减运算

源码路径：光盘**\演练范例**\028\

视频路径：光盘**\演练范例**\028\

执行后分别输出各个运算结果的值，如图 5-4 所示。

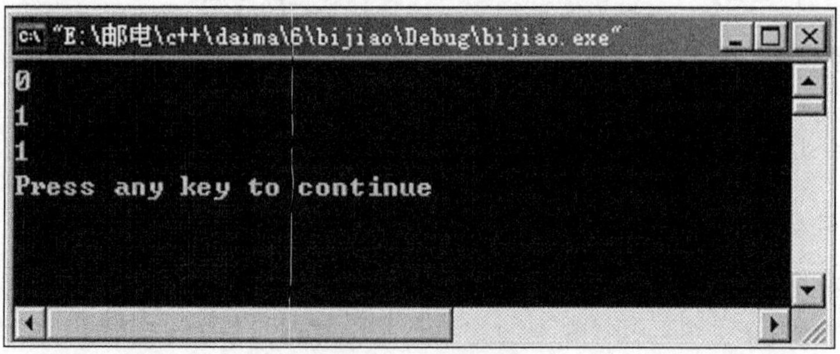

图 5-4　执行效果

5.4　再看逻辑运算符

知识点讲解：光盘:视频\PPT 讲解（知识点）\第 5 章\再看逻辑运算符.mp4

C++语言提供了 3 个逻辑运算符，用于表示操作数之间的逻辑关系：!，&&和||。

逻辑非（!）是单目运算符，其功能是对操作数进行取反运算。当操作数为逻辑真时，! 运算后结果为逻辑假（0），反之，若操作数为逻辑假，!运算后结果为逻辑真（1）。

逻辑与（&&）和逻辑或（||）是双目运算符。当两个操作数都是逻辑真（非 0）时，&&运算后的结果为逻辑真（1），否则为 0；当两个操作数都是逻辑假（0）时，|| 运算后的结果为逻辑假（0），否则为逻辑真（1），如下。

```
!(3>5)              //结果为1
5>3 && 8>6          //结果为1
5>3 || 6>8          //结果为1
```

实例 015　演示逻辑运算符的使用方法

源码路径　光盘\daima\5\luoji　　　视频路径　光盘\视频\实例\第 5 章\015

本实例的实现文件为 luoji.cpp，具体实现代码如下。

```
        void main(){
            int   iNum1;
            cout<<"请输入一个整数！"<<endl;
            cin>>iNum1;
            cout<<endl;
            if (iNum1>0&&iNum1<100)
            {
                cout<<"您输入的是一个0到100之间的数！
"<<endl;
            }
            else
                cout<<"您输入的不是一个0到100之间的数！
"<<endl;
        };
```

编译并运行程序，执行效果如图 5-5 所示。

范例 **029**：对实例 015 进行改造

源码路径：光盘**演练范例**\029\

视频路径：光盘**演练范例**\029\

范例 **030**：打印输出多个三角形

源码路径：光盘**演练范例**\030\

视频路径：光盘**演练范例**\030\

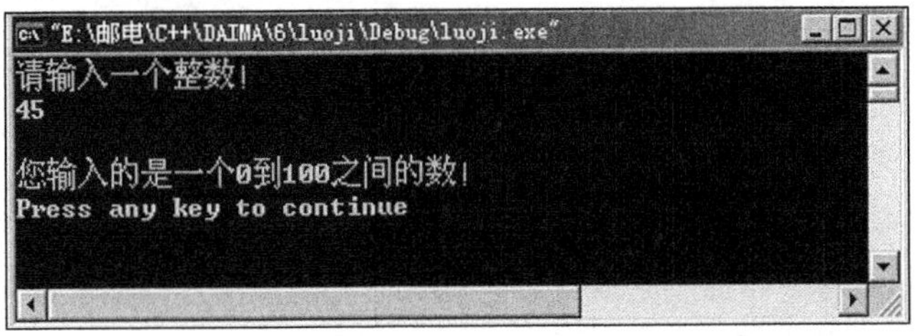

图 5-5　执行后效果

5.5 单独看++/--运算符

知识点讲解：光盘:视频\PPT 讲解（知识点）\第 5 章\单独看++/--运算符.mp4

自增（++）、自减（--）运算符是 C 语言和 C ++语言所特有的运算符，它们是单目运算符。运算符++和--是一个整体，中间不能用空格隔开。++是使操作数按其类型增加 1 个单位，--是使操作数按其类型减少 1 个单位。

自增、自减运算符可以放在操作数的左边，也可以放在操作数的右边，放在操作数左边的称为前缀增量或减量运算符，放在操作数右边的称为后缀增量或减量运算符。前缀增量或减量运算符与后缀增量或减量运算符的关键差别在于：表达式求值过程中增量或减量发生的时间。

前缀增量或减量运算符是先使操作数自增或自减 1 个单位，然后使之作为表达式的值；后缀增量或减量运算符是先将操作数的值作为表达式的值，然后再使操作数自增或自减 1 个单位。

实例 016　**演示自增、自减运算符的使用方法**

源码路径　光盘\daima\5\jiajian　　**视频路径**　光盘\视频\实例\第 5 章\016

本实例的实现文件为 jiajian.cpp，具体实现代码如下。

```
        void main(){
        //声明4个变量
        int count=15,digit=16,number=9,amount=12;
        //先使count的值增加1，然后将其加1后的值16作为表达式的值
        cout<<++count<<endl;
        //表达式的值为没有修改前digit的值16，然后使digit的值增加1
        cout<<digit++<<endl;
        //先使number的值减1，然后将其减1后的值8作为表达式的值
        cout<<--number<<endl;
        //表达式的值为没有修改前amount的值12，然后使amount的值
减1
        cout<<amount--<<endl;
        };
```

编译、运行程序，结果如图 5-6 所示。

范例 **031**：打印输出图形

源码路径：光盘**演练范例**\031\

视频路径：光盘**演练范例**\031\

范例 **032**：绘制余弦曲线

源码路径：光盘**演练范例**\032\

视频路径：光盘**演练范例**\032\

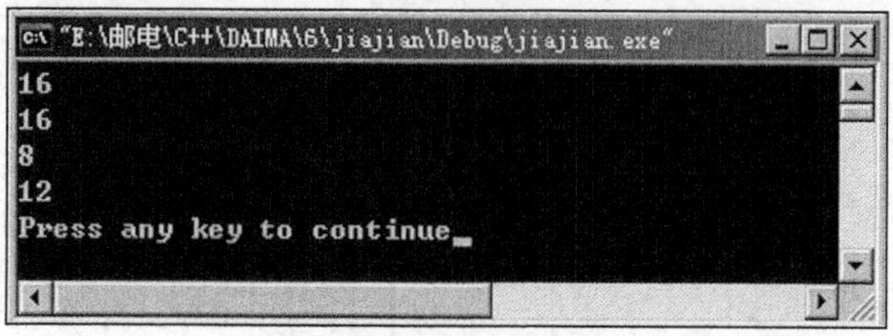

图 5-6　数据类型转换运行结果

通过以上的代码，我们引导读者学习了自增、自减运算符的使用方法。在具体使用++和--时，一定要注意其顺序。假设 mm 的值是 10，具体说明如下。

- "nn=mm++"：结果是 mm 等于 11，nn 等于 10。遵循先赋值，后加 1 的原则。
- "nn=mm--"：结果是 mm 等于 9，nn 等于 10。遵循先赋值，后减 1 的原则。
- "nn=++mm"：结果是 mm 等于 11，nn 等于 11。遵循先加 1，后赋值的原则。
- "nn=--mm"：结果是 mm 等于 9，nn 等于 9。遵循先减 1，后赋值的原则。

即需要特别说明的是：在使用++和--运算符时一定要注意它们是放在操作数的左边还是右边。放在操作数左边的称为前缀增量或减量运算符，先使操作数自增或自减 1 个单位，然后使之作为表达式的值，例如下面的代码语句。

```
cout<<++count<<endl;
cout<<--number<<endl;
```

放在操作数右边的称为后缀增量或减量运算符，是先将操作数的值作为表达式的值，然后再使操作数自增或自减 1 个单位，例如下面的代码语句。

```
cout<<digit++<<endl;
cout<<amount--<<endl;
```

5.6　再看位运算符

知识点讲解：光盘:视频\PPT 讲解（知识点）\第 5 章\再看位运算符.mp4

在 C++中提供了 6 种位运算符，功能是进行二进制位的运算，具体说明如表 5-3 所示。

表 5-3　**C++位运算符**

运 算 符	名　字	实　例
~	取反	~'\011' // 得出 '\366'
&	逐位与	'\011' & '\027' // 得出'\001'
|	逐位或	'\011' | '\027' // 得出'\037'
^	逐位异或	'\011' ^ '\027' // 得出'\036'
<<	逐位左移	'\011' << 2 // 得出'\044'
>>	逐位右移	'\011' >> 2 // 得出'\002'

位运算符要求操作数是整型数，并按二进制位的顺序来处理它们。取反运算符是单目运算符，其他位运算符是双目运算符。取反运算符（~）将操作数的二进制位逐位取反。逐位与运算符（&）比较两个操作数对应的二进制位，当两个二进制位均为 1 时，该位的结果取 1，否则取 0。逐位或运算符（|）比较两个操作数对应的二进制位，当两个二进制位均为 0 时，该位的结果取 0，否则取 1。逐位异或运算符（^）比较两个操作数对应的二进制位，当两个二进制位均为 1 或均为 0 时，该位的结果取 0，否则取 1。

逐位左移运算符（<<）和逐位右移运算符（>>）均有一个正整数 n 作为右操作数，将左操作数的每一个二进制位左移或右移 n 位，空缺的位设置为 0 或 1。对于无符号整数或有符号整数，如果符号位为 0（即为正数），空缺位设置为 0；如果符号位为 1（即为负数），空缺位是设置为 0 还是设置为 1，要取决于所用的计算机系统。

位操作运算符是用来进行二进制位运算的运算符。它分为两类：逻辑位运算符和移位运算符。

1. 逻辑位运算符

按位逻辑运算符包括：~、&、^、|，具体说明如下所示。

（1）单目逻辑位运算符：~（按位求反）

作用是将各个二进制位由 1 变 0，由 0 变 1。

（2）双目逻辑运算符：&（按位与），|（按位或），^（按位异或）

其中优先级&高于^，而^高于|。

- 按位逻辑非（~）：是对一个整数进行逐位取反运算，若二进制位为 0，则取反后为 1；反之，若二进制位为 1，则取反后为 0。
- 按位逻辑与（&）：是对两个整数逐位进行比较，若对应位都为 1，则与运算后为 1，否则为 0。
- 按位逻辑或（|）：是对两个整数逐位进行比较，若对应位都为 0，则或运算后为 0，否则为 1。
- 按位逻辑异或（^）：是对两个整数逐位进行比较，若对应位不相同，则异或运算后为 1，否则为 0。

举例如下。

```
short int a=0xc3 & 0x6e                    //结果为42H
short int b=(0x12 | 0x3d                   //结果为3fH
short int m=~0xc3                          //结果为ff3cH
short int c=0x5a ^ 0x26                    //结果为7cH
```

2. 移位运算符

移位运算符包括<<、>>，是双目运算符，使用的格式如下。

```
operation1<>m
```

<<运算符的功能是将操作数 operation1 向左移动 n 个二进制位；>>运算符是将操作数 operation2 向右移动 m 个二进制位。移位运算符并不改变 operation1 和 operation2 本身的值，如下。

```
Short int operation1=0x8,n=3;
Short int a= operation1<n               //操作数左移n个二进制位后，右边移出的空位用0补齐
Short int operation2=0xa5,m=3;
Short int b= operation2>>m;             //结果为14H
```

操作数右移 m 个二进制位后，左边移出的空位用 0 或符号位补齐，这与机器系统有关。位运算符的运算优先级为（括弧中运算符的优先级相同）：~高于（<<、>>）高于&高于^高于|。

实例 017 演示位运算符的使用方法

源码路径　光盘\daima\5\yiwei　　　　视频路径　光盘\视频\实例\第 5 章\017

本实例的实现文件为 yiwei.cpp，具体实现代码如下。

```
int main(void){
    int x=41;                       //二进制为0010 1001
    int mask=0;                     //掩码
    //清除x的最低位
    mask=254;                       //二进制为1111 1110
    cout<<(x&mask)<<endl;           //期望为0010 1000，
    //取最低位
    mask=1;                         //二进制为0000 0001
    cout<<(x&mask)<<endl;           //期望为1
    //置右边第二位为1
    mask=2;                         //二进制为0000 0010
    cout<<(x|mask)<<endl;           //期望为0010 1011
    //求反
```

范例 033：打印杨辉三角

源码路径：光盘\演练范例\033\

视频路径：光盘\演练范例\033\

范例 034：角谷猜想

源码路径：光盘\演练范例\034\

视频路径：光盘\演练范例\034\

```
        cout<<(~x)<<endl;                    //期望为1101 0110(补码)，1010 1010(原码)
        //反转最后一位
        mask=1;                              //二进制为0000 0001
        cout<<(x^mask)<<endl;                //期望为0010 1000
        //左移3位
        cout<<(x<<3)<<endl;                  //期望为0001 0100 1000
        //右移3位
        cout<<(x>>3)<<endl;                  //期望为0000 0101
         return 0;
}
```

编译执行后效果如图 5-7 所示。

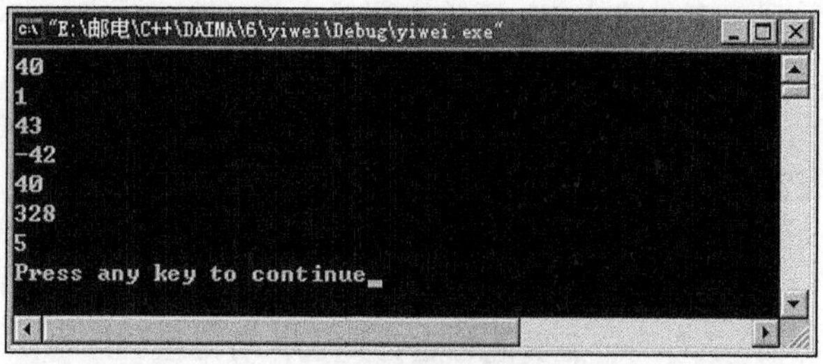

图 5-7　执行效果

在上述代码中，用数字 41 为例讲解了位运算符的 7 种运算。为加深读者对位运算的理解，再看下面的讲解。

针对两个操作数 011 和 027，表 5-3 给出各个位运算符的计算实例，运算结果在表 5-4 中。为了避免符号位的麻烦（它与机器有关），我们采用无符号的整数。

```
unsigned char x = '\011';
unsigned char y = '\027';
```

表 5-4　　　　　　　　　　　　**位运算符的运算**

实　　例	10 进制值	二 进 制 值
x	011	00001001
y	027	00010111
~x	366	11110110
x & y	001	00000001
x | y	037	00011111
x ^ y	036	00011110
x << 2	044	00100100
x >> 2	002	11111101

位运算符要求操作数是整型数，并按二进制位的顺序来处理它们。位运算符除取反运算符'~'为单目运算符外，其余的都是双目运算符，这可以从上面的表格中的表达式例子中看出来。具体如下。

- '&'为逐位与运算符，用于把两个操作数对应的二进制位进行逻辑与操作，逻辑与的操作上一节已经作了介绍，这里不再赘述。所以 0x011&0x001 其实就是二进制数 0000000000010001B 和二进制数 0000000000000001B 每一位都进行逻辑与运算，其结果必然是 0000000000000001B，即 0x001。
- '|'为逐位或运算符，用于把两个操作数对应的二进制位进行逻辑或操作。所以，根据逻辑或的运算规则，表达式 0x011|0x001 的结果必然是 0x011。有兴趣的读者可以自己把相应的二进制位进行逐个的逻辑或运算，看看结果是不是 0x011。

- '^'为逐位异或运算符，用于把两个操作数对应的二进制位进行异或操作。因此，0x011^0x001 的结果是 0000000000010000B，即 0x010。
- '<<'为逐位左移运算符，用于将左操作数的每一个二进制位左移右操作数位，空缺的位设置为 0 或 1。对于无符号整数或有符号整数，但符号位为 0（即为正数），空缺位设置为 0；如果符号位为 1（即为负数），空缺位是设置为 0，还是设置为 1，要取决于所用的计算机系统。因此，0x011<<2 结果是 0x044。
- '>>'为逐位右移运算符，将左操作数的每一个二进制位右移右操作数位，空缺的位设置为 0 或 1，和逐位左移运算符一致。因此，0x011>>2 的结果是 0x004。

具体运算的进行还可以参考表 5-3 位运算符如何运算。

5.7 再看求字节数运算符

知识点讲解：光盘:视频\PPT 讲解（知识点）\第 5 章\再看求字节数运算符.mp4

C++提供了一个有用的运算符 sizeof，它是一个单目运算符，用于计算表达式或数据类型的字节数，其运算结果与不同的编译器和机器相关。当编写用于进行文件输入/输出操作或给动态列表分配内存的程序时，用户将发现，如能知道程序给这些特定变量所分配内存的大小将会很方便。其语法格式如下。

```
sizeof（类型声明符/表达式）
```

举例如下。

```
size(int)                          //结果为4
size(3+3.6)                        //结果为8
```

sizeof 运算符用于测试某种数据类型或表达式的类型在内存中所占的字节数。

当我们进行算术运算时，如果运算结果超出变量所能表达的数据范围时，就会发生溢出。而利用 sizeof 运算符计算变量所占的字节数，也就是说，可以算出变量的数据范围，从而可以避免可能出现的错误。表 5-5 给出了常用数据类型的字节数。

表 5-5　　常用数据类型的字节数

数 据 类 型	占用字节数	数 据 类 型	占用字节数
Char	1	Long	4
Char *	4	Float	4
Short	2	Double	8
Int	4（VC 5.0）2 (VC 1.5x)		

实例 018　演示说明求字节数运算符的使用方法

源码路径　光盘\daima\5\zijie　　　视频路径　光盘\视频\实例\第 5 章\018

本实例的实现文件为 zijie.cpp，具体实现代码如下。

```
#include "stdafx.h"
#include <iostream.h>
int main(int argc, char* argv[])
{
    cout<<sizeof(int)<<endl;
}
```

在上述代码中，获取了 int 类型的字节数为 4。编译执行后效果如图 5-8 所示。

> **范例 035**：获取 float 类型的字节数
>
> 源码路径：光盘**演练范例**\035\
> 视频路径：光盘**演练范例**\035\
>
> **范例 036**：获取 double 类型的字节数
>
> 源码路径：光盘**演练范例**\036\
> 视频路径：光盘**演练范例**\036\

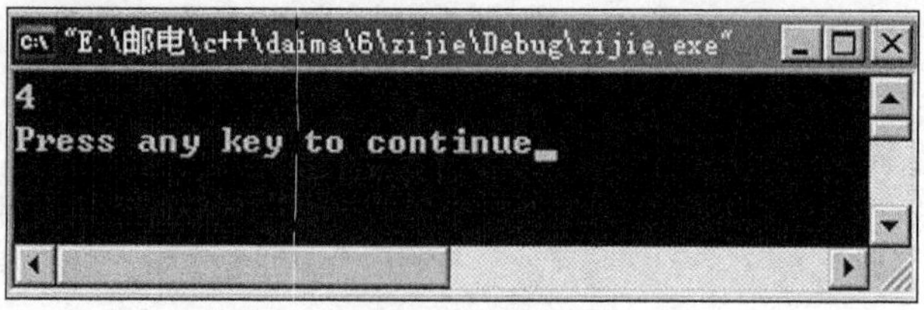

图 5-8　执行效果

注意：求字节数运算符也能获取数组、指针等类型的字节数，相关知识请参阅本书后面的内容。

5.8　再看条件运算符

知识点讲解：光盘:视频\PPT 讲解（知识点）\第 5 章\再看条件运算符.mp4

条件运算符是 C++中唯一的三目运算符，也被称为三元运算符，它有 3 个操作数，具体格式如下。

```
操作数1 ? 操作数2 : 操作数3
```

条件运算符又可以称为“?”号运算符。操作数 1 一般是条件表达式，若表达式成立，即为真，则整个表达式的值为操作数 2，否则为操作数 3。例如下面的代码执行后会输出一个小写字母。

```
cout <<('A'<=ch && ch<='Z')? ('a'+ch-'A'): ch
```

如果第一个操作数非零，表达式的值是操作数 2，否则表达式的值取操作数 3。例如下面的代码。

```
int m = 1, n = 2;
int min = (m < n ? m : n);                              // min 取 1
```

由于条件运算本身是一个表达式，即条件表达式，它可以作为另一个条件表达式的操作数。也就是说，条件表达式是可以嵌套的，如下。

```
int m = 1, n = 2, p =3;
int min = (m < n ? (m < p ? m : p)
: (n < p ? n : p));
```

再看看其他的例子。

```
int a=10,b=20;
int min = (a>=b? a: b);
```

则 min 取值为 20。

由条件运算符组成的条件表达式，可以作为另一个条件表达式的操作数，即条件表达式是可以嵌套的，例如下面的代码。

```
int a=10,b=20,c=30;
int min=(a>=b ?) (b<=c ? b: c): (a<=c ? a : c)                 // 结果为10
```

5.9　再看逗号运算符

知识点讲解：光盘:视频\PPT 讲解（知识点）\第 5 章\再看逗号运算符.mp4

多个表达式可以用逗号组合成一个表达式，即逗号表达式。逗号运算符带两个操作数，返回值是右操作数。使用逗号表达式的一般格式如下。

```
"表达式1，表达式2，……，表达式n",
```

它的值是取表达式 n 的值，如下。

```
a=10,11,12
```

则结果是 a=12。

逗号运算符的用途仅在于解决只能出现一个表达式的地方却要出现多个表达式的问题，

如下。

```
d1,d2,d3,d4
```

这里 d1、d2、d3、d4 都是一个表达式。整个表达式的值由最后一个表达式的值决定。计算顺序是从左至右依次计算各个表达式的值，最后计算的表达式的值和类型便是整个表达式的值和类型，如下。

```
int m, n, min;
int mCount = 0, nCount = 0;
min = (m < n ? mCount++, m : nCount++, n);
```

在上述代码中，当 *m* 小于 *n* 时，计算 *m*Count++，*m* 存储在 min 中。否则，计算 *n*Count++，*n* 存储在 min 中。

注意：除了本章介绍的一些常用的基本运算符之外，C++中还有一些比较特殊的运算符，具体如表 5-6 所示。

表 5-6　其他运算符

类　型	运　算　符	例　子
全局变量或全局函数	: : （全局）	: : GetSystemDirectory
类中的域变量或函数	: : （类域）	CWnd::FromHandle
括号及函数调用	( )	(a+b)*(a−b)
指针指向的结构或类种的域变量	−>	(CWnd *wnd) −> FromHandle
结构或类中的域变量	.	(CWnd wnd). FromHandle
数组下标运算符	[]	nYearsMonthsDays[10][12][366]
内存分配运算符	new	new CWnd
内存释放运算符	delete	delete (CWnd *wnd)

实例 019　演示运算符的优先级

源码路径　光盘\daima\5\youxian　　　视频路径　光盘\视频\实例\第 5 章\019

> **范例 037**：演示运算符的结合性
>
> 源码路径：光盘**演练范例**\037\
> 视频路径：光盘**演练范例**\037\
>
> **范例 038**：演示运算符的综合应用
>
> 源码路径：光盘**演练范例**\038\
> 视频路径：光盘**演练范例**\038\

本实例的实现文件为 youxian.cpp，具体实现代码如下。

```
int main(void)
{
    int i=-22;                          //定义整型变量
    int k=1;                            //定义整型变量
    k=(k+=-++i/3*2>>1)*3+21;            //复杂表达式
    cout<<k<<endl;                      //输出计算结果
    return 0;
}
```

编译执行后效果如图 5-9 所示。

在上述代码中，计算了表达式(k+=−++i/3*2>>1)*3+21 的值，具体计算过程如下。

① 计算括号内的值。括号内++和−的级别最高，从结合性可知++高于−，所以先计算++，然后计算−。

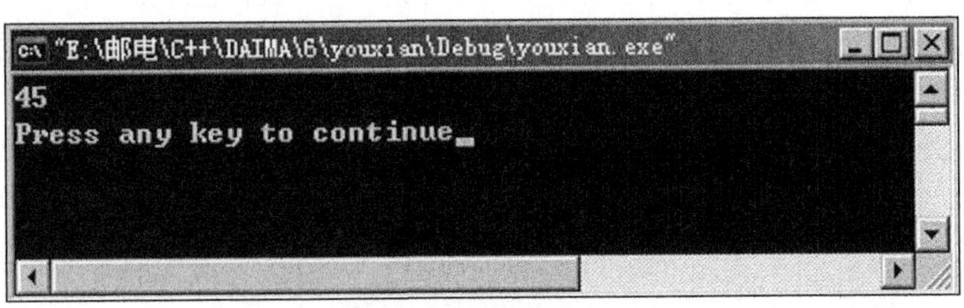

图 5-9　执行效果

(k+=−(−21)/3 × 2>>1) × 3+21

② 因为−高于+=和/，所以在此计算。

(k+=21)/3 × 2>>1 × 3+21

③ /和 × × 高于+=和>>，同级的/高于*。

(k+=7 × 2>>1) × 3+21

④ 计算括号内的*。

(k+=14>>1) × 3+21

⑤ 因为>>高于+=，所以在此计算。

(k+=7) × 3+21

⑥ 先计算括号内。

8 × 3+21

⑦ 最后得出结果。

8 × 3+21=45

5.10 技术解惑

5.10.1 避免运算结果溢出的一个方案

当我们进行算术运算时，如果运算结果超出变量所能表达的数据范围，就会发生溢出。如果我们能够利用 sizeof 运算符计算变量所占的字节数，就可算出变量的数据范围，从而可以避免可能出现的错误。

5.10.2 运算符重载的权衡

C++中预定义的运算符的操作对象只能是基本数据类型。但实际上，对于许多用户自定义类型（例如类），也需要类似的运算操作。这时就必须在 C++中重新定义这些运算符，赋予已有运算符新的功能，使它能够用于特定类型执行特定的操作。运算符重载的实质是函数重载，它提供了 C++的可扩展性，也是 C++ 最吸引人的特性之一。

一些编程语言没有运算符重载的特性，如 Java。这些语言的设计者认为：运算符重载会增加编程的复杂性；或者由于使用者水平的问题引起功能上的混淆；认为 a.add(b)比 a+b 更加面向对象（这个有点牵强）。无论如何，这些理由从反面也可以提醒我们：在重载运算符的时候要注意语义，权衡实施的必要性。

运算符重载是通过创建运算符函数实现的，运算符函数定义了重载的运算符将要进行的操作。运算符函数的定义与其他函数的定义类似，唯一的区别是运算符函数的函数名是由关键字 operator 和其后要重载的运算符符号构成的。

5.10.3 运算符的优先级和结合性

当不同的运算符混合运算时，运算顺序是根据运算符的优先级而定的，优先级高的运算符先运算，优先级低的运算符后运算。在一个表达式中，如果各运算符有相同的优先级，运算顺序是从左向右，还是从右向左，是由运算符的结合性确定的。所谓结合性是指运算符可以和左边的表达式结合，也可以与右边的表达式结合。C++运算符的优先级和结合性如表 5-7 所示。

表 5-7 C++运算符的优先级和结合性

优先级	运算符	描述	示例	结合性
1	()	小括号，分组，调用	(a + b) / 4;	从左至右
	[]	中括号，下标运算	array[4] = 2;	
	->	指针，成员选择	ptr->age = 34;	
	.	点，成员选择	obj.age = 34;	
	::	作用域	Class::age = 2;	
	++	后缀自增	for(i = 0; i < 10; i++) ...	
	--	后缀自减	for(i = 10; i > 0; i--) ...	
2	!	逻辑非	if(!done) ...	从右至左
	~	按位异或	flags = ~flags;	
	++	前缀自增	for(i = 0; i < 10; ++i) ...	
	--	前缀自减	for(i = 10; i > 0; --i) ...	
	-	负号	int i = -1;	
	+	正号	int i = +1;	
	*	解引用	data = *ptr;	
	&	取地址	address = &obj;	
	(type)	强制类型转换	int i = (int) floatNum;	
	sizeof	对象/类型长度	int size = sizeof(floatNum);	
3	->*	指向成员指针	ptr->*var = 24;	从左至右
	.*	取成员指针	obj.*var = 24;	
4	*	乘法	int i = 2 * 4;	
	/	除法	float f = 10 / 3;	
	%	模/求余	int rem = 4 % 3;	
5	+	加法	int i = 2 + 3;	
	-	减法	int i = 5 - 1;	
6	<<	位左移	int flags = 33 << 1;	
	>>	位右移	int flags = 33 >> 1;	
7	<	小于比较	if(i < 42) ...	
	<=	小于等于比较	if(i <= 42) ...	
	>	大于比较	if(i > 42) ...	
	>=	大于等于比较	if(i >= 42) ...	
8	==	相等比较	if(i == 42) ...	
	!=	不等比较	if(i != 42) ...	
9	&	位与	flags = flags & 42;	
10	^	位异或	flags = flags ^ 42;	
11	|	位或	flags = flags | 42;	
12	&&	逻辑与	if(conditionA && conditionB) ...	
13	||	逻辑或	if(conditionA || conditionB) ...	
14	? :	条件操作符	int i = (a > b) ? a : b;	从右至左
15	=	简单赋值	int a = b;	
	+=	先加后赋值	a += 3;	
	-=	先减后赋值	b -= 4;	
	*=	先乘后赋值	a *= 5;	
	/=	先除后赋值	a /= 2;	
	%=	先按位与后赋值	a %= 3;	
	&=	先按位后赋值	flags &= new_flags;	
	^=	先按位异或后赋值	flags ^= new_flags;	
	|=	先按位或后赋值	flags |= new_flags;	
	<<=	先按位左移后赋值	flags <<= 2;	
	>>=	先按位右移后赋值	flags >>= 2;	
16	,	逗号运算符	for(i = 0, j = 0; i < 10; i++, j++) ...	从左到右

5.10.4　运算符重载是对已有运算符赋予多重含义

C++运行时的多态性主要是通过虚函数来实现的，而编译时的多态性是由函数重载和运算符重载来实现的。在讲解每一个系列之前，都会有与其相关的一些基础知识需要我们去理解。而运算符重载的基础就是运算符重载函数。运算符重载是对已有的运算符赋予多重含义，使同一个运算符作用域不同类型的数据导致不同行为的发生。例如下面的代码。

```
int i;
 int i1=10,i2=10;
 i=i1+i2;
 std::cout<<"i1+i2="<<i<<std::endl;
double d;
 double d1=20,d2=20;
 d=d1+d2;
 std::cout<<"d1+d2="<<d<<std::endl;
```

在上述代码中，“+”既完成了两个整形数的加法运算，又完成了双精度型的加法运算。为什么同一个运算符“+”可以用于完成不同类型的数据的加法运算？这是因为 C++针对预定义基本数据类型已经对“+”运算符做了适当的重载。在编译程序编译不同类型数据的加法表达式时，会自动调用相应类型的加法运算符重载函数。但是 C++中所提供的预定义的基本数据类型毕竟是有限的，在解决一些实际的问题时，往往需要用户自定义数据类型。

第 6 章

说说表达式

任何合法的变量、常量、运算符、函数的有机组合都可以称为表达式。表达式说明了一个概念或模型，是一门编程语言的基本要素。和其他语言相比，C++的表达式更加高效、更加普遍。在本章的内容中，将详细介绍 C++表达式的基本知识。

本章内容

- 何谓表达式
- 说说类型转换

技术解惑

C/C++ 表达式的限制

表达式的真正功能

6.1　何谓表达式

知识点讲解：光盘:视频\PPT 讲解（知识点）\第 6 章\何谓表达式.mp4

C++表达式的功能是，把变量和字面值组合起来进行特定运算处理，以实现特定的应用目的。运算符的范围十分广泛，有的十分简单，而有的十分复杂。但是，所有的表达式都是由运算符和被操作数构成的。具体说明如下。

- 运算符：功能是指定对特定被操作数进行什么运算，例如常用的+、—、*、/运算。
- 被操作数：功能是指定被运算操作的对象，它可以是数字、文本、常量和变量等。

6.1.1　看天下几分——表达式的分类

从类型上分，C++表达式可以分为如下类型。

- 算数表达式。
- 关系表达式。
- 逻辑表达式。
- 赋值表达式。
- 条件表达式。
- 逗号表达式。

从复杂程度上讲，C++表达式可以分为如下类型。

- 原子表达式：单个数字、字符、字符串、函数等表示单一概念的值。
- 复合表达式：由原子表达式和运算符按一定规则构成的式子。

表达式可以嵌套使用，并且任何表达式都可以再作为一个元素去构成更为复杂的表达式。例如 a+b 和 a−b 可以复合成如下表达式。

```
(a+b)*(a-b)
```

6.1.2　看表达式的书写方式

在书写 C++表达式时，应该注意如下几点。

（1）表达式必须是“合适的”

此原则规定每个运算符都是完全的，书写正确的，放在正确的位置，有正确的语义，有正确的操作数。

（2）可用一些符号来增加程序的美观性

为了增加程序的美观性，表达式中可以加入任意的 Tab 键、空格符和括号。编译时，Tab 键和空格符会自动省略。使用括号不但可以提高可读性，而且可以标出运算符的优先级和结合性。

（3）末尾不能加分号

表达式的末尾不能含有分号“;”，分号是语句的结束符，但是表达式不是语句。

6.2　说说类型转换

知识点讲解：光盘:视频\PPT 讲解（知识点）\第 6 章\说说类型转换.mp4

在通常情况下，我们会设定指定的类型来定义数据类型。C++很强调数据的类型，我们不能随意把不同数据类型的变量或常量乱赋值。但是在很多情况下有特殊需要，我们必须把数据转换一下，转换为需要的数据类型。C++中的数据类型转换主要有隐式转换和显式转换两种。

6.2.1 先看隐式转换

所谓隐式，就是隐藏的，看不到的。这种转换经常发生在把“小东西”放到“大箱子”里的时候。这里小和大的主要判别依据是数据类型的表示范围和精度，比如 short 比 long 小，float 比 double 小等。当一个变量的表示范围和精度都大于另一个变量定义时的类型，将后者赋值给前者就会发生隐式转换。显然，这种转换不会造成数据的丢失。

C++定义了一组内置的类型对象之间的标准转换，在必要时它们被编译器隐式地应用到对象上。在算式转换保证了二元操作符，如加法或乘法的两个操作数被提升为共同的类型，然后再用它表示结果的类型。两个通用的指导原则如下。

① 为防止精度损失，如果必要的话，类型总是被提升为较宽的类型。

② 所有含有小于整形的有序类型的算术表达式，在计算之前其类型都会被转换成整形。

规则的定义如上面所述，这些规则定义了一个类型转换层次结构，我们从最宽的类型 long double 开始，那么另一个操作数无论是什么类型都将被转换成 long double。如果两个操作数不是 long double 型，那么若其中一个操作数的类型是 double 型，则另一个就被转换成 double 型，如下。

```
int ival;
float fval;
double dval;
dval + fval + ival                    //在计算加法前fval和ival都被转换成double
```

同理，如果两个操作数都不是 double 型，而其中一个操作 float 型，则另一个被转换成 float 型，如下。

```
char cval;
int ival;
float fval;
cval + ival + fval                    //在计算加法前ival和cval都被转换成float
```

否则，如果两个操作数都不是 3 种浮点类型之一，它们一定是某种整值类型。在确定共同的目标提升类型之前，编译器将在所有小于 int 的整值类型上施加一个被称为整值提升的过程。

在进行整值提升时，类型 char、signed char、unsigned char 和 short int 都被提升为类型 int 。如果机器上的类型空间足够表示所有 unsigned short 型的值，这通常发生在 short 用半个字而 int 用一个字表示的情况下，则 unsigned short int 也被转换成 int，否则它会被提升为 unsigned int 。wchar_t 和枚举类型被提升为能够表示其底层类型所有值的最小整数类型。如下列表达式。

```
char cval;
bool found;
enum number{m1,m2,m3}mval;
unsigned long ulong;
cval + ulong;ulong + found; mval + ulong;
```

在确定两个操作数被提升的公共类型之前，cval found 和 mval 都被提升为 int 类型。

一旦整值提升执行完毕，类型比较就又一次开始。如果一个操作是 unsigned long 型，则第二个也被转换成 unsigned long 型。在上面的例子中所有被加到 ulong 上的 3 个对象都被提升为 unsigned long 型。如果两个操作类型都不是 unsigned long 而其中一个操作 long 型，则另一个也被转换成 long 型，如下。

```
char cval;
long lval;
cval + 1024 + lval;                   //在计算加法前cval和1024都被提升为long型
```

long 类型的一般转换有一个例外。如果一个操作 long 型而另一个是 unsigned int 型，那么只有机器上的 long 型的长度满足 unsigned int 的所有值时，unsigned int 才会被转换为 long 型，否则两个操作数都被提升为 unsigned long 型。若两个操作数都不是 long 型，而其中一个是 unsigned int 型，则另一个也被转换成 unsigned int 型，否则两个操作数一定都是 int 型。

尽管算术转换的这些规则带给你的困惑可能多于启发，但是一般的思想是尽可能地保留类型表达式中涉及的值的精度。这是通过把不同的类型提升到当前出现的最宽的类型实现的。

实例 020　演示 C++隐式转换的过程

源码路径　光盘\daima\6\yinshi　　　　视频路径　光盘\视频\实例\第 6 章\020

本实例的实现文件为 yinshi.cpp，具体实现代码如下。

```
int main(void) {
    bool bval=false;
    char cval='a';
    short sval=90;                      //短整型
    unsigned short usval=100;           //无符号短整型
    int ival=3;                         //整型
    float fval=3.14;                    //浮点型
    double dval=3.1415;                 //双精度型
    long double ldval=3.1415927; //长双精度型
    cout<<bval+dval<<endl;              //bval提升为int，然后
                                           转换为double
    cout<<ldval+ival<<endl;             //ival转换为long double
    cout<<cval+sval<<endl;              //提升到int
    cout<<fval+ival<<endl;              //转换为float
    cout<<ival+usval<<endl;             //依unsigned short和int
                                          的长度决定提升到哪种类型
    return 0;
}
```

范例 039：实现数字金额的中文大写转换

源码路径：光盘**演练范例**\039\

视频路径：光盘**演练范例**\039\

范例 040：将十进制数转换为二进制输出

源码路径：光盘**演练范例**\040\

视频路径：光盘**演练范例**\040\

编译执行后效果如图 6-1 所示。

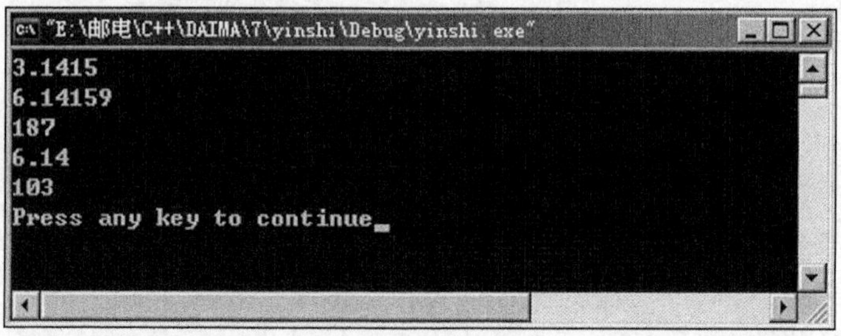

图 6-1　执行效果

- bval+dval：bval 是 bool 类型，首先将其处理为 int 类型，因为 dval 是 double 类型，所以 bval 还需要处理为 double 类型。
- ldval+ival：ldval 是 long double 类型，所以 ival 需要转换为 long bool 类型。
- cval+sval：变量类型都小于 int，所以均可处理为 int 类型。
- fval+ival：fval 是 float 类型，所以 ival 可以处理为 float 类型。
- ival+usval：此语句转换依赖于特定机型上 unsigned short 和 int 的长度来决定。

6.2.2　再看显式转换

与隐式转换相反，显式转换会在程序中体现出来。显式转换的简单方法如下。

```
(类型)表达式;
类型(表达式);
(类型)(表达式);
```

也就是说，如下 3 种形式都可以。

第一种：s2 = (short)100000。

第二种：s2 = short(100000)。

第三种：s2 = (short)(100000)。

这种转换经常发生在把“大东西”放到“小箱子”里的时候，多出来的部分就不得不丢掉。若一个变量的表示范围或精度无法满足另一个变量定义时，将后者赋值给前者就需要进行显式转换。显式转换可能会导致部分数据（如小数）丢失。

以上的表达方式非常简洁，但是C++并不推荐使用该方式，而推荐使用强制类型转换操作符（包括 static_cast、dynamic_cast、reinterpret_cast 和 const_cast）来完成显式转换，它们的含义如表 6-1 所示。

表 6-1　　强制类型转换操作符

操　作　符	中 文 名 称	含　　义
dynamic_cast	动态类型转换符	支持多态而存在， 它主要用于类之间的转换
static_cast	静态类型转换符	仅仅完成编译时期的转换检查
reinterpret_cast	再解释类型转换符	完成不同类型指针之间的相互转换
const_cast	常类型转换符	用来修改类型的 const 或 volatile 属性

1. reinterpret_cast（在编译期间实现转换）

reinterpret_cast 类型转换函数将一个类型的指针转换成另一个类型的指针。这种转换不用于修改指针变量值数据存放的格式（不改变指针变量值），只需在编译期间重新解释指针的类型就可以做到。

reinterpret_cast 可以将指针值转换为一个整型数。但是不能用于非指针类型的转换，否则将不会通过编译。

可以在如下情况下使用 reinterpret_cast 进行数据类型的转换。

① 将基本类型指针转换成另一个类型的指针，如下。

```
//基本类型指针的转换
double d = 9.3;
double *pd = &d;
int *pi = reinterpret_cast<int *>(pd);//相当于隐式转换int * pi = (int *)pd;
```

② 将一个类的指针转换为另一个类的指针，如下。

```
//类指针类型的转换：
class A{};
class B{};
A* pa = new A;
B* = reinterpret_ cast<B*>pa;
```

③ 不能转换非指针类型，例如将 int 类型转换为 float 类型时是不能够转换成功的。

```
int i = 8;
double dl = reinterpret_cast<double>(i);
```

④ 不能将一个 const 指针转换成 void*类型的指针，如下。

```
const int* pci = 0;
void *pv = reinterpret_cast<void*>(pci);
```

实例 021 演示 reinterpret_cast 函数的使用方法

源码路径　光盘\daima\6\reinterpret_cast　　视频路径　光盘\视频\实例\第 6 章\021

本实例的实现文件为 reinterpret_cast.cpp，具体实现代码如下。

```
#include "iostream.h"
int main(void)
{
    char cval[]="mnz";                  //定义字符数组变量
    char *p1=cval;                      //定义指针变量
    //强制类型转换
short int *p2= reinterpret_cast<short int*>(p1);
    cout<<cval[0]<<cval[1]<<endl;       //输出字符数组的原值
    cout<<p1<<endl;                     //用指针输出字符数组的
                                          内容
    cout<<*p2<<endl;                    //用指针输出强制转换后
                                          的内容
    return 0;
}
```

范例 041：产生随机数

源码路径：光盘**演练范例**\041\
视频路径：光盘**演练范例**\041\

范例 042：实现排序操作

源码路径：光盘**演练范例**\042\
视频路径：光盘**演练范例**\042\

编译执行后将分别输出结果，如图 6-2 所示。

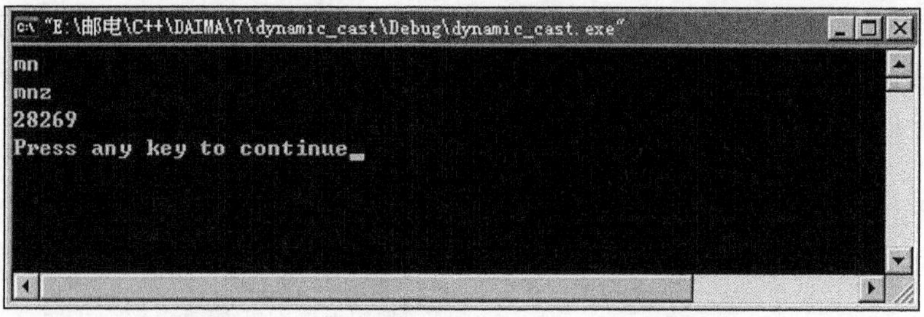

图 6-2　执行效果

2. const_cast（在编译期间实现转换）

const_cast 用于去除指针变量的常量属性，将它转换为一个对应指针类型的普通变量，反过来，也可以将一个非常量的指针变量转换为常量指针变量。这种转换是在编译期间做出的类型更改。

① 将常量指针变量转换为对应指针类型的普通变量，如下。

```
const int *pci = 0;
int* pj = const_cast<int*>(pci);                //相当于隐式转换int* pj = (int*)pci;
```

② 将普通指针变量转换为一个常指针变量，如下。

```
int* pi =0;
const int* pcj = const_cast<const int*>(pi);    //相当于隐式转换const int* = (int*)pi
```

③ 将类的常指针变量转换为类的普通指针变量，如下。

```
const A* pca = new A;
A* pa = const_cast<A*>(pca);                    //相当于隐式转换A* pa = (A*)pca;
```

④ 无法将非指针的常变量转换为普通变量，无法将非指针的普通变量转换为常变量，如下。

```
int i =0;
const int cj = const_cast<const int>(i);        //非指针转换，不能通过编译
```

⑤ 但可以通过隐式转换将非指针的普通变量转换为常变量，如下。

```
int i = 0;
const int ck = (const int)(i);
```

实例 022　演示 const_cast 函数的使用方法

源码路径　光盘\daima\6\const_cast　　　　视频路径　光盘\视频\实例\第 6 章\022

本实例的实现文件为 const_cast.cpp，具体实现代码如下。

```
#include "stdafx.h"
#include <iostream.h>
int main(void)
{
    int ival=10;
    const int * p1=&ival;              //引用
    cout<<ival<<endl;                  //直接输出
    cout<<*p1<<endl;                   //强制输出
    int *p2=const_cast<int *>(p1);//强制转换
    *p2=8;                             //给转换后的内容赋值
    cout<<ival<<endl;                  //直接输出转换前的内容
    cout<<*p1<<endl;                   //间接输出转换前的内容
    cout<<*p2<<endl;                   //间接输出强制转换后的内容
    return 0;
}
```

> **范例 043**：实现整数排序
> 源码路径：光盘**演练范例**\043\
> 视频路径：光盘**演练范例**\043\
>
> **范例 044**：实现数据交换操作
> 源码路径：光盘**演练范例**\044\
> 视频路径：光盘**演练范例**\044\

编译执行后效果如图 6-3 所示。

3. dynamic_cast（在运行期间实现转换，并可以返回转换成功与否的标志）

运算符 dynamic_cast 可以针对两种数据类型做强制转换：指针类型和引用类型。这两种类型的情况是不一样的。在下面内容中将分别介绍。

（1）对指针的强制转换

```
dynamic_cast<T*>(p);
```

如果 p 的类型为 T*，或者为 D*，且 T 是 D 的一个可以访问的基类，结果跟直接将 p 赋给

一个 T*是一样的（这是向上类型转换的情况）。

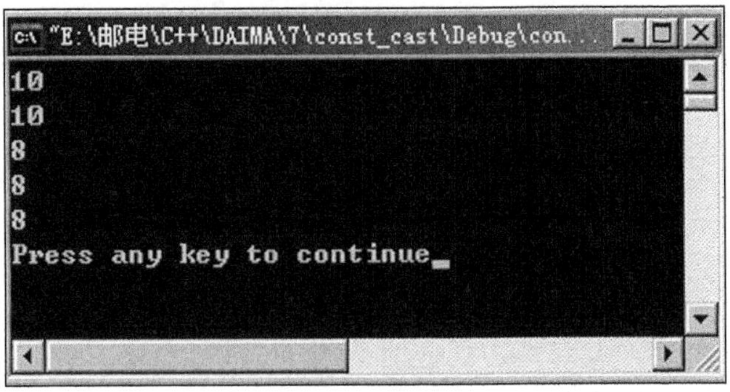

图 6-3 执行效果

dynamic_cast 的专长是用于那些编译器无法确定转换正确性的情况。在这种情况下，dynamic_cast 将查看被 p 指向的对象（如果有的话），如果这个对象属于类 T，或者有唯一的基类 T，那么 dynamic_cast 就返回指向该对象的类型为 T*的指针。否则就返回 0。如果 p 的值为 0，则 dynamic_cast<T*>(p)也返回 0。

如果要做向下的类型转换，或者兄弟类之间做交叉转换，则要求 p 是一个到多态类型的指针或引用。但是转换的目标类型不一定是支持多态的。因为如果 p 的类型不是 T 的，那么返回值为 0，这样的话，我们对 dynamic_cast<T*>(p)的返回值必须做显式的检查。对于指针 p，dynamic_cast<T*>(p)可以看成一个疑问：p 所指向的对象的类型是 T 吗？

（2）对引用的强制转换

因为我们能合法地假定一个引用总是引用着某个对象，因此对引用 r 做 dynamic_cast<T&>(r)不是提问，而是断言："由 r 引用的对象的类型是 T"。对于引用的 dynamic_cast 的结果，隐式的由 dynamic_cast 去做检查，如果对引用的 dynamic_cast 不具有所需要的类型，就会跑出一个 bad_cast 异常。

在对动态指针强制转换和动态引用强制转换结果方面的差异，所反应的正是指针和引用之间的根本性差异。

4. static_cast（在编译期间实现转换）

static_cast 主要用于基本类型之间和具有继承关系的类型之间的转换，这种转换一般会改变变量的内部表示方式，因此 static_cast 用于指针的转换没有太大的意义。即使允许指针类型的转换，也不及 reinterpret 转换的效率高。

① 基本类型之间的转换，如下。

```
int i =0 ;
double d   = static_cast<double int>();
```

② 继承类型转换为基类，如下。

```
class Base{};
class Derived :public Base{};
Derived d;
Base b = static_cast<Base>(d);
```

③ 继承类与基类指针进行转换编译能通过，但是基类转换为继承类指针具有一定的危害性，如下。

```
Dereived* pd = new Derived ;
Base *pb = static_cast<Base*>(pd);
```

④ 不能使用 static_cast 转换基本类型的指针，如下。

```
int* pi = 0;
double* pd = static_cast<double>(pi);
```

⑤ 不能把基类转换为继承类或转换无继承关系的类的指针。

实例 023　演示 static_cast 函数的使用方法

源码路径　光盘\daima\6\static_cast　　　　视频路径　光盘\视频\实例\第 6 章\023

本实例的实现文件为 static_cast.cpp，具体实现代码如下所示。

```
#include "stdafx.h"
#include <iostream.h>
int main(void)
{
    double dVal=3.14;                        //圆周率
    int iVal=static_cast<int>(dVal);         //静态的类型转换
    cout<<iVal<<endl;                        //输出iVal的值
    return 0;
}
```

编译执行后效果如图 6-4 所示。

> **范例 045**：按照顺序输出字母
>
> 源码路径：光盘**演练范例**\045\
>
> 视频路径：光盘**演练范例**\045\
>
> **范例 046**：计算学生的成绩
>
> 源码路径：光盘**演练范例**\046\
>
> 视频路径：光盘**演练范例**\046\

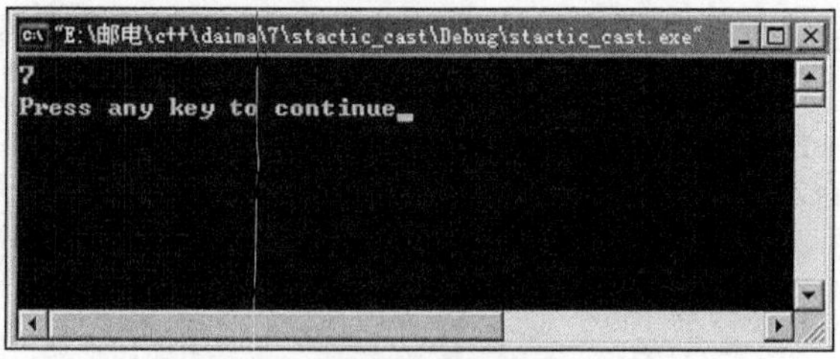

图 6-4　执行效果

6.3　技 术 解 惑

6.3.1　C/C++ 表达式的限制

在调试器窗口中输入 C/C++ 表达式时，将受到如下常规限制。

- 调试器表达式不能调用内部或内联函数，除非该函数至少作为正常函数出现一次。
- 调试器表达式将指针类型情况限制为一级间接寻址。例如，可以使用(char *)sym，但是不能使用(char **)sym 或 char far *(far *)。
- 如果转换为类型，调试器必须已知该类型。在程序中必须有该类型的另外一个对象。不支持使用 typedef 语句创建的类型。
- 在调试器表达式中，C++ 范围运算符（::）比其在源代码中具有的优先级低。在 C++ 源代码中，该运算符具有最高的优先级。在调试器中，其优先级介于基与后缀运算符（->、++、--）和一元运算符（!、&、* 及其他）的优先级之间。

6.3.2　表达式的真正功能

表达式有两种功能，首先每个表达式都产生一个值（value），同时可能包含副作用（side effect），比如：他可能修改某些值。表达式的核心在于求值顺序点（sequence point）。这是一个结算点，语言要求这一侧的求值和副作用（除了临时对象的销毁以外）全部完成，才能进入下面的部分。C/C++中大部分表达式都没有求值顺序点，只有下面列出的表达式有。

- 函数：函数调用之前有一个求值顺序点。
- &&　|| 和 ?：这 3 个包含逻辑的表达式，其左侧逻辑完成后有一个求值顺序点。
- 逗号表达式：逗号左侧有一个求值顺序点。注意，它们都只有一个求值顺序点，在两个求值顺序点之间，子表达式求值和副作用的顺序是不确定的。

第 7 章

流程控制语句

C++语言结构化程序由若干个基本结构构成，每个基本结构可以包含一条或若干条语句。程序中语句的执行顺序称为程序结构，如果程序语句是按照书写顺序执行的，则称为顺序结构；如果是按照某个条件来决定是否执行，则称为选择结构；如果某些语句要反复执行多次，则称为循环结构。在本节的内容中，将详细讲解 C++中流程控制语句的基本知识。

本章内容

- ⏭ 最简单的语句和语句块
- ⏭ 最常见的顺序结构
- ⏭ 选择结构
- ⏭ 循环结构详解
- ⏭ 跳转语句

技术解惑

循环中断的问题
分析循环语句的效率
几种循环语句的比较
C++中，for 循环该怎么读
一个 C++循环结构嵌套的问题
break 语句和 continue 语句的区别

7.1 最简单的语句和语句块

知识点讲解：光盘:视频\PPT 讲解（知识点）\第 7 章\最简单的语句和语句块.mp4

语句是指定程序做什么和程序所处理的数据元素的基本单元。大多数 C++语句都以分号结尾。语句有许多不同的种类，最基本的语句是把一个名称引入到程序源文件中的语句。

7.1.1 最简单的语句

最简单的语句只有一条语句，只有一个结束标志，但是可能会有一个或一个以上的表达式。它可能只完成一种运算，也可能完成多种运算。

实例 024 演示最简单语句的执行过程

源码路径 光盘\daima\7\easy 视频路径 光盘\视频\实例\第 7 章\024

本实例的实现文件为 easy.cpp，具体实现代码如下。

```
#include "stdafx.h"
int main(int argc, char* argv[])
{
    printf("Hello World!\n");
    return 0;
}
```

编译执行后效果如图 7-1 所示。

上述代码是一个最简单的控制台输出程序，只由一行代码组成。

> 范例 047：尼科彻斯定理
>
> 源码路径：光盘**演练范例**\047\
>
> 视频路径：光盘**演练范例**\047\
>
> 范例 048：魔术师的秘密
>
> 源码路径：光盘**演练范例**\048\
>
> 视频路径：光盘**演练范例**\048\

1. 不要忘记结束符

在书写语句时，末尾一定要写上分号“;”，虽然语句可以拆行分写，但是为了美观，建议不拆行。

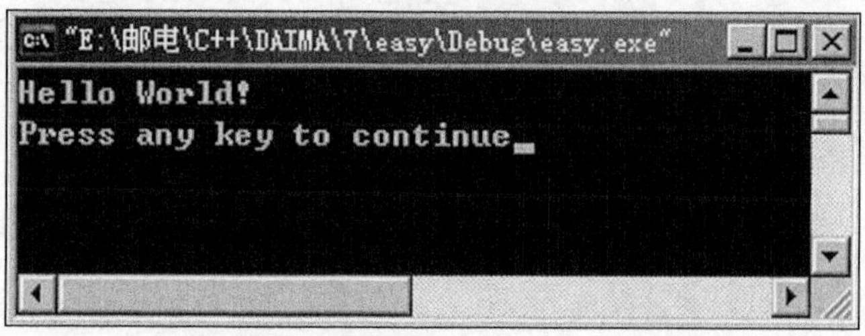

图 7-1 执行效果

2. 注意空语句

空语句是指只有一个分号的语句。在语法上需要，但逻辑上什么都不需要做时就应该使用空语句。例如下面的代码。

```
;
```

上述语句就什么功能也没有，只是起到了一个占位符的作用。空语句是合法的语句，可以出现在任何需要的位置，如下。

```
i=i+1;;
```

后面的分号就是一个空语句。

7.1.2 说说语句块

可以把几个语句放在一对大括号中，此时这些语句就称为语句块。函数体就是一个语句块，如前面第一个例子所示。语句块也称为复合语句，因为在许多情况下，语句块可以看作一个语句。实际上，在 C++中，无论把一个语句放在什么地方，都等效于给语句块加上大括号对。因此，语句块可以放在其他语句块内部，这个概念称为嵌套。事实上，语句块可以嵌套任意级。

语句块可以用大括号{}来作为标志，括号内所包含的是构成该语句块的多条语句。

实例 025 演示语句块的执行过程

源码路径 光盘\daima\7\kuai 视频路径 光盘\视频\实例\第 7 章\025

本实例的实现文件为 kuai.cpp，具体实现代码如下。

```
#include "iostream.h"
int main(int argc, char* argv[]){
    int i=11;
    if (i>10)                           //语句块1
    {
        for (int j=1;j<10;j++)          //语句块2
        {
                cout<<j<<endl;
        }
    }

    return 0;
}
```

范例 **049**：用指定符号分割字符串

源码路径：光盘**演练范例**\049\

视频路径：光盘**演练范例**\049\

范例 **050**：删除文本中的汉字和句子

源码路径：光盘**演练范例**\050\

视频路径：光盘**演练范例**\050\

编译执行后效果如图 7-2 所示。

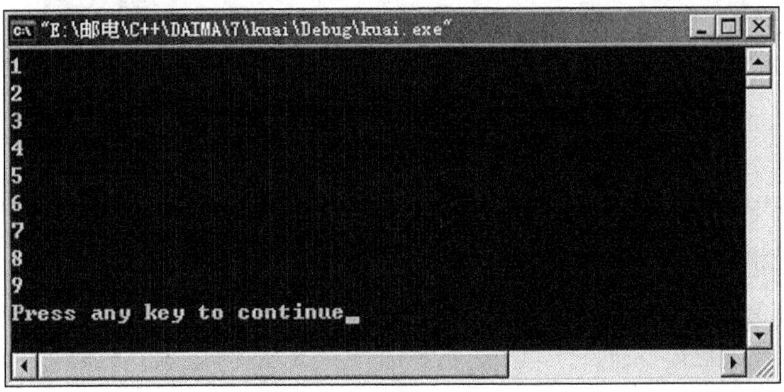

图 7-2 执行效果

在上述代码中，大括号内的语句就构成了一个语句块。

大括号内的语句没有多和少之分，有时可能只包含一条语句。例如下面的代码。

```
{
    return 0;
}
```

上述代码也是一个语句块。

当语句块内只包含一条语句时，大括号可以省略，如下。

```
    if (i>10)
        {
cout<<i<<endl;
}
        cout<<"这是例子"<<endl;
```

上述代码中的大括号可以省略，写为如下代码。

```
    if (i>10)
        cout<<i<<endl;
        cout<<"this is a example"<<endl;
```

但是如果大括号内含有多条语句，则大括号必须保留，否则将会运行错误。

实例 026　演示大括号语句块的创建过程

源码路径　光盘\daima\7\dakuai　　　　视频路径　光盘\视频\实例\第 7 章\026

本实例的实现文件为 dakuai.cpp，具体实现代码如下。

```
#include "iostream.h"
int main(int argc, char* argv[]){
    int i=17;
    if (i>10)                          //语句块1
    {
        for (int j=1;j<10;j++)         //语句块2
        {
            cout<<j<<endl;
        }
    }
    return 0;
}
```

> 范例 **051**：替换指定的字符串
>
> 源码路径：光盘**演练范例**\051\
>
> 视频路径：光盘**演练范例**\051\
>
> 范例 **052**：为字符串添加子字符串
>
> 源码路径：光盘**演练范例**\052\
>
> 视频路径：光盘**演练范例**\052\

编译执行后效果如图 7-3 所示。

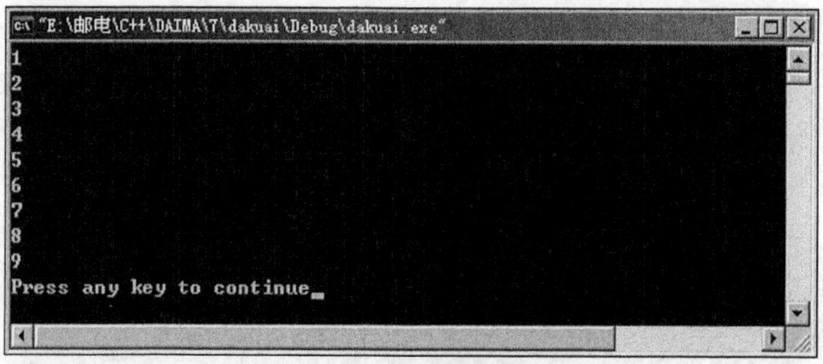

图 7-3　执行效果

在上述代码中，for (int j=1;j<10;j++)后的大括号可以省略，但是 if (i>10)后的大括号不可以省略。

7.1.3　最后是语句的总结

C 语言程序的组成比较复杂，不但有变量和常量等简单元素，而且还有函数、数组和语句等较大的个体。但是从整体方面上看，C 语言程序的结构比较清晰。具体组成结构如图 7-4 所示。

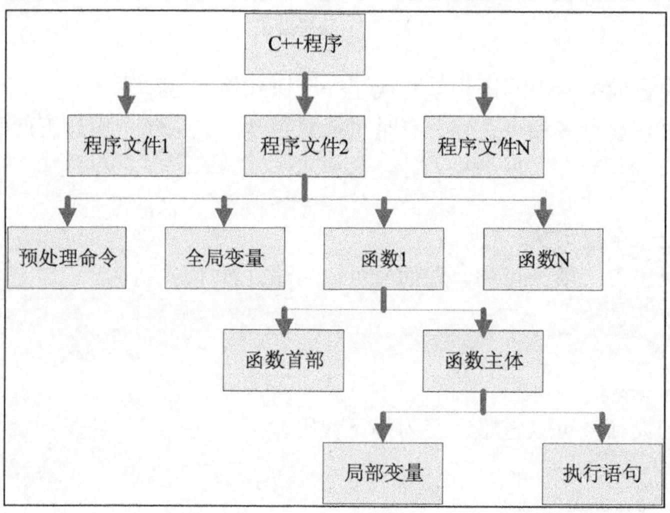

图 7-4　C 语言程序结构

C++程序的执行部分是由语句组成的，程序的功能也是由执行语句实现的。C++语言语句可分为如下 5 类。

1. 表达式语句

表达式语句由表达式加上分号“;”组成，其一般格式如下。

```
表达式;
```

通常所说的执行表达式语句就是计算表达式的值，如下。

```
x=3
```

这是一个赋值表达式，而下面的都是语句。

```
x=y+z;                          //赋值语句;
y+z;                            //加法运算语句，但计算结果不能保留，无实际意义;
i++;                            //自增1语句，i值增1。
```

从上面的代码可以看出，语句的最显著特点是分号“;”。

2. 函数调用语句

由函数名、实际参数和分号“;”组成，其一般格式如下。

```
函数名(实际参数表);
```

通常所说的执行函数语句，就是调用函数体并把实际参数赋予函数定义中的形式参数，然后执行被调函数体中的语句，来求取函数值。例如下面的函数语句。

```
printf("Hello World!\n");
```

上述函数语句用于调用库函数，输出字符串。

实际上，函数语句也属于表达式语句，因为函数调用也属于表达式的一种。只是为了便于理解和使用，才提倡把函数调用语句和表达式语句分开来讲。

3. 控制语句

C++语言中的控制语句用于控制程序的流程，以实现程序的各种结构方式。它们由特定的语句定义符组成。C 语言中有 9 种控制语句，并可以分为以下 3 类。

- 条件判断语句：if 语句、switch 语句。
- 循环执行语句：do while 语句、while 语句、for 语句。
- 转向语句：break 语句、goto 语句、continue 语句、return 语句。

上述语句都将在本书后面的内容中进行详细介绍。

4. 复合语句

复合语句就是把多个语句用括号{}括起来组成的语句，复合语句通常又被称为分程序。在程序中应把复合语句看成是单条语句，而不是多条语句。例如下面的语句就是一条复合语句。

```
x=m+n;
a=b+c;
printf("%d%d"x,a);
```

复合语句内的各条语句都必须以分号“;”结尾，在括号“}”外不能加分号。

5. 空语句

只有分号“;”组成的语句称为空语句。空语句是什么也不执行的语句，在程序中空语句可用来作空循环体。例如下面的第 2 行语句就是空语句。

```
while(getchar()!='\n')
;
```

上述语句的功能是，只要从键盘输入的字符不是回车就重新输入。

在 C++语言中，允许一行同时写几个语句，也允许一个语句被拆开后写在几行上，并且书写格式可以不固定。

7.2 最常见的顺序结构

知识点讲解：光盘:视频\PPT 讲解（知识点）\第 7 章\最常见的顺序结构.mp4

C++语言是一种结构化和模块化通用程序设计语言，结构化程序设计方法可以使程序结构更加清晰，提高程序的设计质量和效率。C 语言的流程控制掌控着整个程序的运作，将各个功能统一起来串联起来。

顺序结构遵循了万物的生态特性，它总是从前往后按序进行。在程序中体现出的特点就是：按照程序的书写顺序自上而下地顺序执行，每条语句都必须执行，并且只能执行一次。具体流程如图 7-5 所示。

在图 7-5 所示流程中，只能先执行 A，再执行 B，最后执行 C。

顺序结构是 C++语言程序中最简单的结构方式，在本书前面的内容中，也已经使用了多次。

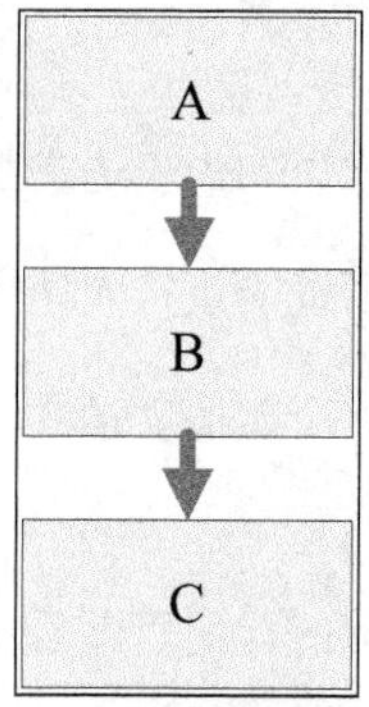

图 7-5　顺序执行

7.3　选择结构

知识点讲解：光盘:视频\PPT 讲解（知识点）\第 7 章\选择结构.mp4

人生并不是全部按序循环运行的，人们会根据自己的需要而选择自己的路。C 语言程序的运作过程也不例外，它也会根据需要而选择要执行的语句。

大多数稍微复杂的程序都会使用选择结构，其功能是根据所指定的条件，决定从预设的操作中选择一条操作语句。具体流程如图 7-6 所示。

在图 7-6 所示流程中，只能根据满足的条件执行 A1 到 An 之间的任意一条程序。

7.3.1　先看单分支结构语句

对于单分支结构的 if 语句，功能是对一个表达式进行计算，并根据计算的结果决定是否执行后面的语句。单分支 if 语句的使用格式如下。

```
if(表达式)
语句
```

也可以是如下格式。

```
if(表达式) {
语句
}
```

上述格式的含义是，如果表达式的值为真，则执行其后的语句，否则不执行该语句。其过程可表示为图 7-7 所示状态。

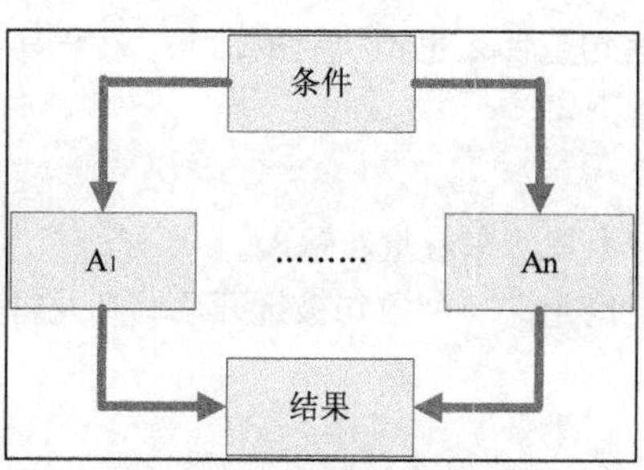

图 7-6　选择执行

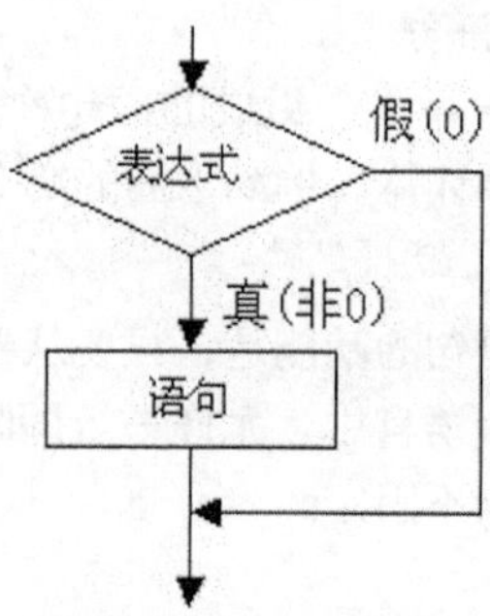

图 7-7　单分支 if 语句

下面的代码就应用了单分支 if 语句。

```
if (i>10)
        {
cout<<i<<endl;
```

```
}
    cout<<"这是例子"<<endl;
```

7.3.2 再看双分支结构语句

在 C 语言中，可以使用 if-else 语句实现双分支结构。双分支结构语句的功能是对一个表达式进行计算，并根据得出的结果来执行其中的操作语句。

双分支 if 语句的具体格式如下。

```
if(表达式)
  语句1;
else
  语句2;
```

上述格式的含义是：如果表达式的值为真，则执行语句 1，否则将执行语句 2，语句 1 和语句 2 只能被执行一个。其过程可表示为图 7-8 所示状态。

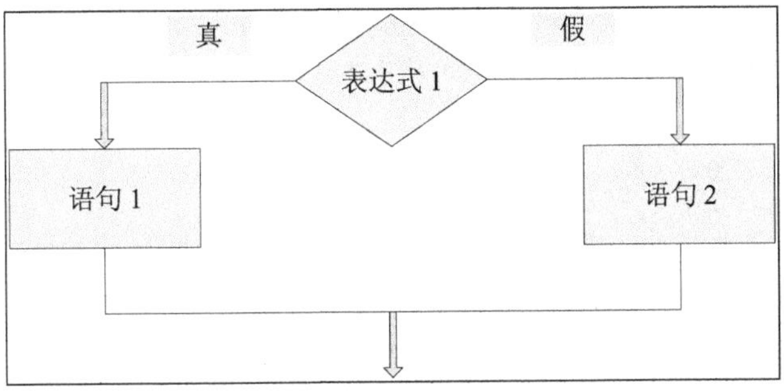

图 7-8　双分支 if 语句

实例 027　**演示 if-else 语句的使用过程**

源码路径　光盘\daima\7\else　　　**视频路径**　光盘\视频\实例\第 7 章\027

本实例的实现文件为 else.cpp，具体实现代码如下。

```
#include "iostream.h"
int main(int argc, char* argv[])
{
    int grade=50;
    if (grade>=60)                        //判断分数是否及格
        cout<<"及格"<<endl;               //语句1，输出通过的信息
    else
        cout<<"没有及格"<<endl; //语句2，输出不通过的信
息
    return 0;
}
```

编译执行后效果如图 7-9 所示。

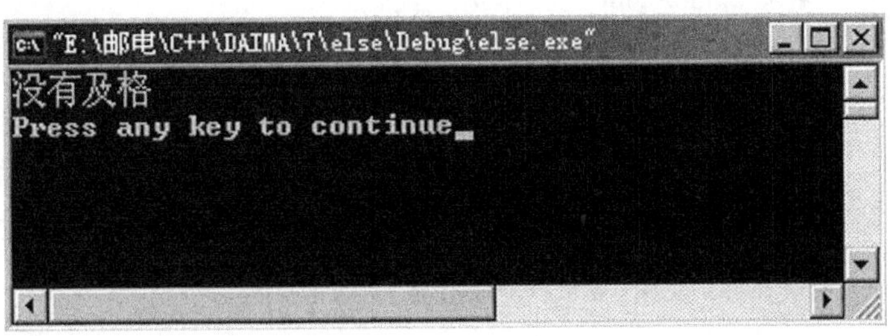

图 7-9　执行效果

> 范例 053：李白喝酒问题
>
> 源码路径：光盘**演练范例**\053\
>
> 视频路径：光盘**演练范例**\053\
>
> 范例 054：桃园三结义问题
>
> 源码路径：光盘**演练范例**\054\
>
> 视频路径：光盘**演练范例**\054\

在具体使用时，为了解决比较复杂的问题，有时需要对 if 语句进行嵌套使用。

1. 第一种嵌套格式

嵌套的位置可以固定在 else 分支下，在每一层的 else 分支下嵌套另外一个 if-else 语句。具体格式如下。

```
if(表达式1)
        语句1;
    else   if(表达式2)
        语句2;
    else   if(表达式3)
        语句3;
        …
    else   if(表达式m)
        语句m;
    else
        语句n;
```

上述格式的含义是：依次判断表达式的值，当出现某个值为真时，则执行其对应的语句。然后跳到整个 if 语句之外继续执行程序。如果所有的表达式均为假，则执行语句 n。然后继续执行后续程序。其过程可表示为图 7-10 所示状态。

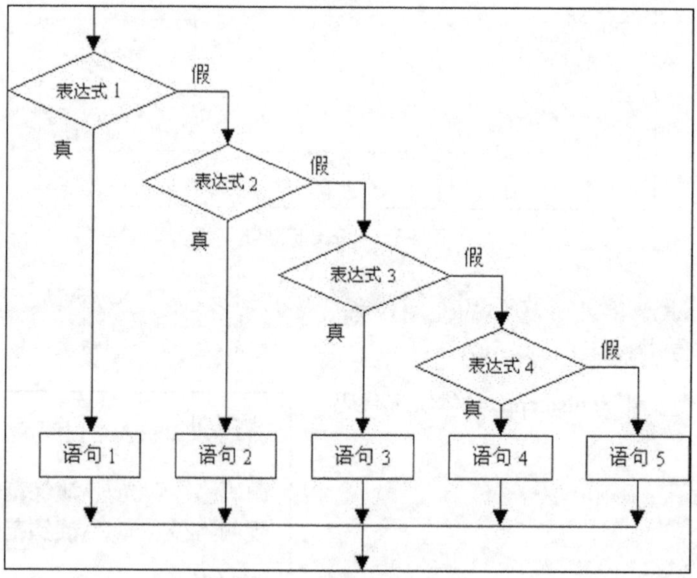

图 7-10　嵌套的 if-else 语句

实例 028　演示 if-else 嵌套语句的使用过程

源码路径　光盘\daima\7\qiantao　　　视频路径　光盘\视频\实例\第 7 章\028

本实例的实现文件为 qiantao.cpp，具体实现代码如下。

```
#include "iostream.h"
int main(int argc, char* argv[])
{
    int grade=50;
    if (grade>=60)                    //判断分数是否及格
       cout<<"及格"<<endl;           //语句1，输出通过的信息
    else
       cout<<"没有及格"<<endl;   //语句2，输出不通过的信息
    return 0;
}
```

编译执行后提示用户输入成绩，如图 7-11 所示。

> **范例 055**：判断哪一年是闰年
> 源码路径：光盘**演练范例**\055\
> 视频路径：光盘**演练范例**\055\
>
> **范例 056**：小球称重问题
> 源码路径：光盘**演练范例**\056\
> 视频路径：光盘**演练范例**\056\

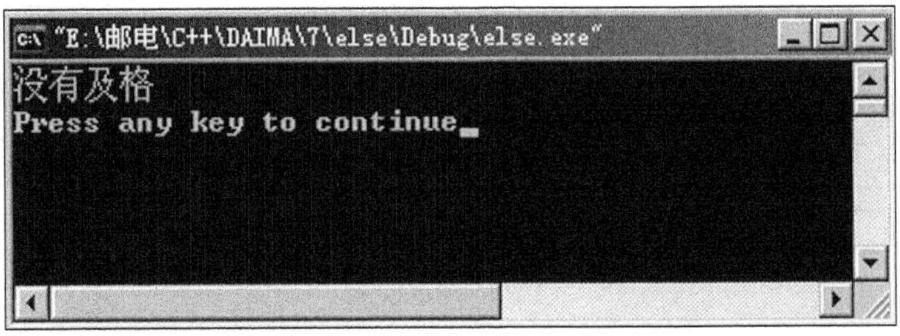

图 7-11　执行效果

输入成绩单击回车键后，系统自动输出判断结果（及格、没及格、优秀），如图 7-12 所示。

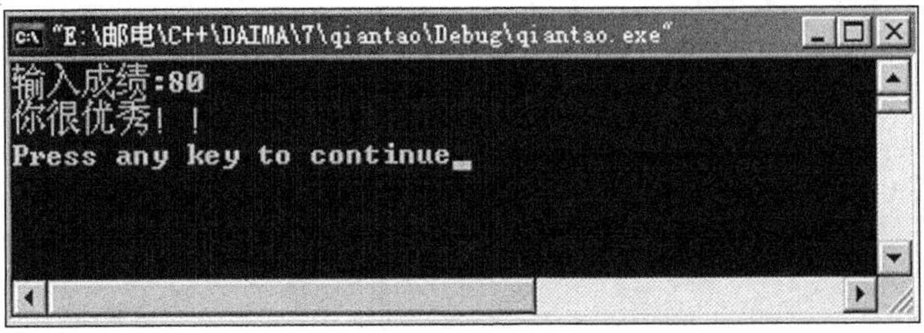

图 7-12　执行效果

2. 第二种嵌套格式

除了上面介绍的嵌套格式外，if 语句还有另外一种嵌套格式。

```
if(表达式1)
        语句1;
{
if(表达式2)
      {
      ............
      }
}
```

其中，“表达式 1”和“表达式 2”是任意的关系表达式。上述格式的功能是：如果 1 成立，则继续判断 2 是否成立，依此类推。

实例 029　演示 if-else 嵌套语句的使用过程

源码路径　光盘\daima\7\new　　　　视频路径　光盘\视频\实例\第 7 章\029

本实例的实现文件为 new.cpp，具体实现代码如下所示。

```
#include "iostream.h"
int main(int argc, char* argv[]){
    char *id="mmm";
    char *psw="888888";
    if (id="mmm")                          //用户名
    {
       if (psw="888888")                   //口令
       {
            cout<<"欢迎光临!"<<endl;
       }
    }

    return 0;
}
```

范例 **057**：猜一猜商品的价格

源码路径：光盘**演练范例**\\057\\

视频路径：光盘**演练范例**\\057\\

范例 **058**：超市大促销

源码路径：光盘**演练范例**\\058\\

视频路径：光盘**演练范例**\\058\\

编译执行后效果如图 7-13 所示。

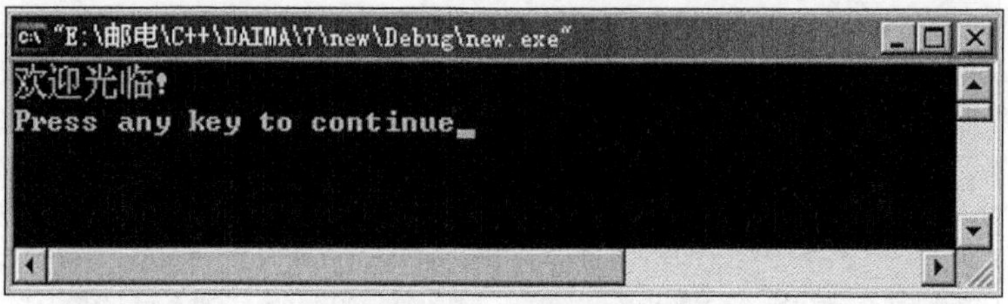

图 7-13　执行效果

在上述代码中，设置了用户名和口令，只有分别输入“管西京”和“888888”后才会输出“欢迎光临”，并进入系统。

7.3.3　还要使用多分支结构语句

多分支选择结构有 n 个操作，实际上，前面介绍的嵌套双分支语句可以实现多分支结构。在 C 语言中，专门提供了一种实现多分支结构的 switch 语句。

switch 语句的使用格式如下。

```
switch(表达式){
        case常量表达式1:
        语句1;
break;
        case常量表达式2:
        语句2;
        break;
…
        case常量表达式n:
        语句n;
break;
        default          :  语句n+1;
        }
```

上述格式的含义是：计算表达式的值，并逐个与其后的常量表达式值相比较，当表达式的值与某个常量表达式的值相等时，即执行其后的语句，然后不再进行判断，继续执行后面所有 case 后的语句；如表达式的值与所有 case 后的常量表达式均不相同时，则执行 default 后的语句；break 语句指终止该语句的执行，跳出 switch 语句到 switch 语句后的第一条语句上。

我们常常面临多项选择的情况，在这种情况下，需要根据整数变量或表达式的值，从许多选项（多于两个）中确定执行哪个语句集。例如抽奖，顾客购买了一张有号码的彩票，如果运气好，就会赢得大奖。例如，彩票的号码是 147，就会赢得头等奖；彩票的号码是 387，就会赢得二等奖；彩票的号码是 29，就会赢得三等奖。其他号码则不能获奖。处理这类情形的语句称为 switch 语句。

switch 语句允许根据给定表达式的一组固定值，从多个选项中选择，这些选项称为 case。在彩票例子中，有 4 个 case，每个 case 对应于一个获奖号码，再加上一个默认的 case，用于所有未获奖的号码。

switch 语句描述起来比其使用难一些。在许多 case 中选择取决于关键字 switch 后面括号中整数表达式的值。选择表达式的结果也可以是已枚举的数据类型，因为这种类型的值可以自动转换为整数。在本例中，它就是变量 ticket_number，它必须是整数类型。

可以根据需要，使用多个 case 值定义 switch 语句中的可能选项。case 值显示在 case 标签中，其形式如下。

```
case 标签:
```

如果选择表达式的值等于 case 值，就执行该 case 标签后面的语句。每个 case 值都必须是唯一的，但不必按一定的顺序，如本例所示。

case 值必须是整数常量表达式，即编译器可以计算的表达式，所以它只能使用字面量、const 变量或枚举成员。而且，所包含的所有字面量都必须是整数类型或可以强制转换为整数类型。

上述 default 标签标识默认的 case，它是一个否则模式。如果选择表达式不对应于任何一个 case 值，就执行该默认 default 后面的语句。但是，不一定要指定默认 default，如果没有指定它，且没有选中任何 case 值，switch 语句就什么也不做。

从逻辑上看，每一个 case 语句后面的 break 语句是绝对必须的，它在 case 语句执行后跳出 switch 语句，使程序继续执行 switch 右大括号后面的语句。如果省略了 case 后面的 break 语句，就将执行该 case 后面的所有语句。注意在最后一个 case 后面（通常是默认 case）不需要 break 语句，因为此时程序将退出 switch 语句，但加上 break 是一个很好的编程习惯，因为这可以避免以后添加另一个 case 而导致的问题。

每组 case 语句后面的 break 语句把执行权传送给 switch 后面的语句。break 语句不是强制的，但如果不加上它，就会执行所选 case 之后的所有语句，这通常不是我们希望的操作。

实例 030 演示 switch 语句的使用过程

源码路径　光盘\daima\7\switch　　视频路径　光盘\视频\实例\第 7 章\030

本实例的实现文件为 switch.cpp，具体实现代码如下。

```
#include "iostream.h"
int main(void)
{
    int which;
    which=0;
    cout<<"1--new"<<endl;                //菜单1
    cout<<"2--open"<<endl;               //菜单2
    cout<<"0--quit"<<endl;               //菜单3
    cout<<"your choice:"<<endl;          //提示
    cin>>which;
                        //输入选择的菜单项
    /*用switch语句根据which值执行不同的动作*/
    switch(which)
    {
    case 1:                              //选择了菜单1
        cout<<"新建"<<endl;
        break;
    case 2:                              //选择了菜单2
        cout<<"打开"<<endl;
        break;
    case 0:                              //选择了菜单0
        cout<<"关闭"<<endl;
        break;
    default:                             //输入的选项不在菜单项中时
        cout<<"出错"<<endl;
    }
    return 1;
}
```

范例 059：获取字符串中的数字

源码路径：光盘**演练范例**\059\

视频路径：光盘**演练范例**\059\

范例 060：将指定字符串转换为大写形式

源码路径：光盘**演练范例**\060\

视频路径：光盘**演练范例**\060\

编译执行后将提示用户选择一个选项，如图 7-14 所示。

选择并单击回车键后，将输出对应的选项提示，如图 7-15 所示。

图 7-14　执行效果

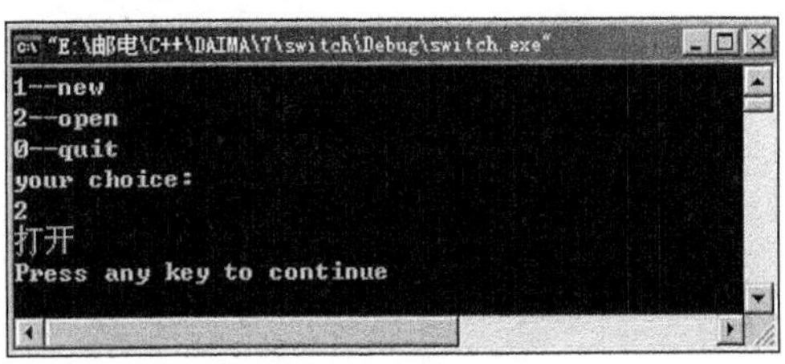

图 7-15　执行效果

如果上例中的 which 值不对应于所指定的所有 case 值，就执行 default 标签后面的语句。如果没有包括 default case，且 which 的值不等于所有的 case 值，则 switch 语句就什么也不做，程序继续执行 switch 后面的下一条语句，即 return 语句。

注意：if语句允许根据指定的条件，选择执行某个语句块或另一个语句块，这样，语句的执行顺序就会根据程序中的数据值而变化。刚才介绍的switch语句允许根据整数表达式的值从一组范围固定的选项中选择。而goto语句是一个很生硬的指令，它允许无条件地分支指定的程序语句。要进行分支的语句必须用语句标签来标识，语句标签是一个根据与变量名相同规则定义的标识符。其后跟一个冒号，放在要使用该标签引用的语句之前。下面是一个带标签的语句示例。

```
MyLabel: x=1;
```

这个语句的标签是 MyLabel，无条件地分支该语句的语句如下所示。

```
goto MyLabel;
```

在程序中，应尽可能避免使用 goto 语句。goto 语句会使代码极难理解。如果 goto 语句位于变量的作用域中，但绕过了变量的声明，编译器就会发出一个错误消息。

注释：goto语句在理论上是不必要的——总是有另外一种方式可以替代goto语句。大多数程序员从来不使用它。作者不赞成这种极端的态度，毕竟它是一个合法的语句，有时使用它是很方便的。但是，应仅在与其他可用选项相比，使用它的优势非常明显时才使用它。

7.4　循环结构详解

知识点讲解：光盘:视频\PPT 讲解（知识点）\第 7 章\循环结构详解.mp4

循环结构是程序中一种很重要的结构。其特点是在给定条件成立时，反复执行某程序段，直到条件不成立为止。给定的条件称为循环条件，反复执行的程序段称为循环体。

循环是一种机制，它允许重复执行同一个系列的语句，直到满足指定的条件为止。循环中的语句有时称为迭代语句。对循环中的语句块或语句执行一次称为迭代。

循环有两个基本元素：组成循环体的、要重复执行的语句或语句块以及决定何时停止重复循环的循环条件。循环条件有许多不同的形式，提供了控制循环的不同方式，如下。

- ❑ 执行循环指定的次数。
- ❑ 循环一直执行到给定的值超过另一个值为止。
- ❑ 循环一直执行到从键盘上输入某个字符为止。

可以设置循环条件，以适应使用循环的环境。但循环最终可以分为两种基本形式，如图 7-16 所示。

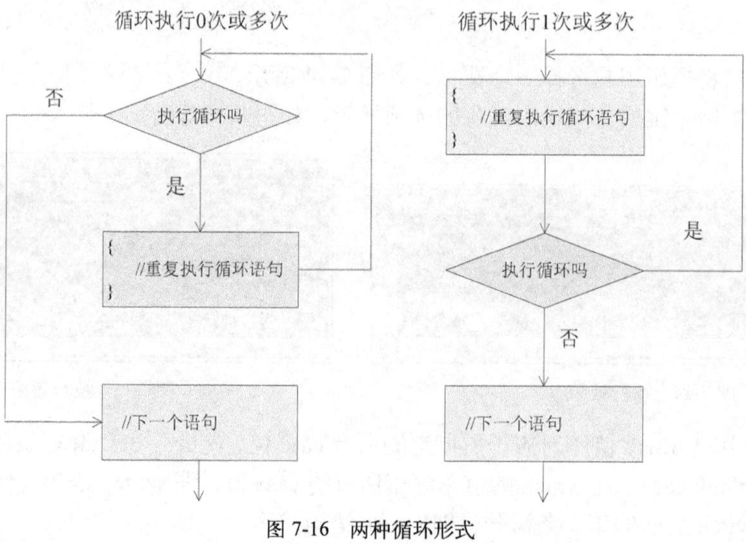

图 7-16　两种循环形式

这两种结构之间的区别是很明显的。在左边的结构中，循环条件在执行循环语句之前测试，因此，如果循环条件测试失败，则循环语句根本就不执行。

在右边的结构中，循环条件是在执行循环语句之后测试。其结果是在第一次测试循环条件之前，就执行了循环语句，所以这种循环至少要执行一次。在 C++中提供了多种循环语句，可以组成各种不同形式的循环结构。C 语言中的常用循环语句有如下几种。

- for 语句。
- while 语句。
- do-while 语句。

7.4.1 for 语句循环

for 循环主要用于对语句或语句块执行预定的次数，但也可以用于其他方式。可以使用以分号分隔开的 3 个表达式来控制 for 循环，这 3 个表达式放在关键字 for 后面的括号中。在 C++中，for 语句使用最为灵活。它将一个由多条语句组成的代码块执行特定的次数。for 语句也称 for 循环，因为程序通常会执行此语句多次。for 语句的一般使用格式如下。

```
for(初始化语句；条件表达式；表达式)
{
语句；
}
```

其中，“初始化语句”是初始化变量的语句，通常情况下是初始化循环变量，在首次进入循环时执行；“条件表达式”是任意合法的关系表达式；“表达式”是任意合法的表达式；“语句块”是要执行的语句。自始至终，条件表达式控制着循环的执行。

- 当条件表达式为真时，执行循环体。
- 当条件表达式不为真时，退出循环。
- 如果第一次测试条件表达式为假，则循环一次也不会执行。

“表达式”通常用于修改在“初始化语句”中初始化，并在条件表达式中测试循环的变量。每次执行完循环体后，都要执行“表达式”修订循环变量。

再看下面的格式。

```
for(循环变量赋初值；循环条件；循环变量增量) 语句;
```

上述格式是 for 语句中最简单的应用形式，也是最容易理解的形式。“循环变量赋初值”总是一个赋值语句，它用来给循环控制变量赋初值；“循环条件”是一个关系表达式，它决定什么时候退出循环；“循环变量增量”定义循环控制变量每循环一次后按什么方式变化。这 3 个部分之间用分号“；”分开。例如下面的代码。

```
for(i=1; i<=10; i++)sum=sum+i;
```

在上述代码中，先给 i 赋初值为 1，然后判断 i 是否小于等于 10，若是，则执行语句，之后值增加 1。再重新判断，直到条件为假，即 i>10 时才结束循环。

对于 for 循环中语句的一般形式，就是如下的 while 循环形式。

```
表达式1;
while（表达式2）
    {语句
     表达式3;
}
```

在具体使用 for 循环语句时，应该注意如下 9 点。

① for 循环中的“表达式 1（循环变量赋初值）”、“表达式 2（循环条件）”和“表达式 3（循环变量增量）”都是可选项，可以省略，但是分号“；”不能省略。

② 如果省略了“表达式 1（循环变量赋初值）”，则表示不对循环控制变量赋初值。

③ 如果省略了“表达式 2（循环条件）”，则不做其他处理时便形成死循环。例如下面的代码。

```
for(i=1;;i++)sum=sum+i;
```

上述代码相当于如下代码。

```
i=1;
  while(1){
  sum=sum+i;
i++;
}
```

④ 如果省略了“表达式 3（循环变量增量）”，则不对循环控制变量进行操作，这时可在语句体中加入修改循环控制变量的语句。例如下面的代码。

```
for(i=1;i<=10;){
    sum=sum+i;
    i++;
}
```

⑤ 可以同时省略“表达式 1（循环变量赋初值）”和“表达式 3（循环变量增量）”，即只给循环条件，但是分号不能省略。

⑥ 3 个表达式都可以省略，例如“for(；；)语句”，此时是无线循环语句。除非有 break 来终止，否则将一直循环下去而成为死循环。

⑦ 表达式 1 可以是设置循环变量的初值的赋值表达式，也可以是其他表达式。例如下面的代码。

```
for(sum=0;i<=100;i++)sum=sum+i;
```

同样，表达式 3 也可以是和循环无关的任意表达式。

⑧ 表达式 1 和表达式 3 可以是一个简单表达式，也可以是逗号表达式。例如下面的代码。

```
for(sum=0,i=1;i<=100;i++)sum=sum+i;
for(i=0,j=100;i<=100;i++,j--)k=i+j;
```

⑨ 表达式 2 一般是关系表达式或逻辑表达式，但也可以是数值表达式或字符表达式，只要其值非零，就执行循环体。例如下面的代码。

```
for(i=0;(c=getchar())!='\n';i+=c);
```

实例 031　演示 for 循环语句的使用过程

源码路径　光盘\daima\7\for　　　视频路径　光盘\视频\实例\第 7 章\031

本实例的实现文件为 for.cpp,具体实现代码如下。

```
#include "iostream.h"
int main(int argc, char* argv[]){
    int sum=0;
    int score;
    for (int i=0;i<5;i++)            //循环控制
    {
        cin>>score;
        sum=sum+score;               //累积计算和
    }
    cout<<sum<<endl;
    return 0;
}
```

编译执行后，我们先输入 5 个分数，系统将自动累积计算输入分数的和，如图 7-17 所示。

范例 **061**：PK 高斯

源码路径：光盘**\演练范例**\061\

视频路径：光盘**\演练范例**\061\

范例 **062**：灯塔的数量

源码路径：光盘**\演练范例**\062\

视频路径：光盘**\演练范例**\062\

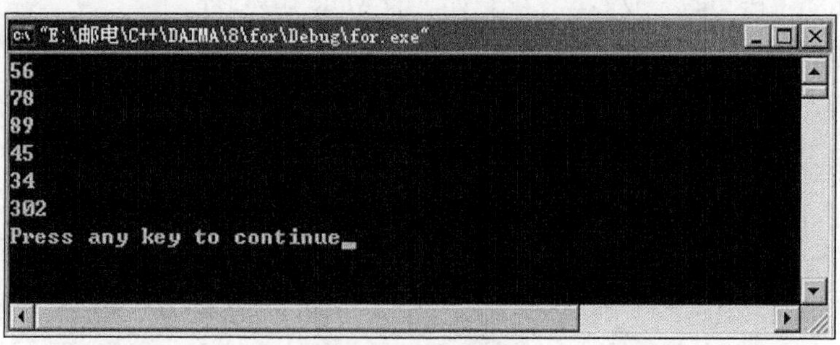

图 7-17　执行效果

7.4.2 while 语句

while 语句也叫 while 循环，它不断执行一个语句块，直到条件为假为止。while 语句的一般使用格式如下。

```
while表达式
{
语句
}
```

其中，“表达式”是循环条件，“语句”是循环体。上述格式的含义是：计算表达式的值，当值为真（非 0）时，执行循环体语句。其执行过程如图 7-18 所示。

在使用 while 循环语句时，应该注意以下 9 点。

① 在使用过程中，指定的条件和返回的值应为逻辑值（真或假）。

② 应该先检查条件，后执行循环体语句，也就是说循环体中的语句只能在条件为真的时候才执行，如果第一次检查条件的结果为假，则循环中的语句根本不会执行。

③ 因为 while 循环取决于条件的值，因此，它可用在循环次数不固定或者循环次数未知的情况下。

④ 一旦循环执行完毕（当条件的结果为假时），程序就从循环最后一条语句之后的代码行继续执行。

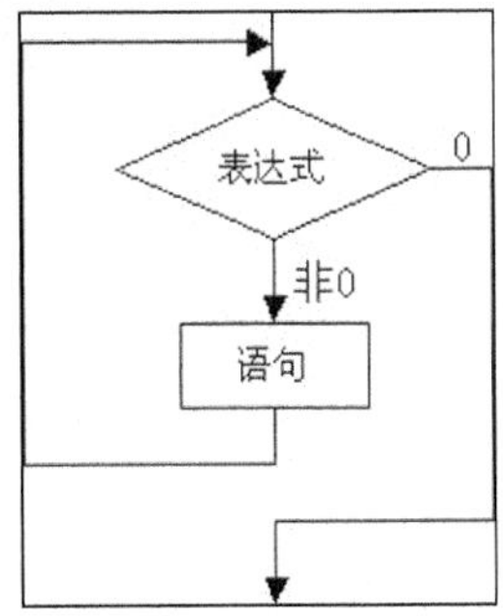

图 7-18 while 语句执行过程

⑤ 如果循环中包含多条语句，需要用{}括起来。

⑥ while 循环体中的每条语句应以分号“；”结束。

⑦ while 循环条件中使用的变量必须先声明并初始化，才能用于 while 循环条件中。

⑧ while 循环体中的语句必须以某种方式改变条件变量的值，这样循环才可能结束。如果条件表达式中变量保持不变，则循环将永远不会结束，从而成为死循环。

⑨ while 语句中的表达式一般是关系表达或逻辑表达式，只要表达式的值为真（非 0）即可继续循环下去。

实例 032　演示 while 语句的使用过程

源码路径　光盘\daima\7\while　　　视频路径　光盘\视频\实例\第 7 章\032

本实例的实现文件为 while.cpp，具体实现代码如下。

```
#include "iostream.h"
int main(int argc, char* argv[]){
    int i=0;
    int sum=0;
    int score[5]={80,49,50,70,90};          //定义5个成绩
    while (i<5)                              //循环入口，终止条件
    {
        sum=sum+score[i];                    //求成绩的和
        i=i+1;                               //修订循环变量
    }                                        //循环出口
    cout<<sum<<endl;
    return 0;
}
```

> 范例 **063**：上帝创世的秘密
>
> 源码路径：光盘**演练范例**\\063\\
>
> 视频路径：光盘**演练范例**\\063\\
>
> 范例 **064**：小球下落
>
> 源码路径：光盘**演练范例**\\064\\
>
> 视频路径：光盘**演练范例**\\064\\

编译执行后将计算 5 个成绩的和，并将计算的和输出，如图 7-19 所示。

在现实中的具体应用中，为了满足特殊系统的需求，可以对 while 循环语句进行嵌套使用。嵌套使用嵌套 while 循环语句的具体格式如下。

```
while(i <= 10)
{
    ……
    while (i <= j)
```

```
        {
            ...
            ...
        }
        ...
    }
```

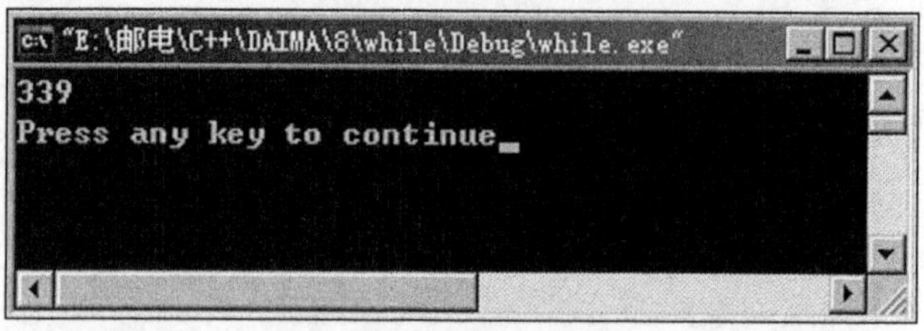

图 7-19　执行效果

7.4.3　说说 do-while 语句

do-while 语句可以在指定条件为真时不断执行一个语句块。do-while 会在每次循环结束后检测条件，而不像 for 语句或 while 语句那样在开始前进行检测。do-while 语句的一般使用格式如下。

```
do
{语句}
while(表达式);
```

上述格式与 while 循环的不同点在于，do-while 先执行循环中的语句，然后再判断表达式是否为真，如果为真则继续循环；如果为假，则终止循环。所以 do-while 循环至少要执行一次循环语句。其执行过程如图 7-20 所示。

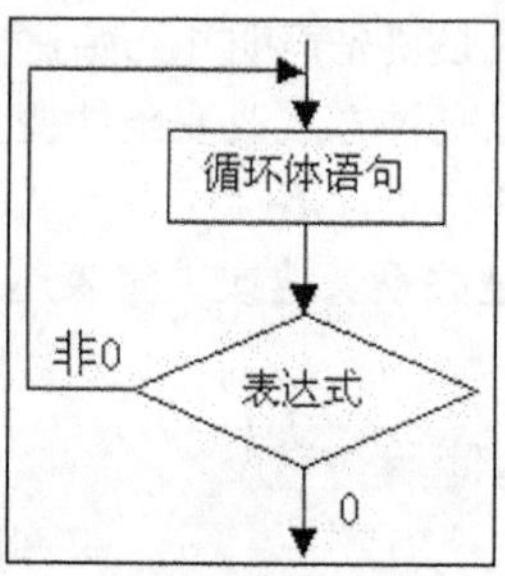

图 7-20　do-while 语句执行过程

实例 033　演示 do-while 语句的使用过程

源码路径　光盘\daima\7\dowhile　　　视频路径　光盘\视频\实例\第 7 章\033

本实例的实现文件为 dowhile.cpp，具体实现代码如下。

```
#include "iostream.h"
int main(int argc, char* argv[])
{
    int i=0;
    int sum=0;
    int score[5]={70,30,50,80,90};          //定义5个成绩
    do                                       //循环入口
    {
        sum+=score[i];                       //求成绩的和
        i=i+1;                               //修订循环变量
    }while(i<5);                             //循环出口，终止条件
    cout<<sum<<endl;
    return 0;
}
```

> **范例 065**：乘法口诀表
> 源码路径：光盘**演练范例**\065\
> 视频路径：光盘**演练范例**\065\
>
> **范例 066**：判断名次
> 源码路径：光盘**演练范例**\066\
> 视频路径：光盘**演练范例**\066\

编译执行后将计算 5 个成绩的和，并将计算的和输出，如图 7-21 所示。

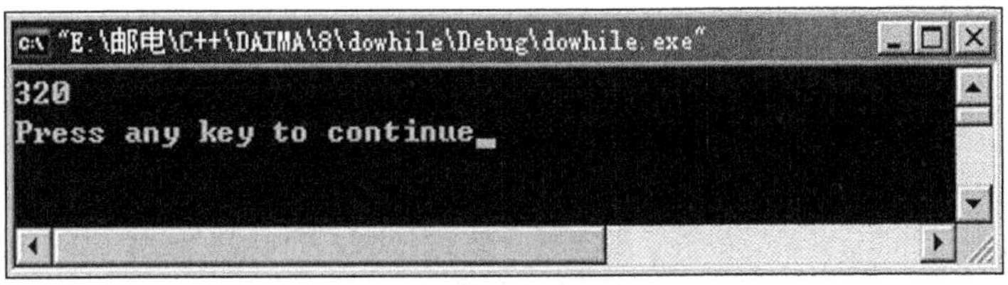

图 7-21　执行效果

7.5 跳 转 语 句

知识点讲解：光盘:视频\PPT 讲解（知识点）\第 7 章\跳转语句.mp4

跳转语句常用于项目内的无条件转移控制。通过跳转语句，可以将执行转到指定的位置。C++中的常用跳转语句有如下 3 种。

- break 语句。
- continue 语句。
- goto 语句。

在本节的内容中，将详细讲解上述跳转语句的基本知识。

7.5.1　何谓 break 语句

在本书前面的实例中，已经多次使用了 break 语句。break 语句只能被用于 switch、while、do 或 for 语句中，其功能是退出其本身所在的处理语句。但是，break 语句只能退出直接包含它的语句，而不能退出包含它的多个嵌套语句。

实例 034　演示 break 语句的使用过程

源码路径　光盘\daima\7\break　　　视频路径　光盘\视频\实例\第 7 章\034

本实例的实现文件为 break.cpp，具体实现代码如下。

```
#include "iostream.h"
int main(int argc, char* argv[])
{
    int sum=0;
    int d=0;
    for (;;)                        //for语句构成无限循环
    {
        cin>>d;
        sum=sum+d;                  //累计求和
        if (sum>100)                //如果和大于100
                break;              //跳出循环
    }
    cout<<sum<<endl;
    return 0;
}
```

> 范例 067：序列求和
>
> 源码路径：光盘**演练范例**\067\
> 视频路径：光盘**演练范例**\067\
>
> 范例 068：简单的级数运算
>
> 源码路径：光盘**演练范例**\068\
> 视频路径：光盘**演练范例**\068\

编译执行后，用户可以输入 n 个数字，如果输入的数字和大于 100，则退出程序，如图 7-22 所示。

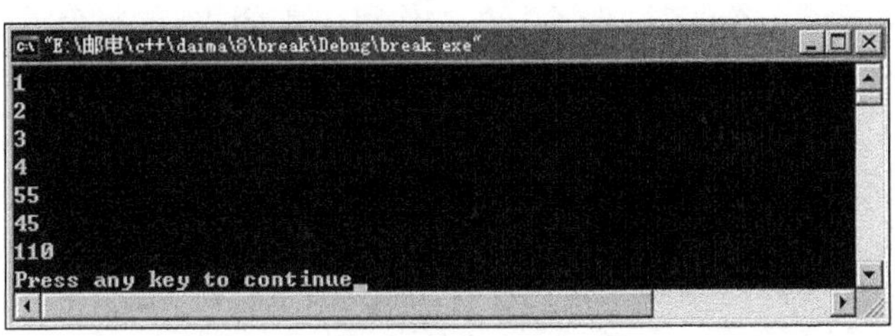

图 7-22　执行效果

7.5.2 何谓 continue 语句

continue 语句只能被用于 while、do 或 for 语句中，其功能是用来忽略循环语句块内位于它后面的代码，从而直接开始另外新的循环。但是，continue 语句只能使直接包含它的语句开始新的循环，而不能作用于包含它的多个嵌套语句。

实例 035 演示 continue 语句的使用过程

源码路径 光盘\daima\7\break　　视频路径 光盘\视频\实例\第 7 章\035

本实例的实现文件为 continue.cpp，具体实现代码如下。

```
int main(int argc, char* argv[])
{
    int i=0;
    float f=0;
    do
    {
        cin>>f;
        if (f<=0)                          //是否大于0
        {
            cout<<"出错"<<endl;            //提示出错
            continue;                      //小于0时继续读
        }
        i++;                               //计数增1
        cout<<f<<endl;                     //输出
        if (i>2)
            break;                         //输入完毕
    }while(true);

    return 0;
}
```

> **范例 069：计算正整数的所有因子**
> 源码路径：光盘**演练范例**\\069\\
> 视频路径：光盘**演练范例**\\069\\
>
> **范例 070：一元钱的兑换方案**
> 源码路径：光盘**演练范例**\\070\\
> 视频路径：光盘**演练范例**\\070\\

编译执行后，用户可以输入 3 个数字，如果输入的数字小于 0，则输出“出错”提示，如图 7-23 所示。

输入 3 个合法数字后，将退出程序，如图 7-24 所示。

图 7-23 执行效果

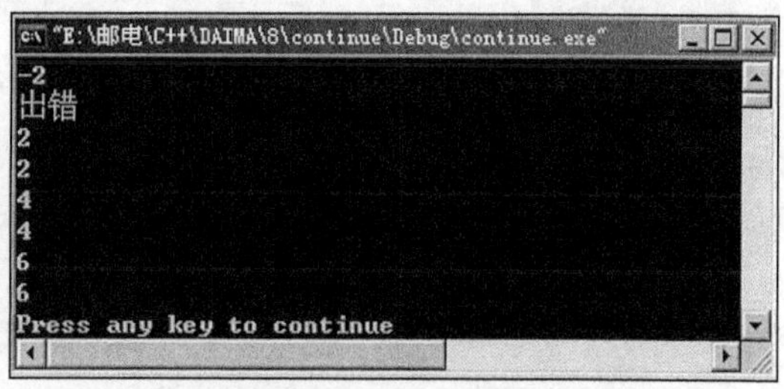

图 7-24 执行效果

7.5.3 何谓 goto 语句

goto 语句的功能是将执行转到使用标签标记的处理语句。这里的标签包括 switch 语句内的 case 标签和 default 标签，以及常用标记语句内声明的标签。例如下面的格式。

```
goto 标签名;
```

在上述格式内声明了一个标签，这个标签的作用域是声明它的整个语句块，包括里面包含的嵌套语句块。如果里面同名标签的作用域重叠，则会出现编译错误。并且，如果当前函数中部存在具有某名称的标签，或 goto 语句不再这个标签的范围内，也会出现编译错误。所以说，goto 语句和前面介绍的 break 语句和 continue 语句等有很大的区别，它不但能够作用于定义它的语句块内，而且能够作用于该语句块的外部。但是，goto 语句不能将执行转到高语句所包含的嵌套语句块的内部。

实例 036 演示 goto 语句的使用过程

源码路径 光盘\daima\7\break 视频路径 光盘\视频\实例\第 7 章\036

本实例的实现文件为 goto.cpp，具体实现代码如下。

```
#include "iostream.h"
int main(int argc, char* argv[]){
    int k=0;
    int p=0;
    goto BBB;                    //goto1
AAA:cout<<"begin"<<endl;
BBB:cout<<k<<endl;
    cin>>k;
    if (k<0)
        goto BBB;                //goto2
          //goto AAA;            //goto3
          goto CCC;              //goto4
          cout<<p;
    CCC:cout<<"end"<<endl;
    return 0;
}
```

范例 **071**：获取字符串的汉字

源码路径：光盘**演练范例**\071\

视频路径：光盘**演练范例**\071\

范例 **072**：输出输入月份的英文名

源码路径：光盘**演练范例**\072\

视频路径：光盘**演练范例**\072\

在上述代码中一共有 4 条 goto 语句。其中 goto1 是向前跳转，跳转到标签 BBB；goto2 向后跳转，跳到标签 BBB；goto3 向后跳转，跳转到标签 AAA；goto4 向前跳转，跳转到标签 CCC

在上述 4 个跳转语句中，goto1 是错误的，因为超越了变量 k 定义的语句。

7.6 技术解惑

7.6.1 循环中断的问题

有时需要永远地终止循环。当循环语句中没有表示继续执行的代码时，就可以使用 break 语句终止循环。其效果与第 4 章介绍的 switch 语句中的相同。如果在循环中执行 break 语句，循环就会立即终止，程序将继续执行循环后面的语句。break 语句在无限循环中用得最多，下面就来看看无限循环。

无限循环可以永远运行下去。例如，如果省略 for 循环中的测试条件，循环就没有停止机制了。除非在循环块中采用某种方式退出循环，否则循环会无休止地运行下去。

无限循环有几个实际应用：例如监视某种警告指示器的程序，或在工业园中搜集传感器的数据。在事先不知道需要迭代多少次时，也可以使用无限循环，例如读取的输入数据量可变时。在这类情况下，退出循环的机制应在循环块中编写，而不应在循环控制表达式中设置。

在 for 无限循环的最常见形式中，所有的控制表达式都被省略了。

```
for( ; ; ) {
}
```

注意：即使没有循环控制表达式，分号也要写上。

终止该循环的唯一方式是在循环体中编写终止循环的代码。由于继续循环的条件总是 true，所以这是一个无限循环。当然，也可以有 do-while 无限循环，但它没有另外两种循环好，所以不常用。

终止无限循环的一种方式是使用 break 语句。在循环中执行 break 会立即终止循环，程序将继续执行循环后面的语句。这常常用于处理无效的输入，以输入正确的值，或者重复某个操作。

7.6.2 分析循环语句的效率

至此，在前面的内容中已经详细讲解了 C++ 3 种循环语句的基本知识。在此，对上述循环语句进行总结，帮助读者进一步加深理解。

1. 循环语句比较

对于这 3 种循环语句，比较起来具体体现在如下 3 点。

① 这 3 种都可以用来处理同一个问题，一般可以互相代替。但一般不提倡用 goto 型循环。

② while 和 do-while 循环，循环体中应包括使循环趋于结束的语句，for 语句功能最强。

③ 用 while 和 do-while 循环时，循环变量初始化的操作应在 while 和 do-while 语句之前完成，而 for 语句可以在表达式中实现循环变量的初始化。

2. 循环语句效率总结

对于程序设计的初学者来说，往往以完成题目要求的功能为目的，程序的执行效率是最容易忽略的一个问题。在循环结构中，具体表现为循环体的执行次数。例如，一个经典的素数判定问题。在数学中，素数定义如下：素数即指那些大于 1，并且除了 1 和它本身外，不能被其他任何数整除的数。根据这一定义，初学者很容易编写出如下的程序。

```
int isprime(int n){
int i;
for(i=2;i<n;i++)
    if(n%i==0) return 0;
return 1;
}
```

上述程序完全可以实现项目要求的功能。但是当对 for 循环的执行次数进行分析时应该发现，当 *n* 不是素数时，没有任何问题；而当 *n* 是素数时，循环体就要执行（*n*−2）次，而实际上是不需要这么多次的。根据数学的知识，可以将次数降为 *n*/2 或 *n* 的算术平方根，这样可以大大减少循环体的执行次数，提高程序的效率。

7.6.3 几种循环语句的比较

在 C++程序中，通常使用这 3 种循环都可以用来处理同一问题，在一般情况下，它们可以互相代替。其中 while 和 do-while 循环是在 while 后面指定循环条件的，在循环体中应包含使循环趋于结束的语句（如 *i*++，或 *i*=*i*+1 等）。而 for 循环可以在表达式 3 中包含使循环趋于结束的操作，甚至可以将循环体中的操作全部放到表达式 3 中。因此 for 语句的功能更强，凡用 while 循环能完成的，用 for 循环都能实现。当使用 while 和 do-while 循环时，循环变量初始化的操作应在 while 和 do-while 语句之前完成。而 for 语句可以在表达式 1 中实现循环变量的初始化。

7.6.4 C++中，for 循环该怎么读

看下面的一段代码。

```
for(i=0;i<3;i++)
    for(j=0;j<3;j++)
        n[ j ]=n[ i ]++1;
```

在上述代码中有两个 for，这该怎么读呢？首先，从外面的开始，读者要明确一点：外面循环一次，里面循环 3 次。因此这个程序一共循环了 9 次。当 *i*=0 的时候，里面是 *j*=0、*j*=1、*j*=2，之后每一次都要执行下面的代码。

```
n[ j ]=n[ i ]++1;
```

当 *i*=1 的时候，里面是 *j*=0、*j*=1、*j*=2，之后每一次都要执行下面的代码。

```
n[ j ]=n[ i ]++1;
```

当 *i*=2 时，里面是 *j*=0、*j*=1、*j*=2，之后每一次都要执行下面的代码。

```
n[ j ]=n[ i ]++1;
```

7.6.5 一个 C++循环结构嵌套的问题

看如下所示的代码。

```
#include<iostream>
using namespace std;
void main(){
  int i=1,a=0;
  for(;i<=5;i++){
```

```
    do
    {
     i++;
     a++;
    }while(i<3);
    i++;
   }
  cout<<a<<","<<i<<endl;
 }
```

执行后的效果如图 7-25 所示。

图 7-25 执行效果

i<=5 最后怎么加到 8 了？看上述代码的执行过程：进入循环体后，i=1，a=0，执行 i++，a++；i=2，a=1，i<3，执行 i++，a++；i=3，a=2，执行 i++，i=4，执行 for 语句的 i++，i=5，执行 for 循环体，执行 do……while 循环体——i++，a++；i=6，a=3，i>3，跳出 do……while，执行 i++；i=7，执行 for 语句的 i++（注意）i=8，最后输出 i=8，a=3。

7.6.6 break 语句和 continue 语句的区别

break 语句常和 switch 语句配合使用。break 语句和 continue 语句也与循环语句配合使用，并对循环语句的执行起着重要的作用。且 break 语句只能用在 switch 语句和循环语句中，continue 语句只能用在循环语句中。下面我们分别介绍 break 语句和 continue 语句。

根据程序的目的，有时需要程序在满足另一个特定条件时立即终止循环，程序继续执行循环体后面的语句，break 语句可实现此功能。continue 语句实现的功能是，根据程序的目的，有时需要程序在满足另一个特定条件时跳出本次循环。continue 语句的功能与 break 语句不同，它是结束当前循环语句的当前循环，而执行下一次循环。在循环体中，continue 语句执行之后，其后的语句均不再执行。

在 while 和 do-while 循环语句中，下一次循环是从判断循环条件开始，在 for 循环语句中，下一次循环是从先计算第三个表达式，再判断循环条件开始的。例如，重复读入一些整数，当该整数为负时忽略，否则，处理该整数，而该整数为 0 时，程序执行终止。

第 8 章

学习 C++的最大障碍——指针

指针是 C++语言中非常重要的一种数据类型。指针的使用非常灵活，通过指针可以对各种类型的数据进行快速处理。有些数据结构通过指针可以很自然地实现，而用其他类型却很难实现。在本章的内容中，将简要介绍 C++指针的基本知识，为读者进行本书后面知识的学习打下基础。

本章内容

- 说说指针的基本概念
- 定义指针的几种方式
- 指针的分类
- 指针初始化
- 指针运算
- 指针的指针
- 使用指针
- 分析指针和引用的关系
- 特殊指针

技术解惑

指针的命名规范
C++中指针和引用的区别
变量在语言中的实质
C++开发如何避免和解决野指针
常量指针常量和常量引用常量
指针常量和引用常量的对比
常量指针和常量引用的对比

8.1 说说指针的基本概念

知识点讲解：光盘:视频\PPT 讲解（知识点）\第 8 章\说说指针的基本概念.mp4

在计算机中，所有的数据都是存放在存储器中的。一般把存储器中的一字节称为一个内存单元，不同的数据类型所占用的内存单元数不等，如整型量占 2 个单元，字符量占 1 个单元等，在前面已有详细的介绍。为了正确地访问这些内存单元，必须为每个内存单元编上号。根据一个内存单元的编号即可准确地找到该内存单元。内存单元的编号也叫地址。因为根据内存单元的编号或地址就可以找到所需的内存单元，所以通常也把这个地址称为指针。

内存单元的指针和内存单元的内容是两个不同的概念。可以用一个通俗的例子来说明它们之间的关系。例如我们到银行去存取款时，银行工作人员将根据我们的帐号去找存款单，找到之后在存单上写入存款、取款的金额。在这里，帐号就是存单的指针，存款数是存单的内容。对于一个内存单元来说，单元的地址即为指针，其中存放的数据才是该单元的内容。在C语言中，允许用一个变量来存放指针，这种变量称为指针变量。因此，一个指针变量的值就是某个内存单元的地址或称为某内存单元的指针。如图 8-1 所示，设有字符变量 C，其内容为‘K’（ASCII 码为十进制数 75），C 占用了 011A 号单元（地址用十六进制数表示）。设有指针变量 P，内容为 011A，这种情况我们称为 P 指向变量 C，或说 P 是指向变量 C 的指针。

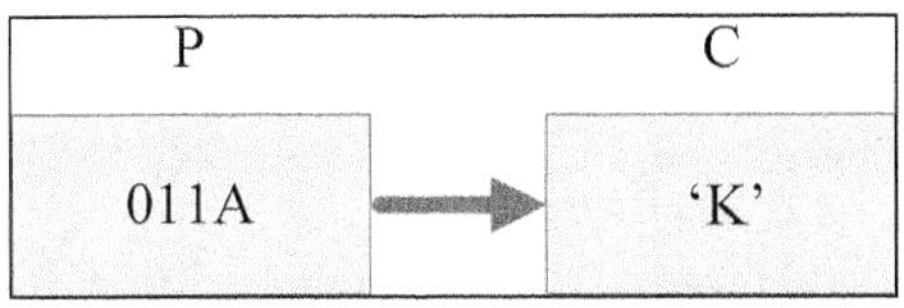

图 8-1 地址和指针

严格地说，一个指针是一个地址，是一个常量。而一个指针变量却可以被赋予不同的指针值，是变量。但常把指针变量简称为指针。为了避免混淆，我们约定：“指针”是指地址，是常量，“指针变量”是指取值为地址的变量。定义指针的目的是为了通过指针去访问内存单元。

既然指针变量的值是一个地址，那么这个地址不仅可以是变量的地址，也可以是其他数据结构的地址。在一个指针变量中存放一个数组或一个函数的首地址有何意义呢？因为数组或函数都是连续存放的。通过访问指针变量取得了数组或函数的首地址，也就找到了该数组或函数。这样一来，凡是出现数组或函数的地方都可以用一个指针变量来表示，只要该指针变量中赋予数组或函数的首地址即可。这样做，将会使程序的概念十分清楚，程序本身也精练，高效。在C语言中，一种数据类型或数据结构往往都占有一组连续的内存单元。用“地址”这个概念并不能很好地描述一种数据类型或数据结构，而“指针”虽然实际上也是一个地址，但它却是一个数据结构的首地址，它是“指向”一个数据结构的，因而概念更为清楚，表示更为明确。这也是引入“指针”概念的一个重要原因。

8.2 定义指针的几种方式

知识点讲解：光盘:视频\PPT 讲解（知识点）\第 8 章\定义指针的几种方式.mp4

了解了指针的基本知识后，在后面的内容中将进一步介绍指针的基本知识。在本节的内容中，将首先介绍定义指针的基本方式。

8.2.1 先定义指针

在 C++语言中，定义指针的方式如下。

```
<类型名>*<变量名>;
```

其中，<类型名>是指针变量所指向对象的类型，它可以是 C++语言预定义的类型，也可以是用户自定义类型。<变量名>是用户自定义的标识符。符号*表示<变量>是指针变量。而不是普通变量，如下。

```
int *ip1,ip2;              //声明了1个指针变量ip1和1个普通变量ip2
float *fp;                 //声明了1个指针变量fp
```

指针运算符主要有两种：“&”与“*”，“&”用于取一个变量的地址，“*”以一个指针作为其操作数，其运算结果表示所指向的变量。可以看出这两个运算符互为逆运算。

再看下面的代码。

```
int * aa;
char * bb;
float * cc;
void * dd;
shortr *ee;
bool *mm,nn;
```

在上述代码中，第一个指针是整型，第二个指针是字符型，第三个指针是浮点型，第四个是无类型指针，第五个指针是短整型，第六个同时定义了 2 个指针。

8.2.2 再识别指针

指针和变量通常会混淆，在具体使用时我们可以通过 sizeof 运算符来判断。sizeof 运算符的使用格式如下。

```
sizeof(object)
```

或采用如下格式。

```
sizeof object
```

例如下面的代码。

```
sizeof int
```

上述代码是在测试 int 类型的长度。

实例 037 演示定义 C++指针的具体过程

源码路径 光盘\daima\8\define　　视频路径 光盘\视频\实例\第 8 章\037

本实例的实现文件为 define.cpp，具体实现代码如下。

```
#include "iostream.h"
int main(void)
{
    char *pChar;                            //字符指针
    double *pDouble;                        //双精度指针

    cout<<sizeof(pChar)<<endl;              //计算字符指针
的长度
    cout<<sizeof(*pChar)<<endl;             //计算指针所指
内容的长度
    cout<<sizeof(pDouble)<<endl;            //计算指针的长
度
    cout<<sizeof(*pDouble)<<endl;           //计算指针所指
内容的长度
    return 0;
}
```

范例 **073**：用指针自增输出数组元素

源码路径：光盘**演练范例**\073\

视频路径：光盘**演练范例**\073\

范例 **074**：使用指针遍历数组

源码路径：光盘**演练范例**\074\

视频路径：光盘**演练范例**\074\

执行后效果如图 8-2 所示。

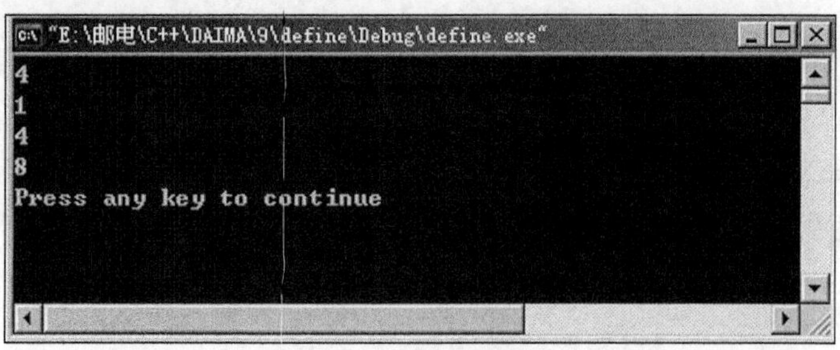

图 8-2 执行效果

从执行效果可以看出：第二条和第四条语句的输出结果不对，竟然分别是 1 和 8。这说明*pChar 和*pDouble 是指针。

注意：虽然不能完全用 sizeof 来确定是否为指针，但是它可以作为一个最有用的辅助手段之一。

8.3 指针的分类

知识点讲解：光盘:视频\PPT 讲解（知识点）\第 8 章\指针的分类.mp4

C++指针的划分依据有多种，在下面的内容中我们分别讲解。

1. 指向对象划分

按照指向对象的不同可以划分为整型指针、结构体指针和函数指针。看下面的代码。

```
int *aa;
float * bb;
char * cc;
char (*dd)[2];
char *ee[2];
char (*ff)(int num);
```

在上述代码中，定义了如下 6 个指针。

第 1 个：整型指针。

第 2 个：浮点指针。

第 3 个：字符指针。

第 4 个：数组指针。

第 5 个：本身是数组，叫指针数组。

第 6 个：形参是整型的函数指针。

2. 多级性划分

此处的指针多级性是按指针所指数据是否仍然为指针。按照此原则，C++指针可以分为单级间指针和多级间指针。单级间指针直接指向对象，多级间指针仍然指向指针。指针的级数由指针定义时的指针标识符表示，每出现一个*就增加一级。

一个*表示变量的内容是地址，该地址指向的内存单元是数据。2 个*时，第一个*表示变量的内容是地址，第二个*表示该地址指向的内容仍然是地址，该地址指向的才是数据。有几*就可以理解为有几个地址变换。有 3 个*则表示经过 3 次地址变换才能定位到真正的存储数据单元。上述描述的具体结构如图 8-3 所示。

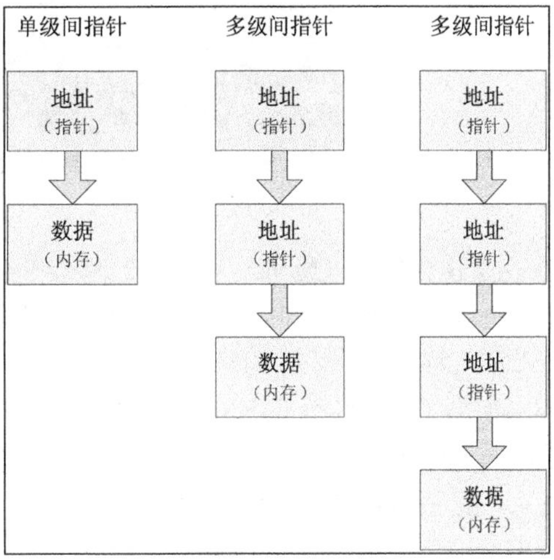

图 8-3 指针指向

8.4 指针初始化

知识点讲解：光盘:视频\PPT 讲解（知识点）\第 8 章\指针初始化.mp4

指针被定义后，仅仅被分配了一个 32 位的内存单元，而并没有对指针进行初始化处理。如果没有初始化，那么指针的指向是随机的、未知的，这通常被称之为野指针。在现实中有些编译器会自动将指针初始化为空，但是作为编程人员，我们不要存在这种侥幸心理。直接引用野指针可能会破坏程序的运行，甚至影响到操作系统的安全。所以在使用指针时，必须进行初始化处理。在进行指针初始化处理时，存在如下两种类型。

- 什么都不指：给指针赋予一个值，让其不指向任何地方，即空指针。具体来说可以赋予数值 0 或 NULL。NULL 是宏，和 0 的效果不一样。
- 内存地址：赋予一个值，指向某个特定的地址。

实例 038 演示初始化 C++指针的具体过程

源码路径 光盘\daima\8\chushi　　视频路径 光盘\视频\实例\第 8 章\038

本实例的实现文件为 chushi.cpp，具体实现代码如下。

```
#include "iostream.h"
int main(int argc, char* argv[])
{
    int *pInt1=0;                    //赋空值
    int *pInt2=NULL;                 //赋空值
    cout<<pInt1<<endl;               //输出地址
    cout<<pInt2<<endl;               //输出地址
    cout<<*pInt1<<endl;              //输出内容
    cout<<*pInt2<<endl;              //输出内容
    *pInt1=8;                        //赋值
    cout<<*pInt1<<endl;
    return 0;
}
```

范例 075：用指针遍历结构数组

源码路径：光盘\演练范例\075\

视频路径：光盘\演练范例\075\

范例 076：将指针作为函数的参数

源码路径：光盘\演练范例\076\

视频路径：光盘\演练范例\076\

执行后效果如图 8-4 所示。

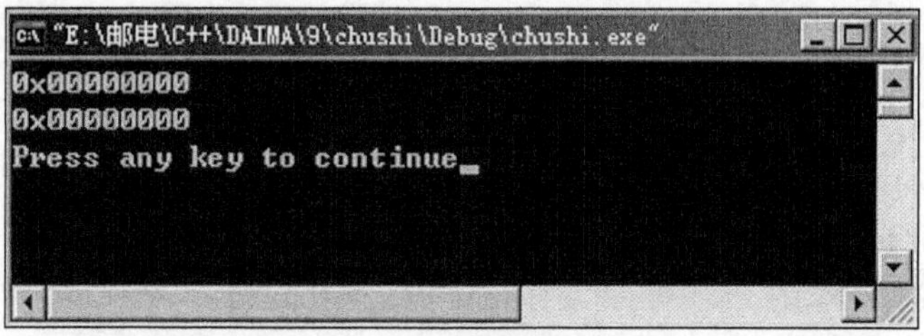

图 8-4 执行效果

在上述代码中，*pInt1 和*pInt2 两个指针被定义为空指针。因为为空，所以指针的地址都为 0，所以输出地址为 0。因为地址为空，所以内容也为空，内容不能被输出。但是在输出内容时，虽然能够编译通过，但在执行时会导致程序出错。

注意：上述代码中的“*pInt1=8”是给指针赋值，因为 pInt1 被初始化为空，即没有被分配用来存储数据的内存单元，所以对一个空指针赋值也是很危险的，同样会造成程序错误。

8.4.1 第一步：指针地址初始化

可以使用一个已经被初始化的指针地址来初始化一个指针，也就是说这两个指针将会指向相同的单元。如果两个指针的类型相同，可以直接赋值；否则将被转换为与被初始化指针相同类型的指针。看下面的代码。

```
char *aa=mm;                         //用已有指针mm赋值给aa
int *bb=(int *)mm;                   //类型转换
```

在上述代码中，因为 aa 和 bb 的类型不同，所以需要强制转换类型。

8.4.2 第二步：变量地址初始化

可以使用已经定义的变量来初始化指针，此时需要用到取地址运算符&。取地址运算符&的使用格式如下。

```
指针=& 变量;
```

在此也需要指针和变量两者的类型相同，否则就需要强制类型转换。看下面的代码。

```
char aa;
char *bb=&aa;                                  //变量地址给指针bb
```

8.4.3 第三步：new 分配内存单元

定义指针不是为了指向已经定义好的其他变量，而是为了创建新的存储单元，此时需要动态申请内存单元。在 C++中采用 new 运算符来申请新的存储单元。具体格式如下。

```
指针 =new 类型名
```

或采用如下格式。

```
指针 =new 类型名[<n>];
```

其中，[<n>]表示需要 n 个“类型名”长度的存储单元；new 返回新分配的内存单元地址。

上述第一种格式表示申请一个“类型名”长度的存储单元；第二种格式表示申请 n 个“类型名”长度的存储单元。

当申请完内存单元后，如果不再需要就要收回这个内存单元，此时需要 delete 运算符来完成。具体格式如下。

```
delete 指针;
```

或采用如下格式。

```
delete []指针;
```

其中，[]表示要删除 new 分配的多个“类型名”的存储单元。看下面的代码。

```
char *p;
p=new char;                                    //申请内存块，将地址赋予p
*p='a';                                        //修改p所指向的内容
delete p;                                      //释放p所占用的内存
```

8.4.4 第四步：malloc 函数分配内存单元

除了 new/delete 外，C++中还保留了 C 中分配动态内存的方法。C 中使用 malloc/free 对来分配和释放动态内存，这和 new/delete 比较类似。malloc 的使用格式如下。

```
extern void *malloc(unsigned int num_bytes);
```

此函数在头文件 malloc.h 中，其功能是申请 num_bytes 字节的连续内存块。如果申请成功则返回该块的首地址；否则返回空指针 NULL。看下面的代码。

```
type *p;    p=(type*)malloc(sizeof(type)*n);
```

在上述代码中，p 是 type 型指针，sizeof(type)是计算一个 type 型数据需要的字节数，n 表示需要存储 n 个 type 型数据。(type*)是对 malloc 的返回值进行强制转换。该式的含义是申请可以存储 n 个 type 型数据的内存块，并且将块的首地址转换为 type 型赋给 p。

当用 malloc 分配的内存不再使用时，应使用 free()函数将内存块释放。具体格式如下。

```
free p;
```

其中，p 是不再使用的指针变量。同 delete 一样，free 也没有破坏指针 p 的内容，只是告诉系统收回这片内存单元，可以重新利用。所以 free 后，最好将 p 显示置空指针。

看下面的代码。

```
p=(char*)malloc(sizeof(char)*2);               //申请2个存放char类型数据的内存块
free p;                                        //释放p指向的内存单元
```

由此读者应该发现 malloc/free 与 new/delete 的区别如下。

- 前者是 C++/C 语言的标准库函数，后者是 C++的运算符，是保留字。malloc 返回的是无符号指针，需要强制转换才能赋给指针变量，而 new 可以返回正确的指针。
- malloc 只是分配要求的内存单元，而 new 则可以自动根据类型计算需要的内存空间。如果有构造函数，new 还会自动执行。

实例 039 演示定义 C++指针的综合使用过程

源码路径 光盘\daima\8\example   视频路径 光盘\视频\实例\第 8 章\039

本实例的实现文件为 example.cpp，具体实现代码如下。

```
#include "iostream.h"
#include <malloc.h>
int main(void)
{
    int *zhizhen1,*zhizhen2,*zhizhen3,*zhizhen4;
    int iVal=100;
    zhizhen1=&iVal;                  //用变量地址来初始化
    zhizhen2=zhizhen1;               //用另一个指针来初始化
    //输出地址
    cout<<"address of zhizhen1 "<<zhizhen1<<endl;
    cout<<"value of zhizhen1    "<<*zhizhen1<<endl;
    //输出数据
    cout<<"address of zhizhen2 "<<zhizhen2<<endl;
    //输出地址
    cout<<"value of zhizhen2    "<<*zhizhen2<<endl;
    //输出数据
    zhizhen3=new int;                                  //用new申请内存
    *zhizhen3=200;
    cout<<"address of zhizhen3 "<<zhizhen3<<endl;     //输出地址
    cout<<"value of zhizhen2    "<<*zhizhen3<<endl;   //输出数据
    zhizhen4=(int*)malloc(sizeof(int));                //用malloc申请内存
    *zhizhen4=300;
    cout<<"address of zhizhen4 "<<zhizhen4<<endl;     //输出地址
    cout<<"value of zhizhen4    "<<*zhizhen4<<endl;   //输出数据
    delete zhizhen3;                                   //释放用new申请的内存
    zhizhen3=0;                                        //释放指针
    free (zhizhen4);                                   //释放用malloc申请的内存
    zhizhen4=0;                                        //释放指针
    return 0;
}
```

范例 **077**：多维数组的指针参数

源码路径：光盘**演练范例**\077\
视频路径：光盘**演练范例**\077\

范例 **078**：将指针作为函数的返回值

源码路径：光盘**演练范例**\078\
视频路径：光盘**演练范例**\078\

执行后效果如图 8-5 所示。

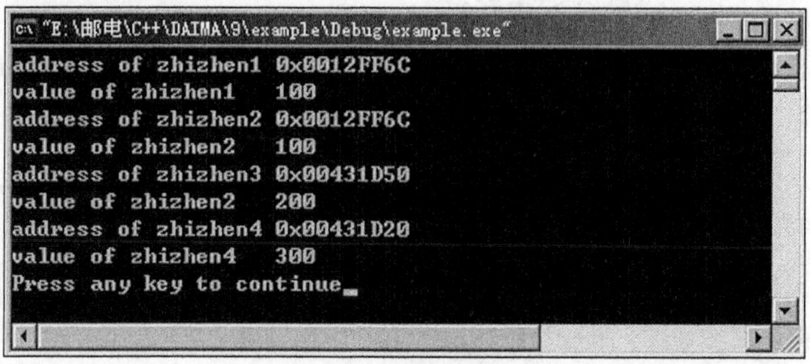

图 8-5　执行效果

在上述代码中定义了 4 个变量，分别采用 4 种不同的方法初始化。zhizhen1 被初始化为整型变量 iVal 的地址，因此 zhizhen1 的内容应该是 100。zhizhen2 被直接赋于指针 zhizhen1，两者将指向同一内存单元。zhizhen3 用 new 运算符申请，zhizhen4 用 malloc 申请。

8.5 指针运算

知识点讲解：光盘:视频\PPT 讲解（知识点）\第 8 章\指针运算.mp4

指针是一个变量，指针变量可以像 C++中的其他普通变量一样进行运算处理。但是 C++指针的运算种类很有限，而且变化规律要受其所指向类型的制约。C++指针一般会接受赋值运算、部分算数运算、部分关系运算。其中，指针的赋值运算在上节中已经进行了详细介绍，本节只讲解指针的算数运算和关系运算。

8.5.1 算数运算

指针只能完成两种算数运算：加和减。指针的加减运算与普通变量的加减运算不一样，指针的加减变化规律要受所指向的类型约束。它只能与以整型作为基类型的数据类型进行运算，或者在指针变量之间。指针的运算都是以元素为单位，每次变化都是移动若干个元素位。如果指针与 0 进行加减运算，就会保持原来的指向不变。

指针的加减运算不是单纯的在原地址基础上加减 1，而是加减一个数据类型的长度。所以，指针运算中"1"的意义随数据类型的不同而不同。例如指针是整型指针，那么每加减一个 1，就表示将指针的地址向前或后移动一个整型类型数据的长度，即地址要变化 4 字节，移动到下一个整型数据的首地址上。这时"1"就代表 4。如果是 double 型，那么"1"就代表 8。

指针的加减运算最好限定在事先申请的内存单元内，不要通过加减运算跨越到其他内存块内。虽然，编译器不会对这个问题报错，但这么做是很危险的。有可能在无意识的情况下访问或破坏了其他内存单元的数据。

指针可以进行加减运算，但两指针之间只能进行减运算。两个指针的减法表示计算它们之间的元素个数。如果差为负数，表示地址高的指针需要后移几次才能到地址低的指针处。如果是正数，表示地址低的指针需要移动几次才能前进到地址高的指针处。这个值实际是指针地址的算术差除以类型宽度得到的。

实例 040 演示定义 C++指针算数运算的执行过程

源码路径 光盘\daima\8\math　　　　视频路径 光盘\视频\实例\第 8 章\040

本实例的实现文件为 math.cpp，具体实现代码如下。

> **范例 079**：用指针制作菜单管理器
>
> 源码路径：光盘**演练范例**\079\
>
> 视频路径：光盘**演练范例**\079\
>
> **范例 080**：用指针实现数据交换
>
> 源码路径：光盘**演练范例**\080\
>
> 视频路径：光盘**演练范例**\080\

```
#include "iostream.h"
/*指针的算术运算*/
int main(){
    int *zhizhen1=0;
    int *zhizhen2=0;
    int k=0;
    //申请5个整型存储单元
    zhizhen1=new int[5];
    //保留存储单元的首地址
    zhizhen2=zhizhen1;
    cout<<"step1:填充申请的存储单元"<<endl;
    for(int i=0;i<5;i++)
    {
        //输出指针的地址
        cout<<k++<<" -- "<<zhizhen1<<endl;
        //赋值
        *zhizhen1=2*i;
        //移动到下一个存储单元
        zhizhen1++;
    }

    //for循环退出后，zhizhen1移出了申请的存储单元一个整型长度的空间
    //为了避免指针指到非法区域，将指针移回申请的存储单元内
    cout<<"step3:移回到存储单元的最后一个元素上"<<endl;
    zhizhen1--;
    cout<<k++<<" -- "<<zhizhen1<<endl;
    cout<<"step2:倒序输出申请的存储单元内容"<<endl;
    for(int j=0;j<5;j++)
    {
        cout<<k++<<" -- "<<*zhizhen1<<endl;
        zhizhen1--;
        cout<<k++<<" -- "<<zhizhen1<<endl;
    }
    //for循环退出后，zhizhen1移出了申请的存储单元一个整型长度的空间
    //为了避免指针指到非法区域，将指针移回申请的存储单元内
    //zhizhen1又回到了存储块的首地址处
    cout<<"step4:移回到存储单元的第一个元素上"<<endl;
    zhizhen1++;
    cout<<k++<<" -- "<<zhizhen1<<endl;
    //将zhizhen2移动到第四个元素上
    cout<<"step5:将zhizhen2移动到第四个元素上"<<endl;
    cout<<" 移动前 "<<zhizhen2<<endl;
    zhizhen2=zhizhen2+3;
```

```
        cout<<" 移动后 "<<zhizhen2<<endl;
        cout<<k++<<" -- "<<*zhizhen2<<endl;
        //再移动一个元素
        cout<<"step6:将zhizhen2再移动一个元素"<<endl;
        zhizhen2++;
        cout<<" 移动后 "<<zhizhen2<<endl;
        //输出两指针的差
        cout<<"step7:zhizhen2与zhizhen1之差"<<endl;
        cout<<k++<<" -- "<<(zhizhen2-zhizhen1)<<endl;
        delete[] zhizhen1;
        return 0;
}
```

首先定义了两个指针变量，申请了 5 个单位的整型存储单元，分别考察了指针的加减运算和指针间的减运算。用 new 运算符申请了 5 个单位的整型存储单元。由于填充存储单元时，需要移动指针，所以将申请的存储单元的首地址保留下来，这由语句“zhizhen2=zhizhen1;”来完成。然后用 for 循环给每个存储单元赋值，用“zhizhen1++;”实现指针的移动，一次一个元素。在 for 语句内还依次输出了 5 个存储单元的首地址。从第 0～4 个单元的输出可以看出，指针的加法是以元素为单位，加 1 就表示地址要移动 sizeof(int)字节。

然后，经过分析循环语句可知，从循环退出后，指针将移出存储单元一个元素的长度，因此需要移回来。这用语句“zhizhen1—;”实现。接下来又按倒序输出了存储单元中的内容，如输出中第 6～15 行所示。注意到第 15 个输出的地址不在存储单元内，其原因与前一个循环一样，同样需要移回。

最后将 zhizhen2 后移了 4 个元素。此时，zhizhen2 在第一个元素上。由于计算机中元素的计数是从 0 开始，所以移到第四个元素需对 zhizhen2 加 3，即移动 3 次。对照移动前后的地址和第 0～4 的输出可看出，3 在这里代表了 3*sizeof(int)字节。然后对 zhizhen2 又移动了一个元素，到了存储单元的末尾元素上。此时 zhizhen1 在首元素上，故两指针的差为 4，表示 zhizhen1 需要移动 4 次才能移到 zhizhen2 处。

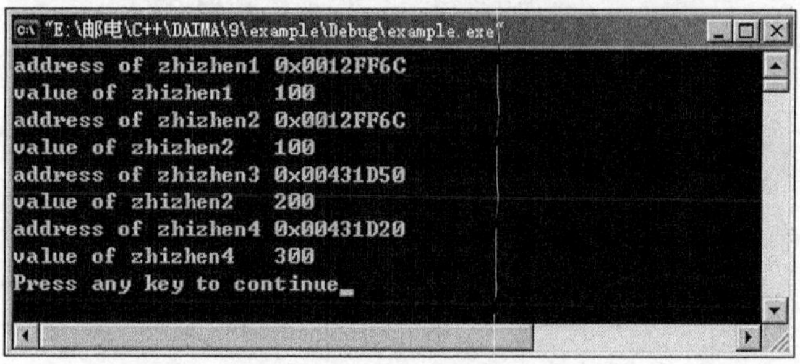

图 8-6　执行效果

编译执行后的效果如图 8-6 所示。

0x22ff64 等数字是以十六进制表示的地址。

8.5.2　关系运算

指针之间除了可以进行减运算外，还可以进行关系运算。指针的关系运算是比较地址间的关系，这包括两方面：一方面是判断指针是否为空；另一方面是比较指针的相对位置。进行关系运算的两个指针必须具有相同的类型。有相同类型的两个指针 p1 和 p2，则 p1 和 p2 间的关系运算式如下。

- p1==p2：判断 p1 和 p2 是否指向同一个内存地址。
- p1>p2：判断 p1 是否处于比 p2 高的高地址内存位置。
- p1>=p2：判断 p1 是否处于不低于 p2 的内存位置。
- p1<p2：判断 p1 是否处于比 p2 低的低地址内存位置。
- p1<=p2：判断 p1 是否处于不高于 p2 的内存位置。

以上 5 种是判断两个指针之间的比较，下面两种是判断指针是否为空。

- p1==0：判断 p1 是否是空指针，即什么都不指。
- p1==NULL：含义同上。

- p1!=0：判断 p1 是否不是空指针，即指向某个特定地址。
- p1!=NULL：含义同上。

上述 4 种都是判断指针与空指针之间的关系，这在通过指针遍历链表、数组等连续内存单元时很有用，可以作为遍历终止的条件。

注意：C++标准中并没有规定空指针必须指向内存中的什么地方，具体用什么地址值来表示空指针取决于系统的实现。因此，NULL 并不总等于 0。这就存在了零空指针和非零空指针两种，但是 C++倾向于使用零空指针。

实例 041 演示定义 C++指针关系运算的执行过程

源码路径 光盘\daima\8\guanxi　　　　视频路径 光盘\视频\实例\第 8 章\041

本实例的实现文件为 guanxi.cpp，具体实现代码如下。

```
#include "iostream.h"
int main()
{
    int *zhizhen1;
    int *zhizhen2;
    zhizhen1=new int[5];
      //申请5个内存单元
    //输出首地址
cout<<"zhizhen1 : "<<zhizhen1<<endl;
    zhizhen2=zhizhen1;
   cout<<"zhizhen2 : "<<zhizhen2<<endl;        //输出首地址
   /*指针比较*/
    cout<<"zhizhen1==zhizhen2 : "<<(zhizhen2==zhizhen1)<<endl;
   cout<<"zhizhen1>zhizhen2 : "<<(zhizhen2>zhizhen1)<<endl;

    zhizhen2++;                                 //下移指针
   cout<<"zhizhen2 : "<<zhizhen2<<endl;        //输出首地址
   /*指针比较*/
    cout<<"zhizhen1==zhizhen2 : "<<(zhizhen2==zhizhen1)<<endl;
    cout<<"zhizhen2>zhizhen1 : "<<(zhizhen2>zhizhen1)<<endl;
    cout<<"zhizhen2==NULL : "<<(zhizhen2==NULL)<<endl;
   /*释放*/
   delete[] zhizhen1;
   /*置空*/
   zhizhen1=0;
   zhizhen2=0;
    return 0;
}
```

> 范例 081：用指针实现数据排序
> 源码路径：光盘\演练范例\081\
> 视频路径：光盘\演练范例\081\
>
> 范例 082：指向结构体变量的指针
> 源码路径：光盘\演练范例\082\
> 视频路径：光盘\演练范例\082\

定义了两个整型指针变量 zhizhen1 和 zhizhen2，用 new 运算符给 zhizhen1 分配了可存放 5 个整型数据的内存单元。申请时使用了 do…while 循环，循环的出口条件是"zhizhen1==0"。这表示通过判断 zhizhen1 是否为空，从而判断是否成功申请到内存空间。如果为空，表明申请失败，继续申请，直至申请成功为止。申请成功后，将 zhizhen1 的值赋给了 zhizhen2，从输出结果可看出，两者指向了同一个内存单元。因此，判等运算输出为 1，判断 zhizhen1 地址是否比 zhizhen2 高，输出 0。

然后，zhizhen2 移动了一个位置，从输出可以看出，地址增加了 4 字节，恰是一个 int 型数据的长度。然后再次对 zhizhen1 和 zhizhen2 判等，显然两者不等，故输出 0。但显然 zhizhen2 在比 zhizhen1 高的位置上，故下一个比较输出了 1。最后判断 zhizhen1 是否是空指针，输出 0。

程序编译执行后效果如图 8-7 所示。

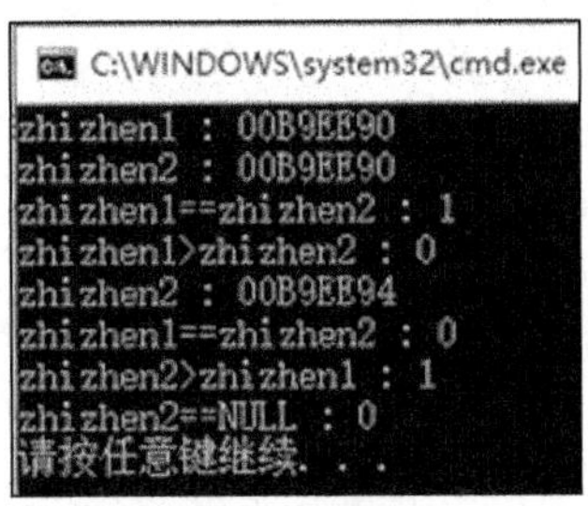

图 8-7 执行效果

8.6　指针的指针

知识点讲解：光盘:视频\PPT 讲解（知识点）\第 8 章\指针的指针.mp4

指针的指针意味着指针所指向的内容仍然是另一个指针变量的地址。指针的指针是指针中的难点，不容易理解。本节将向读者详细讲解它的内涵和用途。C++中指针的指针声明方式如下。

```
type **ptr;
```

变量访问内存单元是直接访问，用指针访问内存单元则属于间接访问。如果指针直接指向数据单元，则称为单级间址。单级间址定义时使用一个*号。如果指针指向的内容依然是地址，该地址才指向真正的数据单元，那么这种指针就叫二级间指。二级间指定义时使用两个*。

加入存在字符变量 ch='a'，则让指针 ptr1 指向 ch，指针 ptr2 指向 ptr1 的代码如下。

```
char ch='a';
char ptr1=&ch;
char **ptr2;
*ptr2=&ptr1;
```

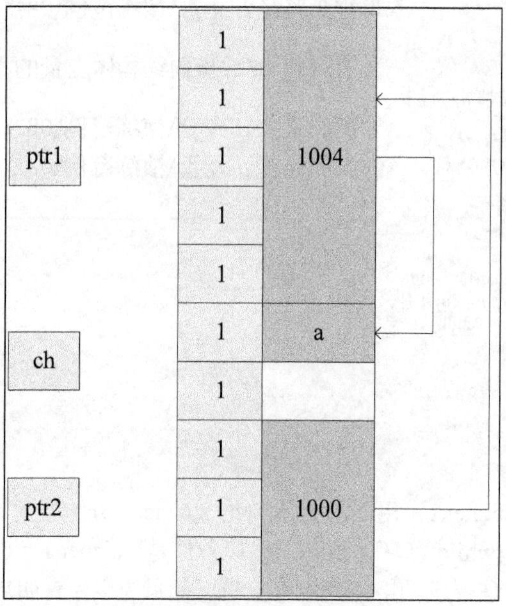

图 8-8　单级间指针与二级间指针

指针的指向关系如图 8-8 所示。

在图 8-8 中，ch 存放在 1004 单元中，字符变量占 1 字节。ptr1 存放在 1000 开始的 4 字节内存单元中（指针是无符号整型数，占 4 字节），它的内容是 ch 所在单元地址 1004。ptr2 放在 1006 开始的 4 字节中，其内容是 ptr1 所在的内存块的首地址。它们之间的指向关系如图 8-8 中的箭头所示。

从图 8-8 可见，如果用 ptr1 去访问 ch，则只需要一次跳转就可寻径到 ch。而如果通过 ptr2 来访问 ch，则需要先跳转到 ptr1，再跳转到 ch。

在具体程序中，定义中存在几个*号就是几级间指，访问到最终数据单元时就需要几级跳转。看下面的代码。

```
int ***aa;                                      //三级间指
int ****aa;                                     //四级间指
```

在上述代码中：aa 的内容是地址，*aa 是指针。继续向左，又是*，表明*aa 的内容是地址，**aa 是指针。再向左，还是*，表明**aa 内容依然是地址，***aa 是指针。最后再向左是 int，没有了*，表明***aa 的内容是整型数据。

8.7　使 用 指 针

知识点讲解：光盘:视频\PPT 讲解（知识点）\第 8 章\使用指针.mp4

指针与其他变量一样，必须先定义后使用，而且必须先初始化。否则，指针就是一个野指针，使用这样的野指针会造成不可预期的后果。本章 8.4 节中详细讨论了指针初始化的问题，这一节就来讨论指针使用方面的问题，这包括两方面：赋值和取内容。

8.7.1 指针赋值

赋值与初始化基本类似，8.4 节谈到的初始化方法都适用于赋值。但两者也有一些细微的差别。初始化多发生在定义时，而赋值则多在定义以后。初始化时如果不是字符串，则右值只能使用地址。因为，此时指针还没有指向特定的内存单元，所以不能给它赋数据。字符串实质是字符数组，字符数组是天生的指针。系统会自动为字符串分配存储单元，并且数组的名字就是字符串的首地址指针。此时实质还是地址。赋值可以赋地址或数据，例如下面的代码。

```
p1=&var;
p1=p2;
*p1=var;
```

第 1 个式子中，*p*1 是指针变量，*var* 是变量。&是取地址运算符（格式参考 8.4 节），取出变量 var 的地址。所以，第 1 个式子表示让指针指向变量 *var*。第 2 个式子中，*p*1 和 *p*2 是同类型的指针，表示让 *p*1 指向 *p*2 所指的内存单元。第 3 个式子中，*p*1 是指针变量，*var* 是变量。*是间接操作符，表示间接访问 *p*1 指向的内存单元。该式表示直接用变量 *var* 来修改指针所指向的内存单元的内容。赋值时，若左值不带*，则只能赋予地址；否则只能赋予变量的内容。

实例 042 演示 C++指针的赋值的具体过程

源码路径 光盘\daima\8\fuzhi　　视频路径 光盘\视频\实例\第 8 章\042

本实例的实现文件为 fuzhi.cpp，具体实现代码如下。

```
#include "iostream.h"
int main(void){
    int zhizhen=5;
    int *p1=&zhizhen;          //取变量地址
    int *p2=p1;                //用指针赋值
    int *p3=0;                 //指针赋为空
    p3=new int;                //申请内存空间
    *p3=100;                   //修改所指内容
    delete p3;                 //释放
    p3=0;                      //置空
    return 0;
}
```

> 范例 **083**：用指针实现逆序排序
>
> 源码路径：光盘**演练范例**\083\
>
> 视频路径：光盘**演练范例**\083\
>
> 范例 **084**：用指针查找最大值和最小值
>
> 源码路径：光盘**演练范例**\084\
>
> 视频路径：光盘**演练范例**\084\

在上述代码中，指针变量 *p*1、*p*2 的初始化和赋值是一样的过程，而 *p*3 则是先初始化，再赋值。赋给 *p*1 的是变量 iVal 的地址，由取地址运算符取出。赋给 *p*2 的则是 *p*1 的指针，*p*2 和 *p*1 都将指向变量 *iVal*。*p*3 则是先初始化为空指针，再用 new 申请存储单元，然后再赋值。通过间接访问，将 100 保存到 *p*3 中。执行后效果如图 8-9 所示。

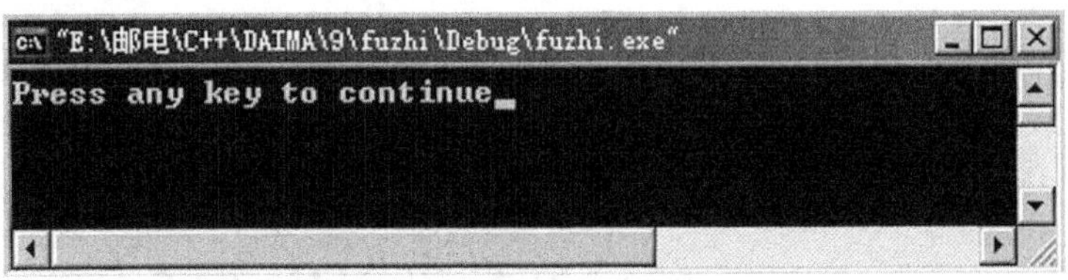

图 8-9　执行效果

注意：赋地址时，不要求左值原来必须指向某个内存单元。而赋数据则要求指针必须指向某个内存单元，给其赋值只是填充了该内存单元的内容。

8.7.2 *操作符

*操作符也叫间接访问运算符，用来表示指针所指的变量，结合性为从右到左，属于单目运算。*运算符后跟的必须是指针变量。如果作为左值，则是向指针所指单元中写入数据。如果作为右值，则是从指针所指单元中读数据。具体格式如下。

```
*p=常量;
*p=var;
var=*p;
```

上述第 1 个式子是直接将常量送入 *p* 所指的单元；第 2 个式子是将变量 *var* 的值送入 *p* 所指向的单元内；第 3 个是将指针 *p* 所指单元的数据读出赋给 *var*。

此外，*操作符还有一个常见的用法。

```
*(&var)=常量;
*(&var1)=var2;
var2=*(&var1);
```

其中，&是取地址操作符，*(&var)就是 *var* 本身。这种写法看起来很古怪，但确实是可以使用的。

实例 043 演示 C++中*操作符的具体过程

源码路径 光盘\daima\8\caozuofu 视频路径 光盘\视频\实例\第 8 章\043

本实例的实现文件为 caozuofu.cpp，具体实现代码如下。

```
#include "iostream.h"
int main(void){
    int *zhizhen;
    int iVal=100;
    zhizhen=new int;              //申请内存空间
    *zhizhen=iVal;                //修改所指内容
    cout<<*zhizhen<<endl;         //输出所指内容
    *zhizhen=200;
    iVal=*zhizhen;                //取所指内容
    cout<<iVal<<endl;
    delete zhizhen;               //释放
    zhizhen=0;                    //置空
    return  0;
}
```

范例 **085**：用指针数组构造字符串数组

源码路径：光盘**演练范例**\085\

视频路径：光盘**演练范例**\085\

范例 **086**：用指向函数的指针比较大小

源码路径：光盘**演练范例**\086\

视频路径：光盘**演练范例**\086\

编译执行后的效果如图 8-10 所示。

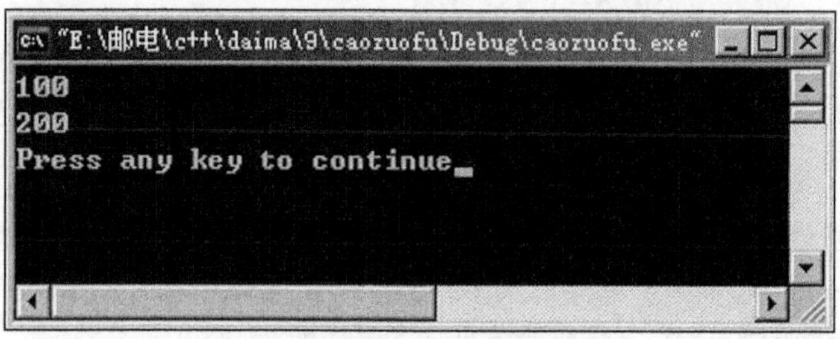

图 8-10 执行效果

指针运算符*和间接访问运算符*不同。前者是类型说明符，表示其后的变量是无符号整数，保存的是地址，一次访问 sizeof（type）长度。后者表示间接访问指针所指的单元，用于赋值或取内容。

8.8 分析指针和引用的关系

知识点讲解：光盘:视频\PPT 讲解（知识点）\第 8 章\分析指针和引用的关系.mp4

引用就是别名或同义词，它是同一块内存单元的不同名称。常用于替代传值方式，传递参数和返回值。具有指针的特点，可节省内存复制带来的开销。具体格式如下。

```
type &ref=var;
```

其中，type 是类型名称，&是引用的说明符，ref 是引用的名称，*var* 是与引用同类型的变量名称。该式表示定义一个引用，该引用是 *var* 的别名，与 *var* 使用同样的内存单元。引用与指针的区别如下。

① 引用只是变量的别名，不开辟新的空间，与原变量使用同一块内存单元。指针则是一个新的变量，有自己的存储空间。

实例 044 测试引用与变量是否使用同一块内存单元

源码路径 光盘\daima\8\ceshi 视频路径 光盘\视频\实例\第 8 章\044

本实例的实现文件为 ceshi.cpp，具体实现代码如下。

```
#include "iostream.h"
int main(void){
    short x=100;
    short &ref=x;                //ref引用x
    short *varies1=&x;           //varies1指向x
    short *varies2=&ref;         //varies2指向ref
    cout<<varies1<<endl;         //输出地址
    cout<<varies2<<endl;         //输出地址
    cout<<*varies1<<endl;        //输出内容
    cout<<*varies2<<endl;        //输出内容
    return 0;
}
```

范例 **087**：用指针的指针输出字符串

源码路径：光盘**演练范例**\087\

视频路径：光盘**演练范例**\087\

范例 **088**：用指向函数的指针比较大小

源码路径：光盘**演练范例**\088\

视频路径：光盘**演练范例**\088\

在上述代码中，ref 引用了 *x*，指针 *p*1 指向 *x*，*p*2 指向 ref。编译执行后的效果如图 8-11 所示。

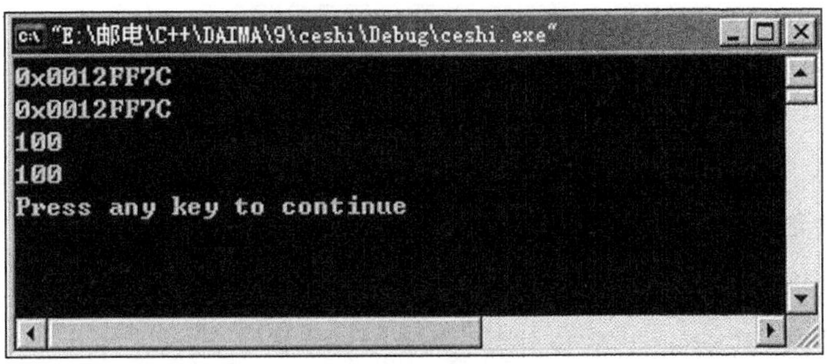

图 8-11 执行效果

从执行结果可以看出，变量 *x* 和其引用 ref 使用的内存单元是一样的。而且最后一条语句的输出也表明 ref 与 *x* 是一样的，*p*2 和 *p*1 都指向 *x*。

② 引用必须在声明时就初始化，指针则可在任何时候初始化。如果希望 ref 引用变量 *x*，就必须在定义 ref 时用语句 int &ref=*x* 实现，而不能声明后，再用"ref=*x*"或其他形式实现。ref=*x* 这种形式是在给引用赋值，但此时 ref 还没有引用任何变量，因此给其赋值是不合逻辑的。实际上，如果引用在定义时悬空，编译器将报错。

③ 引用不能为空，必须总是引用一个对象。而指针则可以为空，不指向任何地方。请看下面的代码。

```
int &ref=NULL;
*p=NULL;
```

上述代码中，语句 int &ref=NULL 是不允许的。而 int **p*=NULL 是允许的，表示 *p* 什么都不指。

④ 引用一旦被初始化，就不能再引用其他对象。而指针如果没有用 const 修饰，就可以重新指向不同的变量。例如实例 40 中，ref=*x* 这样的语句只能在初始化时出现。因此，即使想改变引用的对象，也不会有机会去实现。

⑤ 如果引用被 const 修饰，则可以直接在初始化时赋常量。而指针除了 0 以外，什么时候都不能直接赋未经转换的常量。此时，引用的语义是创建一个临时的对象，并用该常量来初始化，然后对其引用，直到销毁引用才销毁该临时对象。而指针则意味着直接赋予一个地址，这

是不允许的。

实例 045　说明用常量给引用赋值的过程

源码路径　光盘\daima\8\fu　　　　视频路径　光盘\视频\实例\第 8 章\045

本实例的实现文件为 fu.cpp，具体实现代码如下。

```
#include "iostream.h"
int main(void){
    /*用常量初始化引用*/
    const int &ref2=0;
    const int &ref3=10000;
    int * p=0;          //初始化为空
    cout<<ref2<<endl;
    cout<<ref3<<endl;
    return 0;
}
```

在上述代码中，引用 ref2 直接赋值为 0，这表示创建一个临时整型对象 0，并用 ref2 引用它，其值为 0。而 *p* 被赋为 0，表示将 *p* 初始化为空。编译执行后的效果如图 8-12 所示。

> **范例 089**：用指针的指针进行字符串排序
> 源码路径：光盘**演练范例**\089\
> 视频路径：光盘**演练范例**\089\
>
> **范例 090**：分解字符串中的单词
> 源码路径：光盘**演练范例**\090\
> 视频路径：光盘**演练范例**\090\

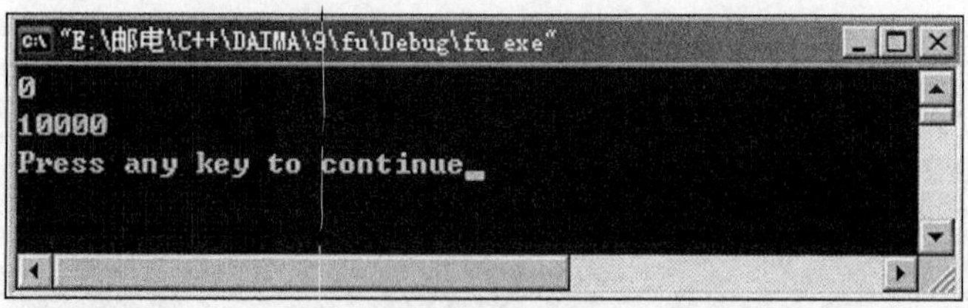

图 8-12　执行效果

注意：如果此处没用 const 修饰引用，则不能直接赋常量。

⑥ 引用声明时用&作为标识，使用时像变量一样直接使用。而指针则用*作为标识，使用时也要用*间接访问。

⑦ sizeof 操作施加到引用上时，测试的是被引用对象的宽度。而用于指针时，则是测试指针本身的宽度（同一种机型上，它总是定值）。

实例 046　测试型变量和指针型变量在 sizeof 运算下的不同

源码路径　光盘\daima\8\different　　　　视频路径　光盘\视频\实例\第 8 章\046

本实例的实现文件为 different.cpp，具体实现代码如下。

```
#include "iostream.h"
int main(void){
    short varies1=100;
    short &ref1=varies1;                //引用
    short *pShort=&varies1;             //指针
    char cVal='a';
    char &ref2=cVal;
    char *pChar=&cVal;

    cout<<sizeof(varies1)<<endl;
    cout<<sizeof(ref1)<<endl;
      //计算被引用对象的宽度
    cout<<sizeof(pShort)<<endl;
      //计算指针本身的宽度
    cout<<sizeof(cVal)<<endl;
    cout<<sizeof(ref2)<<endl;
    cout<<sizeof(pChar)<<endl;
    return 0;
}
```

> **范例 091**：复制选定的内容到粘贴板
> 源码路径：光盘**演练范例**\091\
> 视频路径：光盘**演练范例**\091\
>
> **范例 092**：在 ListBox 中查找字符串
> 源码路径：光盘**演练范例**\092\
> 视频路径：光盘**演练范例**\092\

在上述代码中，分别定义了两种类型的变量、引用和指针，并分别输出其所占的字节数。编译执行后的效果如图 8-13 所示。

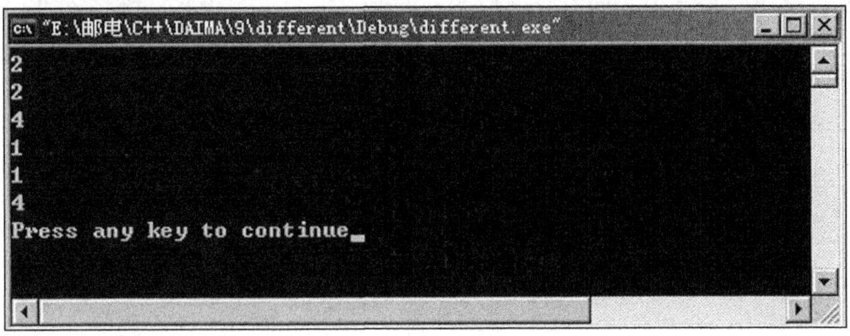

图 8-13　执行效果

从图 8-13 所示执行效果可以看出，两个引用变量与其被引用对象占据相同的字节数。这是因为两者实际上就是使用同一内存单元。两个指针则与被指对象无关，总是 4。这是因为 32 位机型上，指针占 4 字节存储单元。

由此可以得出引用与指针的共同点，具体如下。

- 引用的本质也是指针，但是编译器在编译阶段进行了转换。
- 指针与引用都是间接引用其他对象。指针是通过地址间接访问指向的对象，引用是用别名去直接访问被引用对象。

注意：当不能决定是选择指针还是选择引用时，可以简单地参照下述两条原则。若指向没有命名的对象，或不恒指向同一个对象，则使用指针；若总是指向同一个对象，则使用引用。

8.9　特殊指针

知识点讲解：光盘:视频\PPT 讲解（知识点）\第 8 章\特殊指针.mp4

除了有明确指向和类型的指针外，有时候还常常用到一些特殊类型的指针，以应对特殊的用途。本节将向读者介绍 void 型指针和空指针，这两种指针在实际应用中经常会用到。

8.9.1　先看 void 型指针

void 型指针就是无类型指针。它没有类型，只是指向一块申请好的内存单元。具体格式如下。

```
void *p;
```

其中，void 表示“无类型”，表示不明确指针所指向的内存单元应该按什么格式来处理。p 是指针变量名。整体的意思是指定义了一个指针 p，但却不规定应该按何种格式来解释其指向的内存单元的内容。由于 void 只是说明被修饰的对象无类型，却不分配内存，所以除指针外不能定义其他类型变量。因为指针本身的存储空间是定义时就申请好的，其指向的内存单元可以在需要的时候再申请。但是其他类型，如 int、float 等，则必须定义即申请，否则没有内存单元来存放数据。看下面的代码。

```
void *p;  void x;
```

在上述代码中，第 1 条语句是允许的，但第 2 条是不允许的。实际上，void 几乎只是在“说明”被定义变量的类型，不涉及内存的分配。

本章 8.4.4 节中，在 malloc()函数的声明格式中，返回值为 void 型。这表明 malloc 只是按照要求的大小分配了内存单元，不负责解释这些内存单元的格式。因此，在使用 malloc 时，一定要用强制类型转换，转换为需要的类型。否则，使用时会发生错误。

在本书的例子中，读者会常常看到 main()函数的参数被写为 void，在 main()函数的定义中，这是允许的。除了 void 型指针外，还经常用在两种情况下，这两种情况都与函数有关。

- ❑ 如果函数没有返回值，那么应该声明为 void 型。C++不再允许默认为 int 型返回值，要求没有返回值时必须用 void 说明。
- ❑ 如果函数没有参数，应该用 void 说明。C++也允许不用 void 说明，这时该函数相当于某些其他语言中的过程。

实例 047　演示说明使用 void 型指针的过程

源码路径　光盘\daima\8\void　　　视频路径　光盘\视频\实例\第 8 章\047

本实例的实现文件为 void.cpp，具体实现代码如下。

```
#include "iostream.h"
#include <malloc.h>
int main(void){
    void *zhizhen1=0;               //void型指针
    char *zhizhen2=0;
    int *pInt=0;
    zhizhen1=malloc(4);             //申请内存单元
    zhizhen2=(char*)zhizhen1;       //强制转换为char*
    for (int i=0;i<3;i++)
        *(zhizhen2++)='a';          //循环赋值
    *zhizhen2='\0';                 //赋字符串的结束符
    cout<<zhizhen2<<endl;

    pInt=(int*)zhizhen1;            //强制转换为int*
    *pInt=100000;
    cout<<*pInt<<endl;
    free (zhizhen1);                //释放
    zhizhen1=0;                     //置空
    return 0;
}
```

范例 093：获取编辑框中的回车数目

源码路径：光盘**演练范例**\\093\\

视频路径：光盘**演练范例**\\093\\

范例 094：搜索字符串数组

源码路径：光盘**演练范例**\\094\\

视频路径：光盘**演练范例**\\094\\

在上述代码中定义了 3 个指针，其中一个是 void 型。首先给 void 型指针申请了 4 字节的内存单元，然后分别强制转换为 char 型和 int 型。从这个实例可以看出，可以用 void 型指针预申请一块内存单元，当需要的时候再告诉系统怎么来解释这片空间。编译执行后的效果如图 8-14 所示。

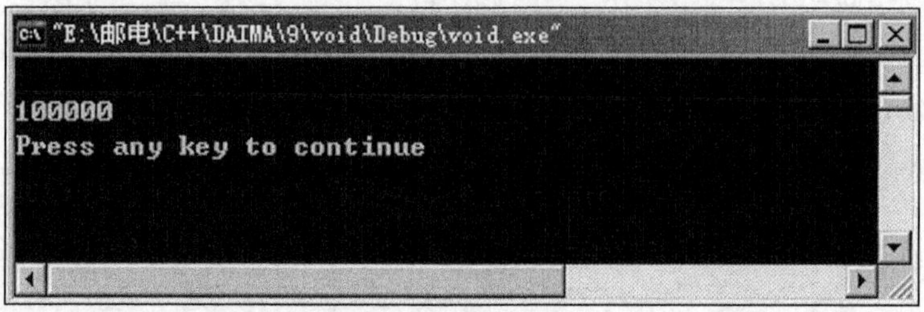

图 8-14　执行效果

8.9.2　再看空指针

空指针就是什么都不指的指针，表示该指针没有指向任何内存单元。构造空指针有下面 2 种方法。

- ❑ 赋 0 值：这是唯一的允许不经转换就赋给指针的数值。
- ❑ 赋 NULL 值：NULL 的值往往等于 0，两者等价。

看下面的代码。

```
p=0;
p=NULL;
```

空指针常常用来初始化指针，避免野指针的出现。但是直接使用空指针也是很危险的。例如，语句"cout<<*p<<endl;"，如果 *p* 是空指针，程序就会异常退出。因此，对于空指针不能进行*操作。在 8.5.2 节中讲指针的关系运算时，就曾讲到判断空指针的方法。一个负责的程序员，也应该在使用前进行判空的检测。

此外，还需要区分如下几个概念。

- void 型指针是无类型指针，它只是说明还没有对被指向的内存单元进行格式化解释。
- 野指针表示指针声明后没有初始化，没有指向特定的内存单元。
- 空悬指针表示指针指向的内存单元被释放了，该指针可能指向任何地方，也可能还指向原单元。
- 空指针则是指指针什么都不指。

注意：在数组、字符串、链表等处理中，有时并不清楚被处理的对象确切有多少个。此时，可以用判断是否为空来控制遍历的结束。

实例 048　演示空指针的使用过程

源码路径　光盘\daima\8\kong　　　　视频路径　光盘\视频\实例\第 8 章\048

本实例的实现文件为 kong.cpp，具体实现代码如下。

```
#include "iostream.h"
int main(void){
    int *zhizhen=0;                 //置空
    cout<<zhizhen<<endl;            //输出地址
    zhizhen=new int;                //申请内存空间
    cout<<zhizhen<<endl;            //输出地址
    delete zhizhen;                 //释放
    zhizhen=0;                      //置空
    return 0;
}
```

在上述代码中定义了一个指针 pInt，它被初始化为空。然后用 do…while 循环申请内存单元，直到 zhizhen 不为空，即申请成功才结束循环。程序的最后一定要对 pInt 置空，否则会出现指针悬挂。编译执行后的效果如图 8-15 所示。

> 范例 095：获取某个字符出现的位置
>
> 源码路径：光盘**演练范例**\095\
>
> 视频路径：光盘**演练范例**\095\
>
> 范例 096：获取某个字符出现的次数
>
> 源码路径：光盘**演练范例**\096\
>
> 视频路径：光盘**演练范例**\096\

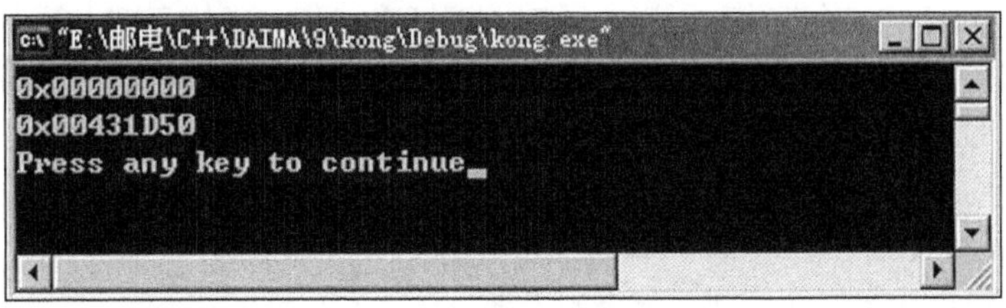

图 8-15　执行效果

由于 zhizhen 被初始为空指针，所以申请内存前其地址为 0。申请成功后，zhizhen 得到了一个从 0x3e3bf0 开始的 4 字节单元。

8.10　技术解惑

8.10.1　指针的命名规范

指针的命名没有什么硬性的规定，一般来说，直观、易读，能够反映指针的性质即可。实际编程中经常应用下面的规则。C++的指针变量以 *p* 或 ptr 开始，以表明这是一个指针。指针后面是变量的名字。变量的名字命名规则比较多，不同的程序员有不同的习惯，大致有以下几种。

- 用英文单词，单词首字母大写。例如 pInt，pArray，pElement 等。
- 英文单词全小写，比如 pint，parray 等。这种方式有时阅读起来并不方便，而且容易引起误解。比如，pint 也是一个单词，表示品脱，是容积单位。
- 在 p 和 ptr 后跟"_"，再写单词。例如 p_Int，p_int 等。

关于命名规则，往往没有一个统一的标准，主要是从便于理解、便于书写角度出发。不同的程序员会有不同的习惯，但一定要清晰、明确，不至于引起误解。

8.10.2　C++中指针和引用的区别

从概念上讲，指针的本质就是存放变量地址的一个变量，在逻辑上是独立的，它可以被改变，包括其所指向的地址的改变和其指向的地址中所存放的数据的改变。而引用是一个别名，它在逻辑上不是独立的，它的存在具有依附性，所以引用必须在一开始就被初始化，而且其引用的对象在其整个生命周期中是不能被改变的（自始至终只能依附于同一个变量）。

在 C++中，指针和引用经常用于函数的参数传递，然而，指针传递参数和引用传递参数是有本质上的不同的。具体说明如下。

① 指针传递参数本质上是值传递的方式，它所传递的是一个地址值。值传递过程中，被调函数的形式参数作为被调函数的局部变量处理，即在栈中开辟了内存空间以存放由主调函数放进来的实参的值，从而成为实参的一个副本。值传递的特点是被调函数对形式参数的任何操作都是作为局部变量进行，不会影响主调函数的实参变量的值。

② 而在引用传递过程中，被调函数的形式参数虽然也作为局部变量在栈中开辟了内存空间，但是这时存放的是由主调函数放进来的实参变量的地址。被调函数对形参的任何操作都被处理成间接寻址，即通过栈中存放的地址访问主调函数中的实参变量。正因为如此，被调函数对形参做的任何操作都影响了主调函数中的实参变量。

引用传递和指针传递是不同的，虽然它们都是在被调函数栈空间上的一个局部变量，但是任何对于引用参数的处理都会通过一个间接寻址的方式操作到主调函数中的相关变量。而对于指针传递的参数，如果改变被调函数中的指针地址，它将影响不到主调函数的相关变量。如果想通过指针参数传递来改变主调函数中的相关变量，那就得使用指向指针的指针，或者指针引用。

为了进一步加深大家对指针和引用的区别，接下来将从编译的角度来阐述。程序在编译时分别将指针和引用添加到符号表上，符号表上记录的是变量名及变量所对应的地址。指针变量在符号表上对应的地址值为指针变量的地址值，而引用在符号表上对应的地址值为引用对象的地址值。符号表生成后就不会再改，因此指针可以改变其指向的对象（指针变量中的值可以改），而引用对象则不能修改。

综上所述，指针和引用的相同点和不同点如下。

（1）相同点

都是地址的概念指针指向一块内存，它的内容是所指内存的地址；而引用则是某块内存的别名。

（2）不同点

- 指针是一个实体，而引用仅是个别名。
- 引用只能在定义时被初始化一次，之后不可变；指针可变；引用“从一而终”，指针可以“见异思迁”。
- 引用没有 const，指针有 const，const 的指针不可变。
- 引用不能为空，指针可以为空。
- “sizeof 引用”得到的是所指向的变量（对象）的大小，而“sizeof 指针”得到的是指针本身的大小。

- 指针和引用的自增（++）运算意义不一样。
- 引用是类型安全的，而指针不是（引用比指针多了类型检查。

8.10.3 变量在语言中的实质

在理解指针之前，一定要理解“变量”的存储实质，先来理解理解内存空间吧！请看图 8-16。

```
内存地址→  6     7     8     9     10     11     12     13
------------------------------------------------------------------
。。。 |     |     |     |     |     |     |     |.。
------------------------------------------------------------------
```

图 8-16 内存编址

内存只不过是一个存放数据的空间，就好像电影院中的座位一样，每个座位都要编号。内存要存放各种各样的数据，当然，我们总要知道这些数据存放在什么位置吧！所以内存也要像座位一样进行编号，这就是内存编址。座位是按一个座位一个号码从一号开始编号，内存则是按一字节一字节进行编址，如图 8-16 所示。每个字节都有个编号，我们称之为内存地址。

继续看下面的 C、C++语言变量申明。

```
int I;
char a;
```

每次我们要使用某变量时都要事先这样申明它，它其实是内存中申请了一个名为 i 的整型变量宽度的空间（DOS 下的 16 位编程中其宽度为 2 字节），和一个名为 a 的字符型变量宽度的空间（占 1 字节）。

那么如何来理解变量是如何存在的呢？当我们进行如下的变量申明时，内存中的映象可能如图 8-17 所示。

```
int I;
char a;
```

```
内存地址→  6     7     8     9     10     11     12     13
------------------------------------------------------------------
。。。|     |     |     |     |     |     |     |.。
------------------------------------------------------------------
变量名|→i       ←|→a    ←|
```

图 8-17 内存中的映象

由图 8-17 可以看出，i 在内存起始地址为 6 上申请了 2 字节的空间（这里假设了 int 的宽度为 16 位，不同系统中 int 的宽度可能是不一样的），并命名为 i。a 在内存地址为 8 上申请了 1 字节的空间，并命名为 a。这样我们就有两个不同类型的变量了。

8.10.4 C++开发如何避免和解决野指针

野指针的出现会导致程序崩溃，这是每个人都不愿意看到的。Linux 会生成 coredump 文件，可用 gdb 分析。Win 下可以注册 unexception 获取调用堆栈，将错误信息写到文件中。先分析下面出现野指针的场景。

```
class monster_t
{
protected:
    player_t* m_attack;
public:
    void handle_ai()
```

```
        {
            if (m_attack)
            {
                int x = m_attack->get_x();
            }
        }
}
```

问题就在于，m_attack 有值，但是对应的对象已经被销毁了。这是大部分野指针出现的原因。分析类之间关系可知，monster_t 和 player_t 是 0-1 的关系，monster_t 引用 player_t，但是 player_t 甚至都不知道有一个（或 *N* 个）monster 引用了自己。所以当 player 被销毁时，很难做到把所有引用该 player_t 的地方全部重置。这种问题其实比较常见，比如 player 中引用 connection，而 connection 又是被网络层管理生命周期的，也同样容易产生野指针情况。常见的解决方式如下。

```
class monster_t
{
protected:
    long m_attack_id;
public:
    void handle_ai()
    {
        player_t* attack = obj_mgr.get(m_attack_id);
        if (attack)
        {
            int x = attack->get_x();
        }
    }
}
```

另外一种与之相似的方式如下。

```
class monster_t
{
protected:
    player_t* m_attack;
public:
    void handle_ai()
    {
        if (obj_mgr.is_exist(m_attack))
        {
            int x = m_attack->get_x();
        }
        else
        {
            m_attack = NULL;
        }
    }
}
```

梳理野指针的产生原因后，我们其实需要的是这样的指针：一种指针，引用了另一个对象的地址（不然就不是指针了），当目标对象销毁时，该指针自然指向 null，而不需要目标对象主动通知重置。

幸运的是，这种指针已经有了，就是 weak_ptr；在 boost 库中，sharedptr，scopedptr，weakptr 统称为 smartptr。可以尽量使用智能指针，避免野指针。本人建议尽量将 shared_ptr 结合 weak_ptr 使用。scoped_ptr 本人使用的较少，只是在创建线程对象的时候使用，正好符合不能复制的语义。使用 shared_ptr 和 weak_ptr 的示例代码如下。

```
class monster_t
{
protected:
    weak_ptr<player_t> m_attack;
    shared_ptr<player_t> get_attack()
    {
        return shared_ptr<player_t>(m_attack);
    }
public:
    void handle_ai()
    {
```

```
            shared_ptr<player_t> attack = get_attack();
            if (attack)
            {
                int x = attack->get_x();
            }
        }
    }
```

也许有人会问：monster_t 为什么不直接使用 shared_ptr？如果使用 shared_ptr 就不符合现实的模型了，monster_t 显然不应该控制 player_t 的生命周期，如果使用了 shared_ptr，那么可能导致 player_t 被延迟析构，甚至会导致内存暴涨。这也是 shared_ptr 的使用误区，所以本人建议尽量将 shared_ptr 和 weak_ptr 结合用，否则野指针问题解决了，内存泄漏问题又来了。

8.10.5 常量指针常量和常量引用常量

常量指针常量是指向常量的指针常量，可以定义一个指向常量的指针常量，它必须在定义时初始化。常量指针常量如果定义为。

```
const int* const pointer=&c
```

则功能是告诉编译器，pointer 和*pointer 都是常量，他们都不能作为左值进行操作，而不存在所谓的“常量引用常量”。C++不区分变量的 const 引用和 const 变量的引用，程序决不能给引用本身重新赋值，使他指向另一个变量，因此引用总是 const 的。如果对引用应用关键字 const，其作用就是使其目标称为 const 变量。即没有下面的格式。

```
Const double const& a=1;
```

只有下面的格式。

```
const double& a=1;
```

8.10.6 指针常量和引用常量的对比

在指针定义语句的指针名前加 const，表示指针本身是常量。在定义指针常量时必须初始化，而这是引用天生具来的属性，不用再引用指针定义语句的引用名前加 const。

看下面指针常量的定义代码。

```
int* const pointer=&b
```

上述代码的功能是告诉编译器 pointer 是常量，不能作为左值进行操作，但是允许修改间接访问值，即*pointer 可以修改。

8.10.7 常量指针和常量引用的对比

常量指针是指指向常量的指针，在指针定义语句的类型前加 const，表示指向的对象是常量。定义指向常量的指针只限制指针的间接访问操作，而不能规定指针指向的值本身的操作规定性。

看如下常量指针的定义代码。

```
const int* pointer=&a
```

上述代码的功能是告诉编译器，*pointer 是常量，不能将*pointer 作为左值进行操作。

常量引用是指指向常量的引用，在引用定义语句的类型前加 const，表示指向的对象是常量。也跟指针一样不能利用引用对指向的变量进行重新赋值操作。

第 9 章 复合类型

C++的基本类型可以进行组合，组合成为更加复杂的类型，这就是复合类型。C++中的常用复合类型有数组、枚举、结构体和共用体。在本章的内容中，将介绍 C++中复合类型的基本知识。

本章内容

- ⏭ 数组基础
- ⏭ 动态数组
- ⏭ 数组存储
- ⏭ 字符数组
- ⏭ 数组初始化
- ⏭ 指针和数组
- ⏭ 使用数组
- ⏭ 枚举
- ⏭ 结构体
- ⏭ 联合
- ⏭ 自定义类型

技术解惑

字符数组和字符串的区别

字符数组和字符串可以相互转换

静态数组的速度快于动态数组

Arrays 与 Vector 的区别

一道关于数组的面试题

数组名不是指针

作为一个用户自定义的类型，其所占用的内存空间是多少呢

9.1 数组基础

知识点讲解：光盘:视频\PPT 讲解（知识点）\第 9 章\数组基础.mp4

在前面的学习里，处理的数据都属于“简单的”数据类型，这体现在整数、浮点数、字符等数据类型的变量每个只能存储一个标量值，即单个值。本章将要介绍的复杂数据类型的共同特点是，每个变量均可以存储多项信息。在本节的内容中，将首先讲解数组的基础性知识。

9.1.1 先定义数组

数组是许多种程序设计语言的重要组成部分，在 C 程序里经常会用到它们。正如本章开篇介绍的，诸如整数和浮点数之类的数据类型的变量，每个只能存储一个值。数组的优点在于，一个数组可以把许多个值存储在同一个变量名下。

数组仍需要被声明为某一种特定的类型：数组可以用来存储浮点数、字符或整数，但不能把不同类型的数据混杂保存在同一个数组里。下面是数组的声明语法。

```
type name[x];
```

其中 type 代表变量的类型，name 是数组变量的名字（仍需遵守与其他变量相同的命名规则），x 是该数组所能容纳的数据项的个数（数组中的每一项数据称为一个元素）。例如下面的代码创建了一个能够容纳 10 个浮点数的数组。

```
float myArray[10];
```

因为一个数组变量包含多个值，所以对各元素进行赋值和访问时会稍微复杂一些，需要通过数组的下标来访问某给定数组里的各个元素。数组的下标是一组从 0（注意，不是 1）开始编号的整数，最大编号等于数组元素的总个数减去 1。从 0 开始编号的数组下标往往会给初学者带来许多麻烦，所以我们想再重复一遍：数组中的第 1 个元素的下标是 0；第 2 个元素的下标是 1，最后一个元素的下标是 $x-1$，其中 x 是数组元素的个数（也叫数组的长度）。下面这段代码演示了如何把一个值赋值给数组中的某个元素以及如何输出它。

```
myArray[0] = 42.9;
  std::cout << myArray[0];
```

一般来说，只对数组中的个别元素进行处理的程序并不多见。绝大多数程序会利用一些循环语句来访问数组中的每一个元素，如下。

```
for (int i = 0; i < x; ++i) {
}
```

这个循环将遍历每一个数组元素，从 0 到 $x-1$。这里唯一需要注意的是，必须提前知道这个数组里有多少个元素（即 x 到底是多少）。在声明一个数组以及通过循环语句访问它时，最简单的办法是用一个常量来代表这个值。

以上概念都会在接下来的示例程序里演示。它将从用户那里接受一组数值，然后依次输出它们、它们的累加和以及它们的平均值。

9.1.2 再看高级数组

另一个更为高级的概念是多维数组。这类数组的元素还是数组。下面这条语句声明了一个包含 5 个元素的数组，它的每个元素都包含 10 个整数。

```
int myArray[5][10];
```

第 1 个方括号里的数字设定了主数组的元素个数，第 2 个方括号里的数字设定了每个子数组的元素个数。如果要指定某个特定的元素，比如第 1 个子数组里的第 3 个元素，需要使用如下语法。

```
myArray[0][2] = 8;
```

要想遍历这样一个数组的所有元素，需要使用两个循环，其中一个嵌套在另一个的内部。

外层的循环用来访问每一个子数组（比如从 myArray[0]到 myArray[4]）；内层的循环用来访问子数组里的每一个元素（比如从 myArray[x][0]到 myArray[x][9]）。

根据具体的编程需要，多维数组的维数可以无限扩大，但保存在多维数组里的每一个值必须是同样的类型（字符、整数、浮点数，等等）。

注意：可以用如下语法在创建数组时对它的元素进行赋值。

```
int numbers[3] = {345, 56, 89};
```

这只能在声明变量时进行，不能用这个办法来填充一个已经存在的数组。还可以采用如下做法。

```
int numbers[] = {345, 56, 89}
```

对于这种情况，编译器将根据大括号里的值的个数自动地创建出一个长度与之相匹配的数组。

在 C 语言里，字符串被实际存储为一个字符数组。在 C++里也可以使用这样的数组，但因为 C++提供了更好的 std::string 类型，所以已经不必再使用那些老式的 C 方法了。

可以每次只输出一个数组元素的值。但下面这种做法不行（有输出，但不是你想要的效果）。

```
int numbers[] = {345, 56, 89};
```

std::cout << numbers; 数组下标从 0 开始，忘记这一点就会犯所谓的“差一个”错误，最严重的后果是使用的数组下标并不存在。请看下面这段代码。

```
const int I = 100;    float nums[I];    nums[I] = 2340.534;                    //错误
```

9.1.3　分析数组的完整性

数组的完整性是指每个数组在定义时都制定了数组维数，在定义一个数组时一般都会指定完整的维数。

1. 一维数组

一维数组定义时，维数不能省略。看下面的代码。

```
int m[9];
```

在上述代码中，声明了一个一维数组 m，它包含了 9 个整型数。方括号中的 9 表示一维数组 m 的完整维数。

2. 多维数组

在多维数组定义中，也要求维数全部出现。看下面的代码。

```
float m[5][6];
float n[2][2][5];
```

上述代码中，首句声明了一个二维数组 m；第 2 句明了一个三维数组 n。

注意：多维数组可以看作数组的数组。例如 float m[5][6]可以看作：m 是一个包含 5 个包含 6 个浮点数的数组，即包含了 30 个浮点数。float n[2][2][5]可以看作：也包含了 30 个浮点数，2、3、5 表示二维数组 n 的完整维数。

9.1.4　看维数不全

维数不全是指在定义数组时只指定部分数组的维数，例如 int[][6]，int[]等。再看下面的代码。

```
float m[][2] = {{3,2.0},{9,12}};
```

对于上述代码，方括号中的 2 表示显式指定了维数 2，但另一方括号中没有指定维数。在此情况下，其维数将用初始化值的个数隐式指定数组维数。

9.1.5　看无维数

无维数是指每个数组在定义时不指定任何维数，例如 int[][]，int[]。

9.2 动 态 数 组

知识点讲解：光盘:视频\PPT 讲解（知识点）\第 9 章\动态数组.mp4

动态数组是指在编译时不能确定数组长度，程序在运行时根据具体情况或条件，需要动态分配内存空间的数组。在 C++中不能像在 Java 中一样定义这样的动态数组“int[] arr = new int[]”。

9.2.1 在堆上分配空间的动态数组

堆是一块内存空间，这个空间能够提供对动态内存分配的支持。动态数组如果要在堆上分配空间，在 C++中可以利用指针或关键字 new 来实现。

1. 动态一维数组

动态一维数组是指在运行时才分配内存空间的一维数组。

实例 049 演示动态分配一维数组的具体过程

源码路径 光盘\daima\9\shuzu 视频路径 光盘\视频\实例\第 9 章\049

本实例的实现文件为 shuzu.cpp，具体实现代码如下。

```
#include "stdafx.h"
#include "iostream.h"
int main(int argc, char* argv[]){
    int* p = NULL;
    int x;
    cout << "请输入一个整型数字" << endl;
    cin >> x;
    //根据用户输入的x值，来动态指定数组的维数
    p = new int[x];
    for (int i=0; i< x; i++)
    {
        p[i] = 0;                //赋值
    }

    delete [] p;                 //释放
    p = NULL;                    //置空

    return 0;
}
```

范例 097：向数组赋值

源码路径：光盘**演练范例**\097\
视频路径：光盘**演练范例**\097\

范例 098：遍历数组

源码路径：光盘**演练范例**\098\
视频路径：光盘**演练范例**\098\

在上述代码中定义了一个指针 p，然后输入了一个任意整型数值 x。x 将用于指定动态数组的维数。在程序块中定义数组时，使用了关键字 new，其功能是为数组在堆中分配内存，并把内存地址赋给相应的指针 p。编译执行后的效果如图 9-1 所示。

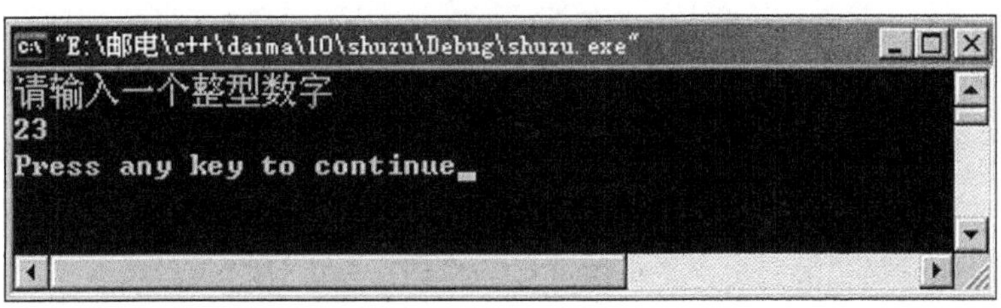

图 9-1 执行效果

2. 动态二维数组

动态二维数组是指在运行时才分配内存空间的二维数组。

实例 050 演示动态分配二维数组的具体过程

源码路径 光盘\daima\9\er 视频路径 光盘\视频\实例\第 9 章\050

本实例的实现文件为 er.cpp，具体实现代码如下。

```
#include "stdafx.h"
#include "iostream.h"
int main(int argc, char* argv[]){
    double **p = NULL;
    int x, y;
    cout << "请输入一个整型数x: " << endl;
    cin >> x ;
    cout << "请输入一个整型数y: " << endl;
    cin >> y;
    p = new double *[x];     //根据用户输入的x轴值，
        来动态指定数组的维数
    for (int i = 0; i < x; i++)
    {
        p[i] = new double [y]; //根据用户输入的y轴值，
            来动态指定数组的维数
    }
    for (int j = 0;j < x; j++) //循环赋值
    {
        for (int k = 0; k < y; k++)
        {
                p[j][k] = (j + k + 0.125) * 0.618;            //赋值
        }
    }

    for (int m = 0; m < x; m++)
    {
        delete[] p[m];                                        //释放
    }
    delete[] p;                                               //释放
    p = NULL;                                                 //置空


    return 0;
}
```

范例 099：计算数组元素的平均和

源码路径：光盘**演练范例**\099\

视频路径：光盘**演练范例**\099\

范例 100：实现数组的排序操作

源码路径：光盘**演练范例**\100\

视频路径：光盘**演练范例**\100\

在上述代码中定义了一个二维指针 p，然后分别提示用户输入 2 个整形数字 *x* 和 *y*。*x* 和 *y* 值分别用于指定动态二维数组的维数。编译执行后的效果如图 9-2 所示。

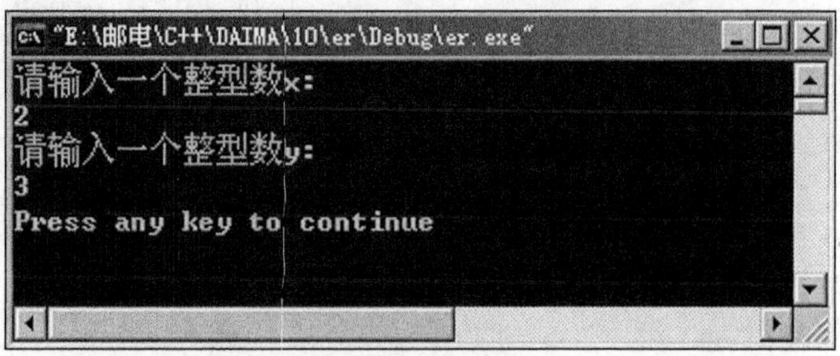

图 9-2　执行效果

9.2.2　在栈上分配空间的“假动态”数组

栈是一块内存空间，它由编译器在需要的时候分配，并由系统自动回收。在编译的时候已经知道了数组的大小，但是在定义时却看起来像动态的，所以我们称这种数组为“假动态”数组。在 C++中，通常使用常量表达式和宏定义变量实现“假动态”数组。

1．常量表达式 const 维数

有时数组的维数并不是一个数值，而是一个表达式，但此表达式必须在编译时即可计算出值。

实例 051　演示使用常量作为维数的具体过程

源码路径　光盘\daima\9\chang　　　视频路径　光盘\视频\实例\第 9 章\051

本实例的实现文件为 chang.cpp，具体实现代码如下。

```
#include "stdafx.h"
```

```
#include "iostream.h"
int main(){
    //定义一个常量array_size
    const int array_size = 5;
    float x[array_size];      //用常量作维数
    x[0] = 7.5;
    x[1] = 15.5;
    x[2] = 3.5;
    x[3] = 45.5;
    x[4] = 33.5;
    for (int i = 0; i < array_size ; i++)      //输出数组内容
    {
        cout << "x[" << i << "] = " ;
        cout << x[i] << endl;
    }
    return 0;
}
```

范例 **101**：向数组中插入元素

源码路径：光盘**演练范例**\101\

视频路径：光盘**演练范例**\101\

范例 **102**：实现数组的删除操作

源码路径：光盘**演练范例**\102\

视频路径：光盘**演练范例**\102\

在上述代码中，使用 array_size 作为一维数组 x 的维。编译执行后的效果如图 9-3 所示。

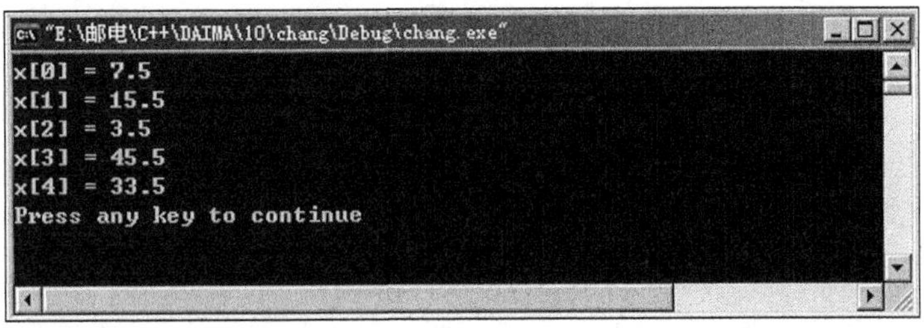

图 9-3　执行效果

注意：如果将上述代码中的 const int array_size = 5 修改为 int array_size = 5 或 static int array_size = 5，在编译 float x[array_size]时将会出错。这是因为在 C++中只有 const 常量表达式才能作为数组的维数。

2. 宏定义 define 维数

C++中可以使用宏定义 define 来当作维数。此种方法比较利于代码的维护，当需要改变数组的维数时，只需修改宏即可。

实例 052　**演示宏定义 define 作为维数的具体过程**

源码路径　光盘\daima\9\hong　　　视频路径　光盘\视频\实例\第 9 章\052

本实例的实现文件为 hong.cpp，具体实现代码如下。

```
#include "stdafx.h"
#include "iostream.h"
#include "stdafx.h"
#define DEBUG   1
#define LENGTH_DBG   10      //定义一宏常数1
#define LENGTH_REL    200     //定义一宏常数2
#if DEBUG
#define shuzu_SIZE 25          //定义一宏常数3
#else
#define shuzu_SIZE 500         //定义一宏常数4
#endif
int main(){
#if DEBUG
    int shuzu1[LENGTH_DBG];  //维数为10
#else
    int shuzu1[LENGTH_REL];  //维数为200
#endif
    int shuzu2[shuzu_SIZE];        //维数为25或500
    return 0;
}
```

范例 **103**：数组冒泡排序法

源码路径：光盘**演练范例**\103\

视频路径：光盘**演练范例**\103\

范例 **104**：顺序查找数组的元素

源码路径：光盘**演练范例**\104\

视频路径：光盘**演练范例**\104\

在上述代码中，定义了两个假动态数组 shuzu1、shuzu2，它的维数由宏来指定，并且在上面代码中还用到了#if 和#else。编译执行后的效果如图 9-4 所示。

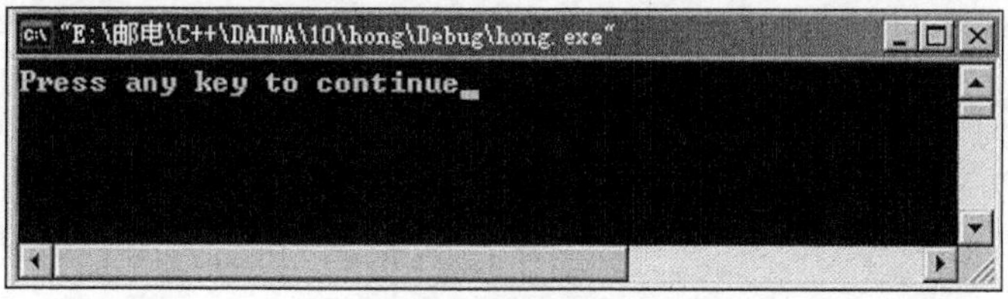

图 9-4　执行效果

9.3　数组存储

知识点讲解：光盘:视频\PPT 讲解（知识点）\第 9 章\数组存储.mp4

C++有 3 种存储方式：自动存储方式、静态存储方式和自由存储方式。每一种存储方式都有不同的对象初始化的方法和生存空间。而 C++数组也有 3 种存储方式：行存储和列存储。在本节的内容中，将详细讲解数组存储的基本知识。

9.3.1　列存储

列存储是指将数组元素按照列向量排列，第 n+1 个列向量紧接在第 n 个列向量的后面。

实例 053　演示宏定义 define 作为维数的具体过程

源码路径　光盘\daima\9\lie　　视频路径　光盘\视频\实例\第 9 章\053

本实例的实现文件为 lie.cpp，具体实现代码如下。

```
#include "stdafx.h"
#include "iostream.h"
int main( )
{
    //定义时赋值，赋值方式1
    int array_1[2][3]   = {1,2,3,4,5,6};
    //赋值方式2
    int array_2[2][3]   = {{1,2,3},{4,5,6}};
    return   0;
}
```

在上述代码中，定义了两个 int 型数组，在列优先存储结构下，array_1 和 array_2 的定义是等价的。编译执行后的效果如图 9-5 所示。

> 范例 **105**：有序数组的折半查找
> 源码路径：光盘**演练范例**\105\
> 视频路径：光盘**演练范例**\105\
>
> 范例 **106**：计算字符串有多少单词
> 源码路径：光盘**演练范例**\106\
> 视频路径：光盘**演练范例**\106\

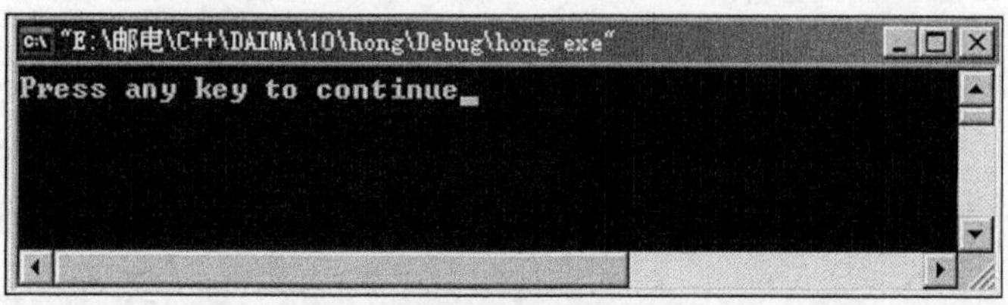

图 9-5　执行效果

9.3.2　行存储

行存储是指将数组元素按照行向量排列，第 n+1 个行向量紧接在第 n 个行向量的后面。

实例 054　演示宏定义 define 作为维数的具体过程

源码路径　光盘\daima\9\hang　　视频路径　光盘\视频\实例\第 9 章\054

本实例的实现文件为 hang.cpp，具体实现代码如下。

```
#include "stdafx.h"
#include "iostream.h"
int main( )
{   //定义时赋值，赋值方式1
    int array_1[2][3]   = {1,2,3,4,5,6};
    //赋值方式2
    int array_2[ ][3]   = {1,2,3,4,5,6};
    return    0;
}
```

在上述代码中，定义了两个 int 型数组，在行优先存储结构下，array_1[2][3]值是 4，array_2[ ][3]值是 3。编译执行后的效果如图 9-6 所示。

范例 **107**：获取数组中元素的个数

源码路径：光盘**演练范例**\107\
视频路径：光盘**演练范例**\107\

范例 **108**：输出数组中的元素

源码路径：光盘**演练范例**\108\
视频路径：光盘**演练范例**\108\

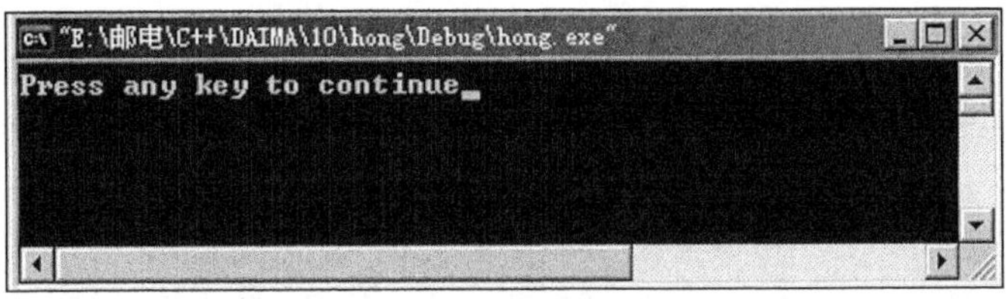

图 9-6　执行效果

9.4 字符数组

知识点讲解：光盘:视频\PPT 讲解（知识点）\第 9 章\字符数组.mp4

用来存放字符量的数组称为字符数组。定义一个字符数组后，这个字符数组会返回一个头指针。可以根据这个头指针来访问数组中的每一个字符。

9.4.1 定义字符数组

字符数组是存放字符型数据的，应定义成"字符型"。由于整型数组元素可以存放字符，所以整型数组也可以用来存放字符型数据。字符数组的定义格式如下。

```
char 数组名[维数表达式1][ 维数表达式2]...[ 维数表达式n];
```

C++字符数组的类型必须是 char，维数要至少有一个。

实例 055　演示字符数组的具体使用过程

源码路径　光盘\daima\9\zifu　　　　视频路径　光盘\视频\实例\第 9 章\055

本实例的实现文件为 zifu.cpp，具体实现代码如下。

```
#include "stdafx.h"
#include "iostream.h"
int main(){
    //shuzu1存放5个字符
    char shuzu1[5] = {'H', 'E', 'L', 'L', 'O'} ;
    //shuzu2存放5个字符
    char shuzu2[5] = {'W', 'O', 'R', 'L', 'D'};
    //输出HELLO
    for (int i=0; i < 5; i++)
    {
      cout << shuzu1[i];
    }
    cout << " ";
    //输出WORLD
    for (int j=0; j < 5; j++)
    {
      cout << shuzu2[j];
    }
    return 0;
```

范例 **109**：置换二维数组的行和列

源码路径：光盘**演练范例**\109\
视频路径：光盘**演练范例**\109\

范例 **110**：将二维数组转换为一维数组

源码路径：光盘**演练范例**\110\
视频路径：光盘**演练范例**\110\

```
}
```

在上述代码中，定义并初始化了两个字符数组 shuzu1 和 shuzu2，编译执行后的效果如图 9-7 所示。

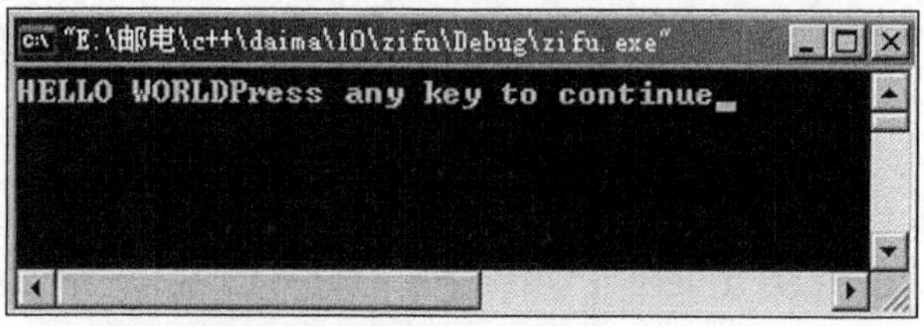

图 9-7　执行效果

9.4.2　字符数组和字符串指针变量

字符数组和字符串指针变量都能够实现字符串存储和运算。字符串指针变量本身就是一个变量，用于存放字符串的首地址。字符串本身是存放在以该首地址为首的一块连续的内存空间中，并以'0'作为串的结束。

实例 056　演示字符串指针的具体使用流程

源码路径　光盘\daima\9\zhizhen　　视频路径　光盘\视频\实例\第 9 章\056

本实例的实现文件为 zhizhen.cpp，具体实现代码如下。

```
#include "stdafx.h"
#include "iostream.h"
int main(){
    //指针变量，表示zhizhen是一个指向字符串的指针变量
    char *zhizhen  = "C/C++ 语言 ";
    //把字符串的首地址赋予zhizhen
    //字符型数组
    char arrSTR[] = {"C/C++ 语言"};
    cout << zhizhen << endl; //输出C/C++ 语言
    cout << arrSTR << endl;
    //输出C/C++ 语言
    zhizhen = zhizhen + 6;
    cout << zhizhen <<   endl;
    //输出语言
    int i = 6;
    while(arrSTR[i] != '\0')
    {
      cout << arrSTR[i++];                    //输出语言
    }
    cout <<   endl;
    cout << sizeof(zhizhen)   << endl;        //输出4
    cout << sizeof(arrSTR) << endl;           //输出19，注意需要把'\0'算在内
    return 0;
}
```

范例 **111**：用指针变量遍历二维数组

源码路径：光盘**演练范例**\111\

视频路径：光盘**演练范例**\111\

范例 **112**：学生成绩排名

源码路径：光盘**演练范例**\112\

视频路径：光盘**演练范例**\112\

在上述代码中，*zhizhen 是指针变量，编译执行后的效果如图 9-8 所示。

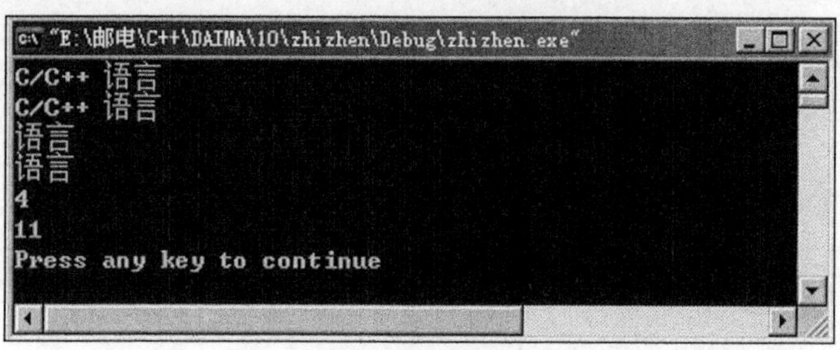

图 9-8　执行效果

9.5 数组初始化

知识点讲解：光盘:视频\PPT 讲解（知识点）\第 9 章\数组初始化.mp4

C++的数组初始化处理既可以在定义时，也可以在定义后。

- 在定义时用逗号分隔，用放在大括号中的数据表示初始化数组中的元素。
- 在程序执行时用赋值语句对其进行初始化。

9.5.1 先看定义时的初始化

定义数组时，使用大括号来对数组进行初始化处理。

1. 一维数组

一维数组的初始化有两种，一种带维数，另一种不带维数。看下面的代码。

```
int array_1[5] = {1,2,3,4,5}                    //初始化整形数组
int array_2[ ] = {1,2,3,4,5}                    //和array_1相同
float array_3[3] = {1.5,2.5,3.5 }               //初始化浮点形数组
float array_4[ ] = {1.5,2.5,3.5 }               //和array_3相同
char array_5[3] = {'w','h','a','t'}             //初始化字形数组
char array_6[ ] = {'w','h','a','t'}             //和array_5相同
```

再看下面的代码。

```
char array_str1[ ] ="nihao aaaa"                //字符串
char array_str2[ ] ={"nihao aaa}                //字符串
```

上述两段代码的功能相同。

2. 多维数组

多维数组的初始化也有两种，第 1 种和一维数组的初始化完全相同。看下面的代码。

```
int array_1[2] [3]= {1,2,3,4,5,6}
int array_2[ ] [3]= {1,2,3,4,5,6}
```

当位数表达式为空时，数组大小和一维数组一样，将由初始化数组元素的个数来隐式指定数组的维数。例如上述代码中二维数组 array_2[ ] [3]，列维数显式指定为 3，行维数被隐式指定为 2。

第 2 种方法是使用大括号嵌套来实现，看下面的代码。

```
int array_1[3] [4]= {{1,2,3,4},{5,6,7,8},{9,10,11,12}}        //初始化二维数组
```

在各个嵌套括号间要用逗号来分隔，最后一个除外。

注意：可以只对部分元素赋初值，未赋初值的元素自动取 0 值。

例如，下面代码是对每一行的第 1 列元素赋值，未赋值的元素取 0 值。

```
int a[3][3]={{1},{2},{3}};
```

赋值后各元素的值如下。

1 0 0

2 0 0

3 0 0

9.5.2 初始化赋值语句

赋值语句初始化的操作比较简单，所以在现实中比较常用。

实例 057 演示赋值语句初始化数组的具体流程

源码路径 光盘\daima\9\yuju　　　视频路径 光盘\视频\实例\第 9 章\057

本实例的实现文件为 yuju.cpp，具体实现代码如下。

```
#include "stdafx.h"
#include "iostream.h"
int main()
{
    // 定义一个 12x12 的数组
```

```
    const int nRows = 12;
    const int nCos = 12;
    int arr_ex [nRows ][nCos];
    //初始化数组arr_ex
    for (int nRow1 = 0; nRow1 < nRows; nRow1++)    //循环赋值
    {
        for (int nCol1 = 0; nCol1 < nCos; nCol1++)
        {
            arr_ex [nRow1][nCol1] = nRow1 * nCol1;//赋值语句，
             初始化数组
        }
    }
    // 输出数组元素的值
    for (int nRow = 1; nRow < nRows; nRow++)        //行
    {
        for (int nCol = 1; nCol < nCos; nCol++)         //列
        {
            cout << arr_ex [nRow][nCol] << "\t";
        }
        cout << endl;
    }
    return 1;
}
```

范例 **113**：计算矩阵对角线的和

源码路径：光盘**演练范例**\\113\\

视频路径：光盘**演练范例**\\113\\

范例 **114**：反向输出字符串

源码路径：光盘**演练范例**\\114\\

视频路径：光盘**演练范例**\\114\\

在上述代码中，定义了一个 12 × 12 的二维数组 nRows 和 nCos，编译执行后的效果如图 9-9 所示。

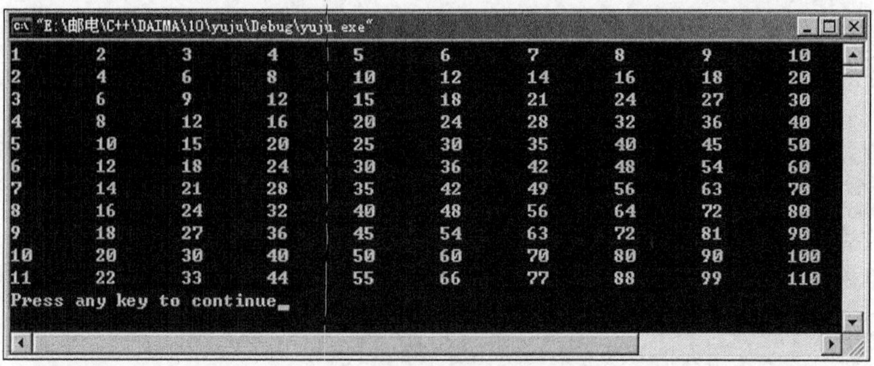

图 9-9　执行效果

9.6　指针和数组

知识点讲解：光盘:视频\PPT 讲解（知识点）\第 9 章\指针和数组.mp4

指针是一个保存地址的变量，C++中的数组表示的是一个首地址，所以数组名就是指向该数组第 1 个元素的指针。在此前关于地址和指针的例子里，我们使用的都是标量类型：整数、实数和字符。在遇到一个标量类型的变量时，我们可以创建一个与之类型相同的指针来存放它的地址。可是，在遇到数组时该怎么办呢？

在幕后，计算机将把数组保存在一组连续的内存块里，而不是像对待其他变量那样把它保存在一个内存块里。比如，以下代码所定义的数组可能会保存在内存里。

```
int myArray [] = {25, 209, -12};
```

这意味着数组有多个地址，每个地址均对应着数组中的一个元素。你也许会因此而认为访问数组的地址是一件很困难的事情，但事实刚好相反。在 C++（以及 C 语言）里，数组的名字同时也是一个指向其基地址（其第 1 个元素的地址）的指针。以 myArray 数组为例，这意味着下面两条语句可以完成同样的事情。

```
int *ptr1 = &myArray[0];
int *ptr2 = myArray;
```

这两条语句都可以在指针里存放基地址，即数组中第 1 个元素的地址。使用解引用操作符(*)，可以马上访问数组中的第 1 个元素。

```
std::cout << *ptr1;
*ptr2 = 98744;
```

如果想使用一个指针访问一个数组元素，问题将变成：怎样才能访问其他的数组元素？解决方案是通过指针运算来改变在指针里保存的地址。

对一个指向某个数组的指针进行递增的结果是该指针将指向下一个元素的地址。现在，如果再次使用*ptr1 指针，将得到保存在第 2 个元素里的值。

指针运算的奇妙之处在于，地址值并不是按 1 递增的，它将按照那种数组类型在那台计算机上所需要的字节数来递增。比如，如果有一个包含 3 个整数的数组、每个整数需要 4 字节来存储（如图 6-15 所示），对一个指向该数组的指针进行递增（加 1）将使地址以 4 字节为单位进行递增。如果是一个指向某个字符数组的指针（字符数组的每个元素只占用 1 字节），地址将以 1 字节为单位进行递增。接下来的实例程序将证明这一点。

9.6.1 指向数组的指针

可以用数组名访问数组，也可以定义一个指向数组的指针，通过指针来访问数组。

实例 058 演示指向数组的指针的具体使用流程

源码路径 光盘\daima\9\zhizhenshuzu　　视频路径 光盘\视频\实例\第 9 章\058

本实例的实现文件为 zhizhenshuzu.cpp，具体实现代码如下。

```
#include "stdafx.h"
#include "iostream.h"
int main(void)
{
    int  Arr[5] = {100, 200, 300, 400, 500};
    int *zhizhen1;
    int *zhizhen2;
    //zhizhen指向该数组Arr第1个元素
    zhizhen1 = &Arr[0];
    zhizhen2 = Arr;
    //数组名Arr是一个指向该数组第1个元素Arr[0]的地址
    cout << "the address of zhizhen1 is:" << zhizhen1 <<endl;
    cout << "the address of zhizhen2 is:" << zhizhen2 << endl;
    cout << "the address of Arr[0]is:" << &Arr[0] << endl;
    cout << "the address of Arr     is:" << Arr << endl;
    return 0;
}
```

范例 115：用数组保存学生姓名

源码路径：光盘**演练范例**\115\

视频路径：光盘**演练范例**\115\

范例 116：数组中连续相等的计数

源码路径：光盘**演练范例**\116\

视频路径：光盘**演练范例**\116\

在上述代码中，zhizhen1 = &Arr[0]和 zhizhen2 = Arr 是等价的，编译执行后的效果如图 9-10 所示。

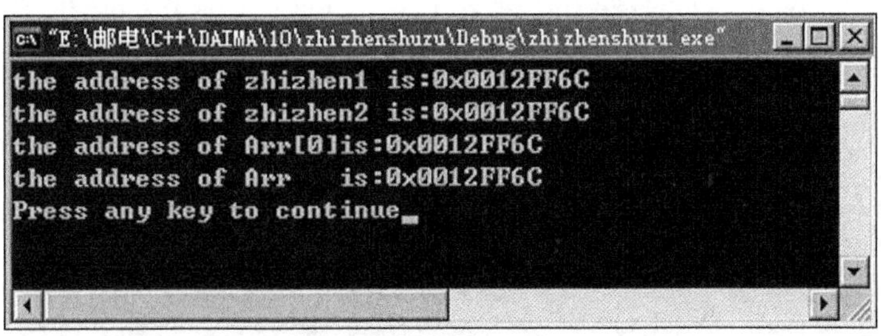

图 9-10　执行效果

从图 9-10 所示的执行结果可以看出，zhizhen1、zhizhen2、Arr[0]、Arr 指向的是同一内存地址 0x22ff50，由此可以看出 4 个变量都指向了同样的内存块。

注意：指针运算的重要性在高级和抽象的程序设计工作中体现得更加明显。如果你现在还体会不到其中的奥妙，也没有关系。就目前而言，只要记住数组的名字同时也是一个指向其第 1 个元素的指针就行了。数组可以是任何一种数据类型，这意味着我们完全可以创建一个以指针为元素的数组——如果有必要的话。

9.6.2 指针数组

一个数组，若其元素均为指针类型数据，称为指针数组。也就是说，指针数组中每一个元素都相当于一个指针变量。一维指针数组的定义形式如下。

```
类型名 *数组名[数组长度]
```

举例如下。

```
int *p[4]
```

多维数组的定义格式如下。

```
类型名 *数组名[维数表达式1]……[维数表达式n]
```

由于[]比*优先级更高，因此 p 先与[4]结合，形成 p[4]的形式，这显然是数组形式。然后再与 p 前面的*结合，*表示此数组是指针类型的，每个数组元素都指向一个整型变量。

数组指针是指向数组的一个指针，如下。

```
int (*p)[4]
```

表示一个指向 4 个元素的数组的一个指针。

实例 059　演示指针数组的具体使用流程

源码路径　光盘\daima\9\lizi　　　视频路径　光盘\视频\实例\第 9 章\059

本实例的实现文件为 lizi.cpp，具体实现代码如下。

```
#include "stdafx.h"
#include "iostream.h"
#define True 1
#define False 0
int main(void){
    //指针数组zhizhenshuzu的9个指针
    //分别依次指向9个字符串
    char *zhizhenshuzu[9] =
    {"File", "Edit", "View", "Insert",
    "Format", "Tools", "Table",
    "Window", "Help"} ;
    //输出Office Word的9个菜单
    for(int i=0; i< 9; i++)
    {
        //依此输出zhizhenshuzu数组中9个指针指向
              的9个字符串
        cout << zhizhenshuzu[i] << endl;
    }
    return True;
}
```

范例 117：交换两个数组元素

源码路径：光盘**演练范例**\117\

视频路径：光盘**演练范例**\117\

范例 118：输出二维数组每行的最大值

源码路径：光盘**演练范例**\118\

视频路径：光盘**演练范例**\118\

在上述代码中，使用*zhizhenshuzu[9]定义了一个指向 9 个菜单字符串的指针，并依次输出了 Office Word 的 9 个菜单。编译执行后的效果如图 9-11 所示。

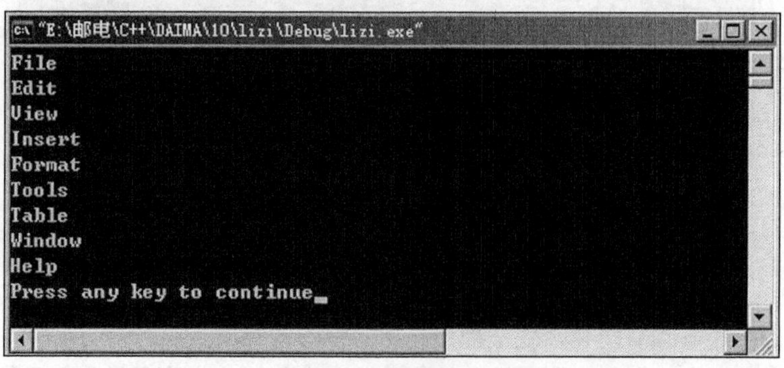

图 9-11　执行效果

9.7 使用数组

知识点讲解：光盘:视频\PPT 讲解（知识点）\第 9 章\使用数组.mp4

C++中数组的使用方式通常有两种。

- 索引方式。
- 指针方式。

在本节的内容中，将分别介绍上述两种方式的具体知识。

9.7.1 索引方式

在使用数组时，可以通过下标来访问数组元素，这种方式就称之为索引方式。C++中的数组下标是从 0 开始的。

实例 060 演示索引方式使用数组的具体流程

源码路径 光盘\daima\9\suoyin 视频路径 光盘\视频\实例\第 9 章\060

本实例的实现文件为 suoyin.cpp，具体实现代码如下。

```
#include "stdafx.h"
#include "iostream.h"
void main(void){
    float chengji[10];              //存放成绩的数组
    int A=0,B=0,C=0,D=0,E=0;        //成绩分A,B,C,D,E
        等级
    float topchengji=0;             //最高分
    float totalchengji=0;           //总分
    for(int i1=0;i1<10;i1++)        //输入10个程序员的
        成绩
    {
        cin>>chengji[i1];
    }
    for(int i=0;i<10;i++)           //统计各分数段的人数
    {
        switch((int)(chengji[i]/10))
        {
        case 10:
        case 9: A++; break;  //Level A 90-100
        case 8: B++; break;  //Level B 80-90
        case 7: C++; break;  //Level C 70-80
        case 6: D++; break;  //Level D 60-70
        case 5:
        case 4:
        case 3:
        case 2:
        case 1:
        case 0: E++; break;          //Level E
        }
    }
    //输出各成绩段的人数
    cout<<"Level A (90-100): " << A <<endl;
    cout<<"Level B (80-90):  " << B <<endl;
    cout<<"Level C (70-80):  " << C <<endl;
    cout<<"Level D (60-70):  " << D <<endl;
    cout<<"Level E (0-60):   " << E <<endl;
     //统计总成绩
    for(int i2=0;i2<10;i2++)
    {
        totalchengji+=chengji[i2];
    }
    //输出平均分
    cout<<"Average chengji is: "<< totalchengji/10 <<endl;
    //统计最高成绩
    topchengji=chengji[0];
    for(int i3=0;i3<10;i3++)
    {
```

范例 119：二维数组行和列的最小值

源码路径：光盘**演练范例**\119\

视频路径：光盘**演练范例**\119\

范例 120：二维数组行最大值中的最小值

源码路径：光盘**演练范例**\120\

视频路径：光盘**演练范例**\120\

```
            if(topchengji<chengji[i3])
            {
                    topchengji=chengji[i3];
            }
        }
        //输出最高分
        cout<<"Top chengji is: "<< topchengji <<endl;
}
```

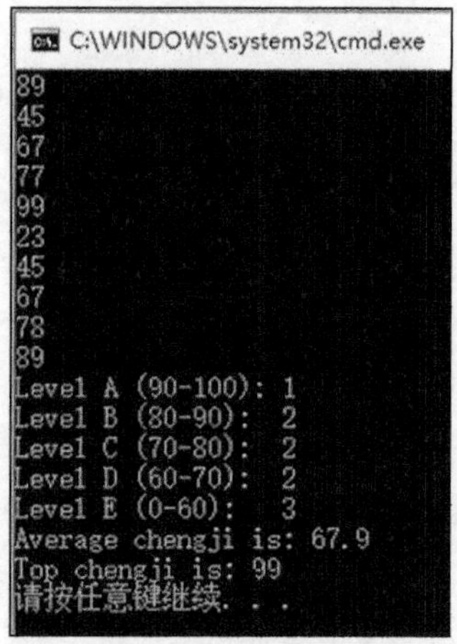

图 9-12　执行效果

在上述代码中，使用数组来存储用户的成绩，无论是输入还是输出都是通过数组的下标来实现的。编译执行后的效果如图 9-12 所示。

9.7.2　指针方式

在使用 C++数组时，可以通过指针来访问数组元素，这种方式称为指针方式。

实例 061　**演示数组名指针初始化数组的具体流程**

源码路径　光盘\daima\9\zhizhenfangshi　　　视频路径　光盘\视频\实例\第 9 章\061

本实例的实现文件为 zhizhenfangshi.cpp，具体实现代码如下。

```
#include "stdafx.h"
#include "iostream.h"
#define MAX 5
void main(void){
    int i;
    float X[MAX];
    //初始化
    for (i = 0; i < MAX; i++)
    {
        *(X + i) = 9.5 ; //使用指针*(X+i), 与 X[i] 等价
    }
    //输出
    for(i=0; i <MAX; i++)
    {
        cout << *(X+i) << endl;
    }
}
```

范例 121：删除数组中重复的连续元素

源码路径：光盘\演练范例\121\

视频路径：光盘\演练范例\121\

范例 122：删除有序数组中的连续元素

源码路径：光盘\演练范例\122\

视频路径：光盘\演练范例\122\

在上述代码中，for 语句中的*(X+i)和 X[i]是等价的，编译执行后的效果如图 9-13 所示。

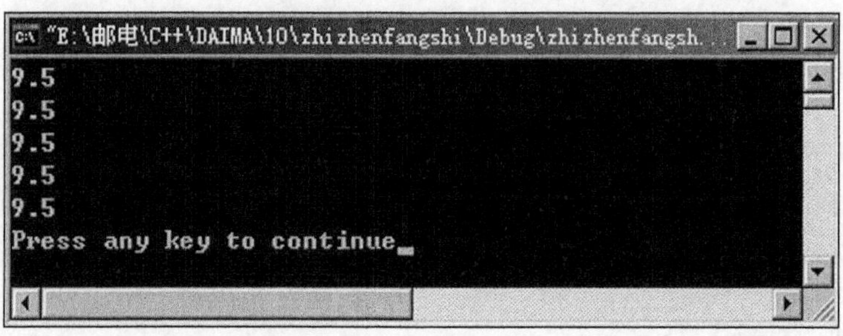

图 9-13　执行效果

实例 062 演示指针变量初始化数组的具体流程

源码路径 光盘\daima\9\zhizhenbianliang 视频路径 光盘\视频\实例\第 9 章\062

本实例的实现文件为 zhizhenbianliang.cpp，具体实现代码如下。

```
#include "stdafx.h"
#include "iostream.h"
#define MAX 5
void main(void){
    int i;
    float *ptr, X[MAX];
    ptr = X;                          //指针ptr指向数组X
    for (i = 0; i < MAX; i++)
    {
        *ptr = 9.5;                   //运用 *ptr 来访问 X[i]
        ptr++;                        //指数组元素X[i+1]
    }
    //输出
    ptr=X;
    for(i=0; i <MAX; i++)
    {
        cout << *(ptr++) << endl;
    }
}
```

范例 **123**：实现数组合并

源码路径：光盘**演练范例**\\123\\

视频路径：光盘**演练范例**\\123\\

范例 **124**：用数组计数平均成绩

源码路径：光盘**演练范例**\\124\\

视频路径：光盘**演练范例**\\124\\

编译执行后的效果如图 9-14 所示。

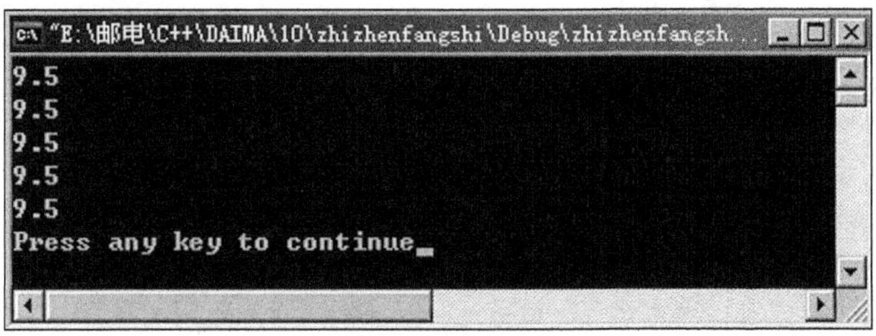

图 9-14 执行效果

9.8 枚 举

知识点讲解：光盘:视频\PPT 讲解（知识点）\第 9 章\枚举.mp4

在日常生活中，会遇到很多集合类问题，其所描述的状态为有限几个。例如，比赛的结果只有输和赢两种状态。一周有 7 天，共 7 个状态。以人为中心进行方位描述，可以包括如下的几个状态：上、下、前、后、左和右。在计算机中表述此 6 种方位信息，需要定义一组整型常量，如下。

```
#define UP 1
#define DOWN 2
#define BEFORE 3
#define BACK 4
#define LEFT 5
#define RIGHT 6
```

但是从上面的定义来看，6 个常量虽然表达了同一类型的信息，但是在语法上是彼此孤立的个体，不是一个完整的逻辑整体。其实 C 语言中所有基本数据类型都是在描述集合信息，例如 int 用于描述 1～216 有限元素集合的整数。是否可以引入新的用户自定义类型，描述仅仅具有上述 6 个元素的集合，并作为一个新的数据类型呢？C++中引入枚举类型来解决此问题。

9.8.1 枚举基础

枚举类型也是一种用户自定义类型，是由若干个有名字常量组成的有限集合。在程序中使用枚举常量可以增加程序的可读性，起到“见名思义”的作用。

1. 枚举类型

枚举类型的定义格式如下。

```
enum<枚举类型名>
{
<枚举元素1>[=<整型常量1>],
<枚举元素2>[=<整型常量2>],
…
<枚举元素n>[=<整型常量n>],
}
```

其中，enum 是定义枚举类型的关键字，不能省略。<枚举类型名>是用户定义的标识符。<枚举元素>也称枚举常量，也是用户定义的标识符。

C++语言允许用<整型常量>为枚举元素指定一个值。如果省略<整型常量>，默认<枚举元素 1>的值为 0，<枚举元素 2>的值为 1，…，依此类推，<枚举元素 n>的值为 n-1。

例如，下面的代码片段定义了一个枚举类型 season 。

```
enum season { spring=1,summer,autumn,winter};            //定义了枚举类型season
```

枚举类型 season 有 4 个元素：spring、summer、autumn 和 winter。

spring 的值被指定为 1，因此剩余各元素的值分别为：summer=2, autumn=3, winter=4。

此外，我们还可以枚举一年的 12 个月份，一周的 7 天，以及常用的颜色等，具体代码如下。

```
//定义了枚举类型color，枚举常用的颜色
enum color{Red,Yellow,Green,Blue,Black};
//定义了枚举类型weekday，每周的7天
enum weekday {Mon=1,Tues,Wed,Thurs,Friday,Sat,Sun=0};
```

2. 枚举变量

枚举变量可以在定义枚举类型的同时声明，也可以用枚举类型声明。

3. 枚举类型变量的使用

在程序中可以将枚举元素视为一个整型常量，枚举变量的值为该枚举类型定义中的某个元素的值。枚举变量可以进行算术运算、赋值运算、关系运算或逻辑运算等。

例如，下面的代码片段定义了一个枚举类型变量 TempS1，并为其赋值。

```
season TempS1;                                   //定义季节枚举变量
TempS1= spring                                   //定义变量为春季
```

对前面的颜色枚举和日期枚举变量的使用，代码如下。

```
enum color {Red,Yellow,Green,Blue,Black}c1,c2;   //声明2个枚举变量c1,c2
enum weekday {Mon=1,Tues,Wed,Thurs,Friday,Sat,Sun=0};
enum weekday day1,day2;                          //声明2个枚举变量day1,day2
c1=Green;                                        //给枚举变量c1赋值Green
day1=Sat;                                        //给枚举变量day1赋值Sat
```

4. 枚举的取值范围

如果某个枚举中所有枚举子的值均非负，该枚举的表示范围就是[0:2^k−1]，其中 2^k 是能使所有枚举子都位于此范围内的最小的 2 的幂；如果存在负的枚举值，该枚举的取值范围就是[−2^k,2^k−1]。如下。

```
enum e1 {dark, light};                           //范围0:1
enum e3 {min = -10, max = 1000};                 //范围-1024:1023
```

5. 枚举与整型的关系

整型值只能显式地转换成一个枚举值，但是，如果转换的结果位于该枚举取值范围之外，则结果是无定义的。

```
enum e1 {dark = 1, light = 10};
e1 VAR1 = e1(50);                                //无定义
e1 VAR2 = e1(3);                                 //编译通过
```

在这里也说明了不允许隐式地从整型转换到枚举的原因，因为大部分整型值在特定的枚举里没有对应的表示。至于枚举可以当作特定的整型数来用的例子，从 open_modes 可以体会。

6. sizeof

一个枚举类型的sizeof就是某个能够容纳其范围的整型的sizeof，而且不会大于sizeof(int)，除非某个枚举子的值不能用int或者unsigned int来表示。

在32位机器中，sizeof（int）一般等于4。前面介绍的所有枚举如下。

```
enum SomeCities
{
    zhanjiang,
    Maoming,
    Yangjiang,
    Jiangmen,
    Zhongshan
};
```

计算其sizeof，可能是1，也可能是4。在我的intel E2160双核、32位机器中，得到4。

注意：在使用枚举时，必须注意如下6点。

① 枚举类型可以用于swith...case语句。

② 枚举类型不支持直接的cin>>和cout<<，如下。

```
cin>>thisMonth;                //错误，接受参数类型
cout<<nextMonth;               //输出为其标号
```

③ 枚举元素之间比较可以用以下6个操作符：<，>，<=，>=，==，!=。

④ 枚举类型可作为函数的返回类型。

⑤ 枚举是用户自定义类型，所以用户可以为它定义自身的操作，例如++或者<<等。但是，在没有定义之前，不能因为枚举像整型就可以默认使用。

⑥ 由于通过将整型数显式转换就可能得到对应枚举类型的值，所以声明一个枚举来达到限制传递给函数的参数取值范围还是力不从心的，以下是一个例子。

```
enum SomeCities{
zhanjiang=1,                                    //1
Maoming,                                        //2
Yangjiang,                                      //3
Jiangmen,                                       //4
Zhongshan = 1000 //1000
};
void printEnum(SomeCities sc)
{
cout<<sc<<endl;
}
int main(void)
{
SomeCities oneCity = SomeCities(50);            //将50通过显式转换，为oneCity赋值
printEnum(oneCity);                             //在VC++ 6 编译器下得到50输出
return 0;
}
```

上述代码说明，虽然SomeCities的定义里没有赋值为50的枚举值，但是，由于50在该枚举的取值范围内，所以通过显式声明得到一个有定义的枚举值，从而成功传递给printEnum函数。

9.8.2 使用枚举

下面通过一个具体实例来演示枚举的具体使用流程。

实例063 **演示枚举的具体使用流程**

源码路径 光盘\daima\9\meiju　　视频路径 光盘\视频\实例\第9章\063

本实例的实现文件为meiju.cpp，具体实现代码如下。

```
#include "stdafx.h"
#include "iostream.h"
int main(void){
    //星期枚举
    enum week {monday,tuesday,
    wednesday,thursday,friday,
```

```
        saturday,sunday} w;
    int i;
    do{
        cout<<"please input(0~7,0 for exit):"<<endl;
        cin>>i;
        switch (i)
        {
        case 1:w=monday;                    //周一
              cout<<"enum id: "<<w<<"    week="<<"monday"
                 <<endl;
              break;
        case 2:w= tuesday;                  //周二
              cout<<"enum id: "<<w<<"    week="<<"tuesday"
                 <<endl;
              break;
        case 3:w=wednesday;                 //周三
              cout<<"enum id: "<<w<<"    week="<<"wednesday"<<endl;
              break;
        case 4:w= thursday;                 //周四
              cout<<"enum id: "<<w<<"    week="<<"thursday"<<endl;
              break;
        case 5:w=friday;                    //周五
              cout<<"enum id: "<<w<<"    week="<<"friday"<<endl;
              break;
        case 6:w= saturday;                 //周六
              cout<<"enum id: "<<w<<"    week="<<"saturday"<<endl;
              break;
        case 7:w=sunday;                    //周日
              cout<<"enum id: "<<w<<"    week="<<"sunday"<<endl;
              break;
        case 0: cout<<"Exit!"<<endl;        //退出
              break;
        default:                            //输入错误
              cout<<"wrong！ "<<endl;
        }
    }while(i!=0);
    return 0;
}
```

范例 **125**：定义使用枚举

源码路径：光盘**演练范例**\\125\\

视频路径：光盘**演练范例**\\125\\

范例 **126**：创建一个 12 个月份的枚举

源码路径：光盘**演练范例**\\126\\

视频路径：光盘**演练范例**\\126\\

通过上述代码，实现了一个星期枚举的定义和使用。通过从命令行输入一个数据，系统将输出对应的星期几编号。编译执行后的效果如图 9-15 所示。

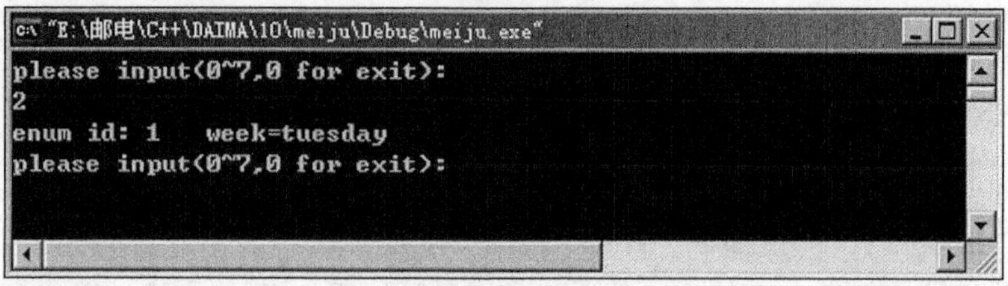

图 9-15　执行效果

实例 064　演示带有初始值枚举的具体使用流程

源码路径　光盘\daima\9\chushi　　　　视频路径　光盘\视频\实例\第 9 章\064

本实例的实现文件为 chushi.cpp，具体实现代码如下。

```
#include "stdafx.h"
#include "iostream.h"
int main(void){
    //完整形式
    enum week {
    monday=6,
    tuesday,
    wednesday,
    thursday,
    friday=0,
    saturday,
    Sunday
```

```
    } w1;
    //匿名枚举
    enum {red,black,blue,green} w2;
    //只定义枚举类型
    enum day{yestday,today,tomorrow} ;
    //用完整形式声明变量
    enum week w3=monday;
    //先定义枚举类型，再声明变量
    enum day w4;
    //不带enum关键字声明变量
    week w5;
    //强制类型转换
    w5=(enum week)6;
    cout<<"monday--"<<monday<<endl;
    cout<<"tuesday--"<<tuesday<<endl;
    cout<<"wednesday--"<<wednesday<<endl;
    cout<<"thursday--"<<thursday<<endl;
    cout<<"friday--"<<friday<<endl;
    cout<<"saturday--"<<saturday<<endl;
    cout<<"sunday--"<<sunday<<endl;
    return 0;
}
```

范例 **127**：实现数组中的整数判断

源码路径：光盘**演练范例**\127\
视频路径：光盘**演练范例**\127\

范例 **128**：判断二维数组中是否有相同元素

源码路径：光盘**演练范例**\128\
视频路径：光盘**演练范例**\128\

通过上述代码，演示了多种定义枚举的方法。编译执行后的效果如图 9-16 所示。

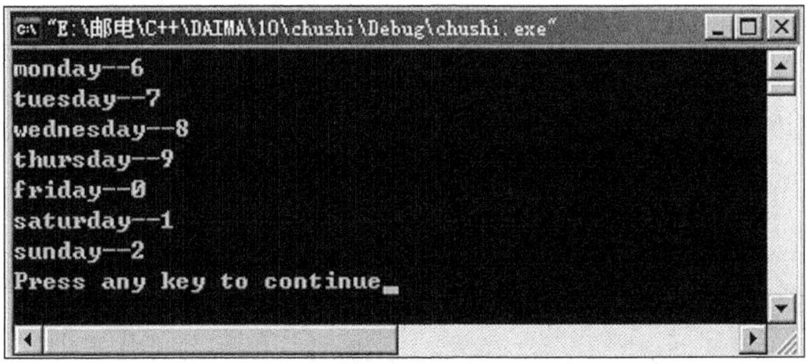

图 9-16　执行效果

9.9 结 构 体

知识点讲解：光盘:视频\PPT 讲解（知识点）\第 9 章\结构体.mp4

C 语言和 C++有许多共同的优美之处，其中之一是程序员不必受限于这两种语言自带的数据类型，我们完全可以根据具体情况定义一些新的数据类型并创建新类型的变量。事实上，这个概念一直贯穿于 C++的核心：对象。但首先，一个比较简单的例子是结构。结构（structure）是一种由程序员定义的、由其他变量类型组合而成的数据类型。定义一个结构的基本语法格式如下。

```
struct structurename {
        type varName;
        type varName;          // And so on
    };
```

请注意，结构的定义必须以一个右大括号和一个分号结束。

当需要处理一些具有多种属性的数据时，结构往往是很好的选择。比如，你正在编写一个员工档案管理程序。每位员工有好几种特征，例如姓名、胸牌号、工资等。我们可以把这些特征定义为一个如下所示的结构。

```
struct employee {
        unsigned short id;
        std::string name;
        float wage;
    };
```

C++对一个结构所能包含的变量的个数没有限制，那些变量通常称为该结构的成员，它们可以是任何一种合法的数据类型。

在定义了一个结构之后，就可以使用如下语法来创建该类型的变量了。

```
structureName myVar;
employee e1;
```

在创建出一个结构类型的变量之后，就可以通过如下语法引用它的各个成员了。

```
myVar.membername = value;
```

假设已经创建了一个 employee 类型的变量 *e*1，你就可以像下面这样对这个结构里的变量进行赋值。

```
e1.id = 40;
e1.name = "Charles";
e1.wage = 12.34;
```

如果在创建一个结构类型的新变量时就已经知道它各有关成员的值，还可以在声明新变量的同时把那些值赋给它的各有关成员。

```
employee el = {40, "Charles", 12.34};
```

在何处定义一个结构将影响到可以在何处使用它。如果某个结构是在任何一个函数之外和之前定义的，就可以在任何一个函数里使用这种结构类型的变量。如果某个结构是在某个函数之内定义的，则只能在这个函数里使用这种类型的变量。

9.9.1　指向结构的指针

在 C++里，指针可以指向结构，就像它可以指向任何其他变量那样。但接下来的问题是，怎样才能通过指针解引用该结构里的各个成员（或者说访问存放在结构里的各个值）。先从结构的定义开始。

```
struct person {
        unsigned short age;
        char gender;
  };
```

接下来，创建一个 person 类型的变量。

```
person me = {40, 'M'};
```

现在，创建一个指向该结构的指针。

```
person *myself = &me;
```

因为指针的类型必须与由它保存其地址的变量的类型相一致，所以 myself 指针的类型也是 person。我们在声明它的同时把它赋值为&me--结构变量 me 在内存里的地址。

对于整数、浮点数或其他标量的变量类型，我们都可以通过对指针进行解引用来访问相应的变量值，如下。

```
int myInt = 10;
int *myPtr = &myInt;
*myPtr = 45;
```

对于指向结构的指针，我们需要使用上述语法的一种变体。

```
(*myself).age = 41;
std::cout << (*myself).gender;
```

如果你觉得这样的代码不够美观，可以换用下面这种语法。

```
ptrName->memberName;
```

也可以写成以下形式。

```
myself->age = 41;
std::cout << myself->gender;
```

9.9.2　使用结构体

下面通过一个具体实例来演示 C++结构体的具体使用流程。

实例 065	演示 C++结构体的具体使用流程
	源码路径　光盘\daima\9\jiegou　　　视频路径　光盘\视频\实例\第 9 章\065

本实例的实现文件为 jiegou.cpp，具体实现代码如下。

```
#include "stdafx.h"
```

```
#include "iostream.h"
int main(void)
{   //定义颜色的枚举类型color
    enum color{white,black};
    struct lifangti{
        int length;
        int width;
        int height;
        enum color lifangticolor;
    }little;                    //定义盒子结构体
    little.length=10;
    little.width=10;
    little.height=10;
    little.lifangticolor=black;
    cout<<"Area of lifangti: "<<little.length*little.width*
        little.height<<endl;
    if (little.lifangticolor==0)
        cout<<"Color of   lifangti: white"<<endl;
    else
        cout<<"Color of lifangti: black"<<endl;
    //方式2：带关键字struct的先定义枚举类型，后声明变量
    struct lifangti s1;
    //方式3：不带关键字struct的先定义枚举类型，后声明变量
    lifangti s2;
    //方式4：匿名结构体
    struct {
        int length;
        int width;
    }s3;
    return 0;
}
```

范例 **129**：初始化结构体变量

源码路径：光盘**演练范例**\\129\\

视频路径：光盘**演练范例**\\129\\

范例 **130**：将结构体作为参数并返回

源码路径：光盘**演练范例**\\130\\

视频路径：光盘**演练范例**\\130\\

通过上述代码，首先定义了一个颜色枚举类型 color，然后定义了立方体结构体。结构体内有 4 个成员，前 3 个为整形，第 4 个为 color 枚举型，然后用此结构体创建了一个白色的正方形盒子，即立方体。编译执行后的效果如图 9-17 所示。

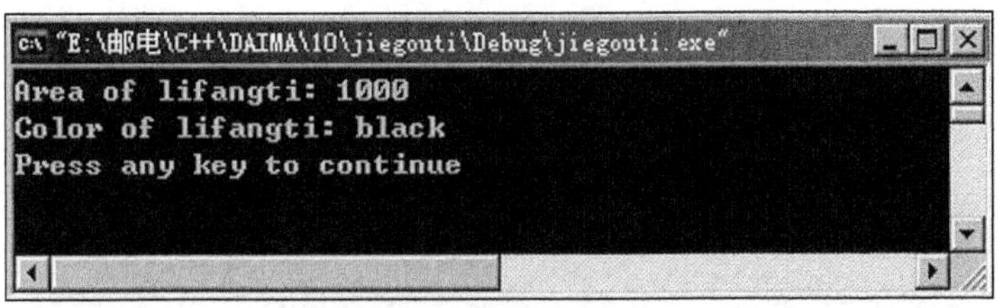

图 9-17　执行效果

9.10　联　　合

知识点讲解：光盘:视频\PPT 讲解（知识点）\第 9 章\联合.mp4

在 C++里还有许多其他的类型是我们还没有提到的。除对象以外，我们已经介绍了 C++中最重要的数据类型，对象将在下面讲解。到目前为止，你已经见过整数、实数、字符、字符串、数组、指针和结构。现在，我们简要地介绍另一种类型：联合（union），又叫共用体。

联合与结构有很多相似之处。联合也可以容纳多种不同类型的值，但它每次只能存储这些值中的某一个。比如，如果要定义一个变量来存放某种密码，它可以是你母亲的闺名、你身份证的最后 4 位数字或是你养的宠物的名字，联合将是一个不错的选择。具体格式如下。

```
union id {
    std::string maidenName;
    unsigned short ssn;
    std::string pet;
};
```

在定义了这个联合之后，就可以像下面这样创建一个该类型的变量了。

```
id michael;
```

接下来，可以像对结构成员进行赋值那样对联合里的成员进行赋值，使用同样的句点语法。

```
michael.maidenName = "Colbert";
```

这条语句将把值 Colbert 存入 michael 联合的 maidenName 成员里。如果再执行下面这条语句，这个联合将把新值 Trixie 存入 michael 联合的 pet 成员，并丢弃 maidenName 成员里的值，不再保存刚才的 Colbert。

```
michael.pet = "Trixie";
```

实例 066　演示 C++联合的具体使用流程

源码路径　光盘\daima\9\lianhe　　视频路径　光盘\视频\实例\第 9 章\066

本实例的实现文件为 lianhe.cpp，具体实现代码如下。

```
#include "stdafx.h"
#include "iostream.h"
int main(void)
{
    union example{
        int num;
        char ch[2];
        float f;
    }u1={100};        //ASCII码为100的字符是'd'
    cout<<"u1.num="<<u1.num<<endl;
    cout<<"u1.ch="<<u1.ch<<endl;
    cout<<"u1.f="<<u1.f<<endl;
    u1.num=97; //字符'a'的ASCII码
    cout<<"u1.num="<<u1.num<<endl;
    cout<<"u1.ch="<<u1.ch<<endl;
    cout<<"u1.f="<<u1.f<<endl;
    u1.ch[0]='b';                              //字符'b'的ASCII码为98
    cout<<"u1.num="<<u1.num<<endl;
    cout<<"u1.ch="<<u1.ch<<endl;
    cout<<"u1.f="<<u1.f<<endl;
    return 0;
}
```

范例 **131**：定义共用体类型

源码路径：光盘**\演练范例**\131\

视频路径：光盘**\演练范例**\131\

范例 **132**：初始化共用体变量

源码路径：光盘**\演练范例**\132\

视频路径：光盘**\演练范例**\132\

在上述代码中，首先定义了联合 ul，里面有 3 个成员。因为整形占 2 字节，字符占 1 字节，浮点占 4 字节，所以联合 ul 的长度是 4 字节。编译执行后的效果如图 9-18 所示。

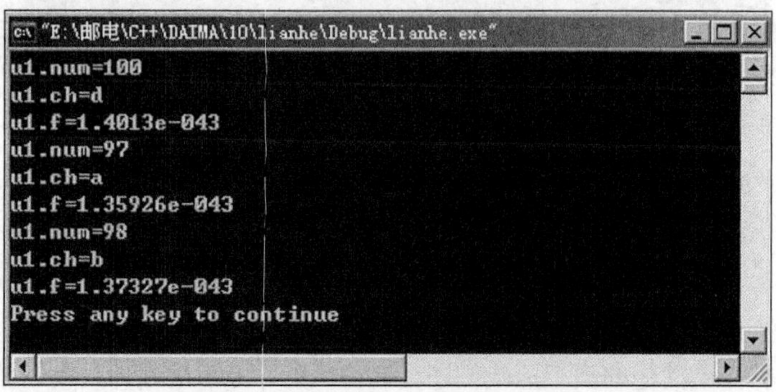

图 9-18　执行效果

9.11　自定义类型

知识点讲解：光盘:视频\PPT 讲解（知识点）\第 9 章\自定义类型.mp4

在现实生活中，信息的概念可能是长度、数量和面积等。在 C++语言中，信息被抽象为 int、float 和 double 等基本数据类型。从基本数据类型名称上，不能够看出其所代表的物理属性，并且 int、float 和 double 为系统关键字，不可以修改。

为了解决用户自定义数据类型名称的需求，C++不仅提供了丰富的数据类型，而且还允许由用户自己定义类型说明符，也就是说允许由用户为数据类型取“别名”。类型定义符 typedef 即可用来完成此功能。自定义一个类型有 3 个好处。

- 定义别名。
- 简化原有类型名。
- 定义和平台无关的类型。

9.11.1 先看 typedef 的作用

typedef 的一般使用格式如下。

```
typedef 原类型名称 新类型名称;
```

其中，“typedef”为系统保留字。

typedef 的主要应用有如下几种形式。

① 为基本数据类型定义新的类型名。如下。

```
typedef int COUNT;
typedef double AREA;
```

此种应用的主要目的，首先是丰富数据类型中包含的属性信息，其次是为了系统移植的需要。

② 为自定义数据类型（结构体、公用体和枚举类型）定义简洁的类型名称，如下。

```
struct Point{
double x;
double y;
double z;
};
struct Point oPoint1={100，100，0};
struct Point oPoint2;
```

其中，结构体 struct Point 为新的数据类型，在定义变量的时候均要有保留字 struct，而不能像 int 和 double 那样直接使用 Point 来定义变量。可以经过如下的修改。

```
typedef struct tagPoint{
double x;
double y;
double z;
} Point;
```

此时定义变量的方法可以简化为如下格式。

```
Point oPoint;
```

由于定义结构体类型有多种形式，因此可以进行如下修改。

```
typedef struct {
double x;
double y;
double z;
} Point;
```

③ 为数组定义简洁的类型名称。例如，如下代码定义了 3 个长度为 5 的整型数组。

```
int a[10]，b[10]，c[10]，d[10];
```

在 C 语言中，可以将长度为 10 的整型数组看作一个新的数据类型，再利用 typedef 为其重定义一个新的名称，可以用更加简洁的形式定义此种类型的变量，具体的处理方式如下。

```
typedef int INT_ARRAY_10[10];
typedef int INT_ARRAY_20[20];
INT_ARRAY_10 a，b，c，d;
INT_ARRAY_20 e;
```

其中，“INT_ARRAY_10”和“INT_ARRAY_20”为新的类型名，10 和 20 为数组的长度。a、b、c、d 均是长度为 10 的整型数组，e 是长度为 20 的整型数组。

④ 为指针定义简洁的名称。首先为数据指针定义新的名称，如下。

```
typedef char * STRING;
STRING csName={"Jhon"};
```

然后，为函数指针定义新的名称，如下。

```
typedef int (*MyFUN)(int a，int b);
```

其中，“MyFUN”代表“int *XFunction(int a，intb)”类型指针的新名称，如下。

```
typedef int (*MyFUN)(int a，int b);
int Max(int a，int b);
MyFUN *pMyFun;
pMyFun= Max;
```

另外，在使用 typedef 时，应当注意如下的问题。

- typedef 的目的是为已知数据类型增加一个新的名称，因此并没有引入新的数据类型。
- typedef 只适于类型名称定义，不适合变量的定义。
- typedef 与#define 具有相似的之处，但实质不同。

9.11.2　再看 typedef 的使用

下面通过一个具体实例来演示 C++中 typedef 的具体使用流程。

实例 067　演示使用 typedef 的具体流程

源码路径　光盘\daima\9\typedef　　　　视频路径　光盘\视频\实例\第 9 章\067

本实例的实现文件为 typedef.cpp，具体实现代码如下。

```
#include "stdafx.h"
#include "iostream.h"
int main(void){
    //定义坐标类型zuobiao
    typedef struct   tagzuobiao
    {
        int x;
        int y;
    }zuobiao;
    zuobiao center;           //定义坐标类型变量
    cout<<"Please input coordinate of center:"<<endl;
    cout<<"x=";
    cin>>center.x;
    cout<<"y=";
    cin>>center.y;
    cout<<"center("<<center.x<<","<<center.y<<")"<<endl;
    return 0;
}
```

范例 **133**：使用匿名共用体类型

源码路径：光盘**演练范例**\133\

视频路径：光盘**演练范例**\133\

范例 **134**：使用 new 创建动态结构体

源码路径：光盘**演练范例**\134\

视频路径：光盘**演练范例**\134\

在上述代码中，通过使用 typedef 将一个平面结构体定义为了坐标类型 zuobiao。当在后面使用它来定义变量时就不需要写为 struct tagzuobiao 这么麻烦了，而是直接使用 zuobiao 即可。编译执行后的效果如图 9-19 所示。

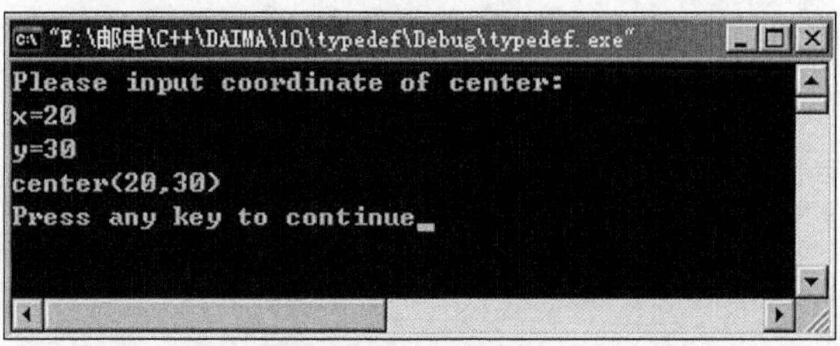

图 9-19　执行效果

9.12　技术解惑

9.12.1　字符数组和字符串的区别

字符数组中元素是字符的数组，字符串是数组中最后一个空字符为（'0'）的字符数组，即字符串有结束符（'0'），这是两者的最显著区别。下面通过一个具体实例来演示字符数组和字符串的区别，本实例的实现文件是 different.cpp，具体代码如下。

源码路径：光盘:daima\10\different

```
#include "stdafx.h"
#include "iostream.h"
void main(void)
{
    cout << "HELLO WORLD" <<endl;                              //字符串常量
    static char str1[] = "HELLO WORLD";                        //它实际上是以'\0'结束的特殊字符型数组,
    //也可以写成static char str1[] = {"HELLO WORLD"};
    cout << str1 << endl;
    char str2[12] = {'H', 'E', 'L', 'L', 'O', '  ', 'W', 'O', 'R', 'L', 'D', '\0'};
    //字符型数组
    cout << str2 << endl;
}
```

在上述代码中，str2 是字符数组，编译执行后的效果如图 9-20 所示。

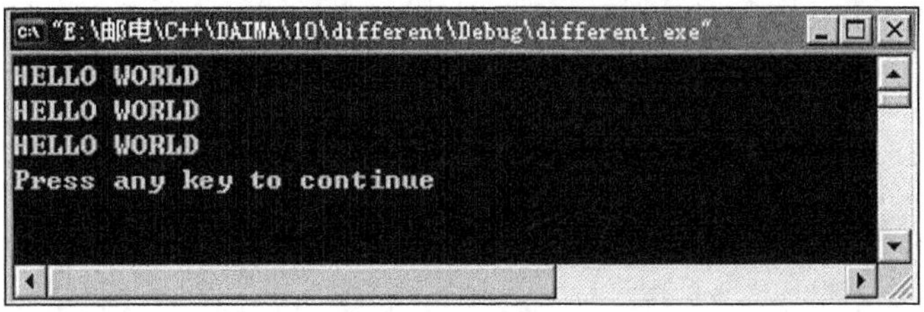

图 9-20　执行效果

9.12.2　字符数组和字符串可以相互转换

在日常应用中，C++字符数组和字符串间可以相互转换。例如把一个 char 数组转换成一个 string。

```
char *tmp1;
string tmp2;
temp2 = tmp2.insert(0, tmp1);
```

把一个 string 转换到一个 char 数组。

```
char tmp1[];
string tmp2;
strncpy(tmp1,tmp2.c_str(),temp2.length());
```

9.12.3　静态数组的速度快于动态数组

静态数组的速度快于动态数组。因为从理论上，栈在速度上是快于堆的。但是我们使用动态数组是出于对节省空间的考虑。另外，要注意静态数组上限变化带来的成本。我们必须重新设定上限以解决这个 bug，然后重新编译程序。如果你能控制程序的编译，这没问题。但是，你要做的是为每一个用户更新程序，没有更新的用户就可以遇到这个 bug。你可能会说，我设置一个大一点的上限，超出它的可能性会非常小，而且内存的浪费也不会多大。比如最多一个车间 200 人，最少一个车间 100 人，那也只浪费了 100 空间。现在机器的内存根本不在乎这么一个空间的浪费。是的，你可以这么做。假设现在要将所有职工的姓名存入一个二维数组，数组的每一行表示一个车间，每行中的元素是职工的姓名。想想看，如果用静态数组，你会浪费多少空间。而且你还要为车间数加一个上限。这个例子并不好，因为工厂中的车间数应该是可以确定的。可以换个角度说，只要某几个车间，也可能是所有车间，那么你是否还坚持呢?

现实中，尤其是大型软件系统中，动态数组的使用其实很普遍。而且在 C++的各种库中也有数组的实现的类，通过调用相应的类函数就可以对数组中的元素实现增/删。而且也可以通过嵌套实现二维的动态。这些类或类模板使用起来很容易。

9.12.4　Arrays 与 Vector 的区别

数组是 C++语言内建的一个复合结构，与标准库提供 Vector 的功能很像，不过可想而知，他们之间本质区别在于，Vector 经过了详细的封装，使得功能更加丰富，安全性也很好。而 Arrays 是一个较为低级的语言级类型，原始的状态（语言级别直接识别）使得使用它的效率可能很高，但是面临的问题就像指针一样，高效却很不安全。所以考虑使用 Arrays 的时候，一定是对性能要求较高的内部程序。

Vector 是一种精心构建的容器，它对整个容器的数组有一个全面的了解，但是数组却不是，本质上讲，它只是一个序列，并且不能改变大小（当然可以适用动态数组 new 来补偿，它甚至不知道自己的长度，因为有时候它知道序列的初始位置和每个元素的长度。

Arrays 和 Vector 是很相似的。就 Arrays 来说，形成一个可实例化的类型，需要指定存储内容和数组长短，并且这个长短需要使用 constant expression 规定。因为我们知道，只有 constant expression 这样的东西，在程序被编译的时候才知道它的实际值，才能知道到底要为该结构分配多少空间。这种需求在很多地方都会遇到，而原因大致都是这样的，就是系统需要在运行前就知道要分配多少空间，而普通的变量，在编译的时候是不知道值的（要等运行的时候才赋值）。而像 integral literal，常变量这样的表达式，在编译的时候就知道值，才符合要求，所以 constant expression 这个概念非常重要。

9.12.5　一道关于数组的面试题

利用一个一维数组解决下列问题。一家公司以底薪加提成的方式付给销售人员工资。销售人员每周获得 200 美元的底薪，外加每周达到一定销售额的 9%的提成。例如：一个销售人员一周的销售额是 5000 美元，就会得到 200 美元加上 5000 美元的 9%，即总共获得 650 美元报酬。编写一个程序（利用一个计数器数组），判断有多少销售人员可以获得以下范围内的报酬（假设报酬都取整）。

（a）$200-$299

（b）$300-$399

（c）$400-$499

（d）$500-$599

（e）$600-$699

（f）$700-$799

（g）$800-$899

（h）$900-$999

（i）$1000 及以上

下面是面试公司提供的答案。

```
#include <iostream>
using namespace std;

int main()
{
int cnt[9]={0};
int m,n;
cout<<"输入员工的销售额度——输入0或负数结束输入\n";
while(cin>>m,m>0)
{
n=m*0.09+200;
if(n<300) cnt[0]++;
else if(n<400) cnt[1]++;
else if(n<500) cnt[2]++;
else if(n<600) cnt[3]++;
else if(n<700) cnt[4]++;
else if(n<800) cnt[5]++;
else if(n<900) cnt[6]++;
else if(n<1000) cnt[7]++;
else if(n>=1000) cnt[8]++;
```

```
}

cout<<endl
<<"  报酬\t\t人数"<<endl
<<"$200-$299\t"<<cnt[0]<<endl
<<"$300-$399\t"<<cnt[1]<<endl
<<"$400-$499\t"<<cnt[2]<<endl
<<"$500-$599\t"<<cnt[3]<<endl
<<"$600-$699\t"<<cnt[4]<<endl
<<"$700-$799\t"<<cnt[5]<<endl
<<"$800-$899\t"<<cnt[6]<<endl
<<"$900-$999\t"<<cnt[7]<<endl
<<"$1000及以上\t"<<cnt[8]<<endl;

return 0;
}
```

执行效果如图 9-21 所示。

图 9-21　执行效果

9.12.6　数组名不是指针

请看下面的程序（本文程序在 WIN32 平台下编译）。

```
#include <iostream.h>
int main(int argc, char* argv[])
{
   char str[10];
   char *pStr = str;
   cout << sizeof(str) << endl;
   cout << sizeof(pStr) << endl;
   return 0;
}
```

我们先来推翻“数组名就是指针”的说法，用反证法。

证明：数组名不是指针。

假设：数组名是指针。

则：pStr 和 str 都是指针。

因为：在 WIN32 平台下，指针长度为 4。

所以：第 6 行和第 7 行的输出都应该为 4。

实际情况：第 6 行输出 10，第 7 行输出 4。

所以：假设不成立，数组名不是指针。

9.12.7　作为一个用户自定义的类型，其所占用的内存空间是多少呢

该问题就是 sizeof(EType1)等于多少的问题，是不是每一个用户自定义的枚举类型都具有相同的尺寸呢？在大多数的 32 位编译器下（如 Visual C++、gcc 等），一个枚举类型的尺寸其实就是一个 sizeof(int)的大小，难道枚举类型的尺寸真的就应该是 int 类型的尺寸吗？

其实不是这样的，在 C++标准文档（ISO14882）中并没有这样来定义，标准中是这样说明的：“枚举类型的尺寸是以能够容纳最大枚举子的值的整数的尺寸”，同时标准中也说明了：“枚举类型中的枚举子的值必须要能够用一个 int 类型表述”，也就是说，枚举类型的尺寸不能够超过 int 类型的尺寸，但是是不是必须和 int 类型具有相同的尺寸呢？

上面的标准已经说得很清楚了，只要能够容纳最大的枚举子的值的整数就可以了，那么就是说可以是 char、short 和 int，如下。

```
enum EType1 { e1 = CHAR_MAX };
enum EType2 { e2 = SHRT_MAX };
enum EType3 { e3 = INT_MAX };
```

上面的 3 个枚举类型分别可以用 char、short、int 的内存空间进行表示。

```
sizeof( EType1 ) == sizeof( char );
sizeof( EType2 ) == sizeof( short);
sizeof( EType3 ) == sizeof( int );
```

那为什么在 32 位的编译器下都会将上面 3 个枚举类型的尺寸编译成 int 类型的尺寸呢？主要是从 32 位数据内存对齐要求进行考虑的，在某些计算机硬件环境下具有对齐的强制性要求（如：sun SPARC），有些则是因为采用一个完整的 32 位字长 CPU 处理效率非常高的原因（如 IA32）。所以不可以简单地假设枚举类型的尺寸就是 int 类型的尺寸，说不定会遇到一个编译器为了节约内存而采用上面的处理策略。

第 10 章

函数

一个大型程序的总体设计原则是模块化，将程序划分为若干个模块，每个模块完成特定的功能。模块可以作为黑盒来理解，模块之间通过参数和返回值或其他方式相联系。在 C++中，将经常需要的模块组装起来，就构成了一个函数。在本章的内容中，将详细介绍函数的基本知识。

本章内容

- C++函数基础
- 函数的参数
- 返回值和返回语句
- 调用函数
- 函数递归
- 指向函数的指针
- 将函数作为参数
- 变量的作用域和生存期
- 函数 main()和命令行处理

技术解惑

用 typedef 来定义一个函数指针类型
const 关键字在函数中的作用
C++函数的内存分配机制
主函数和子函数的关系
函数声明和函数定义的区别
使用全局变量的注意事项
使用寄存器变量的注意事项
自动变量的特点

10.1　C++函数基础

知识点讲解：光盘:视频\PPT 讲解（知识点）\第 10 章\C++函数基础.mp4

函数定义就是对函数的说明描述，包括接口和函数体两部分。其中，接口说明函数应该如何使用，通常包括函数名、参数和返回值；而函数体则是函数的主体部分，能够实现这个函数的具体功能。

10.1.1　先看定义方式

函数是语句序列的封装体。C++中，每一个函数的定义都是由 4 部分组成：类型说明符、函数名、参数表和函数体，格式如下。

```
<类型说明符><函数名>（<参数表>）
{
<函数体>
}
```

类型说明符指出函数的类型，即函数返回值的类型。没有返回值时，其类型说明符为 void。参数表由 0 个、1 个或多个参数组成。如果没有参数称为无参函数，反之称为有参函数。在定义函数时，参数表内给出的参数需要指出其类型和参数名。函数体由说明语句和执行语句组成，以实现函数的功能。C++中，函数体内的说明语句可以根据需要随时定义，不象 C 语言一样要求放在函数体开头。C++不允许在一个函数体内再定义另一个函数，即不允许函数的嵌套定义。

函数的参数由 0 个或多个形参变量组成，用于向函数传送数值或从函数返回数值。每一个形参都有自己的类型，形参之间用逗号来分隔。

10.1.2　函数分类

1. 从函数定义的角度划分

从函数定义的角度看，函数可分为库函数和用户定义函数两种。

- 库函数：由 C ++系统提供，用户无需定义，也不必在程序中做类型说明，只需在程序前包含有该函数原型的头文件即可在程序中直接调用。在前面各章的例题中反复用到的 printf、scanf、getchar、putchar、gets、puts、strcat 等函数均属此类。
- 用户定义函数：由用户按需要写的函数。对于用户自定义函数，不仅要在程序中定义函数本身，而且在主调函数模块中还必须对该被调函数进行类型说明，然后才能使用。

2. 从是否有返回值角度划分

从这个角度看，又可把函数分为有返回值函数和无返回值函数两种。

- 有返回值函数：此类函数被调用执行完后将向调用者返回一个执行结果，称为函数返回值。如数学函数即属于此类函数。由用户定义的这种要返回函数值的函数，必须在函数定义和函数说明中明确返回值的类型。
- 无返回值函数：此类函数用于完成某项特定的处理任务，执行完成后不向调用者返回函数值。这类函数类似于其他语言的过程。由于函数无需返回值，用户在定义此类函数时可以指定它的返回为“空类型”，空类型的说明符为“void”。

3. 从是否有参数角度划分

函数可以分为无参函数和有参函数两种。

- 无参函数：在函数定义、函数说明及函数调用中均不带参数。主调函数和被调函数之间不进行参数传送。此类函数通常用来完成一组指定的功能，可以返回或不返回函数值。
- 有参函数：也称为带参函数。在函数定义及函数说明时都有参数，称为形式参数（简称为形参）。在函数调用时也必须给出参数，称为实际参数（简称为实参）。进行函数调用时，主调函数将把实参的值传送给形参，供被调函数使用。

4. 库函数

C++提供了极为丰富的库函数，这些库函数可以从具体的功能角度进行如下分类。

- 字符类型分类函数：对字符按 ASCII 码进行分类，例如分为字母、数字、控制字符、分隔符、大小写字母等。
- 转换函数：对字符或字符串的转换，例如在字符量和各类数字量（整型、实型等）之间进行转换；在大、小写之间进行转换。
- 目录路径函数：对文件目录和路径的操作。
- 诊断函数：用于内部错误检测。
- 图形函数：用于屏幕管理和各种图形功能。
- 输入输出函数：用于完成输入输出功能。
- 接口函数：用于与 DOS、BIOS 和硬件的接口。
- 字符串函数：用于字符串操作和处理。
- 内存管理函数：用于内存管理。
- 数学函数：用于数学函数计算。
- 日期和时间函数：用于日期和时间的转换操作。
- 进程控制函数：用于进程管理和控制。
- 其他函数：用于其他各种功能。

在 C++中，所有的函数定义，包括主函数 main 在内，都是平行的。也就是说，在一个函数的函数体内，不能再定义另一个函数，即不能嵌套定义。但是函数之间允许相互调用，也允许嵌套调用。习惯上把调用者称为主调函数。函数还可以自己调用自己，这称为递归调用。

函数 main 是主函数，它可以调用其他函数，而不允许被其他函数调用。因此，C++程序的执行总是从 main 函数开始，完成对其他函数的调用后再返回到 main 函数，最后由 main 函数结束整个程序。一个 C 源程序必须有也只能有一个主函数 main。

返回值和参数的判断区分，对于初学者来说可能不太容易理解。下面的内容将对常见的几种和参数、返回值相关的函数进行讲解。

（1）没有返回值的函数

如果要定义一个没有返回值类型的函数，则需要将返回值类型指定为 void 类型。

实例 068 演示没有返回值的函数的具体使用流程

源码路径 光盘\daima\10\wu 视频路径 光盘\视频\实例\第 10 章\068

本实例的实现文件为 wu.cpp，具体实现代码如下。

```
#include "stdafx.h"
#include "iostream.h"
void DisplayWelcomeMsg ();
int main(int argc, char* argv[])
{
    DisplayWelcomeMsg();
    return 0;
}

void DisplayWelcomeMsg ()
{
cout << "这是函数输出的" << endl;
cout << "这也是函数输出的" << endl;
}
```

范例 **135**：使用默认的函数参数

源码路径：光盘**演练范例**\135\

视频路径：光盘**演练范例**\135\

范例 **136**：用函数操作不同的数据类型

源码路径：光盘**演练范例**\136\

视频路径：光盘**演练范例**\136\

在上述代码中，函数 DisplayWelcomeMsg ()既没有返回值，也没有形式参数。编译执行后的效果如图 10-1 所示。

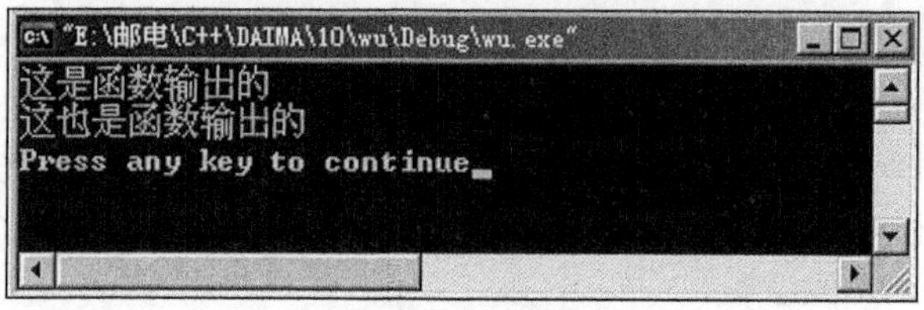

图 10-1　执行效果

（2）有返回值、无形参的函数

此类函数只有函数名和返回值类型，但是没有形式参数。

实例 069　演示有返回值、无形参函数的具体使用流程

源码路径　光盘\daima\10\cha　　　　视频路径　光盘\视频\实例\第 10 章\069

本实例的实现文件为 cha.cpp，具体实现代码如下。

```
#include "stdafx.h"
#include "iostream.h"
bool PanDuan();
int main(int argc, char* argv[])
{
    PanDuan();
    return 0;
}

bool PanDuan()
{
      int bstate;
      //读入数字
      cin >>bstate;
      if (bstate > 0 )
      {
            return true;
      }
      else
      {
            return false;
      }
}
```

> 范例 **137**：使用函数返回最小值
>
> 源码路径：光盘**演练范例**\137\
>
> 视频路径：光盘**演练范例**\137\
>
> 范例 **138**：用函数进行排序
>
> 源码路径：光盘**演练范例**\138\
>
> 视频路径：光盘**演练范例**\138\

在上述代码中，函数的返回值的类型是 bool。编译执行后的效果如图 10-2 所示。

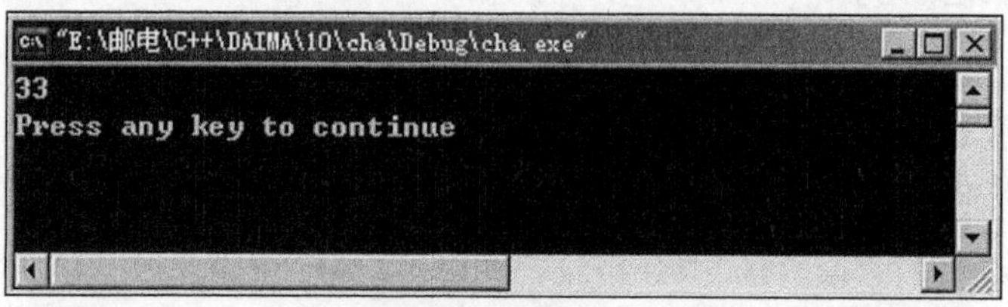

图 10-2　执行效果

（3）既有返回值、也有形参的函数

此类函数十分完整，这是 C++项目中最常见的一类函数。

实例 070　演示既有返回值、也有形参函数的具体使用流程

源码路径　光盘\daima\10\quan　　　　视频路径　光盘\视频\实例\第 10 章\070

本实例的实现文件为 quan.cpp，具体实现代码如下。

```
#include "stdafx.h"
#include "iostream.h"
//定义函数MultTwo
//返回类型为整型int, 包含两个形参
int MultTwo(int x, int y)
```

```
    {
        return (x*y);                    //函数体
    }
    int main()
    {
        int x, y;
        int result;
        //输入整数x
            cout << "输入一个数字: ";
        cin >> x;
        cout << "\n";
        //输入整数
        cout << "再次输入一个数字:";
        cin >> y;
        cout << "\n";
        //计算两个整数的积
        result = MultTwo(x,y);
        //输出计算后的乘积
        cout << "两数字的积是" << " : " << result <<endl;
        return 1;
    }
```

范例 139：演示函数放在主函数后的具体效果

源码路径：光盘**演练范例**\139\

视频路径：光盘**演练范例**\139\

范例 140：演示 C++内部函数的使用流程

源码路径：光盘**演练范例**\140\

视频路径：光盘**演练范例**\140\

在上述代码中，定义了一个函数 MultTwo，这个函数的功能是计算输入的两个整数的积。编译执行后的效果如图 10-3 所示。

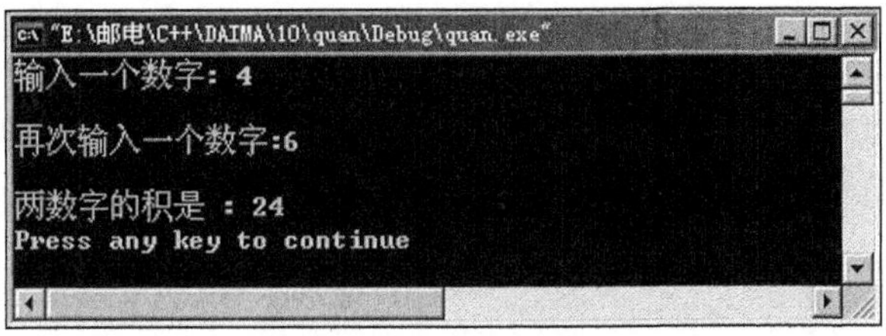

图 10-3 执行效果

注意：对于上述代码，不能将函数 MultTwo 的定义部分放到主函数 main 的后面。这样会造成编译错误，在具体应用中，函数定义可以放在主函数后，但是必须在主函数前声明此函数原型。

5．根据返回值类型划分

根据返回值类型划分，函数可以分为 void 函数、int 函数、float 函数、指针函数（pointer）等。看下面的代码。

```
void mm();
int nn(int x,int y);
float aa(float x,float y);
char * bb(int x);
bool mm();
```

6．根据作用域划分

根据作用域划分，函数可以划分为内部函数和外部函数两种。

（1）内部函数

如果一个函数只能被本文件中其他函数所调用，它称为内部函数。在定义内部函数时，在函数名和函数类型的前面加 static。函数首部的一般格式如下。

```
static 类型标识符 函数名(形参表)
```

举例如下。

```
static int fun(int a,int b)
```

内部函数又称静态（static）函数。使用内部函数，可以使函数只局限于所在文件。如果在不同的文件中有同名的内部函数，互不干扰。通常把只能由同一文件使用的函数和外部变量放在一个文件中，在它们前面都冠以 static 使之局部化，其他文件不能引用。

（2）外部函数

在定义函数时，如果在函数首部的最左端冠以关键字 extern，则表示此函数是外部函数，外部函数可供其他文件调用。例如函数首部可以写为如下格式。

```
extern int fun (int a, int b)
```

这样，函数 fun 就可以为其他文件调用。如果在定义函数时省略 extern，则默认为外部函数。本书前面所用的函数都是外部函数。在需要调用此函数的文件中，用 extern 声明所用的函数是外部函数。

在计算机上运行一个含多文件的程序时，需要建立一个项目文件（project file），在该项目文件中包含程序的各个文件。使用 extern 声明就能够在一个文件中调用其他文件中定义的函数，或者说把该函数的作用域扩展到本文件。extern 声明的形式就是在函数原型基础上加关键字 extern。由于函数在本质上是外部的，在程序中经常要调用其他文件中的外部函数，为方便编程，C++允许在声明函数时省写 extern。

实例 071　演示 C++外部函数的使用流程

源码路径　光盘\daima\10\waibu　　　　视频路径　光盘\视频\实例\第 10 章\071

本实例的实现文件为 waibu.cpp，具体实现代码如下。

```
#include "stdafx.h"
#include "iostream.h"
#include <string>    //引入字符串处理函数
using namespace std;
//内部函数，得到客户名称
static string Name(int customerId);
void call_Name();   //通过该函数调用定义的内部函数
int main(void)
{
    call_Name() ;
    return 1;
}
//调用函数
void call_Name()
{
    cout << Name(98).c_str()<<endl;       //在当前文件中调用
}
//用static定义一个内部函数
static string Name(int customerId)
{
    string ret_name ;
    if (customerId >=1 && customerId <= 100)
    {
        ret_name = "雨夜";
    }
    else
    {
        ret_name = "你猜猜";
    }
    return ret_name;
}
```

范例 141：统计成绩的最高分、最低分

源码路径：光盘**演练范例**\141\

视频路径：光盘**演练范例**\141\

范例 142：在指定目录下查找文件

源码路径：光盘**演练范例**\142\

视频路径：光盘**演练范例**\142\

在上述代码中，定义了一个内部函数 Name(int customerId)，它不能从其他文件中被调用。编译执行后的效果如图 10-4 所示。

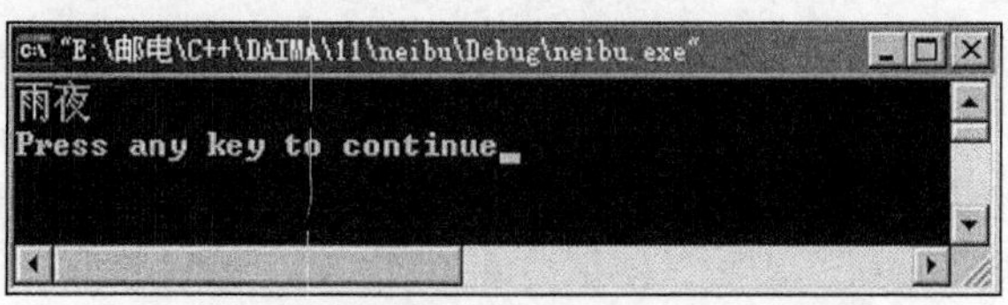

图 10-4　执行效果

7. 根据类成员特性划分

根据类成员特性，函数可以划分为内联函数和外联函数。

（1）内联函数

内联函数是指那些定义在类体内的成员函数，即该函数的函数体放在类体内。引入内联函数的主要目的是：解决程序中函数调用的效率问题。

内联函数在调用时不是像一般的函数那样要转去执行被调用函数的函数体，执行完成后再转回调用函数中，执行其后语句；而是在调用函数处用内联函数体的代码来替换，这样将会节省调用开销，提高运行速度。内联函数一般在类体外定义，声明部分在类体内，并使用了一个inline 关键字。

（2）外联函数

说明在类体内，定义在类体外的成员函数叫外联函数，外联函数的函数体在类的实现部分。对外联函数的调用会在调用点生成一个调用指令（在 X86 中是 call），函数本身不会被放在调用者的函数体内，所以代码减小，但效率较低。

实例 072　演示 C++内联函数的使用流程

源码路径　光盘\daima\10\neilian　　　视频路径　光盘\视频\实例\第 10 章\072

本实例的实现文件为 neilian.cpp，具体实现代码如下。

```
#include "stdafx.h"
#include "iostream.h"
class JiSuan
{
public:
    int ChuLi(int a, int b)
    {
        return a + b;
    }  //在类JiSuan的体内定义
};

int main(int argc, char* argv[])
{
    JiSuan m;
    cout<<m.ChuLi(10,90)<<endl;
    return 0;
}
```

范例 143：演示 C++内联函数的定义和声明流程

源码路径：光盘**演练范例**\143\

视频路径：光盘**演练范例**\143\

范例 144：演示 C++外联函数的使用流程

源码路径：光盘**演练范例**\144\

视频路径：光盘**演练范例**\144\

在上述代码中，在类 JiSuan 内声明了一个内联函数 ChuLi(int a, int b)。编译执行后的效果如图 10-5 所示。

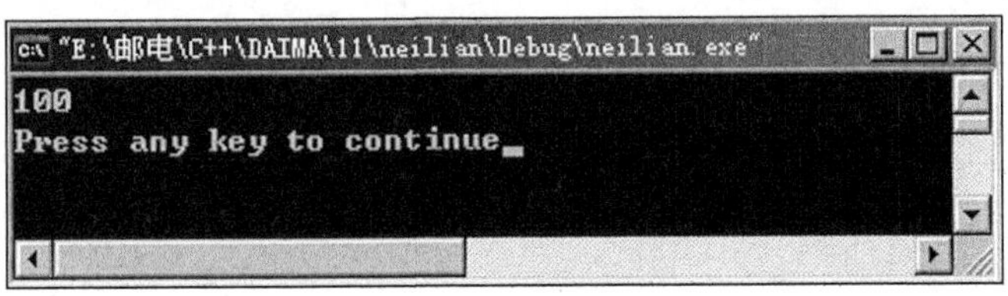

图 10-5　执行效果

10.1.3　函数定义实例

在一个文件内可以使用外部函数，但是应该在一个头文件（.h）中声明，要使用外部函数的文件中必须包含#include 头文件。另外，读者在使用函数时不要使用太多的参数，如果过多则会影响对函数的调用，增加日后维护的工作量。如果不得不使用很多参数，则可以创建一个结构体来存储这些参数。

实例 073　演示用结构体存储函数参数具体方法

源码路径　光盘\daima\10\jiegouti　　　视频路径　光盘\视频\实例\第 10 章\073

本实例的实现文件为 jiegouti.cpp，具体实现代码如下。

范例 **145**：罗列系统中的盘符

源码路径：光盘**演练范例**\145\
视频路径：光盘**演练范例**\145\

范例 **146**：遍历磁盘目录

源码路径：光盘**演练范例**\146\
视频路径：光盘**演练范例**\146\

```
#include "stdafx.h"
#include "iostream.h"
//定义一个结构体用于函数的参数
typedef struct
{
    int id;                                   //学号
    float math;                               //数学
    float physics;                            //物理
    float computer;                           //计算机
    float chemistry;                          //化学
    float english;                            //英语
    float political;                          //政治
    float sport;                              //休育
    float history;                            //历史
    float geography;                          //地理
}STUDENT_PARMS;
//声明函数chengji的原型
void chengji(STUDENT_PARMS *);
//主程序
int main(void)
{
    STUDENT_PARMS student_parm;
    student_parm.math = 90;          //数学
    student_parm.physics = 80;       //物理
    student_parm.computer = 70;  //计算机
    student_parm.chemistry = 60; //化学
    student_parm.english = 50;       //英语
    student_parm.political = 40;     //政治
    student_parm.sport = 30;         //休育
    student_parm.history = 20;       //历史
    student_parm.geography = 10; //地理
    chengji(&student_parm);          //输出成绩
     return 1;
}
//定义一个打印成绩的函数
void chengji(STUDENT_PARMS *p)
{
    //输出学生的学号
    cout << "编号是: ";
    cout << (p->id) << "\n";
    //输出数学分数
    cout << "数学: " ;
    cout << (p->math) << "\n";
    //输出物理分数
    cout << "物理: ";
    cout << (p->physics) << "\n";
    //输出计算机分数
    cout << "计算机: ";
    cout << (p->computer) << "\n";
    //输出化学分数
    cout << "chemistry score is: ";
    cout << (p->chemistry) << "\n";
    //输出英语分数
    cout << "化学: ";
    cout << (p->english) << "\n";
    //输出政治分数
    cout << "政治: ";
    cout << (p->political) << "\n";
    //输出体育成绩
    cout << "体育: ";
    cout << (p->sport) << "\n";
    //输出历史分数
    cout << "历史: ";
    cout << (p->history) << "\n";
    //输出地理成绩
    cout << "地理: ";
    cout << (p->geography) << "\n";
}
```

在上述代码中，函数 chengji 的参数是结构体 STUDENT_PARMS *。编译执行后的效果如图 10-6 所示。

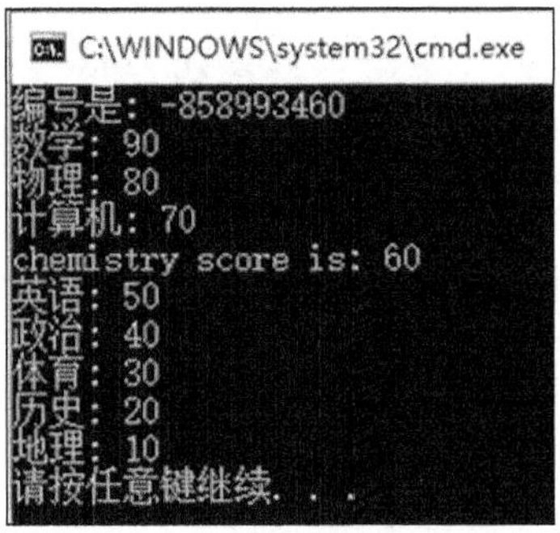

图 10-6　执行效果

10.2　函数的参数

知识点讲解：光盘:视频\PPT 讲解（知识点）\第 10 章\函数的参数.mp4

参数是函数的重要组成部分，C++中函数的参数分为形参和实参两种。在本节的内容中，进一步介绍 C++函数中形参和实参的特点和两者的关系，并通过具体的实例帮助读者加深对知识的理解。

10.2.1　何谓形参实参

形参在函数定义中出现，在整个函数体内都可以使用，离开当前函数则不能使用。实参在主调函数中出现，当进入被调函数后，实参变量也不能使用。形参和实参的功能是进行数据传送，当发生函数调用时，主调函数把实参的值传送给被调函数的形参，从而实现主调函数向被调函数的数据传送。高级语言中，函数形参和实参的主要特点如下。

- 形参变量只有在被调用时才分配内存单元，在调用结束时，即刻释放所分配的内存单元。因此，形参只有在函数内部有效。函数调用结束返回主调函数后则不能再使用该形参变量。
- 实参可以是常量、变量、表达式、函数等，无论实参是何种类型的量，在进行函数调用时，它们都必须具有确定的值，以便把这些值传送给形参。因此应预先用赋值、输入等办法使实参获得确定值。
- 实参和形参在数量上、类型上、顺序上应严格一致，否则会发生类型不匹配的错误。
- 函数调用中发生的数据传送是单向的。即只能把实参的值传送给形参，而不能把形参的值反向地传送给实参。因此在函数调用过程中，形参的值发生改变，而实参中的值不会变化。

看下面的代码。

```
void mm(float aa, float bb)
{
   cout << ++ aa << endl;
   cout << ++ bb << endl;
}
```

在上述代码中，函数 mm 分别定义了 2 个形参 aa 和 bb。

再看下面的代码。

```
int main(int argc, char* argv[])
{
    mm(56,34);
    return 0;
}
```

在上述代码中调用了前面定义的函数 mm，调用时传递的参数是实参。

实例 074　演示 C++形参和实参的具体使用方法

源码路径　光盘\daima\10\xingshi　　　视频路径　光盘\视频\实例\第 10 章\074

本实例的实现文件为 xingshi.cpp，具体实现代码如下。

```
#include "stdafx.h"
#include "iostream.h"
//定义是形参
void GetAxis(float leftCoord, float topCoord)
{
   cout << ++ leftCoord << endl;
   cout << ++ topCoord << endl;
}
int main(int argc, char* argv[])
{
     GetAxis(56,34); //调用是实参
     return 0;
}
```

> 范例 147：按照树结构输出区域信息
> 源码路径：光盘**演练范例**\147\
> 视频路径：光盘**演练范例**\147\
> 范例 148：分解路径和名称
> 源码路径：光盘**演练范例**\148\
> 视频路径：光盘**演练范例**\148\

在上述代码中，通过函数 GetAxis(float leftCoord, float topCoord)实现了具体的功能。编译执行后的效果如图 10-7 所示。

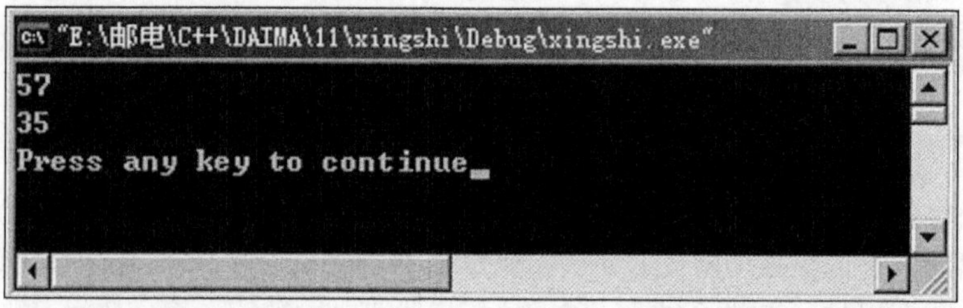

图 10-7　执行效果

10.2.2　使用数组做函数参数

数组做函数参数可以分为 4 种情况，这 4 种情况的结果相同，只是所采用的调用机制不同。

1. *形参是数组*

形参是数组时，实参传递的是数组首地址而不是数组的值。

2. *形参和实参都用数组*

调用函数的实参用数组名，被调用函数的形参用数组，这种调用的机制是形参和实参共用内存中的同一个数组。因此，在被调用函数中改变了数组中某个元素的值，对调用函数，该数组的元素值也被改变，因为它们共用同一个数组。

3. *形参和实参都用对应数组的指针*

在 C++中，数组名被规定为一个指针，该指针便是指向该数组的首元素的指针，因为它的值是该数组首元素的地址值，因此，数组名是一个常量指针。

在实际中，形参和实参一个用指针，另一个用数组也是可以的。在使用指针时可以用数组名，也可以用另外定义的指向数组的指针。

4. *实参用数组名形参用引用*

具体做法是先用类型定义语句定义一个数组类型，然后使用数组类型来定义数组和引用。

实例 075　演示形参是数组时的具体执行结果

源码路径　光盘\daima\10\shuzu　　　视频路径　光盘\视频\实例\第 10 章\075

本实例的实现文件为 shuzu.cpp，具体实现代码如下。

```
#include "stdafx.h"
```

```
#include "iostream.h"
//定义shuzu为8个元素的整型数组
typedef int shuzu[8];
int sum_shuzu(shuzu &arr, int n)
{
    int sum =0;
    for(int i=0;i < n; i++)
    {
        sum += arr [i];     //累加
    }
    return sum;
}
int main(int argc, char* argv[])
{
    shuzu a;
    for(int i=0;i<10;i++)
    {
        a[i]=i;
    }
    cout<<sum_shuzu(a,8)<<endl;
    return 0;
}
```

范例 **149**：使用引用形参改变实参值

源码路径：光盘**演练范例**\\149\\

视频路径：光盘**演练范例**\\149\\

范例 **150**：数值和字符串的类型转换

源码路径：光盘**演练范例**\\150\\

视频路径：光盘**演练范例**\\150\\

在上述代码中，因为函数 sum_shuzu 的形参是数组，所以实参传递的是数组首地址而不是数组的值。编译执行后的效果如图 10-8 所示。

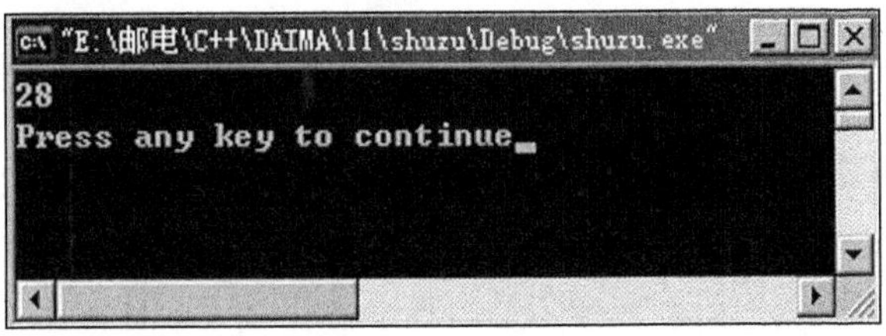

图 10-8　执行效果

10.3　返回值和返回语句

知识点讲解：光盘:视频\PPT 讲解（知识点）\第 10 章\返回值和返回语句.mp4

函数是一段被封装的代码，对传入的参数进行了一系列的处理。处理完毕后，还要将处理结果返回给调用函数的上一层代码，此时的处理结果就会返回值。C++的返回值通过 return 语句来完成。在使用函数返回值时，应该注意如下问题。

（1）函数的值只能通过 return 语句返回主调函数

在 C++中，从函数返回一个值可以用 return 语句来实现，return 语句的使用格式有如下 2 种。

```
return 表达式;
return (表达式);
```

上述格式的功能是：计算表达式的值，并返回给主调函数。在函数中允许有多个 return 语句，但每次调用只能有一个 return 语句被执行，因此只能返回一个函数值。

（2）函数值的类型和函数定义中函数的类型应保持一致。如果两者不一致，则以函数类型为准，自动进行类型转换。如函数值为整型，在函数定义时可以省去类型说明。

不返回函数值的函数，可以明确定义为“空类型”，类型说明符为“void”。如函数 s 并不向主函数返函数值，所以可定义为如下格式。

```
void s(int n){
……
}
```

一旦函数被定义为空类型后，就不能在主调函数中使用被调函数的函数值了。例如，在定义 s 为空类型后，在主函数中写下述语句是错误的。

```
sum=s(n);
```

为了使程序有良好的可读性并减少出错，只要不要求返回值的函数都应该定义为空类型。

C++语言的函数返回值类型可以分为内部类型和自定义类型两大类。在函数返回内部类型中不能返回数组类型但可以返回指向数组的指针，同样也可以返回指向函数的函数指针。如果希望返回值可以作为左值（即可以放在赋值操作符左边的），那就必须返回引用类型。

而在函数返回自定义类型（即返回类类型）中，根据是否可作为左值，返回值是否可调用成员函数的不同可分为以下 4 种情况（T 表示返回类类型）。

- ❑ "T f();"：表示返回一般的类类型，返回的类类型不能作为左值，但返回的类类型可以直接调用成员函数来修改，如 function().set_Value(); 返回类类型调用复制构造函数。
- ❑ "const T f();"：此种类型与上述第一种相同，唯一不同的是返回的类类型不能调用成员函数来修改，因为有 const 限定符。
- ❑ "T& f();"：表示返回类的引用可以作为左值，并且返回的类类型引用可以直接调用成员函数来修改，返回的类类型不会调用复制构造函数。
- ❑ "const T& f();"：表示不能作为左值，不能调用成员函数修改，不会调用复制构造函数。

10.4 调用函数

知识点讲解：光盘:视频\PPT 讲解（知识点）\第 10 章\调用函数.mp4

当定义了一个函数后，在程序中需要通过对函数的调用来执行函数体，调用函数的过程与其他语言中的子程序调用相似。在本节的内容中，将对 C++中函数调用的基本知识进行详细介绍。

10.4.1 单独调用

单独调用即使用基本的函数语句来调用，此时不要求函数有返回值，只要求完成里面的函数体即可。

实例 076 演示单独调用 C++函数的具体过程

源码路径 光盘\daima\10\yinyong　　视频路径 光盘\视频\实例\第 10 章\076

本实例的实现文件为 yinyong.cpp，具体实现代码如下。

```
#include "stdafx.h"
#include "iostream.h"
#include <string>
using namespace std;
void WenHou(string);          //定义没有返回值的函数
void main(void)
{
    //调用函数WenHou
    WenHou("雨夜");          //作为独立的语句，无返回值
}
void WenHou(string name )
{
    cout << "你好  " << name.c_str() << endl;
}
```

范例 151：使用递归计算阶乘
源码路径：光盘**演练范例**\151\
视频路径：光盘**演练范例**\151\

范例 152：随机获取姓名
源码路径：光盘**演练范例**\152\
视频路径：光盘**演练范例**\152\

在上述代码中，函数 WenHou(string)只作为独立的语句，用来显示函数体内的问候功能。编译执行后的效果如图 10-9 所示。

图 10-9　执行效果

10.4.2　函数表达式

函数作为表达式中的一项出现在表达式中，以函数返回值参与表达式的运算。这种方式要求函数是有返回值的。例如：z=max(*x*,*y*)是一个赋值表达式，把 max 的返回值赋予变量 *z*。

实例 077　**演示函数表达式调用函数的具体过程**

源码路径　光盘\daima\10\biaodashi　　　视频路径　光盘\视频\实例\第 10 章\077

本实例的实现文件为 biaodashi.cpp，具体实现代码如下。

```
#include "stdafx.h"
#include "iostream.h"
int Math(int x, int y, int z);            //求3个数的和
void main(void)
{
    int average = 0;
    int x = 100;
    int y = 200;
    int z = 300;
    //调用函数Math
    average = Math(x, y, z) / 3; //函数Math()出现在表达式中
    cout << "平均值是 : " << average << "\n";
}
//求三个数x,y,z的和
int Math (int x, int y, int z )
{
    return ( x + y + z);
}
```

> **范例 153**：判断月份属于哪个季节
>
> 源码路径：光盘**演练范例**\\153\\
> 视频路径：光盘**演练范例**\\153\\
>
> **范例 154**：判断是否是闰年
>
> 源码路径：光盘**演练范例**\\154\\
> 视频路径：光盘**演练范例**\\154\\

在上述代码中，函数 Math(int *x*, int *y*, int *z*)能够计算 3 个数字的平均值，“average = Math(*x*, *y*, *z*) / 3”就是表达式的一部分。编译执行后的效果如图 10-10 所示。

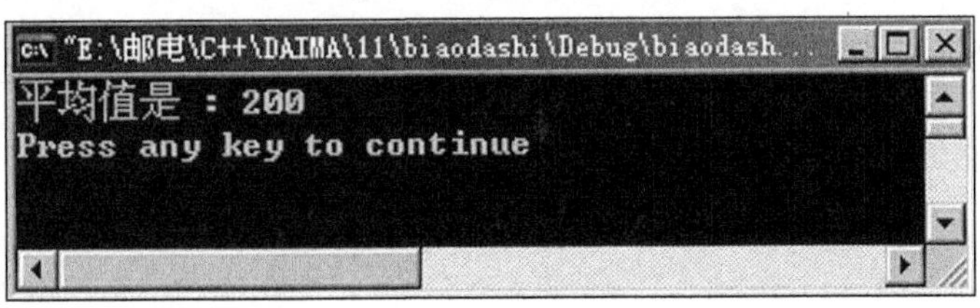

图 10-10　执行效果

10.4.3　实参调用

函数作为另一个函数调用的实际参数出现。这种情况是把该函数的返回值作为实参进行传送，因此要求该函数必须是有返回值的。例如下面的代码。

```
printf("%d",max(x,y));
```

上诉格式是把 max 调用的返回值又作为 printf 函数的实参来使用。

实例 078　**演示实参调用函数的具体过程**

源码路径　光盘\daima\10\shican　　　视频路径　光盘\视频\实例\第 10 章\078

本实例的实现文件为 shican.cpp，具体实现代码如下。

```
#include "stdafx.h"
#include "iostream.h"
float Max(float x,   float y);          //求最大值
int main(void)
{
    float x= 100.01;
    float y = 45.6;
    float z = 100.02;
    float max ;
    max = Max(x, Max(y, z));        //函数调用
        时函数本身作为函数的实参
    cout << "the max is:    " << max << " in
     (" << x << "," <<y << ","    <<z << ")"
        <<endl;
    return 1;
}
float Max(float x , float y)            //求最大值
{
    return (x>y? x: y);
}
```

范例 **155**：将两个实型数据转换为字符串并连接

源码路径：光盘**演练范例**\\155\\

视频路径：光盘**演练范例**\\155\\

范例 **156**：分解字符串中的单词

源码路径：光盘**演练范例**\\156\\

视频路径：光盘**演练范例**\\156\\

在上述代码中，“max = Max(*x*, Max(*y*, *z*));”是调用语句，“Max(*y*, *z*)”是一次函数调用，其值作为 Max 另外一次调用的实参。编译执行后的效果如图 10-11 所示。

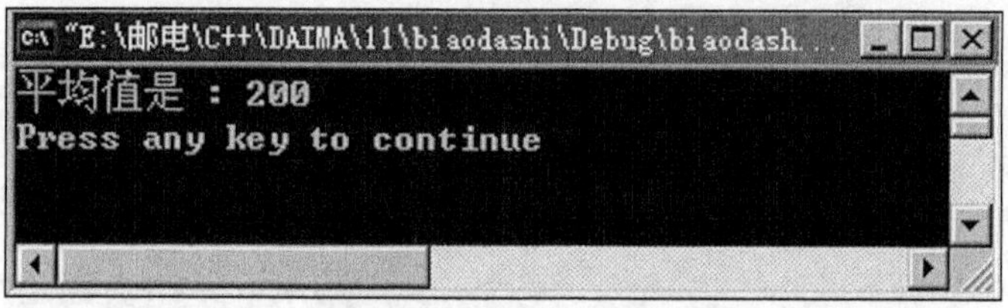

图 10-11　执行效果

10.4.4　参数传递

在进行函数调用时，经常会用到不同的参数传递方式。在 C++中共有 3 种方式，分别是按值传递、按地址传递和按引用传递。

实例 079　演示 C++参数传递的具体过程

源码路径　光盘\daima\10\chuandi　　　**视频路径**　光盘\视频\实例\第 10 章\079

本实例的实现文件为 chuandi.cpp，具体实现代码如下。

```
#include "stdafx.h"
#include "iostream.h"
//函数带有3种传值方式
int GetValue(int x,int *p, int &z);
int main(void)
{
    int x = 100;
    int y = 200;
    int z = 300;
    int *p = &y;
    cout<< "  传递前是: " << x <<","<<y<<","<<z<< "\n";
    //调用函数Sum
    cout << "  返回值是  : " << GetValue(x,p,z) << "\n";
    cout << "  传递后是: " << x <<","<<y<<","<<z<< "\n";
    return 1;

}
//求3个数x,y,z的和
int GetValue(int x,int *p, int &z)
{
    x = 100;
    *p = 500;
    z = 800;
    return ( x + *p + z);
}
```

范例 **157**：实现字符串加密

源码路径：光盘**演练范例**\\157\\

视频路径：光盘**演练范例**\\157\\

范例 **158**：实现字符串连接

源码路径：光盘**演练范例**\\158\\

视频路径：光盘**演练范例**\\158\\

在上述代码中，函数 GetValue(int *x*,int **p*, int &*z*)的第一个参数 x 是按值传送，在函数内部改变 *x* 的值不会影响调用这个函数传入的参数。*p* 是按地址传递，可以通过*操作符改变传入参数的值。*z* 是按引用传递，在函数内改变 *z* 值可以改变传入参数的值。编译执行后的效果如图 10-12 所示。

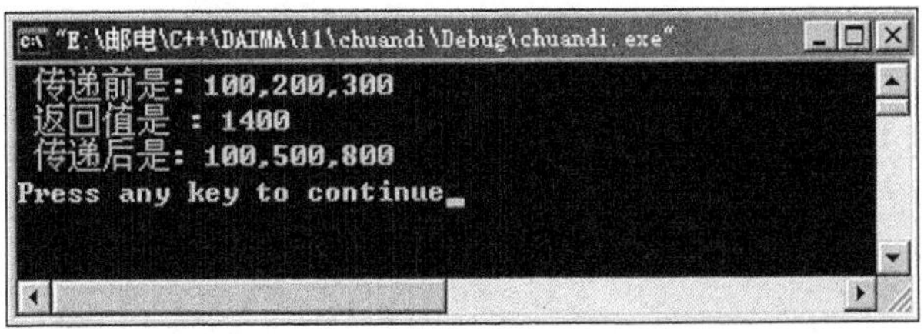

图 10-12　执行效果

10.5 函数递归

知识点讲解：光盘:视频\PPT 讲解（知识点）\第 10 章\函数递归.mp4

一个函数在它的函数体内调用它自身称为递归调用。这种函数称为递归函数。C 语言允许函数的递归调用。在递归调用中，主调函数又是被调函数。执行递归函数将反复调用其自身，每调用一次就进入新的一层。

例如下面的函数 m。

```
int m(int x){
    int y;
    z=m(y);
    return z;
}
```

上述函数 m 就是一个递归函数。但是运行该函数将无休止地调用其自身，这当然是不正确的。为了防止递归调用无终止地进行，必须在函数内有终止递归调用的手段。常用的办法是加条件判断，满足某种条件后就不再作递归调用，然后逐层返回。

函数递归调用方法有如下两要素。

- 递归调用公式：即问题的解决能写成递归调用的形式。
- 结束条件：确定何时结束递归。

理论上，我们把函数反复调用自身的过程称为递推的过程，而每个函数的返回称之为回推。递推的过程把复杂的问题一步步分解开，直到出现最简单的情况。

实例 080　演示用递归方法实现数学算法的具体过程

源码路径　光盘\daima\10\jisuan　　视频路径　光盘\视频\实例\第 10 章\080

本实例算法的描述是：一组数的规则是 1、1、2、3、5、8、13、21、34……，请编写一个程序，能获得符合上述规则的任意位数的数值。本实例的实现文件为 jisuan.cpp，具体实现代码如下。

```
#include "stdafx.h"
#include "iostream.h"
long Number(int n);                    //递归计算
int main(void)
{
    int n;
    long result;
```

> **范例 159**：演示 C++函数递归的具体过程
>
> 源码路径：光盘**演练范例**\159\
> 视频路径：光盘**演练范例**\159\
>
> **范例 160**：给选中的字符加双引号
>
> 源码路径：光盘**演练范例**\160\
> 视频路径：光盘**演练范例**\160\

```
    cout << "输入要计算第几个数？";
    cin >> n;
    result = Number(n);
    cout<< "第" << n << "个数是：" << result<<endl;
    return 1;
}
long Number(int n)
{
    if (n <= 0)
    {
        return 0;              //递归终止
    }
    else if(n > 0 && n <= 2)
    {
        return 1;              //递归终止
    }
    else
    {  //递归调用
        return Number(n -1) + Number(n - 2);
    }
}
```

在上述代码中，通过函数递归求解了一个数学算法。编译执行后的效果如图 10-13 所示。

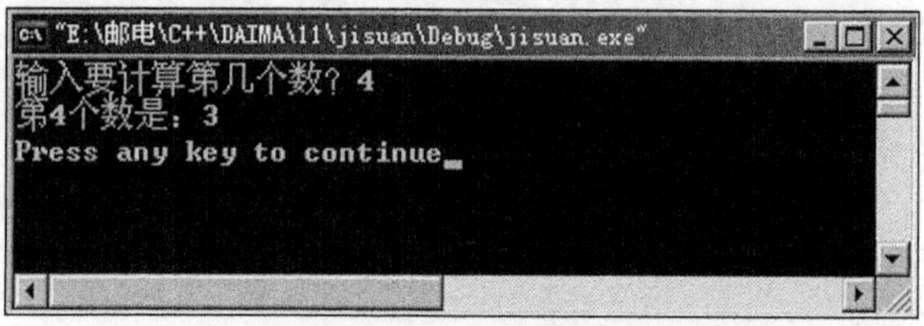

图 10-13　执行效果

10.6　指向函数的指针

知识点讲解：光盘:视频\PPT 讲解（知识点）\第 10 章\指向函数的指针.mp4

在 C++中，函数本身不是变量，但是可以定义指向函数的指针，即函数指针。这种指针可以被赋值并存放于数组中，传递给函数及作为函数的返回值等。函数的名字代表函数的入口地址，用于存放一个函数的入口地址，指向一个函数。通过函数指针，可以调用函数，这与通过函数名直接调用函数是相同的。

函数指针的定义格式如下。

```
数据类型 (*指针变量名)(函数形参表);
```

数据类型是指此指针所指向的函数的返回值类型，如下。

```
int (*p1)(int);
```

在此 p1 是指向（有一个 int 形参、返回整型数据的）函数的指针。再举例如下。

```
int *p2(int);
```

在此 p2 是一个函数，有一个 int 形参，返回值为指向整型的指针

函数指针一经定义后，可指向函数类型相同（即：函数形参的个数、形参类型、次序以及返回值类型完全相同）的不同函数，如下。

```
int max(int, int);
int min(int,int);
int (*p)(int, int);
```

在具体应用时，需要给函数指针赋值，使指针指向某个特定的函数。具体格式如下。

```
函数指针名 = 函数名;
```

举例如下。

```
p = max ;
```

将函数 max 的入口地址赋给 p 指针，则 p 指向 max 函数。

也可以用函数指针变量调用函数，具体格式如下。

```
(*函数指针)(实参表);
```

举例如下。

```
int a,b,c;
cin>>a>>b;
c = (*p)(a,b);
```

调用 p 指向的函数，实参为 a、b，得到的函数值赋给 c

```
c = max(a,b);
```

实例 081 演示指向函数的指针的具体使用过程

源码路径　光盘\daima\10\zhizhen　　　视频路径　光盘\视频\实例\第 10 章\081

本实例的实现文件为 zhizhen.cpp，具体实现代码如下。

```
#include "stdafx.h"
#include "iostream.h"
//定义一个函数指针
int (*func_pointer)(int,int);
int ChuLi(int x, int y)
{
    return (x * y);
}
int main()
{
    func_pointer = ChuLi;          //指向函数ChuLi的地址
    cout<< func_pointer(200, 50)<<endl;
    return 1;
}
```

范例 161：指针作为函数的参数

源码路径：光盘**演练范例**\161\

视频路径：光盘**演练范例**\161\

范例 162：指针作为函数的返回值

源码路径：光盘**演练范例**\162\

视频路径：光盘**演练范例**\162\

在上述代码中，*func_pointer 表示用函数作为指针，其后面的（int，int）表示该 func_pointer 指向一个包含 2 个整型形参 int 和整型 int 返回值的函数。编译执行后的效果如图 10-14 所示。

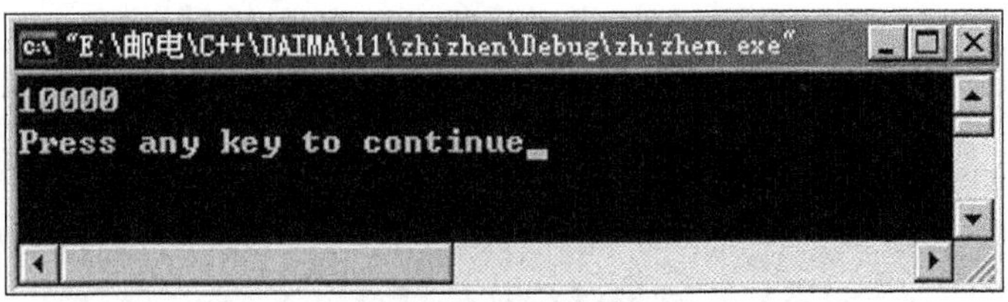

图 10-14　执行效果

10.7　将函数作为参数

知识点讲解：光盘:视频\PPT 讲解（知识点）\第 10 章\将函数作为参数.mp4

函数作为参数就是用一个函数来当作另外一个函数的参数，要实现函数作为参数的功能，需要用到函数指针的相关知识。

实例 082 演示函数作为函数参数的具体实现过程

源码路径　光盘\daima\10\canshu　　　视频路径　光盘\视频\实例\第 10 章\082

本实例的实现文件为 canshu.cpp，具体实现代码如下。

```
#include "stdafx.h"
#include "iostream.h"
//找出数组中的一个最大数
double Find(const double *pNumbers, const int Count)
{
    double Max = pNumbers[0];
    for(int i = 0; i < Count; i++)
    {
```

```
            if( Max < pNumbers[i] )  //找较大值
            {
                Max = pNumbers[i];
            }
        }
        return Max;
}
//利用一个函数Find作参数，并在Maximum函数体内进行函数
    调用
double Maximum(const double *pNumbers, const int Count,
                    double (*Find)(const double *, const int))
//Find是函数参数(函数指针)
{
        return Find(pNumbers, Count);
}
int main()
{
        //定义一个数组
        double Numbers[] = { 100000.6, 20000.4, 30000.6, 20001.33, 90001.4 };
        //获取数组大小
        int Count    = sizeof(Numbers) / sizeof(double);
        //输出数组中的所有元素的值
        cout << "里面的数值是" << "\n";
        for(int i = 0; i < Count; i++)
        {
            cout << Numbers[i] << "\n";
        }
        //函数Maximum调用，并用另一个函数Find作为参数
        double MaxValue = Maximum(Numbers, Count, Find );
        //输出数组元素中最大的值
        cout << "里面的最大值是: " << MaxValue << endl;
        return 1;
}
```

范例 **163**：实现字符串翻转

源码路径：光盘**演练范例**\\163\\

视频路径：光盘**演练范例**\\163\\

范例 **164**：删除首尾的多余空格

源码路径：光盘**演练范例**\\164\\

视频路径：光盘**演练范例**\\164\\

在上述代码中，首先定义了一个数组 Numbers[]，然后通过函数 Find 获取了数组内的最大值，并将结果输出。编译执行后的效果如图 10-15 所示。

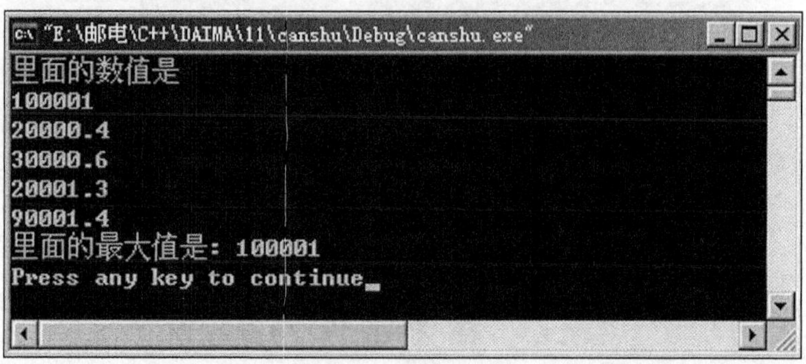

图 10-15 执行效果

在上述代码中，将计算数组中的最大值的函数作为了另一个函数的参数。

10.8 变量的作用域和生存期

知识点讲解：光盘:视频\PPT 讲解（知识点）\第 10 章\变量的作用域和生存期.mp4

在对本书前面的形参变量进行讲解时曾经提到，形参变量只在被调用期间才分配内存单元，调用结束立即释放。这一点表明形参变量只有在函数内才是有效的，离开该函数就不能再使用了。这种变量有效性的范围称变量的作用域。不仅对于形参变量，C++中所有的量都有自己的作用域。变量说明的方式不同，其作用域也不同。C 语言中的变量，按作用域范围可分为两种，即局部变量和全局变量。

10.8.1　变量作用域

C++中变量分为局部变量、全局变量和文件变量。所以对应的作用域也有 3 种，在下面的内容中将分别介绍。

1. 局部变量作用域

局部变量也称为内部变量，局部变量是在函数内作为定义说明的。其作用域仅限于函数内，如果离开定义函数后使用，则是非法的。例如下面的代码。

```
int f1(int a)                    /*函数f1*/
    {
    int b,c;
    ……
}
a,b,c有效
    int f2(int x)                /*函数f2*/
    {
    int y,z;
……
}
main()
    {
int m,n;
……
    }
```

在上述函数 f1 内定义了 3 个变量，其中 *a* 为形参，*b* 和 *c* 是一般变量。在 f1 的范围内 *a*、*b*、*c* 有效；同样，*x*、*y*、*z* 的作用域仅限于 f2 内，*m*、*n* 的作用域仅限于 main 函数内。

关于局部变量的作用域，应该注意如下 4 点。

① 主函数中定义的变量只能在主函数中使用，不能在其他函数中使用。同时，主函数中也不能使用其他函数中定义的变量。因为主函数也是一个函数，它与其他函数是平行关系。这一点是与其他语言不同的，应予以注意。

② 形参变量是属于被调函数的局部变量，实参变量是属于主调函数的局部变量。

③ 允许在不同的函数中使用相同的变量名，它们代表不同的对象，分配不同的单元，互不干扰，也不会发生混淆。如在前例中，形参和实参的变量名都为 *n*，是完全允许的。

④ 在复合语句中也可定义变量，其作用域只在复合语句范围内。

2. 全局变量作用域

全局变量也称为外部变量，它是在函数外部定义的变量。全局变量不属于具体哪一个函数，只是属于一个源程序文件，其作用域是整个源程序。在函数中使用全局变量，一般应作全局变量说明。只有在函数内经过说明的全局变量才能使用，全局变量的说明符为 public。但在一个函数之前定义的全局变量，在该函数内使用时可不用再次加以说明。例如下面的代码。

```
int a,b;            /*外部变量*/
void f1()           /*函数f1*/
{
    ……
}
float x,y;          /*外部变量*/
int fz()            /*函数fz*/
{
    ……
}
main()              /*主函数*/
{
    ……
}
```

在上述代码中，*a*、*b*、*x* 和 *y* 都是在函数外部定义的外部变量，都是全局变量。但 *x*、*y* 定义在函数 f1 之后，而在 f1 内又无对 *x*、*y* 的说明，所以它们在 f1 内无效。*a* 和 *b* 定义在源程序最前面，所以在函数 f1、f2 及 main 内不进行说明也可使用。

10.8.2　静态存储变量和动态存储变量

从变量的作用域角度分析，可以分为全局变量和局部变量。但是如果从存储方式角度分析，则可以分为静态存储和动态存储两种。

（1）静态存储

静态存储变量通常是在变量定义时就分定存储单元并一直保持不变，直至整个程序结束。

（2）动态存储

动态存储变量是在程序执行过程中，使用它时才分配存储单元，使用完毕立即释放。典型的例子是函数的形式参数，在函数定义时并不给形参分配存储单元，只是在函数被调用时，才予以分配，调用函数完毕立即释放。假如一个函数被多次调用，则反复地分配、释放形参变量的存储单元。

从以上分析可知，静态存储变量是一直存在的，而动态存储变量则时而存在时而消失。我们又把这种由于变量存储方式不同而产生的特性称变量的生存期。生存期表示了变量存在的时间。生存期和作用域是从时间和空间这两个不同的角度来描述变量的特性，这两者既有联系又有区别。一个变量究竟属于哪一种存储方式，并不能仅从其作用域来判定，还应有明确的存储类型说明。

在 C++中，有如下 4 种变量存储类型。

- ❑ auto：自动变量。
- ❑ register：寄存器变量。
- ❑ extern：外部变量。
- ❑ static：静态变量。

自动变量和寄存器变量属于动态存储方式，外部变量和静态变量属于静态存储方式。在介绍了变量的存储类型之后，可以知道对一个变量的说明不仅应说明其数据类型，还应说明其存储类型。因此变量说明的完整形式应如下。

```
存储类型说明符 数据类型说明符 变量名，变量名…;
```

例如下面的格式。

```
static int a,b;                        //说明a,b为静态类型变量
auto char c1,c2;                       //说明c1,c2为自动字符变量
static int a[5]={1,2,3,4,5};           //说明a为静整型数组
extern int x,y;                        //说明x,y为外部整型变量
```

1. 自动变量

自动变量存储类型是 C++语言程序中使用最广泛的一种类型，将变量的存储属性定义为自动变量的具体格式如下。

```
auto 类型说明符 变量名;
```

在 C++语言中规定，函数内凡未加存储类型说明的变量均视为自动变量，也就是说自动变量可省去说明符 auto。在前面各章的程序中所定义的变量凡未加存储类型说明符的都是自动变量。如下。

```
int i,j,k;
char c;
……
```

上述代码等价于如下代码。

```
auto int i,j,k;
auto char c;
……
```

2. 外部变量

外部变量的定义格式如下。

```
extern 类型说明符 变量名;
```

由于 C++不允许在一个函数中定义其他函数，因此函数本身是外部的。一般情况下，也可

以说函数是全局函数。在缺省情况下，外部变量与函数具有如下性质：所有通过名字对外部变量与函数的引用（即使这种引用来自独立编译的函数）都是引用的同一对象（标准中把这一性质称为外部连接）。

外部变量的用途还表现在它们比内部变量有更大的作用域和更长的生存期。内部自动变量只能在函数内部使用，当其所在函数被调用时开始存在，当函数退出时消失。而外部变量是永久存在的，它们的值在从一次函数调用到下一次函数调用之间保持不变。因此如果两个函数必须共享某些数据，而这两个函数都互不调用对方，那么最为方便的是，把这些共享数据作为外部变量，而不是作为变元来传递。

3. 静态变量

有时希望函数中局部变量的值在函数调用结束后不消失而保留原值，这时就应该指定局部变量为“静态局部变量”，用关键字 static 进行声明。静态变量存放在内存中的静态存储区，编译系统为其分配固定的存储空间。C++中使用静态函数的好处如下。

- 静态函数会被自动分配在一个一直使用的存储区，直到退出应用程序实例，避免了调用函数时压栈出栈，速度快很多。
- 关键字“static”，译成中文就是“静态的”，所以内部函数又称静态函数。但此处“static”的含义不是指存储方式，而是指对函数的作用域仅局限于本文件。使用内部函数的好处是：不同的人编写不同的函数时，不用担心自己定义的函数是否会与其他文件中的函数同名，因为同名也没有关系。

静态变量定义的使用格式如下。

```
static 类型标识符 变量名;
```

静态变量有两种：一种是外部静态变量，另一种是内部静态变量。

（1）外部静态变量

如果希望在一个文件中定义的外部变量的作用域仅局限于此文件中，而不能被其他文件所访问，则可以在定义此外部变量的类型说明符的前面使用 static 关键字。如下。

```
static float f;
```

此时，f 被称为静态外部变量（或称为外部静态变量），只能在本文件中使用，在其他文件中，即使使用了 extern 说明，也无法使用该变量。

（2）内部静态变量

如果希望在函数调用结束后仍然保留函数中定义的局部变量的值，则可以在该局部变量的类型说明符前加一个 static 关键字，说明为内部静态变量。

（3）静态局部变量

静态局部变量属于静态存储方式，它具有以下特点。

① 静态局部变量在函数内定义它的生存期为整个源程序，但是其作用域仍与自动变量相同，只能在定义该变量的函数内使用该变量。退出该函数后，尽管该变量还继续存在，但不能使用它。

② 允许对构造类静态局部变量赋初值，例如数组，若未赋以初值，则由系统自动赋以 0 值。

③ 对基本类型的静态局部变量，若在说明时未赋以初值，则系统自动赋予 0 值。而对自动变量不赋初值，则其值是不定的。根据静态局部变量的特点，可以看出它是一种生存期为整个源程序的量。虽然离开定义它的函数后不能使用，但如再次调用定义它的函数时，它又可继续使用，而且保存了前次被调用后留下的值。因此，当多次调用一个函数且要求在调用之间保留某些变量的值时，可考虑采用静态局部变量。虽然用全局变量也可以达到上述目的，但全局变量有时会造成意外的副作用，因此仍以采用静态局部变量为宜。

（4）静态全局变量

全局变量（外部变量）的说明之前再冠以 static 就构成了静态的全局变量。全局变量本身就是静态存储方式，静态全局变量当然也是静态存储方式。这两者在存储方式上并无不同。这两者的区别在于非静态全局变量的作用域是整个源程序，当一个源程序由多个源文件组成时，非静态的全局变量在各个源文件中都是有效的。

而静态全局变量则限制了其作用域，即只在定义该变量的源文件内有效，在同一源程序的其他源文件中不能使用它。由于静态全局变量的作用域局限于一个源文件内，只能为该源文件内的函数公用，因此，可以避免在其他源文件中引起错误。从以上分析可以看出，把局部变量改变为静态变量后是改变了它的存储方式即改变了它的生存期。把全局变量改变为静态变量后是改变了它的作用域，限制了它的使用范围。因此 static 这个说明符在不同的地方所起的作用是不同的。

4. 寄存器变量

前面介绍的各类变量都存放在存储器内，所以当对一个变量频繁读写时，必须要反复访问内存储器，从而花费大量的存取时间。为此，C 语言提供了另一种变量，即寄存器变量。这种变量存放在 CPU 的寄存器中，在使用时不需要访问内存，而直接从寄存器中读写，这样可提高执行效率。寄存器变量的说明符是 register。对于循环次数较多的循环控制变量，及循环体内反复使用的变量均可定义为寄存器变量。

10.9　函数 main()和命令行处理

知识点讲解：光盘:视频\PPT 讲解（知识点）\第 10 章\函数 main()和命令行处理.mp4

所有的 C++程序都会有一个 main()函数，函数 main()已经在系统中声明了，在程序中只需直接定义即可。函数 main()永远不会在程序中被调用，系统运行后将首先调用函数 main()。函数 main()也可以带 2 个参数，一个是整型参数，另一个是指向字符型的指针数组。函数 main()的完整格式如下。

```
int main(int argc,char *argv[])
```

实例 083　演示带参数的 main()函数具体使用过程

源码路径　光盘\daima\10\dai　　　　视频路径　光盘\视频\实例\第 10 章\083

本实例的实现文件为 dai.cpp，具体实现代码如下。

```
#include "stdafx.h"
#include "iostream.h"
#include <iostream.h>
//带两个参数
int main(int argc,char *argv[])
{
    //输出程序的名称
    cout<<"当前文件路径是 :" << argv[0] << endl;
    for (int i=1; i <argc; i++)
    {
        //输出后续参数
        cout << "argv[" << i<< "] =" << argv[i] <<" ";
        cout << "\n";
    }
    return 0;
}
```

范例 165：对命令行参数进行读取操作

源码路径：光盘**演练范例**\165\

视频路径：光盘**演练范例**\165\

范例 166：向编辑框中添加字符

源码路径：光盘**演练范例**\166\

视频路径：光盘**演练范例**\166\

在上述代码中，函数 main(int argc,char *argv[])内包含了完整的参数。编译执行后的效果如图 10-16 所示。

图 10-16 执行效果

在函数 main()内，参数 arg[]还可以被用于程序中的其他自定义函数进行处理。

10.10 技 术 解 惑

10.10.1 用 typedef 来定义一个函数指针类型

在现实应用时，作为参数传递的函数参数个数不能太多。如果太多，可以用 typedef 来定义一个函数指针类型，对函数的参数进行简化。下面通过一个具体实例来演示 typedef 在函数作为参数中的具体使用过程，本实例的实现文件为 typedef.cpp，具体代码如下。

源码路径：光盘:daima\10\typedef

```
#include "stdafx.h"
#include "iostream.h"
#include <iostream.h>
//定义函数指针类型FunctionType
typedef double (*FunctionType)   (const double *, const int);
//找出数组中的一个最大数
double Find(const double *pNumbers, const int Count)
{
    double Max = pNumbers[0];
    for(int i = 0; i < Count; i++)
        if( Max < pNumbers[i] )
            Max = pNumbers[i];
        return Max;
}
//利用函数Find作参数，并在Maximum函数体内进行函数调用
double Maximum(const double *pNumbers, const int Count, FunctionType fp) //fp是函数指针类型的变量
{
    return fp(pNumbers, Count);
}

int main()
{
    FunctionType fp = Find;         //fp是函数指针类型变量,指向函数Find
    double Numbers[] =   { 10000.6, 10000.4, 10222.6, 20000.33, 90000.4 };
    int Count    = sizeof(Numbers) / sizeof(double);
    cout << "里面的数值是" << "\n";
    for(int i = 0; i < Count; i++)
      {
        cout << Numbers[i] << "\n";
      }
    double MaxValue = Maximum(Numbers, Count, fp );
    cout << "最大值是: " << MaxValue << endl;
    return 1;
}
```

在上述代码中，首先定义了一个数组 Numbers[]，然后通过函数 Find 获取了数组内的最大值，并将结果输出。编译执行后的效果如图 10-17 所示。

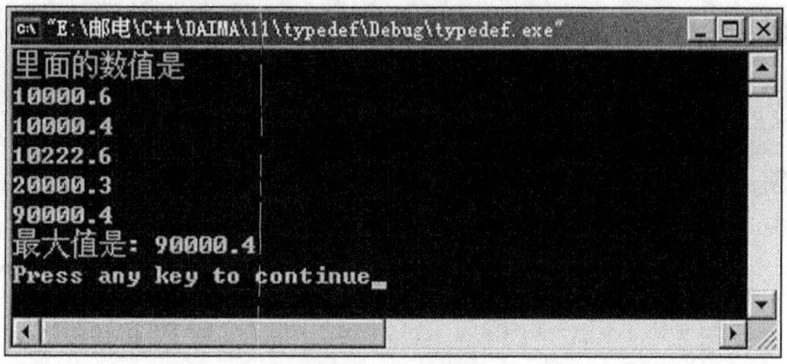

图 10-17　执行效果

10.10.2　const 关键字在函数中的作用

当使用了 const 关键字后，即意味着函数的返回值不能立即得到修改。如下代码，将无法编译通过，这就是因为返回值立即进行了++操作（相当于对变量 *z* 进行了++操作），而这对于该函数而言，是不允许的。如果去掉 const，再行编译，则可以获得通过，并且打印形成 *z* = 7 的结果。

```
include <iostream>
include <cstdlib>
const int& abc(int a, int b, int c, int& result){
      result = a + b + c;
      return result;
  }
int main() {
     int a = 1; int b = 2; int c=3;
     int z;
     abc(a, b, c, z)++;   //wrong: returning a const reference
     cout << "z= " << z << endl;
     SYSTEM("PAUSE");
     return 0;
  }
```

10.10.3　C++函数的内存分配机制

（1）同一个类的对象

共享同一个成员函数的地址空间，而每个对象有独立的成员变量地址空间，可以说成员函数是类拥有的，成员变量是对象拥有的。

（2）非虚函数

对于非虚函数的调用，编译器只根据数据类型翻译函数地址，判断调用的合法性，由 1 可知，这些非虚函数的地址与其对象的内存地址无关（只与该类的成员函数的地址空间相关），故对于一个父类的对象指针，调用非虚函数，不管是给它赋父类对象的指针还是子类对象的指针，它只会调用父类中的函数（只与数据类型（此为类类型）相关，与对象无关）。

（3）虚函数

虚函数的地址翻译取决于对象的内存地址，而不取决于数据类型（编译器对函数调用的合法性检查取决于数据类型）。如果类定义了虚函数，该类及其派生类就要生成一张虚拟函数表，即 vtable。而在类的对象地址空间中存储一个该虚表的入口，占 4 字节，这个入口地址是在构造对象时由编译器写入的。所以，由于对象的内存空间包含了虚表入口，编译器能够由这个入口找到恰当的虚函数，这个函数的地址不再由数据类型决定了。故对于一个父类的对象指针，调用虚拟函数，如果给它赋父类对象的指针，那么它就调用父类中的函数，如果给它赋子类对象的指针，它就调用子类中的函数（取决于对象的内存地址）。

（4）如果类包含虚拟成员函数，则将此类的析构函数也定义为虚拟函数

因为派生类对象往往由基类的指针引用，如果使用 new 操作符在堆中构造派生类对象，并

将其地址赋给基类指针，那么最后要使用 delete 操作符删除这个基类指针（释放对象占用的堆栈）。这时如果析构函数不是虚拟的，派生类的析构函数不会被调用，会产生内存泄露。

（5）纯虚函数

纯虚函数没有函数体，专为派生类提供重载的形式。只要形象地将虚函数赋值为 0，即定义了纯虚函数，如下。

```
void virtual XXXX（char* XXX） = 0;
```

定义了纯虚函数的类称为抽象基类。抽象基类节省了内存空间，但不能用来实例化对象。其派生类必须重载所有的纯虚函数，否则会产生编译错误。

抽象基类虽然不能实例化，为派生类提供一个框架，但为派生类提供了虚函数的重载形式，可以用抽象类的指针引用派生类的对象，这为虚函数的应用提供了必要条件。

10.10.4 主函数和子函数的关系

C++程序是函数的集合，由一个主函数 main()和若干个子函数构成。主函数 main()是一个特殊的函数，由操作系统调用，并在程序结束时返回到操作系统。程序总是从主函数开始执行，即从主函数的前大括号开始执行，一直到主函数的后大括号为止。主函数分别调用其他子函数，子函数之间也可以相互调用。这里的函数就是结构化程序设计方法中的模块，具有内聚性和耦合性。模块的独立性要求函数具有高内聚性、低耦合性，即尽量实现功能内聚和数据耦合。

10.10.5 函数声明和函数定义的区别

函数的声明是在调用该函数前，说明函数类型和参数类型；函数的定义由语句来描述函数的功能。C++要求函数在被调用之前，应当让编译器知道该函数的原型，以便编译器利用函数原型提供的信息去检查调用的合法性，强制参数转换成为适当类型，保证参数的正确传递。对于标准库函数，其声明在头文件中，可以用#include 宏命令包含这些原型文件；对于用户自定义函数，先定义、后调用的函数可以不用声明，但后定义、先调用的函数必须声明。一般为增加程序的可理解性，常将主函数放在程序开头，这样需要在主函数前对其所调用的函数一一进行声明，以消除函数所在位置的影响。

10.10.6 使用全局变量的注意事项

对于 C++中的全局变量来说，读者应该注意如下 3 点。

① 对于局部变量的定义和说明，可以不加区分。而对于外部变量则不然，外部变量的定义和外部变量的说明并不是一回事。外部变量定义必须在所有的函数之外，且只能定义一次。其一般形式如下。

```
[extern] 类型说明符 变量名，变量名…
```

其中，方括号内的 extern 可以省去不写。 例如下面 2 种格式是相同的。

```
int a,b;
extern int a,b;
```

而外部变量说明出现在要使用该外部变量的各个函数内，在整个程序内，可能出现多次，外部变量说明的一般格式如下。

```
extern 类型说明符 变量名，变量名，…;
```

外部变量在定义时就已分配了内存单元，外部变量定义可初始赋值，外部变量说明不能再赋初始值，只是表明在函数内要使用某外部变量。

② 外部变量可加强函数模块之间的数据联系， 但是又使函数要依靠这些变量，因而使得函数的独立性降低。从模块化程序设计的观点来看这是不利的， 因此在不必要时尽量不要使用全局变量。

③ 在同一源文件中，允许全局变量和局部变量同名。在局部变量的作用域内，全局变量不起任何作用。

10.10.7　使用寄存器变量的注意事项

在使用 C++寄存器变量时，读者应该注意如下两点。

① 只有局部自动变量和形式参数才可以定义为寄存器变量。因为寄存器变量属于动态存储方式。凡需要采用静态存储方式的量不能定义为寄存器变量。

② 在 Turbo C，MS C 等微机上使用的 C 语言中，实际上是把寄存器变量当成自动变量处理的。因此速度并不能提高。而在程序中允许使用寄存器变量只是为了与标准 C 保持一致。即使能真正使用寄存器变量的机器，由于 CPU 中寄存器的个数是有限的，因此使用寄存器变量的个数也是有限的。

10.10.8　自动变量的特点

在 C++程序中，自动变量的主要特点如下。

① 自动变量的作用域仅限于定义该变量的个体内。在函数中定义的自动变量，只在该函数内有效。在复合语句中定义的自动变量只在该复合语句中有效。例如下面的代码。

```
int kv(int a) {
auto int x,y;
{
  auto char c;
} /*c的作用域*/
……
} /*a,x,y的作用域*/
```

② 自动变量属于动态存储方式，只有在使用它时，即定义该变量的函数被调用时才给它分配存储单元，开始它的生存期。函数调用结束，释放存储单元，结束生存期。因此函数调用结束之后，自动变量的值不能保留。在复合语句中定义的自动变量，在退出复合语句后也不能再使用，否则将引起错误。

③ 由于自动变量的作用域和生存期都局限于定义它的个体内（函数或复合语句内），因此不同的个体中允许使用同名的变量而不会混淆。即使在函数内定义的自动变量也可与该函数内部的复合语句中定义的自动变量同名。

④ 对构造类型的自动变量如数组等，不可初始化赋值。

第 11 章

输入和输出

C++并没有直接定义进行输入或输出（IO）的任何语句，而是由标准库（standard library）提供。IO 库提供了大量的工具。然而对许多应用，包括本书的例子而言，编程者只需要了解一些基本概念和操作。在本章的内容中，将详细介绍 C++输入和输出的知识，为读者进行本书后面知识的学习打下基础。

本章内容

- iostream 对象
- 输出
- 输入
- 输入/输出格式化
- 文件

技术解惑

输入/输出时数的进制问题
数据间隔
内存文件映射
get 和 put 的值的差异
使用控制符控制输出格式

11.1　iostream 对象

知识点讲解：光盘:视频\PPT 讲解（知识点）\第 11 章\iostream 对象.mp4

在 C++语言中，标准输入/输出库 iostream 是一个类库，以类的形式组织，使用该库中的类要先引用命名空间。

```
using namespace std;
```

它与 C 语言的 stdio 库不同，它从一开始就是用多重继承与虚拟继承实现的面向对象的层次结构，作为一个 C++的标准库组件提供给程序员使用。iostream 为内置类型对象提供了输入/输出支持，同时也支持文件的输入/输出，类的设计者可以通过对 iostream 库的扩展，来支持自定义类型的输入/输出操作。iostream 类库中类的信息如下。

- ios：抽象基类，在文件 iostream 中声明。
- istream：通用输入流和其他输入流的基类，在文件 iostream 中声明。
- ostream：通用输出流和其他输出流的基类，在文件 iostream 中声明。
- iostream：通用输入输出流和其他输入输出流的基类，在文件 iostream 中声明。
- ifstream：输入文件流类，在文件 fstream 中声明。
- ofstream：输出文件流类，在文件 fstream 中声明。
- fstream：输入/输出文件流类，在文件 fstream 中声明。
- istrstream：输入字符串流类，在文件 strstream 中声明。
- ostrstream：输出字符串流类，在文件 strstream 中声明。
- strstream：输入/输出字符串流类，在文件 strstream 中声明。

11.1.1　标准的 I/O 接口

标准 I/O 是指在标准输入设备和标准输出设备上的操作。其中标准输入设备是指键盘，标准输出设备是指显示器。输入/输出操作分别由 istream 和 ostream 类提供。为了使用方便，在 iostream 库里面创建了 3 个标准流对象。

- cin：表示标准输入的 istream 对象，cin 可以使我们从设备读取数据。
- cout：表示标准输出的 ostream 对象，cout 可以使我们向设备写入数据。
- cerr：表示标准错误的 ostream 对象，cerr 是导出程序错误消息的地方，只能向屏幕设备写数据。

在具体操作时，左移<<与右移>>分别是 istream 类与 ostream 类的操作符重载。即输入用“cin>>”，输出时用“cout<<”。例如，>>a 表示将数据放入 a 对象中，<<a 表示将 a 对象中存储的数据拿出。

这些标准的流对象都有默认对应的设备，具体如表 11-1 所示。

表 11-1　流对象对应的设备

C++对象名	设　备　名	C 中的标准设备名	默认含义
cin	键盘	stdin	标准输入
cout	显示器屏幕	stdout	标准输出
cerr	显示器屏幕	stderr	标准错误输出

表 11-1 中的意思表明 cin 对象的默认输入设备是键盘，cout 对象的默认输出设备是显示器屏幕。那么原理上 C++又是如何利用 cin/cout 对象与左移和右移运算符重载来实现输入/输出的呢？下面我们以输出为例，说明其实现原理。

使数据按照指定的格式输出有两种方法：一种是使用控制符；另一种是使用流对象的有关成员函数。常用控制符的具体信息如下。

- dec：设置整数的基数为 10。
- hex：设置整数的基数为 16。
- oct：设置整数的基数为 8。
- setbase(n)：设置整数的基数为 n（只能是 8，10，16 之一）。
- setfill(c)：设置填充字符 c，c 可以是字符常量或字符变量。
- setprecision(n)：设置实数的精度为 n 位。

cout 是 ostream 类的对象，因为它所指向的是标准设备（显示器屏幕），所以它在 iostream 头文件中作为全局对象进行定义。

```
ostream cout(stdout);        //其默认指向的C中的标准设备名，作为其构造函数的参数使用。
```

在 iostream.h 头文件中，ostream 类对应每个基本数据类型都有其友元函数对左移操作符进行了友元函数的重载。

```
ostream& operator<<(ostream &temp,int source);
ostream& operator<<(ostream &temp,char *ps);
```

C++中的 iostream 库主要包含图 11-1 所示的几个头文件。

我们所熟悉的输入/输出操作分别是由 istream（输入流）和 ostream（输出流）这两个类提供的，为了允许双向的输入/输出，由 istream 和 ostream 派生出了 iostream 类。类的继承关系如图 11-2 所示。

iostream 库	
<fstream>	<iomainip>
<ios>	<iosfwd>
<iostream>	<istream>
<ostream>	<sstream>
<streambuf>	<strstream>

图 11-1 头文件

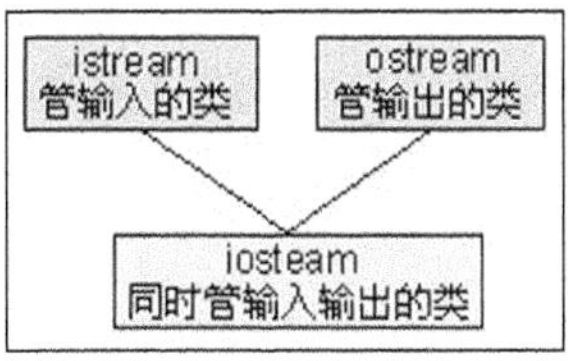

图 11-2 类继承关系

实例 084 演示标准 I/O 的具体使用流程

源码路径 光盘\daima\11\biaozhun　　视频路径 光盘\视频\实例\第 11 章\084

本实例的实现文件为 biaozhun.cpp，具体实现代码如下。

```
#include "stdafx.h"
#include <iostream>
#include <string>
using namespace std;
int main(){
    string in_string;
    //向终端写字符串
    cout << "请输入您的名字: ";
    // 把输入的数据读取到in_string 中
    cin >> in_string;
    if ( in_string.empty() )
        // 产生一个错误消息输出到终端
        cerr << "error: 输入的是空值!\n";
    else
        cout << "你好，  " << in_string << "!\n";
    return 0;
}
```

范例 167：创建文本文件并进行读写数据操作

源码路径：光盘**演练范例**\167\
视频路径：光盘**演练范例**\167\

范例 168：在文件的指定位置存放和读取数据

源码路径：光盘**演练范例**\168\
视频路径：光盘**演练范例**\168\

在上述代码中，定义了一个字符串，然后用输入 cin 流从命令行中读入了一个字符。如果读入失败，则输出错误信息；读入成功，则向标准输出流输出读入的内容。编译执行后的效果如图 11-3 所示。

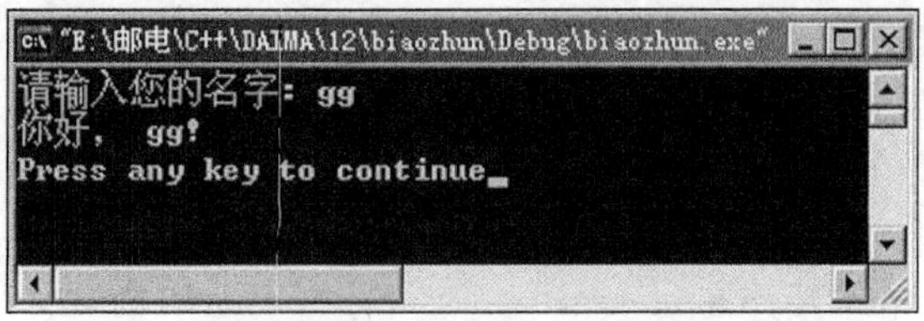

图 11-3　执行效果

11.1.2　文件 I/O

由于 iostream 库不光支持对象的输入/输出，同时也支持文件流的输入/输出，所以在详细讲解左移与右移运算符重载只前，我们有必要先对文件的输入/输出以及输入/输出的控制符有所了解。

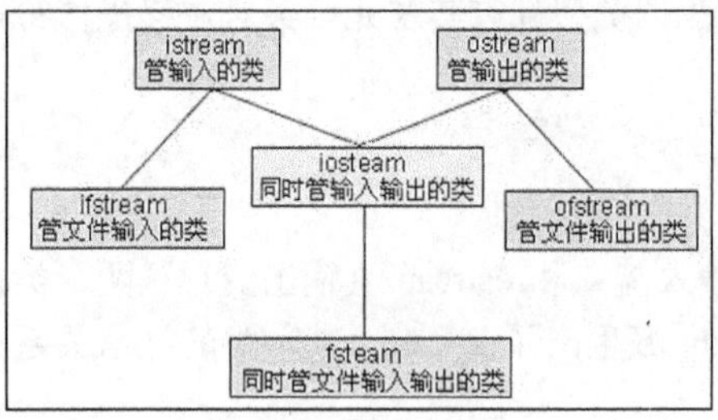

图 11-4　继承关系图

在头文件 fstream.h 中，主要定义和文件有关系的输入/输出类。在这个头文件中主要被定义了 3 个类，由这 3 个类控制对文件的各种输入/输出操作，它们分别是 ifstream、ofstream、fstream，其中 fstream 类是由 iostream 类派生而来，它们之间的继承关系如图 11-4 所示。

因为文件设备并不像显示器屏幕与键盘那样是标准默认设备，所以它在 fstream.h 头文件中是没有像 cout 那样预先定义的全局对象，所以我们必须自己定义一个该类的对象，我们要以文件作为设备向文件输出信息（也就是向文件写数据），那么就应该使用 ofstream 类。

ofstream 不但对终端读写支持，而且还支持对文件的读写，如下 3 种类提供了对文件读写的支持。

- ifstream 类：从 istream 流中派生而来，此类将一个指定的文件绑定到程序，它作为程序的输入流。
- ofstream 类：从 ostream 流中派生而来，此类将一个指定的文件绑定到程序，它作为程序的输出流。
- fstream 类：从 iostream 流中派生而来，此类将一个指定的文件绑定到程序，既作为程序的输入流，也作为程序的输出流。

要使用 iostream 库中的标准 I/O 库文件流，在程序中必须包含下面的头文件。

```
#include <fstream>
```

实例 085　演示使用文件 I/O 的具体流程

源码路径　光盘\daima\11\biao　　　　视频路径　光盘\视频\实例\第 11 章\085

本实例的实现文件为 biao.cpp，具体实现代码如下。

```
#include "stdafx.h"
#include <fstream>
#include <iostream>
#include <string>
using namespace std;
int main()
{
    char ch;
    string ifile;
    cout << "输入要操作的文件: ";
    cin >> ifile;                          //输入文件名
    ifstream infile( ifile.c_str() );
    //构造一个 ifstream 输入文件对象
    if( ! infile )                         //打开错误
```

范例 **169**：复制、删除、移动文件

源码路径：光盘**演练范例**\169\

视频路径：光盘**演练范例**\169\

范例 **170**：遍历目录下的每个文件

源码路径：光盘**演练范例**\170\

视频路径：光盘**演练范例**\170\

```
    {
        cerr << "error: 不能打开文件: ";
                return -1;
    }
    string ofile = ifile + ".bak";              //输出文件的名字
    ofstream outfile( ofile.c_str() );          //构造一个 ofstream 输出文件对象
    if( !outfile )                              //打开错误
    {
        cerr << "error: 不能打开文件: ";
                return -2;
    }
    while(infile.get(ch))
    {
        outfile.put(ch);
        cout<<ch;
    }
    return 0;
}
```

在上述代码中，能够根据用户输入的文件名，对这个文件进行读取操作，并创建一个同样内容的备份文件。编译执行后将首先提示输入一个文件名，如图 11-5 所示。

图 11-5 执行效果

输入存在的文件路径，单击回车键后，将会显示此文件的内容，如图 11-6 所示。

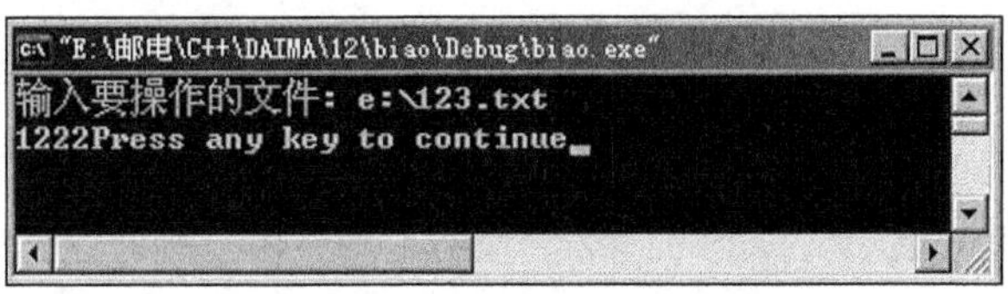

图 11-6 执行效果

再次单击回车键，将会在此文件目录下创建一个备份文件。如图 11-7 所示。

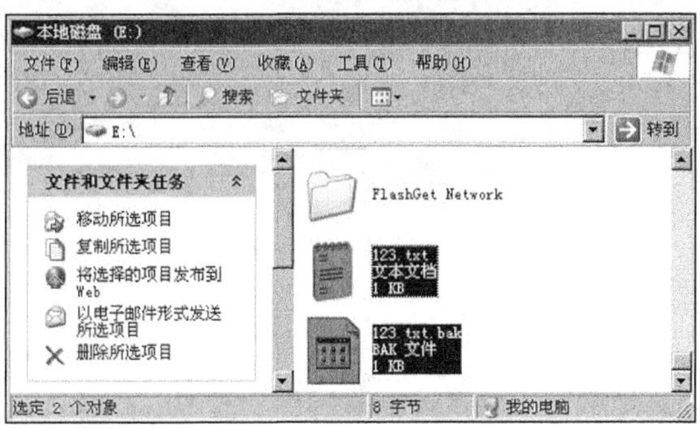

图 11-7 源文件和备份文件

11.1.3 字符串 I/O

字符串 I/O 是指输入/输出操作的对象是字符串，C++的 iostream 库也支持对字符串的输入/输出操作，并且能够对字符串进行读写操作。iostream 库中通过如下 3 个类进行对字符串的操作。

- ❑ istringstream：从 istream 派生，用于从字符串中读取数据。
- ❑ ostringstream：从 ostream 派生，用于写数据到字符串。

- stringstream：从 stream 派生，即可以从字符串中读取数据，也可以写数据到字符串。

实例 086　演示使用字符串 I/O 的具体流程

源码路径　光盘\daima\11\zifu　　　　视频路径　光盘\视频\实例\第 11 章\086

本实例的实现文件为 zifu.cpp，具体实现代码如下。

```
#include "stdafx.h"
#include <sstream>
#include <iostream>
#include <string>
using namespace std;
string program_name( "our_program" );  //程序名
string version( "0.01" );              //程序版本
string mumble( int *array, int size );

int main(void)
{
    int *array=0;
    int size=1;
    cout<<mumble(array,size).c_str()<<endl;
    return 0;
}
string mumble( int *array, int size )
{
    if ( ! array )
    {
        ostringstream out_message;
        //输出程序名、出错的文件名和行号
        out_message << "error: "<< program_name << "--" << version<< ": " << __FILE__ << ": " << __LINE__;
        out_message <<" -- ptr is set to 0; "<< " must address some array.\n";
        return out_message.str();                          // 返回string 对象
    }
    else
        return "";
}
```

范例 171：复制、删除、移动文件

源码路径：光盘\演练范例\171\

视频路径：光盘\演练范例\171\

范例 172：获取指定文件的图标

源码路径：光盘\演练范例\172\

视频路径：光盘\演练范例\172\

在上述代码中，函数 mumble 带有 1 个指针参数和一个整型参数，并用 ostringstream 流将 out_message 定向为输出流对象。当指针参数为空时，程序输出发生错误的程序名、出错的文件名和行号到 out_message 中。编译执行后的效果如图 11-8 所示。

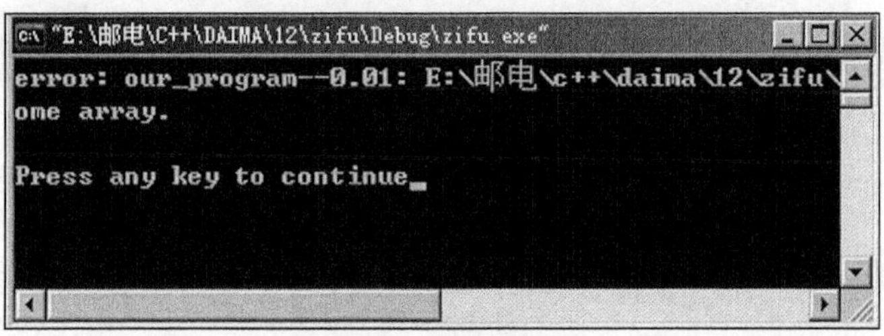

图 11-8　执行效果

11.2　输　　出

知识点讲解：光盘:视频\PPT 讲解（知识点）\第 11 章\输出.mp4

C++中，流输出用运算符<<实现，<<有两个操作数，左操作数是 ostream 类的对象，右操作数是一个变量，该操作符将变量的值输出到 ostream 类的对象上。

11.2.1　预定义类型输出

输出操作符可以接受任何预定义的数据类型。对于表达式和函数的调用，只要其计算结果是一个能被输出操作符接受的数据类型，即可说明该表达式或函数调用可以被输出操作符接受并输出其结果。

实例 087 演示预定义类型输出的操作流程

源码路径 光盘\daima\11\yudingyi 视频路径 光盘\视频\实例\第 11 章\087

本实例的实现文件为 yudingyi.cpp，具体实现代码如下。

```
#include "stdafx.h"
#include <iostream.h>
#include <string.h>
//using namespace std;
int main()
{
    //带转义符的串
    cout << "The length of \"lining\" is:\t";
    cout << strlen( "lining" );                //串长
    cout << '\n';                              //换行
    cout << "The size of \"hello\" is:\t";
    cout << sizeof( "hello" );//字符串所占存储空间
    cout << endl;              //行结束符
    return 0;
}
```

范例 **173**：使用流输出运算符

源码路径：光盘**演练范例**\173\

视频路径：光盘**演练范例**\173\

范例 **174**：获取系统所有的驱动器和序列号

源码路径：光盘**演练范例**\174\

视频路径：光盘**演练范例**\174\

在上述代码中，通过使用函数 strlen()计算了字符串中字符的个数，并通过函数 sizeof()计算了字符串所占用的空间大小。编译执行后的效果如图 11-9 所示。

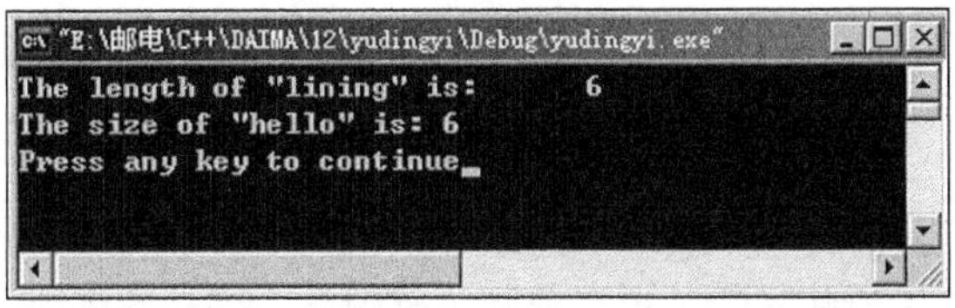

图 11-9 执行效果

注意：在上述程序中，因为要输出带双引号的字符串，所以必须添加转义符，否则将会引起编译器错误。

11.2.2 自定义类型输出

流输出操作符除了能够输出预定义类型数据外，还可以输出自定义类型的数据。如果要实现自定义类型的输出，需要使用重载来输出操作符。具体定义格式如下。

```
ostream& operator << (ostream& in, user_type& obj)
{
out<<obj.item1;
out<<obj.item2;
out<<obj.item3;
…………
}
```

在上述格式中，它有 2 个实参，第 1 个是 ostream 对象的引用，第 2 个是一个自定义类型实例的引用。其中 item1、item2、item3 是自定义类型中的各个区域分量。其返回类型是一个 ostream 引用，且其值总是该输出操作符所引用的 ostream 对象。因为第 1 个实参是一个 ostream 引用，所以输出操作符必须定义为非成员函数。当输出操作符要求访问非公有成员时，必须将其声明为此类的友元。

实例 088 演示自定义类型输出的具体操作流程

源码路径 光盘\daima\11\zidingyi 视频路径 光盘\视频\实例\第 11 章\088

本实例的实现文件为 zidingyi.cpp，具体实现代码如下。

```
#include "stdafx.h"
#include <iostream.h>
#include <string>
class mm{                    //自定义复数类
```

```
public:
    float real,nn;
public :
    mm(float r,float i)          //带参数的构造函数
    {
        real=r;
        nn=i;
    }
    mm()                         //不带参数的构造函数
    {
        real=0;
        nn=0;
    }
//友元，定义输出运算
    friend ostream &operator <<(ostream &,mm &);
};
/*复数类的输出运算*/
ostream &operator <<(ostream &output,mm &obj)
{
    output<<obj.real;                           //输出实部
    if (obj.nn>0) output<<"+";                  //虚部大于0时，输出+号
    if (obj.nn!=0) output<<obj.nn<<"i";         //有虚部时，输出虚部和i
    return output;
}
int main()
{
    mm c1(1.2,3.4),c3;
    cout<<"c1值是:"<<c1<<endl;
    cout<<"c3值是:"<<c3<<endl;
    return 1;
}
```

范例 175：获取驱动器的文件系统类型

源码路径：光盘**演练范例**\175\

视频路径：光盘**演练范例**\175\

范例 176：获取磁盘的空间信息

源码路径：光盘**演练范例**\176\

视频路径：光盘**演练范例**\176\

在上述代码中，定义了一个自定义复数类 mm，此类可以接受带参数和不带参数 2 种构造函数。因为标准输出运算不能一次就输出复数的虚部和实部，所以重载了标准输出的<<操作。在输出操作中，第 1 个 if 语句判断是否有虚部，有则在实部和虚部间加"+"符号。第 2 个 if 语句用于判断虚部是否存在，不存在则不输出。程序编译执行后的效果如图 11-10 所示。

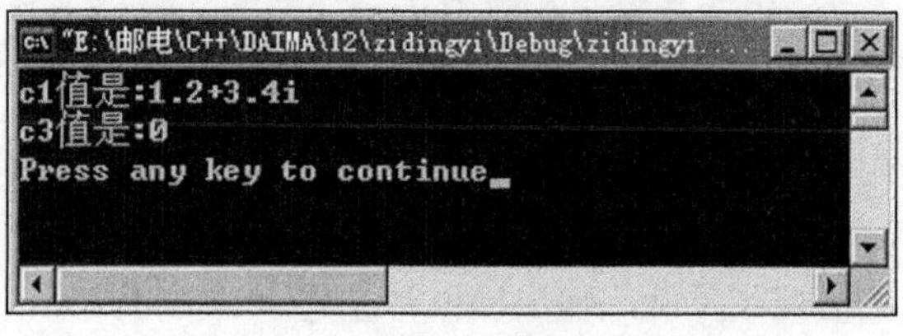

图 11-10　执行效果

11.3　输　　入

知识点讲解：光盘:视频\PPT 讲解（知识点）\第 11 章\输入.mp4

C++中，流输入用运算符>>实现，>>有两个操作数，左操作数是 ostream 类的对象，右操作数是一个预定义类型的变量。最为常见的输出方法是在 cin 上使用>>。

11.3.1　预定义类型输入

对于预定义类型，可以直接使用>>从命令行读取数据。在默认情况下，>>将跳过空白。所以在对一组变量输入值时，可以用空格或换行来将数值之间隔开。看下面的代码。

```
int i;
double d;
cin >>i>>d;
```

当同时输入不同类型变量时，系统除了检查是否有空白或换行外，还检查输入数据与变量的匹配情况。另外，因为<<用空格作为分隔符，所以在输入字符串时，字符串中不能有空格。

一旦遇到空格，则系统将认为是字符串结束。

如果希望读入空白字符，或为了保留原始的输入格式，或为了处理空白字符，可以使用istream的get()成员函数。

11.3.2 自定义类型输入

自定义类型的输入运算重载和自定义类型的输出运算重载比较类似。具体定义格式如下。

```
ostream& operator << (ostream& in, user_type& obj)
{
out<<obj.item1;
out<<obj.item2;
out<<obj.item3;
…………
}
```

在上述格式中，它有2个实参，第1个是ostream对象的引用，第2个是一个自定义类型实例的引用。其中item1、item2、item3是自定义类型中的各个区域分量。其返回类型是一个ostream引用，且其值总是该输出操作符所引用的ostream对象。因为第1个实参是一个ostream引用，所以输出操作符必须定义为非成员函数。当输出操作符要求访问非公有成员时，必须将其声明为此类的友元。

实例089 演示自定义类型输入的具体流程

源码路径 光盘\daima\11\zishuru　　视频路径 光盘\视频\实例\第11章\089

本实例的实现文件为zishuruc.pp，具体实现代码如下所示。

```
#include "stdafx.h"
#include <iostream.h>
#include <string>
class mm{              //自定义复数类
    float real,nn;
public :
    mm(float r,float i)
    {
        real=r;
        nn=i;
    }
    mm()
    {
        real=0;
        nn=0;
    }
    friend ostream & operator <<(ostream &,mm &);    //输出
    friend istream & operator >>(istream &,mm &);    //输入
};
ostream & operator <<(ostream &output,mm & obj)
{
    output<<obj.real;
    if (obj.nn>0) output<<"+";
    if (obj.nn!=0) output<<obj.nn<<"i";
    return output;
}
istream & operator >>(istream &input,mm & obj)
{
    cout<<"input the real and nn of the mm:";
    input>>obj.real;                          //输入实部
    input>>obj.nn;                            //输入虚部
    return input;
}

int main()
{
    mm c1(1.2,3.4),c2;
    cout<<"c1值是:"<<c1<<endl;
    cout<<"c2值是:"<<c2<<endl;
    cin>>c2;
    cout<<"the value of c2 is:"<<c2<<endl;
    return 1;
}
```

范例177：判别磁盘驱动器的类型

源码路径：光盘**演练范例**\177\

视频路径：光盘**演练范例**\177\

范例178：获取当前目录和系统目录

源码路径：光盘**演练范例**\178\

视频路径：光盘**演练范例**\178\

程序编译执行后的效果如图 11-11 所示。

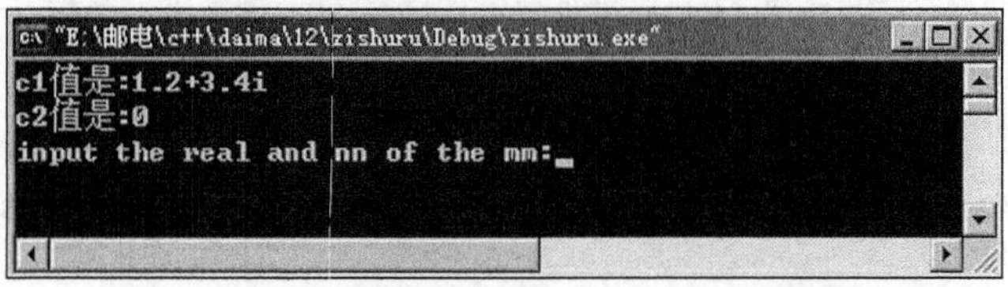

图 11-11　执行效果

11.4　输入/输出格式化

知识点讲解：光盘:视频\PPT 讲解（知识点）\第 11 章\输入/输出格式化.mp4

在具体应用中，我们要把输入/输出的内容进行格式化处理，处理为指定的格式，这样可以美化整个项目。在 C 语言中，是通过 printf()来完成格式化的。在 C++中有两种方法设置变量的输出格式：一种方法是使用 ios 类中的格式控制的成员函数；另一种方法是使用操纵函数。

11.4.1　使用 ios 类成员函数

在 ios 类中有多个成员函数可以对输入/输出进行格式控制，具体来说主要是对状态标志、域宽、输出精度等操作来完成的。

1. 状态标志和成员函数

在 ios 类中有控制输入/输出状态的标志，通过 ios 类成员函数可以实现对状态标志的显示和操作。各个标志的具体信息如表 11-2 所示。

表 11-2　　状态标志说明

格式状态标志	说　明
ios::skipws	跳过输入中的空白，用于输入
ios::left	左对齐输出，用于输出
ios::right	右对齐输出，用于输出
ios::internal	在符号和数值之间填充字符，用于输出
ios::dec	转换基数为十进制，用于输入或输出
ios::oct	转换基数为八进制，用于输入或输出
ios::hex	转换基数为十六进制，用于输入或输出
ios::showbase	输出时显示基指示符（0 表示八进制，0x 或 0X 表示十六进制），用于输入或输出
ios::showpoint	输出时显示小数点，用于输出
ios::uppercase	输出时表示十六进制的 x 为大写，表示浮点数科学计数法的 e 为大写，用于输出
ios::showpos	正整数前显示“+”符号，用于输出
ios::scientific	用科学表示法显示浮点数，用于输出
ios::fixed	用定点形式显示浮点数，用于输出
ios::unitbuf	在输出操作后立即刷新所有流，用于输出
ios::stdio	在输出操作后刷新 stdout 和 stderr，用于输出

2. 域宽、填充字符、精度

除了控制状态外，ios 类还能设置域宽、填充字符、设置精度。具体说明如下。

- 域宽是指字符串的最小字符数。

- ❑ 填充字符是指字符串宽度不足于指定的域宽时用来填充空位的字符。假设设置了域宽为 5，填充字符为*。则字符串“mmm”在实际输出时应该是“**mmm”。
- ❑ 精度是指数字的有效数据位数，包括整数部分和小数部分。

实例 090 演示 ios 类成员函数的具体操作流程

源码路径 光盘\daima\11\ios　　视频路径 光盘\视频\实例\第 11 章\090

本实例的实现文件为 ios.cpp，具体实现代码如下。

```
#include "stdafx.h"
#include <iostream.h>
int main()
{
    int m=10;
    float n=123.456;
    //对正整数显示符号
    //用科学表示法显示浮点数，用定点形式显示浮点数
    cout.setf(ios::showpos|ios::scientific|ios::fixed);
    cout<<"m="<<m<<endl;                        //带提示的输出
    cout<<"n="<<n<<endl;
    cout.setf(ios::hex);                        //转换基制为十六进制
    cout<<m<<endl;
    cout<<"cout.width="<<cout.width()<<endl; //读当前宽度
    cout<<"cout.fill="<<cout.fill()<<endl;      //读当前填充字符
    cout<<"cout.precision="<<cout.precision()<<endl; //读当前浮点数精度
    cout.width(10);                             //设置当前宽度
    cout.fill('#');                             //设置当前填充字符
    cout.precision(4);                          //设置当前浮点数精度
    cout<<"m="<<m<<endl;
    cout<<"n="<<n<<endl;
    cout<<"cout.width="<<cout.width()<<endl;
    cout<<"cout.fill="<<cout.fill()<<endl;
    cout<<"cout.precision="<<cout.precision()<<endl;
    return 1;
}
```

范例 179：创建和删除目录

源码路径：光盘\演练范例\179\

视频路径：光盘\演练范例\179\

范例 180：删除非空目录

源码路径：光盘\演练范例\180\

视频路径：光盘\演练范例\180\

在上述代码中，分别使用 showpos、scientific 和 fixed 这 3 个标志设置了输入/输出的格式，然后用带提示的输入格式输出了 m 和 n。接下来用 hex 标志将所用的基制转换为了十六进制。所以 10 输出为 a。程序编译执行后的效果如图 11-12 所示。

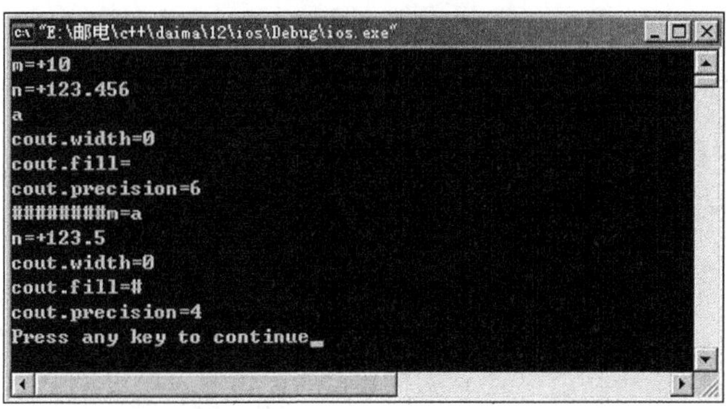

图 11-12　执行效果

11.4.2 使用操纵函数

除了前面介绍的方法外，C++中还提供了一种被称为操纵算子的方式，可以直接嵌入到输入/输出语句中。不带参数的操纵算子在头文件<iostream>中定义，包括 dec、oct、hex、ws、endl 和 flush 及以下操纵算子。

- ❑ sowbase：输出整型数时显示数字的基数。
- ❑ nshowbase：不显示基数。

- sowpos：显示正数前面的正号。
- nshowpos：不显示正值符号+。
- upercase：用大写的 A~F 显示十六进制数，在科学计数型数字中使用大写的 E。
- nuppercase：不显示代表十六进制的大写字母 A～F 及在科学计数型数字中使用大写的 E。
- sowpoint：显示浮点数的十进制小数点和尾部的 0
- nshowpoint：不显示浮点数值的小数点和后面的 0。
- sipws：跳过输入中的空格。
- nskipws：跳过输入中的空白字符。
- left：左对齐，向右边填充字符。
- right：右对齐，向左边填充字符。
- internal：把填充字符放到引导符或基数指示符和数值之间。
- scientific：指出浮点数的优先输出格式。
- fixedsetprecision()/ios::precision：设置小数点后面的位数。

带参数的操纵算子在头文件<iomanip>中定义，各算子的具体说明如下。

- setiosflags(fmtflags n)：相当于调用函数 setf(n)，设置后会一直起作用，直到下一次设置将其改变。
- resetiosflags(fmtflags n)：清除由 n 代表的格式化标志，本次设置一直有效，直到进行下一次设置。
- setbase(base n)：将数的基数设为 n，n 的取值为 10、8 或 16。
- setfill(char n)：将填充字符设为 n。
- setprecision(int n)：将数字精度设为 n。
- setw(int n)：将宽度设为 n。

注意：对输入流使用 setw()函数进行设置，只在读字符串时有意义。rand()函数返回一个零到依赖于操作平台的常量 RAND_MAX 之间的伪随机数，RAND_MAX 常量（一般为所在操作平台的无符号整型最大值）在文件<cstdlib>中定义。

实例 091　演示几种操纵算子的具体使用流程

源码路径　光盘\daima\11\suanzi　　　　视频路径　光盘\视频\实例\第 11 章\091

本实例的实现文件为 suanzi.cpp，具体实现代码如下。

```
#include "stdafx.h"
#include <iostream.h>
#include <iomanip.h>
//using namespace std;
int main()
{
    int m=10;
    float n=123.456;
    int z=210;
    cout<<setiosflags(ios::scientific)<<"m="<<m
<<"z="<<z<<endl; //用科学计数法输出数据
    //修改域宽为10，精度为4，填充字符为#
    cout<<setw(10)<<setfill('#')<<setprecision(4)
<<"m="<<m<<"z="<<z<<endl;
    return 1;
}
```

范例 181：复制一个指定目录

源码路径：光盘**演练范例**\181\

视频路径：光盘**演练范例**\181\

范例 182：删除指定目录下某类型文件

源码路径：光盘**演练范例**\182\

视频路径：光盘**演练范例**\182\

在上述代码中，使用 setiosflags()设置了格式标志为 ios::scientific，并指定用科学计数法输出浮点数 *m* 和 *z*。最后用函数 setw()将填充字符改为#，并设置其宽度为 10，精度为 4。程序编译执行后的效果如图 11-13 所示。

图 11-13 执行效果

11.5 文　件

知识点讲解：光盘:视频\PPT 讲解（知识点）\第 11 章\文件.mp4

C++语言将文件看作字符序列，根据数据的组织形式，文件可以被分为 ASCII 文件和二进制文件两种。ASCII 文件称为文本文件，它的每字节存放一个 ASCII 码，代表一个字符。二进制文件能够把内存中的数据按照在内存中的排序方式写到磁盘上。用二进制形式输出数据，可以大大节省空间，甚至转换时间。

11.5.1 打开和关闭

在 C++中，对文件的操作是通过 stream 的子类 fstream(file stream)来实现的，所以，要用这种方式操作文件，就必须加入头文件 fstream.h。

1. 打开文件

在 fstream 类中，有一个成员函数 open()，就是用来打开文件的，其原型如下。

```
void open(const char* filename,int mode,int access);
```

各个参数的具体说明如下。

- filename：要打开的文件名。
- mode：要打开文件的方式。
- access：打开文件的属性。

打开文件的方式 mode 在类 ios（是所有流式 I/O 类的基类）中定义，其常用的值如下。

- ios::app：以追加的方式打开文件。
- ios::ate：文件打开后定位到文件尾，ios:app 就包含有此属性。
- ios::binary：以二进制方式打开文件，默认的方式是文本方式。两种方式的区别见前文。
- ios::in：文件以输入方式打开。
- ios::out：文件以输出方式打开。
- ios::nocreate：不建立文件，所以文件不存在时，打开失败。
- ios::noreplace：不覆盖文件，所以打开文件时，如果文件存在则失败。
- ios::trunc：如果文件存在，把文件长度设为 0。

可以用“或”把以上属性连接起来，如下。

```
ios::out|ios::binary
```

注意：现在 C++标准库不支持 nocreate 和 noreplace，以前的旧版本可以用。

打开文件的属性的具体取值如下。

- 0：普通文件，打开访问。
- 1：只读文件。
- 2：隐含文件。
- 4：系统文件。

可以用“或”或者“+”把以上属性连接起来 ，如 3 或 1|2 就是以只读和隐含属性打开文件。

例如，以二进制输入方式打开文件 c:\config.sys 的实现代码如下。

```
fstream file1;
file1.open("c:\config.sys",ios::binary|ios::in,0);
```

如果 open 函数只有文件名一个参数，则是以读/写普通文件打开，如下。

```
file1.open("c:config.sys");
```

等价于如下代码。

```
file1.open("c:config.sys",ios::in|ios::out,0);
```

另外，fstream 还有和 open()一样的构造函数，对于上例，在定义的时候就可以打开文件了。

```
fstream file1("c:config.sys");
```

特别提出的是，fstream 有两个子类：ifstream(input file stream)和 ofstream(output file stream)，ifstream 默认以输入方式打开文件，而 ofstream 默认以输出方式打开文件。

```
ifstream file2("c:pdos.def");                    //以输入方式打开文件
ofstream file3("c:x.123");                       //以输出方式打开文件
```

所以，在实际应用中，根据需要的不同，选择不同的类来定义：如果想以输入方式打开，就用 ifstream 来定义；如果想以输出方式打开，就用 ofstream 来定义；如果想以输入/输出方式来打开，就用 fstream 来定义。

2．关闭文件

打开的文件使用完成后一定要关闭，fstream 提供了成员函数 close()来完成此操作。如下。

```
file1.close();
```

上述代码就把 file1 相连的文件关闭了。

11.5.2　顺序读写

当文件被打开后，就建立了和流的关系。在此基础之上，我们就可以对文件进行读写操作。读写文件分为文本文件和二进制文件的读取，对文本文件的读取比较简单，用插入器和析取器就可以了；而对于二进制的读取就要复杂些，下要详细介绍这两种方式。

1．文本文件的读写

文本文件的读写很简单：用插入器（<<）向文件输出；用析取器（>>）从文件输入。假设 file1 是以输入方式打开，file2 以输出打开。则代码如下。

```
file2<<"I Love You";                   //向文件写入字符串"I Love You"
int i;
file1>>i;                              //从文件输入一个整数值。
```

这种方式还有一种简单的格式化能力，比如可以指定输出为十六进制等，具体来说有如下操纵符。

- dec：：格式化为十进制数值数据，用于输入和输出。
- endl：输出一个换行符并刷新此流，用于输出。
- ends：输出一个空字符，用于输出。
- hex：格式化为十六进制数值数据，用于输入和输出。
- oct：格式化为八进制数值数据，用于输入和输出。
- setpxecision(int p)：设置浮点数的精度位数，用于输出。
- setprecision(int p) 设置浮点数的精度位数，用于输出。

注意：setpxecision 应该为 setprecision，使用时需要包含头文件：#include <iomanip.h>。

2．二进制文件的读写

（1）put()

put()函数向流写入一个字符，其原型是 ofstream &put(char ch)，使用也比较简单，如 file1.put('c');就是向流写一个字符'c'。

（2）get()

get()函数比较灵活，有 3 种常用的重载形式。

- 第 1 种就是和 put()对应的形式：ifstream &get(char &ch);功能是从流中读取一个字符，结果保存在引用 ch 中，如果到文件尾，返回空字符。如 file2.get(x);表示从文件中读取一个字符，并把读取的字符保存在 x 中。
- 第 2 种重载形式的原型是：int get();这种形式是从流中返回一个字符，如果到达文件尾，返回 EOF，如 x=file2.get();和上例功能是一样的。
- 第 3 种形式的原型是：ifstream &get(char *buf,int num,char delim='n');这种形式把字符读入由 buf 指向的数组，直到读入了 num 个字符或遇到了由 delim 指定的字符，如果没使用 delim 这个参数，将使用缺省值换行符'n'，如下。

```
//从文件中读取字符到字符串str1，当遇到字符'A'或读取了127个字符时终止
file2.get(str1,127,'A');
```

（3）读写数据块

要读写二进制数据块，使用成员函数 read()和 write()成员函数，它们的原型如下。

```
read(unsigned char *buf,int num);
write(const unsigned char *buf,int num);
```

read()从文件中读取 num 个字符到 buf 指向的缓存中，如果在还未读入 num 个字符时就到了文件尾，可以用成员函数 int gcount();来取得实际读取的字符数；而 write()从 buf 指向的缓存写 num 个字符到文件中，值得注意的是，缓存的类型是 unsigned char *，有时可能需要类型转换，如下。

```
unsigned char str1[]="I Love You";
int n[5];
ifstream in("xxx.xxx");
ofstream out("yyy.yyy");
out.write(str1,strlen(str1));                    //把字符串str1全部写到yyy.yyy中
in.read((unsigned char*)n,sizeof(n));            //从xxx.xxx中读取指定个整数，注意类型转换
in.close();out.close();
```

实例 092 演示文本文件的读写方式

源码路径 光盘\daima\11\easy　　　　视频路径 光盘\视频\实例\第 11 章\092

本实例的实现文件为 easy.cpp，具体实现代码如下。

```
#include "stdafx.h"
#include <iostream.h>
#include <fstream.h>
int main()
{
    //打开文件123.txt用于输出
    ofstream out("123.txt");
    if (!out)                          //判断是否打开成功
    {
        cout<<"不能打开";
        return 0;
    }
    //向文件中输出3个字符串
    out<<"id"<<" "<<"name"<<" "<<"score"<<endl;
    out<<1<<" "<<"BOB"<<" "<<80.5<<endl;
//输出3个数据
    out.close();                       //关闭
    return 1;
}
```

范例 183：读取指定文件的内容

源码路径：光盘**演练范例**\183\

视频路径：光盘**演练范例**\183\

范例 184：通过 get()函数和 put()函数分别实现读取和写入操作

源码路径：光盘**演练范例**\184\

视频路径：光盘**演练范例**\184\

在上述代码中，成功打开了指定的文件 123.txt，并输出了文件内的内容数据。程序编译执行后的效果如图 11-14 所示。

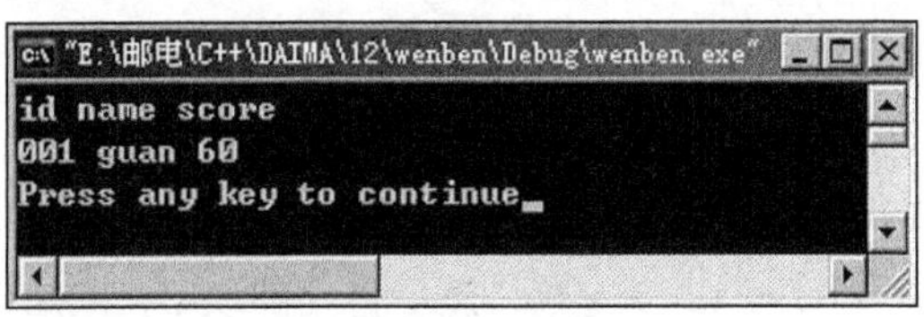

图 11-14　执行效果

11.5.3 随机读写

C++提供了对文件的随机读写功能，具体实现起来和顺序读写差不多。顺序读写时，文件指针只能前进，不能后退。在随机方式下，读文件指针可以在文件中随意移动。在移动时，可以使用流文件的读写指针来实现。各个指针的说明如下。

1. tellg()和 tellp()

这两个成员函数不用传入参数，返回 pos_type 类型的值（根据 ANSI-C++标准），就是一个整数，代表当前 get 流指针的位置（用 tellg）或 put 流指针的位置（用 tellp）。

2. seekg()和 seekp()

这对函数分别用来改变流指针 get 和 put 的位置。两个函数都被重载为两种不同的原型。

```
seekg ( pos_type position );
seekp ( pos_type position );
```

使用这个原型，流指针被改变为指向从文件开始计算的一个绝对位置。要求传入的参数类型与函数 tellg 和 tellp 的返回值类型相同。

```
seekg ( off_type offset, seekdir direction );
seekp ( off_type offset, seekdir direction );
```

使用这个原型可以指定由参数 direction 决定的一个具体的指针开始计算的一个位移(offset)。它可以是下面的一种。

- ios::beg：从流开始位置计算的位移。
- ios::cur：从流指针当前位置开始计算的位移。
- ios::end：从流末尾处开始计算的位移。

实例 093 演示文件随机读写的具体流程

源码路径 光盘\daima\11\suiji　　视频路径 光盘\视频\实例\第 11 章\093

本实例的实现文件为 suiji.cpp，具体实现代码如下。

```
#include "stdafx.h"
#include <iostream.h>
#include <string>
#include <fstream.h>
int main()
{
    int i,j;
    //定义输入/输出文件流
    fstream file("123.txt",ios::in|ios::out|ios::app|ios::binary);
    if(!file)                    //判断流文件建立是否成功
    {
        cerr<<"不能打开!"<<endl;
        return 0;
    }
    for(i=1;i<=10;i++)
    {
        j=(i-1)*2+1;
        file.write((char*)&j,sizeof(int)); //向文件中写数据
    }
    file.close();                        //关闭文件
    file.open("test.txt",ios::in|ios::binary);//打开文件
    while(file.read((char*)&i,sizeof(int)))//读文件，输出全部数据
        cout<<i<<" ";
    file.clear();                        //清除文件类对象的状态
    file.seekg(0);                       //定位到文件首部
    file.seekg((5-1)*sizeof(int));       //定位到第5个数据处
    file.read((char*)&i,sizeof(int))     ;//读第5个数据
    cout<<endl<<"the 5th number is :"<<i<<endl;//输出
    file.close();                        //关闭
    return 1;
}
```

范例 185：获取目录的创建时间

源码路径：光盘**演练范例**\185\

视频路径：光盘**演练范例**\185\

范例 186：获取应用程序的完整路径

源码路径：光盘**演练范例**\186\

视频路径：光盘**演练范例**\186\

上述实例的功能是向指定文件 123.txt 中写入 10 个奇数，然后再全部读出，最后显示文件中的第 5 个数的值。编译执行后的效果如图 11-15 所示。

上述代码的具体执行流程如下。

① 以二进制方式定义了一个输入/输出文件，并以追加的方式打开。在此必须用二进制方式打开，否则将会出错。

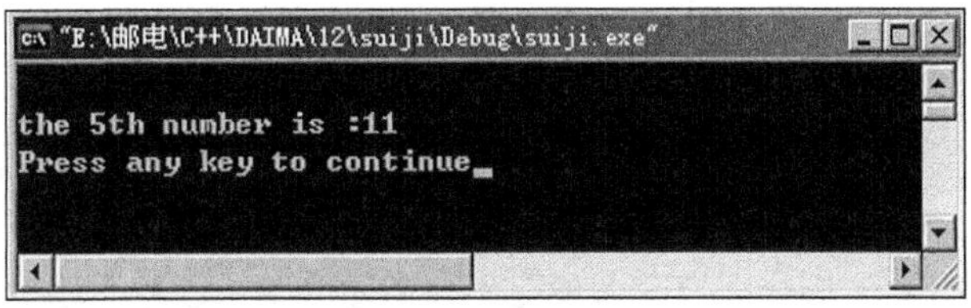

图 11-15 执行效果

② 使用 write 函数向文件中写入数据，此数据需要显式转换为字符指针，并指定数据的大小。

③ 再次以输入方式打开文件，输出所有数据。

④ 输出第 5 个数据值：首先将文件指针定位到文件首部，再向前定位到第 5 个数据处，即第 4 个的末尾，第 5 个的开始处。

11.5.4 二进制文件

在二进制文件中，使用<<和>>，以及函数（如 getline）来操作输入和输出数据，没有什么实际意义，虽然它们是符合语法的。文件流包括两个为顺序读写数据特殊设计的成员函数：write 和 read。第 1 个函数 write 是 ostream 的一个成员函数，都是被 ofstream 所继承。而 read 是 istream 的一个成员函数，被 ifstream 所继承。类 fstream 的对象同时拥有这两个函数，这两个函数的原型如下。

```
write ( char * buffer, streamsize size );
read ( char * buffer, streamsize size );
```

这里，buffer 是一块内存的地址，用来存储或读出数据。参数 size 是一个整数值，表示要从缓存（buffer）中读出或写入的字符数。

实例 094 **演示对二进制文件读的操作流程**

源码路径 光盘\daima\11\erjinzhi　　视频路径 光盘\视频\实例\第 11 章\094

本实例的实现文件为 erjinzhi.cpp，具体实现代码如下。

```
#include "stdafx.h"
#include <iostream>
#include <fstream.h>
const char * filename = "example.txt";
int main () {
char * buffer;
long size;
ifstream file (filename, ios::in|ios::binary|ios::ate);
size = file.tellg();
file.seekg (0, ios::beg);
buffer = new char [size];
file.read (buffer, size);
file.close();
cout << "the complete file is in a buffer";
delete[] buffer;
return 0;
}
```

范例 **187**：创建临时文件

源码路径：光盘**演练范例**\\187\\

视频路径：光盘**演练范例**\\187\\

范例 **188**：使用 INI 文件保存程序的信息

源码路径：光盘**演练范例**\\188\\

视频路径：光盘**演练范例**\\188\\

在上述代码中，对文件 example.txt 进行了处理。编译执行后的效果如图 11-16 所示。

图 11-16 执行效果

11.5.5 检测 EOF

成员函数 eof()用来检测是否到达文件尾，如果到达文件尾则返回非 0 值，否则返回 0。其使用原型如下。

```
int eof();
```

举例如下。

```
if(in.eof())ShowMessage("已经到达文件尾！");
```

很多程序员在使用这个函数的过程中遇到一些问题，如不能准确判断是否为空或者是否到了文件尾，以至于有些人可能还会怀疑这个函数是不是本身在设计上就有问题。下面将以具体的实例来说明。

实例 095　演示 eof()函数的使用方法

源码路径　光盘\daima\11\eof　　　视频路径　光盘\视频\实例\第 11 章\095

本实例的实现文件为 eof.cpp，具体实现代码如下。

```
#include "stdafx.h"
#include <iostream>
#include <fstream>
using namespace std;
int main() {
    char ch = 'x';
    ifstream fin("123.txt" /*, ios::binary*/);
    if (fin.eof())
    {
        cout << "file is empty."<<endl;
        return 0;
    }
    while (!fin.eof())
    {
        fin.get(ch);
        cout << ch;
    }
    system("pause");
    return 0;
}
```

范例 **189**：使用 eof()函数读取指定文件的内容
源码路径：光盘**演练范例**\189\
视频路径：光盘**演练范例**\189\

范例 **190**：使用内存映射文件来共享数据
源码路径：光盘**演练范例**\190\
视频路径：光盘**演练范例**\190\

在上述代码中，设置了对文件 123.txt 进行处理。如果文件 123.txt 不存在，程序会形成死循环，fin.eof()永远返回 false，编译执行后的效果如图 11-17 所示。

如果 123.txt 为空，程序则只打印出一个 x 字符，编译执行后的效果如图 11-18 所示。

图 11-17　死循环执行效果

图 11-18　存在时执行效果

如果 123.txt 不为空，则会读取并显示此文件的内容，编译执行后的效果如图 11-19 所示。

当 123.txt 中存在一字符串“abcd”且没有换行时，程序打印出“abcdd”，如图 11-20 所示。

当存在以上字符串并且有一新的空行时，程序打印出“abcd”加上一空行，如图 11-21 所示。

这种现象可能让很多人很迷惑，程序运行的结果似乎很不稳定，时对时错。使用 binary 模式读时结果一样。在这里，大家可能有一个误区，认为 eof()返回 true 时是读到文件的最后一个字符，其实不然，eof()返回 true 时是读到文件结束符 0xFF，而文件结束符是最后一个字符的下一个字符。具体如图 11-22 所示。

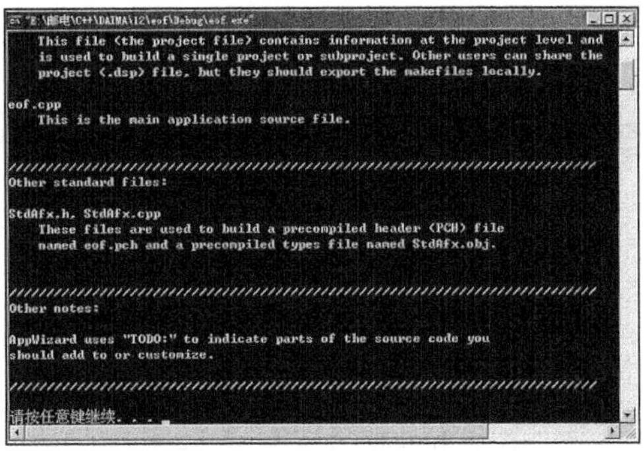

图 11-19　不为空时输出内容

图 11-20　执行效果

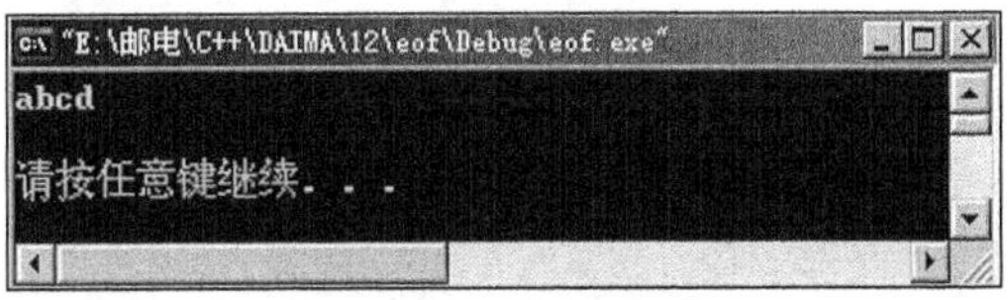

图 11-21　执行效果

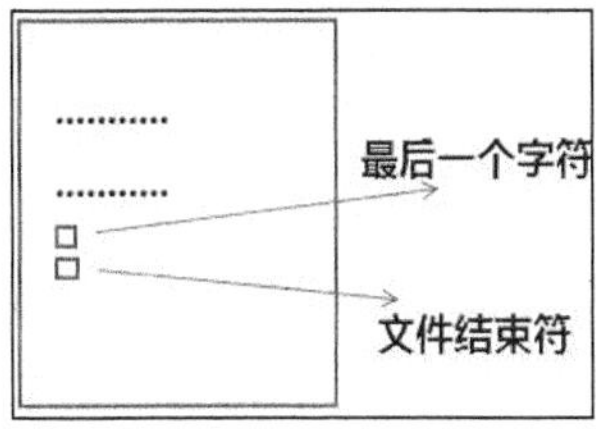

图 11-22　字符说明

所以当读到最后一个字符时，程序会多读一次（编译器会让指针停留在最后一个字符那里，然后重复读取一次，这也就是上面实例中最后一个字符会输出两次的原因，作者使用的 VC6 和 VC8 是这样处理的）。

要解决以上的问题，只需要调整一下条件语句即可。

```
fin.peek() == EOF
```

或采用如下语句。

```
fin.get(ch)
```

11.6　技术解惑

11.6.1　输入/输出时数的进制问题

在默认状态下，数据按十进制输入/输出。如果要求按八进制或十六进制输入/输出，在 cin 或 cout 中必须指明相应的数据形式，oct 为八进制，hex 为十六进制，dec 为十进制。如下。

```
int i, j, k, l;
cout<<"Input i(oct), j(hex), k(hex), l(dec):"<<endl;
cin>>oct>>i;          //输入为八进制数
cin>>hex>>j;          //输入为十六进制数
cin>>k;               //输入仍为十六进制数
cin>>dec>>l;          //输入为十进制数
cout<<"hex:"<<"i="<<hex<<i<<endl;
cout<<" dec:" <<" j=" <<dec<<j<<'\t' <<" k=" <<k<<endl;
cout<<"oct:"<<"l="<<oct<<l;
cout<<dec<<endl;  //恢复十进制输出状态
```

执行结果如下。

① 输出提示：Input i(oct), j(hex), k(hex), l(dec):

② 此时从键盘输入：　032 0x3f 0xa0 17 <CR>

③ 输出结果如下。

```
hex:i=1a
dec:j=63
k=160
oct:l=21
```

下面是关于 C++标准输入/输出操作中的几点说明。

- 使用不带.h 的头文件<iostream>时，必须在 cin 中指明数制，否则从键盘输入时，不认八进制和十六进制数开头的 0 和 0x 标志。指明后可省略 0 和 0x 标志。
- 进制控制只适用于整型变量，不适用于实型和字符型变量。
- 输入数据的格式、个数和类型必须与 cin 中的变量一一对应，否则不仅使输入数据错误，而且影响后面其他数据的正确输入。
- 在 cin 或 cout 中指明数制后，该数制将一直有效，直到重新指明使用其他数制。

11.6.2　数据间隔

常用设置方法是使用输出空格符或回车换行符。当需要指定数据输出宽度时，用 C++提供的函数 setw()指定输出数据项的宽度。setw()括号中通常给出一个正整数值，用于限定紧跟其后的一个数据项的输出宽度。如：setw(8)表示紧跟其后的数据项的输出占 8 个字符宽度。如下。

```
int i=2, j=3;
float x=2.6, y=1.8;
cout<<setw(6)<<i<<setw(10)<<j<<endl;
cout<<setw(10)<<i*j<<endl;
cout<<setw(8)<<x<<setw(8)<<y<<endl;
```

则输出结果如下。

```
2 3
6
2.6 1.8
```

如果数据的实际宽度小于指定宽度，按右对齐的方式在左边留空，如果数据的实际宽度大于指定宽度，则按实际宽度输出，即指定宽度失效。setw()只能限定紧随其后的一个数据项，输出后即回到默认输出方式。使用 setw()必须在程序开头再增加下面的引入。

```
#include<iomanip>
```

11.6.3　内存文件映射

Windows 环境下读写文件一般有下面几种方式：C 语言的文件操作函数，如 fopen 函数等，C++的 I/O 流库，Win32 API 的文件操作函数，如 CreateFile()、WriteFile()、ReadFile()，MFC 的 文件操作类，如 CFile 和 CStdioFile 等。但是对大型的数据文件，上面的文件处理方法是不太适合的。对于大文件的操作一般是以内存映射文件来加以处理的。为此，作者以读取著名的遥感图像文件格式 pix 文件来说明如何应用内存文件映射来设计一个通用的文件操作类。

在 C++程序中，先要通过 CreateFile()函数来创建或打开一个文件内核对象，这个对象标识了磁盘上将要用作内存映射文件的文件。在用 CreateFile()将文件映像在物理存储器的位置通告给操作系统后，只指定了映像文件的路径，映像的长度还没有指定。为了指定文件映射对象需要多大的物理存储空间还需要通过 CreateFileMapping()函数来创建一个文件映射内核对象以告诉系统文件的尺寸以及访问文件的方式。在创建了文件映射对象后，还必须为文件数据保留一个地址空间区域，并把文件数据作为映射到该区域的物理存储器进行提交。由 MapViewOfFile()函数负责通过系统的管理而将文件映射对象的全部或部分映射到进程地址空间。此时，对内存映射文件的使用和处理同通常加载到内存中的文件数据的处理方式基本一样，在完成了对内存映射文件的使用时，还要通过一系列的操作完成对其的清除和使用过资源的释放。这部分相对比较简单，可以通过 UnmapViewOfFile()完成从进程的地址空间撤消文件数据的映像、通过 CloseHandle()关闭前面创建的文件映射对象和文件对象。

由上可知，内存文件映射实际上是开辟一段内存空间和文件磁盘空间进行映射，因此操作文件的基本思路就是首先获取这段内存的基地址，然后获取信息结构的偏移量。比如你要获取文件头的信息，实际上就是先取得基地址，然后那个偏移量就是文件头的大小，这个和移动文件指针和文件指针的偏移量原理上是差不多的。

11.6.4 get 和 put 的值的差异

流指针 get 和 put 的值对文本文件（text file）和二进制文件（binary file）的计算方法都是不同的，因为文本模式的文件中某些特殊字符可能被修改。由于这个原因，建议对以文本文件模式打开的文件总是使用 seekg 和 seekp 的第 1 种原型，而且不要对 tellg 或 tellp 的返回值进行修改。

11.6.5 使用控制符控制输出格式

表 11-3 列出了使用控制符控制输出格式的具体说明。

表 11-3 使用控制符控制输出格式说明

控 制 符	作 用
dec	设置整数的基数为 10
hex	设置整数的基数为 16
oct	设置整数的基数为 8
setbase(n)	设置整数的基数为 n（n 只能是 16，10，8 之一）
setfill(c)	设置填充字符 c，c 可以是字符常量或字符变量
setprecision(n)	设置实数的精度为 n 位。在以一般十进制小数形式输出时，n 代表有效数字。在以 fixed（固定小数位数）形式和 scientific（指数）形式输出时，n 为小数位数
setw(n)	设置字段宽度为 n 位
setiosflags(ios::fixed)	设置浮点数以固定的小数位数显示
setiosflags(ios::scientific)	设置浮点数以科学计数法（即指数形式）显示
setiosflags(ios::left)	输出数据左对齐
setiosflags(ios::right)	输出数据右对齐
setiosflags(ios::shipws)	忽略前导的空格
setiosflags(ios::uppercase)	在以科学计数法输出 E 和十六进制输出字母 X 时，以大写表示
setiosflags(ios::showpos)	输出正数时，给出“+”号
resetiosflags	终止已设置的输出格式状态，在括号中应指定内容

第 12 章

类和封装

封装是将描述客观事物的一组数据和操作组合在一起，对外隐含具体的实现，通过接口来访问。这个封装体就是类。通过类，C++提供了对数据结构的封装和抽象，并为程序员提供了定义新的数据类型的手段。在这种新的数据类型中，既包含数据又包含对数据的操作，因此，被封装的数据类型本身既存储数据，又承担了数据上的操作，以及与外界的交互。在本章的内容中，将详细介绍 C++封装的基本知识，为读者进行本书后面知识的学习打下坚实的基础。

本章内容

- 类
- 对象

技术解惑

浅拷贝和深拷贝
构造函数的错误认识和正确认识
保护性析构函数的作用

12.1 类

知识点讲解：光盘:视频\PPT 讲解（知识点）\第 12 章\类.mp4

类是将一组对象的数据结构和操作中相同的部分抽出来组成的集合，是对象共同的特征。因此它是对对象的抽象和泛化，是对象的模板。本节将详细讲解类的有关概念。

12.1.1 先声明类

在 C++中，新的数据类型可以用 Class 来构造。类的声明语法与 C 语言中的 Struct 声明类似，只是 class 还包含函数声明。看下面的代码。

```
class point   {
int x,y;                                            //数据
public:                                             //访问规则
void setpoint(int,int);                             //数据上的操作
}
```

在上述代码中声明了一个名为 point 的类，它包含了数据为 *x*、*y*，还包含了一个名为 setpoint()的函数。函数被 public 关键字说明为公有的，数据没有被说明，但默认也为公有的。

再看下面的代码。

```
class student
{
private:                                            //访问规则
    int id;                                         //学号
    char* name;                                     //姓名
    float chinese,english,math;                     //语文、英语、数学3门课程成绩
public:                                             //访问规则
    student();                                      //构造函数
    //构造函数，设置学号，姓名，3门课程成绩
    student(char,float,float,float);
     ~student();                                    //析构函数
       void setid(int);                             //输出成员信息
void setname(int);
void setscore(int);
float sum;
float average;
}
```

在上述代码中，简单声明了一个类 student。在这个类中，共有 5 个数据，分别是 *id*、*name*、*chinese*、*english*、*math* 用于记录学生的学号、姓名和 3 门课程的成绩。它们被关键字 private 说明为私有的，即这些数据只能被类的成员函数和友元函数（参见本章后面的 12.1.7 节）访问。

在上述类中声明了 8 个函数，用关键字 public 说明为公有的。

- 第 1 个函数是构造函数，负责构造类对象，在定义对象时由系统自动调用。
- 第 2 个函数也是构造函数，但是与第 1 个的形式不一样，它带了参数。这属于重载现象，本书后面的章节中有专门讲解。构造函数的名字必须和类的名字相同。
- 第 3 个函数是析构函数，标志是前面有一个'~'符。该函数在销毁对象时自动被调用，负责对象销毁后的善后工作。析构函数必须是类的名称前加'~'符。
- 第 4、5、6 这 3 个函数负责私有属性的访问。因为属性是私有，所以只有通过 student 类提供的这 3 个函数才能从类的外部访问到它们。
- 最后 2 个函数负责具体的计算工作，分别计算求总分和求平均分。

除了上述代码中的限定符 public 和 private 外，还有一个限定符是 protected。它们都用来支持信息的隐藏机制，将类的成员分成了 3 类：公有成员、私有成员和保护成员。

- 公有成员（包括类的属性和方法）：提供了类的外部界面，它允许类的使用者来访问它。
- 私有成员（包括类的属性和方法）：只能被该类的成员函数访问，也就是说只有类本身能够访问它，任何类以外的函数对私有成员的访问都是非法的。当私有成员处于类声

明中的第一部分时，此关键字可以省略。

- 保护成员：对于派生类来说，保护成员就像是公有成员，可以任意访问。但对于程序的其他部分来说，就像是私有成员，不允许被访问。

假设程序中有一个函数，它直接访问并操作某类的数据成员，一旦该类的数据成员被修改或者被删除，那么这个函数很可能需要被重写。如果程序中存在大量这样的函数，就会增加软件的开发和维护成本。此时，可以通过访问限定符将类的数据成员定义为私有成员，然后在类中定义一个公有的成员函数，访问并操作类中的私有属性。这样，程序中的函数无法直接访问私有的数据，只有通过公有成员函数才能访问并且操作它们。

例如，为了能够访问 student 类中的语文成绩，需要增加一个公有的成员方法 getchinese()。如果类中的数据成员被修改，那么只需要修改相应的公有成员方法，而不必改动程序中的函数。例如在下面的代码中，增加了成员 chinese 的访问函数。

```
class student
{
private:
    float chinese;                                        //私有属性
     public:          float getchinese()                  //私有成员chinese的访问函数
        {
          return chinese
        }
}
```

在上述类中声明了一个私有数据，用来记录语文成绩。由于是私有的，所以不能从外部访问，必须通过公有函数 getchinese()来访问。

12.1.2　再看类的属性

类的属性，又称为数据成员，用来表示类的信息。类具有的特性均可用属性来表示，属性的声明方式和变量的声明方式基本相同，具体格式如下。

```
<数据类型><属性>;
```

在 12.1.1 节的示例中，类 point 和 student 的数据就是属性，表示了该类所具有的特征信息。再看下面的代码。

```
class person   {
   int id;                                               //编号
   int age;                                              //年龄
   char * name;                                          //姓名
}
```

在上述代码中，类 person 声明了 3 个属性，没有被限定符说明，但默认为私有的，可以直接从类的外部访问。

注意：在声明类的属性时应该注意如下 2 个问题。

① 不能采用 auto、extern 和 register 修饰符进行修饰。

② 只有采用 static 修饰符声明的静态属性才可以被显式地初始化。非静态数据成员只能通过构造函数才能够被初始化。若试图在类中直接初始化非静态数据成员，会导致编译错误。

12.1.3　再看类的方法

类的方法，又称类的成员函数。在 12.1.1 节的示例中，类 point 和 student 内定义的函数就是成员函数，用来做计算或访问类的属性。在类体中的声明方法和普通函数的声明方式相同，其具体格式如下。

```
<函数返回类型><成员函数的名称>([<参数列表>])
   {
       <函数体>
   }
```

在成员函数的参数列表中可以定义默认参数，也可以省略。成员函数的函数体可以在类体内被定义，也可以在类体外被定义。一般情况下，为保持类体的清晰明了和效率，只有简短的方法才在类体内定义，这些方法称为内联（inline）函数。

如果在类体外定义成员函数，必须用域运算符"::"指出该方法所属的类。其具体格式如下。

```
函数返回类型><类名>::<成员函数的名称>([<参数列表>])
{
<函数体>
}
```

在函数体内可以直接引用类定义的属性，无论该属性是公有成员还是私有成员。例如在12.1.2 节实例中的类中增加成员函数 hi()，然后在类体外定义。

```
class person   {
  int id;                                  //编号
  int age;                                 //年龄
  char * name;                             //姓名
  void hi();                               //公有函数
}
void person::hi()                          //类体外声明
{
  cout<<"hi,it it a example."<<endl;
  }
```

在上述代码中，成员函数 hi()在类体内声明，但却在类体外定义。因此定义具体的代码时，必须用 person::hi 的形式。

类的每项操作都是通过方法实现的，使用某个操作就意味着要调用一个函数。这对于小的和常用的操作来说，开销是非常大的。内联函数就是用来解决这个问题的，它将该函数的代码插入在函数的每个调用处，作为函数的内部扩展，用来避免函数频繁调用机制带来的开销。虽然这种做法可以提高执行效率，但如果函数体过长则会有不良后果。因此，一般对于非常简单的方法，才声明为内联函数。例如，下面的成员函数 getchinese()就是一个内联函数。因此，上述代码中的成员函数 hi()要想成为内联函数，必须修改为如下形式。

```
inline float student::getchinese()         //内联函数
{
   return chinese;
}
```

这样用 inline 声明后，函数 getchinese()的代码将被插入在函数的每个调用处。

12.1.4 再看构造函数

构造函数就是构造类的实例时，系统自动调用的成员函数。当一个对象被创建时，它是否能够被正确地初始化，在 C++中是通过构造函数来解决问题的。每当对象被声明或者在堆栈中被分配时，构造函数即被调用。构造函数是一种特殊的类成员，其函数名和类名相同，声明格式如下。

```
<函数名>(<参数列表>);
```

实例 096 演示构造函数的使用过程

源码路径 光盘\daima\12\gouzao　　视频路径 光盘\视频\实例\第 12 章\096

本实例的实现文件为 gouzao.cpp，具体实现代码如下。

```
#include "iostream.h"
class student
{
private:
     int id;              //学号
     //语文、英语、数学3门课程成绩
     float chinese,english,math;
public:
     //构造函数
     student();
     //构造函数，设置学号，3门课程成绩
     student(int m_id,float m_chinese,float m_english,float m_math);
     void show();
};
//无参数构造函数的定义，初始化各属性
student::student()
{
     id=0;
```

范例 **191**：自定义一个图书类

源码路径：光盘**演练范例**\191\

视频路径：光盘**演练范例**\191\

范例 **192**：单位转换工具

源码路径：光盘**演练范例**\192\

视频路径：光盘**演练范例**\192\

```
        chinese=english=math=0;
    }
    //有参数构造函数的定义，初始化各属性
    student::student(int m_id,float m_chinese,float m_english,float m_math)
    {
        id=m_id;
        chinese=m_chinese;
        english=m_english;
        math=m_math;
    }
    void student::show()
    {
        cout<<id<<endl;
        cout<<chinese<<endl;
        cout<<english<<endl;
        cout<<math<<endl;
    }
    int main()
    {
        student s1(100,80,90,85);                    //显式初始化
        s1.show();
        student s2(s1);                              //拷贝构造
        s2.show();
        return 0;
    }
```

在上述代码中定义了两个构造函数，第 1 个构造函数不带参数，所有属性都被初始化为 0。第 2 个构造函数带参数，用传入的参数来初始化类的属性。构造函数的个数没有限制，可以根据需要定义多个，每个都针对不同的初始化情况。编译执行后的效果如图 12-1 所示。

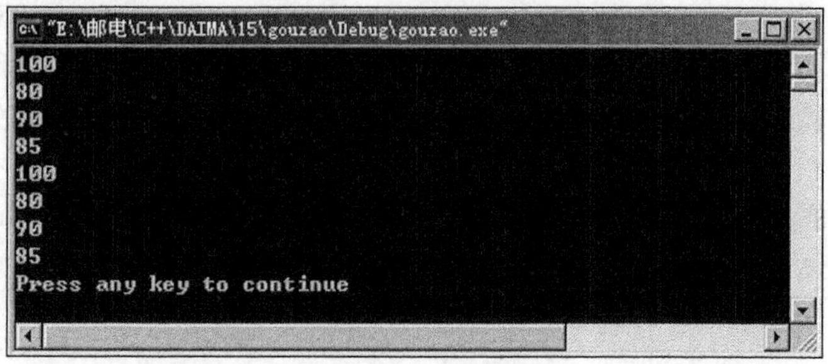

图 12-1 执行效果

在定义和使用构造函数时要注意以下 4 个问题。

- ❑ 构造函数的名字必须与类名相同，否则编译程序将把它作为一般的成员函数来处理。
- ❑ 构造函数没有返回值，在声明和定义构造函数时是不能说明它的类型的。
- ❑ 构造函数的功能是对对象进行初始化，因此在构造函数中只能对属性做初始化，这些属性一般为私有成员。
- ❑ 构造函数不能像其他方法一样被显式地调用。

1. 构造函数的调用

先看下面的代码。

```
int main()    {
student s1;                                  //定义类的实例，不显式初始化
student s2(100,80,90,85);                    //定义类的实例，显式初始化
s1.show();
s2.show();
return 0;
}
```

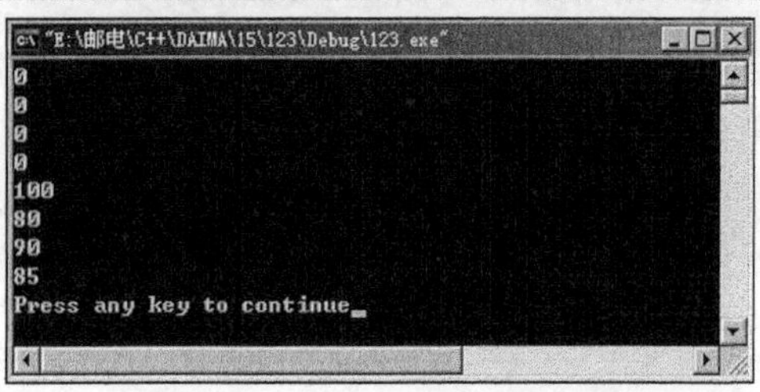

图 12-2 修改后执行效果

如果将上述代码替换到实例 096 中，执行后效果如图 12-2 所示。

从图 12-2 所示的输出结果看，在 main 函数中，构造函数没有被显式调用，而在初始化对象时自动调用。其中，s1 调用的构造函数是不带参数的 student()，s2 调用的则是带参数的构造函数。代码中注释的语句是错误的，构造

函数不能被显式调用。

2. 拷贝构造函数

拷贝构造函数是一种特殊的构造函数，即复制另一个对象的构造函数。通常来说在如下 3 种情况下会用到拷贝构造函数。

- 用一个类对象显式初始化另一个类对象。
- 把类对象作为实参传递给函数。
- 将类对象作为函数的返回值时。

在上述情况下，系统就会自动调用拷贝构造函数，将参数代表的对象中的属性逐个拷贝到新创建的对象中。拷贝构造函数有两种形式：系统默认形式和自定义形式。

例如，下面的代码是系统默认形式的使用方法。

```
int main()
{
    student s1(100,80,90,85);                    //显式初始化
    s1.show();
    student s2(s1);                              //拷贝构造
    s2.show();
    return 0;
}
```

在上述代码中，对象 s1 在定义时调用了带参数的构造函数。在定义对象 s2 时，采用了 student s2(s1) 的形式，此时调用的是系统默认的拷贝构造函数。拷贝构造函数将 s1 对象的属性都复制给了 s2 对象相应的属性中。因此，s2 对象的属性值与 s1 对象的属性值相同。执行后的效果如图 12-3 所示。

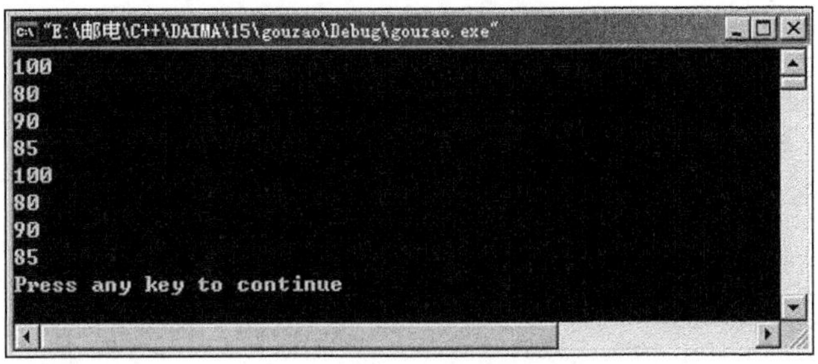

图 12-3　执行效果

自定义形式的构造函数的声明方式如下。

```
<类名>::<函数名>(<类名>&<参数名>)
  {
  //函数体
  }
```

实例 097　拷贝构造功能的构造函数，演示自定义形式的使用方法

源码路径　光盘\daima\12\copy　　　　视频路径　光盘\视频\实例\第 12 章\097

本实例的实现文件为 copy.cpp，具体实现代码如下。

```
#include <iostream.h>
class student
{
private:
    int id;                    //学号
    //语文、英语、数学3门课程成绩
    float chinese,english,math;
public:
    //构造函数
    student();
    //自定义拷贝构造函数在类体内的声明方式为：
    inline student::student(const student &s);
    //构造函数，设置学号，3门课程成绩
    student(int m_id,float m_chinese,float m_english,float m_math);
    void show();
```

范例 **193**：定义一个同名方法

源码路径：光盘**演练范例**\193\
视频路径：光盘**演练范例**\193\

范例 **194**：使用构造方法

源码路径：光盘**演练范例**\194\
视频路径：光盘**演练范例**\194\

```
};
//无参数构造函数的定义，初始化各属性
student::student()
{
    id=0;
    chinese=english=math=0;
}
//有参数构造函数的定义，初始化各属性
student::student(int m_id,float m_chinese,float m_english,float m_math)
{
    id=m_id;
    chinese=m_chinese;
    english=m_english;
    math=m_math;
}
void student::show()
{
    cout<<id<<endl;
    cout<<chinese<<endl;
    cout<<english<<endl;
    cout<<math<<endl;
}
//自定义拷贝构造函数在类体内的声明方式为：
//student(const student &s);
//它的定义如下。
inline student::student(const student &s)
{
    id=s.id;
    chinese=s.chinese;
    english=s.english;
    math=s.math;
}
void main()
{
    student s1(60,70,80,90);                        //显式初始化
    s1.show();
    student s2(s1);                                 //调用拷贝构造函数
    s2.show();
}
```

在上述代码中，定义 s2 时采用了 student s2(s1)的形式，调用了用户自定义的拷贝构造函数。实际上，拷贝构造函数就是用类作为构造函数的参数。编译执行后的效果如图 12-4 所示。

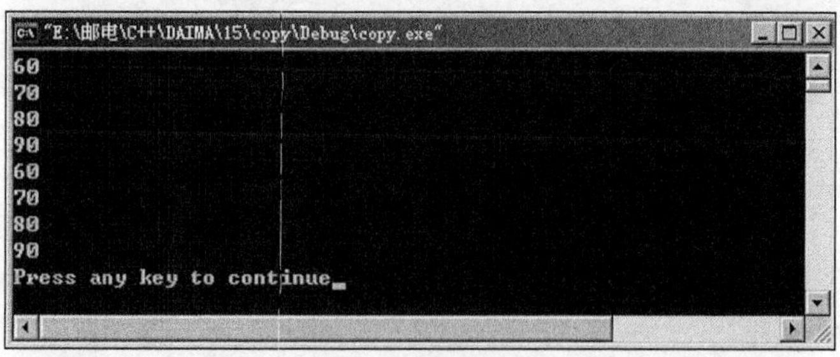

图 12-4　执行效果

如果类不定义构造函数，则编译器生成默认构造函数。这种构造函数不进行任何初始化，因此生成对象时，不能保证处于一致状态。

12.1.5　再看析构函数

析构函数也是一种特殊的成员函数，用来释放类中申请的内存或在退出前设置某些变量的值。当类对象离开它所在的作用范围，或者释放一个指向类对象的指针时，系统就会自动调用析构函数。析构函数不是必须的，主要用于释放互斥锁，或者释放内存，或者类对象不再使用时需要执行的特殊操作。

析构函数的函数名和类名相同，并且在前面加上一个"~"。该函数没有任何参数，不返回任

何值，其声明格式如下。

```
~<函数名>();
```

在代码实现时，析构函数的定义方式与普通成员函数相同。

注意：析构函数可能会在程序的许多退出点被调用，所以尽量不要将它定义为内联函数，否则会导致程序代码的膨胀，降低程序执行效率。

实例 098 演示使用析构函数的具体过程

源码路径 光盘\daima\12\xigou 视频路径 光盘\视频\实例\第 12 章\098

本实例的实现文件为 xigou.cpp，具体实现代码如下。

```
#include <iostream.h>
class exam
{
private:
    char *str;
public:
    exam ();                    //这是构造函数
    ~ exam ();                  //这是析构函数
    void show();
};
exam:: exam ()
{
    str=new char[10];
    str[0]='d';
    str[1]='d';
    str[2]='\0';
}
void exam::show()
{
    cout<<str<<endl;
}
exam::~ exam ()
{
        cout<<"我是析构函数!"<<endl;
    delete[] str;
}
int main()
{
    exam s1;
    s1.show();
    cout<<"退出"<<endl;
    return 0;
}
```

范例 **195**：祖先的药方

源码路径：光盘**演练范例**\195\

视频路径：光盘**演练范例**\195\

范例 **196**：统计销售数量

源码路径：光盘**演练范例**\196\

视频路径：光盘**演练范例**\196\

在上述代码中声明了一个构造函数和一个析构函数，在构造函数内为属性 str 申请了 10 字节的内存，并初始化。在退出程序前自动调用了类的析构函数，释放了为 str 申请的内存。编译执行后的效果如图 12-5 所示。

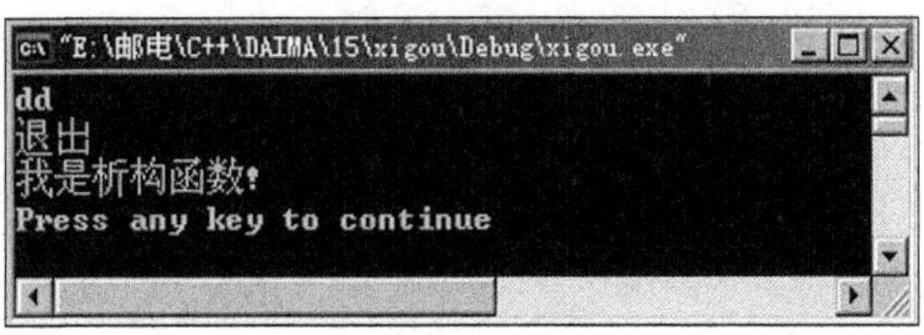

图 12-5 执行效果

12.1.6 再看静态成员

静态成员是用 static 修饰的成员，属性和函数都可以被说明是静态的。被定义为静态的属性或函数，在类的各个实例间是共享的，不会为每个类的实例都创建一个静态成员的实现。静态数据成员是一种特殊的属性，在定义类对象时，不会为每个类对象复制一份静态数据成员，而是让所有的类对象都共享一份静态数据成员备份。其定义格式如下。

```
static <数据类型> <属性名称>;
```

静态成员函数的声明格式如下。

```
static <返回类型> <成员函数名称>(<参数列表>);
```

通常在静态函数中访问的基本上是静态数据成员或全局变量。

实例 099　演示使用静态函数的具体过程

源码路径　光盘\daima\12\jingtai　　　　视频路径　光盘\视频\实例\第 12 章\099

本实例的实现文件为 jingtai.cpp，具体实现代码如下。

```
#include <iostream.h>
class teach
{
private:
    //静态数据成员，用于记录教师人数
    static int counter;
    int id;            //学号
public:
    teach();           //构造函数
    void show();
    //静态成员函数，用于设置静态属性counter
    static void setcounter(int);
};
int teach::counter=1; //静态数据成员初始化
teach::teach()
{
    id=counter++;   //根据counter自动分配学号id
}
void teach::show()
{
    cout<<id<<endl;
}
void teach::setcounter(int new_counter)
{
    counter=new_counter;
}
void main()
{
    teach s1;
    s1.show();
    teach s2;
    s2.show();
    teach s3;
    s3.show();
    s1.setcounter(10);              //重新设置计数器
    teach s4;
    s4.show();
    teach s5;
    s5.show();
}
```

范例 **197**：使用单例模式

源码路径：光盘**演练范例**\197\

视频路径：光盘**演练范例**\197\

范例 **198**：员工之间的差异

源码路径：光盘**演练范例**\198\

视频路径：光盘**演练范例**\198\

在上述代码中定义了一个静态属性 counter 和一个静态函数 setcounter。counter 是一个计数器，它在类的所有对象间共享。因此当对象 *s*1 被创建时，counter 被初始化为 1，接下来的对象 *s*2 和 *s*3 中 counter 都是自动增加 counter 的值。函数 setcounter()用来修改 counter，counter 也只能被静态成员函数 setcounter 修改。修改 counter 值后，对象 *s*4 和 *s*5 就从 10 开始计数。编译执行后的效果如图 12-6 所示。

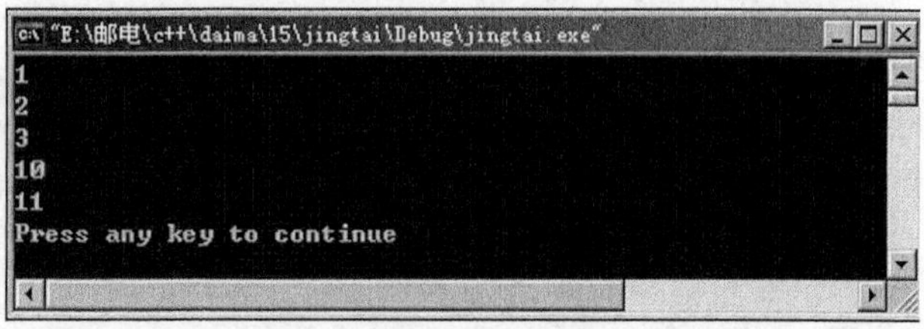

图 12-6　执行效果

12.1.7　友元

友元从字面上来理解，就是“朋友成员”，友元提供了直接访问类的私有成员的方法。既可以将函数定义为友元，也可以将类本身定义为友元。友元函数就是将程序中的任意一个函数，甚至是另一个类定义中的成员函数，声明为友元。该函数不是该类的成员函数，而是独立于类的外界的函数，但是该函数可以访问这个类对象中的私有成员。其定义格式如下。

```
friend <返回类型> <函数名> (<参数列表>);
```

除了友元函数外，一个类也可以被声明为另一个类的友元，该类被称为友元类。这就意味着作为友元的类中的所有成员函数都可以访问另一个类中的私有成员。其声明格式如下。

```
friend class <类名>;
```

假设有类 A 和类 B，若在类 B 的定义中将类 A 声明为友元，那么类 A 的所有成员函数都可以访问类 B 中的任意成员。

实例 100 演示使用友元的具体过程

源码路径 光盘\daima\12\youyuan　　视频路径 光盘\视频\实例\第 12 章\100

本实例的实现文件为 youyuan.cpp，具体实现代码如下。

```
#include <iostream.h>
class B
{
private:
    int mm,nn;
public :
    B(int i,int j);
    friend class A;   //声明友元类
};
B::B(int i,int j)
{
    mm=i;
    nn=j;
}
class A
{
private:
    int ax,ay;
public:
    A(int i,int j);
    friend int sum(A ); //声明友元函数，该函数不属于该类
    int sumB(B b);      //该函数将访问类B的私有成员
};
A::A(int i,int j)
{
    ax=i;
    ay=j;
}
int sum(A a)          //定义友元函数
{
    return (a.ax+a.ay); //访问类对象的a的私有成员ax和ay。
}
int A::sumB(B b)
{
    return (b.mm+b.nn); //访问类对象的b的私有成员mm和nn。
}
int main()
{
    B b(4,5);
    A a(5,10);
    cout<<sum(a)<<endl;
    cout<<a.sumB(b)<<endl;
    return 0;
}
```

范例 **199**：重写父类中的方法

源码路径：光盘**演练范例**\199\
视频路径：光盘**演练范例**\199\

范例 **200**：计算图形的面积

源码路径：光盘**演练范例**\200\
视频路径：光盘**演练范例**\200\

在上述代码中，sum 被声明为类 A 的友元函数，就可以访问类 A 的私有成员，但它并不是类 A 的成员函数。因此 sum 的具体实现在类外，且不带“A::”这样的限定。类 A 又被声明为类 B 的友元，但类 A 并不属于类 B，只是表明类 A 可以访问类 B 的私有成员。编译执行后的效果如图 12-7 所示。

注意：友元只是用来说明一种关系，而不是声明一个对象。既被声明为友元的对象并不属于所在的类体，不能从所在类内访问该友元。

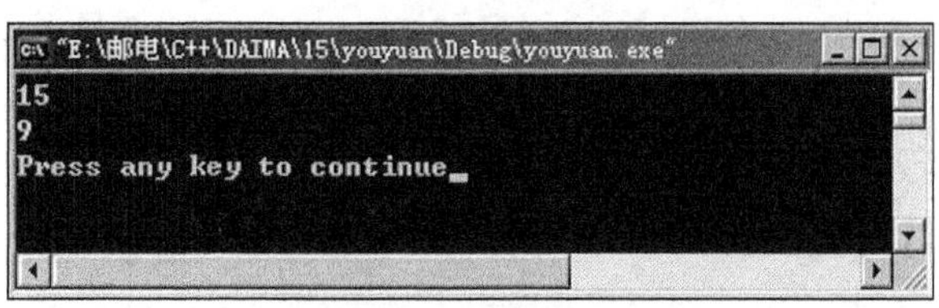

图 12-7　执行效果

12.1.8　再看修饰符

修饰符就是对类的成员的限定符，主要有 const 和 mutable 两种。const 表示不希望类的对象或类的属性在程序运行的过程中被修改，mutable 表示总是可以修改。当把一个类声明为 const 时，它的所有成员属性都将自动成为 const 型。但有时又需要修改某个 const 对象中的属性，这时就需要用到 mutable 修饰符。

实例 101　演示使用 const 和 mutable 修饰符的过程

源码路径　光盘\daima\12\xiushi　　　　视频路径　光盘\视频\实例\第 12 章\101

本实例的实现文件为 xiushi.cpp，具体实现代码如下。

```
#include <iostream.h>
class A
{
    int mm;
    mutable int nn;             //nn是总可以修改的
public :
    A(int i,int j);
    void show();                //非常函数
    void show() const;          //常函数
    void modifyY(int y) const;       //常函数
};
A::A(int i,int j)
{
    mm=i;
    nn=j;
}
void    A::show()
{
    cout<<"show()函数调用"<<endl;
    cout<<mm<<endl;
    cout<<nn<<endl;
}
void    A::show() const
{
    cout<<"const show()函数调用"<<endl;
    cout<<mm<<endl;
    cout<<nn<<endl;
}
void A::modifyY(int y) const
{
    nn=y;
}
void main()
{
    const    A a1(4,5);
    a1.show();
    a1.modifyY(7);
    a1.show();
    A a2(10,15);
    a2.show();
    a2.modifyY(10000);
    a2.show();
}
```

范例 201：销售商场

源码路径：光盘\演练范例\201\

视频路径：光盘\演练范例\201\

范例 202：使用拷贝构造函数

源码路径：光盘\演练范例\202\

视频路径：光盘\演练范例\202\

在上述代码中，在类 A 中声明了两个 show()函数。根据创建对象的不同，系统会自动选择调用不同的函数。当调用了 const a1 对象的 show()函数时，系统自动选择 const 成员函数。当调用非 const a2 对象时，系统自动选择非 const 成员函数。由于 a1 被定义为 const 型，因此必须将 ay 声明为 mutable 的，否则调用 modifyY 函数修改 ay 的值时将会报错，而调用 a2 的 modify 函数时，则不会。编译执行后的效果如图 12-8 所示。

12.1.9　指向类成员的指针

在 C++可以定义一个指针，使其指向类成员或成员函数，然后通过指针来访问类的成员。这包括指向数据成员的指针和指向成员函数的指针。

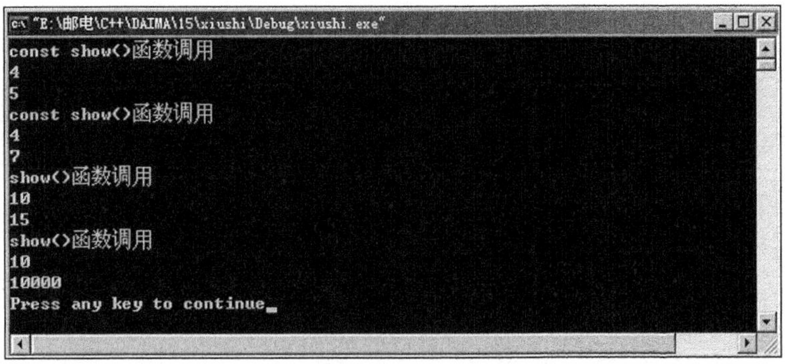

图 12-8　执行效果

1. 指向数据成员的指针

在 C++语言中，可以定义一个指针，使其指向类成员。当数据成员为静态和非静态时，指针的使用也有不同。其中，指向非静态数据成员的指针定义格式如下。

```
<数据类型><类名>::*<指针名>[=&<类名>::<非静态数据成员>]
```

指向非静态数据成员的指针在定义时必须和类相关联，在使用时必须和具体的对象关联。

```
<类对象名>.*<指向非静态数据成员的指针>
```

指向静态数据成员的指针的定义和使用与普通指针相同，在定义时无需和类相关联，在使用时也无需和具体的对象相关联。

例如，假设已经定义了一个类 student，该类有非静态成员 math，静态成员 chinese。通过如下代码可以演示指向它们的指针定义方式。

```
student s1;
  int student::*pm=&student::math;              //指向非静态属性
  s1.*pm=100;                                   //设置非静态属性
  int *pc=&student::chinese;                    //指向静态属性
  *pc=10;
```

在上述代码中定义了指针 pc 和 pm，分别指向类的静态数据成员 chinese 和非静态数据成员 math。访问 pm 时，必须使用类实例来修饰。而访问 pc 时，与普通指针没有区别。

2. 指向成员函数的指针

定义一个指向非静态成员函数的指针必须在 3 个方面与其指向的成员函数保持一致：参数列表要相同、返回类型要相同、所属的类型要相同。定义格式如下。

```
<数据类型>(<类名>::*<指针名>)(<参数列表>)[=&<类名>::<非静态成员函数>]
```

使用指向非静态成员函数的指针的方法和使用指向非静态数据成员的指针的方法相同，格式如下。

```
(<类对象名>.*<指向非静态成员函数的指针>)(<参数列表>);
```

指向静态成员函数的指针和普通指针相同，在定义时无需和类相关联，在使用时也无需和具体的对象相关联。

```
<数据类型>(*<指针名>)(<参数列表>)[=&<类名>::<静态成员函数>]
```

例如，假设类 student 有非静态成员函数 f1，非静态成员函数 f2，则下面的代码可以演示指向它们的函数指针的定义方式。

```
student s1;
  float (student::*pf1)()=&student::f1;         //指向非静态成员函数的指针
  (s1.*pf1)();                                  //调用指向非静态成员函数的指针
  void (*pf2)()=&student::f2;                   //指向静态成员函数的指针
  pf2();                                        //调用静态成员函数
```

在上述代码中指向非静态成员函数时，必须用类名作限定符，使用时则必须用类的实例作限定符。指向静态成员函数时，则不需要使用类名作限定符。

12.1.10　嵌套类

一个类可以在另一个类中定义，这样的类被称为嵌套类。嵌套类是其外层类的一个成员。

嵌套类的定义可以出现在其外层类的公有私有或保护区中。嵌套类的名字在其外层类域中是可见的，但是在其他类域名字空间中是不可见的。这意味着嵌套类的名字不会与外层域中声明的相同名字冲突。有两种嵌套类的方法。一种是直接在外层类中定义嵌套类，格式如下。

```
class A                                        //外层类
  {
  private :                                    //嵌套类，声明为私有
        class B
        {
        public:                                //嵌套类中的成员是公有的
...
        }

...
  };
```

另一种是在类的外部定义嵌套类，格式如下。

```
class A                                        //外层类
  {
  private :                                    //嵌套类，声明为私有
        class B;
...
  };
  class B
  {
  public:                                      //嵌套类中的成员是公有的
...
  }
```

通常，将嵌套类的本身声明为 private，嵌套类的数据成员和成员函数声明为 public。这样做的好处是只有外层类的友元和外层类的成员可以访问嵌套类。

如果没有在嵌套类中定义构造函数，那么必须在全局域中定义嵌套类的构造函数。由于嵌套类的名字只有在外层类中才是可见的，所以要用外层类的名字限定修饰嵌套类名。例如嵌套类 B 的构造函数。

```
A::B::B()
{...}
```

12.1.11　类文件的组织

信息隐藏对开发大型程序是非常有用的，它可以极大地保证程序质量。类的用户对于类中具体如何实现并不感兴趣，它只需要了解类的说明（其中包含着类与外界的接口），这已足够使类的使用者能够使用类。一般来说，一个较大的类可以分为 3 个文件来存放。

- 将类的说明作为一个头文件来存放。
- 类的实现单独组成一个文件，其中只含有关于类的成员函数定义，可单独编译，但因为没有入口点 main()函数，不能运行。
- 将对类的使用放在一个文件中，其中包含一个 main()函数。

实例 102　演示 C++类文件的组织结构

源码路径　光盘\daima\12\zuzhi　　　　视频路径　光盘\视频\实例\第 12 章\102

本实例的功能由 student 类实现，它由 3 个文件组成，分别是类的头文件、类的实现文件，以及类的使用文件。

（1）头文件 mm.h

第 1 个文件 mm.h 为头文件，具体代码如下。

```
class student{
private:
    int id;                              //学号
    char* name;                          //姓名
    //语文、英语、数学3门课程成绩
    float chinese,english,math;
public:
```

```
    student();                         //构造函数
    student(int,char *,float,float,float);//构造函数，设置学号，
        姓名，3门课程成绩
    ~student();                        //析构函数
    void setid(int);                   //设置学号
    void setname(char *);              //设置姓名
    void setscore(float,float,float); //设置课程分数
     float sum();                      //求3门课程总分
    float average();                   //求3门课程平均分
    void show();
};
```

在此头文件中只需存放类的声明，其成员函数的实现不需在此列出。

> 范例 **203**：访问类的私有成员函数
>
> 源码路径：光盘**演练范例**\\203\\
>
> 视频路径：光盘**演练范例**\\203\\
>
> 范例 **204**：实现类的加法运算
>
> 源码路径：光盘**演练范例**\\204\\
>
> 视频路径：光盘**演练范例**\\204\\

（2）类实现文件 123.cpp

第 2 个文件 123.cpp 包含类的实现。具体实现代码如下。

```
#include "stdafx.h"
#include "student.h"
#include <iostream>
#include <string>
#include <iomanip>
using namespace std;
student::student()
{
    id=0;
    name="##";
    chinese=english=math=0;
    cout<<"构造函数调用!"<<endl;
}
student::student(int n_id,char * n_name,float n_chinese,float n_english,float n_math)
{
     id=n_id;
    name=n_name;
    chinese=n_chinese;
    english=n_english;
    math=n_math;
    cout<<"带参数构造函数调用!"<<endl;
}
void student::show()
{
    cout<<"学号"<<setw(6)<<"姓名"<<setw(6)<<"语文"<<setw(6)<<"英语"<<setw(6)<<"数学"<<endl;
    cout<<id<<setw(6)<<name<<setw(6)<<chinese<<setw(6)<<english<<setw(6)<<math<<endl;
}
student::~student()
{
        cout<<"析构函数!"<<endl;
}
void student::setid(int new_id)
{
    id=new_id;
}
void student::setname(char * new_name)
{
    name=new_name;
}
void student::setscore(float new_chinese, float new_english, float new_math)
{
    chinese=new_chinese;
    english=new_english;
    math=new_math;
}
float student::sum()
{
    float sum;
    sum=chinese+english+math;
    return sum;
}
float student::average()
{
    float average;
    average =(chinese+english+math)/3;
```

```
        return average;
    }
```

在这个文件中，读者要特别要注意，它只包含类的成员函数，将要说明相应类的头文件包含进来，也要将使用系统库函数的头文件包含进来。

（3）类调用文件 zuzhi.cpp

第 3 个文件是类的使用，其中应包含一个 main()函数。具体代码如下。

```
#include "stdafx.h"
#include "mm.h"
#include "iostream.h"
#include "iomanip.h"
void main()
{
    student s1(1,"lucy",80,90,100);
    s1.show();
    student s2;
    s2.show();
    student s3;
    s3=s1;
    s3.show();
}
```

上述 3 个文件做好以后，就可利用集成开发环境建立工程文件，联合编译成可执行文件。编译执行后的效果如图 12-9 所示。

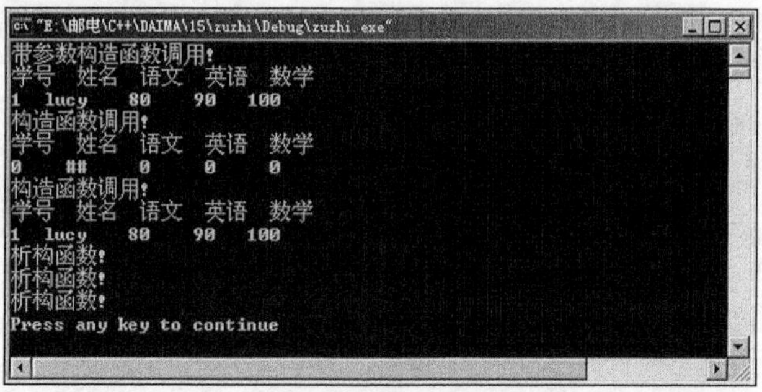

图 12-9　执行效果

12.2 对　象

知识点讲解：光盘:视频\PPT 讲解（知识点）\第 12 章\对象.mp4

类是对某一类事物的抽象，它定义了这类事物的属性和操作。对象则是类的具体化，即用该抽象的类来说明的具体事物。本节将详细讲解如何用类来定义对象及对象的使用方法。

12.2.1 先定义对象

对象是类的实例，它属于某个已知的类。因此定义对象之前，一定要先定义该对象的类。下面简单的介绍对象的定义。对象在确定了它的类以后，其定义格式如下。

```
<类名><对象名表>
```

其中，<类名>是待定的对象所属的类的名字，即所定义的对象是该类类型的对象。<对象名表>中可以有一个或多个对象名，多个对象名时用逗号分隔。<对象名表>中，可以是一般的对象名，还可以是指向对象的指针名或引用名，也可以是对象数组名。

一个对象的成员就是该对象的类所定义的成员。对象成员有数据成员和成员函数，其表示方式如下。

```
<对象名>.<成员名>    <对象名>-><成员名>
```

或者表示为如下方式。

```
<对象名>.<成员名>(<参数表>)    <对象名>-><成员名>(<参数表>)
```

前者用来表示数据成员，后者用来表示成员函数。"."是点运算符，表示普通对象对成员的引用。"->"是指针运算符，表示指针对象对成员的引用。例如，下面的代码演示了 3 种定义对象的方式。

```
student s1,s3;                                   //普通对象
  student *ps2;                                  //对象指针
  student student_array[10];                     //对象数组
  s1.math=100;                                   //对象属性
  s1.setmath(100);                               //成员函数
  ps2->math=90;                                  //直接用指针访问成员
  ps2->setmath(90);
  (*ps2).math=90;                                //间接访问成员
  (*ps2).setmath(90);
  student_array[0].math=100;
  student_array[0].setmath(100);
```

在上述代码中，定义了 4 个对象。用普通对象访问对象的成员时，使用了"."运算符。用对象指针访问成员时，除使用"->"运算符外，也使用了"."的形式。前者是直接用指针访问对象的成员，后者是先访问对象，再访问对象的成员，两者是等价的。

12.2.2 再使用对象

当定义一个对象后，就可以像变量一样来使用该对象。本节将主要讲述对象构成的数组和指向对象的指针的用法。

1．对象数组

对象数组是指每一个数组元素都是对象的数组。也就是说，若某一个类有若干个对象，就可以把这一系列对象用一个数组来存放。具体的定义格式如下。

```
<类名> <数组名> [<数组长度>];
```

实例 103 演示使用对象数组 student 的具体方法

源码路径　光盘\daima\12\shuzu　　　视频路径　光盘\视频\实例\第 12 章\103

本实例的实现文件为 shuzu.cpp，具体实现代码如下。

```
#include <iostream>
#include <string>
#include <iomanip>
using namespace std;
class zhigong{
private:
    static int counter;        //静态数据成员，用于记录职工人数
    int id;                    //学号
    char* name;                //姓名
    //语文、英语、数学3门课程成绩
    float chinese,english,math;
public:
    zhigong();                 //构造函数
    //构造函数，设置学号，姓名，3门课程成绩
    zhigong(char * n_name,float n_chinese,float n_english,float n_math);
     ~zhigong();               //析构函数
       void show(); //输出成员信息
};
int zhigong::counter=1;//初始化计数器
zhigong::zhigong()
{
    id=counter++;
    name="##";
     chinese=english=math=0;
}
zhigong::zhigong(char * n_name,float n_chinese,float n_english,float n_math)
{
    id=counter++;
    name=n_name;
    chinese=n_chinese;
    english=n_english;
    math=n_math;
}
```

范例 **205**：在类中实现事件

源码路径：光盘**演练范例**\\205\\

视频路径：光盘**演练范例**\\205\\

范例 **206**：使用命名空间

源码路径：光盘**演练范例**\\206\\

视频路径：光盘**演练范例**\\206\\

```
zhigong::~zhigong()
{
    cout<<"zhigong"<<id<<" is released!"<<endl;
}
void zhigong::show()
{
    cout<<"工号"<<setw(6)<<"姓名"<<setw(6)<<"语文"<<setw(6)<<"英语"<<setw(6)<<"数学"<<endl;
    cout<<id<<setw(6)<<name<<setw(6)<<chinese<<setw(6)<<english<<setw(6)<<math<<endl;
}
void main()
{
    zhigong zhigong_array[10];//对象数组
    for (int i=0;i<10;i++)
        zhigong_array[i].show();
}
```

创建对象数组时，系统自动调用无参数的构造函数 student()，而程序退出前，系统自动依次调用析构函数。对象数组与普通数组一样，只是每个数组的成员都是一个对象而已。编译执行后的效果如图 12-10 所示。

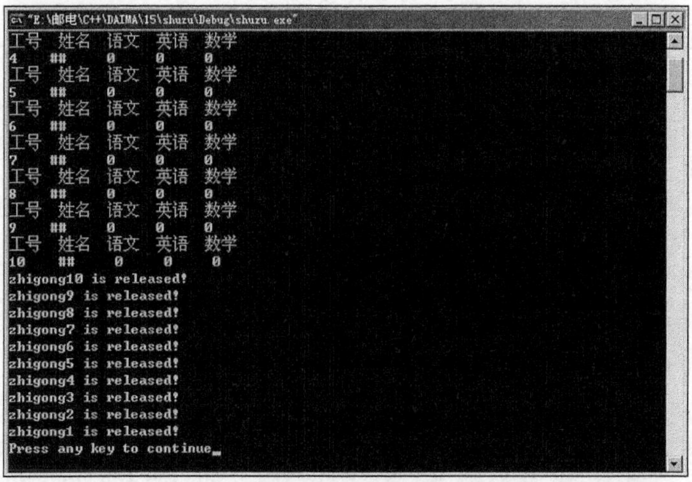

图 12-10 执行效果

注意：在定义对象数组不能给构造函数传递参数时，在类中必须有一个不带参数的构造函数或带默认参数的构造函数。上面的例子就是系统自动调用无参数的构造函数。

2. 对象指针

在 C++中，对象除了可以直接引用外，还可以通过对象指针来引用。其定义和使用同指向变量的指针都是相同的。例如，将上面的主函数进行修改，可以加入对象指针。

```
..//同上
  void main()
  {
       student student_array[10];
       student *s;
       s=student_array;
       for (int i=0;i<10;i++,s++)
              s->show();
  }
```

上述代码执行后和前面实例的运行结果相同。在上述程序中，定义了指向 student 类的指针 s，通过指针 s 访问类调用的方法。

12.2.3 再看 this 指针

this 指针是指向调用成员函数的类对象的指针。在定义类对象时，每一个类对象都会拥有一份独立的非静态的数据成员，而共享同一份成员函数的备份。显然，这样做的好处是可以节约存储空间。但是，在程序运行过程中，类对象是如何将成员函数绑定到属于自己的数据成员上的呢？完成这项绑定任务的就是 this 指针。

在使用 this 指针时应该注意如下 3 点。

① this 指针只能在一个类的成员函数中调用，它表示当前对象的地址。下面是一个例子。

```
void Date::setMonth( int mn ) {
        month = mn; // 这3句是等价的
        this->month = mn;
        (*this).month = mn;
}
```

② this 只能在成员函数中使用，全局函数和静态函数都不能使用 this。

实际上，成员函数默认第 1 个参数为 T* const register this，如下。

```
class A{public: int func(int p){}};
```

其中，func 的原型在编译器看来应该是：int func(A* const register this，int p)。

③ this 在成员函数的开始前构造，在成员的结束后清除。这个生命周期同任一个函数的参数是一样的，没有任何区别。当调用一个类的成员函数时，编译器将类的指针作为函数的 this 参数传递进去，如下。

```
A a;
a.func(10);
```

此处，编译器将会编译成如下代码。

```
A::func(&a, 10);
```

看起来和静态函数没差别，对吗？不过，区别还是有的。编译器通常会对 this 指针做一些优化，因此，this 指针的传递效率比较高，如 VC 通常是通过 ecx 寄存器来传递 this 参数。

实例 104 演示在 C++中使用 this 指针的方法

源码路径 光盘\daima\12\this　　视频路径 光盘\视频\实例\第 12 章\104

本实例的实现文件为 this.cpp，具体实现代码如下。

```
#include "stdafx.h"
#include <iostream.h>
#include <string>
using namespace std;
class student{
private:
char *name;
int id;
public:
student(char *pName="no name",int ssId=0)
{
id=ssId;
name=new char[strlen(pName)+1];
strcpy(name,pName);
cout<<"construct new student "<<pName<<endl;
}
void copy(student &s)
{
if (this==&s)
{
cout<<"Erro:can't copy one to oneself!"<<endl;
return;
}else
{
name=new char[strlen(s.name)+1];
strcpy(name,s.name);
id=s.id;
cout<<"the function is deposed!"<<endl;
}
}
void disp()
{
cout<<"Name:"<<name<<" Id:"<<id<<endl;
}
~student()
```

范例 207：实现模版

源码路径：光盘\演练范例\207\
视频路径：光盘\演练范例\207\

范例 208：使用 const 函数

源码路径：光盘\演练范例\208\
视频路径：光盘\演练范例\208\

```
{
cout<<"Destruct "<<name<<endl;
delete name;
}
};
int main()
{
student a("Kevin",12),b("Tom",23);
a.disp();
b.disp();
a.copy(a);
b.copy(a);
a.disp();
b.disp();
return 0;
}
```

在上述代码中，通过使用 this 指针实现了对象资源的拷贝。编译执行后的效果如图 12-11 所示。

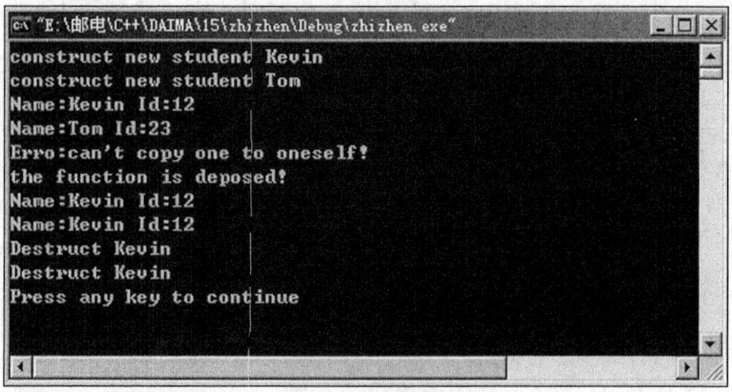

图 12-11 执行效果

12.3 技术解惑

12.3.1 浅拷贝和深拷贝

在某些状况下，类内成员变量需要动态开辟堆内存，如果实行位拷贝，也就是把对象里的值完全复制给另一个对象，如 A=B。这时，如果 B 中有一个成员变量指针已经申请了内存，那 A 中的那个成员变量也指向同一块内存。这就出现了问题：当 B 把内存释放了（如：析构），这时 A 内的指针就是野指针了，出现运行错误。

深拷贝和浅拷贝可以简单理解为：如果一个类拥有资源，当这个类的对象发生复制过程的时候，资源重新分配，这个过程就是深拷贝；反之，没有重新分配资源，就是浅拷贝。下面举个深拷贝的例子。

```
#include <iostream>
using namespace std;
class CA
{
  public:
    CA(int b,char* cstr)
    {
      a=b;
      str=new char[b];
      strcpy(str,cstr);
    }
    CA(const CA& C)
    {
      a=C.a;
```

```
            str=new char[a]; //深拷贝
            if(str!=0)
                strcpy(str,C.str);
        }
        void Show()
        {
            cout<<str<<endl;
        }
        ~CA()
        {
            delete str;
        }
    private:
        int a;
        char *str;
};
int main()
{
    CA A(10,"Hello!");
    CA B=A;
    B.Show();
    return 0;
}
```

深拷贝和浅拷贝的定义可以简单理解成：如果一个类拥有资源（堆，或者是其他系统资源），当这个类的对象发生复制过程的时候，这个过程就可以叫作深拷贝，反之对象存在资源，但复制过程并未复制资源的情况视为浅拷贝。浅拷贝资源后，在释放资源的时候会产生资源归属不清的情况，导致程序运行出错。

Test(Test &c_t)是自定义的拷贝构造函数，拷贝构造函数的名称必须与类名称一致，函数的形式参数是本类型的一个引用变量，且必须是引用。当用一个已经初始化过了的自定义类类型对象去初始化另一个新构造的对象的时候，拷贝构造函数就会被自动调用，如果你没有自定义拷贝构造函数，系统将会提供给一个默认的拷贝构造函数来完成这个过程，上面代码的复制核心语句就是通过 Test(Test &c_t)拷贝构造函数内的如下语句完成的。

```
    p1=c_t.p1;
```

12.3.2 构造函数的错误认识和正确认识

（1）错误认识

- 若程序员没有自己定义无参数的构造函数，那么编译器会自动生成默认构造函数，来进行对成员函数的初始化。
- 编译器合成出来的 default constructor 会明确设定“class 内每一个 data member 的默认值”。但这两种认识是有误的，不全面的。

（2）正确认识

- 默认的构造函数分为有用的和无用的，所谓无用的默认构造函数就是一个空函数，什么操作也不做，而有用的默认构造函数是可以初始化成员的函数。
- 对构造函数的需求也是分为两类：一类是编辑器需求，一类是程序的需求。
- 程序的需求：程序需求构造函数时，就是要程序员自定义构造函数来显示初始化类的数据成员。
- 编辑器的需求：编辑器的需求也分为两类：一类是无用的空的构造函数（trivial），一类是编辑器自己合成的有用的构造函数（non-trivival）。

12.3.3 保护性析构函数的作用

如果一个类被继承，同时定义了基类以外的成员对象，且基类析构函数不是 virtual 修饰的，那么当基类指针或引用指向派生类对象并析构（例如自动对象在函数作用域结束时；或者通过 delete）时，会调用基类的析构函数而导致派生类定义的成员没有被析构，产生内存泄露等问题。

虽然把析构函数定义成 virtual 的可以解决这个问题，但是当其他成员函数都不是 virtual 函数时，会在基类和派生类引入 vtable，实例引入 vptr 造成运行时的性能损失。如果确定不需要直接而是只通过派生类对象使用基类，可以把析构函数定义为 protected（这样会导致基类和派生类外使用自动对象和 delete 时的错误，因为访问权限禁止调用析构函数），就不会导致以上问题。

如果不想让外面的用户直接构造一个类（假设这个类的名字为 A）的对象，而希望用户只能构造这个类 A 的子类，那你就可以将类 A 的构造函数/析构函数声明为 protected，而将类 A 的子类的构造函数/析构函数声明为 public，如下。

```
class A
{ protected: A(){}
  public: ....
};
calss B : public A
{ public: B(){}
  ....
};
A a; // error
B b; // ok
```

如果将构造函数/析构函数声明为 private，那只有这个类的“内部”的函数才能构造这个类的对象了，如下。

```
class A
{
private:
    A(){   }
    ~A(){ }
public:
    void Instance()//类A的内部的一个函数
    {
        A a;
    }
};
```

上面的代码是能通过编译的。上面代码里的 Instance 函数就是类 A 的内部的一个函数。Instance 函数体里就构建了一个 A 的对象。

但是，这个 Instance 函数还是不能够被外面调用的，这是为什么呢？如果要调用 Instance 函数，必须有一个对象被构造出来，但是构造函数被声明为 private 的了，外部不能直接构造一个对象出来。

```
A aObj; // 编译通不过
aObj.Instance();
```

但是，如果 Instance 是一个 static 静态函数的话，就可以不需要通过一个对象，而可以直接被调用，如下。

```
class A
{
private:
    A():data(10){ cout << "A" << endl; }
    ~A(){ cout << "~A" << endl; }
    public:
    static A& Instance()
    {
        static A a;
        return a;
    }
    void Print()
    {
        cout << data << endl;
    }
private:
    int data;
};
A& ra = A::Instance();
ra.Print();
```

上面的代码其实是设计模式 singleton 模式的一个简单的 C++代码实现。

第 13 章

命名空间和作用域

命名空间 namespace 是一种将相关的类型进行分组的逻辑命名方案。它能够将各种命名实体进行分组，各组间可以相互不影响，避免出现重名。在本章的内容中，将详细介绍 C++中命名空间和作用域的基本知识，为读者进行本书后面知识的学习打下坚实的基础。

本章内容	技术解惑
⏭ 命名空间介绍	using 指令与 using 声明的比较
⏭ 定义命名空间	为什么需要命名空间
⏭ 使用命名空间	命名空间的作用
⏭ 作用域	在 C++中使用这些头文件的方法

13.1　命名空间介绍

知识点讲解：光盘:视频\PPT 讲解（知识点）\第 13 章\命名空间介绍.mp4

什么是命名空间？从广义上来说，命名空间是一种封装事物的方法。在很多地方都可以见到这种抽象概念。例如，在操作系统中，目录用来将相关文件分组，对于目录中的文件来说，它就扮演了命名空间的角色。举个具体例子，文件 foo.txt 可以同时在目录/home/greg 和/home/other 中存在，但在同一个目录中不能存在两个 foo.txt 文件。另外，在目录 /home/greg 外访问 foo.txt 文件时，我们必须将目录名以及目录分隔符放在文件名之前得到/home/greg/foo.txt。这个原理应用到程序设计领域就是命名空间的概念。

在 C++中，名称（name）可以是符号常量、变量、宏、函数、结构、枚举、类和对象等。在大规模程序的设计中，以及在程序员使用各种各样的 C++库时，为了避免这些标识符的命名发生冲突，标准 C++引入了关键字 namespace（命名空间/名字空间/名称空间/名域），可以更好地控制标识符的作用域。MFC 中并没有使用命名空间，但是在.NET 框架、MC++和 C++/CLI 中，都大量使用了命名空间。

与命名空间相关的概念如下。

- 声明域（declaration region）：声明标识符的区域。如在函数外面声明的全局变量，它的声明域为声明所在的文件。在函数内声明的局部变量，它的声明域为声明所在的代码块（例如整个函数体或整个复合语句）。
- 潜在作用域（potential scope）：从声明点开始，到声明域的末尾的区域。因为 C++采用的是先声明后使用的原则，所以在声明点之前的声明域中，标识符是不能用的。即，标识符的潜在作用域，一般会小于其声明域。
- 可见性（scope）：标识符对程序可见的范围。标识符在其潜在作用域内，并非在任何地方都是可见的。例如，局部变量可以屏蔽全局变量、嵌套层次中的内层变量可以屏蔽外层变量，从而被屏蔽的全局或外层变量在其被屏蔽的区域内是不可见的。所以，一个标识符的作用域可能小于其潜在作用域。
- 命名空间：命名空间（namespace）是一种描述逻辑分组的机制，可以将按某些标准在逻辑上属于同一个集团的声明放在同一个命名空间中。

原来 C++标识符的作用域分成 3 级：代码块（{……}，如复合语句和函数体）、类和全局。现在，在类和全局之间，标准 C++又添加了命名空间这一个作用域级别。

命名空间可以是全局的，也可以位于另一个命名空间之中，但是不能位于类和代码块中。所以，在命名空间中声明的名称（标识符），默认具有外部链接特性（除非它引用了常量）。

在所有命名空间之外，还存在一个全局命名空间，它对应于文件级的声明域。因此，在命名空间机制中，原来的全局变量，现在被认为位于全局命名空间中。

标准 C++库（不包括标准 C 库）中所包含的所有内容（包括常量、变量、结构、类和函数等）都被定义在命名空间 std（standard 标准）中了。

13.2　定义命名空间

知识点讲解：光盘:视频\PPT 讲解（知识点）\第 13 章\定义命名空间.mp4

在 C++标准文档中，定义命名空间的统一格式如下。

```
named-namespace-definition:
namespace identifier { namespace-body }
unnamed-namespace-definition:
namespace { namespace-body }
namespace-body:
declaration-seqopt
```

翻译过来后，有名命名空间的定义格式如下。

```
namespace 命名空间名 {
            声明序列可选
}
```

无名命名空间的定义格式如下。

```
namespace {
            声明序列可选
}
```

命名空间的成员，是在命名空间定义中的大括号内声明了的名称。可以在命名空间的定义内定义命名空间的成员（内部定义）。也可以只在命名空间的定义内声明成员，而在命名空间的定义之外定义命名空间的成员（外部定义）。

在声明一个命名空间时，大括号内不仅可以包括变量，而且还可以包括以下类型。

- 变量（可以带有初始化）。
- 常量。
- 数（可以是定义或声明）。
- 结构体。
- 类。
- 模板。

命名空间（在一个命名空间中又定义一个命名空间，即嵌套的命名空间）。

例如下面的代码。

```
namespace nsl
    { const int RATE=0.08;                          //常量
    doublepay;                                      //变量
    doubletax()                                     //函数
        {return a*RATE; }
    namespacens2                                    //嵌套的命名空间
        {int age; }
    }
```

如果想输出命名空间 nsl 中成员的数据，可以采用下面的方法。

```
cout<<nsl::RATE<<endl;
cout<<nsl::pay<<endl;
cout<<nsl::tax()<<endl;
cout<<nsl::ns2::age<<endl;                          //需要指定外层的和内层的命名中间名
```

由此可以看到命名空间的声明方法和使用方法与类差不多。但它们之间有一点差别：声明类时在右大括号的后面有一分号，而在定义命名空间时，大括号的后面没有分号。

实例 105 演示 C++命名空间的定义方法

源码路径　光盘\daima\13\dingyi　　　视频路径　光盘\视频\实例\第 13 章\105

本实例的实现文件为 dingyi.cpp,具体实现代码如下。

```
#include "stdafx.h"
#include <iostream>
using namespace std;        //引入预定义的名字空间
namespace kongjianA{        //名字空间
    class A
    {
    public:
int fun(void)
{
cout<<"In Class A of namespace kongjianA"<<endl;
return 1;
};
```

范例 209：用纯虚函数代替接口

源码路径：光盘**演练范例**\209\

视频路径：光盘**演练范例**\209\

范例 210：定义嵌套类

源码路径：光盘**演练范例**\210\

视频路径：光盘**演练范例**\210\

```
    };
    char *str="In namespace kongjianA";
}
namespace kongjianB{                                  //名字空间
    class A
    {
    public:
int fun(void)
{
cout<<"In Class A of namespace kongjianB"<<endl;
return 1;
};
    };
    char *str="In namespace kongjianB";
}
int main(int argc, char* argv[])
{
    kongjianA::A aa;                                  //用空间kongjianA声明变量，类名与下一个变量的类名相同
    kongjianB::A ba;                                  //用空间kongjianB声明变量
    aa.fun();
    ba.fun();
    cout<<kongjianA::str<<endl;
    cout<<kongjianB::str<<endl;
    return 0;
}
```

在上述代码中，分别定义了 2 个命名空间 kongjianA 和 kongjianB，在这 2 个命名空间内都有同样的类名 A 和变量 str。编译执行后的效果如图 13-1 所示。

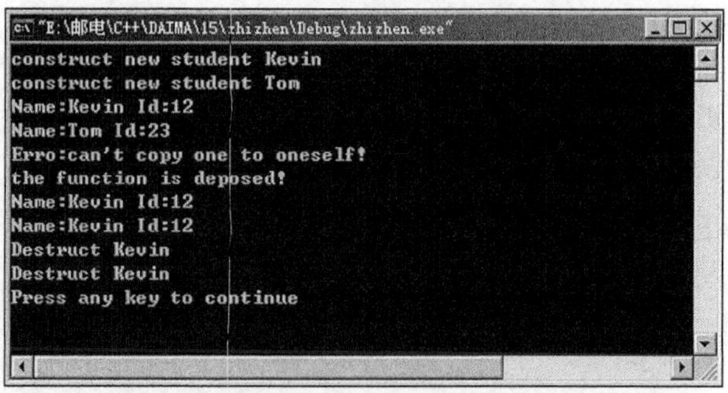

图 13-1　执行效果

命名空间成员的外部定义的格式如下。

```
命名空间名::成员名……
```

在使用命名空间时，应该注意如下几点。

- 不能在命名空间的定义中声明（另一个嵌套的）子命名空间，只能在命名空间的定义中定义子命名空间。
- 不能直接使用"命名空间名::成员名 ……"定义方式为命名空间添加新成员，而必须先在命名空间的定义中添加新成员的声明。
- 命名空间是开放的，即可以随时把新的成员名称加入到已有的命名空间之中去。方法是多次声明和定义同一命名空间，每次都添加自己的新成员和名称，如下。

```
namespace A {
        int i;
        void f();
}                                            // 现在A有成员i和f()
namespace A {
        int j;
        void g();
} // 现在A有成员i、f()、j和g()
```

另外，还可以用多种方法来组合现有的命名空间，让它们为我所用，如下。

```
namespace My_lib {
        using namespace His_string;
```

```
        using namespace Her_vector;
        using Your_list::List;
        void my_f(String &, List &);
}
……
using namespace My_lib;
……
Vector<String> vs[5];
List<int> li[10];
my_f(vs[2], li[5]);
```

再看下面的代码。

```
namespace Outer {                     // 命名空间Outer的定义
    int i;                            // 命名空间Outer的成员i的内部定义
    namespace Inner {                 // 子命名空间Inner的内部定义
        void f() { i++; }             // 命名空间Inner的成员f()的内部定义，其中的i为Outer::i
        int i;
        void g() { i++; }             // 命名空间Inner的成员g()的内部定义，其中的i为Inner::i
        void h();                     // 命名空间Inner的成员h()的声明
    }
    void f();                         // 命名空间Outer的成员f()的声明
    // namespace Inner2;              // 这样错误，不能声明子命名空间
}
void Outer::f() {i--;}                // 命名空间Outer的成员f()的外部定义
void Outer::Inner::h() {i--;}         // 命名空间Inner的成员h()的外部定义
// namespace Outer::Inner2 {}         // 这样错误，不能在外部定义子命名空间
```

13.3 使用命名空间

知识点讲解：光盘:视频\PPT 讲解（知识点）\第 13 章\使用命名空间.mp4

C++中使用命名空间的方法有 3 种：域限定符、using 指令、using 声明和别名。在本节的内容中，将分别详细介绍这 3 种方法的具体使用过程。

13.3.1 使用域限定符

域限定符即作用域解析运算符“::”，对命名空间中成员的引用，需要使用命名空间的作用域解析运算符::。具体格式如下。

```
空间名::空间成员;
```

如果是嵌套的命名空间，则需要写出所有的空间名，格式如下。

```
空间名1:: 空间名2:: ………空间名n::空间成员;
```

例如下面的代码。

```
#include "out.h"
#include <iostream>
int main ( ) {
    Outer::i = 0;
    Outer::f();                       // Outer::i = -1;
    Outer::Inner::f();                // Outer::i = 0;
    Outer::Inner::i = 0;
    Outer::Inner::g();                // Inner::i = 1;
    Outer::Inner::h();                // Inner::i = 0;
    std::cout << "Hello, World!" << std::endl;
    std::cout << "Outer::i = " << Outer::i << ", Inner::i = " << Outer::Inner::i << std::endl;
}
```

13.3.2 使用 using 指令

使用 using 指令即使用 using namespace，此方法只能作用于一个命名空间，它明确指明了用到的命名空间，其具体格式如下。

```
using namespace 空间名;
using 空间名::空间成员;
```

实例 106　演示使用命名空间的方法

源码路径　光盘\daima\13\qiantao　　　视频路径　光盘\视频\实例\第 13 章\106

首先编写主文件 qiantao.app，具体代码如下。

```
#include "stdafx.h"
#include <iostream.h>
#include "123.h"
using namespace lingwai;            //引入名字空间
namespace ThisFile{                 //定义自己的名字空间
    char *str="char *str,in ThisFile namespace";
    void fun(void)
    {
        cout<<"function fun,in ThisFile namespace"<<endl;
    }
}
namespace{                          //定义无名的名字空间
    char *unnamed="unnamed namespace";
}
int main(int argc, char* argv[])
{
    cout<<str<<endl;
    fun();                                  //来自空间lingwai
    cout<<ThisFile::str<<endl;
    ThisFile::fun();                        //引用自己的名字空间中的函数
    cout<<unnamed<<endl;                    //引用无名的名字空间
    return 0;
}
```

范例 **211**：使用策略模式

源码路径：光盘**演练范例**\\211\\

视频路径：光盘**演练范例**\\211\\

范例 **212**：使用适配器模式

源码路径：光盘**演练范例**\\212\\

视频路径：光盘**演练范例**\\212\\

在上述代码中，引用了另外一个命名空间 lingwai，此命名空间在文件 123.h 中被定义。接下来再编写外部文件 123.h，具体代码如下。

```
namespace lingwai{
    char *str="char *str,in lingwai namespace";
    void fun(void)
    {
        cout<<"function fun,in lingwai namespace"<<endl;
    }
}
```

在上述代码中，定义了命名空间 lingwai。程序编译执行后的效果如图 13-2 所示。

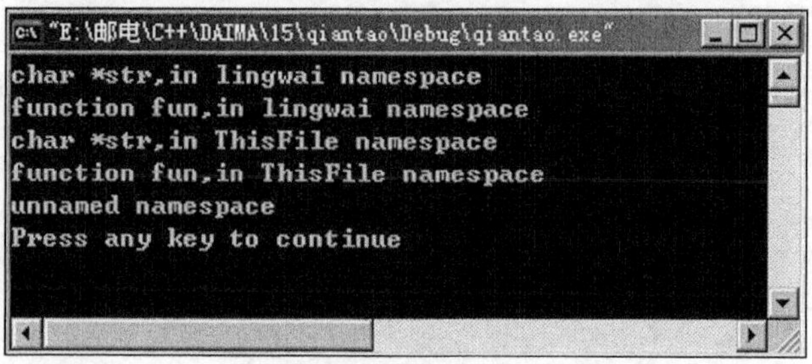

图 13-2　执行效果

为了省去每次调用 Inner 成员和标准库的函数和对象时，都要添加 Outer::Inner::和 sta::的麻烦，可以使用标准 C++的 using 编译指令来简化对命名空间中的名称的使用。格式如下。

```
using namespace 命名空间名[::命名空间名……];
```

在这条语句之后，就可以直接使用该命名空间中的标识符，而不必写前面的命名空间定位部分。因为 using 指令使所指定的整个命名空间中的所有成员都直接可用。

13.3.3　using 声明

除了可以使用 using 编译指令（组合关键字 using namespace）外，还可以使用 using 声明来简化对命名空间中的名称的使用。格式如下。

```
using 命名空间名::[命名空间名::……]成员名;
```

注意，关键字 using 后面并没有跟关键字 namespace，而且最后必须为命名空间的成员名（而在 using 编译指令的最后，必须为命名空间名）。

与 using 指令不同的是，using 声明只是把命名空间的特定成员的名称添加到该声明所在的区域中，使得该成员可以不需要采用（多级）命名空间的作用域解析运算符来定位，而是直接被使用。但是该命名空间的其他成员仍然需要作用域解析运算符来定位。如下。

```
#include "out.h"
#include <iostream>
using namespace Outer;                  // 注意，此处无::Inner
using namespace std;
// using Inner::f;                      // 编译错误，因为函数f()有名称冲突
using Inner::g;                         // 此处省去Outer::，是因为Outer已经被前面的using指令作用过了
using Inner::h;
int main ( ) {
        i = 0;                          // Outer::i
        f();                            // Outer::f()，Outer::i = -1;
        Inner::f();                     // Outer::i = 0;
        Inner::i = 0;
        g();                            // Inner::g()，Inner::i = 1;
        h();                            // Inner::h()，Inner::i = 0;
        cout << "Hello, World!" << endl;
        cout << "Outer::i = " << i << ", Inner::i = " << Inner::i << endl;
}
```

13.3.4 别名

标准 C++引入命名空间，主要是为了避免成员的名称冲突。如果用户都给自己的命名空间取简短的名称，那么这些（往往同是全局级的）命名空间本身，也可能发生名称冲突。如果为了避免冲突，而为命名空间取很长的名称，则使用起来就会不方便。这是一个典型的两难问题。

在具体编程过程中，有时会因为命名太长而不易使用，此时为了简化代码编写，我们可以给其命名为一个别名，具体格式如下。

```
namespace 别名 = 空间名;
```

标准 C++引入命名空间，除了可以避免成员的名称发生冲突之外，还可以使代码保持局部性，从而保护代码不被他人非法使用。如果你的目的主要是后者，而且又为替命名空间取一个好听、有意义、且与别人的命名空间不重名的名称而烦恼的话，标准 C++还允许你定义一个无名命名空间。你可以在当前编译单元中（无名命名空间之外），直接使用无名命名空间中的成员名称，但是在当前编译单元之外，它又是不可见的。

无名命名空间的定义格式如下。

```
namespace {
        声明序列可选
}
```

实际上，上面的定义等价于以下格式（标准 C++中有一个隐含的使用指令）。

```
namespace $$$ {
        声明序列可选
}
using namespace $$$;
```

举例如下。

```
namespace
        int i;
        void f() {}
}
int main() {
        i = 0;                          // 可直接使用无名命名空间中的成员i
        f();                            // 可直接使用无名命名空间中的成员f()
}
```

13.4 作　用　域

知识点讲解：光盘:视频\PPT 讲解（知识点）\第 13 章\作用域.mp4

作用域在许多程序设计语言中非常重要。通常来说，一段程序代码中所用到的名字并不总是有效/可用的，而限定这个名字的可用性的代码范围就是这个名字的作用域。作用域的使用提高了程序逻辑的局部性，增强了程序的可靠性，减少了名字的冲突。对于对象而言（其他也是

一样的)，在 main 函数中，对象的作用域为它所在的最近的一对大括号内。在后大括号处，析构函数被调用；全局的对象的作用域为声明之后的整个文件，析构函数在最后被调用。另外，临时产生的对象在使用完后立即会被析构。

13.4.1　什么是作用域

作用域规则告诉我们一个变量的有效范围，它在哪儿创建，在哪儿销毁（也就是说超出了作用域)。变量的有效作用域从它的定义点开始，到和定义变量之前最邻近的开括号配对的第一个闭括号。也就是说，作用域由变量所在的最近一对括号确定。要完全理解作用域，需要先掌握如下几个概念。

1. 全局变量

全局变量是在所有函数体的外部定义的，程序的所在部分（甚至其他文件中的代码）都可以使用。全局变量不受作用域的影响（也就是说，全局变量的生命期一直到程序的结束)。如果在一个文件中使用 extern 关键字来声明另一个文件中存在的全局变量，那么这个文件可以使用这个数据。

2. 局部变量

局部变量出现在一个作用域内，它们是局限于一个函数的。局部变量经常被称为自动变量，因为它们在进入作用域时自动生成，离开作用域时自动消失。关键字 auto 可以显式地说明这个问题，但是局部变量默认为 auto，所以没有必要声明为 auto。

3. 寄存器变量

寄存器变量是一种局部变量。关键字 register 告诉编译器“尽可能快地访问这个变量”。加快访问速度取决于现实，但是，正如名字所暗示的那样，这经常通过在寄存器中放置变量来做到。这并不能保证将变量放置在寄存器中，甚至也不能保证提高访问速度。这只是对编译器的一个暗示。

使用 register 变量是有限制的。不可能得到或计算 register 变量的地址。register 变量只能在一个块中声明（不可能有全局的或静态的 register 变量)。然而可以在一个函数中（即在参数表中）使用 register 变量作为一个形式参数。

一般来说，不应当推测编译器的优化器，因为它可能比我们做得更好。因此，最好避免使用关键字 register。

4. 静态变量

关键字 static 有一些独特的意义。通常，函数中定义局部变量在函数中作用域结束时消失。当再次调用这个函数时，会重新创建变量的存储空间，其值会被重新初始化。如果想使局部变量的值在程序的整个生命期里仍然存在，我们可以定义函数的局部变量为 static（静态的)，并给它一个初始化。初始化只在函数第一次调用时执行，函数调用之间变量的值保持不变，这种方式，函数可以“记住”函数调用之间的一些信息片断。

我们可能奇怪为什么不使用全局变量。static 变量的优点是在函数范围之外是不可用的，所以它不可能被轻易改变。这会使错误局部化。

5. 外部变量

extern 告诉编译器存在着一个变量和函数，即使编译器在当前的文件中没有看到它。这个变量或函数可能在一个文件或者在当前文件的后面定义。例如在下面的代码中，编译器会知道 i 肯定作为全局变量存在于某处。当编译器看到变量 i 的定义时，并没有看到别的声明，所以知道它在文件的前面已经找到了同样声明的 i。

```
extern int i;
```

6. 常量

const 告诉编译器这个名字表示常量，不管是内部的还是用户定义的数据类型都可以定义为 const。如果定义了某对象为常量，然后试图改变它，编译器将会产生错误。在 C++中一个 const 必须有初始值。

7. volatile 变量

限定词 const 告诉编译器“这是不会改变的”（这就是允许编译器执行额外的优化）；而限定词 volatile 则告诉编译器“不知道何时变化”，防止编译器依据变量的稳定性做任何优化。

13.4.2 作用域的分类

在日常应用中，通常将作用域划分为如下几类。

1. 文件作用域

所谓的文件作用域就是从声明的地方开始指导文件的结尾。在函数和类之外说明的标识符具有文件作用域，其作用域从说明点开始，在文件结束处结束。 如果标识符出现在头文件的文件作用域中，则它的作用域扩展到嵌入了这个头文件的程序文件中 ，直到该程序文件结束。文件作用域包含该文件中所有的其他作用域。 在同一作用域中不能说明相同的标识符。 标识符的作用域和其可见性经常是相同的，但并非始终如此。

2. 块作用域

块是函数中一对大括号（包括函数定义所使用的大括号）所括起的一段区域。在块内说明的标识符具有块作用域，它开始于标识符被说明的地方，并在标志该块结束的右大括号处结束。如果一个块内有一个嵌套块，并且该块内的一个标识符在嵌套块开始之前说明，则这个标识符的作用域包含嵌套块。函数的形参具有块作用域，其开始点在标志函数定义开始的第一个左大括号处，结束于标志函数定义结束的右大括号处。

3. 函数原型作用域

在函数说明的参数表中说明的标识符具有函数原型作用域，该作用域终止于函数原型说明的末尾。如下。

```
int sum ( int first , int second );
second=0;                                    //错，标识符second在此不可见
```

4. 函数作用域

具有函数作用域的标识符在该函数内的任何地方可见。在 C++中，只有 goto 语句的标号具有函数作用域。因此，标号在一个函数内必须唯一。例如，下面的程序由于在函数中说明了两个同名的标号，因而是错误的。

5. 类作用域

类的作用域是指类成员的有效范围和成员函数名查找顺序。类的作用域简称类域，它是指在类的定义中由一对大括号所括起来的部分。每一个类都具有该类的类域，该类的成员局部于该类所属的类域中。

在类的定义中可知，类域中可以定义变量，也可以定义函数。从这一点上看，类域与文件域很相似。但是，类域又不同于文件域，在类域中定义的变量不能使用 auto、register 和 extern 等修饰符，只能用 static 修饰符，而定义的函数也不能用 extern 修饰符。另外，在类域中的静态成员和成员函数还具有外部的连接属性。

文件域中可以包含类域，显然，类域小于文件域。一般来说，类域中可包含成员函数的作用域。

类中成员的特殊访问规则，使得类中成员的作用域变得比较复杂。

具体地讲，某个类 A 中某个成员 M 在如下情况具有类 A 的作用域。

① 该成员（M）出现在该类的某个成员函数中，并且该成员函数没有定义同名标识符。

② 该类（A）的某个对象的该成员（M）的表达式中。例如，a 是 A 的对象，即在表达式 a.M 中。

③ 在该类（A）的某个指向对象指针的该成员（M）的表达式中。例如，Pa 是一个指向 A 类对象的指针，即在表达式 Pa->M 中。

④ 在使用作用域运算符所限定的该成员中。例如，在表达式 A::M 中。

⑤ 一般说来，类域介于文件域和函数域之间，由于类域问题比较复杂，在前面和后面的程序中都会遇到，只能根据具体问题具体分析。

实例 107 演示 C++作用域在程序中的作用

源码路径 光盘\daima\13\zuoyongyu 视频路径 光盘\视频\实例\第 13 章\107

首先编写主文件 zuoyongyu.app，具体代码如下。

```
#include "stdafx.h"
#include <iostream.h>
#include <string.h>
#include "123.h"      //引入fun所在的头文件
namespace Space
{
    void fun(void)  //定义自己的函数fun
    {
        cout<<"fun : from Space"<<endl;
    }
    string str="str : from Space";
}
class Lei                      //定义类，该类中也有函数fun
{
public:
    void fun(void)
    {
        cout<<"fun : from Lei"<<endl;
    }
    string str;
    Lei()                                         //构造函数
    {
        str.assign("str : from Lei");
    }
};
void fun1(void)                                   //在文件内直接定义函数
{
    cout<<"fun1 : from this file"<<endl;
}
string str1="str1 : from this file";              //在文件内直接定义变量
int main(int argc, char* argv[])
{
    string str1="str1 : local";                   //在主函数内定义变量
    Lei Lei;                                      //使用文件内定义的类
    Lei.fun();
    Space::fun();                                 //使用命名空间内的函数
    fun();                                        //使用其他文件中的函数
    fun1();                                       //使用文件域内的函数
    cout<<Space::str.c_str()<<endl;               //使用空间内的变量
    cout<<Lei.str.c_str()<<endl;                  //使用类内的变量
    cout<<str.c_str()<<endl;                      //使用文件域内的变量
    cout<<str1.c_str()<<endl;                     //使用主函数内的变量
    cout<<::str1.c_str()<<endl;                   //带限定符使用
    return 0;
}
```

> 范例 **213**：比较集合
> 源码路径：光盘**演练范例**\213\
> 视频路径：光盘**演练范例**\213\
> 范例 **214**：计算相同元素的个数
> 源码路径：光盘**演练范例**\214\
> 视频路径：光盘**演练范例**\214\

在上述代码中，引用了另外一个文件 123.h 中定义的函数 fun()。接下来再编写外部文件 123.h，具体代码如下。

```
using namespace std;
void fun(void)
{
    cout<<"fun : from other file"<<endl;
}
```

```
string str="str : from other file";
```

在上述代码中，定义了函数 fun(void)。程序编译执行后的效果如图 13-3 所示。

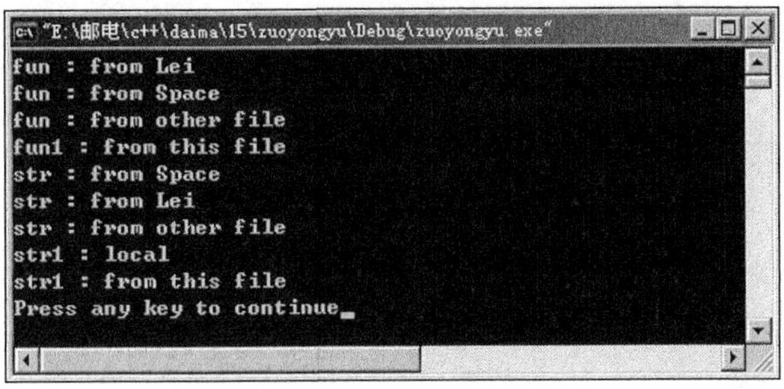

图 13-3 执行效果

13.5 技术解惑

13.5.1 using 指令与 using 声明的比较

using 编译指令和 using 声明都可以简化对命名空间中名称的访问。using 指令使用后，可以一劳永逸，对整个命名空间的所有成员都有效，非常方便。而 using 声明则必须对命名空间的不同成员名称一个一个地去声明，非常麻烦。

但是一般来说，使用 using 声明会更安全。因为，using 声明只导入指定的名称，如果该名称与局部名称发生冲突，编译器会报错。而 using 指令导入整个命名空间中的所有成员的名称，包括那些可能根本用不到的名称，如果其中有名称与局部名称发生冲突，则编译器并不会发出任何警告信息，而只是用局部名去自动覆盖命名空间中的同名成员。特别是命名空间的开放性，使得一个命名空间的成员可能分散在多个地方，程序员难以准确知道，别人到底为该命名空间添加了哪些名称。虽然使用命名空间的方法有多种可供选择。但是不能贪图方便，一味使用 using 指令，这样就完全背离了设计命名空间的初衷，也失去了命名空间应该具有的防止名称冲突的功能。

一般情况下，对偶尔使用的命名空间成员，应该使用命名空间的作用域解析运算符来直接给名称定位。而对一个大命名空间中的经常要使用的少数几个成员，提倡使用 using 声明，而不应该使用 using 编译指令。只有需要反复使用同一个命名空间的多数成员时，使用 using 编译指令，才被认为是可取的。

例如，如果一个程序（如上面的 outi.cpp）只使用一两次 cout，而且也不使用 std 命名空间中的其他成员，则可以使用命名空间的作用域解析运算符来直接定位。

13.5.2 为什么需要命名空间

命名空间是 ANSI C++引入的可以由用户命名的作用域，用来处理程序中常见的同名冲突。在 C 语言中定义了 3 个层次的作用域，即文件（编译单元）、函数和复合语句。C++又引入了类作用域，类是出现在文件内的。在不同的作用域中可以定义相同名字的变量，互不于扰，系统能够区别它们。

全局变量的作用域是整个程序，在同一作用域中不应有两个或多个同名的实体（enuty），包括变量、函数和类等。例如，在文件中定义了两个类，在这两个类中可以有同名的函数。在引用时，为了区别，应该加上类名作为限定。

```
class A      //声明A类
```

```
{ public:
    void funl(); //声明A类中的funl函数
  private:
    int i;  };
void A::funl() //定义A类中的funl函数
 {…………}
 class B //声明B类
 { public:
    void funl();  //B类中也有funl函数
    void fun2();  };
 void B::funl() //定义B类中的funl函数
 { …………}
```

这样不会发生混淆。

在文件中可以定义全局变量(global variable)，它的作用域是整个程序。如果在文件 A 中定义了一个变量 a，代码如下。

```
int a=3;
```

在文件 B 中可以再定义一个变量 a。

```
int a=5;
```

在分别对文件 A 和文件 B 进行编译时不会有问题。但是，如果一个程序包括文件 A 和文件 B，那么在进行连接时，会报告出错，因为在同一个程序中有两个同名的变量，认为是对变量的重复定义。可以通过 extern 声明同一程序中的两个文件中的同名变量是同一个变量。例如，在文件 B 中有以下声明。

```
extem int a;
```

表示文件 B 中的变量 a 是在其他文件中已定义的变量。由于有此声明，在程序编译和连接后，文件 A 的变量 a 的作用域扩展到了文件 B。如果在文件 B 中不再对 a 赋值，则在文件 B 中用以下语句输出的是文件 A 中变量 a 的值。

```
cout<<a;  //得到a的值为3
```

13.5.3　命名空间的作用

命名空间是建立一些互相分隔的作用域，把一些全局实体分隔开来。以免产生老师点名叫李相国时，3 个人都站起来应答，这就是名字冲突，因为他们无法辨别老师想叫的是哪一个李相国，同名者无法互相区分。为了避免同名混淆，学校把 3 个同名的学生分在 3 个班。这样，在小班点名叫李相国时，只会有一个人应答。也就是说，在该班的范围（即班作用域）内名字是唯一的。如果在全校集合时校长点名，需要在全校范围内找这个学生，就需要考虑作用域问题。如果校长叫李相国，全校学生中又会有 3 人一齐喊“到”，因为在同一作用域中存在 3 个同名学生。为了在全校范围内区分这 3 名学生，校长必须在名字前加上班号，如高三甲班的李相国，或高三乙班的李相国，即加上班名限定。这样就不致产生混淆。

可以根据需要设置许多个命名空间，每个命名空间名代表一个不同的命名空间域，不同的命名空间不能同名。这样，可以把不同的库中的实体放到不同的命名空间中，或者说，用不同的命名空间把不同的实体隐蔽起来。过去我们用的全局变量可以理解为全局命名空间，独立于所有有名的命名空间之外，它是不需要用 namespace 声明的，实际上是由系统隐式声明的，存在于每个程序之中。

13.5.4　在 C++中使用这些头文件的方法

在 C++中使用这些头文件有两种方法，具体说明如下。

（1）用 C 语言的传统方法

头文件名包括后缀．h，如 stdio.h，math.h 等。由于 C 语言没有命名空间，头文件并不存放在命名空间中，因此在 C++程序文件中如果用到带后缀．h 的头文件时，不必用命名空间。只需在文件中包含所用的头文件即可，如下。

```
#include<math.h>
```

（2）用 C++的新方法

C++标准要求系统提供的头文件不包括后缀．h，例如 iostream、string。为了表示与 C 语言的头文件有联系又有区别，C++所用的头文件名是在 C 语言的相应的头文件名（但不包括后缀．h）之前加一字母 c。例如，C 语言中有关输入与输出的头文件名为 stdio．h，在 C++中相应的头文件名为 cstdio。C 语言中的头文件 math.h，在 C++中相应的头文什名为 cmath。C 语言中的头文件 string．h 在 C++中相应的头文件名为 cstring。注意在 C++中，头文件 cstnng 和头文件 strmg 不是同一个文件。前者提供 C 语言中对字符串处理的有关函数（如 strcmp，ctrcpy）的声明，后者提供 C++中对字符串处理的新功能。

此外，由于这些函数都是在命名空间 std 中声明的，因此在程序中要对命名空间 std 声明，如下。

```
#include<cstdio>
#include<cmath>
using namespace std;
```

目前所用的大多数 C++编译系统既保留了 C 的用法，又提供了 C++的新方法。下面两种用法等价，可以任选。

C 传统方法和 C++新方法如下。

```
#include<stdio.h> #include<cstdio>
#include<math.h> #include<cmath>
#include<string.h> #include<cstring>
using namespace std;
```

在日常编程应用中，我们可以使用传统的 C 方法，但是应当提倡使用 C++的新方法。

第 14 章

类的继承和派生

面向对象程序设计有 4 个最主要特点：抽象、封装、继承和多态性。读者在前面的章节中已经学习了类和对象，了解了面向对象程序设计的两个重要特征——数据抽象与封装，已经能够设计出基于对象的程序，这是面向对象程序设计的基础。在本章的内容中，将详细介绍 C++类的继承和派生的基本知识，为读者进行本书后面知识的学习打下坚实的基础。

本章内容

- ⏭ 继承与派生的基本概念
- ⏭ C++继承机制
- ⏭ 继承和派生的基本知识
- ⏭ 派生一个类
- ⏭ 单重继承和多重继承
- ⏭ 虚继承和虚基类

技术解惑

通过虚继承解决二义性问题

使用 C++虚基类的注意事项

一个问题

多重继承的二义性

允许派生类中的成员名和基类中的成员名相同

14.1 继承与派生的基本概念

知识点讲解：光盘:视频\PPT 讲解（知识点）\第 14 章\继承与派生的基本概念.mp4

类的继承是新的类从已有的类中取得已有的特性，诸如数据成员、成员函数等。类的派生是从已有的类产生新类的过程，这个已有的类称之为基类或者父类，而新类则称之为派生类或者子类，派生类具有基类的数据成员和成员函数，同时增加了新的成员。

从派生类的角度，根据其拥有的基类数目的不同，可以分为单继承和多继承。一个类只有一个直接基类时，称为单继承；而一个类同时有多个直接继承类时，则称为多继承。

一个新类从已有的类那里获得其已有特性，这种现象称为类的继承。通过继承，一个新建子类从已有的父类那里获得父类的特性。从另一角度说，从已有的类（父类）产生一个新的子类，称为类的派生。具体来说有如下 2 个特点。

- 一个派生类只从一个基类派生，这称为单继承（singleinheritance），这种继承关系所形成的层次是一个树形结构。
- 一个派生类有两个或多个基类的称为多重继承（mulUple inheritance）。

基类和派生类的关系表述如下。

派生类是基类的具体化，而基类则是派生类的抽象。例如，小学生、中学生、大学生、研究生、留学生是学生的具体化，他们是在学生的共性基础上加上某些特点形成的子类。而学生则是对各类学生共性的综合，是对各类具体学生特点的抽象。基类综合了派生类的公共特征，派生类则在基类的基础上增加某些特性，把抽象类变成具体的、实用的类型。

14.2 C++继承机制

知识点讲解：光盘:视频\PPT 讲解（知识点）\第 14 章\C++继承机制.mp4

通过继承机制，可以利用已有的数据类型来定义新的数据类型。所定义的新的数据类型不仅拥有新定义的成员，而且还同时拥有旧的成员。我们称已存在的用来派生新类的类为基类，又称为父类。由已存在的类派生出的新类称为派生类，又称为子类。

在 C++语言中，一个派生类可以从一个基类派生，也可以从多个基类派生。从一个基类派生的继承称为单继承；从多个基类派生的继承称为多继承。

1. 派生类的定义格式

单继承的定义格式如下。

```
class <派生类名>:<继承方式><基类名>
{
<派生类新定义成员>
};
```

其中，<派生类名>是新定义的一个类的名字，它是从<基类名>中派生的，并且按指定的<继承方式>派生的。<继承方式>常使用如下 3 种关键字来表示。

- public：表示公有基类。
- private：表示私有基类。
- protected：表示保护基类。

多继承的定义格式如下。

```
class <派生类名>:<继承方式1><基类名1>,<继承方式2><基类名2>,…
{
<派生类新定义成员>
};
```

可见，多继承与单继承的区别从定义格式上看，主要是多继承的基类多于一个。

2. 派生类的继承方式

派生类有 3 种继承方式，分别是公有继承（public）、私有继承（private）和保护继承（protected），这 3 种继承方式的具体说明如下。

（1）公有继承（public）

公有继承的特点是基类的公有成员和保护成员作为派生类的成员时，它们都保持原有的状态，而基类的私有成员仍然是私有的。

（2）私有继承（private）

私有继承的特点是基类的公有成员和保护成员都作为派生类的私有成员，并且不能被这个派生类的子类所访问。

（3）保护继承（rotected）

保护继承的特点是基类的所有公有成员和保护成员都成为派生类的保护成员，并且只能被它的派生类成员函数或友元访问，基类的私有成员仍然是私有的。

表 14-1 列出了 3 种不同的继承方式的基类特性和派生类特性。

表 14-1　　不同继承方式的基类和派生类特性

继 承 方 式	基 类 特 性	派生类特性
公有继承	public	public
	protected private	protected 不可访问
私有继承	public	private
	protected private	private 不可访问
保护继承	public	protected
	protected private	protected 不可访问

为了进一步理解 3 种不同的继承方式在其成员的可见性方面的区别，下面从 3 种不同角度进行讨论。对于公有继承方式表述如下。

① 基类成员对其对象的可见性。公有成员可见，其他不可见。这里保护成员同于私有成员。

② 基类成员对派生类的可见性。公有成员和保护成员可见，而私有成员不可见。这里保护成员同于公有成员。

③ 基类成员对派生类对象的可见性。公有成员可见，其他成员不可见。

所以，在公有继承时，派生类的对象可以访问基类中的公有成员；派生类的成员函数可以访问基类中的公有成员和保护成员。这里，一定要区分清楚派生类的对象和派生类中的成员函数对基类的访问是不同的。

对于私有继承方式表述如下。

① 基类成员对其对象的可见性。公有成员可见，其他成员不可见。

② 基类成员对派生类的可见性。公有成员和保护成员是可见的，而私有成员是不可见的。

③ 基类成员对派生类对象的可见性：所有成员都是不可见的。所以，在私有继承时，基类的成员只能由直接派生类访问，而无法再往下继承。

对于保护继承方式，这种继承方式与私有继承方式的情况相同。两者的区别仅在于对派生类的成员而言，对基类成员有不同的可见性。

上述所说的可见性也就是可访问性。关于可访问性还有另的一种说法。这种规则中，称派生类的对象对基类访问为水平访问，称派生类的派生类对基类的访问为垂直访问。一般规则如下。

- 公有继承时，水平访问和垂直访问对基类中的公有成员不受限制。

❑ 私有继承时，水平访问和垂直访问对基类中的公有成员也不能访问。

❑ 保护继承时，对于垂直访问同于公有继承，对于水平访问同于私有继承。

综上所述，总结继承方式对基类成员可见性的影响如表 14-2 所示。

表 14-2　继承方式对基类成员可见性的影响

派生方式	基类成员的访问属性	基类成员在派生类中的访问属性	子类访问基类成员	子类外访问基类成员	子类的子类访问基类成员
public	public	public	可以	可以	可以
	private	private	不可以	不可以	不可以
	protected	protected	可以	不可以	可以
private	public	private	可以	不可以	不可以
	private	private	不可以	不可以	不可以
	protected	private	可以	不可以	不可以
protected	public	protected	可以	不可以	可以
	private	private	不可以	不可以	不可以
	protected	protected	可以	不可以	可以

14.3 继承和派生的基本知识

知识点讲解：光盘:视频\PPT 讲解（知识点）\第 14 章\继承和派生的基本知识.mp4

当一个类被其他的类继承时，被继承的类称为基类，又称为父类。继承其他类属性的类称为派生类，又称为子类。在一般情况下，继承的进程起源于一个基类的定义，基类定义了其所有派生类的公有属性。从本质上讲，基类具有同一类集合中的公共属性，派生类继承了这些属性，并且增加了自己特有的属性。任何已存在的类继承的实质就是建造新的派生类。

14.3.1 单重继承、多重继承与继承链

从一个基类派生的继承称为单继承，换句话说，派生类只有一个直接基类。单继承声明语句的常用格式如下。

```
class 派生类名: 访问控制关键字 基类名
{
  数据成员和成员函数声明
};
```

与此相对地，从多个基类派生的继承称为多继承或多重继承，也就是说，一个派生类有多个直接基类。在某些面向对象的语言（如 Java）中不支持类间的多重继承而只支持单重继承，即一个类至多只能有一个直接父类，因此实现类似的功能需要借助接口等其他机制。而在 C++中提供了多重继承的语法支持，使问题变得简单了许多。多重继承声明语句的常用格式如下。

```
class 派生类名: 访问控制关键字 基类名1, 访问控制关键字 基类名2, ...
{
  数据成员和成员函数声明
};
```

除了多重继承之外，一个派生类继承多个基类还有一种方法，就是把派生类作为基类再次供别的类继承，产生多层次的继承关系。例如类 A 派生类 B，类 B 派生类 C，则称类 A 是类 B 的直接基类，类 B 是类 C 的直接基类，类 A 是类 C 的间接基类。类的层次结构也叫继承链。还是上面的例子，当建立类 C 的对象时，类 A 的构造函数最先被调用，接下来被调用的是类 B 的构造函数，最后是类 C 的构造函数。析构函数的调用顺序正好相反。当一个派生类继承有层次的类时，继承链上的每个派生类必须将它需要的变量传递给它的基类。

14.3.2　公有派生和私有派生

在继承声明语句中，访问控制关键字用于说明在基类定义中所声明的成员和成员函数能够在多大范围内被派生类所访问。访问控制关键字可为 public、private 或 protected。如果访问控制关键字为 public，则称派生类从基类公有继承，也称公有派生。如果访问控制关键字为 private，则称派生类从基类私有继承，也称私有派生。公有继承和私有继承的具体区别如表 14-3 所示。

表 14-3　　公有继承和私有继承

基类成员	基类 private 成员		基类 public 成员	
派生方式	private	public	private	public
派生类成员	不可见	不可见	可见	可见
外部函数	不可见	不可见	不可见	可见

通过表 14-1，我们可以将两种派生的特点总结如下。

① 无论哪种派生方式，基类中的 private 成员在派生类中都是不可见的。也就是说，基类中的 private 成员不允许外部函数或派生类中的任何成员访问。

② public 派生与 private 派生的不同点在于基类中的 public 成员在派生类中的访问属性。

- public 派生时，基类中的 public 成员相当于派生类中的 public 成员。
- private 派生时，基类中的 public 成员相当于派生类中的 private 成员。

因此，private 派生确保基类中的方法只能被派生类的对象的方法间接使用，而不能被外部使用。public 派生使派生类对象与外部都可以直接使用基类中的方法，除非这些方法已经被重新定义。

14.3.3　保护成员与保护派生

如果想做到基类成员只由有派生血缘关系的成员访问，而不被无血缘关系的对象成员访问，无论用公有派生还是私有派生都无法做到。因为基类成员中的私有成员是别的类（包括派生类）成员不能访问的，而基类中的公有成员在 public 派生时，不仅可以由派生类对象成员访问，也可以由外部函数访问；而在 private 派生时，基类中的公有成员虽然允许派生类对象中的成员访问，不允许外部访问，可是再派生出下一级时，由于基类的所有成员已经被私有化，其他类成员也不可再访问。实现只许有派生血缘关系的对象成员访问的方法，是在基类中使用具有另一种访问属性的成员——protected 成员。

protected 成员是一种血缘关系内外有别的成员。它对派生对象而言，是公有成员，可以访问；对血缘关系外部而言，与私有成员一样被隐藏。

此外，除了允许使用 private 与 public 两种派生方式之外，C++还允许使用 protected 派生方式。现在将 3 种访问属性不同的成员经 3 种派生后，在派生类中访问属性的变化情况总结如表 14-4 所示，是对上一表格的增进和补充。

表 14-4　　派生说明

派生方式	基类的 public 成员	基类的 protected 成员	基类的 private 成员	派生方式引起的访问属性变化概括
private 派生	变为 private 成员	变为 private 成员	不可见	基类中的非私有成员都成为派生类中的私有成员
protected 派生	变为 protected 成员	变为 private 成员	不可见	基类中的非私有成员在派生类中的访问属性都降一级
public 派生	仍为 public 成员	仍为 protected 成员	不可见	基类中的非私有成员在派生类中的访问属性保持不变

注意：基类的 private 成员无论经过何种派生，在派生类中都是不可见的。

14.3.4 友元类和友元函数

1. 友元函数

通常类的私有成员只能由本类的成员访问，外部函数只能访问类的成员函数，再由成员函数访问类的私有成员。但是，如果在某个类定义中用 friend 声明了一个外部函数（也许是其他类的一个成员）后，这个外部函数便可以例外地访问该类的任何私有成员。用 friend 声明了的外部函数称为这个类的友元函数。

当友元函数是另一个类的成员函数时，应当注意以下几点。

① 友元函数作为一个类的成员函数时，除应当在它所在的类定义中声明之外，还应当在另一个类中声明它的友元关系，声明语句的格式如下。

```
friend 函数类型 函数所在类名：：函数名（参数列表）；
```

② 友元函数在引用本类对象的私有成员时无需本类对象的引用参数，但在引用声明它是友元的类的对象中的私有成员时，必须有友元类对象的引用参数。

③ 一个类的成员函数作另一个类的友元函数时，必须先定义，而不是仅仅声明它。

使用友元函数直接访问对象的私有成员，可以免去再调用类的成员函数所需的开销。同时，友元函数作为类的一个接口，对已经设计好的类，只要增加一条声明语句，便可以使用外部函数来补充它的功能，或架起不同类对象之间联系的桥梁。然而，它同时也破坏了对象封装与信息隐藏，使用时需要谨慎小心。

2. 友元类

另外，也可以把一个类而不仅仅是一个函数声明为另一个类的友元类。这时，只需先声明它而不一定需要先定义。但是应当注意，友元关系是单向的，并且只在两个类之间有效。即使类 X 是类 Y 的友元，类 Y 是否是类 X 的友元也要看类 X 中是否有相应的声明。即友元关系不具有交换性。若类 X 是类 Y 的友元，类 Y 是类 Z 的友元，也不一定就说明类 X 是类 Z 的友元，即友元关系也不具有传递性。

当一个类要和另一个类协同工作时，使一个类成为另一个类的友元类是很有用的。这时友元类中的每一个成员函数都成为了对方的友元函数。

注意：对比 Java 语言，C++在继承上显得十分丰富和充满变化，它在继承过程中对于访问权限的多种变化是其一大特点，同时，对于多重继承的语法支持也使得复杂继承的实现更为简便。然而，完全弄清几种成员在几种继承下访问权限的变化及其应用的时机是需要大量练习的。

14.4 派生一个类

知识点讲解：光盘:视频\PPT 讲解（知识点）\第 14 章\派生一个类.mp4

一个新类从已有的类那里获得其已有特性，这种特性叫继承。通过继承，一个新建子类可以从已有的父类那里获得父类的特性。从另一角度说，从已有的类产生一个新的子类，称为类的派生。派生类继承了基类的所有数据成员和成员函数，并可以对成员进行必要的增加和调整。一个基类可以派生出多个派生类，每一个派生类又可以作为基类再派生出新的派生类。本节先来讲解派生一个类的基本知识。

14.4.1 先看基类的使用状况

通过继承机制，可以利用已有的数据类型来定义新的数据类型。所定义的新的数据类型不仅拥有新定义的成员，而且还同时拥有旧的成员。我们称已存在的用来派生新类的类为基类，又称为父类。由已存在的类派生出的新类称为派生类，又称为子类。看下面的代码。

```
class mm
{
public:
    mm();
virtual mm();
protected:
    string m_name;
    bool m_sex;
    short m_age;
public:
    int GetVersion(char *info);
private:
    string m_ver;
};
```

在上述代码中，定义了一个基类 mm 的一部分。在此，mm 的构造函数和析构函数被声明为共有的，这是因为该类的子类将会自动调用它们。mm 中的属性 m_ver 表示类的版本号，它只能通过共有成员函数 GetVersion(char *info)来获得。而另外的 m_sex 属性和 m_age 属性，被定义为保护属性，只能被子类访问到。

14.4.2　派生的使用状况

派生是指从基类而衍生出来的一个新的子类，构造一个基本派生类的基本操作如下。

① 全继承：不选择地继承基类的所有成员。

② 成员调整：按指定的继承方式、重载或覆盖方式调整基类的成员以满足自己的需要，从而实现多态。

③ 重写构造函数和析构函数：子类不继承这两类函数，无论原来是否可用，子类都重写它们。

④ 特例化：增加子类自己的成员，扩展基类的属性和方法。

在上述操作中，第①步是自动完成的，第②步和第③步是按需进行的，从一个基类派生一个子类后，至少会在第②步和第③步中有一种改动，否则派生就会变得毫无意义。所以基本做法是：使用一个基类，基类中提供了属性和方法，然后再派生子类，在子类中将会修改或增加新的属性和方法。因此，总结出类的派生格式如下。

```
class 子类 :<派生方式> 基类
```

由上述格式可以看出，派生仅仅是增加了“: <派生方式> 基类”这一部分。

实例 108　**演示使用 C++派生的基本过程**

源码路径　光盘\daima\14\paisheng　　　视频路径　光盘\视频\实例\第 14 章\108

本实例的实现文件为 paisheng.cpp，具体代码如下。

```
#include "stdafx.h"
#include <iostream>
#include <string>
using namespace std;
class Lei
{
public:
    Lei();
protected:
    string m_name;
    bool m_sex;
    short m_age;
public:
    virtual int GetVersion(char *info);
private:
    string m_ver;
};
Lei::Lei()                              //构造函数
{
    m_ver.assign("111.0");
```

范例 215：演示私有继承的访问规则

源码路径：光盘**演练范例**\215\

视频路径：光盘**演练范例**\215\

范例 216：演示保护继承的访问规则

源码路径：光盘**演练范例**\216\

视频路径：光盘**演练范例**\216\

```
}
int Lei::GetVersion(char * info)                          //得到类的版本
{
    strcpy(info,m_ver.c_str());
    return 1;
}
//以保护方式派生新类
class ZiLei:protected Lei
{
public:
    ZiLei();
protected:
    string m_id;                                          //增加新的成员变量
    string m_school;
public:
    int GetVersion(char *info);                           //覆盖父类的函数
private:
    string m_ver;                                         //覆盖父类的变量
};
//重写构造函数
ZiLei::ZiLei()
{
    m_ver.assign("222.0");
    //Lei::m_ver.assign("beta1.0");
}
//修改函数
int ZiLei::GetVersion(char *info)
{
    strcpy(info,m_ver.c_str());
    return 1;
}
//以保护方式派生新类
class ZiLei2:protected Lei
{
public:
    ZiLei2();
protected:
    string id;                                            //增加新的成员变量
    string school;
public:
    int version(char *ver);                               //增加新的函数
};
ZiLei2::ZiLei2()
{
    Lei();                                                //调用父类的构造函数
}
int ZiLei2::version(char *ver)
{
    Lei::GetVersion(ver);                                 //调用父类的成员函数
    return 1;
}
int main(int argc, char* argv[])
{
    Lei cp;
    ZiLei   cs;
    ZiLei2 cs2;
    char ver[20];
    cp.GetVersion(ver);                                   //基类的版本号函数
    cout<<ver<<endl;
    cs.GetVersion(ver);                                   //第一个派生类的版本号函数
    cout<<ver<<endl;
    //cs2.GetVersion(ver);
    cs2.version(ver);                                     //第二个派生类的版本号函数
    cout<<ver<<endl;
    return 0;
}
```

在上述代码中，定义了基类 Lei，然后分别派生了类 ZiLei 和类 ZiLei2，以受保护的方式继承。Lei 中的所有成员都成了 ZiLei 中受保护的成员。ZiLei 中除了继承 Lei 成员外，还另行定义了自己的属性 id 和 school，重载了 m_ver 和 GetVersion。因为 ZiLei 没有重载 m_ver 和 GetVersion，所以 ZiLei 可以直接访问 GetVersion(ver)函数，并且访问的是自身的成员，但是 ZiLei2

则不可以。程序编译执行后的效果如图 14-1 所示。

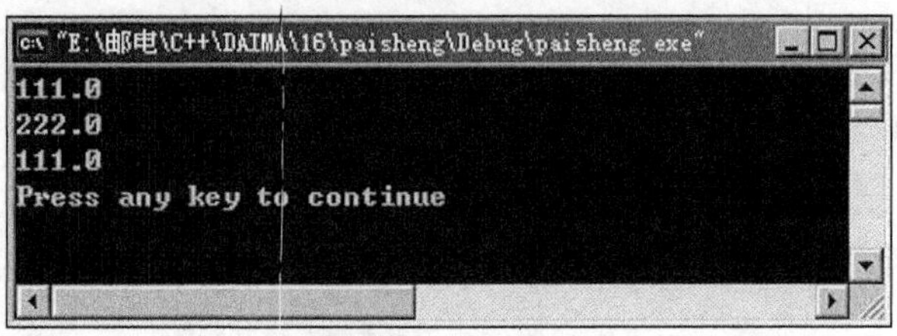

图 14-1　执行效果

14.4.3　再看构造函数

构造函数是类的特殊函数，只要声明了一个类，就会自动为它分配一个默认的构造函数。构造函数的声明格式如下。

```
ClassName (<参数列表>);
```

其中，“ClassName” 是类名，既可以带参数，也可以不带参数，不能有返回值，不能用 void 来修饰。构造函数的定义格式如下。

```
ClassName :: ClassName (<参数列表>);
```

由于构造函数不能被继承，因此，派生类的构造函数必须通过调用基类的构造函数来初始化基类成员，所以在定义派生类的构造函数时，除了对自己的数据成员进行初始化外，还必须负责调用基类的构造函数使基类的数据成员得以初始化。如果派生类中还有其他类的对象成员时，还应包含对对象成员初始化的构造函数。派生类的构造函数的一般定义形式如下。

```
<派生类名>::<派生类名>(<总参数表>): <基类名1>(<参数表1>),
        <基类名n>(<参数表n>),
        <成员对象名1><参数表n+1>,
        <成员对象名m>(<参数表n+m>)
{
<派生类构造函数体>
}
```

派生类构造函数的调用顺序如下。

① 基类的构造函数。

② 成员对象的构造函数（若存在）。

③ 为派生类的构造函数。

若派生类中有多个基类，处于同一层次的各个基类的构造函数的调用顺序取决于定义派生类时声明的顺序（自左向右）。若派生类中有多个对象成员，这些对象成员构造函数的调用顺序取决于它们在派生类中的说明顺序。若这个基类仍是一个派生类，则这个过程递归进行。由于构造函数和析构函数是不能被继承的，所以，一个派生类只能调用它的直接基类的构造函数。

注意：对基类成员和新增成员对象的初始化必须在成员初始化列表中进行。

实例 109　演示使用 C++构造函数的基本过程

源码路径　光盘\daima\14\gouzao　　　视频路径　光盘\视频\实例\第 14 章\109

本实例的实现文件为 gouzao.cpp，具体代码如下。

```
#include "stdafx.h"
#include <iostream>
#include <string>
using namespace std;
class Lei                              //定义基类
{
public:
    Lei(char *name);
protected:
    string m_name;
    string m_ver;
```

```
};
Lei::Lei(char *name)
{
    cout<<"Constructing Lei......"<<endl;
    m_name.assign(name);
}
class ZiLei:protected Lei    //以保护方式派生子类
{
public:
    ZiLei(char *name);
protected:
    string m_school;          //增加新成员变量
public:
    void PrintName(void);  //增加新成员函数
    void PrintSchool(void);
};
void ZiLei::PrintName(void)
{
    cout<<m_name.c_str()<<endl;
}
void ZiLei::PrintSchool(void)
{
    cout<<m_school.c_str()<<endl;
}
//构造函数，包含对基类和内嵌类的初始化
ZiLei::ZiLei(char *name):Lei(name),m_school("MIT")
{
    cout<<m_school.c_str()<<endl;
    cout<<"Constructing ZiLei......"<<endl;
    m_ver.assign("alpha1.0");
}
int main(int argc, char* argv[])
{
    ZiLei cs("jack");//定义子类的实例
    cs.PrintName();
    cs.PrintSchool();
    return 0;
}
```

范例 **217**：演示公有继承的访问规则

源码路径：光盘**演练范例**\217\

视频路径：光盘**演练范例**\217\

范例 **218**：演示简单派生类的构造和析构

源码路径：光盘**演练范例**\218\

视频路径：光盘**演练范例**\218\

在上述代码中，子类 ZiLei 的构造函数同时也调用了基类 Lei 和成员变量 m_school 的构造函数。程序编译执行后的效果如图 14-2 所示。

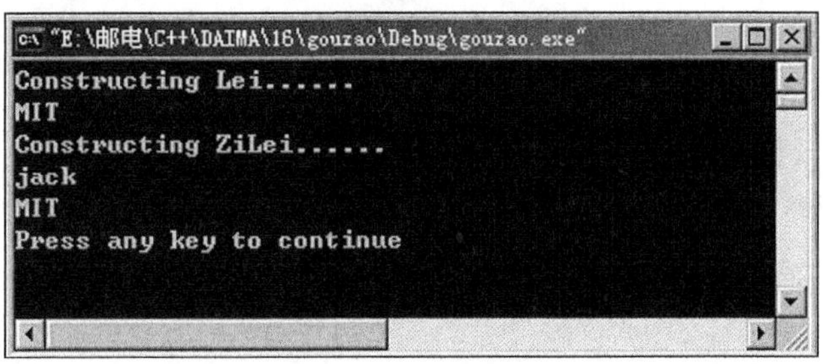

图 14-2　执行效果

从图 14-2 所示的执行结果可以看出，基类和子类成员 m_school 的构造函数会先于子类的构造函数执行。

构造函数是一种特殊的函数，和其他函数的主要区别如下。

- 构造函数的命名必须和类名完全相同；而一般方法则不能和类名相同。
- 构造函数的功能主要用于在类的对象创建时定义初始化的状态。它没有返回值，也不能用 void 来修饰，这就保证了它不仅什么也不用自动返回，而且根本不能有任何选择。而其他方法都有返回值。即使是 void 返回值，尽管方法体本身不会自动返回什么，但仍然可以让它返回一些东西，而这些东西可能是不安全的。
- 构造函数不能被直接调用，必须通过 new 运算符在创建对象时才会自动调用，一般方

法在程序执行到它的时候被调用。

- 当定义一个类的时候，通常情况下都会显示该类的构造函数，在函数中指定初始化的工作也可省略，不过 Java 编译器会提供一个默认的构造函数。此默认构造函数是不带参数的，而一般方法不存在这一特点。

14.4.4　再看析构函数

析构函数（destructor）与构造函数相反，当对象脱离其作用域时（例如对象所在的函数已调用完毕），系统自动执行析构函数。析构函数往往用来做“清理善后”的工作（例如在建立对象时用 new 开辟了一片内存空间，应在退出前在析构函数中用 delete 释放）。

在 C++中，析构函数名也应与类名相同，只是在函数名前面加一个波浪符~，例如~stud( )，以区别于构造函数。它不能带任何参数，也没有返回值（包括 void 类型）。只能有一个析构函数，不能重载。如果用户没有编写析构函数，编译系统会自动生成一个缺省的析构函数，它也不进行任何操作。所以许多简单的类中没有用显式的析构函数。

析构函数的声明格式如下。

```
~ClassName ( );
```

其中，ClassName 是类名，~是析构函数的标识符。析构函数没有返回值，不能用 void 来修饰。

析构函数的定义格式如下。

```
ClassName :: ~ClassName ( );
{
    …………………
}
```

当对象消失时，派生类的析构函数被执行。由于析构函数也不能被继承，因此在执行派生类的析构函数时，类的析构函数也将被调用。若有其他类的对象成员的话，还应执行对象成员的析构函数。析构函数的执行顺序是先执行派生类的析构函数，再执行对象成员所属类的析构函数，最后执行基类的析构函数，其顺序与执行构造函数时的顺序正好相反。

注意：①若基类中有默认的构造函数或者根本没有定义构造函数时，则派生类构造函数的定义中可以省略对基类构造函数的调用。②在某些情况下，派生类构造函数的函数体可能为空，仅起到参数传递的作用。

实例 110　演示使用 C++析构函数的基本过程

源码路径　光盘\daima\14\xigou　　　视频路径　光盘\视频\实例\第 14 章\110

本实例的实现文件为 xigou.cpp，具体代码如下。

```
#include "stdafx.h"
#include <iostream>
#include <string>
using namespace std;
class Lei
{
public:
    Lei(char *name);                    //构造函数
    ~Lei();                             //析构函数
protected:
    string m_name;
};
//析构函数
Lei::~Lei()
{
    cout<<"Deconstructing Lei......"<<m_name.c_str()<<endl;
    m_name.assign("");
}
//构造函数
Lei::Lei(char *name)
{
```

范例 **219**：当派生类中存在成员对象

源码路径：光盘**演练范例**\\219\\

视频路径：光盘**演练范例**\\219\\

范例 **220**：演示派生类的综合应用

源码路径：光盘**演练范例**\\220\\

视频路径：光盘**演练范例**\\220\\

```
        m_name.assign(name);
        cout<<"Constructing Lei......"<<m_name.c_str()<<endl;
}
//以保护方式继承
class ZiLei:protected Lei
{
public:
        ZiLei(char *name);
        ~ZiLei();
protected:
        Lei cp;                                     //用基类声明了一个成员变量
public:
        void PrintName(void);                       //增加新成员函数
};
void ZiLei::PrintName(void)
{
        cout<<m_name.c_str()<<endl;
}
//构造函数，显示调用基类的初始化函数，也初始化内嵌成员
ZiLei::ZiLei(char *name):Lei(name),cp("mary")
{
        cout<<"Constructing ZiLei......"<<endl;
}
//析构函数
ZiLei::~ZiLei()
{
        cout<<"Deconstructing ZiLei......"<<endl;
}
int main(int argc, char* argv[])
{
        ZiLei   cs("jack");
        cs.PrintName();
        return 0;
}
```

在上述代码中，子类 ZiLei 继承于基类 Lei，在 ZiLei 内又有内嵌的类对象 ZiLei cp。构造函数的调用顺序是按照派生类的构造函数的声明顺序来进行的，即先调用基类 Lei 的构造函数，然后再调用内嵌成员 ZiLei cp 的构造函数。而析构函数则完全与构造函数的调用顺序相反。程序编译执行后的效果如图 14-3 所示。

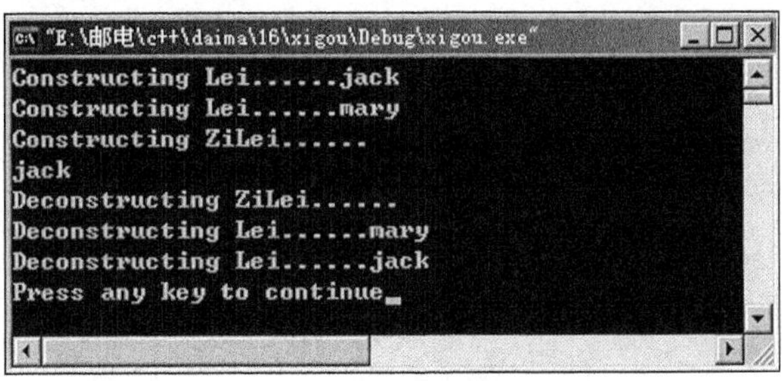

图 14-3　执行效果

14.4.5　使用同名方法

当子类和父类中有相同名称的函数（方法）时，如果父类中的方法是虚的，则在子类中可以重新定义它，也可以直接使用它。如果不是虚拟的，则子类方法将覆盖父类的同名方法。如果没有明确指明，则通过子类调用的是子类中的同名成员。如果想在子类中访问被覆盖的同名成员，则需要用域限定符来指出。

实例 111　**演示使用 C++同名函数的基本过程**

源码路径　光盘\daima\14\same　　　　视频路径　光盘\视频\实例\第 14 章\111

本实例的实现文件为 same.cpp，具体代码如下。

```
#include "stdafx.h"
```

```
#include <iostream>
#include <string>
using namespace std;
class Lei                    //基类
{
public:
    Lei(char *name);         //构造函数
protected:
    string m_name;
public:
    int getName(char *name);
};
Lei::Lei(char *name)
{
    m_name.assign(name);
}
int Lei::getName(char *name)
{
    cout<<"In Lei"<<endl;
    strcpy(name,m_name.c_str());
    return 1;
}
//以保护方式派生子类
class ZiLei:protected Lei                          //子类
{
public:
    ZiLei(char *name);
public:
    int getName(char *name);                       //覆盖父类的函数
    void callparent(char *name);                   //新增成员函数
};
void ZiLei::callparent(char *name)
{
    cout<<"Call Parent"<<endl;
    Lei::getName(name);                            //调用基类的成员函数
}
ZiLei::ZiLei(char *name):Lei(name)
{
    //空的析构函数
}
int ZiLei::getName(char *name)
{
    cout<<"In ZiLei"<<endl;
    strcpy(name,m_name.c_str());
    return 1;
}
int main(int argc, char* argv[])
{
    ZiLei   cs("小管");                            //带默认参数声明类的实例
    char cstr[20];
    cs.getName(cstr);                              //调用类本身的函数getName
    cout<<cstr<<endl;
    cs.callparent(cstr);                           //调用父类的函数getName
    cout<<cstr<<endl;
    return 0;
}
```

范例 221：在类中声明静态数据成员

源码路径：光盘**演练范例**\\221\\

视频路径：光盘**演练范例**\\221\\

范例 222：用 static 声明成员函数为静态成员函数

源码路径：光盘**演练范例**\\222\\

视频路径：光盘**演练范例**\\222\\

在上述代码中，子类 ZiLei 和基类 Lei 中都有相同名字的函数 getName()，如果直接使用 ZiLei 的对象 cs 调用，则调用的是 ZiLei 的 getName()函数。如果想要调用基类 Lei 的 getName()函数，就必须用域限定符以“ZiLei :: getName();”的形式调用。此处域限定符显式指定了要调用的方法属性属于哪一个类。程序编译执行后的效果如图 14-4 所示。

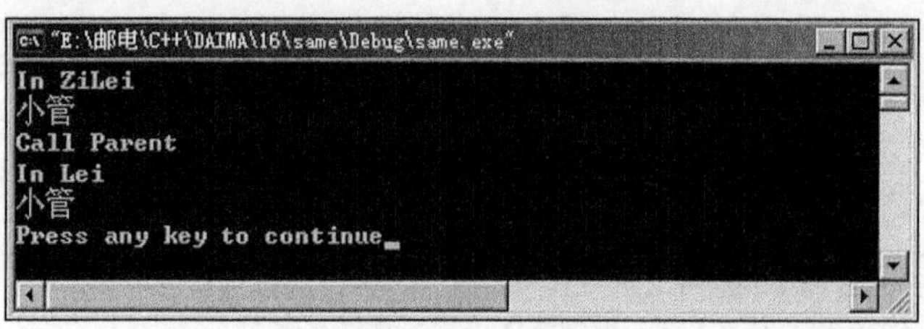

图 14-4　执行效果

14.4.6 使用同名属性

当子类和父类中有相同名称的属性时，子类将会覆盖掉父类的属性。要想调用父类的属性，必须使用域限定符来显式指定。上述就是类的多态性，将在本书后面的章节中进行详细讲解。

实例 112 演示使用 C++同名属性的基本过程

源码路径 光盘\daima\14\sameshuxing 视频路径 光盘\视频\实例\第 14 章\112

本实例的实现文件为 sameshuxing.cpp，具体代码如下。

```
#include "stdafx.h"
#include <iostream>
#include <string>
using namespace std;
class Lei                    //基类
{
public:
    Lei(char *name);         //构造函数
protected:
    string m_name;
};
Lei::Lei(char *name)
{
    m_name.assign(name);
}
//以保护方式继承
class ZiLei:protected Lei
{
public:
    ZiLei(char *name);
protected:
    string m_name;                                //覆盖父类的属性
public:
    int getName(char *name);                      //新增成员函数
    void callparent(char *name);                  //调用父类的属性
};
void ZiLei::callparent(char *name)
{
    cout<<"Call Parent"<<endl;
    strcpy(name,Lei::m_name.c_str());             //调用父类的属性
}
ZiLei::ZiLei(char *name):Lei(name)                //构造函数，同时也调用父类的构造函数
{
    m_name.assign("玲玲");
}
int ZiLei::getName(char *name)
{
    cout<<"In ZiLei"<<endl;
    strcpy(name,m_name.c_str());
    return 1;
}
int main(int argc, char* argv[])
{
    ZiLei   cs("雨夜");
    char cstr[20];
    cs.getName(cstr);                             //调用子类的属性
    cout<<cstr<<endl;
    cs.callparent(cstr);                          //调用父类的属性
    cout<<cstr<<endl;
    return 0;
}
```

范例 **223**：演示友元非成员函数

源码路径：光盘**演练范例**\223\

视频路径：光盘**演练范例**\223\

范例 **224**：演示友元成员函数

源码路径：光盘**演练范例**\224\

视频路径：光盘**演练范例**\224\

上述代码在构造函数 ZiLei 中，将实例化的参数“雨夜”传递给了父类构造函数，但是对自己的成员 m_name 赋值为“玲玲”。程序编译执行后的效果如图 14-5 所示。

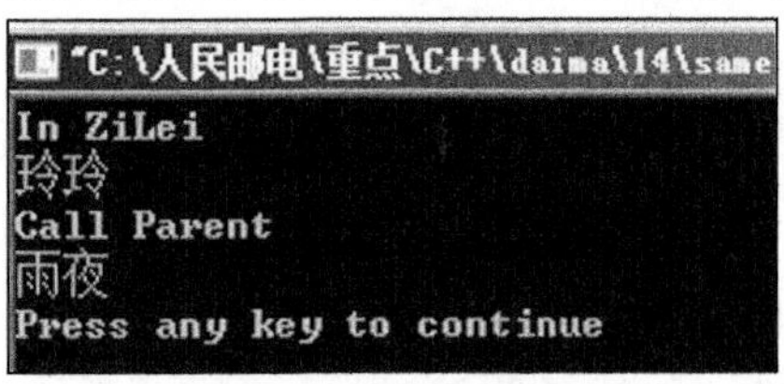

图 14-5 执行效果

14.5　单重继承和多重继承

知识点讲解：光盘:视频\PPT 讲解（知识点）\第 14 章\单重继承和多重继承.mp4

对象可以从单个基类中继承，也可以从多个基类中继承。两种不同的继承方式会有不同的结果，在本节的内容中，将详细介绍 C++对象单重继承和多重继承的基本知识。

14.5.1　单重继承

对象从一个基类派生的继承称为单继承或单重继承，换句话说，派生类只有一个直接基类。单重继承声明语句的常用格式如下。

```
class 派生类名: 访问控制关键字 基类名
{
   数据成员和成员函数声明
};
```

单重继承的特点是：每个类最多直接继承一个父类，从继承层次的根到任何一个类只存在一条唯一的线性路径。图 14-6 所示的就是单重继承的层次结构图。

14.5.2　多重继承

从多个基类派生的继承称为多继承或多重继承，也就是说，一个派生类有多个直接基类。在某些面向对象的语言（如 Java）中不支持类间的多重继承而只支持单重继承，即一个类至多只能有一个直接父类，因此实现类似的功能需要借助接口等其他机制。而在 C++中提供了多重继承的语法支持，使得问题变得简单了许多。

除了多重继承之外，一个派生类继承多个基类还有一种方法，就是把派生类作为基类再次供别的类继承，产生多层次的继承关系。例如类 A 派生类 B，类 B 派生类 C，则称类 A 是类 B 的直接基类，类 B 是类 C 的直接基类，类 A 是类 C 的间接基类。类的层次结构也叫继承链。还是上面的例子，当建立类 C 的对象时，类 A 的构造函数最先被调用，接下来被调用的是类 B 的构造函数，最后是类 C 的构造函数。析构函数的调用顺序正好相反。当一个派生类继承有层次的类时，继承链上的每个派生类必须将它需要的变量传递给它的基类。图 14-7 所示的就是多重继承的层次结构图。

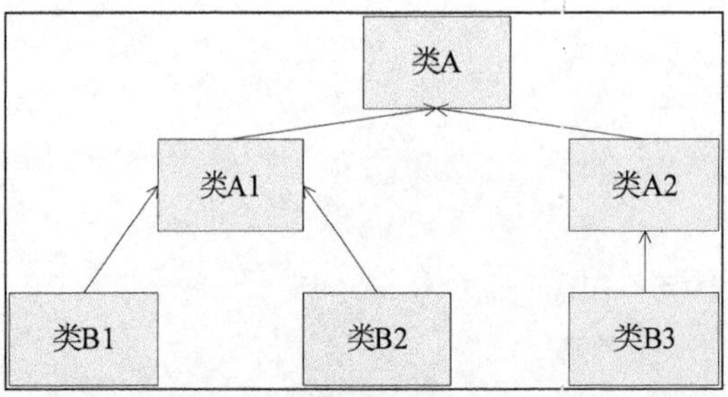

图 14-6　单重继承层次结构图

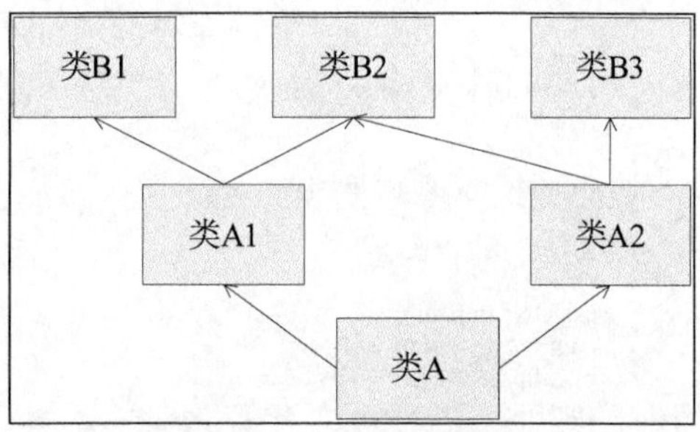

图 14-7　多重继承层次结构图

多重继承声明语句的格式如下。

```
class 派生类名: 访问控制关键字 基类名1, 访问控制关键字 基类名2, ...
{
   数据成员和成员函数声明
};
```

看下面的代码。

```
class Jiaoshi                                    //基类
{
public:
    Jiaoshi();
```

```
    protected:
        string teacherID;
    };
    class Xuesheng                                    //基类
    {
    public:
        Xuesheng();
    protected:
        string studentID;
    };
    class Jiazhang                                    //基类
    {
    public:
        Yingyu();
    protected:
        string typeOFrork;
    };
    class A:public Jiaoshi,public Jiazhang            //多重继承
    {
    ..............................
    };
    class B:public Xuesheng,public Jiaoshi            //多重继承
    {
    ..............................
    };
```

在上述代码中，分别定义了 jiaoshi、xuesheng 和 jiazhang 3 种和职业有关的类。类 A 表示既是教师又是家长的一类人员，类 B 表示既是教师又是学生的一类人员。

14.5.3 构造函数和析构函数

多重继承下的构造函数、析构函数与单重继承下的构造函数、析构函数基本类似，它必须同时负责该派生类所有基类构造函数的调用。同时，派生类的参数个数必须包含完成所有基类初始化所需要的参数。对于所有需要给予参数进行初始化的基类，都要显式地给出基类名和参数表。对于使用默认构造函数的基类，可以不给出类名。同样对于对象成员，如果使用的是默认构造函数，也不要写出对象名和参数表。

派生类构造函数的执行顺序是先执行所有基类的构造函数，再执行内嵌对象的构造函数，最后执行子类的构造函数。同一层次的各基类构造函数的执行顺序取决与定义派生类时基类的安排顺序，与派生类构造函数中所定义的成员初始化列表的顺序无关，即执行基类构造函数的顺序取决于定义派生类时基类的顺序。

多重继承派生类的构造函数的格式如下。

```
派生类构造函数名（总参数表列）：基类1构造函数（参数表列），基类2构造函数（参数表列），
    基类3构造函数（参数表列）
        {
          派生类中新增数据成员初始化语句
        }
```

实例 113 演示使用多重继承中构造函数和析构函数的基本过程

源码路径 光盘\daima\14\duo　　视频路径 光盘\视频\实例\第 14 章\113

本实例的实现文件为 duo.cpp，具体代码如下。

```
#include "stdafx.h"
#include <iostream>
#include <string>
using namespace std;
class JiaoShi          //基类
{
public:
    JiaoShi();
    ~JiaoShi();
protected:
    string teacherID;
    string m_name;
```

> 范例 225：一个类被说明为另一个类的友元类
>
> 源码路径：光盘**演练范例**\225\
>
> 视频路径：光盘**演练范例**\225\
>
> 范例 226：演示类具有内嵌的对象
>
> 源码路径：光盘**演练范例**\226\
>
> 视频路径：光盘**演练范例**\226\

```
};
JiaoShi::JiaoShi()
{
    cout<<"Constructing JiaoShi......"<<endl;
}
JiaoShi::~JiaoShi()
{
    cout<<"Deconstructing JiaoShi......"<<endl;
}
class XueSheng                                          //基类
{
public:
    XueSheng();
    ~XueSheng();
protected:
    string studentID;
    string m_name;
};
XueSheng::XueSheng()
{
    cout<<"Constructing XueSheng......"<<endl;
}
XueSheng::~XueSheng()
{
    cout<<"Deconstructing XueSheng......"<<endl;
}
class JiaZhang                                          //基类
{
public:
    JiaZhang();
    ~JiaZhang();
protected:
    string typeOFrork;
};
JiaZhang::JiaZhang()
{
    cout<<"Constructing JiaZhang......"<<endl;
}
JiaZhang::~JiaZhang()
{
    cout<<"Deconstructing JiaZhang......"<<endl;
}
class A:public JiaoShi,public JiaZhang                  //多重继承
{
public:
    A();
    ~A();
};
A::A():JiaZhang(),JiaoShi()                             //子类的构造函数
{
    cout<<"Constructing A......"<<endl;
}
A::~A()                                                 //子类的析构函数
{
    cout<<"Deconstructing A......"<<endl;
}
class B:public XueSheng,public JiaoShi                  //多重继承
{
public:
    B();
    ~B();
};
B::B():JiaoShi(),XueSheng()                             //子类的构造函数
{
    cout<<"Constructing B......"<<endl;
}
B::~B()                                                 //子类的析构函数
{
    cout<<"Deconstructing B......"<<endl;
}
int main(int argc, char* argv[])
{
    A aa;
```

```
    B bb;
    return 0;
}
```

在上述代码中，分别定义了 JiaoShi、JiaZhang 和 XueSheng 3 个基类，然后通过多重继承从它们派生了 2 个子类。在主函数内只声明了 2 个子类的实例，但是并没有使用它们，这是为了观察构造函数和析构函数的调用过程。对于类 B，在定义时 XueSheng 在 JiaoShi 前，所以构造函数先调用 XueSheng 的，然后再调用 JiaoShi 的，最后才是 B 本身的。而析构函数则正好相反，调用顺序是从里到外。将程序编译执行后的效果如图 14-8 所示。

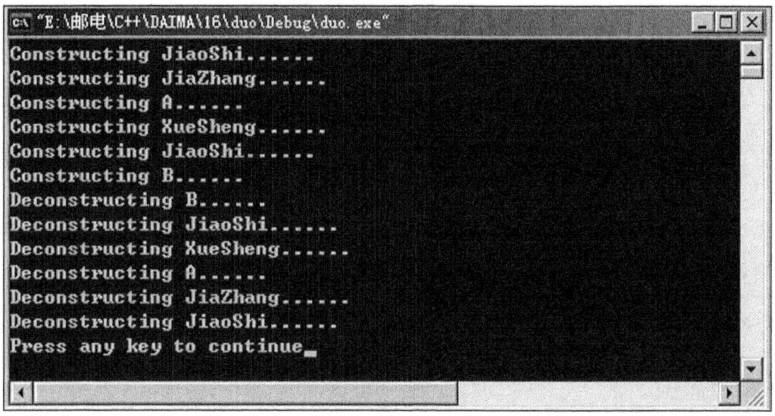

图 14-8 执行效果

从图 14-8 所示的执行结果可以看出：构造函数将严格按照声明子类时基类的书写顺序从左到右执行，最后才执行子类的构造函数。并且基类的构造函数执行与构造函数冒号后的基类构造函数的书写顺序无关。析构函数的执行顺序则正好和构造函数的相反。为此，可以总结出多重继承下析构函数和构造函数的特点，具体如下所示。

- 多重继承下，析构函数和构造函数的声明方法和单重继承下的相同。
- 多重继承下，析构函数和构造函数的性质和特性和单重继承下的相同。
- 多重继承下，析构函数和构造函数的执行顺序和单重继承下的相同。但是基类间的执行顺序是严格按照声明时从左到右的顺序执行的，与它们在定义派生类构造函数中的顺序无关。

14.6 虚继承和虚基类

知识点讲解：光盘:视频\PPT 讲解（知识点）\第 14 章\虚继承和虚基类.mp4

虚拟继承与虚基类实际上是说了同一件事，只是不同的书表达不同，在这里还是推荐虚拟继承这种说法（因为有人总问虚基类是什么，这里可以解释为虚基类就是虚拟继承，一种继承的方式）。虚拟继承是 C++继承的一个特殊方法，用来达到特殊的目的。要达到什么目的呢？那就是避免继承机制下的二义性问题。在本章的内容中，将详细介绍虚继承和虚基类的基本知识。

当在多条继承路径上有一个公共的基类，在这些路径中的某几条汇合处，这个公共的基类就会产生多个实例（或多个副本），若只想保存这个基类的一个实例，可以将这个公共基类说明为虚基类。

1. 虚基类的初始化

虚基类的初始化与一般多继承的初始化在语法上是一样的，但构造函数的调用次序不同。

派生类构造函数的调用次序有 3 个原则。

1．虚基类的构造函数在非虚基类之前调用。

2．若同一层次中包含多个虚基类，这些虚基类的构造函数按它们说明的次序调用。

3．若虚基类由非虚基类派生而来，则仍先调用基类构造函数，再调用派生类的构造函数。

定义虚基类的基本格式如下。

```
class ClassNmame:virtual 继承方式BaseClass
{
  ………………
};
```

其中，virtual 仅对临近的基类起作用，如果有多个基类，则需要被说明是虚基类，必须给每个基类都添加 virtual 说明。C++中允许基类在作为某个子类的虚基类的同时，又作为另一些子类的虚基类。虚基类是对子类而言的，其本身的定义和普通类一样，只是在声明子类时被说名为虚基类。

虚基类主要解决在多重继承时，基类可能被多次继承的问题，虚基类主要提供一个基类给派生类，如下。

```
Class B{
};
Class D1:public B
{
};
Class D2:public B
{
};
Class C:public D1,public D2
{
};
```

这里 C 在 D1，D2 上继承，但有两个基类，容易造成混乱，因而使用虚基类，如下。

```
Class B
{
};
Class D1:virtual public B
{
};
Class D2:virtualpublicB
{
};
Class C:public D1,public D2
```

2. 使用虚基类

下面通过一个具体实例来演示 C++中多重继承中存在的二义性问题。

实例 114 演示 C++中多重继承中存在的二义性问题

源码路径 光盘\daima\14\xuji　　　　视频路径 光盘\视频\实例\第 14 章\114

本实例的实现文件为 xuji.cpp，具体代码如下。

```
#include "stdafx.h"
#include <iostream>
#include <string>
using namespace std;
class JiLei            //基类
{
public:
    int x;
};
class A:public JiLei//公有派生
{
public:
    int y;
};
class B:public JiLei                      //公有派生
{
public:
    int z;
};
```

范例 227：使用关键字 const

源码路径：光盘**演练范例**\227\

视频路径：光盘**演练范例**\227\

范例 228：转换构造函数

源码路径：光盘**演练范例**\228\

视频路径：光盘**演练范例**\228\

```
class C:public A,public B   //多重继承
{
public:
    int s;
};
int main(void)
{
    C cc;
    //cc.x=1;                                  //此处存在二义性
    cc.B::x=10;                                //用限定符避免二义性
    cc.A::x=100;
    cout<<cc.B::x<<endl;                       //域限定符避免二义性
    cout<<cc.A::x<<endl;                       //域限定符避免二义性
    cc.y=20;                                   //没有二义性
    cc.z=30;
    //cc.s=cc.x+cc.y+cc.z;                     //此处cc.x有二义性
    cc.s=cc.B::x+cc.y+cc.z;                    //用限定符避免二义性
    cout<<cc.s<<endl;                          //没有二义性
    cc.s=cc.A::x+cc.y+cc.z;
    cout<<cc.s<<endl;
    return   1;
}
```

在上述代码中，类 A 和 B 中都继承与基类 JiLei，类 C 又多重继承于 A 和 B。所以类 A 和 B 中都有从基类继承来的成员 x，所以语句“cc.x”将会产生二义性。为此，在上述代码中使用了域限定符来区分两个类中的 x。此外，因为类 JiLei 是类 A 和 B 的共有基类，所以类 C 的继承体系中会存在 JiLei 的两个副本，这就导致了用域限定符两次访问 x 时，产生数据冗余。程序编译执行后的效果如图 14-9 所示。

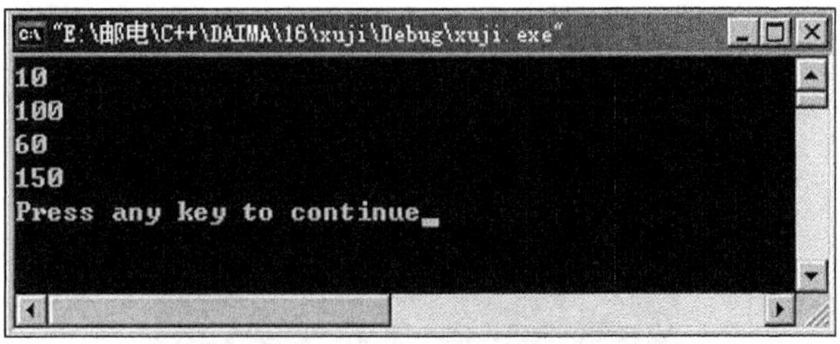

图 14-9 执行效果

上述实例会产生二义性，我们可以对上述代码进行修改，即通过虚继承来解决。

14.7 技术解惑

14.7.1 通过虚继承解决二义性问题

下面通过一个具体实例来演示 C++中通过虚继承解决二义性问题的过程。本实例的实现文件为 jiejue.cpp，具体代码如下。

```
源码路径：光盘：daima\16\jiejue
#include "stdafx.h"
#include <iostream>
#include <string>
using namespace std;
class JiLei                                    //基类
{
public:
    int x;
};
class A:virtual public JiLei                   //虚继承，JiLei是虚基类
{
public:
    int y;
```

```
};
class B:virtual public JiLei                //虚继承，JiLei是虚基类
{
public:
    int z;
};
class C:public A,public B                   //多重继承
{
public:
    int s;
};
int main(void)
{
    C cc;
    cc.x=1;                                 //没有二义性，因为基类JiLei只有一个实例存在
    cc.B::x=10;                             //与cc.x所代表的变量相同，因此将覆盖对cc.x的赋值
    cc.A::x=100;                            //与cc.x所代表的变量相同，因此将覆盖前两次对x的赋值
    cout<<cc.x<<endl;
    cout<<cc.B::x<<endl;
    cout<<cc.A::x<<endl;
    cc.y=20;
    cc.z=30;
    cc.s=cc.x+cc.y+cc.z;                    //没有二义性
    cout<<cc.s<<endl;
    cc.s=cc.B::x+cc.y+cc.z;
    cout<<cc.s<<endl;
    cc.s=cc.A::x+cc.y+cc.z;
    cout<<cc.s<<endl;
    return   1;
}
```

在上述代码中，将基类 JiLei 到类 A 和 B 的派生变为了虚继承关系，所以 C 的继承体系中只会存在 JiLei 的一个副本。此时如果直接从 C 中访问 *x* 就是准确无误的，并且任何形式对 *x* 的赋值操作都是在操作同一个 *x*。程序编译执行后的效果如图 14-10 所示。

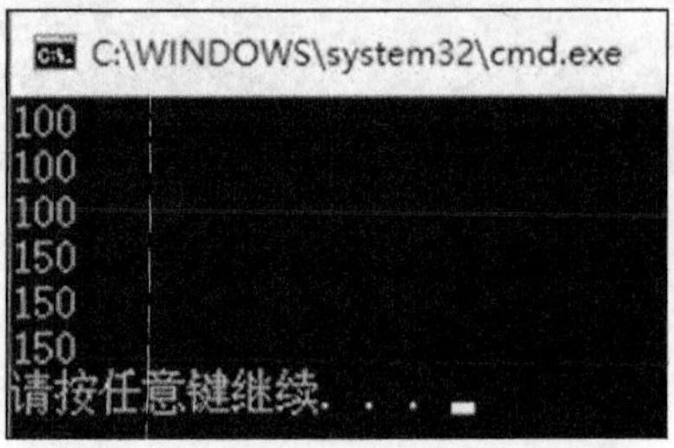

图 14-10　执行效果

14.7.2　使用 C++虚基类的注意事项

在使用 C++虚基类时，必须注意如下几点。

① 一个类可以在一个类族中既被用作虚基类，也被用作非虚基类。

② 在派生类的对象中，同名的虚基类只产生一个虚基类子对象，而某个非虚基类产生各自的子对象。

③ 虚基类子对象是由最派生类的构造函数通过调用虚基类的构造函数进行初始化的。

④ 最派生类是指在继承结构中建立对象时所指定的类。

⑤ 派生类的构造函数的成员初始化列表中必须列出对虚基类构造函数的调用；如果未列出，则表示使用该虚基类的缺省构造函数。

⑥ 从虚基类直接或间接派生的派生类中的构造函数的成员初始化列表中，都要列出对虚基类构造函数的调用。但只有用于建立对象的最派生类的构造函数调用虚基类的构造函数，而该派生类的所有基类中列出的对虚基类的构造函数的调用在执行中被忽略，从而保证对虚基类子

⑦ 在一个成员初始化列表中同时出现对虚基类和非虚基类构造函数的调用时，虚基类的构造函数先于非虚基类的构造函数执行。

14.7.3 一个问题

C++的虚基类使用virtual进行声明，在使用虚基类时要在每一个直接继承子类中都用virtual声明基类该子类的虚基类。是基类为该子类的虚基类，而不是说基类是一个虚基类。读者可能会有疑问：为什么要在每一个子类中，都要调用虚基类的构造函数来对虚基类的子对象进行初始化呢？这是因为每一个子类都有可能定义自己的对象。

关于虚基类的子对象的初始化问题：虚基类的子对象会在定义了对象的那个类中调用虚基类的构造函数完成初始化。

虚基类的对象是被虚基类的所有继承方式标注为虚继承的子类共享的，即只在最终定义的对象中存在虚基类子对象的一块内存空间。虚基类必须是在运行时根据实际的对象来完成虚基类函数的寻址。在其他子类中的虚基类的构造函数被压制。正因为如此，虚基类中的成员的初始化才在并且只在定义对象的那个类中完成。

虚基类的3个特征：存在、间接和共享。

14.7.4 多重继承的二义性

一般来说，对基类成员的访问必须是无二义性的，但是由于在多继承的情况下，可能造成对基类中某个成员的访问出现了不唯一的情况，则称为对基类成员访问的二义性问题。产生二义性问题的一种情况是从基类中派生其他类可能导致几个类使用同一个函数名或变量名；另一种情况是如果一个类从多个基类派生，而这些基类又有一个共同的基类，则在这个派生类中访问这个共同的基类中的成员时会产生二义性。一般来说，解决二义性问题的方法有两种。

① 通过作用域运算符（::）来解决二义性问题。

② 在类中定义同名成员。

下面通过一个具体实例来演示C++多重继承中二义性的基本使用过程。本实例的实现文件为eryi.cpp，具体代码如下。

```
源码路径：光盘：daima\16\eryi
#include "stdafx.h"
#include <iostream>
#include <string>
using namespace std;
class JiaoShi                                           //基类
{
public:
    JiaoShi(char *);
protected:
    string m_name;
};
JiaoShi::JiaoShi(char*name)
{
    m_name.assign(name);
}
class XueSheng                                          //基类
{
public:
    XueSheng(char *name);
protected:
    string m_name;
};
XueSheng::XueSheng(char *name)
{
    m_name.assign(name);
}
class A:public JiaoShi,public XueSheng                  //多重继承
{
public:
```

```
    A(char *name);
protected:
    string m_name;
public:
    void outName(void);
};
//带参数的构造函数
A::A(char *name):JiaoShi("teacher"),XueSheng("student")
{
    m_name.assign(name);
}
//调用父类
void A::outName(void)
{
    cout<<"m_name of A : "<<m_name<<endl;
    cout<<"m_name of JiaoShi : "<<JiaoShi::m_name<<endl;        //调用父类的属性
    cout<<"m_name of XueSheng : "<<XueSheng::m_name<<endl;
}
class C:public XueSheng                                          //以公有方式派生
{
public:
    C(char *name);
};
C::C(char *name):XueSheng(name)
{

}
class D:public XueSheng                                          //派生类
{
public:
    D(char *name);
};
D::D(char *name):XueSheng(name)
{

}
class E:public C,public D                                        //派生类，C和D在这里变成了父类
{
public:
    E(char *name);
    void out(void);
};
E::E(char *name):C("parent B"),D("parent D")
{
    //空构造函数，主要是为了初始化父类的成员
}
void E::out()
{
    cout<<C::m_name<<endl;                                       //调用父类的属性
    cout<<D::m_name<<endl;
    //      cout<<m_name<<endl;
    // cout<<XueSheng::m_name<<endl;
}
int main(int argc, char* argv[])
{
    A aa("tom");
    E ee("");
    aa.outName();
    ee.out();
    return 0;
}
```

在上述代码中，在类 A 和 E 中都存在针对成员 m_name 的二义性。其中 A 和其两个父类都有成员 m_name。如果直接访问 m_name，将是访问 A 本身的成员。如果要访问父类的成员就必须增加限定符。E 的两个父类都派生于同一个基类，所以也给 E 带来了二义性。如果直接访问，系统将提示存在二义性。因为无法确定 m_name 来自哪个父类。如果直接用基类来作为限定符也会提示二义性。所以就需要用 E 的父类而不是祖先类来做限定。程序编译执行后的效果如图 14-11 所示。

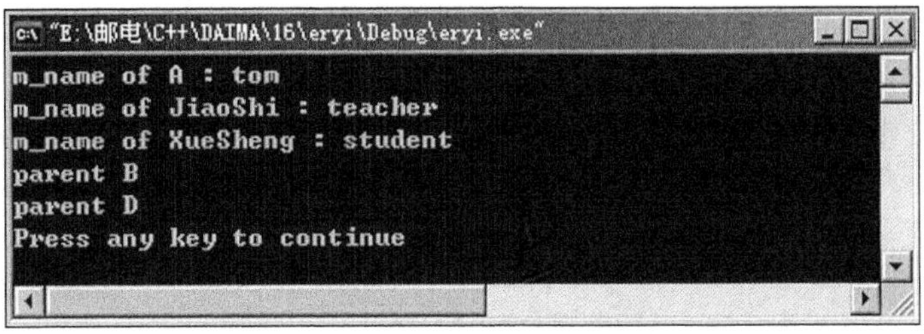

图 14-11 执行效果

14.7.5 允许派生类中的成员名和基类中的成员名相同

在 C++程序中定义派生类时，允许派生类中的成员名和基类中的成员名相同。如果出现这种情况，则称派生类成员覆盖了基类中使用相同名称的成员。也就是说当你在派生类中或用对象访问该同名成员时，你所访问的只是派生类中的成员，基类中的就自动被忽略。但如果我确实要访问到基类中的同名成员，那怎么办，C++中这样规定：必须在成员名前加上基类名和作用域标识符"::"。

无论哪种继承方式，在派生类中是不能访问基类的私有成员的，私有成员只能被本类的成员函数所访问，毕竟派生类与基类不是同一个类。如果在多级派生时都采用公用继承方式，那么直到最后一级派生类都能访问基类的公用成员和保护成员。如果采用私有继承方式，经过若干次派生之后，基类的所有的成员已经变成不可访问的子。如果采用保护继承方式，在派生类外是无法访问派生类中的任何成员的。而且经过多次派生后，人们很难清楚地记住哪些成员可以访问，哪些成员不能访问，很容易出错。因此，在实际中，常用的是公用继承。

第 15 章

多态性详解

动态多态是指发出同样的消息被不同类型的对象接收时，有可能导致完全不同的行为。多态是面向对象程序设计的重要特征之一，是扩展性在“继承”之后的又一重大表现。在本章的内容中，将详细介绍 C++多态的基本知识，为读者进行本书后面知识的学习打下坚实的基础。

本章内容

- 基本概念
- 先看宏多态
- 虚函数
- 抽象类
- 运算符重载
- 函数重载
- 流的重载
- 覆盖

技术解惑

重载、覆盖和隐藏的区别

在重载运算符的时候要权衡实施的必要性

为什么需要函数重载

重载函数的调用匹配

另一种虚方法查找方案

两种重载方法的比较

15.1 基 本 概 念

知识点讲解：光盘:视频\PPT 讲解（知识点）\第 15 章\基本概念.mp4

多态（polymorphism）一词最初来源于希腊语 polumorphos，含义是具有多种形式或形态的情形。在程序设计领域，一个广泛认可的定义是“一种将不同的特殊行为和单个泛化记号相关联的能力”。和纯粹的面向对象程序设计语言不同，C++中的多态有着更广泛的含义。除了常见的通过类继承和虚函数机制生效于运行期的动态多态（dynamic polymorphism）外，模板也允许将不同的特殊行为和单个泛化记号相关联，由于这种关联处理于编译期而非运行期，因此被称为静态多态（static polymorphism）。

1. 面向对象技术回顾

面向对象技术最早出现于 20 世纪 60 年代的 Simula 67 系统，并且在 20 世纪 70 年代保罗阿托实验室开发的 Smalltalk 系统中发展成熟。然而对于大部分程序员来说，C++是第一个可用的面向对象程序设计语言。因此，我们关于面向对象的很多概念和思想直接来自于 C++。但是，C++在实现面向对象中关键的多态性时，选择了与 Smalltalk 完全不同的方案。其结果是，尽管在表面上两者都实现了相似的多态性，但是在实践中却有着巨大的区别。具体来说，C++的多态性实现更加高效，但是并不适用于所有场合。很多经验不足的 C++开发者不明白这个道理，在不合适的场合强行使用 C++的多态性机制，落入削足适履的陷阱而不能自拔。

2. 两种不同虚方法调用实现技术

C++的多态性是 C++实现面向对象技术的基础。具体来说，通过一个指向基类的指针调用虚成员函数的时候，运行时系统将能够根据指针所指向的实际对象调用恰当的成员函数实现，如下。

```
class Base {
public:
  virtual void vmf() { ... }
};
class Derived : public Base {
public:
  virtual void vmf() { ... }
};
Base* p = new Base();
p->vmf(); // 这里调用Base::vmf
p = new Derived();
p->vmf(); // 这里调用
// Derived::vmf
...
```

请注意代码中突出注释的两行，虽然其表面语法完全相同，但是却分别调用了不同的函数实现。所谓的“多态”即就此而言。这些知识是每一个 C++开发者应熟知的。

现在我们假设自己是语言的实现者，我们应当如何来实现这种多态性？稍加思考，我们不难得到一个基本的思路。多态性的实现要求我们增加一个间接层，在这个间接层中拦截对于方法的调用，然后根据指针所指向的实际对象调用相应的方法实现。在这个过程中，我们人为增加的这个间接层非常重要，它需要完成以下几项工作。

① 获知方法调用的全部信息，包括被调用的是哪个方法，传入的实际参数有哪些。

② 获知调用发生时指针（引用）所指向的实际对象。

③ 根据第①、②步获得的信息，找到合适的方法实现代码，执行调用。

这里的关键在于如何在第③步中找到合适的方法实现代码。由于多态性是就对象而言的，因此我们在设计时要把合适的方法实现代码与对象绑定到一起。也就是说，必须在对象级别实现一个查找表结构，根据①、②步获得的对象和方法信息，在这个查找表中找到实际的方法代码地址，并加以调用。现在问题变成了，我们应当根据什么信息进行方法查找。对于这个问题有两个不同的解决思路，一个是根据名称进行查找，另一个是根据位置进行查找。粗看上去这两种思路似乎没什么大的差别，但是在实践中，这两种不同的实现思路导致了巨大的差别。下面我们详细地加以考察。

在 Smalltalk、Python、Ruby 等动态面向对象语言中，实际方法的查找是根据方法名称进行的。

由于这种查找表根据方法的名称进行方法查找，因此在查找过程中涉及字符串比较，效率较差。但是这种查找表有一个突出的优点，就是有效空间利用率高。为了说明这一点，我们假设一个基类 Base 中有 100 个方法可供派生类改写（因此所有 Base 对象所共享的方法查找表有 100 项），而它的一个派生类 Derived 仅仅打算改写其中 5 个方法，那么 Derived 类对象的方法查找表只需要 5 项。当一个方法调用发生的时候，runtime 根据被调用的方法名称在这个长度为 5 的方法查找表中进行字符串查找，如果发现该方法在查找表中，则执行调用，否则将调用转寄（forward）给 Base 类执行。这是虚方法调用的标准行为。当派生类实际改写的方法数量很少的时候，可以将查找表安排成线性表，查找时顺序比较，这种情况下，有效空间利用率达到 100%。如果派生类实际改写的方法数量较多，那么可以采用散列表，如果采用合理的散列函数，同样可以在空间利用率很高（一般可接近 75%）的情况下实现方法的快速查找。应当注意到，由于编译器可以很容易地获得所有被改写方法的名称，因此可以执行标准的 gperf 算法获得最优的散列函数。

注意：事实上还可以这样理解上述方案的优势，把表中每一项的“方法名”项视为“方法地址”项的描述信息，因此可以认为这种方案中的方法查找表携带自描述信息（或者称为元数据）。基于这种携带自描述信息的数据结构，可以实现丰富多彩的扩展功能，例如在运行时插入新的方法，或者用户层次上的方法调用截获等。因此，我们可以说这一方案的适用面广，强大灵活，但在执行效率上并非最优。

3. 多态基础

多态性就是多种表现形式，具体来说，可以用“一个对外接口，多个内在实现方法”表示。举一个例子，计算机中的堆栈可以存储各种格式的数据，包括整型、浮点或字符。不管存储的是何种数据，堆栈的算法实现是一样的。针对不同的数据类型，编程人员不必手工选择，只需使用统一接口名，系统可自动选择。

“多态性”一词最早用于生物学，指同一种族的生物体具有相同的特性。在面向对象理论中，多态性的定义是：同一操作作用于不同的类的实例，将产生不同的执行结果，即不同类的对象收到相同的消息时，得到不同的结果。多态性包含编译时的多态性和运行时的多态性两大类。

多态性也分静态多态性和动态多态性两种。

- 静态多态性是指定义在一个类或一个函数中的同名函数，它们根据参数表（类型以及个数）区别语义，并通过静态联编实现，例如，在一个类中定义的不同参数的构造函数。动态多态性是指定义在一个类层次的不同类中的重载函数，它们一般具有相同的函数，因此要根据指针指向的对象所在类来区别语义，它通过动态联编实现。
- 动态多态是指发出同样的消息被不同类型的对象接收时，有可能导致完全不同的行为。

总之，多态性是指用一个名字定义不同的函数，这函数执行不同但又类似的操作，从而实现“一个接口，多种方法”。

多态性的实现与静态联编、动态联编有关。静态联编支持的多态性称为编译时的多态性，也称静态多态性，它是通过函数重载和运算符重载实现的。动态联编支持的多态性称为运行时的多态性，也称动态多态性，它是通过继承和虚函数实现的。

15.2 先看宏多态

知识点讲解：光盘:视频\PPT 讲解（知识点）\第 15 章\先看宏多态.mp4

宏是指替换，即在编程时用一个标记来代替一个字符串，并在编译时将该标记替换为对应的字符串。宏多态由#define 定义，分为带参数和不带参数两种。不带参数的宏是一种纯粹的字符串替换，带参数的类似于内敛函数。

使用带参数的宏定义时，没有规定其参数的具体类型，即宏仅仅定义了一个处理参数的模板，至于具体完成什么动作是由参数的类型决定的。

实例 115 在 C++程序中使用宏多态

源码路径 光盘\daima\15\hong 视频路径 光盘\视频\实例\第 15 章\115

本实例的实现文件为 hong.cpp，具体实现代码如下。

```
#include "stdafx.h"
#include <iostream>
#include <string>
using namespace std;
#define hong(x) ((x)==0)   //这是断言宏
#define _ADD_(x,y) ((x)+(y))//这是加法宏
int main(int argc, char* argv[])
{
    int x[3]={1,2,3};
    int *p=NULL;
    string str1("hello");
    string str2("world");
    cout<<hong(x[0])<<endl;              //判断整数是否为0
    cout<<hong(p)<<endl;                 //判断指针是否为空
    p=x;
    cout<<_ADD_(x[1],*p)<<endl;          //整数加
    cout<<p<<endl;                       //输出地址
    p=_ADD_(p,1);                        //指针地址递增
    cout<<p<<endl;                       //输出地址
    cout<<(*p)<<endl;
    cout<<_ADD_(str1,str2)<<endl;        //字符串连接
    return 0;
}
```

范例 229：演示基类和派生类的用法

源码路径：光盘**演练范例**\229\

视频路径：光盘**演练范例**\229\

范例 230：演示虚函数的作用

源码路径：光盘**演练范例**\230\

视频路径：光盘**演练范例**\230\

在上述代码中，分别定义了 2 个宏：hong 和_ADD_，前者是断言宏，后者是加法宏。

- 宏 hong：在 hong 的第一次调用中，参数是整数，所以执行的是判断整数是否为 0 的操作。第二次调用时参数为指针，所以执行的是判断是否为空的操作。
- 宏_ADD_：第一次调用中，参数都是整数，所以执行的是整数加法运算。第二次调用中，参数是指针和整数 1，所以执行的是指针地址增加 1，即指向数组的下一个整数。最后一次调用中，参数都是字符串，所以执行的是串的连接。

程序编译执行后的效果如图 15-1 所示。

从图 15-1 所示的执行结果可以看出，宏多态要依赖于参数的类型，不同的参数类型，决定了宏完成什么样功能。实质上宏是在编译时替换的，这种替换是不加任何改动的替换。所以替换后，相当于在代码中出现宏的地方直接写了一段代码，所以有什么样的参数，就会有什么样的操作。

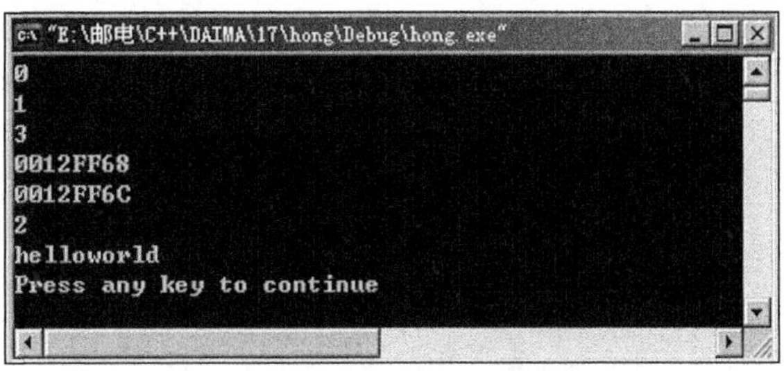

图 15-1 执行效果

15.3 虚函数

知识点讲解：光盘:视频\PPT 讲解（知识点）\第 15 章\虚函数.mp4

虚函数就是虚拟函数，它在基类中被声明为虚拟的，并在派生类中定义，实现其本身的功能。C++通过虚函数实现多态，“无论发送消息的对象属于什么类，它们均发送具有同一形式的消息，对消息的处理方式可能随接收消息的对象而变”的处理方式被称为多态性。在某个基类上建立起来的类的层次构造中，可以对任何一个派生类的对象中的同名过程进行调用，而被调用的过程提供的处理可以随其所属的类而变。虚函数首先是一种成员函数，它可以在该类的派生类中被重新定义并被赋予另外一种处理功能。

15.3.1 虚函数基础

在 C++语言中，定义虚函数的基本格式如下。

```
virtual 类型 函数名 (参数表);
```

虚函数一旦被定义后，在同一类族的类中，所有与该虚函数具有相同参数和返回值类型的同名函数都将自动成为虚函数，无论是否加 virtual。例如虚函数的定义与派生类中的重定义。

```
class 类名{
public:
        virtual 成员函数说明;
}
class 类名：基类名{
    public:
            virtual 成员函数说明;
}
```

实例 116　在 C++程序中使用虚函数

源码路径　光盘\daima\15\xu　　　　视频路径　光盘\视频\实例\第 15 章\116

本实例的实现文件为 xu.cpp，具体实现代码如下。

```
#include "stdafx.h"
#include <iostream>
#include <string>
using namespace std;
class JiLei                    //基类
{
public:
    virtual void fun(char *str); //虚函数
};
void JiLei::fun(char *str)
{
    cout<<"在JiLei内，str="<<str<<endl;
}
class ZiLei1 : public JiLei           //派生子类
{
public:
    void fun(char *str);              //实现父类的虚函数
};
void ZiLei1::fun(char *str)
{
    cout<<"在ZiLei1内，str="<<str<<endl;
}
class ZiLei2 : public JiLei
{
public:
    void fun(char *str);              //实现父类的虚函数
};
void ZiLei2::fun(char *str)
{
    cout<<"在ZiLei2内，str="<<str<<endl;
}
class ZiLei11:public ZiLei1         //派生
```

> 范例 231：用关键字 virtual 解决问题
> 源码路径：光盘\演练范例\231\
> 视频路径：光盘\演练范例\231\
>
> 范例 232：演示只执行基类析构函数的情形
> 源码路径：光盘\演练范例\232\
> 视频路径：光盘\演练范例\232\

```
{
public:
    void fun(char *str);
};
void ZiLei11::fun(char *str)
{
    cout<<"在ZiLei11内，str="<<str<<endl;
}
int main(int argc, char* argv[])
{
    JiLei *base=new JiLei;
    ZiLei1 child1;
    ZiLei2 child2;
    ZiLei11 child11;
    ZiLei1 *pchild1;
    base->fun("base.fun");                    //调用虚函数
    child1.fun("child1.fun");
    child2.fun("child2.fun");
    delete base;
    base=&child1;                             //指向ZiLei1类
    base->fun("base->fun");
    base=&child2;
    base->fun("base->fun");
    child11.fun("child11.fun");               //指向子孙类
    base=&child11;
    base->fun("base->fun");
    pchild1=&child11;
    pchild1->fun("pchild1->fun");
    return 0;
}
```

在上述代码中，分别定义了一个基类 JiLei 和两个子类 ZiLei1、ZiLei2，又从 ZiLei1 中派生了 ZiLei11。当直接访问类本身时，调用了类本身的 fun()函数。当将子类的地址赋给父类的指针时，调用者虽然是父类，但执行的确是子类的函数。程序编译执行后的效果如图 15-2 所示。

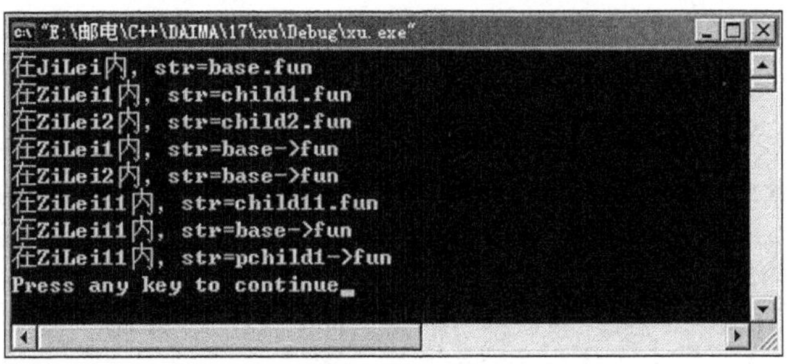

图 15-2　执行效果

从图 15-2 所示的执行结果可以看出，当基类中的函数是虚函数时，则所有子类、子类中的子类中的对应函数就都是虚拟的。

15.3.2　静态绑定和动态绑定

在 C++中，非虚函数都是静态绑定，而虚函数却是动态绑定。为了能够更清楚地了解静态绑定与动态绑定，我们可以看下面的代码。

```
class B
{
public:
    void fun();
    ...
}
class D: public B
{
    ...
}

D x;
```

```
B *pB = &x;
pB->fun();

D *pD = &x;
pD->fun();
```

那么两次调用 fun()函数是否相同呢？当然，如果 D 中没有定义 fun()函数，那么两次调用的行为肯定会是一样的，但是调用过程却不同。

```
pB->fun();          //pB为指向B类型的指针，直接调用B中的fun()函数
pD->fun();          //pD为指向D类型的指针，编译器首先在D中查找fun()函数的声明，没有找到，然后到D的基类B中去
找，找到fun()，停止查找。
```

但如果 D 中有自己定义的 fun()函数，那执行结果就会不同。

```
pB->fun();                          //调用B::fun()
pD->fun();                          //调用D::fun()
```

原因就是，非虚函数（non-virtual）都是静态绑定，也就是说，由于 pB 被声明为指向 B 类型的指针，那么通过 pB 调用的非虚函数（non-virtual）永远是 B 所定义的版本，即使 pB 指向一个类型为“B 的派生类 D “的对象。

但另一方面，虚函数（virtual）却是动态绑定，那么不管是通过什么类型的指针调用的这个虚函数，都会根据指针实际指向的对象类型来决定虚函数的调用，而与指针类型无关。如果 fun()函数为虚函数，那么不管是通过 pB 还是 pD 调用 fun()函数，都会调用 D::fun()，因为 pB 和 pD 真正指向的都是同一个类型 D 的对象。

因此在 C++中，绝对不要重新定义继承而来的非虚函数（non-virtual），因为这样的话，函数的调用决定因素不在对象本身，而与调用函数的指针类型有关，这将给程序留下不可预知的隐患。

如上例，任何一个对象 D 都可能表现出 B 或 D 的行为，决定因素不在 x 对象本身，而在于指向 x 的指针类型。同时，也绝对不要重新定义一个继承而来的 virtual 函数的缺省参数值，因为缺省参数值都是静态绑定，而 virtual 函数却是动态绑定。

15.3.3　纯虚函数

纯虚函数是在基类中声明的虚函数，它在基类中没有定义，但要求任何派生类都要定义自己的实现方法。在基类中实现纯虚函数的方法是在函数原型后加“=0”。其具体定义格式如下。

```
virtual 类名 函数名(参数表)=0;
```

引入纯虚函数的原因如下。

- 为了方便使用多态特性，我们常常需要在基类中定义虚拟函数。
- 在很多情况下，基类本身生成对象是不合情理的。例如，动物作为一个基类可以派生出老虎、孔雀等子类，但动物本身生成对象明显不合常理。

为了解决上述问题，引入了纯虚函数的概念，将函数定义为纯虚函数（方法：virtual ReturnType Function()= 0;），则编译器要求在派生类中必须予以重载以实现多态性。同时含有纯虚拟函数的类称为抽象类，它不能生成对象。这样就很好地解决了上述两个问题。

定义一个函数为纯虚函数，是为了实现一个接口，起到了一个规范的作用，要求继承这个类的程序必须实现该函数。

实例 117　在 C++程序中使用纯虚函数

源码路径　光盘\daima\15\chunxu　　　　视频路径　光盘\视频\实例\第 15 章\117

本实例的实现文件为 chunxu.cpp，具体实现代码如下。

```
#include "stdafx.h"
#include <iostream>
#include <string>
using namespace std;
class JiLei                             //基类
{
```

```
public:
    virtual void fun(char *str)=0;  //纯虚函数
};
class ZiLei : public JiLei           //公有派生
{
public:
    void fun(char *str);             //实现父类的虚函数
};
int main(int argc, char* argv[])
{
    ZiLei child;
    //JiLei base;               //错误，此处不允许实例化
    JiLei *pBase;
    //pBase=new JiLei;          //错误，此处不允许实例化
    child.fun("zilei.fun");
    pBase=&child;               //用父类型的指针指向派生类
    pBase->fun("jilei->fun");
//通过父类型的指针调用子类的函数
    return 0;
}
void ZiLei::fun(char *str)
{
    cout<<"在ZiLei内，str="<<str<<endl;
}
```

范例 **233**：演示多态和函数的联合应用

源码路径：光盘**演练范例**\233\

视频路径：光盘**演练范例**\233\

范例 **234**：演示结构体的缺陷

源码路径：光盘**演练范例**\234\

视频路径：光盘**演练范例**\234\

在上述代码中，分别定义了一个基类 JiLei 和一派生类 ZiLei。基类中的函数 fun()被声明为纯虚函数，所以代码中不能出现它的定义，但是在子类 ZiLei 中则给出了该函数的具体实现。程序编译执行后的效果如图 15-3 所示。

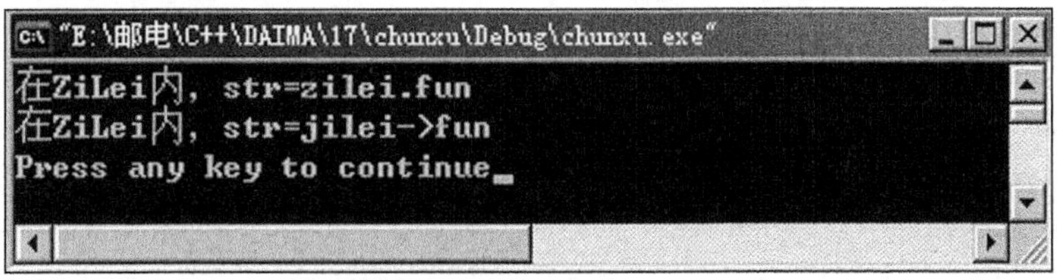

图 15-3　执行效果

15.4　抽　象　类

知识点讲解：光盘:视频\PPT 讲解（知识点）\第 15 章\抽象类.mp4

抽象类是 C++中的一个十分重要的概念。在本节的内容中，将详细介绍 C++抽象类的基本知识，为读者进行本书后面知识的学习，打下坚实的基础。

15.4.1　什么是抽象类

在面向对象的概念中，我们知道所有的对象都是通过类来描绘的，但是反过来却不是这样。并不是所有的类都是用来描绘对象的，如果一个类中没有包含足够的信息来描绘一个具体的对象，这样的类就是抽象类。抽象类往往用来表征我们在对问题领域进行分析、设计中得出的抽象概念，是对一系列看上去不同，但是本质上相同的具体概念的抽象。例如，如果我们进行一个图形编辑软件的开发，就会发现问题领域存在着圆、三角形这样一些具体概念，它们是不同的，但是它们又都属于形状这样一个概念，形状这个概念在问题领域是不存在的，它就是一个抽象概念。正是因为抽象的概念在问题领域没有对应的具体概念，所以用以表征抽象概念的抽象类是不能够实例化的。

抽象类是一种特殊的类，它是为了抽象和设计的目的而建立的，它处于继承层次结构的较上层。通常我们称带有纯虚函数的类为抽象类。

抽象类的主要作用是将有关的操作作为结果接口组织在一个继承层次结构中，由它来为派生类提供一个公共的根，派生类将具体实现在其基类中作为接口的操作。所以派生类实际上刻画了一组子类的操作接口的通用语义，这些语义也传给子类，子类可以具体实现这些语义，也可以再将这些语义传给自己的子类。

在使用抽象类时，必须注意如下 2 点。

- 抽象类只能作为基类来使用，其纯虚函数的实现由派生类给出。如果派生类中没有重新定义纯虚函数，而只是继承基类的纯虚函数，则这个派生类仍然还是一个抽象类。如果派生类中给出了基类纯虚函数的实现，则该派生类就不再是抽象类了，它是一个可以建立对象的具体的类。
- 抽象类是不能定义对象的。

根据上述描述，上面的 JiLei 就是一个抽象类。

15.4.2　抽象类的派生

如果在一个类中含有纯虚函数，那么任何试图对该类进行实例化的语句都将会导致错误产生，因为抽象基类是不能被直接调用的。纯虚函数必须被子类定义后才能被调用。所以抽象类只能作为基类来使用，其纯虚函数的实现是由派生类给出的。如果派生类没有重新定义纯虚函数，而只是继承基类的纯虚函数，则这个派生类仍然是一个抽象类。如果派生类中给出了基类纯虚函数的实现，则该派生类就不再是抽象类了，就是一个可以建立对象的具体类了。

实例 118　演示 C++抽象类的派生过程

源码路径　光盘\daima\15\paisheng　　　　视频路径　光盘\视频\实例\第 15 章\118

本实例的实现文件为 paisheng.cpp，具体实现代码如下。

> **范例 235**：演示各种成员函数的应用
>
> 源码路径：光盘**演练范例**\235\
>
> 视频路径：光盘**演练范例**\235\
>
> **范例 236**：演示运算符的重载
>
> 源码路径：光盘**演练范例**\236\
>
> 视频路径：光盘**演练范例**\236\

```
#include "stdafx.h"
#include <iostream>
using namespace std;
class JiLei                    //基类
{
public:
    //纯虚函数
    virtual void fun(char *str)=0;
};
class ZiLei1 : public JiLei          //公有继承，不再是抽象类
{
public:
    void fun(char *str);             //具体实现
};
class ZiLei2 : public JiLei          //公有继承，仍然是抽象类
{
};
class ZiLei21 : public ZiLei2 //公有继承，不再是抽象类
{
public:
    void fun(char *str);             //具体实现
};
int main(int argc, char* argv[])
{
    //JiLei *pBase=new JiLei;       //抽象类不能实例化
    JiLei *pBase;
    ZiLei1 child1;
    //ZiLei2 *pZiLei=new ZiLei2;//抽象类不能实例化
    ZiLei2 *pZiLei;
    ZiLei21 ZiLei1;
    child1.fun("child1.fun");
    pBase=&child1;                        //利用抽象基类的指针指向子类
    pBase->fun("pBase->fun");
    ZiLei1.fun("ZiLei1.fun");
    pBase=&ZiLei1;                        //利用抽象基类的指针指向孙子类
    pBase->fun("pBase->fun");
    pZiLei=&ZiLei1;                       //利用抽象基类的指针指向子类
```

```
    pZiLei->fun("pZiLei->fun");
    pBase=pZiLei;                          //利用抽象基类的指针指向孙子类
    pBase->fun("pBase->fun");
    return 0;
}
void ZiLei1::fun(char *str)
{
    cout<<"在ZiLei1内，str="<<str<<endl;
}
void ZiLei21::fun(char *str)
{
    cout<<"在ZiLei21内，str="<<str<<endl;
}
```

在上述代码中，分别定义了 4 个子类，基类 JiLei 是纯虚函数。因为子类 ZiLei2 中没有绝对虚函数 fun()进行定义，所以 fun()仍是纯虚函数，该类也就是抽象类。在子类 ZiLei1 和孙子类 ZiLei21 中都对函数 fun()进行了定义，所以它们不再是抽象类。程序编译执行后的效果如图 15-4 所示。

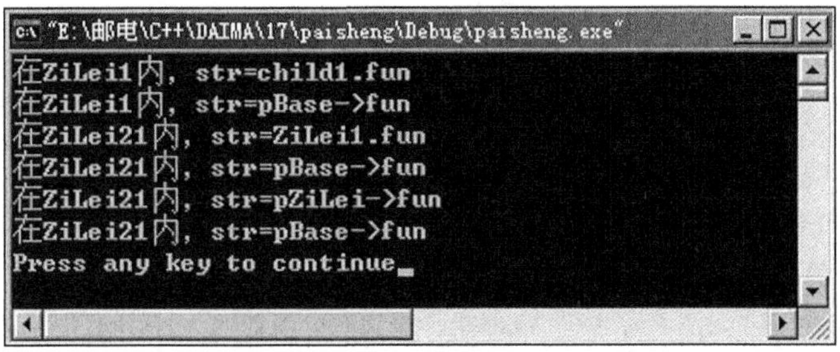

图 15-4 执行效果

15.5 运算符重载

知识点讲解：光盘:视频\PPT 讲解（知识点）\第 15 章\运算符重载.mp4

运算符重载是 C++多态性中的重要一环，运算符重载就是赋予已有的运算符多重含义。C++中通过重新定义运算符，使它能够用于特定类的对象执行特定的功能，这便增强了 C++语言的扩充能力。在本节的内容中，将简要介绍 C++运算符重载的基本知识。

15.5.1 运算符重载基础

运算符重载的作用是：它允许为类的用户提供一个直觉的接口。运算符重载允许 C/C++的运算符在用户定义类型（类）上拥有一个用户定义的意义。

通过重载类上的标准运算符，你可以发掘类的用户的直觉。使得用户程序所用的语言是面向问题的，而不是面向机器的。最终目标是降低学习曲线并减少错误率。

1．运算符重载的规则

具体说明如下。

① C++中的运算符除了少数几个以外，全部可以重载，而且只能重载已有的运算符。可以重载的运算符如下。

- 算术运算符：+，−，*，/，%，++，−−。
- 位操作运算符：&，|，~，^，<<，>>。
- 逻辑运算符：!，&&，||。
- 比较运算符：<，>，>=，<=，==，!=。
- 赋值运算符：=，+=，−=，*=，/=，%=，&=，|=，^=，<<=，>>=。

- 其他运算符：[]，()，->，，(逗号运算符)，new，delete，new[]，delete[]，->*。

不能重载的运算符只有 5 个：类属关系运算符“.”，成员指针运算符“*”，作用域分辨符“::”，sizeof 运算符和三目运算符“?:”。

② 重载之后运算符的优先级和结合性都不变。

③ 必须遵循 4 个“不能改变”原则。

- 不能改变运算符操作数的个数。
- 不能改变运算符原有的优先级。
- 不能改变运算符原有的结合性。
- 不能改变运算符原有的语法结构。

④ 至少要有一个操作对象是自定义类型。

⑤ 重载的运算符含义必须清楚，不能有二义性。

2. 运算符重载的 2 种方法

（1）运算符重载为成员函数

- 对于双目运算符 op，如果要重载 op 为某类的成员函数，使之能够实现表达式 k op t，其中 k 为 A 类的对象，则应当把 op 重载为 A 类的成员函数，该函数只有一个形参，形参的类型是 t 所属的类型。经过这样重载之后，表达式 k op t 就相当于函数调用 k.operator op(t)。
- 对于前置单目运算符 U（如负号“-”），若要重载 U 为类的成员函数，用来实现表达式 U oprd，其中 oprd 为 A 类的对象，则 U 应当重载为 A 类的成员函数，且该函数不带形参。经过重载之后，表达式 U oprd 就相当于函数调用 oprd.operator U()。
- 后置运算符“++”和“--”，若要将它们重载为类的成员函数，用来实现表达式 oprd++ 或 oprd--，其中 oprd 为 A 类的对象，那么就应当重载这 2 个运算符为 A 类的成员函数，这时函数要带有一个整型（int）形参。重载之后，表达式 oprd ++ 和 oprd -- 就分别相当于函数调用 oprd.operator ++(0) 和 oprd.operator -- (0)。

（2）运算符重载为友元函数

- 对于双目运算符 op，如果它的一个操作数为类 A 的对象，就可以将 op 重载为 A 类的友元函数，该函数有两个形参，其中一个形参的类型是 A 类。经过这样的重载之后，表达式 k op t 就相当于函数调用 operator op(k, t)。
- 对于前置单目运算符 U（如负号“-”），若要实现表达式 U oprd 其中 oprd 为 A 类的对象，则 U 可以重载为 A 类的友元函数，函数的形参为 A 类的对象 oprd。经过重载之后，表达式 U oprd 就相当于函数调用 operator U(oprd)。
- 对于后置运算符“++”和“--”，如果要实现表达式 oprd ++或 oprd --，其中 oprd 为 A 类的对象，那么运算符就可以重载为 A 类的友元函数，这时函数的形参有两个，一个是 A 类的对象 oprd，另一个是整型（int）形参。第二个参数是用于与前置运算符函数相区别的。重载之后，表达式 oprd ++和 oprd -- 就分别相当于函数调用 operator ++ (oprd，0)和 operator -- (oprd，0)。

15.5.2　重载一元运算符

一元运算符只能重载一元运算符，双目运算符只能重载双目运算符。

实例 119　演示 C++中重载一元运算符的具体过程

源码路径　光盘\daima\15\one　　视频路径　光盘\视频\实例\第 15 章\119

本实例的实现文件为 one.cpp，具体实现代码如下。

```
#include "stdafx.h"
#include <iostream>
using namespace std;
class RealLei                          //实数类
{
public:
    RealLei(double value=0);
    RealLei operator -()const; //重载"-"负运算
    RealLei operator ++();    //重载"++"自增运算
public:
    double value;
};
RealLei::RealLei(double value)
{
    this->value=value;
}
RealLei RealLei::operator -()const
{
    return RealLei(-value);
}
RealLei RealLei::operator ++()
{
    value++;
    return RealLei(value);
}
int main(int argc, char* argv[])
{
    RealLei r1(100.3);
    cout<<r1.value<<endl;
    cout<<(++r1).value<<endl;
    cout<<r1.value<<endl;
    cout<<(-r1).value<<endl;
    return 0;
}
```

范例 **237**：使用友元函数重载双目运算符(+)

源码路径：光盘**演练范例**\\237\\

视频路径：光盘**演练范例**\\237\\

范例 **238**：使用友元函数重载单目运算符(++)

源码路径：光盘**演练范例**\\238\\

视频路径：光盘**演练范例**\\238\\

在上述代码中，首先定义了一个实数类 ShiLei，并为其定义了自增运算和负运算。两个运算符都被重载为类的成员。“–”运算被解释为 r1. operator – ()，“++”运算符被解释为 r1. operator ++()。程序编译执行后的效果如图 15-5 所示。

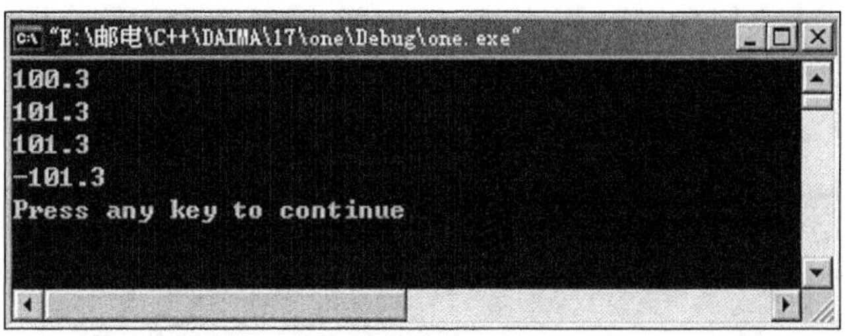

图 15-5 执行效果

15.5.3 重载二元运算符

二元运算符只能重载二元运算符。

实例 120 演示 C++中重载二元运算符的具体过程

源码路径 光盘\daima\15\two   视频路径 光盘\视频\实例\第 15 章\120

本实例的实现文件为 two.cpp，具体实现代码如下。

```
#include "stdafx.h"
#include <iostream>
using namespace std;
class RealLei
{
public:
    RealLei(double value=0);
    RealLei operator +(const RealLei &RealLei1);        //加运算
    //乘运算，友元
```

```
        friend RealLei operator *(const RealLei
&RealLei1,const RealLei &RealLei2);
        RealLei operator -()const;       //负运算
        RealLei operator ++();           //自增运算
    public:
        double value;
    };
    RealLei::RealLei(double value)
    {
        this->value=value;
    }
    RealLei RealLei::operator +(const RealLei &Re
alLei1)//虽然是二元运算，但只有一个参数
    {
        return RealLei(this->value+RealLei1.value);
    }
    RealLei RealLei::operator -()const
    {
        return RealLei(-value);
    }
    RealLei RealLei::operator ++()
    {
        value++;
        return RealLei(value);
    }
    //是二元运算，且是友元，所以有两个参数
    RealLei operator *(const RealLei &RealLei1,const RealLei &RealLei2)
    {
        RealLei temp;
        temp.value=RealLei1.value*RealLei2.value;
        return temp;
    }
    int main(int argc, char* argv[])
    {
        RealLei r1(12.1);
        RealLei r2(20.1);
        cout<<(r1+r2).value<<endl;                  函数
        cout<<(r1*r2).value<<endl;                  函数
        return 0;
    }
```

范例 **239**：使用成员函数重载双目运算符（+）

源码路径：光盘**演练范例**\239\

视频路径：光盘**演练范例**\239\

范例 **240**：演示运算符的综合应用

源码路径：光盘**演练范例**\240\

视频路径：光盘**演练范例**\240\

上述代码是对上节实例的升级，在此增加了加法运算和乘法运算。其中加法运算被定义为类的成员，乘法运算被定义为友元函数。所以 r1+r2 被解释为 r1. operator +(r2)，“r1*rw”被解释为 operator *(r1,r2)。程序编译执行后的效果如图 15-6 所示。

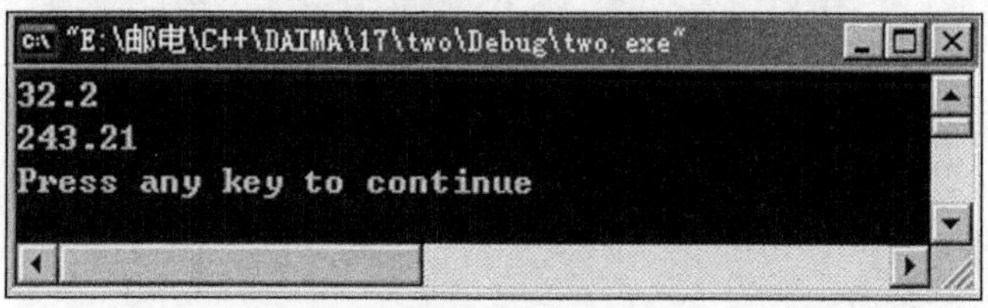

图 15-6　执行效果

15.6　函 数 重 载

知识点讲解：光盘:视频\PPT 讲解（知识点）\第 15 章\函数重载.mp4

在 C++，中函数重载是指在同一作用域内，可以有一组具有相同函数名，不同参数列表的函数，这组函数被称为重载函数。重载函数通常用来命名一组功能相似的函数，这样做减少了函数名的数量，避免了名字空间的污染，对于提升程序的可读性有很大的好处。

15.6.1　函数重载基础

两个以上的函数，取同一个名字，只要使用不同类型的参数或参数个数不同，编译器便知

道在什么情况下该调用哪个函数，这被称为函数重载。

下面举一个实际应用中的例子来说明问题。我们要进行两种不同数据类型的和操作，为了实现它，在 C 语言中就要写两个不同名称的函数来进行区分。例如：int testa(int a,int b)和 float testb(float a,floatb)，这么两个极其相似的操作函数却起两个不同的名字，不利于管理，所以 C++为了方便程序员编写程序，特别引入了函数重载的概念来解决此问题，我们看看如下的代码。

```
#include <iostream>
using namespace std;
int test(int a,int b);
float test(float a,float b);
void main()
{
cout << test(1,2) << endl << test(2.1f,3.14f) << endl;
cin.get();
}
int test(int a,int b)
{
return a+b;
}
float test(float a,float b)
{
return a+b;
}
```

在上面的程序中，我们同样使用了两个名为 test 的函数来描述 int 类型和操作和 float 类型和操作，这样一来就方便了程序员对相同或者相似功能函数的管理。

看了上面的解释后可能很多读者会问，这么一来计算机该如何来判断同名称函数呢？操作的时候会不会造成选择错误呢？

回答是否定的。C++内部利用一种叫名称粉碎的机制来内部重命名同名函数，上面的例子在计算重命名后可能会是 testii 和 testff，它们是通过参数的类型或个数来内部重命名的。

15.6.2 参数类型不同的重载

函数在定义后，系统区分不同函数的依据是函数的签名，签名中包含函数名称、参数类型和参数个数这 3 个要素。为了保证类型安全链接，编译器利用每个函数的参数个数和类型对其标志符实际编码。类型安全可以保证调用到恰当的重载函数，以及形参和实参之间的对应。这就产生了因参数类型和参数个数不同而形成的两种重载方法。参数类型不同的重载函数具有相同的名称，但是具有不同的参数类型。

实例 121 演示不同参数类型的重载函数的使用过程

源码路径 光盘\daima\15\different　　视频路径 光盘\视频\实例\第 15 章\121

本实例的实现文件为 different.cpp，具体实现代码如下。

> **范例 241**：根据运算符重载函数参数来判断
>
> 源码路径：光盘**演练范例**\241\
>
> 视频路径：光盘**演练范例**\241\
>
> **范例 242**：可以用基本数据的输出和输入
>
> 源码路径：光盘**演练范例**\242\
>
> 视频路径：光盘**演练范例**\242\

```
#include "stdafx.h"
#include <iostream>
#include <string>
using namespace std;
int add(int i1,int i2); //整数加运算
double add(double d1,double d2);//双精度加运算
//串链接运算
string add(const string &s1,const string &s2);
int main(int argc, char* argv[])
{
    int i1=100;
    int i2=50;
    double d1=100.5;
    double d2=100.8;
    string s1("你");
    string s2("好");
    cout<<add(i1,i2)<<endl;          //因为参数是整数，所以调用的是整数加
    cout<<add(d1,d2)<<endl;          //因为参数是双精度，所以调用的是双精度加
    cout<<add(s1,s2)<<endl;          //因为参数是串，所以调用的是串链接
    return 0;
```

```
}
//串链接运算
string add(const string &s1,const string &s2)
{
    string str;
    str.assign(s1);
    str.append(s2);
    return str;
}
//整数加运算
int add(int i1,int i2)
{
    return i1+i2;
}
//双精度加运算
double add(double d1,double d2)
{
    return d1+d2;
}
```

在上述代码中，定义了函数 add()，然后分别对其进行了 3 次重载处理，分别接受 int、double、string 3 种参数。所以在编译时会根据参数类型的不同对函数 add()进行解析。所以 add(i1,i2)将被编译为 add(int,int)，add(d1,d2)将被编译为 add(double,double)，add(s1,s2)将被编译为 add(string,string)。程序编译执行后的效果如图 15-7 所示。

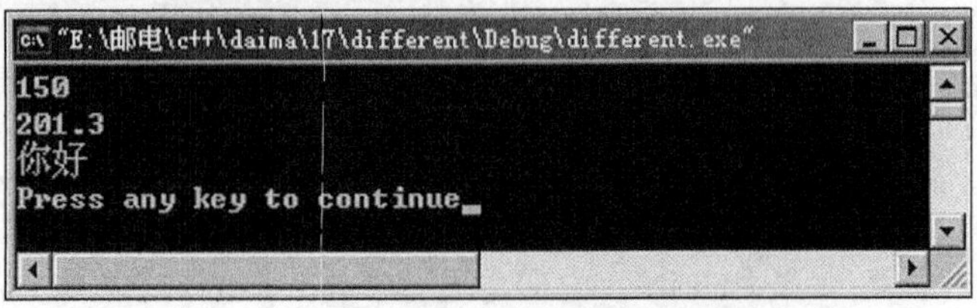

图 15-7　执行效果

15.7 流的重载

知识点讲解：光盘:视频\PPT 讲解（知识点）\第 15 章\流的重载.mp4

C++的流提取运算符>>和流插入运算符<<是 C++类库提供的 I/O 操作符。系统预定义了输入流类 istream 和输出流类 ostream，cin 和 cout 分别是 istream 和 ostream 的对象。在 istream 头文件中已经对>>和<<进行了重载，使其能用来输入/输出标准类型的数据。如果是自定义类型，就需要重载这两个运算符，以便它们能输入/输出该自定义类型的数据。

15.7.1 流插入重载

流插入运算符是<<，表示将右边的数据送到输出流 count 中，并输出相应的信息。当遇到自定义类型时，必须对该运算符进行重载，以便可以支持将自定义类型的数据插入输出流的能力。流插入重载的具体格式如下。

```
ostream &operator<<(ostream &,自定义类 &);
```

上述形式表示重载时，返回值必须是 ostream 型，第一个参数也必须是 ostream 型，第二个参数是自定义类型。上述形式的重载只能定义为友元和普通函数，而不能定义为类的成员函数。

实例 122　演示在 C++程序中流插入重载的过程

源码路径　光盘\daima\15\liu　　　视频路径　光盘\视频\实例\第 15 章\122

本实例的实现文件为 liu.cpp，具体实现代码如下。

```
#include "stdafx.h"
#include <iostream>
```

```
#include <string>
using namespace std;
class JiLei;
ostream& operator <<(ostream& output,JiLei & date);
class JiLei{                              //日期类
public:
    JiLei(int y=2008,int m=9,int d=10);   //带默认参数
    JiLei operator +(const int &i);       //加运算重载
    friend ostream &operator <<(ostream& output,JiLei & date);//友元
public:
     int year,month,day;
};
//day属性的加运算
JiLei JiLei::operator +(const int &i)
{
    JiLei cd;
    cd.year=year;
    cd.month=month;
    cd.day=day+i;
    return cd;
}
//流输出
ostream& operator <<(ostream& output,JiLei & date)
{
    string str;
    char ch[10];
    str.assign(itoa(date.year,ch,10));
    str.append("/");
    str.append(itoa(date.month,ch,10));
    str.append("/");
    str.append(itoa(date.day,ch,10));
    return output<<str<<endl;
}
JiLei::JiLei(int y,int m,int d)
{
    year=y;
    month=m;
    day=d;
}
int main(void)
{
    JiLei date(2009,9,9);
    cout<<date;                           //重载的输出流
    date=date+10;                         //重载加运算
    cout<<date;                           //重载的输出流
    return 0;
}
```

范例 243：运算符操作复数类

源码路径：光盘**演练范例**\243\

视频路径：光盘**演练范例**\243\

范例 244：使用模板技术

源码路径：光盘**演练范例**\244\

视频路径：光盘**演练范例**\244\

在上述代码中，定义了一个 CDate 类，并重载了它的输出流。程序编译执行后的效果如图 15-8 所示。

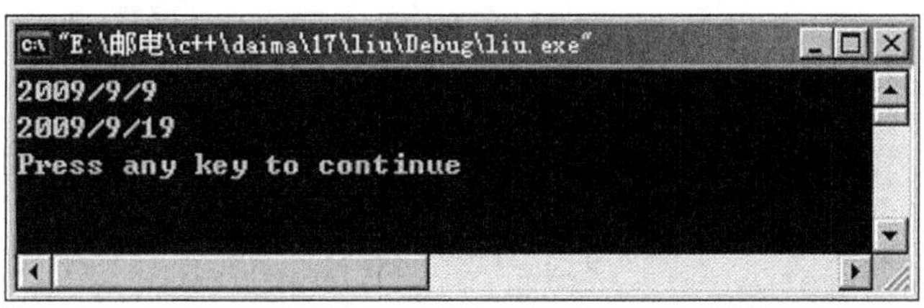

图 15-8　执行效果

15.7.2　流提取重载

流提取运算符是>>，表示将左边的输入流中的数据传送给右边的变量。流提取运算符的格式如下。

```
istream &operator<<(istream &,自定义类 &);
```

上述形式表示重载时，返回值必须是 istream 型，第一个参数也必须是 istream 型，第二个参数是自定义类型。上述形式的重载只能定义为友元和普通函数，而不能定义为类的成员函数。

实例 123　演示在 C++程序中流插入重载的过程

源码路径　光盘\daima\15\liutiqu　　　　视频路径　光盘\视频\实例\第 15 章\123

本实例的实现文件为 liutiqu.cpp，具体实现代码如下。

范例 245：指定多个函数模板中类型参数

源码路径：光盘**演练范例**\245\

视频路径：光盘**演练范例**\245\

范例 246：函数模板与同名非模板函数重载

源码路径：光盘**演练范例**\246\

视频路径：光盘**演练范例**\246\

```
#include "stdafx.h"
#include <iostream>
#include <string>
using namespace std;
class JiLei;
istream &operator >>(istream & input,JiLei & date);
ostream& operator <<(ostream& output,JiLei & date);
class JiLei{
public:
    JiLei(int y=2008,int m=9,int d=10);
    JiLei operator +(const int &i);
    friend ostream &operator <<(ostream& output,
    JiLei & date);   //流输出重载
    friend istream &operator >>(istream & input,
    JiLei & date);   //流输入重载
private:
     int year,month,day;
};
JiLei JiLei::operator +(const int &i)
{
    JiLei cd;
    cd.year=year;
    cd.month=month;
    cd.day=day+i;
    return cd;
}
//流输入重载
istream &operator >>(istream & input,JiLei & date)
{
    string str;
    int index[2]={-1,-1};
    input>>str;
    index[0]=str.find("/",0);                          //年月的分割标记
    if (index[0]>=0)
    {
        date.year=atoi(str.substr(0,4).c_str());       //取年
        index[0]++;
        index[1]=str.find("/",index[0]);               //月日的分割标记
        if (index[1]>index[0])
        {
                date.month=atoi(str.substr(index[0],index[1]).c_str());//取月
                index[1]++;
                date.day=atoi(str.substr(index[1],2).c_str());    //取日
        }
    }
    return input;
}
ostream& operator <<(ostream& output,JiLei & date)
{
string str;
char ch[10];
str.assign(itoa(date.year,ch,10));
str.append("/");
str.append(itoa(date.month,ch,10));
str.append("/");
str.append(itoa(date.day,ch,10));
return output<<str<<endl;
}
JiLei::JiLei(int y,int m,int d)
{
    year=y;
    month=m;
    day=d;
}
int main(void)
{
    JiLei date(2009,9,9);
```

```
    cin>>date;                                    //流输入重载
    cout<<date;                                   //流输出重载
    return 0;
}
```

上述实例是对**实例 122** 的扩充，在此加入了输入流的重载操作。当重载输入流时，程序从命令行读入一个日期字符串，并以“/”作为分隔符。执行后可以先输入字符，按下回车后将输出日期字符串。程序编译执行后的效果如图 15-9 所示。

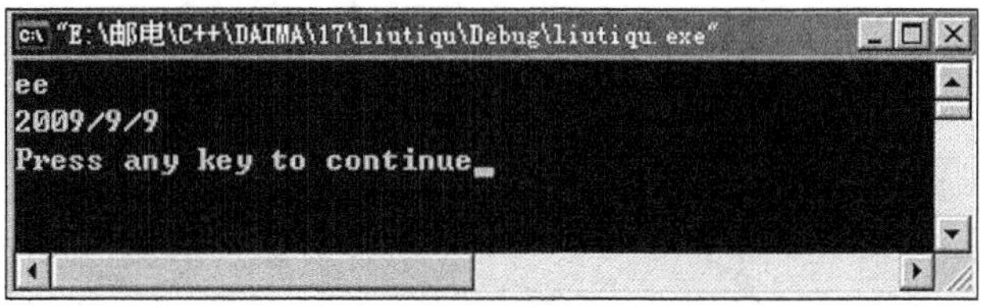

图 15-9　执行效果

15.8 覆　　盖

知识点讲解：光盘:视频\PPT 讲解（知识点）\第 15 章\覆盖.mp4

覆盖（overriding）指派生类（derived class）提供了和基类（Base Class）中相同名字和签名的虚函数。那么这里也有两个概念。一个是覆盖仅发生在继承关系中，这和重载产生作用的范围不同。另外一个是覆盖只能针对于父类的虚函数，不是实函数也不是纯虚函数。

15.8.1　覆盖函数

覆盖、重载和虚函数，是 C++多态的重要知识体系，下面我们看这三者的基本特点。

- ❑ 虚函数：是子类与父类的垂直关系，函数名和参数列表完全相同，且父类中的虚函数必须用 virtual 来修饰。
- ❑ 重载：是同一类中同名方法之间的水平关系，在同一个命名空间内，这些函数只是名字相同，参数类型和个数不相同。
- ❑ 覆盖：是子类和父类的函数具有相同的名字。无论参数是否相同，也无论是否含有 virtual，只要子类和父类具有相同的名字，父类的成员就会被覆盖。

由此可以看出，重载是根据实参类型和个数来决定调用哪个函数，虚函数是根据对象类型的不同而调用不同的函数，覆盖则是调用本地成员。

实例 124　**演示在 C++程序中使用覆盖函数的过程**

源码路径　光盘\daima\15\fugai　　　　**视频路径**　光盘\视频\实例\第 15 章\124

本实例的实现文件为 fugai.cpp，具体实现代码如下。

```
#include "stdafx.h"
#include <iostream.h>
class A                          //基类
{
public:
    void fun1(char *str);
    virtual void fun2();//虚函数
};
void A::fun2()
{
    cout<<"in A"<<endl;
}
void A::fun1(char *str)
{
    cout<<"in A,str="<<str<<endl;
```

范例 247：演示覆盖和重载

源码路径：光盘\演练范例\247\

视频路径：光盘\演练范例\247\

范例 248：动态联编机制

源码路径：光盘\演练范例\248\

视频路径：光盘\演练范例\248\

```
}
class B:public A                                    //公有派生
{
public:
    void fun1(char *str);                           //覆盖基类函数
    void fun1(int x);                               //覆盖基类函数，同时也水平重载
    void fun2();                                    //继承基类的虚函数
    void fun3();
};
void B::fun3()
{
    A::fun1("继承于 B");                            //调用基类的函数，该函数被子类覆盖
}
void B::fun2()
{
    cout<<"in B"<<endl;
}
void B::fun1(char *str)
{
    cout<<"in B,str="<<str<<endl;
}
void B::fun1(int x)
{
    cout<<"in B,x="<<x<<endl;
}
int main(void)
{
    A a;
    B b;
    a.fun1("继承于 a");
    b.fun1("继承于 b");
    b.fun1(100);
    a.fun2();
    b.fun2();
    b.A::fun1("继承于a.B");                         //调用基类的被覆盖的函数
    b.fun3();
    return 0;
}
```

在上述代码中，定义了两个类 A 和 B，B 继承于 A。其中 B 的函数 fun1()覆盖了 A 的同名函数。类 A 的 2 个同名函数 fun1()相互重载。类 B 的函数 fun2()继承了类 A 的虚函数 fun2()。类 B 的函数 fun3()给出了调用被覆盖的父函数的一种方法。在输出语句中，给出了另外一种调用覆盖函数的方法。程序编译执行后的效果如图 15-10 所示。

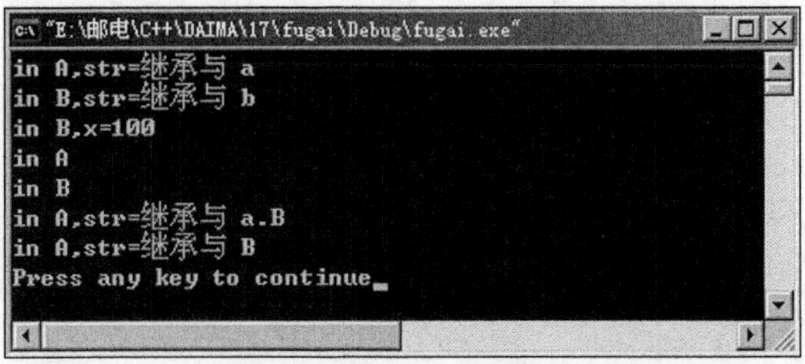

图 15-10　执行效果

15.8.2　覆盖变量

在 C++中除了可以覆盖函数外，还可以覆盖变量。具体做法是：只需将子类中的变量和父类中的变量同名即可。

实例 125　演示在 C++程序中覆盖变量的过程

源码路径　光盘\daima\15\bianliang　　　视频路径　光盘\视频\实例\第 15 章\125

本实例的实现文件为 bianliang.cpp，具体实现代码如下。

```
#include "stdafx.h"
#include <iostream.h>
class A                              //基类
{
public:
    A();
    int x;
    float xx;
};
A::A()
{
    x=100;
}
class B:public A                     //公有继承
{
public:
    B();
    int x;                           //覆盖基类同名变量
    int xx;                          //覆盖基类同名变量
};
B::B()
{
    x=10;
    A::x=100;                        //调用基类被覆盖的变量
    xx=20;
    A::xx=40;                        //调用基类被覆盖的变量
}
int main(void)
{
    A a;
    B b;
    cout<<a.x<<endl;
    cout<<b.x<<endl;
    cout<<b.A::x<<endl;              //直接访问父类的变量
    cout<<b.xx<<endl;
    cout<<b.A::xx<<endl;             //直接访问父类的变量
    return 1;
}
```

范例 **249**：继承成员变量的覆盖/重写

源码路径：光盘**演练范例**\\249\\

视频路径：光盘**演练范例**\\249\\

范例 **250**：联合演示覆盖、重载和隐藏

源码路径：光盘**演练范例**\\250\\

视频路径：光盘**演练范例**\\250\\

在上述代码中，定义了 2 个类 A 和 B，B 继承于 A。其中 B 的变量 x 和 xx 分别覆盖了同名父类中的变量。可以通过类名限定来直接访问覆盖掉的父类变量。程序编译执行后的效果如图 15-11 所示。

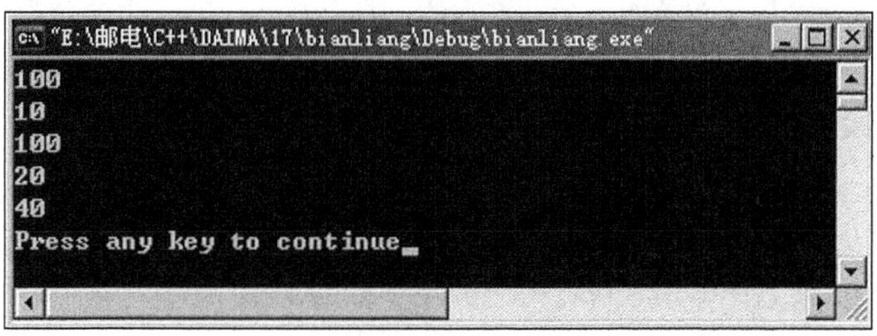

图 15-11　执行效果

15.9 技术解惑

15.9.1 重载、覆盖和隐藏的区别

这几个概念都有一个共同点：函数名称相同。所以不免让人混淆，大致的区别如下。

（1）重载（overload）

必须在一个域中，函数名称相同但是函数参数不同，重载的作用就是同一个函数有不同的行为，因此不是在一个域中的函数是无法构成重载的，这个是重载的重要特征。

（2）覆盖（override）

覆盖指的是派生类的虚拟函数覆盖了基类的同名且参数相同的函数，既然是和虚拟函数挂钩，说明了这是一个多态支持的特性，所谓的覆盖指的是用基类对象的指针或者引用时访问虚拟函数的时候，会根据实际的类型决定所调用的函数，因此此时派生类的成员函数可以“覆盖”掉基类的成员函数。

注意唯有同名且参数相同，并且带有 virtual 关键字并且分别在派生类和基类的函数才能构成虚拟函数，这个也是派生类的重要特征。而且，由于是和多态挂钩的，所以只有在使用类对象指针或者引用的时候才能使用上。总之一句话：覆盖函数都是虚函数，反之不然。如果基类和继承类的函数名称，产生返回值都是一样的。如果返回值不同应该无法编译，如果基类用到了 virtual，那么无论继承类的实现中是否加入 virtual 这个 keyword ，还是会构成 override 的关系。

（3）隐藏（hide）

隐藏指的是派生类的成员函数隐藏了基类函数的成员函数。隐藏一词可以这么理解：在调用一个类的成员函数的时候，编译器会沿着类的继承链逐级向上查找函数的定义，如果找到了就停止查找。所以如果一个派生类和一个基类都有同一个同名（暂且不论参数是否相同）的函数，而编译器最终选择了在派生类中的函数，那么我们就说这个派生类的成员函数“隐藏”了基类的成员函数，也就是说它阻止了编译器继续向上查找函数的定义。回到隐藏的定义中，前面已经说了有 virtual 关键字，并且分别位于派生类和基类的同名、同参数函数构成覆盖的关系，因此隐藏的关系只有如下的可能。

- 必须分别位于派生类和基类中。
- 必须同名。
- 参数不同的时候本身已经不构成覆盖关系了，所以此时是否是 virtual 函数已经不重要了。当参数相同的时候就要看是否有 virtual 关键字了，有的话就是覆盖关系，没有的话就是隐藏关系了。

很多人分辨不清隐藏和覆盖的区别，因为它们都是发生在基类和派生类之中的。但是它们之间最为重要的区别就是：覆盖的函数是多态的，是存在于 vtbl 之中的函数才能构成“覆盖”的关系，而隐藏的函数都是一般的函数，不支持多态，在编译阶段就已经确定下来了。

15.9.2　在重载运算符的时候要权衡实施的必要性

C++中预定义的运算符的操作对象只能是基本数据类型。但实际上，对于许多用户自定义类型（例如类），也需要类似的运算操作。这时就必须在 C++中重新定义这些运算符，赋予已有运算符新的功能，使它能够用于特定类型执行特定的操作。运算符重载的实质是函数重载，它提供了 C++的可扩展性，也是 C++ 最吸引人的特性之一。

一些编程语言没有运算符重载的特性，如 Java。这些语言的设计者认为：运算符重载会增加编程的复杂性；或者由于使用者能力的问题引起功能上的混淆；认为 a.add(b)比 a+b 更加面向对象（这个有点牵强）。无论如何，这些理由从反面也可以提醒我们：在重载运算符的时候要注意语义，权衡实施的必要性。

运算符重载是通过创建运算符函数实现的，运算符函数定义了重载的运算符将要进行的操作。运算符函数的定义与其他函数的定义类似，唯一的区别是运算符函数的函数名是由关键字 operator 和其后要重载的运算符符号构成的。

15.9.3　为什么需要函数重载

试想如果没有函数重载机制，如在 C 中，你必须要这样去做：为这个 print 函数取不同的名字，如 print_int、print_string。这里还只是两个的情况，如果是很多个的话，就需要为实现同一个功能的函数取很多个名字，如加入打印 long 型、char*、各种类型的数组等。这样做很不友好！

类的构造函数跟类名相同，也就是说：构造函数都同名。如果没有函数重载机制，要想实例化不同的对象，那是相当的麻烦！操作符重载，本质上就是函数重载，它大大丰富了已有操作符的含义，方便使用，如+可用于连接字符串等。

15.9.4 重载函数的调用匹配

现在已经解决了重载函数命名冲突的问题，在定义完重载函数之后，用函数名调用的时候是如何去解析的？为了估计哪个重载函数最适合，需要依次按照下列规则来判断。

- 精确匹配：参数匹配而不做转换，或者只是做微不足道的转换，如数组名到指针、函数名到指向函数的指针、T 到 const T。
- 提升匹配：即整数提升（如 bool 到 int、char 到 int、short 到 int），float 到 double。
- 使用标准转换匹配：如 int 到 double、double 到 int、double 到 long double、Derived* 到 Base*、T*到 void*、int 到 unsigned int。
- 使用用户自定义匹配。
- 使用省略号匹配：类似 printf 中省略号参数。

如果在最高层有多个匹配函数被找到，调用将被拒绝（因为有歧义，模凌两可）。看下面的例子。

```
void print(int);
void print(const char*);
void print(double);
void print(long);
void print(char);

void h(char c,int i,short s, float f)
{
        print(c);//精确匹配，调用print(char)
        print(i);//精确匹配，调用print(int)
        print(s);//整数提升，调用print(int)
        print(f);//float到double的提升，调用print(double)
        print('a');//精确匹配，调用print(char)
        print(49);//精确匹配，调用print(int)
        print(0);//精确匹配，调用print(int)
        print("a");//精确匹配，调用print(const char*)
}
```

定义太少或太多的重载函数，都有可能导致模凌两可的情况出现，看下面的一个例子。

```
void f1(char);
void f1(long);

void f2(char*);
void f2(int*);

void k(int i)
{
        f1(i);//调用f1(char)？ f1(long)？
        f2(0);//调用f2(char*)？ f2(int*)？
}
```

这时侯编译器就会报错，将错误抛给用户自己来处理：通过显示类型转换来调用等（如 f2(static_cast<int *>(0)))。上面的例子只是一个参数的情况，下面我们再来看两个参数的情况。

```
int pow(int ,int);
double pow(double,double);

void g()
{
        double d=pow(2.0,2)//调用pow(int(2.0),2)? pow(2.0,double(2))?
}
```

15.9.5　另一种虚方法查找方案

在 C++应用中，还有一种虚方法查找方案是 C++开发者十分熟悉的，即基于绝对位置的定位技术。其查找表结构非常简单，仅仅是一个存放了方法地址的指针数组。表中的每一项不具有自描述性，只有编译器在编译时知道它们究竟分别对应着哪一个方法，并且将对于方法的调用代码编译成一个紧凑的指针+偏移的调用的硬编码。这种查找表的最大特点就是高效率，基于这种查找表进行方法调用仅仅需要多做一次数组内的随机访问操作。在所有我们所能想到的“增加一个间接层”的方案中，这种方案在效率上是最高的。但是使用这种方案有一个限定，就是要求所有同族多态对象具有完全一样的查找表。也就是说，你必须确保所有实现了某个接口的对象的虚方法查找表的第 k 项都具有相同的语义。假设一个基类有 100 个可供改写的虚方法，那么它的虚方法查找表共有 100 项（实际上就是 100 个指向方法入口地址的指针）。而其所有派生类对象都必须有结构上完全相同的、长度至少为 100 项的虚方法查找表。现在假设我们开发的一个派生类中只改写了基类的 5 个方法，那么这个派生类对象所共享的虚方法表仍然长达 100 项，只不过其中 95 项与其基类对象虚方法查找表中相应的项一模一样，只有 5 项具有实际意义，正是这 5 项的存在才使派生类的存在有了意义。

在这种情况下，该方法表的实际有效利用率只有可怜的 5%。总的来说，这一方案执行效率最优，但是并不适用于所有的场合。

15.9.6　两种重载方法的比较

一般说来，单目运算符最好被重载为成员；双目运算符最好被重载为友元函数，双目运算符重载为友元函数比重载为成员函数更方便，但是，有的双目运算符还是重载为成员函数为好，例如，赋值运算符。因为它如果被重载为友元函数，将会出现与赋值语义不一致的地方。

第 16 章

模板的威力

模板是根据参数类型而生成的函数或类的机制。模板这一说法源于 20 世纪 90 年代 ANSI/ISO C++ 标准，它是 C++的最大特性之一。通过对模板的使用，可以只设计一个类来处理多种类型的数据，而不需要分别为每种类型创建类。这样就简化了程序，提高了代码的维护性。在本章的内容中，将详细介绍 C++模板的基本知识。

本章内容

- 基本概念
- 类模板
- 函数模板
- 模板组合

技术解惑

在函数模板中使用多个类型参数时要避免类型参数的二义性

函数模板和模板函数的区别

函数模板和类模板的区别

仿函数的用处

16.1 基本概念

知识点讲解：光盘:视频\PPT 讲解（知识点）\第 16 章\基本概念.mp4

模板是一种参数化的通用类或通用函数。在软件领域看来，模板是一种重要的软件复用技术。C++程序是由类和函数组成的，被分为类模板和函数模板两种。比如要编写一个用于比较两个变量大小的函数，并返回其中较大的那个。如果不使用模板，则必须为每种类型都编写一个函数。例如下面的比较函数。

```
int zheng(int x, int y)                          //整型数的比较
{
    return (x>y?x:y);
}
float fudian(float x, float y)                   //浮点数的比较
{
    return (x>y?x:y);
}
char zifu(char x, char y)                        //字符的比较
{
    return (x>y?x:y);
}
int main(int argc, char* argv[])
{
    int x1=7,y1=8;
    float x2=2.4,y2=4.5;
    char x3='h',y3='g';
    cout<<getmax(x1,y1)<<endl;
    cout<<getmax(x2,y2)<<endl;
    cout<<getmax(x3,y3)<<endl;
    return 0;
}
```

在上述代码中，3 个函数分别实现了整型数的比较、浮点数的比较、字符的比较。在此使用了重载技术，如果还需要比较其他类型的数据，还需要继续编写重载函数。但是如果使用模板，则只需定义一个函数即可。

实例 126　演示在 C++程序中使用模板的过程

源码路径　光盘\daima\16\moban　　　　视频路径　光盘\视频\实例\第 16 章\126

本实例的实现文件为 moban.cpp，具体实现代码如下。

```
#include "stdafx.h"
#include <iostream.h>
#include <iostream.h>
//定义通用类型mytype
template <class mytype>
//定义模板函数
mytype getmax (mytype x, mytype y)
{
    return (x>y?x:y);
}
int main(void)
{
    int x=90;
    int y=40;
    float a=89.9;
    float b=40.6;
    cout<<getmax(x,y)<<endl;             //参数为整数
    cout<<getmax(a,b)<<endl;             //参数为浮点数
    return 1;
}
```

范例 251：使用 vector 模板类

源码路径：光盘**演练范例**\251\

视频路径：光盘**演练范例**\251\

范例 252：使用链表类模板

源码路径：光盘**演练范例**\252\

视频路径：光盘**演练范例**\252\

在上述代码中，通过关键字 template 定义了一个通用数据类型的模板 mytype。在后面的函数中，mytype 作为一个有效的数据类型。被用于定义两个参数 *x* 和 *y*，并作为函数 getmax(*x*,*y*)的返回类型。程序编译执行后的效果如图 16-1 所示。

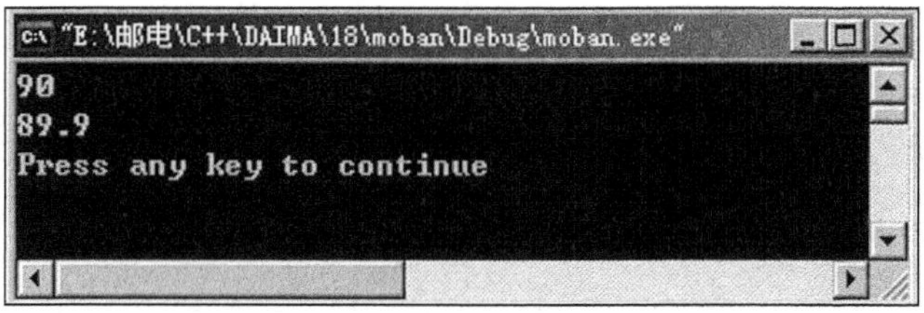

图 16-1　执行效果

上面的 mytype 并不代表任何具体的一个数据类型，只是在调用时，才由参数类型来决定。所以在书写函数 getmax(x,y)时，不需要考虑参数的类型，只考虑具体的实现代码。

16.2　类　模　板

知识点讲解：光盘:视频\PPT 讲解（知识点）\第 16 章\类模板.mp4

类模板即类的模板，定义了一个具有相同的代码实现，具有不同类型的类簇。类模板是定义了一个通用的数据类型，并用来修饰属性成员、成员函数的参数和返回值等需要类型说明的位置。

C++具有适用于类的类似机制。类模板本身不是类，而只是某种编译器用来生成类代码的类的“配方”。类模板同后面讲解的函数模板一样，也是通过指定模板中尖括号之间的形参类型（举例是 T），从而确定希望生成的类。以这种方式生成的类被称作类模板的实例，根据模板创建类的过程被称为实例化模板。具体说明如图 16-2 所示。

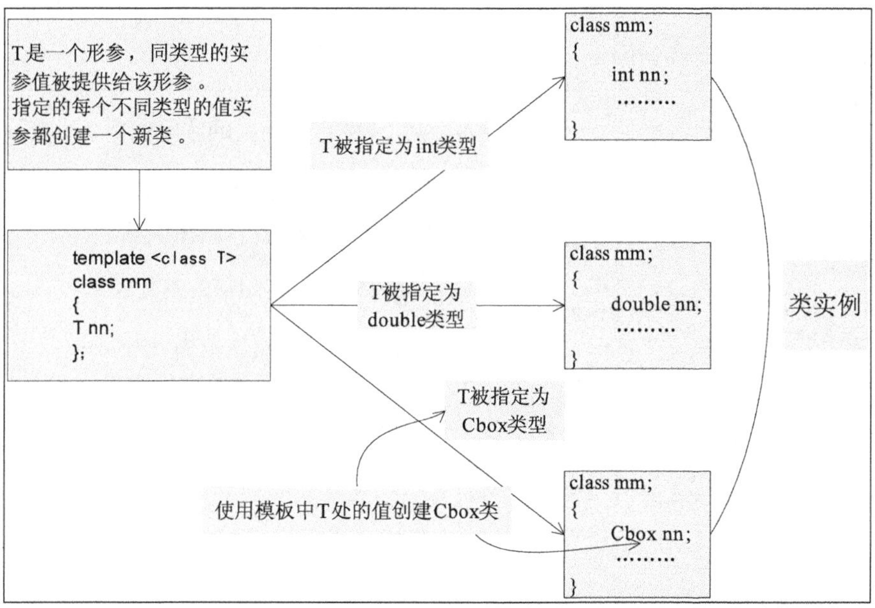

图 16-2　类模板说明

16.2.1　定义类模板

类模板的定义格式如下。

```
template <类型形参表>
class <类名>
{
//类说明体
```

```
};
template <类型形参表>
<返回类型> <类名> <类型名表>::<成员函数1>（形参表）
{
//成员函数定义体 }
template <类型形参表>
<返回类型> <类名> <类型名表>::<成员函数2>（形参表）
{
 //成员函数定义体
}
```

类模板是一个类家族的抽象，它只是对类的描述，编译程序不为类模板（包括成员函数定义）创建程序代码，但是通过对类模板的实例化可以生成一个具体的类以及该具体类的对象。

16.2.2　使用类模板

类模板不能直接使用，必须先实例化为相应的模板类，定义该模板类的对象后才能使用。建立类模板后，可用下列方式创建类模板的实例。

```
<类名> <类型实参表> <对象表>;
```

其中，<类型实参表>应与该类模板中的<类型形参表>匹配。<类型实参表>是模板类(template class)，<对象>是定义该模板类的一个对象。 使用类模板可以说明和定义任何类型的类。这种类被称为参数化的类。如果说类是对象的推广，那么类模板可以说是类的推广。

模板类是类模板实例化后的一个产物。说个形象点的例子：把类模板比作一个做饼干的模子，而模板类就是用这个模子做出来的饼干，至于这个饼干是什么味道的，就要看你在实例化时用的是什么材料了，你可以做巧克力饼干，也可以做豆沙饼干，这些饼干的除了材料不一样外，其他的东西都是一样的。

实例 127　演示在 C++程序中使用类模板的过程

源码路径　光盘\daima\16\leimoban　　视频路径　光盘\视频\实例\第 16 章\127

本实例的实现文件为 leimoban.cpp，具体实现代码如下。

> 范例 253：用指定的字符在集合中查找元素
>
> 源码路径：光盘**演练范例**\\253\\
>
> 视频路径：光盘**演练范例**\\253\\
>
> 范例 254：搜索相邻的重复元素
>
> 源码路径：光盘**演练范例**\\254\\
>
> 视频路径：光盘**演练范例**\\254\\

```
#include "stdafx.h"
#include<iostream>
using namespace std;
template <class MM>          //模板
class Array
{
private:
    MM *set;                 //用模板定义指针
    int n;
public:
    Array(MM *data,int i);  //用模板修饰参数
    ~Array(){}
    void sort();
    int seek(MM key);
    MM sum();                //用模板修饰返回值
    void show();
};
template <class MM>          //模板
Array<MM>::Array(MM *data,int i)
{
    set=data;
    n=i;
}
//排序
template<class MM>
void Array<MM>::sort()
{
    int i,j;
    MM temp;
    for(i=1;i<n;i++) //逐个比较，大数后移，每一轮都选出一个最小数
    {
        for(j=n-1;j>=i;j--)
        {
            if(set[j-1]>set[j])    //将较大数后移
```

```
                {
                        //交换
                    temp=set[j-1];
                    set[j-1]=set[j];
                    set[j]=temp;
                }
            }
        }
}
//查找数据
template <class MM>
int Array<MM>::seek(MM key)
{
    int i;
    for(i=0;i<n;i++)
    {
        if(set[i]==key)
        {
                return i;
        }
    }
    return -1;
}
//定义数组求和
template<class MM>
MM Array<MM>::sum()
{
    MM s=0;
    int i;
    for(i=0;i<n;i++)
    {
        s+=set[i];
    }
    return s;
}
//显示数组数据
template<class MM>
void Array<MM>::show()
{
    int i;
    for(i=0;i<n;i++)
    {
        cout<<set[i]<<" ";
    }
    cout<<endl;
}
int   main()
{
    int x[10]={70,9,25,33,83,29,60,58,47,14};
    float y[5]={7.4,2.5,8.3,5.2,0.5};
    Array<int> array1(x,10);                //整型
    Array<float> array2(y,5);               //浮点型
    cout<<" array1[10]:"<<endl;
    cout<<" 原序列:"; array1.show();
    cout<<" 其中83在数组中的位置: "<<array1.seek(83)<<endl;//查找
    array1.sort();                          //排序
    cout<<" 排序后: ";
    array1.show();
    cout<<" array2[5]:"<<endl;
    cout<<" 原序列:";
    array2.show();
    cout<<" 其中5.2在数组的位置: "<<array2.seek(5.2)<<endl;    //查找
    array2.sort();                          //排序
    cout<<" 排序后:"; array2.show();
    return 0;
}
```

在上述代码中，定义了一个类模板 template <class MM>，类型为 Array，用于对 MM 类型的数组进行排序、查找和求和处理，然后产生模板类 Array<int>和 Array<float>。程序编译执行后的效果如图 16-3 所示。

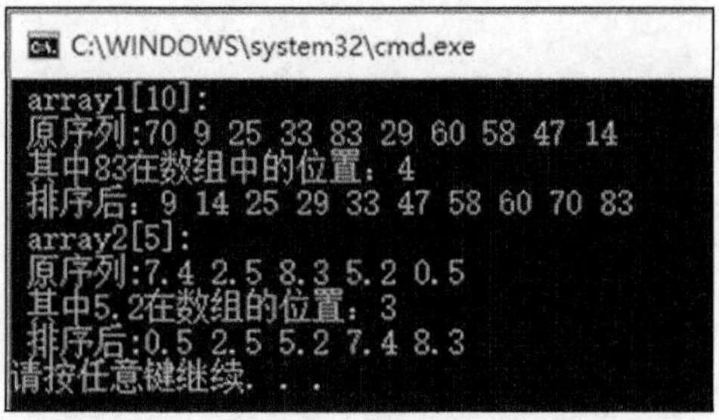

图 16-3　执行效果

在定义类模板时，可以有多个参数，也可以为模板参数设置默认值，就像为函数参数设置默认值一样。

16.2.3　类模板的派生

C++中，可以从类模板派生出新的类，既可以派生类模板，也可以派生非模板类。

（1）从类模板派生类模板

可以从类模板派生出新的类模板，它的派生格式如下。

```
template <class T>
class base
{
……
};
template <class T>
class derive:public base<T>
{
……
};
```

与一般的类派生定义相似，只是在指出它的基类时要缀上模板参数，即 base<T>。

（2）从类模板派生非模板类

可以从类模板派生出非模板类，在派生中，作为非模板类的基类，必须是类模板实例化后的模板类，并且在定义派生类前不需要模板声明语句：template<class>。如下。

```
template <class T>
class base
{
……
};
class derive:public base<int>
{
……
};
```

在定义 derive 类时，base 已实例化成了 int 型的模板类。

16.2.4　类模板和模板类的区别

一般来讲，类模板是结构相似但不同的类的抽象，是描述性的，形式如下。

```
template<typename T> class 类板名;
```

模板类是类模板铸造出来的类，是具体的类，是如结构等相似的类型；类模板只是一个抽象的描述，在应用时在内存中是不占空间的，而模板类是一个具体的东西。

类模板强调的是模板，如下。

```
template<typename    T>
class    A
{};
```

这个 A 就是是一个模板。而模板类强调的是类，如下。

```
class A<int>
```

这个 A<int>就是模板类，类模板的实例。

注意：在类定义体外定义成员函数时，若此成员函数中有模板参数存在，则除了需要和一般类的体外定义成员函数一样的定义外，还需在函数体外进行模板声明，如下。

```
template<class T>
Test<T>::Test(T k):i(k){n=k;cnt++;}
```

如果函数是以通用类型为返回类型，则要在函数名前的类名后缀上“<T>”（注：所有函数都要加“<T>”），如下。

```
template<class T>
T Test<T>::operator+(T x){
return n + x;
}
```

在类定义体外初始化 const 成员和 static 成员变量的做法和普通类体外初始化 const 成员和 static 成员变量的做法基本上是一样的，唯一的区别是需对模板进行声明，如下。

```
template<class T>
int Test<T>::cnt=0;
template<class T>
Test<T>::Test(T k):i(k){n=k;cnt++;}
```

16.3 函数模板

知识点讲解：光盘:视频\PPT 讲解（知识点）\第 16 章\函数模板.mp4

C++的函数模板统一了一个函数簇，簇中所有的函数都具有相同的代码实现，但是具有不同的数据类型。即参数的类型、返回值类型或函数体中使用的类型都是通用类型的函数，这就是函数模板。

在创建完成抽象操作的函数时，如：拷贝、反转和排序，必须定义多个版本以便能处理每一种数据类型。以下面的 max()函数为例，它返回两个参数中的较大者。

```
double max(double first, double second);
complex max(complex first, complex second);
date max(date first, date second);
```

尽管上述函数针对不同的数据类型其实现都是一样的，但程序员必须为每一种数据类型定义一个单独的版本。

```
double max(double first, double second)
{
return first>second? first : second;
}
complex max(complex first, complex second)
{
return first>second? first : second;
}
date max(date first, date second)
{
return first>second? first : second;
}
```

这样不但重复劳动，容易出错，而且还带来很大的维护和调试工作量。更糟的是，即使你在程序中不使用某个版本，其代码仍然增加可执行文件的大小，大多数编译器将不会从可执行文件中删除未引用的函数。用普通函数来实现抽象操作会迫使你定义多个函数实例，从而招致不小的维护工作和调试开销。解决办法是使用函数模板代替普通函数。

从本节的内容开始，讲解函数模板的基本知识。

16.3.1 定义函数模板

函数模板的声明是在关键字 template 后跟随一个或多个模板在尖括弧内的参数和原型。与普通函数相对，它通常是在一个转换单元里声明，而在另一个单元中定义，你可以在某个头文件中定义模板。具体定义格式如下。

```
template <类型形式参数表> 返回类型 FunctionName(形式参数表)
{
  函数体
}
```

关键字 template 总是放在模板的定义和声明的最前面。关键字后面是用逗号分隔的模板参数表。模板参数可以是一个模板类型参数，它代表一种类型；也可以是一个模板非类型参数，它代表一个常量表达式。

如果在全局域中声明了与模板参数同名的对象函数或类型，则该全局名将被隐藏。在函数模板定义中声明的对象或类型不能与模板参数同名；一个模板的定义和多个声明所使用的模板参数名无需相同；如果一个函数模板有一个以上的模板类型参数，则每个模板类型参数前面都必须有关键字 class 或 typename。即关键字 typename 和 class 可以混用，如下。

```
template <typename T, class U>
T minus( T*, U );
```

如同非模板函数一样，函数模板也可以被声明为 inline 或 extern，应该把指示符放在模板参数表后面而不是在关键字 template 前面，关键字跟在模板参数表之后，如下。

```
template <typename Type>
inline
Type min( Type, Type );
```

16.3.2　函数模板示例

现实中使用函数模板的应用有很多，例如常见的绝对值函数、最大值函数、排序函数等。它们都可以针对不同数据类型的数据，对应出同名的多个函数重载。为了实现这些同名函数的重载，可以定义为一个以参加操作的数据类型为模板参数的函数模板。

实例 128　演示在 C++程序中使用函数模板的过程

源码路径　光盘\daima\16\ hanshumoban　　　视频路径　光盘\视频\实例\第 16 章\128

本实例的实现文件为 hanshumoban.cpp，具体实现代码如下。

```
#include "stdafx.h"
#include<iostream>
using namespace std;
template <class Type>       //模板
Type qiuhe(Type *array, int size)
{
    Type total=0;              //用模板类型定义变量
    for (int i=0; i<size; i++)
    {
        total += array[i];
    }
    return total;
}
int main()
{
    int array1[]={0,1, 2, 3, 4, 5, 6, 7, 8, 9};
    float array2[]={0.1,1.1, 2.2, 3.3, 4.4, 5.5, 6.6, 7.7, 8.8, 9.9};
    int size1 = sizeof(array1) / sizeof(int);
    int size2 = sizeof(array2) / sizeof(float);
    cout << "array1  内数据的和是: " << qiuhe(array1, size1) << endl; //参数为整型
    cout << "array2  内数据的和是: " << qiuhe(array2, size2) << endl; //参数为浮点型
    return 1;
}
```

范例 255：用 count 算法计算相邻元素的个数

源码路径：光盘**演练范例**\255\

视频路径：光盘**演练范例**\255\

范例 256：将元素的顺序随机打乱

源码路径：光盘**演练范例**\256\

视频路径：光盘**演练范例**\256\

在上述代码中，定义了一个模板函数 qiuhe(Type *array, int size)，此函数能够实现数组内数据的求和处理。上面代码中分别使用这个函数计算了 2 个数组内数据的和，一个是整型数组，一个是浮点型数组。程序编译执行后的效果如图 16-4 所示。

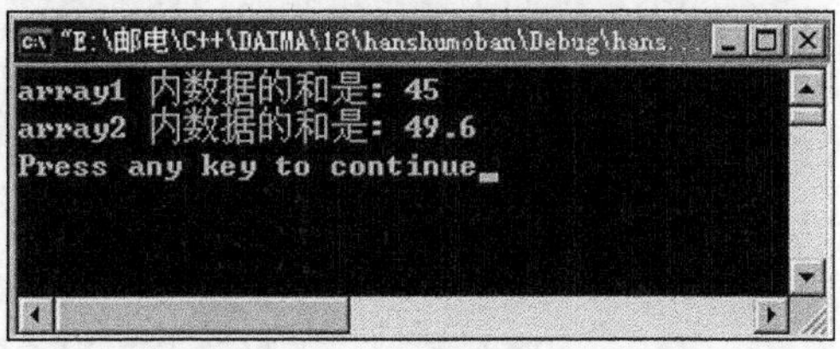

图 16-4　执行效果

16.3.3　模板实例化

模板是一个蓝图，它本身不是类或函数。编译器用模板产生指定的类或函数的特定类型版本。产生模板的特定类型实例的过程称为实例化。模板在使用时将进行实例化，类模板在引用

实际模板类类型时实例化，函数模板在调用它或用它对函数指针进行初始化或赋值时实例化。

模板实例化是生成采用特定模板参数组合的具体类或函数（实例）。例如，编译器生成一个采用 Array<int>的类，另外生成一个采用 Array<double>的类。通过用模板参数替换模板类定义中的模板参数，可以定义这些新的类。在前面“类模板”一节介绍的 Array<int>示例中，编译器用 int 替换所有 Elem。

1. 隐式模板实例化

使用模板函数或模板类时需要实例。如果这种实例还不存在，则编译器隐式实例化模板参数组合的模板。

2. 显式模板实例化

编译器仅为实际使用的那些模板参数组合而隐式实例化模板。该方法不适用于构造提供模板的库。C++ 提供了显式实例化模板的功能，如以下示例所示。

（1）模板函数的显式实例化

要显式实例化模板函数，请在 template 关键字后接函数的声明（不是定义），且函数标识符后接模板参数。如下。

```
template float twice<float>(float original);
```

在编译器可以推断出模板参数时，模板参数可以省略，如下。

```
template int twice(int original);
```

（2）模板类的显式实例化

要显式实例化模板类，请在 template 关键字后接类的声明（不是定义），且在类标识符后接模板参数，如下。

```
template class Array<char>;
template class String<19>;
```

显式实例化类时，所有的类成员也必须实例化。

（3）模板类函数成员的显式实例化

要显式实例化模板类函数成员，请在 template 关键字后接函数的声明（不是定义），且在由模板类限定的函数标识符后接模板参数。

```
template int Array<char>::GetSize();
template int String<19>::length();
```

（4）模板类静态数据成员的显式实例

要显式实例化模板类静态数据成员，请在 template 关键字后接成员的声明（不是定义），且在由模板类限定的成员标识符后接模板参数，如下。

```
template int String<19>::overflows;
```

16.4 模板组合

知识点讲解：光盘:视频\PPT 讲解（知识点）\第 16 章\模板组合.mp4

在 C++中可以嵌套使用模板，这种方式尤其适用于在通用数据结构上定义通用函数，与在标准 C++库中相同。例如，模板排序函数可以通过一个模板数组类进行声明。

```
template <class Elem> void sort(Array<Elem>);
```

并定义如下。

```
template <class Elem> void sort(Array<Elem> store)
    {int num_elems = store.GetSize();
     for (int i = 0; i < num_elems-1; i++)
         for (int j = i+1; j < num_elems; j++)
             if (store[j-1] > store[j])
                 {Elem temp = store[j];
                  store[j] = store[j-1];
                  store[j-1] = temp;}}
```

上述示例定义了针对预先声明的 Array 类模板对象的排序函数。下一个示例说明了排序函数的实际用法。

```
Array<int> int_array(100);     //数组类型为ints
sort(int_array);
```

16.5 技术解惑

16.5.1 在函数模板中使用多个类型参数时要避免类型参数的二义性

和类模板一样，函数模板也允许有多个参数，并可以为模板参数设置默认值。但是读者需要注意，当在函数模板中使用多个类型参数时，一定要避免类型参数的二义性。下面通过一个具体实例来演示 C++中函数模板的二义性，本实例的实现文件为 eryixing.cpp，具体实现代码如下。

```
源码路径：光盘：daima\16\eryixing
#include "stdafx.h"
#include <iostream>
template <class T>                                    //模板
T max (T x, T y)
{
    if(x>y)
    {
        return x;
    }
    else
    {
        return y;
    }
}
int main ()
{
    std::cout << "最大值是: " << max(200, 125);         //正确，用int替换T
    std::cout << "\n";
//      std::cout << "最大值是: " << max(205.5, 300);  //错误，不知道用double还是int替换T
    std::cout << "\n";
    return 0;
}
```

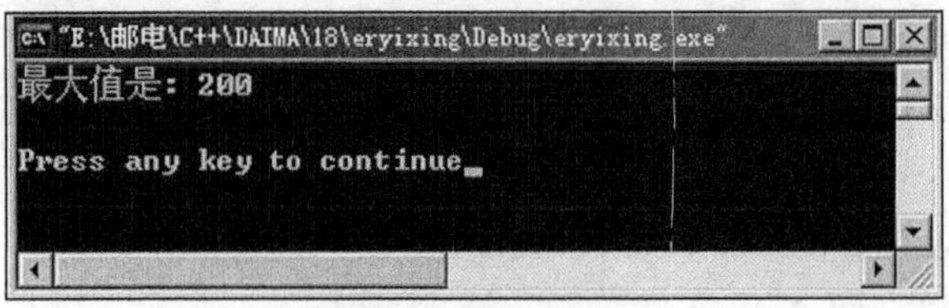

图 16-5　执行效果

在上述代码中，如果使用语句“std::cout << "最大值是: " << max(205.5, 300);”，则会发生二义性错误。这是因为 2 个参数的类型不同，编译器无法判断使用什么样的参数类型来替换模板。程序编译执行后的效果如图 16-5 所示。

为了解决上述的二义性问题，C++中采用了一种更为完整的调用模板的方法，格式如下。

```
Function nam <types> (parameters);
```

采用上述方式后，上述实例中的“max(205.5, 300)”可以被写为“max<double>(205.5, 300)”，这样就显式指定了用 double 类型来替换模板 T，所以就避免了传递的二义性问题

16.5.2 函数模板和模板函数的区别

函数模板是一种抽象函数定义，它代表一类同构函数。通过用户提供的具体参数，C++编译器在编译时能够将函数模板实例化，根据同一个模板创建出不同的具体函数，这些函数之间的不同之处主要在于函数内部一些数据类型的不同，而由模板创建的函数的使用方法与一般函数的使用方法相同。

函数模板的重点是模板，它表示的是一个模板，用来生产函数。例如前面例题的 max 是一个函数模板。而模板函数的重点是函数，它表示的是由一个模板生成的函数。例如 max<int>，max<float>等都是模板函数。

16.5.3 函数模板和类模板的区别

函数模板和类模板的区别如下。

① 函数模板是一种抽象函数定义，它代表一类同构函数。类模板是一种更高层次的抽象的类定义。

② 函数模板的实例化是由编译程序在处理函数调用时自动完成的，而类模板的实例化必须由程序员在程序中显式地指定。

③ 类模板不能嵌套（局部类模板）。

④ 类模板中的静态成员仅属于实例化后的类（模板类），不同实例之间不存在共享。

16.5.4 仿函数的用处

仿函数这个词经常会出现在模板库里（比如 STL），那么什么是仿函数呢？顾名思义，仿函数就是能像函数一样工作的东西，请原谅我用“东西”这样一个代词，下面我会慢慢解释。

```
void dosome( int i )
```

这个 dosome 是一个函数，我们可以这样来使用它。

```
dosome(5);
```

那么，有什么东西可以像这样工作么？

答案 1：重载了()操作符的对象，因此，这里需要明确两点。

- 仿函数不是函数，它是个类。
- 仿函数重载了()运算符，使得它可以像函数那样调用，如下。

```
struct DoSome
{
void operator()( int i );
}
DoSome dosome;
```

这里，类（对 C++来说，struct 和类是相同的）重载了()操作符，因此它的实例 dosome 可以用 dosome(5);和上面的函数调用一模一样，所以 dosome 就是一个仿函数了。

答案 2：函数指针指向的对象，如下。

```
typedef void( *DoSomePtr )( int );
typedef void( DoSome )( int );
DoSomePtr *ptr=&func;
DoSome& dosome=*ptr;
dosome(5); // 这里又和函数调用一模一样了。
```

当然，“答案 3：成员函数指针指向的成员函数”就是意料之中的答案了。不管是对象还是函数指针等，它们都可以被作为参数传递，或者被作为变量保存。因此我们就可以把一个仿函数传递给一个函数，由这个函数根据需要来调用这个仿函数（有点类似回调）。

STL 模板库中，大量使用了这种技巧，来实现库的“灵活”。如 for_each，它的源代码大致如下。

```
template< typename Iterator, typename Functor >
void for_each( Iterator begin, Iterator end, Fucntor func )
{
  for( ; begin!=end; begin++ )
  func( *begin );
}
```

这个 for 循环遍历了容器中的每一个元素，对每个元素调用了仿函数 func，这样就实现了 对“每个元素做同样的事”这样一种编程的思想。特别地，如果仿函数是一个对象，这个对象是可以有成员变量的，这就让仿函数有了“状态”，从而实现了更高的灵活性。

第 17 章

进一步剖析 string 类

string 类型支持长度可变的字符串，C++标准库负责管理存储字符的相关内存，以及提供各种有用的操作。标准库 string 类型的目的就是满足对字符串的一般应用。在本章中，将剖析 string 类的知识，为读者进行本书后面知识的学习打下坚实的基础。

本章内容

- string 类的方法
- string 类的运算
- string 类综合应用

技术解惑

C++字符串和 C 字符串的转换
大小和容量函数
cstring 类与 string 类的比较

17.1 string 类的方法

知识点讲解：光盘:视频\PPT 讲解（知识点）\第 17 章\string 类的方法.mp4

在 C++语言中，类 string 有多个方法，其中最为常用的如下。

- begin：得到指向字符串开头的 Iterator。
- end：得到指向字符串结尾的 Iterator。
- rbegin：得到指向反向字符串开头的 Iterator。
- rend：得到指向反向字符串结尾的 Iterator。
- size：得到字符串的大小。
- length：和 size 函数功能相同。
- max_size：字符串可能的最大大小。
- capacity：在不重新分配内存的情况下，字符串可能的大小。
- empty：判断是否为空。
- operator[]：取第几个元素，相当于数组。
- c_str：取得 C 风格的 const char* 字符串。
- data：取得字符串内容地址。
- operator=：赋值操作符。
- reserve：预留空间。
- swap：交换函数。
- insert：插入字符。
- append：追加字符。
- push_back：追加字符。
- operator+= +=：操作符。
- erase：删除字符串。
- clear：清空字符容器中所有内容。
- resize：重新分配空间。
- assign：和赋值操作符一样。
- replace：替代。
- copy：字符串到空间。
- find：查找。
- rfind：反向查找。
- find_first_of：查找包含子串中的任何字符，返回第一个位置。
- find_first_not_of：查找不包含子串中的任何字符，返回第一个位置。
- find_last_of：查找包含子串中的任何字符，返回最后一个位置。
- find_last_not_of：查找不包含子串中的任何字符，返回最后一个位置。
- substr：得到字符串。
- compare：比较字符串。
- operator+：字符串链接。
- operator==：判断是否相等。
- operator!=：判断是否不等于。
- operator<：判断是否小于。

- operator>>：从输入流中读入字符串。
- operator<<：字符串写入输出流。
- getline：从输入流中读入一行。

C++字符串并不像 C 风格的字符串一样：以'\0'作为结尾。在上面的方法中，data()、c_str() 和 copy()都可以将 string 转换为 C 风格的字符串，具体说明如下。

- data()：以字符数组的形式返回字符串的内容，但不需要添加'\0'。
- c_str()：返回一个以'\0'为结尾的字符数组。
- copy()：把字符串的内容复制或写入到已有的 c_string 或字符数组内。

实例 129　演示在 C++程序中使用 string 方法的过程

源码路径　光盘\daima\17\fangfa　　　　视频路径　光盘\视频\实例\第 17 章\129

本实例的实现文件为 fangfa.cpp，具体实现代码如下。

```
#include "stdafx.h"
#include <iostream.h>
#include <string>
using namespace std;
int main(int argc, char* argv[])
{
    string str("100");          //用字符串常量初始化
    string str2("200");         //用字符串常量初始化
    char cstr[3];
    str.append(str2); //追加字符串，str的值将是"123456"
    cout<<str.c_str()<<endl;
    str.assign("123");                  //重新赋值
    cout<<str.c_str()<<endl;            //C风格输出
    cout<<str.at(2)<<endl;              //取第2个位置的字符
    str.copy(cstr,2);                   //拷贝2个字符给cstr
    cstr[2]='\0';                       //追加结束符
    cout<<cstr<<endl;
    cout<<str.data()<<endl;             //转换为字符数组
    cout<<str.empty()<<endl;            //测试字符串是否为空
    cout<<str.c_str()<<endl;            //转换为C风格的字符串
    str.erase(2);                       //删除从第2个位置开始的所有字符
    cout<<str.c_str()<<endl;
    cout<<str.find("2",0)<<endl;    //从第一个位置开始查找字符串"2"
    str.assign("1234567890");           //重新赋值
    cout<<str.find_first_not_of("234",1)<<endl; //查找第一个不在"234"中的字符出现的位置
    cout<<str.c_str()<<endl;            //返回C风格字符串
    str.insert(2,"ww");                 //从位置2开始插入字符串"ww"
    cout<<str.c_str()<<endl;            //返回C风格字符串
    cout<<str.max_size()<<endl;     //该方法计算字符串可能的最大大小
    cout<<str.size()<<endl;             //字符串的长度
    cout<<str.length()<<endl;           //字符串的长度
    cout<<str.substr(1,3).c_str()<<endl; //取子串并以C风格字符串输出
    cout<<str.c_str()<<endl;            //C风格字符串
    cout<<str.replace(1,4,"bbbbbbb").c_str()<<endl;//替换第1~4位置的子串为"bbbbbbb"
    str.resize(10);                     //重新分配10字节的空间
    cout<<str.max_size()<<endl;     //可能的最大大小
    str.swap(str2);                     //和str2交换内容
    cout<<str.c_str()<<endl;            //C风格字符串
    return 0;
}
```

> **范例 257**：使用迭代器
> 源码路径：光盘**演练范例**\257\
> 视频路径：光盘**演练范例**\257\
>
> **范例 258**：用向量改进内存的再分配
> 源码路径：光盘**演练范例**\258\
> 视频路径：光盘**演练范例**\258\

在上述代码中，演示了 string 类中方法的使用过程，并综合使用了 C 语言风格和 string 型字符串的格式。程序编译执行后的效果如图 17-1 所示。

图 17-1 执行效果

17.2 string 类的运算

知识点讲解：光盘:视频\PPT 讲解（知识点）\第 17 章\string 类的运算.mp4

string 类的运算函数有很多，但是最为常用的仅有几种，例如字符串查找、字符串替换、取字字符串、字符串比较等。在本节下面的内容中，将对常用的运算函数进行简单的介绍。

17.2.1 查找函数

string 类中的查找函数有如下几种。

① 从 *pos* 开始查找字符 *c* 在当前字符串的位置。具体格式如下。

```
int find(char c, int pos = 0) const;
```

② 从 *pos* 开始查找字符串 *s* 在当前串中的位置。具体格式如下。

```
int find(const char *s, int pos = 0) const;
```

③ 从 *pos* 开始查找字符串 *s* 中前 *n* 个字符在当前串中的位置。具体格式如下。

```
int find(const char *s, int pos, int n) const;
```

④ 从 *pos* 开始查找字符串 *s* 在当前串中的位置，查找成功时返回所在位置，失败时返回 string::npos 的值。具体格式如下。

```
int find(const string &s, int pos = 0) const;
```

⑤ 从 *pos* 开始从后向前查找字符 *c* 在当前串中的位置。具体格式如下。

```
int rfind(char c, int pos = npos) const;
```

⑥ 从 *pos* 开始从后向前查找字符串 *s* 中前 *n* 个字符组成的字符串在当前串中的位置，成功时返回所在位置，失败时返回 string::npos 的值。具体格式如下。

```
int rfind(const char *s, int pos = npos) const;
int rfind(const char *s, int pos, int n = npos) const;
int rfind(const string &s,int pos = npos) const;
```

⑦ 从 *pos* 开始查找字符 *c* 第一次出现的位置。具体格式如下。

```
int find_first_of(char c, int pos = 0) const;
```

⑧ 从 *pos* 开始查找当前串中第一个在 *s* 的前 *n* 个字符组成的数组里的字符的位置，查找失败时返回 string::npos。具体格式如下。

```
int find_first_of(const char *s, int pos = 0) const;
int find_first_of(const char *s, int pos, int n) const;
int find_first_of(const string &s,int pos = 0) const;
```

⑨ 从当前串中查找第一个不在串 *s* 中的字符出现的位置，失败时返回 string::npos。具体格式如下。

```
int find_first_not_of(char c, int pos = 0) const;
```

```
int find_first_not_of(const char *s, int pos = 0) const;
int find_first_not_of(const char *s, int pos,int n) const;
int find_first_not_of(const string &s,int pos = 0) const;
int find_last_of(char c, int pos = npos) const;
int find_last_of(const char *s, int pos = npos) const;
int find_last_of(const char *s, int pos, int n = npos) const;
int find_last_of(const string &s,int pos = npos) const;
```

⑩ find_last_of 和 find_last_not_of 与 find_first_of 和 find_first_not_of 相似，只不过是从后向前查找。具体格式如下。

```
int find_last_not_of(char c, int pos = npos) const;
int find_last_not_of(const char *s, int pos = npos) const;
int find_last_not_of(const char *s, int pos, int n) const;
int find_last_not_of(const string &s,int pos = npos) const;
```

17.2.2　替换函数

string 类中的替换函数 replace 有如下几种。

① 删除从 *p*0 开始的 *n*0 个字符，然后在 *p*0 处插入串 *s*。具体格式如下。

```
string &replace(int p0, int n0,const char *s);
```

② 删除从 *p*0 开始的 *n*0 个字符，然后在 *p*0 处插入字符串 *s* 的前 *n* 个字符。具体格式如下。

```
string &replace(int p0, int n0,const char *s, int n);
```

③ 删除从 *p*0 开始的 *n*0 个字符，然后在 *p*0 处插入串 *s*。具体格式如下。

```
string &replace(int p0, int n0,const string &s);
```

④ 删除从 *p*0 开始的 *n*0 个字符，然后在 *p*0 处插入串 *s* 中从 *pos* 开始的 *n* 个字符。具体格式如下。

```
string &replace(int p0, int n0,const string &s, int pos, int n);
```

⑤ 删除从 *p*0 开始的 *n*0 个字符，然后在 *p*0 处插入 *n* 个字符 *c*。具体格式如下。

```
string &replace(int p0, int n0,int n, char c);
```

⑥ 把[first0，last0）之间的部分替换为字符串 *s*。具体格式如下。

```
string &replace(iterator first0, iterator last0,const char *s);
```

⑦ 把[first0，last0）之间的部分替换为 s 的前 *n* 个字符。具体格式如下。

```
string &replace(iterator first0, iterator last0,const char *s, int n);
```

⑧ 把[first0，last0）之间的部分替换为串 *s*。具体格式如下。

```
string &replace(iterator first0, iterator last0,const string &s);
```

⑨ 把[first0，last0）之间的部分替换为 *n* 个字符 *c*。具体格式如下。

```
string &replace(iterator first0, iterator last0,int n, char c);
```

⑩ 把[first0，last0）之间的部分替换成[first，last）之间的字符串。具体格式如下。

```
string &replace(iterator first0, iterator last0,const_iterator first, const_iterator last);
```

17.2.3　插入函数

string 类中的插入函数 insert 有如下几种。

① 下面 4 个函数在 *p*0 位置插入字符串 *s* 中 *pos* 开始的前 *n* 个字符。具体格式如下。

```
string &insert(int p0, const char *s);
string &insert(int p0, const char *s, int n);
string &insert(int p0,const string &s);
string &insert(int p0,const string &s, int pos, int n);
```

② 函数在 *p*0 处插入 *n* 个字符 *c*。具体格式如下。

```
string &insert(int p0, int n, char c);
```

③ 在 it 处插入字符 *c*，返回插入后迭代器的位置。具体格式如下。

```
I terator insert(iterator it, char c);
```

④ 在 it 处插入[first，last）之间的字符。具体格式如下。

```
void insert(iterator it, const_iterator first, const_iterator last);
```

⑤ 在 it 处插入 *n* 个字符 *c*。具体格式如下。

```
void insert(iterator it, int n, char c);
```

17.2.4　删除函数

string 类中的删除函数有如下几种。

① 删除[first，last）之间的所有字符，返回删除后迭代器的位置。具体格式如下。

```
iterator erase(iterator first, iterator last);
```

② 删除 it 指向的字符，返回删除后迭代器的位置。具体格式如下。

```
iterator erase(iterator it);
```

③ 删除从 *pos* 开始的 *n* 个字符，返回修改后的字符。具体格式如下。

```
string &erase(int pos = 0, int n = npos);
```

17.2.5 比较函数

string 类中的比较函数有如下几种。

① 比较两个字符串是否相等，运算符“>”“<”“>=”“<=”“!=”均被重载用于字符串的比较。具体格式如下。

```
bool operator= =(const string &s1,const string &s2)const;
```

② 比较当前字符串和 *s* 的大小。具体格式如下。

```
int compare(const string &s) const;
```

③ 比较当前字符串从 *pos* 开始的 *n* 个字符组成的字符串与 *s* 的大小。具体格式如下。

```
int compare(int pos, int n,const string &s)const;
```

④ 比较当前字符串从 *pos* 开始的 *n* 个字符组成的字符串与 *s* 中 *pos*2 开始的 *n*2 个字符组成的字符串的大小。具体格式如下。

```
int compare(int pos, int n,const string &s,int pos2,int n2)const;
```

⑤ compare 函数在>时返回 1，<时返回−1，==时返回 0。具体格式如下。

```
int compare(const char *s) const;
int compare(int pos, int n,const char *s) const;
int compare(int pos, int n,const char *s, int pos2) const;
```

17.2.6 连接函数

string 类中的连接函数有如下几种。

① 把字符串 *s* 连接到当前字符串的结尾。具体格式如下。

```
string &operator+=(const string &s);
```

② 把 c 类型字符串 *s* 连接到当前字符串结尾。具体格式如下。

```
string &append(const char *s);
```

③ 把 c 类型字符串 *s* 的前 *n* 个字符连接到当前字符串结尾。具体格式如下。

```
string &append(const char *s,int n);
```

④ 同 operator+=()。具体格式如下。

```
string &append(const string &s);
```

⑤ 把字符串 *s* 中从 *pos* 开始的 *n* 个字符连接到当前字符串的结尾。具体格式如下。

```
string &append(const string &s,int pos,int n);
```

⑥ 在当前字符串结尾添加 *n* 个字符 *c*。具体格式如下。

```
string &append(int n,char c);
```

⑦ 把迭代器 first 和 last 之间的部分连接到当前字符串的结尾。具体格式如下。

```
string &append(const_iterator first,const_iterator last);
```

17.2.7 赋值函数

string 类中的赋值函数有如下几种。

① 把字符串 *s* 赋给当前字符串。具体格式如下。

```
string &operator=(const string &s);
```

② 用 *c* 类型字符串 *s* 赋值。具体格式如下。

```
string &assign(const char *s);
```

③ 用 *c* 字符串 *s* 开始的 *n* 个字符赋值。具体格式如下。

```
string &assign(const char *s,int n);
```

④ 把字符串 *s* 赋给当前字符串。具体格式如下。

```
string &assign(const string &s);
```

⑤ 用 *n* 个字符 *c* 赋值给当前字符串。具体格式如下。

```
string &assign(int n,char c);
```

⑥ 把字符串 *s* 中从 start 开始的 *n* 个字符赋给当前字符串。具体格式如下。

```
string &assign(const string &s,int start,int n);
```

⑦ 把 first 和 last 迭代器之间的部分赋给字符串。具体格式如下。

```
string &assign(const_iterator first,const_itertor last);
```

17.2.8　特性描述函数

string 类中的特性描述函数有如下几种。

① 返回当前容量（即 string 中不必增加内存即可存放的元素个数）。具体格式如下。

```
int capacity()const;
```

② 返回 string 对象中可存放的最大字符串的长度。具体格式如下。

```
int max_size()const;
```

③ 返回当前字符串的大小。具体格式如下。

```
int size()const;
```

④ 返回当前字符串的长度。具体格式如下。

```
int length()const;
```

⑤ 当前字符串是否为空。具体格式如下。

```
bool empty()const;
```

⑥ 把字符串当前大小置为 len，并用字符 *c* 填充不足的部分。具体格式如下。

```
void resize(int len,char c);
```

17.2.9　构造函数

string 类中的构造函数有如下几种。

① 用 *c* 字符串 *s* 初始化。具体格式如下。

```
string(const char *s);
```

② 用 *n* 个字符 *c* 初始化。具体格式如下。

```
string(int n,char c);
```

此外，string 类还支持默认构造函数和复制构造函数，如 string s1、string s2= "hello"，都是正确的写法。当构造的 string 太长而无法表达时会抛出 length_error 异常。

17.2.10　迭代器处理

string 类提供了向前和向后遍历的迭代器 iterator，迭代器提供了访问各个字符的语法，类似于指针操作，迭代器不检查范围。用 string::iterator 或 string::const_iterator 声明迭代器变量，const_iterator 不允许改变迭代的内容。常用迭代器函数如下。

```
const_iterator begin()const;
iterator begin();                              //返回string的起始位置
const_iterator end()const;
iterator end();                                //返回string的最后一个字符后面的位置
const_iterator rbegin()const;
iterator rbegin()                              //返回string的最后一个字符的位置
const_iterator rend()const;
iterator rend();                               //返回string第一个字符位置的前面
```

rbegin 和 rend 用于从后向前的迭代访问，通过设置迭代器 string::reverse_iterator，string::const_reverse_iterator 实现。

17.2.11　其他几种处理函数

除了上面介绍的函数外，还有如下几种处理函数。

（1）字符串流处理

通过定义 ostringstream 和 istringstream 变量实现，如下。

```
string input("hello,this is a test");
istringstream is(input);
string s1,s2,s3,s4;
is>>s1>>s2>>s3>>s4;//s1="hello,this",s2="is",s3="a",s4="test"
ostringstream os;
os<<s1<<s2<<s3<<s4;
cout<<os.str();
```

（2）string 的交换

用于交换当前字符串与 *s*2 的值。具体格式如下。

```
void swap(string &s2);
```

（3）string 类的字符操作

看下面的代码。

```
const char &operator[](int n)const;
const char &at(int n)const;
char &operator[](int n);
char &at(int n);
```

operator[]和 at()均返回当前字符串中第 *n* 个字符的位置，但 at 函数提供范围检查，当越界时会抛出 out_of_range 异常，下标运算符[]不提供检查访问。具体说明如下。

- 返回一个非 null 终止的 *c* 字符数组。

```
const char *data()const;
```

- 返回一个以 null 终止的 *c* 字符串。

```
const char *c_str()const;
```

- 把当前串中以 *pos* 开始的 *n* 个字符拷贝到以 *s* 为起始位置的字符数组中，返回实际拷贝的数目。

```
int copy(char *s, int n, int pos = 0) const;
```

实例 130 演示在 C++程序中使用类运算的过程

源码路径　光盘\daima\17\leiMath　　视频路径　光盘\视频\实例\第 17 章\130

本实例的实现文件为 leiMath.cpp，具体实现代码如下。

```
#include "stdafx.h"
#include <iostream>
#include <string>
using namespace std;
int main(int argc, char* argv[])
{
    string str("xyzabc");
    cout<<str.substr()<<endl; //返回串的全部内容
    cout<<str.substr(2)<<endl;
//返回位置2开始到末尾的字符
    cout<<str.substr(1,4)<<endl; //返回位置1开始的4个字符

    return 0;
}
```

范例 **259**：实现查找、替换字符串

源码路径：光盘**演练范例**\259\

视频路径：光盘**演练范例**\259\

范例 **260**：根据指定字符分割字符串

源码路径：光盘**演练范例**\260\

视频路径：光盘**演练范例**\260\

在上述代码中，演示了取字字符串函数的使用过程。用“str.substr()”返回字符串的全部内容，用“str.substr(2)”返回位置 2 开始到末尾的字符，用“str.substr(1,4)”返回位置 1 开始的 4 个字符。程序编译执行后的效果如图 17-2 所示。

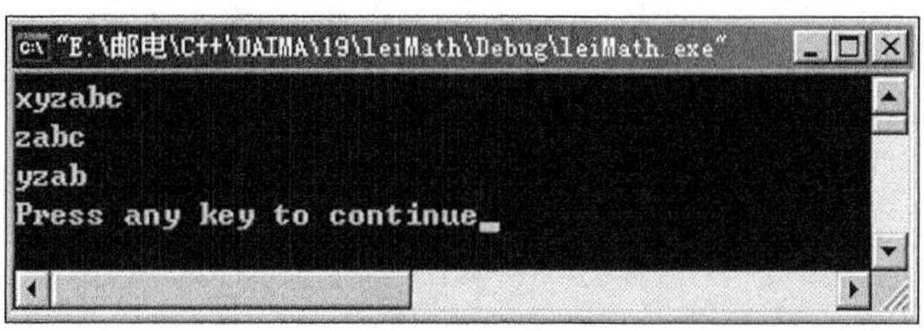

图 17-2　执行效果

17.3　string 类综合应用

知识点讲解：光盘:视频\PPT 讲解（知识点）\第 17 章\string 类综合应用.mp4

在前面的内容中，介绍了 string 类中的常用方法和处理函数。在本节的内容中，将通过一

个综合型实例，来演示 string 类的使用过程。此实例对 string 类进行了扩充，新增了一些里面没有的方法。并且还继承了 string 类，增加了大小转换、反转处理、删除空格等功能的方法。

实例 131　演示在 C++程序中使用 string 类的过程

源码路径　光盘\daima\17\zonghe　　　视频路径　光盘\视频\实例\第 17 章\131

本实例的实现文件如下。

- 头文件：123.h。
- 类实现文件：yinyong.cpp。
- 测试使用主文件：zonghe.cpp。

在下面的内容中，将分别介绍上述实例文件的具体实现过程。

17.3.1　头文件 123.h

在头文件 123.h 中，包含了类 Lei 的定义，定义这个类后，可以在其他文件中进一步引用和继承。并且在此文件中，也引用了需要的头文件。具体实现代码如下。

```
#if !defined(AFX_MYSTRING_H__4BA97CD1_
2E2E_4675_92FA_7FF3DBEBC294__INCLUDED_)
#define AFX_MYSTRING_H__4BA97CD1_2E2E_
4675_92FA_7FF3DBEBC294__INCLUDED_
#if _MSC_VER > 1000
#pragma once
#endif // _MSC_VER > 1000
#include <iostream>
#include <string.h>
#include <ctype.h>
using namespace std;
class Lei: public string
{
public:
    int toLower();                       //转换为小写
    bool isAlpha();                      //判断是否是字母
    //从pos位置开始查找指定的分界符分隔开的单词,并将第一个分界符之前的子串返回
    //返回值为本次分界符所在位置
    int token(int pos,char *tag, char *target);
    double toDouble();                         //转换为double型
    int reverse();                             //反转字符串
    long toLong();                             //转换为常整型
    int toUpper();                             //转换为大写
    int trim();                                //去掉前后导空格
    Lei();
    virtual ~Lei();
};
#endif
// !defined(AFX_MYSTRING_H__4BA97CD1_2E2E_4675_92FA_7FF3DBEBC294__INCLUDED_)
```

范例 261：格式化字符串

源码路径：光盘**演练范例**\\261\\

视频路径：光盘**演练范例**\\261\\

范例 262：使用 CPtrList 类创建和使用链表

源码路径：光盘**演练范例**\\262\\

视频路径：光盘**演练范例**\\262\\

17.3.2　类实现文件 yinyong.cpp

在类实现文件 yinyong.cpp 中，在基于类 Lei 的基础之上，定义了多个处理函数，分别实现去掉空格，转换大写，转换整型，反转字符，转换 double 型，转换为小写，英文判断功能。具体实现代码如下。

```
#include "stdafx.h"
#include "123.h"
Lei::Lei()
{
}
Lei::~Lei()
{
}
//去掉前后导空格
int Lei::trim()
{
    int begin=0;
    int end=0;
    int index=0;
```

```
    //查找前导空格的最右位置
    while(this->at(index++)==' '&&index<this->length())
        begin++;
    //查找后继空格的最左位置
    index=this->length()-1;
    end=this->length();
    while(this->at(index--)==' '&&index>begin)
        end--;
    end++;
    //去掉前后导空格
    this->assign(this->substr(begin,end-begin));
    return 0;
}
//转换为大写
int Lei::toUpper()
{
    this->assign(strupr((char *)this->c_str()));
    return 0;
}
//转换为常整型
long Lei::toLong()
{
    char *pstr;
    return strtol(this->c_str(),&pstr,10);
}
//反转字符串
int Lei::reverse()
{
    char *pstr=(char*)this->c_str();
    strrev(pstr);                                   //反转
    this->assign(pstr);                             //赋值
    return 0;
}
//转换为double型
double Lei::toDouble()
{
    char *pstr;
    return strtod(this->c_str(),&pstr);
}
//从pos位置开始查找指定的分界符分隔开的单词,并将第一个分界符之前的子串返回
//返回值为本次分界符所在位置
int Lei::token(int pos,char *tag, char *target)
{
    int index=-1;
    index=this->find(tag,pos);                      //查找分界符位置
    if (index>=0)
    {
        strcpy(target,this->substr(0,index).c_str());   //赋值
    }
    return index;
}
//判断是否是英文字母
bool Lei::isAlpha()
{
    bool ok=true;
    int index=0;
    while(isalpha(this->at(index++)));              //判断是否是英文字母
    if (index<this->length())
        ok=false;
    return ok;
}
//转换为小写
int Lei::toLower()
{
    int index=0;
    char ch;
    while(index<this->length())
    {
        if (this->at(index)>='A'&&this->at(index)<='Z')
        {
                ch=this->at(index) +('a'-'A');      //取字符并转换为小写
                this->replace(index,1,1,ch);        //替换
        }
```

```
        index++;
    }
    return 0;
}
```

在上面的消除空格处理时，首先检查前导空格的最右位置和后面空格的最左位置，然后用取子串函数取出中间的子串赋给原变量；当转换为小写时，首先用表达式“('a'−'A')”计算出大小写字母的间距，然后再进行转换处理。

17.3.3　测试使用主文件 zonghe.cpp

测试使用主文件 zonghe.cpp 是一个坐享其成的文件，它只需直接调用前面文件中定义的处理函数，即可实现对指定字符的处理。具体实现代码如下。

```
#include "stdafx.h"
#include "123.h"
int main(int argc, char* argv[])
{
    Lei mystr;
    mystr.append("    abcd          ");                        //赋值
    cout<<mystr.c_str()<<endl;
    mystr.trim();                                            //裁减掉首尾空格
    mystr.toUpper();                                         //转换为大写
    cout<<mystr.c_str()<<endl;
    mystr.assign("12345678910");                             //赋值
    mystr.reverse();                                         //反转
    cout<<mystr.c_str()<<endl;
    mystr.toDouble();                                        //转换为数字型
    cout<<mystr.c_str()<<endl;
    mystr.assign("AXXc,eFg");                                //赋值
    char ch[100];
    mystr.token(0,",",ch);                                   //查找以","为分界符的前半部分子串
    cout<<ch<<endl;
    cout<<mystr.isAlpha()<<endl;                             //判断是否是字母组成
    mystr.toLower();                                         //转换为小写
    cout<<mystr.c_str()<<endl;
    return 0;
}
```

经过上述代码编写，整个实例介绍完毕。编译执行后的效果如图 17-3 所示。

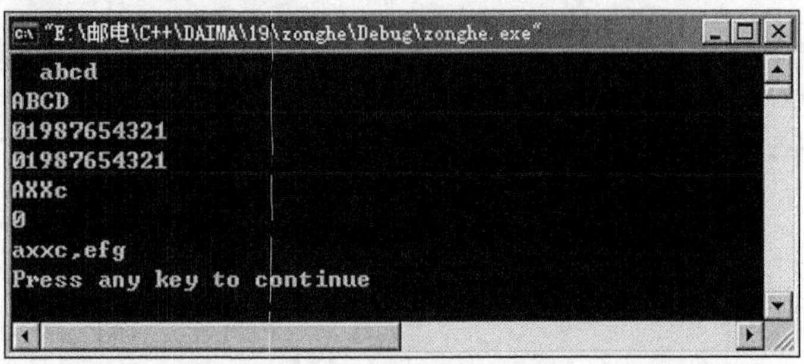

图 17-3　执行效果

在上述实例中，表达式“mystr.isAlpha()”输出结果为 0，表示该字符串不是纯字母，这是因为里面含有了字符“,”。

17.4　技 术 解 惑

17.4.1　C++字符串和 C 字符串的转换

C ++提供的由 C++字符串得到对应的 C_string 的方法是使用 data()、c_str()和 copy()，其中，data()以字符数组的形式返回字符串内容，但并不添加'\0'。c_str()返回一个以'\0'结尾的字符数组，

而 copy()则把字符串的内容复制或写入既有的 c_string 或字符数组内。C++字符串并不以'\0'结尾。作者的建议是在程序中能使用 C++字符串就使用，除非万不得已不选用 c_string。

17.4.2 大小和容量函数

一个 C++字符串大小存在如下 3 种。

① 现有的字符数：函数是 size()和 length()，它们等效。Empty()用来检查字符串是否为空。

② max_size()：这个大小是指当前 C++字符串最多能包含的字符数，很可能和机器本身的限制或者字符串所在位置连续内存的大小有关系。一般情况下不用担心，它的大小足够我们使用。万一不够用的话，会抛出 length_error 异常。

③ capacity()：重新分配内存之前 string 所能包含的最大字符数。这里需要指出的是 reserve()函数，这个函数为 string 重新分配内存。重新分配的大小由其参数决定，默认参数为 0，这时候会对 string 进行非强制性缩减。

有必要再重复一下 C++字符串和 C 字符串转换的问题，许多人会遇到这样的问题，自己做的程序要调用别人的函数、类等（比如数据库连接函数 Connect(char*,char*)），但别人的函数参数用的是 char*形式的，而我们知道，c_str()、data()返回的字符数组由该字符串拥有，所以是一种 const char*，要想作为上面提及的函数的参数，还必须拷贝到一个 char*，而我们的原则是能不使用 C 字符串就不使用。那么，这时候我们的处理方式是，如果此函数对参数（也就是 char*）的内容不修改的话，我们可以这样：Connect((char*)UserID.c_str()，(char*)PassWD.c_str())，但是这时候是存在危险的，因为这样转换后的字符串其实是可以修改的，所以除非函数调用的时候不对参数进行修改，否则必须拷贝到一个 char*上去。当然，更稳妥的办法是无论什么情况都拷贝到一个 char*上去。

17.4.3 cstring 类与 string 类的比较

如果是在 windows 上开发支持 MFC 的工程，可以用 MFC 类库中的 cstring。Linux 上没有微软的 MFC 类库，所以只能用标准 C++的 string 类（也就是 STL 里面的 string 类）。

下面对 cstring 类与 string 类做一个比较。

1. 相同点

① 用它们都可以取代对 char*的使用。

② 都封装了丰富的字符串操作接口。

③ 它们都是 C++的类库。注意，以 string 的使用为例，不能有如下用法。

```
string * pstr = NULL;                    //定义一个指向字符串的指针
pstr->append("Hello world.");            //在该字符串的末尾粘接上另一个字符
```

这样做编译器不会有任何警告和错误，但是运行的时候就会有异常。什么原因呢？原因是没有理解 string 是一个类，而在定义类的对象的时候是需要调用其构造函数的。上面既没有调用 string 的构造函数，而且还把指针赋值为 NULL，很明显调用该类的对象的接口的时候会出错。但是编译器却发现不了这个问题的。正确的方法如下。

```
/*这里必须要用c++的宏new,而不能用c中的malloc，原因是new不但会分配一块内存，*/
/*还执行了类的构造函数。当然，string类的实例化还可以通过已有的某个string对象进行，请另查阅*/
string * pstr = new string("Hello world.");
pstr->append("Hello world.");
cout<<"string * pstr is:"<<*pstr<<endl;
```

或者不用指针，如下也可以。

```
string str;        //会自动调用默认的构造函数,构造一个string类的对象
str.apend("Hello world.");
cout<<"string str is:"<<str<<endl;
```

④ 他们都使用了模板的技术。

2. 不同之处

① cstring 类是微软的 visual C++提供的 MFC 里面的一个类，所以只有支持 MFC 的工程才可以使用。如在 Linux 上的工程就不能用 cstring 了，只能用标准 C++中的 string 类了。另外，因为 string 类是在 C++标准库中，所以它被封装在了 std 命名空间中，使用之前需要声明 using namespace std;而 cstring 类并不在 std 命名空间中，因为它不是 C++的标准库，只是微软的一个封装库。这点看来用 string 类的程序的移植性更好。

② string 类既是一个标准 C++的类库，同时也是 STL（Standard Template Library，标准模板库）中的类库，所以支持 Iterator 操作。

③ cstring 类和 string 类提供的方法接口并不完全相同，所以不要冒然地认为某个类中怎么没有另外一个类中的方法啊。

④ 它们和 char*之间的转换方法也不一样。string 类型的变量如果要转换成 char*类型字符串，string 类中提供了 3 个方法。

```
//c_str 直接返回一个以\0结尾的字符串。
const charT* c_str() const
//data 直接以数组方式返回string的内容，其大小为size()的返回值，结尾并没有\0字符
const charT* data() const
//copy 把string的内容拷贝到buf空间中
size_type copy(charT* buf, size_type n, size_type pos = 0) const
```

注意：c_str()的返回类型是指向常量 charT 类型的指针，说明指针所指空间的内容不允许修改，只可以读取不可以更改。c_str()返回的指针是 string 内部的指针，并没有像 copy 函数一样把其内容拷贝出来。这可以从下面例子中看出来。

```
string * pstr = new string("Hello world.");
//并没有通过malloc或者new为指针ptmp分配内存，只是把string中的数据指针赋给了ptmp而已
const char * ptmp = pstr->c_str();
cout<<"Get the string->cstr is:"<<ptmp<<endl;    //正确地输出了Hello world.
```

但是如果用 copy 方法时必须采用如下方法。

```
//必须为指针p分配内存空间用于存放从string里拷贝出来的数据
char * p = (char *)malloc(100*sizeof(char));
//如果没有在上面分配内存空间，这个语句在运行时就会报出错误
pstr->copy(p,pstr->length(),0);
//正确地输出了字符串Hello world
cout<<"char * p:copy from string is:"<<p<<endl;
```

第 18 章

异常处理

异常处理即处理特殊情况下发生的异常机制，例如，除数为 0、数组越界、类型不兼容等异常问题。异常处理是任何一门编程语言都存在的问题，它关系到整个项目程序是否合理。在本章的内容中，将详细介绍 C++异常处理的基本知识，为读者进行本书后面知识的学习打下坚实的基础。

本章内容

- 什么是异常处理
- C++的异常处理机制
- 异常处理中的构造和析构
- C++异常处理机制总结

技术解惑

编写软件的目标

关于 C++的 new 关键字的异常处理

C 语言异常处理和结构化异常处理有什么区别

C++抛出异常不捕获，程序的空间会释放吗

throw 抛出异常的特点

关于 C 异常处理的心得体会

慎用 catch(...)

慎用继承体系里的类作为 catch 的参数

对象析构函数被调用的 3 种场合

不要在异常处理体系中寄希望于类型转换

有 C++异常处理体系捕获不到的东西吗

set_unexpected 函数的用处

不要让异常逃离析构函数

18.1　什么是异常处理

知识点讲解：光盘:视频\PPT 讲解（知识点）\第 18 章\什么是异常处理.mp4

异常处理功能提供了处理程序运行时出现的任何意外或异常情况的方法。异常处理通常使用 try、catch 和 finally 关键字来尝试可能未成功的操作，如处理失败，在事后清理资源。

异常可以由公共语言运行库（CLR）、第三方库或使用 throw 关键字的应用程序代码生成。异常具有以下特点。

在应用程序遇到异常情况（如被零除的情况或内存不足警告）时，就会产生异常。

- 发生异常时，控制流立即跳转到关联的异常处理程序（如果存在）。
- 如果给定异常没有异常处理程序，则程序将停止执行，并显示一条错误信息。
- 可能导致异常的操作通过 try 关键字来执行。
- 异常处理程序是在异常发生时执行的代码块。在 C# 中，catch 关键字用于定义异常处理程序。
- 程序可以使用 throw 关键字显式地引发异常。
- 异常对象包含有关错误的详细信息，其中包括调用堆栈的状态以及有关错误的文本说明。
- 即使引发了异常，finally 块中的代码也会执行，从而使程序可以释放资源。

异常处理理论上有如下两种基本模型。

一种称为“终止模型”（它是 Java 与 C++所支持的模型），在这种模型中，将假设错误非常关键，以致于程序无法返回到异常发生的地方继续执行。一旦异常被抛出就表明错误已无法挽回，也不能回来继续执行。

另一种称为“恢复模型”，意思是异常处理程序的工作是修正错误，然后重新尝试调出问题的方法，并认为第二次能成功。

对于恢复模型，通常希望异常被处理之后能继续执行程序。在这种情况下，抛出异常更像是对方法的调用——可以在 Java 里用这种方法进行配置，以得到类似恢复的行为。（也就是说，不是抛出异常，而是调用方法修正错误。）或者把 try 块放在 while 循环里，这样就可以不断进入 try 块，直到得到满意的结果。

虽然“恢复模型”开始显得很吸引人，并且人们使用的操作系统也支持恢复模型的异常处理，但程序员们最终还是转向了使用类似“终止模型”的代码。因为处理程序必须关注异常抛出的地点，这势必要包含依赖于抛出位置的非通用性代码。这就增加了代码编写和维护的困难，对于异常可能会从许多地方抛出的大型程序来说更是如此。

18.2　C++的异常处理机制

知识点讲解：光盘:视频\PPT 讲解（知识点）\第 18 章\C++的异常处理机制.mp4

在研究 C++的异常处理机制前，我们先看下面的一段代码。

```
#include<stdafx.h>
#include<stdlib.h>
#include<crtdbg.h>
#include <iostream>
//内存泄露检测机制
#define _CRTDBG_MAP_ALLOC
#ifdef _DEBUG
#define new new(_NORMAL_BLOCK, __FILE__, __LINE__)
#endif
//自定义异常类
class MyExcepction
```

```
{
public:
// 构造函数,参数为错误代码
MyExcepction(int errorId)
        {
        //输出构造函数被调用信息
        std::cout << "MyExcepction is called" << std::endl;
        m_errorId = errorId;
        }
        // 拷贝构造函数
        MyExcepction( MyExcepction& myExp)
        {
        //输出拷贝构造函数被调用信息
        std::cout << "copy construct is called" << std::endl;
        this->m_errorId = myExp.m_errorId;
        }
       ~MyExcepction()
        {
        // 输出析构函数被调用信息
        std::cout << "~MyExcepction is called" << std::endl;
        }
        //获取错误码
        int getErrorId()
        {
        return m_errorId;
        }
private:
        //错误码
        int m_errorId;
};
int main(int argc, char* argv[])
{
        //内存泄露检测机制
        _CrtSetDbgFlag( _CRTDBG_ALLOC_MEM_DF | _CRTDBG_LEAK_CHECK_DF );
        //可以改变错误码,以便抛出不同的异常进行测试
        int throwErrorCode = 110;
       std::cout << " input test code :" << std::endl;
       std::cin >> throwErrorCode;
       try
       {
                if ( throwErrorCode == 110)
                {
               MyExcepction myStru(110);
              //抛出对象的引用 -> 由catch( MyExcepction*     pMyExcepction) 捕获
              // 这里该对象的地址抛出给catch语句,不会调用对象的拷贝构造函数
              // 传引用是提倡的做法,不会频繁地调用该对象的构造函数或拷贝构造函数
              // catch语句执行结束后,myStru会被析构掉
              throw     &myStru;
                }
                else if ( throwErrorCode == 119 )
                {
                MyExcepction myStru(119);
                // 抛出对象,这里会通过拷贝构造函数创建一个临时的对象传出给catch
                // 由catch( MyExcepction     myExcepction) 捕获
                // 在catch语句中会再次调用通过拷贝构造函数创建临时对象复制这里传过去的对象
                // throw结束后myStru会被析构掉
                throw     myStru;
                }
                else if ( throwErrorCode == 120 )
                {
    // 不提倡这样的抛出方法
    // 这样做的话,如果catch( MyExcepction* pMyExcepction)不执行delete操作则会发生内存泄露
    // 由catch( MyExcepction* pMyExcepction) 捕获
     MyExcepction * pMyStru = new MyExcepction(120);
     throw pMyStru;
                }
                else
                {
                // 直接创建新对象抛出, 相当于创建了临时的对象传递给了catch语句
                //由catch接收时通过拷贝构造函数再次创建临时对象接收传递过去的对象
                // throw结束后两次创建的临时对象会被析构掉
               throw MyExcepction(throwErrorCode);
                }
        }
        catch( MyExcepction*     pMyExcepction)
        {
               //输出本语句被执行信息
                std::cout << "执行了 catch( MyExcepction* pMyExcepction) " << std::endl;
```

```
            // 输出错误信息
             std::cout << "error Code : " << pMyExcepction->getErrorId()<< std::endl;
            // 异常抛出的新对象并非创建在函数栈上，而是创建在专用的异常栈上,不需要进行delete
            //delete pMyExcepction;
        }
        catch ( MyExcepction myExcepction)
        {
            //输出本语句被执行信息
            std::cout << "执行了  catch ( MyExcepction myExcepction) " << std::endl;
            //输出错误信息
            std::cout << "error Code : " << myExcepction.getErrorId()<< std::endl;
        }
        catch(...)
        {
            //输出本语句被执行信息
            std::cout << "执行了  catch(...) " << std::endl;
            //处理不了,重新抛出给上级
            throw ;
        }
        //暂停
        int temp;
        std::cin >> temp;
        return 0;
}
```

在上述代码中，已经通过注释对代码进行了讲解，在此将不再介绍，直接引领读者进入正题。C++自身有着非常强的纠错能力，发展到如今，已经建立了比较完善的异常处理机制。C++的异常情况无非两种，一种是语法错误，即程序中出现了错误的语句、函数、结构和类，致使编译程序无法进行。另一种是运行时发生的错误，一般与算法有关。关于语法错误，不必多说，写代码时心细一点就可以解决。C++编译器的报错机制可以让我们轻松地解决这些错误。

第二种是运行时的错误，常见的有文件打开失败、数组下标溢出、系统内存不足等。而一旦出现这些问题，引发算法失效、程序运行时无故停止等故障也是常有的。这就要求我们在设计软件算法时要全面。比如针对文件打开失败的情况，保护的方法有很多种，最简单的就是使用“return”命令，告诉上层调用者函数执行失败；另外一种处理策略就是利用 C++的异常机制，抛出异常。

C++异常处理机制是一个用来有效地处理运行错误的非常强大且灵活的工具，它提供了更多的弹性、安全性和稳固性，克服了传统方法所带来的问题。异常的抛出和处理主要使用了以下 3 个关键字：try、throw、catch。

抛出异常即检测是否产生异常，在 C++中，其采用 throw 语句来实现，如果检测到产生异常，则抛出异常。该语句的格式如下。

```
throw 表达式;
```

如果在 try 语句块的程序段中（包括在其中调用的函数）发现了异常，且抛弃了该异常，则这个异常就可以被 try 语句块后的某个 catch 语句所捕获并处理，捕获和处理的条件是被抛弃的异常的类型与 catch 语句的异常类型相匹配。由于 C++使用数据类型来区分不同的异常，因此在判断异常时，throw 语句中的表达式的值就没有实际意义，而表达式的类型就特别重要。

try-catch 语句的格式如下。

```
try
{
    包含可能抛出异常的语句;
}
catch(类型名 [形参名]) // 捕获特定类型的异常
{

}
catch(类型名 [形参名])
```

18.2.1　throw 抛出异常

throw 语句可以抛出异常，throw 抛出的是一个异常对象，具体抛出的异常对象由 throw 后面的实际对象所决定。例如下面的代码。

```
throw ExceptionClass("oh, shit! it's a exception!L ");
```

在上述代码中，ExceptionClass 是一个类，它的构造函数以一个字符串作为参数，用来说明异常。也就是说，在 throw 的时候，C++的编译器先构造一个 ExceptionClass 的对象，让它作为 throw 的返回值，抛出去。同时，程序返回，调用析构。

throw 语句抛出异常的过程如下。

- 创建一个临时的异常对象。
- 将临时的异常复制到异常储存区。
- 调用析构函数销毁前面创建的临时对象。抛出异常存储区中的异常对象。

实例 132　在 C++程序中使用 throw 抛出异常

源码路径　光盘\daima\18\throw　　**视频路径**　光盘\视频\实例\第 18 章\132

本实例的实现文件为 throw.cpp，具体实现代码如下。

```
#include "stdafx.h"
#include <iostream.h>
int fun(void)
{
    cout<<"抛出异常"<<endl;
    throw "这是一个异常";
    //thorw iVal;
    //throw class;
    return 0;
}

int main(int argc, char* argv[])
{
    fun();
    return 0;
}
```

> 范例 **263**：用三角形的三边计算面积
>
> 源码路径：光盘**演练范例**\263\
>
> 视频路径：光盘**演练范例**\263\
>
> 范例 **264**：在异常处理中处理析构函数
>
> 源码路径：光盘**演练范例**\264\
>
> 视频路径：光盘**演练范例**\264\

在上述代码中，演示了使用 throw 抛出异常的过程，在命令行中输出了字符“这是一个异常”，然后终止了程序的运行。如果去掉代码中的 2 行注释，则可以抛出一个整型变量 iVal，或抛出一个类对象。程序编译执行后的效果如图 18-1 所示。

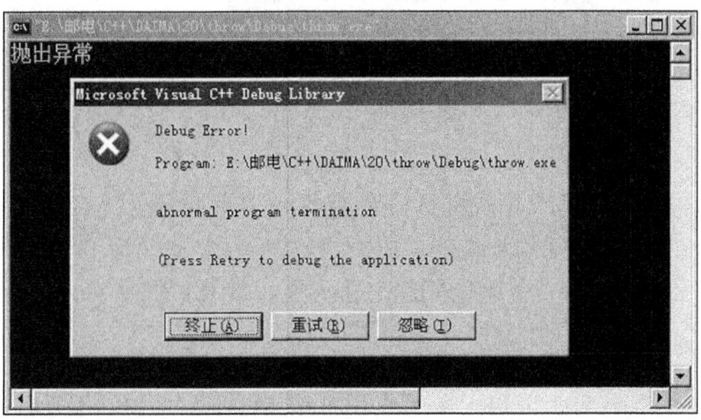

图 18-1　执行效果

18.2.2　raise 抛出异常

raise 和 throw 类似，都能引发程序的中断，但是处理方式不同：throw 只是向程序发出一个信号，然后捕获信号并处理之。其使用格式如下。

```
int raise (int sig);
```

其中，“sig”是一个整型信号值，如果产生异常则返回 0；否则返回一个非 0 值。预定义中的 sig 信号值有如下几种。

- SIGABRT：异常中断，以代码 3 退出程序。
- SIGFPE：浮点数错，导致程序中断。
- SIGILL：非法指令导致程序中断。

- SIGINT：Ctrl+C 命令中断，导致程序中断。
- SIGEGV：非法的存储器访问，导致程序中断。
- SIGERM：向程序发送终止请求，但是一般会忽略该信号。

实例 133　在 C++程序中使用 raise 抛出异常

源码路径　光盘\daima\18\raise　　　　视频路径　光盘\视频\实例\第 18 章\133

本实例的实现文件为 raise.cpp，具体实现代码如下。

```
#include "stdafx.h"
#include <exception>
#include <signal.h>
#include <iostream.h>
void mm(int sig);                          //信号处理函数
int main(int argc, char* argv[])
{
    typedef void (*mmPointer)(int);        //函数指针

     mmPointer previousHandler;            //定义信号句柄
    //为信号SIGABRT注册信号处理函数
     previousHandler = signal(SIGABRT, mm); //注册信号句柄
     raise(SIGABRT);                        //抛出
    return 0;
}
//异常处理函数
void mm(int sig)
{
    cout<<"in mm,signal="<<sig<<endl;
}
```

范例 265：在嵌套函数中处理异常

源码路径：光盘**演练范例**\265\

视频路径：光盘**演练范例**\265\

范例 266：演示 C++捕获异常

源码路径：光盘**演练范例**\266\

视频路径：光盘**演练范例**\266\

在上述代码中，使用 signal 函数为 SIGABRT 信号注册了处理函数 mm(int sig)。当 raise()函数发送 SIGABRT 信号时，系统将调用 mm(int sig)函数进行后续的处理。程序编译执行后的效果如图 18-2 所示。

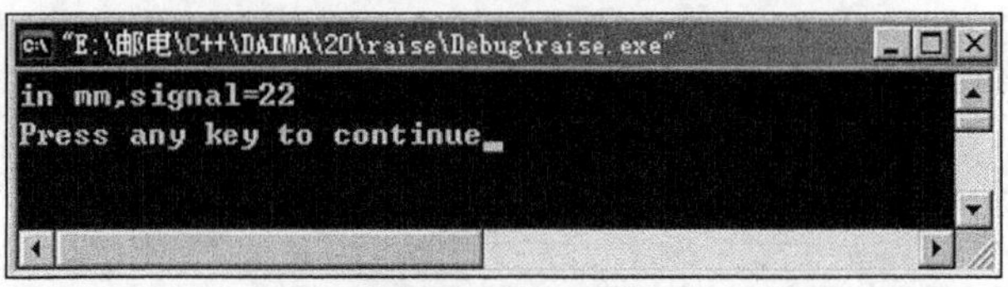

图 18-2　执行效果

18.2.3　try-catch 异常捕获

try 后面的大括号中，就是有可能涉及异常的各种声明、调用等，如果有异常抛出，就会被异常处理器截获捕捉到，转给 catch 处理。先把异常的类和 catch 后面小括号中的类进行比较，如果一致，就转到后面的大括号中进行处理。例如抛出异常的代码如下。

```
void f(){
throw ExceptionClass("ya, J");
}
```

假设类 ExceptionClass 有个成员函数 function()在有异常时进行处理或相应的消息显示（仅作为例子）。

那么就可以使用如下代码捕捉。

```
try{f()}catch(ExceptionClass e){e.function()};
```

当然，像在上面程序中出现的一样，可以在 catch 后用 3 个点来代表所有异常。如 try{f()}catch(…){}。这样就截断了所有出现的异常。

异常捕获之后，可以再次抛出，用一个不带任何参数的 throw 语句即可。如下。

```
try(f())catch(…){throw}
```

实例 134　在 C++程序中使用 try-catch 捕获异常

源码路径　光盘\daima\18\try-catch　　　　视频路径　光盘\视频\实例\第 18 章\134

本实例的实现文件为 try-catch.cpp，具体实现代码如下。

```
#include "stdafx.h"
#include <iostream.h>
```

```
int main(int argc, char* argv[])
{
    try
    {
        //监控这段代码
        int x;
        cin>>x;
        throw x;                                    //主动抛出异常
    }
    catch(int y)                                    //捕获int异常
    {
        cout<<" INT "<<y<<endl;
    }
    catch(char z)                                   //捕获char异常
    {
        cout<<" CHAR "<<z<<endl;
    }
    catch(...)                                      //捕获默认异常
    {
        cout<<" other exception "<<endl;
    }
    return 0;
}
```

范例 **267**：程序终止不执行

源码路径：光盘**演练范例**\\267\\

视频路径：光盘**演练范例**\\267\\

范例 **268**：演示 atexit 挂接的函数

源码路径：光盘**演练范例**\\268\\

视频路径：光盘**演练范例**\\268\\

在上述代码中，使用 try 控制从命令行读入一个整数，并作为异常抛出，然后使用 catch 捕获。因为抛出的是整数型，所以将被“catch(int y)”语句捕获。程序编译执行后的效果如图 18-3 所示。

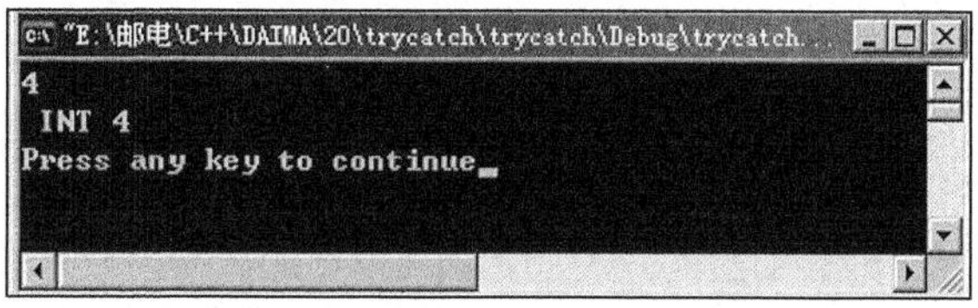

图 18-3 执行效果

根据上述实例，可以总结出异常处理的执行过程如下。

① 控制通过正常的顺序执行到 try 语句，然后执行 try 语句块内的程序段。

② 如果在 try 语句块执行期间没有发生异常，则 catch 语句块不被执行。

③ 如果在 try 语句块执行期间或在该语句块直接或间接调用的任何函数中发生了异常，并将异常抛弃，则该异常将沿调用链上传，直到找到与该异常类型相匹配的 catch 语句块来处理异常。异常处理后，执行所有 catch 语句块的后续程序。

④ 如果未找到与该异常类型相匹配的 catch 语句块，则由 C++终止程序的运行。

注意：在编制程序时有如下惯例。把正常执行的程序与异常处理两部分分隔开来，这样使代码更易于跟随和维护。在上例中，我们可以把两个 try 块合成一个，而把两个 catch 子句都放在函数最后。

流程控制的规则如下。

① 如果没有异常发生，继续执行 try 块中的代码，与 try 块相关联的 catch 子句被忽略，程序正常执行，main()返回 0。

② 当第一个 try 块在 for 循环中抛出异常，则该 for 循环退出，try 块也退出，去执行可处理 pushOnFull 异常的 catch 子句。istack.PrintStack()不再执行，被忽略。

③ 如果第二个 try 块调用 Pop()抛出异常，则退出 for 和 try 块，去执行可处理 popOnEmpty 异常的 catch 子句。

④ 当某条语句抛出异常时，跟在该语句后面的语句将被跳过。程序执行权交给处理异常的 catch 子句，如果没有 catch 子句能够处理异常，则交给 C++标准库中定义的 terminate()。

另外，在使用异常处理时还需要注意以下问题。

① C++只理会放在 try 语句块内受监控的过程的异常，那些不受监控的过程的异常，C++是不会处理的。

② 在 try 语句块之后必须紧跟一个或多个 catch 语句块，以便对发生的异常进行处理。在 try 语句块出现之前，不能出现 catch 语句块。

③ catch 语句的括号中只能有一个形参，但该形参是可选的，而形参的数据类型不能缺省，必须保留，因为捕获是利用数据类型的匹配实现的。

④ 抛弃异常与处理异常可以放在不同的函数中。

⑤ catch(…)语句可以捕获全部异常，因此，若使用这个语句，应将它放置在所有的 catch 语句之后。另外，为了增强程序的可读性，C++允许在函数的声明中注明函数可能抛弃的异常类型，其语法如下。

```
返回值类型　函数名（形参列表）throw（异常类型1，异常类型2，......）
```

例如下面的函数声明。

```
double Div(double x, double y)throw(int);
```

这种做法称为异常接口声明。

18.3　异常处理中的构造和析构

知识点讲解：光盘:视频\PPT 讲解（知识点）\第 18 章\异常处理中的构造和析构.mp4

C++异常处理的真正能力不仅在于它能处理各种不同类型的异常，还在于它具有在异常抛弃前为构造的所有局部对象自动调用析构函数的能力。

当在程序中找到一个匹配的 catch 异常处理后，如果 catch()语句的异常类型声明是一个值参数，则其初始化方式是复制被抛弃的异常对象；如果 catch()语句的异常类型声明是一个引用，则其初始化方式是使该引用指向异常对象。

当 catch()语句的异常类型参数被初始化后，便开始了栈的展开过程，包括从对应的 try 语句块开始到异常被抛弃之间对构造的所有自动对象进行析构。析构的顺序与构造的顺序相反。然后程序从最后一个 catch 处理之后开始恢复。

实例 135　演示异常处理中的构造和析构的实现过程

源码路径　光盘\daima\18\xigou　　　视频路径　光盘\视频\实例\第 18 章\135

本实例的实现文件为 xigou.cpp，具体实现代码如下。

```
#include "stdafx.h"
#include<iostream.h>
class expt                    //定义类expt
{
public:                       //定义公有成员
        expt()                //定义构造函数
        {
            cout<<"structor of expt"<<endl;
        }
        ~ expt()              //定义析构函数
        {
            cout<<"destructor of expt"<<endl;
        }
    };
    class demo                //定义类demo
    {
    public:
        demo()                //定义构造函数
        {
            cout<<"structor of demo"<<endl;
        }
        ~demo()               //定义析构函数
        {
            cout<<"destructor of demo"<<endl;
        }
    };
    void fuc1()               //定义函数
    {
        int s=0;
        demo d;               //声明demo类的对象
        throw s;              //抛出异常
    }
```

> **范例 269**：在异常程序中不调用 exit 函数
>
> 源码路径：光盘**演练范例**\\269\\
>
> 视频路径：光盘**演练范例**\\269\\
>
> **范例 270**：演示 atexit 可以被多次履行
>
> 源码路径：光盘**演练范例**\\270\\
>
> 视频路径：光盘**演练范例**\\270\\

```
void fuc2()
{
    expt e;              //声明expt类的对象
    fuc1();              //调用函数fuc1
}
void main()
{
    Try                  //定义异常
    {
        fuc2();          //调用函数
    }
    catch(int)           //定义异常处理
    {
        cout<<"catch int exception"<<endl;
    }
    cout<<"continue main()"<<endl;
}
```

在上述代码中，定义了两个类：expt 和 demo，在函数 fuc2()中创建了 expt 的对象 e，在函数 fuc1()中创建了 demo 的对象 d，并抛出异常。在主函数 main()中，使用 try/catch 语句捕获并处理异常。从运行结果可以看出，在抛弃异常前，创建了两个对象：e 和 d，在抛弃异常后，这两个对象被按与创建的相反顺序调用析构函数销毁。所以程序编译执行后的效果如图 18-4 所示。

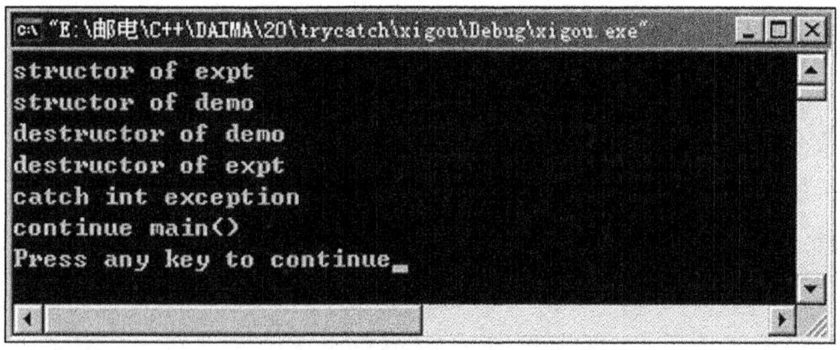

图 18-4　执行效果

18.4　C++异常处理机制总结

知识点讲解：光盘:视频\PPT 讲解（知识点）\第 18 章\C++异常处理机制总结.mp4

实质上，C++异常处理机制是一个用来有效地处理运行错误的非常强大且灵活的工具，它提供了更多的弹性、安全性和稳固性，克服了传统方法所带来的问题。也就是说，C++中的异常处理机制是一种把控制权从异常发生的地点转移到一个匹配的处理函数或功能块的机制。其中，异常可以是内建数据类型变量，也可以是对象。一般来说，异常处理机制包括如下 4 个部分。

- try 语句块：即一个定义异常的语句块。
- catch 语句块：即一个或多个和 try 语句块相关的处理，它们放在 catch 语句块中。
- throw 表达式：即抛出异常语句。
- 异常本身。

一般来说，try 语句块包含可能抛出异常的代码。例如下列语句可能引发内存空间溢出的异常，其就包含在 try 语句中。

```
try
{
    int * p = new int[1000000];
}
```

一个 try 语句块后面将跟有一个或多个 catch 语句，其中，每一个 catch 语句可以处理不同类型的异常，如下。

```
try
{
    int * p = new int[1000000];
}
catch(std::bad_alloc& )                //内存空间不够，分配内存失败
{
}
catch (std::bad_cast&)                 //转型失败，分配内存失败
{
```

```
}
```

catch 语句块仅仅被在 try 语句块中的 throw 表达式及函数所调用。其中，throw 表达式包括一个关键字 throw 及相关参数，如下。

```
try
{
    throw 5;
}
catch(int n)
{
}
```

读者需要注意的是，throw 表达式和返回语句很相似。此外，throw 语句可以没有操作数，其格式如下。

```
throw;
```

通常来说，如果目前没有异常被处理，那么执行一个没有操作数的 throw 语句后，编译系统将会调用 terminate()函数结束程序。

当一个异常被抛出后，C++运行机制首先在当前的作用域寻找合适的处理 catch 语句块。如果不存在这样一个处理，那么将会离开当前的作用域，进入更外围的一层继续寻找。这个过程不断地进行下去直到合适的处理被找到为止。此时堆栈已经被解开，并且所有的局部对象被销毁。如果始终都没有找到合适的处理，那么程序将会终止。

因为异常机制通常是初学者的最大困惑，所以本书对异常的相关知识进行大量的介绍。下面将通过一个具体的实例，对本章的知识进行一个收尾。

实例 136　演示 C++异常处理在数学运算中的应用

源码路径　光盘\daima\18\math　　　视频路径　光盘\视频\实例\第 18 章\136

本实例的实现文件为 math.cpp，功能是解决数学问题：求一元二次方程的实根，要求加上异常处理，判断 b*b−4*a*c 是否大于 0，成立则求两个实根，否则要求重新输入。

解决上述问题的具体实现代码如下。

```
#include "stdafx.h"
#include <iostream>
#include <math.h>            //包含头文件
using namespace std;         //使用命名空间
double sqrt_delta(double d) //定义函数
{
        if(d < 0)
            throw 1;         //抛出异常
        return sqrt(d);      //返回平方根值
    }
    double delta(double a, double b, double c)//定义函数
    {
        double d = b * b - 4 * a * c;
        return sqrt_delta(d);      //调用sqrt_delta()函数
    }
    void main()
    {
        double a, b, c;
        cout << "请输入  a, b, c" << endl;
        cin >> a >> b >> c;       //接收输入
        while(true)               //循环
        {
            Try                   //定义异常
            {
                double d = delta(a, b, c);//调用函数
                cout << "x1: " << (d - b) / (2 * a);
                cout << endl;
                cout << "x2: " << -(b + d) / (2 * a);
                cout << endl;
                break;            //跳出循环
            }
            catch(int)            //定义异常处理
            {
              cout << "delta < 0,  请输入  a, b, c.";//重新输入系数
                cin >> a >> b >> c;
            }
```

范例 271：不同模式下的_assert()函数
源码路径：光盘**演练范例**\271\
视频路径：光盘**演练范例**\271\

范例 272：联合使用 catch 和 throw 语句
源码路径：光盘**演练范例**\272\
视频路径：光盘**演练范例**\272\

```
        }
    }
```

在上述代码中，实现了对用户输入的一元二次方程系数的判断，由于只有方程的系数符合 b*b-4*a*c>0 的条件时才有实根，所以上述代码中的 sqrt_delta ()函数中包含了异常定义。在上述代码中的 catch 语句块中包含了对该异常的处理。程序编译并输入数字后的执行效果如图 18-5 所示。

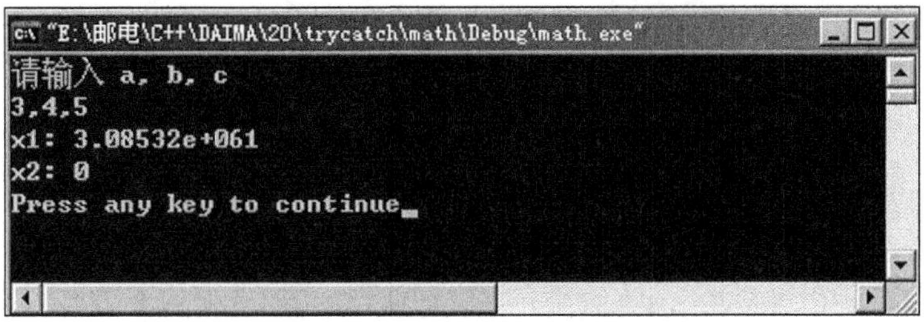

图 18-5　执行效果

18.5　技术解惑

18.5.1　编写软件的目标

编写软件的过程中不但要追求代码的正确性，更要关注程序的容错能力，在环境不正确或操作不当时不能死机，更不能造成灾难性后果。程序运行时有些错误是不可避免的，如内存不足、文件打开失败、数组下标溢出等，这时要力争做到排除错误并记录错误，但是同时要保证项目的正常运行。

传统做法是返回一个错误代码，调用者通过 if 等语句测试返回值来判断是否成功。这样做有几个缺点：首先，增加的条件语句可能会带来更多的错误；其次，条件语句是分支点，会增加测试难度；另外，构造函数没有返回值，返回错误代码是不可能的。

C++的异常机制为我们提供了更好的解决方法。异常处理的基本思想是：当出现错误时抛出一个异常，希望它的调用者能捕获并处理这个异常。如果调用者也不能处理这个异常，那么异常会传递给上级调用，直到被捕获处理为止。如果程序始终没有处理这个异常，最终它会被传到 C++运行环境，运行环境捕获后通常只是简单地终止这个程序。异常机制使得正常代码和错误处理代码清晰地划分开来，程序变得非常干净并且容易维护。

但是如何合理地使用异常机制来达到预期的效果呢？建议做到如下 3 点。

- 在恰当的场合使用恰当的特性。
- 正确地抛出异常。
- 合理地处理异常。

异常机制是 C++崭新而高级的特性之一。与其他 C++特性一样，C++标准并没有规定应该如何来实现异常机制，这依赖于具体的编译器。异常机制是有代价的，它会增加代码大小和运行开销。由此可以预见，随着嵌入式产业的飞速发展，在嵌入式领域 C++将会有辉煌的前景。对 C++进行改造，使其适用于嵌入式环境，提高其可靠性，对于推动 C++在嵌入式领域的应用是很重要的。MISRA-C 已经在嵌入式 C 语言上取得了很大的成功，成为行业普遍认同和遵循的规范。

18.5.2　关于 C++的 new 关键字的异常处理

在用 new 关键字开辟内存空间的时候，可以用"nothrow"参数来使开辟失败时不抛出异常，而是返回数字 0。这一点有时还是很有用的。在很多时候只需判断是否开辟成功就行，而不需要另外处理很多的语句时，就可以用这个参数来关闭抛出异常，从而极大地简化了判断形式。例如我们可以用类似下面的方式来做出判断。

```
……
int * temp = new(nothrow) int[10];
if(!temp)
{
        std::cout<<"Can't allocate memory!\n";
}
else
{
        ……
}
……
```

另外，题目这里的“将内存耗尽”，并不是说要真的将内存耗得一点儿不剩，那是非常困难的（不是说不会，而是说可能要等太长的时间）。

因为 new 开辟的内存是在堆中按块开辟的，即获得的是一段连续的空间，而不是像非线性链表那样的数据结构，所以我们只要让它每次开辟一块很大的内存就很容易出现“无法分配”的情况了，如下。

```
int * temp = new(nothrow) int[900000000];
```

18.5.3　C 语言异常处理和结构化异常处理有什么区别?

总的来说，结构化异常处理和异常处理之间的区别就是 Microsoft 对异常处理程序在实现上的不同。所谓的“普通”C++异常处理使用了 3 条附加的 C++语句：try，catch 和 throw。这些语句的作用是，当正在执行的程序出现异常情况时，允许一个程序（异常处理程序）试着找到该程序的一个安全出口。异常处理程序可以捕获任何数据类型上的异常情况，包括 C++类。这 3 条语句的实现是以针对异常处理的 ISO WG21/ANSI X3J16 C++标准为基础的，Microsoft C++支持基于这个标准的异常处理。注意，这个标准只适用于 C++，而不适用于 C。

结构化异常处理是 Microsoft C/C++编译程序的一种功能扩充，它的最大好处就是它对 C 和 C++都适用。Microsoft 的结构化异常处理使用了两种新的结构：try except 和 try-finally。这两种结构既不是 ANSI C++标准的子集，也不是它的父集，而是异常处理的另一种实现。try except 结构被称为异常处理（exception handling），tryfinally 结构被称为终止处理（termination handling）。try except 语句允许应用程序检索发生异常情况时的机器状态，在向用户显示出错信息时，或者在调试程序时，它能带来很大的方便。在程序的正常执行被中断时，try finally 语句使应用程序能确保去执行清理程序。尽管结构化异常处理有它的优点，但它也有缺点——它不是一种 ANSI 标准，因此，与使用 ANSI 异常处理的程序相比，使用结构化异常处理的程序的可移植性要差一些。如果你想编写一个真正的 C++应用程序，那么最好使用 ANSI 异常处理（即使用 try，catch 和 throw 语句）。

18.5.4　C++抛出异常不捕获，程序的空间会释放吗?

如果用 C++的异常机制，假设在某个地方抛出异常，然后不捕获程序就异常退出了，程序占用的内存空间（包括栈、堆）会释放吗？还有一种情况，如果是发生空指针，或者读取数据越界了，发生段错误，程序中断退出了，程序的调用函数的栈空间会释放吗？申请的堆内存会释放吗？

当抛出异常的时候，将暂停当前函数的执行，开始查找匹配的 catch 子句。首先检查 throw 本身是否在 try 块内部，如果是，检查与该 try 相关的 catch 子句，看是否其中之一与被抛出对象相匹配。如果找到匹配的 catch，就处理异常；如果找不到，就退出当前函数（释放当前函数的内存并撤销局部对象），并且继续在调用函数中查找。如果对抛出异常的函数的调用是在 try 块中，则检查与该 try 相关的 catch 子句。如果找到匹配的 catch，就处理异常；如果找不到匹配的 catch，调用函数也退出，并且继续在调用这个函数的函数中查找，这个过程称之为“栈展开”。如果一个块直接分配资源，而且在释放资源之前发生异常，在栈展开期间将不会释放该资源。

考虑的时候按照一个准则，就是堆资源是分配出来的，如果没有显示的释放是会一直在那里的，除非程序结束，操作系统会释放这个程序进程所占资源，栈则是在函数调用时保存函数开始地址和参数的地方，函数调用结束后，会执行弹栈操作。如果出现访问错误或越界的话，之前申请的资源是不会自动释放的（除非程序退出），但是函数调用是结束了的，所以会弹栈。

18.5.5 throw 抛出异常的特点

在 C++中，throw 抛出异常的特点如下。

① 可以抛出根蒂根基数据类型异常，如 int 和 char 等。

② 可以抛出错杂数据类型异常，如布局体（在 C++中布局体也是类）和类。

③ C++的异常处理惩罚必须由调用者主动搜检。一旦抛出异常，而法度不捕获的话，那么 abort()函数就会被调用。

④ 可以在函数头后加 throw（[type-ID-list]）给出异常规格，声明其能抛出什么类型的异常。type-ID-list 是一个可选项，此中包含了一个或多个类型的名字，它们之间以逗号分隔。若是函数没有异常规格指定，则可以抛出随便率性类型的异常。

18.5.6 关于 C 异常处理的心得体会

C 自身有着很强的纠错能力，目前版本已建立了比较完善的异常处理机制。C 的异常情况无非两种，一种是语法错误，即程式中出现了错误的语句、函数、结构和类，致使编译程式无法进行。另一种是运行时发生的错误，一般和算法有关。

关于语法错误，不必多说，写代码时心细一点就能够解决。C 完善的报错机制能够让我们轻松地避免这些错误。然而，由于 C 软件本身的问题，有时提示的信息并不正确，比如在处理多文档结构程式时，假如遗漏了定义结构段最后的那个分号，系统的提示信息就会引导使用者进入 C 软件的内部进行调试。

运行时的错误也有很多种，常见的有文档打开失败、数组下标溢出、系统内存不足等。而一旦出现这些问题，引发算法失效、程式运行时无故停止等故障也是常有的。这就需要我们在设计软件算法时要全面。比如针对文档打开失败的情况，保护的方法有很多种，最简单的就是使用“return”命令，强制退出程式。设计一些大型的程式时，运行中一旦出现异常，应该能够跳过错误，继续运行。这就要用到释放资源，退栈等方法，这里就不一一阐述了。

面对以上这些情况，我们在编写程式时应做到以下 3 点。

- 培养良好的程式书写习惯，这样能够有效地避免由于粗心大意造成的语法错误。
- 注重程式设计的完善性和缜密性，在设计程式的思路时，应从大局着手，尽可能地考虑任何可能出现的异常情况，以便在前期的设计阶段就加以控制。比如针对数组下标溢出的情况，学习了指针之后，就可以运用动态数组的知识加以解决。
- 要养成迅速运用新知识的能力，用新知识解决以往程式中的漏洞，这样许多运行时的错误都能够避免。不断地修改以往编写的程式是一种有效的 C 学习方法。

18.5.7 慎用 catch(...)

C++的异常捕获提供了一个万能捕获器，就是 catch(...)，它可以捕获任意的异常，可以看出来，因为没有参数名，这样我们就没办法获取异常传递过来的内容了。不过还有一个重要的问题，就是 catch(...)的位置问题。下面看一段代码。

```
try{
        cout<<"This an easy exception example."<<endl;
        throw 1;
}catch(...){
        cout<<"Catched the exception."<<endl;
```

```
        }catch(int i){
            cout<<"Catched the exception: i = "<<i<<endl;
        }
```

上面的代码把 catch(...)放到了 catch(int i)之前，这样有什么问题呢？catch(int i)包含的异常处理块永远不会被执行。强悍一点的编译器会为我们指出错误，但是有些编译器就没那么强大了。所以，记住一条准则：catch(...)永远放到所有捕获 catch 处理的最后一个。

18.5.8　慎用继承体系里的类作为 catch 的参数

这个问题跟上面的问题类似，也是 catch 的优先级问题，看下面的代码。

```
try{
            DerivedClass dc;
            cout<<"This an easy exception example."<<endl;
            throw dc;
        }catch(SuperClass s){
            cout<<"Catched the exception:SuperClass."<<endl;
        }catch(DerivedClass d){
            cout<<"Catched the exception:DerivedClass."<<endl;
        }
```

上面的代码中，我们抛出了 DerivedClass 类的对象，本以为会进入 catch(DerivedClass d)的处理块的，但是事实上它只调用了 catch(SuperClass s)的处理块。这个代码编译器不会去检查，只能靠我们自己把握了，记住一个准则：要把最高级别的父类放到最后一个 catch 里处理。

18.5.9　对象析构函数被调用的 3 种场合

对象析构函数什么时候会被调用呢？这里先说一下，有 3 种情况析构函数会被调用。先看我们熟悉的两种。

```
void func(){
    A a;
 }
```

第一种：上面的函数在调用时，函数完成调用后，会自动调用 A 的对象 a 的析构函数。

```
A *a = new A();
delete a;
```

第二种：显示的调用 delete 语句也会调用对象的析构函数。

第三种是什么呢？就是异常处理区域的 throw 语句，看下面的代码。

```
try{
          DerivedClass dc;
           cout<<"This an easy exception example."<<endl;
           throw dc;
        }
```

在上面的代码中，throw 语句实际上为我们调用了一次析构函数，尽管这个函数后面可能还有语句。实际上在抛出一个对象的时候，异常体系已经复制了一个 tem_dc 的对象。然后再调用 DerivedClass 的析构函数。所以，下面的代码让我们感到很恼怒。

```
try{
            DerivedClass *pDc = new DerivedClass();
            throw pDc;
        }
```

我们希望把 pDc 指向的对象 throw 出来，实际上我们只是抛出了 pDc 这个指针，而这个对象早已经被析构掉了。所以这里记住一个准则：尽量不要抛出指针和引用。

18.5.10　不要在异常处理体系中寄希望于类型转换

不要期望异常处理体系为我们完成类型转换，看下面的代码。

```
try{
            throw 'a';
        }catch(int ch){
            cout<<"this is a ch"<<endl;
        }
```

在平时写代码的时候，'a'是可以转换成 ASIC 码值的，但是这个时候就不行了，程序运行期是错误的。所以，记住一个准则：不要寄希望于 C++异常处理体系会帮你做类型转换。

18.5.11 有 C++异常处理体系捕获不到的东西吗?

有的，但也没有，什么意思呢？本来有的，后来被解决了。看下面的代码。

```
class Test{
 private:
     int age;
 public:
     Test():age(initialze(1)){

     }
     int initialze(int i){
         if(i == 1){
             throw 1;
         }else{
             return 1;
         }
     }
};
```

上面的代码中，构造函数在成员初始化列表中调用了可能抛出异常的 initialize 函数，这样的异常怎么捕获呢？看下面的代码。

```
Test()
     try:age(initialze(1)){
         {
             //函数体
         }
     }catch(int i){
         cout<<"exception"<<endl;
     }
```

18.5.12 set_unexpected 函数的用处

set_unexpected 函数的作用是设置默认异常处理函数。什么意思呢？看下面的代码就了解了。

```
void myFunc(){
     cout<<"set_unexpected Exception."<<endl;
     throw 0;
}
 void fun(int x) throw(char)
 {
     throw 'a';
 }
 int main(){
     set_unexpected(myFunc);
     try{
         fun(1);
     }catch(int i){
         cout<<"int exception"<<endl;
     }
     system("pause");
     return 0;
 }
```

从 main 开始看，我们注册了一个默认异常处理函数，这个函数会对异常做一个修正。fun 函数里抛出 char 的异常，我们的语句是捕获不了的，所以经过默认处理函数修正之后，就可以用 catch(int i)捕获了。不过，上面的代码在 VS 上运行是不行的，需要在 Linux 下运行。

18.5.13 不要让异常逃离析构函数

在 EffiectiveC++中有一条建议：不要让异常逃离析构函数。看下面的代码。

```
try{
         DerivedClass dc;
         cout<<"This an easy exception example."<<endl;
         throw dc;
     }catch(SuperClass s){
         cout<<"Catched the exception:SuperClass."<<endl;
     }catch(DerivedClass d){
         cout<<"Catched the exception:DerivedClass."<<endl;
     }
```

上面的代码跑出异常之后，会调用 DerivedClass 的析构函数，这样的话，如果析构函数再抛出异常，我们的捕获函数就不知道该如何处理了。也就是说，当同时出现两个 throw 抛出的异常之后，程序就会直接崩溃。所以，不要让异常逃离析构函数。

第 19 章

内存管理

内存管理指程序运行时对内存资源的分配和使用技术。它的目的主要是对内存高效、快速地分配，及时、有效地释放和回收。内存使用不当，会带来很多问题，如内存越界、内存泄露等。C++之所以长盛不衰，其在内存操作上的强大功能是一个不可忽视的因素。在本章的内容中，将详细介绍 C++内存管理的基本知识。

本章内容

- 内存分类
- 栈内存管理
- 堆内存管理

技术解惑

堆和栈的区别

常见的内存错误及其对策

防止发生溢出错误

19.1 内存分类

知识点讲解：光盘:视频\PPT 讲解（知识点）\第 19 章\内存分类.mp4

在 C++程序中，内存可以分为 3 大类：堆、栈和静态存储区。堆内存由程序动态申请和释放，栈内存和静态存储区则由系统分配和释放。

1. 堆（heap）

程序运行时，系统会预留一块供动态分配用的“自由存储区”，这块存储区就是堆。堆需要显式分配，分配方法是调用 malloc()函数和 new 运算符，释放时则要调用对应的 free()函数和 delete 运算符。

2. 栈（stack）

栈是由系统维护的先入先出的内存空间。它常用来保存函数中的临时变量以及函数调用时的现场（指函数返回点，参数等信息），函数执行结束时，这些存储单元自动释放。栈不需要显式分配，申请和释放都由系统来维护。

3. 静态存储区

静态存储区指编译时就确定下来的，用于保存全局变量、常量，以及 static 修饰的静态变量，这块内存在程序的整个运行期间都存在。这类变量在编译时就确定了所需内存空间的大小，由系统来管理和释放，不需要用户的干预。

看下面的一段代码。

```
int x;
int main(void){
    const int y=100;
    static int z=100;
    int a;
    char b;
    …
}
```

在上述代码中定义了 3 个变量，其中 x 是全局变量，y 是常量，z 是静态变量，它们都将保存在静态存储区。而 a 和 b 是临时变量，它们将被保存在栈上。

19.2 栈内存管理

知识点讲解：光盘:视频\PPT 讲解（知识点）\第 19 章\栈内存管理.mp4

栈内存分配运算内置于处理器的指令集中，效率很高，但是分配的内存容量有限。在执行函数时，函数内局部变量的存储单元都能够在栈上创建，函数执行结束时这些存储单元会自动被释放。

19.2.1 申请栈内存

栈内存有两种实现方法，一种是由系统根据需要自动分配，程序不能控制，另一种是用堆来模拟栈的操作。下面通过 2 段代码来看一下栈空间是如何分配的。

第一段代码如下。

```
int fun(int x)
  {
      if x>0 then
            fun(x--);
  cout<<"x="<<x<<endl;
      return 0;
  }
```

在上述代码中，函数 fun 是递归函数，当从第 n 层进入第 n+1 层时就需要在栈上存储现场。

当 x 为正数时就进入下一层递归，否则输出 x 的值，然后退到上一层。每进入一层递归时，任何其他返回时要恢复的现场数据都将被保存在栈上，例如 x 的值，返回后继续执行的下一条指令的地址等。由于从内层递归返回回外层后，原来的 x 的值还要使用，所以进入内层递归时，x 的值必须保存在栈上。当返回时，再依次从栈上取出。

第二段：临时变量保存在栈上。

```
void main ()
  {
      int a;
      float b;
      double c;
      char s[10];
      ...
  }
  void func(int x, int y)
  {
      ...
  }
```

在上述代码中，函数 main()中声明了 4 个临时变量，各个变量在编译时自动从栈上获得存储空间。各语句的意思如下。

- int a：表示系统在栈上为整型变量 a 申请了 int 字节大小的内存存储单元。
- float b：表示系统在栈上为浮点型变量 b 申请了 float 字节大小的内存存储单元。
- double c：表示系统在栈上为双精度型变量 c 申请了 double 字节大小的内存存储单元。
- char s[10]：表示系统在栈上为字符型数组 s 申请了 10 个 char 字节大小的内存存储单元。

在函数 func 中的参数列表（int x，int y），申请了 2 个形参变量。

- int x：表示系统在栈上为形参 x 申请了 int 字节大小的内存存储单元。
- int y：表示系统在栈上为形参 y 申请了 int 字节大小的内存存储单元。

19.2.2　使用栈内存

由于栈是由系统来管理，所以不会直观地感觉到在使用栈，除非程序自己来模拟一个栈。例如在下面的代码中，局部变量将自动从栈上获得存储空间。

```
void main(){
        int a;                                    //在栈上分配空间
        int b;                                    //在栈上分配空间
        int c;                                    //在栈上分配空间
        a = 25;                                   //赋值
        b = 68;                                   //赋值
        c = a + b;                                //使用 a, b对c赋值
        std::cout <<   "the value of a + b is : "   <<   c;        //使用c
  }
```

在上述代码中有 3 个局部变量，都从栈上获得内存空间。每个变量的名字与一个栈上空间相对应。由于栈由系统来管理，所以使用时程序没有特别需要注意的地方。因此使用栈时，只需给出对应的变量名即可。

实例 137　**演示定义 C++栈内存的具体过程**

源码路径　光盘\daima\19\zhan　　　　视频路径　光盘\视频\实例\第 19 章\137

本实例的实现文件为 zhan.cpp，具体实现代码如下。

```
#include "stdafx.h"
#include <iostream.h>
#include <malloc.h>
class zhan
{
public:
    zhan();
    ~zhan();
private:
    struct tagint
```

```
        {
            int x;                    //保存数据
            struct tagint *p;         //指向下一个节点
        } *value;
        public:
            void push(int y);         //压栈
            int pop();                //出栈
            int gettop();             //得到栈顶元素的值
};
zhan::zhan()
{
    value=(struct tagint *)malloc
        (sizeof(struct tagint));//申请内存空间
    value->p=NULL;
}
zhan::~zhan()
{
    //释放
    struct tagint *st;
    st=value->p;
    while(st!=NULL)
    {
        value->p=st->p;           //指向下一个位置
        free(st);                 //释放
        st=value->p;              //指向下一个位置
    }
    free(value);
}
//压栈
void zhan::push(int y)
{
    struct tagint *st;
    //申请内存空间
    st=(struct tagint *)malloc(sizeof(struct tagint));
    st->x=y;                              //赋值
    st->p=value->p;                       //指向当前链头
    value->p=st;                          //链到栈头
}
//得到栈顶元素的值
int zhan:: gettop ()
{
    return value->p->x;                   //返回栈顶元素的值
}
//返回栈顶元素的值，同时删除栈顶
int zhan::pop()
{
    int y=value->p->x;                    //栈顶值
    struct tagint *st;
    st=value->p;                          //栈顶元素
    value->p=value->p->p;                 //下一个元素成为栈顶
    free(st);                             //释放
    return y;                             //返回栈顶元素的值
}
void main(void)
{
    zhan it;
    it.push(88);
    it.push(99);
    cout<<it.pop()<<endl;
    cout<<it.gettop()<<endl;
}
```

范例 273：使用全局结构进行线程间的通信

源码路径：光盘**演练范例**\\273\\

视频路径：光盘**演练范例**\\273\\

范例 274：使用自定义消息进行线程间的通信

源码路径：光盘**演练范例**\\274\\

视频路径：光盘**演练范例**\\274\\

上述实例代码是简单的用链模拟栈的类，从它使用内存的方式来看不是栈空间，而是动态分配空间。它用一个链来模拟一个先进后出的栈，用 push()模拟压栈，gettop()模拟取栈顶元素，pop()在取栈顶元素的同时删除当前栈顶。这个实例演示了栈的基本操作原理，让读者对栈的使用有一个直观的理解。执行后效果如图 19-1 所示。

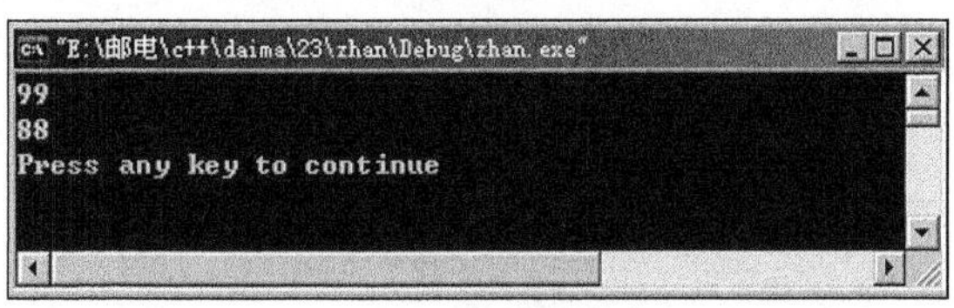

图 19-1　执行效果

19.2.3　释放栈内存

栈空间在不使用时要释放掉。由于栈一般都是系统在管理，所以栈的释放不用程序员来处理。当某个变量的生命期结束时，系统会自动释放该变量所占用的空间。如果是从内层递归返回，系统会自动释放内层递归所申请的空间，弹出上层递归保留的变量和一些其他的参数。这些处理都在系统内进行，编写程序时不需要考虑。

由于栈是模拟的，所以分配和释放都要由程序本身来处理。该模拟栈的空间释放是在析构函数内完成的，必须释放所有栈空间，否则会浪费内层。value 不是栈的节点，而是保存了指向栈顶的指针，也必须释放，否则也会浪费内层。

19.2.4　改变内存大小

要改变栈上分配的内存大小，可以用 C++的库函数的 alloca()函数，其原型如下。

```
void *alloca(size_t size);
```

上述函数在调用它的函数的栈空间中分配一个 size 字节大小的空间，当调用 alloca()的函数返回或退出的时候，alloca()在栈中分配的空间被自动释放。当 alloca()函数执行成功时，它将返回一个指向所分配的栈空间起始地址的指针。

实例 138　演示改变 C++内存大小的具体过程

源码路径　光盘\daima\19\change　　　视频路径　光盘\视频\实例\第 19 章\138

本实例的实现文件为 change.cpp，具体实现代码如下。

```
#include "stdafx.h"
#include<iostream>
//内存管理的库函数头文件
#include <malloc.h>
int main(int argc, char *argv[])
{
    //在栈上，内存为10个int字节大小的内存
    //存储单元
    int Array[10]={10,9,8,7,6,5,4,3,2,1};
    int i;                          //在栈上
    int j;                          //在栈上
    int *p;                         //在栈上
    /*输出原来存储在栈上的数组中的10个元素*/
    std::cout << "输出原来存储在栈上的数组中
    的10个元素 " << "\n";
    for(i=0;i<10;i++)
    {
        std::cout << Array[i] << "\t";
    }
    std::cout <<  "\n";
    p = Array;                              //指向Array数组在栈上的内存地址
    p = (int *) alloca(sizeof(int) * 12);   //修改所指向的Array数组在栈上的内存的大小，
    //增加2个int字节大小的内存存储单元。
    //此时的statckArray在栈上分配的内存为12个int字节大小的内存存储单元
    Array[10] = 99;                         /*  新增的第11个数组元素  */
    Array[11] = 100;                        /*  新增的第12个数组元素  */
    /*输出修改内存大小后的数组中的12个元素*/
    std::cout << "输出修改内存大小后的数组中的12个元素 " << "\n";
    for(j=0;j<12;j++)
    {
        std::cout << Array[j] << "\t";
    }
    return 0;
}
```

范例 275：使用事件对象进行线程间的通信

源码路径：光盘**演练范例**\275\

视频路径：光盘**演练范例**\275\

范例 276：设置线程的优先级

源码路径：光盘**演练范例**\276\

视频路径：光盘**演练范例**\276\

在上述实例代码中，首先用语句行 int stackArray[10]在栈上申请了 10 个 int 字节大小内存存储单元的栈数组。然后用 C++库函数 alloca()对 stackArray 在栈上的内存大小进行了修改，成为 12 个 int 字节大小的内存存储单元。这样增加了 2 个 int 字节大小的内存存储单元，从而实现了对栈数组 stackArray 动态地增加了两个 int 型的数组元素，其值为 99 和 100。执行后效果

如图 19-2 所示。

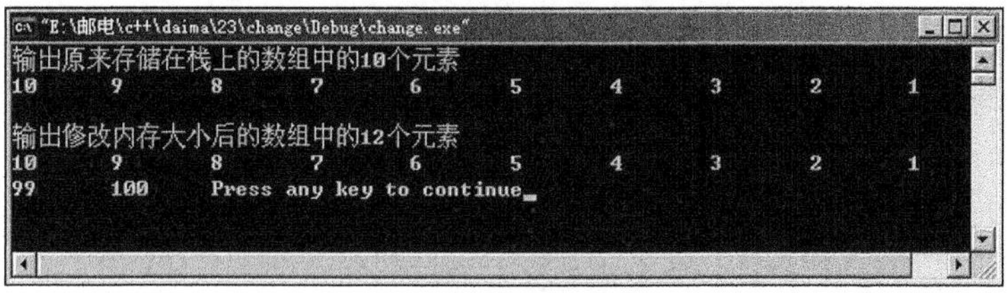

图 19-2　执行效果

注意：alloca()函数只能用于对栈内存的大小的修改，不能用于在堆上的操作。alloca()函数分配的内存不需要程序员来释放，它是由系统在程序或调用它的函数运行结束后自动释放。

19.3　堆内存管理

知识点讲解：光盘:视频\PPT 讲解（知识点）\第 19 章\堆内存管理.mp4

堆内存在运行时动态分配，分配函数是 malloc()和运算符 new，相应的释放函数是 free()，释放运算符是 delete。因此堆内存的生存期由程序本身来控制，使用上很灵活，但问题也最多。

19.3.1　申请堆内存

堆内存可以有两种申请方式：分配函数 malloc()，分配运算符 new。

1. 使用 malloc()函数

malloc()函数的原型如下。

```
void *malloc(int size);
```

该函数向系统申请 size 字节的内存空间，返回类型是 void 型指针。在实际使用时，必须强制转换为需要的类型。

2. 使用 new 运算符

new 是一个运算符，它在编译时分配内存空间，形式如下。

```
pointer=new type[n];
```

其中，pointer 是 type 型指针，type[*n*]表示要分配 *n* 个 type 型的内存空间。如果分配只有一个 type 型内存空间，则不需要加“[*n*]”。例如下面的代码演示了堆内存的分配方法。

```
int *p1,*p2;                              //整型指针
p1=(int *)malloc(2*sizeof(int));          //分配2个int型的内存空间
P2=new int[2];                            //分配2个int型的内存空间
```

在上述代码中，用两种方法给指针 p1 和 p2 分配内存空间。两种方法效果是一样的，都是动态分配 2 字节的空间。所不同的是，malloc()是一个函数，而 new 是一个运算符。

19.3.2　使用堆内存

堆实现了内存的动态申请，因此使用上比较灵活、方便。本小节将用一个动态的一维数组来说明堆的使用方法。

实例 139　**演示改变 C++内存大小的具体过程**

源码路径　光盘\daima\19\dui　　　　**视频路径**　光盘\视频\实例\第 19 章\139

本实例的实现文件为 dui.cpp，具体实现代码如下。

```
#include "stdafx.h"
#include <iostream.h>
#include <malloc.h>
int main()
{
```

```
    int size;
    cout << "请输入数组的维数: ";
    cin>>size;
    int *p;

    if (size%2==0)
        p=new int[size];        //用new在堆上申请size
        个int字节大小的内存单元
    else
        p=(int*)malloc(size*sizeof(int));  //用malloc
        在堆上申请size字节的空间
    for(int i=0; i<size; i++)
    {
        p[i] = i * 2;            //以数组方式对每个内
        存存储单元进行初始化
    }
    for(int j=0; j < size; j++)
    {
        cout << "第" << j << "个数组元素：";
                cout <<   *p++ ;              //以指针方式将内存存储单元中的值输出
        cout << "\n";
    }
    return 0;
}
```

范例 277：使用临界区对象实现线程同步

源码路径：光盘**演练范例**\277\

视频路径：光盘**演练范例**\277\

范例 278：使用互斥对象实现线程同步

源码路径：光盘**演练范例**\278\

视频路径：光盘**演练范例**\278\

在上述实例代码中，分别用 new 和 malloc()两种方式实现了一个动态数组，该数组的大小在运行时根据使用者的输入来决定。因此只要堆空间允许，就可以在任何时候，申请任何大小的空间。在申请内存后，就可以像使用数组或指针那样来使用。示例中在赋值时使用了数组形式，输出时使用了指针形式。执行后效果如图 19-3 所示。

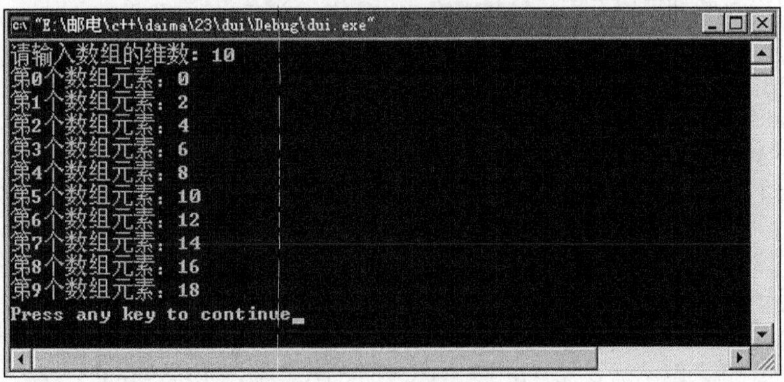

图 19-3　执行效果

19.3.3　释放堆内存

由于系统不负责堆内存块的释放，它的释放必须由程序本身来控制。如果没有正常释放堆内存，将会引起内存泄露。与 malloc()函数相对应的释放函数如下。

```
void free(void *pointer);
```

该函数释放 pointer 指针所指向的内存。与 new 对应的释放函数如下。

```
delete [] pointer;
```

该语句释放 pointer 指针指向的一块内存。如果 pointer 不是数组，则不需要加“[]”。此前的示例中对堆内存的使用都是不安全的，因为都缺少了释放操作，在下面实例在上节实例中加入了释放操作。

实例 140　演示使用堆内存的具体过程

源码路径　光盘\daima\19\release　　　视频路径　光盘\视频\实例\第 19 章\140

本实例的实现文件为 release.cpp，具体实现代码如下。

```
#include "stdafx.h"
```

```
#include <iostream.h>
#include <malloc.h>
int main()
{
    int size;
    cout << "请输入数组的维数: ";
    cin>>size;
    int *p =0;
    if (size%2==0)
        p=new int[size];        //用new在堆
上申请size个int字节大小的内存单元
    else
        p=(int*)malloc(size*sizeof(int));
//用malloc在堆上申请size字节的空间
    for(int i=0; i<size; i++)
    {
        p[i] = i * 2;                   //以数组方式对每个内存存储单元进行初始化
    }
    for(int j=0; j < size; j++)
    {
        cout << "第" << j << "个数组元素：";
        cout <<    *p++ ;               //以指针方式将内存存储单元中的值输出
        cout << "\n";
    }
    if (size%2==0)
        delete [] (p-size);             //与new对应的释放操作
    else
        free(p-size);                   //与malloc对应的释放操作
    p=NULL;
    return 0;
}
```

范例 **279**：使用互斥对象实现不同进程间线程同步

源码路径：光盘**演练范例**\\279\\

视频路径：光盘**演练范例**\\279\\

范例 **280**：使用信号量实现线程的同步

源码路径：光盘**演练范例**\\280\\

视频路径：光盘**演练范例**\\280\\

上述实例代码与上节实例代码的区别在于加入了最后的释放操作。如果不加该操作，由 new 和 malloc()申请的内存就没有得到释放。因此程序运行结束后，这些内存就没有被系统收回，导致产生内存泄露，而且堆内存会越来越少。执行后效果如图 19-4 所示。

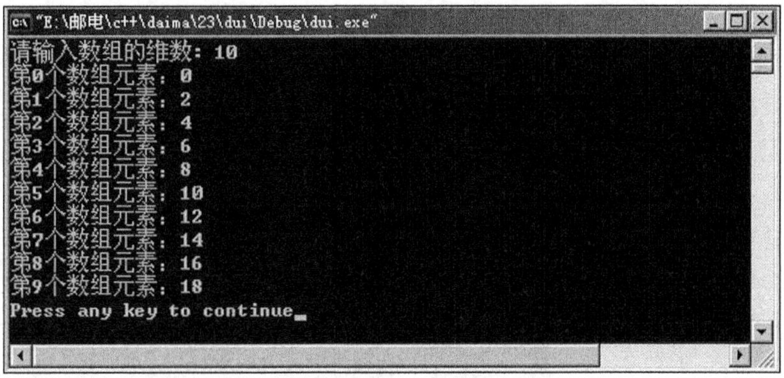

图 19-4　执行效果

19.3.4　改变大小

当堆被分配后，有时会出现内存不够用的情况，因此就需要一种自动分配的机制。realloc()函数可以实现内存的动态缩放。该函数的原型如下。

```
void *realloc(void *mem_address, unsigned int newsize);
```

该函数设置 mem_address 所指内存块的大小为 newsize 长度。如果重新分配成功，则返回指向被分配内存的指针；否则返回空指针为 NULL。同 malloc()和 new 一样，当不再使用时，也应该使用 free()和 delete 将内存块释放。

与 malloc()和 new 不同的是，该函数是在原有内存基础上修改了内存块的范围，既可以对原有内存进行扩大也可以进行缩小。但无论怎么修改，原有内存的内容不会改变。

当新申请的内存块大于原有内存时，系统一般会采用如下两种处理方式。

- 如果有足够空间用于扩大 mem_address 指向的内存块，则在原有内存后追加额外内存，并返回 mem_address，这样得到的是一块连续的内存。
- 如果原来的内存块后面没有足够的空闲空间用来分配，那么从堆中另外找一块 newsize 大小的内存。并把原来内存空间中的内容复制到新空间中。这样返回的内存地址已经不再是原来内存块的地址，因为数据被移动了。

当新申请的内存块小于原有内存时，系统就会直接在原有内存上分配。

实例 141　**演示二次内存分配的具体过程**

源码路径　光盘\daima\19\second　　　视频路径　光盘\视频\实例\第 19 章\141

本实例的实现文件为 second.cpp，具体实现代码如下。

```
#include "stdafx.h"
#include<iostream>
#include <malloc.h>//内存管理的库函数
int main(int argc, char *argv[])
{
    int   *p;
    //在堆上分配内存单元
    p = (int *)malloc(sizeof(int) *4);
    for(int i=0;i<4;++i)
    {
        p[i] = i + 1;                    //初始化
    }
    for(i=0;i<3;i++)
    {
        std::cout << p[i] << "\t";
    }
    std::cout << "\n";
    p = (int *) realloc(p, sizeof(int) *8);   //修改内存的大小，
    for(int j=4;j<8;++j)
    {
        p[j] = j + 1;                    //初始化
    }
    for(i=0;i<8;i++)
    {
        std::cout << p[i] << "\t";
    }
    std::cout << "\n";
    free(p);
    return 0;
}
```

范例 **281**：获取当前系统的所有进程

源码路径：光盘**演练范例**\281\

视频路径：光盘**演练范例**\281\

范例 **282**：设置在系统中只能运行一个实例

源码路径：光盘**演练范例**\282\

视频路径：光盘**演练范例**\282\

在上述代码中，首先用 malloc()函数分配了 4 个 int 单位的内存空间，然后又用 realloc()将空间扩大为 8 个。realloc()重新分配空间时，不会破坏原有空间的内容。执行后效果如图 19-5 所示。

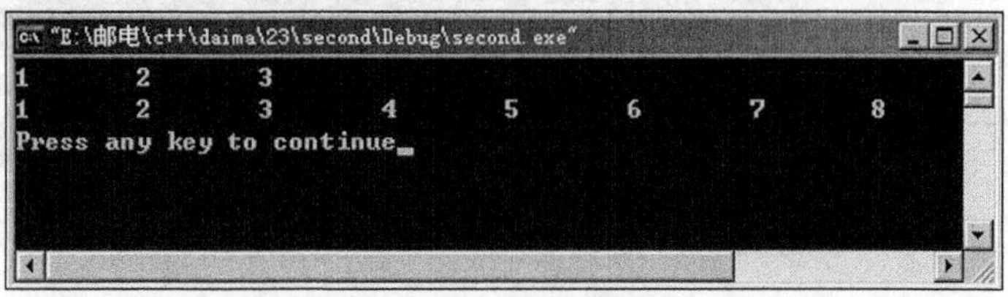

图 19-5　执行效果

19.4　技术解惑

19.4.1　堆和栈的区别

主要的区别有以下几点。

- 管理方式不同。
- 空间大小不同。
- 能否产生碎片不同。

- 生长方向不同。
- 分配方式不同。
- 分配效率不同。

（1）管理方式

对于栈来讲，是由编译器自动管理，无需我们手工控制；对于堆来说，释放工作由程序员控制，容易产生 memory leak。

（2）空间大小

一般来讲，在 32 位系统下，堆内存可以达到 4GB 的空间，从这个角度来看堆内存几乎是没有什么限制的。但是对于栈来讲，一般都是有一定的空间大小的。

打开工程，菜单操作如下：Project->Setting->Link，在 Category 中选中 Output，然后在 Reserve 中设定堆栈的最大值和 commit。

注意：reserve 最小值为 4Byte；commit 保留在虚拟内存的页文件里面，它设置得较大会使栈开辟较大的值，可能增加内存的开销和启动时间。

（3）碎片问题

对于堆来讲，频繁的 new/delete 势必会造成内存空间的不连续，从而造成大量的碎片，使程序效率降低。对于栈来讲，则不会存在这个问题，因为栈是先进后出的队列，它们是如此的一一对应，以至于永远都不可能有一个内存块从栈中间弹出，在它弹出之前，在它上面的后进的栈内容已经被弹出。详细内容可以参考数据结构，这里就不再一一讨论了。

（4）生长方向

对于堆来讲，生长方向是向上的，也就是向着内存地址增加的方向；对于栈来讲，它的生长方向是向下的，是向着内存地址减小的方向增长。

（5）分配方式

堆都是动态分配的，没有静态分配的堆。栈有 2 种分配方式：静态分配和动态分配。静态分配是编译器完成的，比如局部变量的分配。动态分配由 alloca 函数进行分配，但是栈的动态分配和堆是不同的，是由编译器进行释放，无需我们手工实现。

（6）分配效率

栈是机器系统提供的数据结构，计算机会在底层对栈提供支持：分配专门的寄存器存放栈的地址，压栈出栈都有专门的指令执行，这就决定了栈的效率比较高。堆则是 C/C++函数库提供的，它的机制是很复杂的，例如为了分配一块内存，库函数会按照一定的算法（具体的算法可以参考数据结构/操作系统）在堆内存中搜索可用的足够大小的空间，如果没有足够大小的空间（可能是由于内存碎片太多），就有可能调用系统功能去增加程序数据段的内存空间，这样就有机会分到足够大小的内存，然后进行返回。显然，堆的效率比栈要低得多。

由此可以看到，堆和栈相比，由于大量 new/delete 的使用，容易造成大量的内存碎片；由于没有专门的系统支持，效率很低；由于可能引发用户态和核心态的切换，内存的申请，代价变得更加昂贵。所以栈在程序中是应用最广泛的，就算是函数的调用也利用栈去完成，函数调用过程中的参数，返回地址，EBP 和局部变量都采用栈的方式存放。所以，我们推荐大家尽量用栈，而不是用堆。

虽然栈有如此众多的好处，但是由于和堆相比不是那么灵活，有时候分配大量的内存空间，还是用堆好一些。无论是堆还是栈，都要防止越界现象的发生（除非你是故意使其越界），因为越界的结果要么是程序崩溃，要么是摧毁程序的堆、栈结构。

19.4.2 常见的内存错误及其对策

发生内存错误是件非常麻烦的事情。编译器不能自动发现这些错误，通常是在程序运行时才能捕捉到。而这些错误大多没有明显的症状，时隐时现，增加了改错的难度。常见的内存错误及其对策如下。

（1）内存分配未成功，却使用了它

编程新手常犯这种错误，因为他们没有意识到内存分配会不成功。常用解决办法是，在使用内存之前检查指针是否为 NULL。如果指针 p 是函数的参数，那么在函数的入口处用 assert(p!=NULL)进行检查。如果是用 malloc 或 new 来申请内存，应该用 if(p==NULL) 或 if(p!=NULL)进行防错处理。

（2）内存分配虽然成功，但是尚未初始化就引用它

犯这种错误主要有两个起因：一是没有初始化的观念；二是误以为内存的缺省初值全为零，导致引用初值错误（例如数组）。内存的缺省初值究竟是什么并没有统一的标准，尽管有些时候为零值，我们宁可信其无不可信其有。所以无论用何种方式创建数组，都别忘了赋初值，即便是赋零值也不可省略，不要嫌麻烦。

（3）内存分配成功并且已经初始化，但操作越过了内存的边界

例如在使用数组时经常发生下标“多 1”或者“少 1”的操作。特别是在 for 循环语句中，循环次数很容易搞错，导致数组操作越界。

（4）忘记了释放内存，造成内存泄露

含有这种错误的函数每被调用一次就丢失一块内存。刚开始时系统的内存充足，你看不到错误。终有一次程序突然死掉，系统出现提示：内存耗尽。动态内存的申请与释放必须配对，程序中 malloc 与 free 的使用次数一定要相同，否则肯定有错误（new/delete 同理）。

19.4.3　防止发生溢出错误

如果在栈上申请的内存大于栈上的所有剩余的内存空间，系统将会提示栈溢出的错误。例如下面的代码用指针来模拟的链栈。

```
class intstack
  {
  private:
        struct tagint
        {
              int x;
              int *p;
        } value;
  public:
        void push(int y);
        int pop();
  }
```

在上述代码中，该类是用堆来模拟了一个先进后出的栈。其中，结构体 struct tagint 实现了一个链栈，它的内存空间实际上来自于堆，而函数 push()和 pop()则负责对该栈进行操作。push()是压栈，既写数据进栈，而 pop()是从栈内弹出数据，同时释放申请的空间。

第 20 章

预处理

所谓预处理，是指在执行某个操作之前所做的一些工作。预处理是 C++的一个重要功能，由专门的预处理程序完成。通过合理的预处理功能，可以使项目程序更加便于阅读、修改和调试。本章将详细介绍 C++预处理的基本知识。

本章内容

- 什么是预处理
- C++中常见的预处理
- 分析宏的常见陷阱

技术解惑

预处理的未来
两者的意义
一个初学者的问题

20.1　什么是预处理

知识点讲解：光盘:视频\PPT 讲解（知识点）\第 20 章\什么是预处理.mp4

预处理（pre-treatment）指的是在混凝、沉淀、过滤、消毒等工艺前所设置的处理工序。在程序设计领域，预处理是在程序源代码被编译之前，由预处理器（Preprocessor）对程序源代码进行的处理。这个过程并不对程序的源代码进行解析，但它把源代码分割或处理成为特定的符号用来支持宏调用。

1. 预处理器（Preprocessor）

预处理器是一个文本处理程序，它在程序编译的第一个阶段处理源代码的文本。当然预处理器不只是编译之前才被调用处理源代码，它也可以被其他程序单独调用以实现文本的处理。

2. 预处理指令

预处理指令，比如#define 和#ifdef，一般用来使源代码在不同的执行环境中可以被方便地修改或者编译。源代码中这些指令会告诉预处理器执行特定的操作。比如告诉预处理器在源代码中替换特定字符等。

20.2　C++中常见的预处理

知识点讲解：光盘:视频\PPT 讲解（知识点）\第 20 章\C++中常见的预处理.mp4

预处理器的主要作用就是把通过预处理的内建功能对一个资源进行等价替换。预处理命令共同的语法规则如下。

- 所有的预处理命令在程序中都是以“#”来引导，如“#include “stdio.h””。
- 每一条预处理命令必须单独占用一行，如"#include "stdio.h" #include <stdlib.h>" 是不允许的。
- 预处理命令后不加分号，如“#include “stdio.h”;” 是非法的。
- 预处理命令一行写不下，可以续行，但需要加续行符“\”。

C++中最常见的预处理有如下 4 种。

- 文件包含：#include 是一种最为常见的预处理，主要作为文件的引用组合源程序正文。
- 条件编译：#if、#ifndef、#ifdef、#endif、#undef 等也是比较常见的预处理，主要在进行编译时进行有选择的挑选，注释掉一些指定的代码，以达到版本控制、防止对文件重复包含的功能。
- 布局控制：#pragma，这也是我们应用预处理的一个重要方面，主要功能是为编译程序提供非常规的控制流信息。
- 宏替换：#define，这是最常见的用法，它可以实现定义符号常量、函数功能设置、重新命名、字符串的拼接等各种功能。

在下面的内容中，将详细介绍这 4 种预处理命令。

20.2.1　文件包含

文件包含是指，一个源文件可以将另一个源文件的全部内容包含进来。文件包含处理命令有如下 2 种格式。

```
#include “包含文件名”
#include  <包含文件名>
```

2 种格式的区别如下。

① 使用双引号：系统首先到当前目录下查找被包含文件，如果没找到，再到系统指定的“包含文件目录”（由用户在配置环境时设置）去查找。

② 使用尖括号：直接到系统指定的“包含文件目录”去查找。一般地说，使用双引号比较保险。

文件包含的优点如下。

一个大程序，通常分为多个模块，并由多个程序员分别编程。有了文件包含处理功能，就可以将多个模块共用的数据（如符号常量和数据结构）或函数，集中到一个单独的文件中。这样，凡是要使用其中数据或调用其中函数的程序员，只要使用文件包含处理功能，将所需文件包含进来即可，不必再重复定义它们，从而减少重复劳动。

在使用文件包含时，请注意如下 4 点。

① 编译预处理时，预处理程序将查找指定的被包含文件，并将其复制到#include 命令出现的位置上。

② 常用在文件头部的被包含文件，称为“标题文件”或“头部文件”，常以“h”（head）作为后缀，简称头文件。在头文件中，除可包含宏定义外，还可包含外部变量定义、结构类型定义等。

③ 一条包含命令，只能指定一个被包含文件。如果要包含 n 个文件，则要用 n 条包含命令。

④ 文件包含可以嵌套，即被包含文件中又包含另一个文件。

20.2.2 条件编译

条件编译可有效地提高程序的可移植性，并广泛地应用在商业软件中，为一个程序提供各种不同的版本。条件编译有 3 种形式，下面将分别介绍。

① 第一种形式，具体格式如下。

```
#ifdef 标识符
程序段1
#else
程序段2
#endif
```

它的功能是，如果标识符已被#define 命令定义过则对程序段 1 进行编译；否则对程序段 2 进行编译。如果没有程序段 2（它为空），本格式中的#else 可以没有，即可以写为如下格式。

```
#ifdef 标识符
程序段 #endif
```

② 第二种形式，具体格式如下。

```
#ifndef 标识符
程序段1
#else
程序段2
#endif
```

与第一种形式的区别是将“ifdef”改为“ifndef”。它的功能是，如果标识符未被#define 命令定义过则对程序段 1 进行编译，否则对程序段 2 进行编译。这与第一种形式的功能正相反。

③ 第三种形式，具体格式如下。

```
#if 常量表达式
程序段1
#else
程序段2
#endif
```

它的功能是，如常量表达式的值为真（非 0），则对程序段 1 进行编译，否则对程序段 2 进行编译。因此可以使程序在不同条件下完成不同的功能，如下。

```
#if  (!defined(_MSC_VER) && !defined(__cdecl) )
#define __cdecl
#endif
```

这里涉及 defined()，用于判断括号中的变量是否被定义。我们在写条件编译语句时一般写成如下格式。

```
#ifndef _INC_STDIO
#define _INC_STDIO常量
#endif
```

当然这里的名字不合适，只是表意一下。但在很多程序的源代码中，只定义了标识符而没有定义常量（value），就像前面程序中的代码。

```
#ifndef _INC_STDIO
#define _INC_STDIO
```

总之可以得出结论：_INC_STDIO 只是一个标识符，可以不定义值。这个标识符可以用来控制程序的流程。如果没有定义标识符 XXX，则定义标识符 XXX。

条件编译允许只编译源程序中满足条件的程序段，使生成的目标程序较短，从而减少了内存的开销并提高了程序的效率。

实例 142 演示条件编译的具体过程

源码路径 光盘\daima\20\bianyi 视频路径 光盘\视频\实例\第 20 章\142

本实例的实现文件为 bianyi.cpp，具体实现代码如下。

```
#include "stdafx.h"
#include <iostream.h>
#define R 1
main(){
float c,r,s;
printf ("input a number: ");
scanf("%f",&c);
#if R
r=3.14159*c*c;
printf("area of round is: %f\n",r);
#else
s=c*c;
printf("area of square is: %f\n",s);
#endif
}
```

范例 **283**：判断输入的单词是否小于定义的最小长度，如小于则输出错误信息

源码路径：光盘**演练范例**\283\

视频路径：光盘**演练范例**\283\

范例 **284**：演示编译预处理命令的用法

源码路径：光盘**演练范例**\284\

视频路径：光盘**演练范例**\284\

在上述代码中，采用了 C 语言第 3 种形式的条件编译。在程序第一行宏定义中，定义 R 为 1，因此在条件编译时，常量表达式的值为真，故计算并输出圆面积。执行后效果如图 20-1 所示。

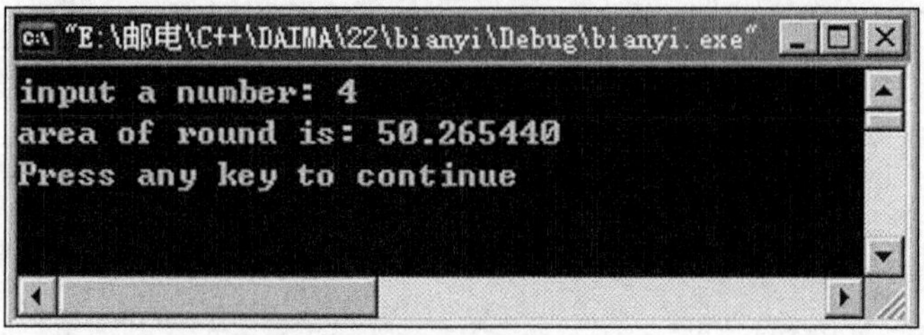

图 20-1 执行效果

注意：上面介绍的条件编译当然也可以用条件语句来实现。但是用条件语句将会对整个源程序进行编译，生成的目标代码程序很长，而采用条件编译，则根据条件只编译其中的程序段 1 或程序段 2，生成的目标程序较短。如果条件选择的程序段很长，采用条件编译的方法是十分必要的。

20.2.3 布局控制

在所有的预处理指令中，#pragma 指令可能是最复杂的了，它的作用是设定编译器的状态或者是指示编译器完成一些特定的动作。#pragma 指令对每个编译器给出了一个方法，在保持与 C 和 C++语言完全兼容的情况下，给出主机或操作系统专有的特征。依据定义，编译指示是

机器或操作系统专有的，且对于每个编译器都是不同的。

使用#pragma 指令的格式如下。

```
#Pragma Para
```

其中 Para 为参数，下面来看一些常用的参数。

① message 参数。message 参数能够在编译信息输出窗口中输出相应的信息，这对于源代码信息的控制是非常重要的。其使用方法如下。

```
#Pragma message("消息文本")
```

当编译器遇到这条指令时就在编译输出窗口中将消息文本打印出来。

当我们在程序中定义了许多宏来控制源代码版本的时候，我们自己都有可能会忘记有没有正确设置这些宏，此时我们可以用这条指令在编译的时候就进行检查。假设我们希望判断自己有没有在源代码的什么地方定义了_X86 这个宏，可以用下面的方法。

```
#ifdef _X86
#Pragma message("_X86 macro activated! ")
#endif
```

当我们定义了_X86 这个宏以后，应用程序在编译时就会在编译输出窗口里显示“_X86 macro activated!”。我们就不会因为不记得自己定义的一些特定的宏而着急了。

② 另一个使用得比较多的 pragma 参数是 code_seg。格式如下。

```
#pragma code_seg( ["section-name"[,"section-class"] ] )
```

它能够设置程序中函数代码存放的代码段，当我们开发驱动程序的时候就会使用到它。

③ #pragma once 指令比较常用，只要在头文件的最开始加入这条指令就能够保证头文件被编译一次，这条指令实际上在 VC6 中就已经有了，但是考虑到兼容性并没有太多使用它。

④ #pragma hdrstop 表示预编译头文件到此为止，后面的头文件不进行预编译。BCB 可以预编译头文件以加快链接的速度，但如果所有头文件都进行预编译又可能占太多磁盘空间，所以使用这个选项排除一些头文件。

有时单元之间有依赖关系，比如单元 A 依赖单元 B，所以单元 B 要先于单元 A 编译。你可以用#pragma startup 指定编译优先级，如果使用了#pragma package(smart_init) ，BCB 就会根据优先级的大小先后编译。

⑤ #pragma resource"*.dfm"表示把*.dfm 文件中的资源加入工程。*.dfm 中包括窗体外观的定义。

⑥ #pragma warning(disable : 4507 34; once : 4385; error : 164)，它等价于如下指令。

```
#pragma warning(disable:4507 34)                    //不显示4507和34号警告信息
#pragma warning(once:4385)                          //4385号警告信息仅报告一次
#pragma warning(error:164)                          //把164号警告信息作为一个错误
```

同时这个 pragma warning 也支持如下格式。

```
#pragma warning( push [ ,n ] )
#pragma warning( pop )
```

上面的 n 代表一个警告等级（1～4）。

- #pragma warning(push)：保存所有警告信息的现有警告状态。
- #pragma warning(push, n)：保存所有警告信息的现有警告状态，并且把全局警告等级设定为 n。
- #pragma warning(pop)：向栈中弹出最后一个警告信息，在入栈和出栈之间所做的一切改动取消，如下。

```
#pragma warning( push )
#pragma warning( disable : 4705 )
#pragma warning( disable : 4706 )
#pragma warning( disable : 4707 )
//.......
#pragma warning( pop )
```

在这段代码的最后，重新保存所有的警告信息（包括 4705，4706 和 4707）。

⑦ pragma comment(...)。该指令将一个注释记录放入一个对象文件或可执行文件中。常用的 lib 关键字，可以帮我们连入一个库文件。

实例 143　演示布局控制的具体过程

源码路径　光盘\daima\20\buju　　　　视频路径　光盘\视频\实例\第 20 章\143

本实例的实现文件为 buju.cpp，具体实现代码如下。

```
#include "stdafx.h"
#include <iostream.h>
int main(int argc, char* argv[])
{
    int a;
    float x;
    double y;
    //#pragma warning(disable:244)        //屏蔽244警告
    //#pragma warning(once:244)           //仅警告一次
    //#pragma warning(error:244)          //作为错误处理
    cin>>a;
    cin>>x;
    cin>>y;
    a=x;
    x=y;
    return 0;
}
```

范例 285：使用#ifdef 条件编译命令

源码路径：光盘\演练范例\285\

视频路径：光盘\演练范例\285\

范例 286：使用#if 条件编译命令

源码路径：光盘\演练范例\286\

视频路径：光盘\演练范例\286\

在上述代码中，展示了 pragma 的 3 种使用方式。执行后效果如图 20-2 所示。

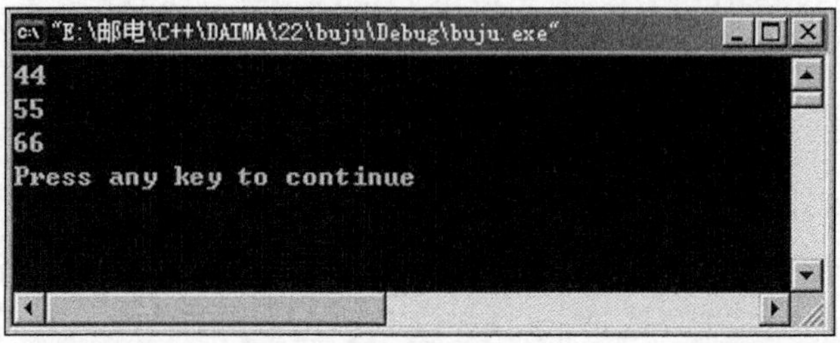

图 20-2　执行效果

20.2.4　宏替换

在 C++语言中，允许用一个标识符来表示一个字符串，称为“宏”。被定义为“宏”的标识符称为“宏名”。在编译预处理时，对程序中所有出现的“宏名”，都用宏定义中的字符串去代换，这称为“宏代换”或“宏展开”。宏定义是由源程序中的宏定义命令完成的。

具体使用格式如下。

```
#define 宏名 字符串
```

宏代换是由预处理程序自动完成的。在 C++中，“宏”分为有参数和无参数两种。

1. 带参宏定义

带参宏定义的一般格式如下。

```
#define 宏名(形参表) 语言符号字符串
```

字符串中包含括弧中所指定的参数，如下。

```
# define S(a,b) a*b
Area = S(3,2);
```

下面讲解带参宏的调用和宏展开，其调用格式如下。

```
宏名(实参表)
```

宏展开即用宏调用提供的实参字符串，直接置换宏定义命令行中相应形参字符串，非形参字符保持不变。

在使用带参宏定义时，应该注意如下 3 点。

① 定义有参宏时，宏名与左圆括号之间不能留有空格。否则，C 编译系统将空格以后的所

有字符均作为替代字符串，而将该宏视为无参宏。

② 有参宏的展开，只是将实参作为字符串，简单地置换形参字符串，而不做任何语法检查。在定义有参宏时，在所有形参外和整个字符串外，均加一对圆括号。

③ 虽然有参宏与有参函数确实有相似之处，但不同之处更多，主要有以下 3 个方面。

- 调用有参函数时，是先求出实参的值，然后再复制一份给形参。而展开有参宏时，只是将实参简单地置换形参。
- 在有参函数中，形参是有类型的，所以要求实参的类型与其一致；而在有参宏中，形参是没有类型信息的，因此用于置换的实参，什么类型都可以。有时，可利用有参宏的这一特性，实现通用函数功能。
- 使用有参函数，无论调用多少次，都不会使目标程序变长，但每次调用都要占用系统时间进行调用现场保护和现场恢复；而使用有参宏，由于宏展开是在编译时进行的，所以不占运行时间，但是每引用 1 次，都会使目标程序增大 1 次。

2. 不带参宏定义

在 C++语言中，定义无参宏定义的一般格式如下。

```
#define 标识符 语言符号字符串
```

其中："define"为宏定义命令；"标识符"为所定义的宏名，通常用大写字母表示，以便于与变量区别；"语言符号字符串"可以是常数、表达式、格式串等。

使用宏定义的优点如下。

① 提高源程序的可维护性。

② 提高源程序的可移植性。

③ 减少源程序中重复书写字符串的工作量。

在使用宏定义时要遵循如下规则。

① 宏名一般用大写字母表示，以示与变量区别。但这并非是规定。

② 宏定义不是 C 语句，所以不能在行尾加分号。否则，宏展开时，会将分号作为字符串的 1 个字符，用于替换宏名。

③ 在宏展开时，预处理程序仅以按宏定义简单替换宏名，而不做任何检查。如果有错误，只能由编译程序在编译宏展开后的源程序时发现。

④ 宏定义命令#define 出现在函数的外部，宏名的有效范围是：从定义命令之后， 到本文件结束。通常，宏定义命令放在文件开头处。

⑤ 在进行宏定义时，可以引用已定义的宏名。

⑥ 对双引号括起来的字符串内的字符，即使与宏名同名，也不进行宏展开。

⑦ 可以用＃undef 命令终止宏定义的作用域。

20.2.5 其他预编译指令

除了上面介绍的常用的编译指令，还有 3 种不太常见的编译指令：#line、#error、#pragma，下面简单介绍一下。

（1）#line

#line 的语法如下。

```
#line number filename
```

举例如下。

```
#line 30 a.h
```

其中，文件名 a.h 可以省略不写。

这条指令可以改变当前的行号和文件名，例如上面的这条预处理指令就可以改变当前的行号为 30，文件名是 a.h。初看起来似乎没有什么用，不过因为编译器在 C++源码编译过程中会产生一些中间文件，通过这条指令，可以保证文件名是固定的，不会被这些中间文件代替，有利于进行分析。

（2）#error

#error 语法如下。

```
#error info
```

举例如下。

```
#ifndef UNIX
#error This software requires the UNIX OS.
#endif
```

这条指令主要是给出错误信息，上面的这个例子就是，如果没有在 UNIX 环境下，就会输出 This software requires the UNIX OS。然后诱发编译器终止。所以总的来说，这条指令的目的就是在程序崩溃之前能够给出一定的信息。

（3）预定义标识符

为了处理一些有用的信息，预处理定义了一些预处理标识符，虽然各种编译器的预处理标识符不尽相同，但是它们都会处理下面 4 种。

- __FILE__：正在编译的文件的名字。
- __LINE__：正在编译的文件的行号。
- __DATE__：编译时刻的日期字符串，例如，“25 Dec 2000”。
- __TIME__：编译时刻的时间字符串，例如，“12:30:55”。

举例如下。

```
cout<<"The file is :"<<_FILE_"<<"! The lines is:"<<_LINE_<<endl;
```

20.3　分析宏的常见陷阱

知识点讲解：光盘:视频\PPT 讲解（知识点）\第 20 章\分析宏的常见陷阱.mp4

本节将示范如何写一个简单的预处理宏 max()；这个宏有两个参数，比较并返回其中较大的一个值。在写这样一个宏时，有 4 大易犯错误需要注意。

（1）不要忘记为参数加上括号

看下面的代码。

```
#define max(a, b) a < b ? b : a
……..
max(i += 2, j)
```

展开后如下。

```
i += 2 < j ? j : i += 2
```

考虑运算符优先级和语言规则，实际上如下。

```
i += ((2 < j) ? j : i += 2)
```

这种错误可能需要长时间的调试才可以发现。

（2）不要忘记为整个展开式加上括号

看下面的代码。

```
#define max(a, b) (a) < (b) ? (b) : (a)

m = max(j, k) + 42;
```

展开后如下。

```
m = (j) < (k) ? (j) : (k) + 42;
```

考虑运算符优先级和语言规则，实际上如下。

```
m = ((j) < (k)) ? (j) : ((k) + 42);
```

如果 $j >= k$，m 被赋值 $k+42$，正确；如果 $j < k$，m 被赋值 j，是错误的。如果给展开式加上括号，就解决了这个问题。

（3）当心多参数运算

看下面的代码。

```
#define max(a, b) ((a) < (b) ? (b) : (a))
…..
max(++j, k);
```

如果++*j* 的结果大于 *k*、*j* 会递增两次，这可能不是程序员想要的。

```
((++j) < (k) ? (k) : (++j))
```

类似的情况如下。

```
max(f(), pi)
```

展开后如下。

```
((f()) < (pi) ? (pi) : (f()))
```

如果 f()的结果大于等于 pi，f()会执行两次，这绝对缺乏效率，而且可能是错误的。

（4）名字冲突

宏只是执行文本替换，而不管文本在哪儿，这意味着只要使用宏，就要小心对这些宏命名。具体来说，这个 max 宏最大的问题是，极有可能会和标准的 max()函数模板冲突。

看下面的代码。

```
#define max(a,b) ((a) < (b) ? (b) : (a))
#include <algorithm>                    // 冲突!
```

在<algorithm>中，有如下代码。

```
template<typename T> const T&
max(const T& a, const T& b);
```

宏将它替换为如下代码，将无法编译。

```
template<typename T> const T&
((const T& a) < (const T& b) ? (const T& b) : (const T& a));
```

所以，我们应尽量避免命名的冲突，想出一个不常用的或难以拼写的名字，这样才能最大可能地避免与其他名字空间冲突。

（5）宏没有地址

可能得到任何自由函数或成员函数的指针，但不可能得到一个宏的指针，因为宏没有地址。宏之所以没有地址，原因很显然——宏不是代码，宏不会以自身的形势存在，因为它是一种被美化了的文本替换规则。

（6）宏有碍调试

在编译器看到代码之前，宏就会修改相应的代码，因而，它会严重改变变量名称和其他名称；此外，在调试阶段，无法跟踪到宏的内部。

20.4　技术解惑

20.4.1　预处理的未来

C++并没有为#include 提供替代形式，但是 namespace 提供了一种作用域机制，它能以某种方式支持组合，利用它可以改善#include 的行为方式，但是我们还是无法取代#include。

#progma 应该算是一个可有可无的预处理指令，按照 C++之父 Bjarne 的话说，就是：“#progma 被过分地经常地用于将语言语义的变形隐藏到编译系统里，或者被用于提供带有特殊语义和笨拙语法的语言扩充中。”

对于#ifdef，我们仍然束手无策，就算我们利用 if 语句和常量表达式，仍然不足以替代它，因为一个 if 语句的正文必须在语法上正确，满足类检查，即使它处在一个绝不会被执行的分支里面。

20.4.2　两者的意义

（1）用<iostream>还是<iostream.h>

笔者建议使用<iostream>，而不是<iostream.h>，为什么呢？首先，.h 格式的头文件早在 1998 年 9 月份就被标准委员会抛弃了，我们应该紧跟标准，以适合时代的发展。其次，iostream.h 只支持窄字符集，iostream 则支持窄/宽字符集。还有，标准对 iostream 做了很多的改动，接口和实现都有了变化。最后，iostream 组件全部放入 namespace std 中，防止了名字污染。

（2）<io.h>和“io.h”有什么区别

其实它们唯一的区别就是搜索路径不同。

- #include　<io.h>：编译器从标准库路径开始搜索。
- #include　"io.h"：编译器从用户的工作路径开始搜索。

20.4.3　一个初学者的问题

请看下面的代码。

```
#include <stdio.h>
#define CHANGE 1
main()
{int c;
 while((c=getchar()!='\n'))
{       #if CHANGE
            if((c>='a'&&c<='x')||(c>='A'&&c<='X'))
            c+=2;
            else if(c=='y'||c=='Y'||c=='z'||c=='Z')
            c=c-24;
            #endif
        putchar(c);
}
 putchar("\n");
}
```

将上述代码编译到 VC6.0 环境中会出现如下错误。

```
cpp(6) : error C2014: preprocessor command must start as first nonwhite space
```

错误提示已经说得很清楚了，预处理必须是作为（一行当中）第一个非空白符号。需要将如下代码中的“{”和后面的“#if”换行，其实这是不良编程习惯造成的错误。

```
{       #if CHANGE
```

第 21 章

错误和调试

俗话说“常在河边走，哪有不湿鞋”。作为一个程序员，工作和学习中都会编写大量的程序项目，不可避免会出现错误。出现错误后，我们要想法解决，具体的解决方法涉及程序错误调试相关的问题。在本章的内容中，将详细介绍 C++错误和调试的基本知识。

本章内容

- 什么是错误
- 常见的错误分析
- 程序调试常见错误
- C++编程中的调试技巧

技术解惑

编写规范易懂的代码
编写安全可靠的代码
Visual C++调试技术
阅读程序的技巧
常见的非语法错误

21.1　什么是错误

知识点讲解：光盘:视频\PPT 讲解（知识点）\第 21 章\什么是错误.mp4

21.1.1　Bug 的由来

所谓程序中的错误，即 Bug（漏洞）。Bug 本意是臭虫、缺陷、损坏等。现在人们将在计算机系统或程序中，隐藏着的一些未被发现的缺陷或问题统称为 Bug（漏洞）。

与 Bug 相对应，人们将发现 Bug 并加以纠正的过程叫做“Debug”，意即“捉虫子”或“杀虫子”。遗憾的是，在中文里面，至今仍没有与“Bug”准确对应的词汇，于是只能直接引用“Bug”一词。虽然也有人使用“臭虫”一词替代“Bug”，但容易产生歧义，所以推广不开。

“Bug”的创始人 Grace Murray Hopper，是一位为美国海军工作的计算机专家，也是最早将人类语言融入到计算机程序的人之一。而代表计算机程序出错的“Bug”这个名字，正是由她所取的。1945 年的一天，她对 Harvard Mark II 设置好 17000 个继电器进行编程后，她的工作却毁于一只飞进计算机造成短路的飞蛾。在报告中，她用胶条贴上飞蛾，并用“Bug”来表示“一个在计算机程序里的错误”，“Bug”这个说法一直沿用到今天。

21.1.2　程序设计方面的解释

程序设计中所谓“Bug”，是指计算机系统的硬件、系统软件（如操作系统）或应用软件（如文字处理软件）出错。

现在的软件复杂程度早已超出了一般人能控制的范围，如 Windows 7、Windows 8 这样的较成熟的操作系统也会不定期地公布其中的 Bug。如何减少以至消灭程序中的 Bug，一直是程序员所极为重视的课题。而我们本章内容的目的就是：消灭项目程序中的 Bug。

21.2　常见的错误分析

知识点讲解：光盘:视频\PPT 讲解（知识点）\第 21 章\常见的错误分析.mp4

在进行 C 语言开发时，不可避免地会出现不同的错误。在一般情况下，C++语言错误主要分为如下 4 大类。

1. 语法错误

对于这种错误，用编译器很容易解决。所以，改错题的第一步是先编译，解决这类语法错误。下面总结了 C++语言中常见的语法错误。

① 丢失分号，或分号误写成逗号。

② 关键字拼写错误，如本来小写变成大写。

③ 语句格式错误，例如 for 语句中多写或者少写分号。

④ 表达式声明错误，例如少了（）。

⑤ 函数类型说明错误。与 main（）函数中不一致。

⑥ 函数形参类型声明错误。例如少了*等。

⑦ 运算符书写错误，例如“/”写成了“\”。

实例 144	演示 C++程序的语法错误
	源码路径　光盘\daima\21\ceshi　　　视频路径　光盘\视频\实例\第 21 章\144

本实例的实现文件为 ceshi.cpp，具体实现代码如下。

```
#include "stdafx.h"
#include <iostream.h>
int main(int argc, char* argv[])
{
    int data;
    cout<<"请输入:"<<end;         //关键字错误
    cin<<data;                    //流符号错误
    cout<<data                    //语法错误
    data=data-(data*3;            //语法错误
    return 0;
}
```

将上述代码编译执行后，显示如下错误信息。

> **范例 287：使用简单断点调试**
>
> 源码路径：光盘**演练范例**\287\
>
> 视频路径：光盘**演练范例**\287\
>
> **范例 288：使用条件断点调试**
>
> 源码路径：光盘**演练范例**\288\
>
> 视频路径：光盘**演练范例**\288\

```
--------------------Configuration: ceshi - Win32 Debug--------------------
Compiling...
StdAfx.cpp
Compiling...
ceshi.cpp
E:\邮电\c++\daima\23\ceshi\ceshi.cpp(9) : error C2065: 'end' : undeclared identifier
E:\邮电\c++\daima\23\ceshi\ceshi.cpp(10) : error C2676: binary '<<' : 'class istream_withassign' does not define this operator or
 a conversion to a type acceptable to the predefined operator
E:\邮电\c++\daima\23\ceshi\ceshi.cpp(12) : error C2146: syntax error : missing ';' before identifier 'data'
E:\邮电\c++\daima\23\ceshi\ceshi.cpp(12) : error C2143: syntax error : missing ')' before ';'
Error executing cl.exe.
ceshi.exe - 4 error(s), 0 warning(s)
```

上述信息是 Visual C++6.0 的错误提示信息，从结果可以看出本段代码有 4 处错误。

① 第 9 行关键字“end”书写错误，应该写为“endl”。

② 第 10 行错用了“<<”，输入流应该使用“>>”。

③ 第 12 行缺少“;”，实际上是第 11 行缺少分号，造成了 11、12 两行连接到了一起。

④ 第 12 行括号不全，应该在 3 后面加上“)”。

2. 逻辑错误（语义错误）

这和实现程序功能紧密相关，一般不能用编译器发现。对于逻辑错误可以按这样的步骤进行查找。

① 先读试题，看清题目的功能要求。

② 通读程序，看懂程序中算法的实现方法。

③ 细看程序，发现常见错误点。

下面列出了一些常见逻辑错误以供参考。

- 变量初值错误。
- 循环次数不对。
- 下标越界。
- 运算类型不匹配。

具体来说，在编写程序时常见的错误如下。

① 忘记定义变量。

② 输入输出的数据的类型和所用格式说明符不一致。

③ 未注意 int 型数据的数值范围，例如 int 型数据的数值范围是−32768～32768，程序中的变量值不能超过这个范围，否则会发生错误。

④ 输入变量时忘记使用地址符。

⑤ 输入时数据的组织和需要不符。

⑥ 误把“=”作为“等于”比较符。

- “=”为附值运算符。
- “==”为比较运算符。

⑦ 语句后面漏分号，如下。

```
{
  t=a;
  a=b;
  b=t
}
```

⑧ 不该加分号的地方加了分号。

⑨ 对应该有大括弧的复合语句，忘记加大括弧，如下。

```
sum=0;
i=1;
while(i<=100)
sum=sum 1;
i ;
```

⑩ 括弧不配对，如下。

```
while((c=getchar()!='#')
putchar(c);
```

⑪ 在用标识时，忘记了大写字母和小写字母的区别，如下。

```
int a,b,c;
a=2;
b=3;
C=A B;
```

⑫ 引用数组元素时误用圆括弧。

⑬ 在定义数组时，将定义的“元素个数”误认为是“可使用的最大下标值”。

⑭ 对二维或多维数组的定义和引用的方法不对。

⑮ 误以为数组名代表数组中全部元素。

⑯ 混淆字符数组和字符指针的区别。

⑰ 在引用指针变量之前没有对它赋予确定的值。

⑱ switch 语句的各分支中漏写 break 语句，混淆字符和字符串的表示形式，如下。

```
…
char sex;
sex="M";
…
```

⑲ 使用自加（++）和自减（—）运算符时出的错误。

⑳ 所调用的函数在调用语句之后才定义，而又在调用前未加说明。

㉑ 误认为形参值的改变会影响实参的值。

㉒ 函数的实参和形参类型不一致，如下。

```
fun(float x,float y)
main() {
int a=3,b=4;
c=fun(a,b);
…
}
```

㉓ 不同类的型指针混用。

㉔ 没有注意函数参数的求值顺序。

㉕ 混淆数组名和指针变量的区别。

㉖ 使用文档时忘记打开，用只读方式打开，却企图向该文档输出数据。

在使用编译器进行代码调试运行时，如果出现错误，编译器会输出对应的提示，读者可以根据输出的提示来解决问题。例如常见的错误的提示有如下 3 种。

（1）变量未定义

错误提示如下。

```
error c:\exam\31010001\prog.c 3:undefined symbol "a" in function main
```

错误原因：标志符 a 在使用之前未经定义。

错误说明：在程序第 3 行出现的变量。

（2）漏写分号

错误提示如下。

```
error c:\exam\31010001\prog.c 11：statement missing ; in function main
```

错误原因：main 函数中某些语句后缺少分号。

错误说明：在程序第 11 行的语句缺少分号，通过 tc 对出错行的定位功能，能很快找到出错代码。

（3）for 循环错误

错误提示如下。

```
error c:\exam\31010001\prog.c 39;for statement missing ;in function readdat
```

错误原因：在函数 readdat 中，for 语句缺少分号。

错误说明：for 语句后的 3 条表达式应该用 2 个分号隔开，2 个分号在任何时候缺一不可。若忘了或错写成两个逗号都会出现该错误。

3. 链接错误

如果 C++程序在链接时，不能在所有的库和目标文件内找到所引用的函数、变量或标识符，将产生此错误。一般来说，发生错误的原因是所引用的函数、变量不存在、拼写不正确或者使用错误。下面以工程内链接和连接库链接两种方式讨论错误出现的原因和解决错误的方法。

第一种：工程内链接。

（1）工程内函数或变量不存在

① 只声明没定义。

② 声明和定义的函数参数列表不一致。

③ 函数或变量拼写错误。

（2）函数或变量所在的文件没有被正确编译

① 所在的文件没有被添加到工程中。

② 函数或变量的定义放在头文件，但是该头文件并没有被任何一个 cpp 文件引用，这种情况只会出现入口函数的链接错误。

③ 预处理宏或条件编译导致函数或变量没有被正确编译。

④ 如果是内联（inline）函数，必须在需要用到它的每个编译单位里定义，因此定义只能放在头文件中，不可以放在 cpp 文件中。

第二种：连接库链接。

（1）链接的函数或变量没有被正确导出

① 类或函数没有用__declspec（dllexport）导出。

② 类或函数没有用模块定义文件 def 导出。

③ def 文件没有被正确添加到工程中。

④ 函数或变量的拼写错误导致没法正确导出。

（2）找不到链接的库文件

① 工程设置中 Linker->General->Additional Library Directories。

② 工程设置中 Linker->Input->Additional Dependencies。

③ Tools->Options->Projects->VC++ Directories->Library files。

④ 使用 pragma comment（lib，"XXX.lib"）。

⑤ 如果没有设置库文件和路径，可以通过设置工程依赖解决。

（3）错误的调用方式

① C 和 C++函数名扩展没有被正确使用（C 一般为_function 形式，C++一般为: ?function@@YAPAU 形式）。

② extern “C” 的使用不正确。

③ 函数参数调用方式不一致（__cdecl、 __stdcall、 __fastcall……）。

(4) 如果链接错误的是 CRT 库

- 试试忽略该 CRT 库。
- 改变运行时库（Runtime Library）链接方式，使用 DLL 或者静态库方式。
- 如果忽略了某 CRT 库，检查运行时库（Runtime Library），并保持调用的一致性。

(5) 如果链接错误的是入口函数

- 检查 Linker->System->SubSystem，是 win32 还是 console。
- 检查 Linker->Advanced->Entry Point，是否使用了自定义的入口函数。
- 入口函数放在头文件中，但头文件没有被正确编译。

实例 145 演示 C++的链接错误

源码路径 光盘\daima\21\lianjie　　视频路径 光盘\视频\实例\第 21 章\145

实例的实现文件为 lianjie.cpp，具体实现代码如下。

```
#include "stdafx.h"
#include <iostream.h>
extern int x;                    //外部变量
int fun(float y);                //本地函数
int main(int argc, char* argv[])
{
    x=1;
    cout<<x<<endl;
    fun(x);
    return 0;
}
int fun(int y)
{
    return y*2;
}
```

范例 **289**：使用数据断点调试

源码路径：光盘**演练范例**\289\

视频路径：光盘**演练范例**\289\

范例 **290**：使用消息断点调试

源码路径：光盘**演练范例**\290\

视频路径：光盘**演练范例**\290\

将上述代码编译执行后，会显示如下错误信息。

```
--------------------Configuration: lianjie - Win32 Debug--------------------
Compiling...
StdAfx.cpp
Compiling...
lianjie.cpp
E:\邮电\c++\daima\23\lianjie\lianjie.cpp(13) : warning C4244: 'argument' : conversion from 'int' to 'float', possible loss of data
Linking...
lianjie.obj : error LNK2001: unresolved external symbol "int __cdecl fun(float)" (?fun@@YAHM@Z)
lianjie.obj : error LNK2001: unresolved external symbol "int x" (?x@@3HA)
Debug/lianjie.exe : fatal error LNK1120: 2 unresolved externals
Error executing link.exe.
lianjie.exe - 3 error(s), 1 warning(s)
```

上述信息是 VC++6.0 的错误提示信息，从结果可以看出有一个数据转换警告，其他都通过了编译，并有 3 处链接错误。

① fun()函数找不到：因为声明的 fun()函数为浮点型，但是定义时却使用了整型，所以链接程序找不到参数为浮点型 fun()函数。

② 声明了外部变量 *x*，但没有找到定义它的库文件。

③ 有两个无法找到的外部引用，所以不能链接为可知性程序。

注意：理论上可以把所有的 C++代码都写到一个.cpp 文件中，可是这样不利于维护。所以 C++语言采用的是分开编译并链接的方式。即可以把代码写在多个.cpp 文件中分别编译，最后用链接器 link 而成。

21.3 程序调试常见错误

知识点讲解：光盘:视频\PPT 讲解（知识点）\第 21 章\程序调试常见错误.mp4

随着诸如代码重构和单元测试等方法引入实践，调试技能渐渐弱化了，甚至有人主张废除调试器。这是有道理的，原因在于调试的代价往往太大了，特别是调试系统集成之后的 Bug，为一个 Bug 花费几天甚至数周时间并非罕见。而这些难以定位的 Bug 基本上可以归为两类：内存错误和并发问题。而又以内存错误最为普遍，即使是久经沙场的老手，有时也难免落入陷阱。前事不忘，后世之师，了解这些常见的错误，在编程时就加以注意，把出错的概率降到最低，可以节省不少时间。这里列举一些常见的内存错误，供新手参考。

1. 内存泄露

大家都知道，在堆上分配的内存，如果不再使用了，应该把它释放掉，以便后面其他地方可以重用。在 C/C++中，内存管理器不会帮你自动回收不再使用的内存。如果你忘了释放不再使用的内存，这些内存就不能被重用，就造成了所谓的内存泄露。

把内存泄露列为首位，倒并不是因为它有多么严重的后果，而因为它是最为常见的一类错误。一两处内存泄露通常不至于让程序崩溃，也不会出现逻辑上的错误，加上进程退出时，系统会自动释放该进程所有相关的内存，所以内存泄露的后果相对来说还是比较温和的。当然了，量变会产生质变，一旦内存泄露过多以致于耗尽内存，后续内存分配将会失败，程序可能因此而崩溃。现在的 PC 机内存够大了，加上进程有独立的内存空间，对于一些小程序来说，内存泄露已经不是太大的威胁。但对于大型软件，特别是长时间运行的软件，或者嵌入式系统来说，内存泄露仍然是致命的因素之一。

不管在什么情况下，采取比较谨慎的态度，杜绝内存泄露的出现，都是可取的。相反，认为内存有的是，对内存泄露放任自流都不是负责的。尽管一些工具可以帮助我们检查内存泄露问题，还是应该在编程时就仔细一点，及早排除这类错误，工具只是用作验证的手段。

2. 内存越界访问

内存越界访问有两种。一种是读越界，即读了不属于自己的数据，如果所读的内存地址是无效的，程度立刻就崩溃了。如果所读内存地址是有效的，在读的时候不会出问题，但由于读到的数据是随机的，它会产生不可预料的后果。另外一种是写越界，又叫缓冲区溢出。所写入的数据对别人来说是随机的，它也会产生不可预料的后果。

内存越界访问造成的后果非常严重，是程序稳定性的致命威胁之一。更麻烦的是，它造成的后果是随机的，表现出来的症状和时机也是随机的，让 Bug 的现象和本质看似没有什么联系，这给 Bug 的定位带来极大的困难。

一些工具可以帮助我们检查内存越界访问的问题，但也不能太依赖于工具。内存越界访问通常是动态出现的，即依赖于测试数据，在极端的情况下才会出现，除非精心设计测试数据，工具也无能为力。工具本身也有一些限制，甚至在一些大型项目中，工具变得完全不可用。比较保险的方法还是在编程时就小心，特别是对于外部传入的参数要仔细检查。

3. 野指针

野指针是指那些已经释放掉的内存指针。当调用 free(p)时，你真正清楚这个动作背后的内容吗？你会说 p 指向的内存被释放了。没错，p 本身有变化吗？答案是 p 本身没有变化。它指向的内存仍然是有效的，你可以继续读写 p 指向的内存。

释放掉的内存会被内存管理器重新分配，此时，野指针指向的内存已经被赋予新的意义。对野指针指向内存的访问，无论是有意还是无意的，都会为此付出巨大代价，因为它造成的后果如同越界访问一样，是不可预料的。

释放内存后立即把对应指针置为空值，这是避免野指针常用的方法。这个方法简单有效，只是要注意，指针是从函数外层传入的，在函数内把指针置为空值，对外层的指针没有影响。比如，你在析构函数里把 this 指针置为空值，没有任何效果，这时应该在函数外层把指针置为空值。

4. 访问空指针

空指针在 C/C++中占有特殊的地址，通常用来判断一个指针的有效性。空指针一般定义为 0。现代操作系统都会保留从 0 开始的一块内存，至于这块内存有多大，视不同的操作系统而定。一旦程序试图访问这块内存，系统就会触发一个异常。

操作系统为什么要保留一块内存，而不是仅仅保留 1 字节的内存呢？原因是：一般内存管理都是按页进行管理的，无法单纯保留 1 字节，至少要保留一个页面。保留一块内存也有额外的好处，可以检查诸如 p=NULL、p[1]之类的内存错误。

在访问指针指向的内存时，要确保指针不是空指针。访问空指针指向的内存，通常会导致程序崩溃，或者不可预料的错误。

5. 引用未初始化的变量

未初始化变量的内容是随机的，使用这些数据会造成不可预料的后果，调试这样的 Bug 也是非常困难的。对于态度严谨的程度员来说，防止这类 Bug 非常容易。在声明变量时就对它进行初始化，是一个编程的好习惯。另外也要重视编译器的警告信息，发现有引用未初始化的变量，立即修改过来。

6. 不清楚指针运算

对于一些新手来说，指针常常让他们犯糊涂，如下。

```
int *p = …; p+1;
```

上述代码等价于下面的代码吗？

```
(size_t)p + 1;
```

对于上述问题，老手自然清楚，新手可能就搞不清了。事实上如下。

```
p+n;
```

等于以下代码。

```
(size_t)p + n * sizeof(*p);
```

指针是 C/C++中最有力的武器，功能非常强大，无论是变量指针还是函数指针，都应该掌握得非常熟练。只要有不确定的地方，立即写个小程序验证一下。对每一个细节都了然于胸，在编程时会省下不少时间。

7. 结构的成员顺序变化引发的错误

在初始化一个结构时，老手可能很少像新手那样老老实实地，一个成员一个成员地为结构初始化，而是采用快捷方式，如下。

```
struct s
{
    int     l;
    char* p;
};
int main(int argc, char* argv[])
{
    struct s s1 = {4, "abcd"};
    return 0;
}
```

以上这种方式是非常危险的，原因在于你对结构的内存布局做了假设。如果这个结构是第三方提供的，他很可能调整结构中成员的相对位置。而这样的调整往往不会在文档中说明，你自然很少去关注。如果调整的两个成员具有相同数据类型，编译时不会有任何警告，而程序的逻辑上可能相距十万八千里了。

正确的初始化方法如下（一个成员一个成员地初始化也可以）。

```
struct s
{
        int     l;
        char* p;
    };
int main(int argc, char* argv[])
{
```

```
    struct s s1 = {.l=4, .p = "abcd"};
    struct s s2 = {l:4, p:"abcd"};
    return 0;
}
```

8. 结构的大小变化引发的错误

我们看看下面这个例子。

```
struct base
{
    int n;
};
struct s
{
    struct base b;
    int m;
};
```

上述代码在 OOP 中可以认为第二个结构继承了第一结构，这有什么问题吗？当然没有，这是 C 语言中实现继承的基本手法。

现在假设第一个结构是第三方提供的，第二个结构是你自己的。第三方提供的库是以 DLL 方式分发的，DLL 最大好处在于可以独立替换。但随着软件的进化，问题可能就来了。

当第三方在第一个结构中增加了一个新的成员 int k;，编译好后把 DLL 给你，你直接给了客户。程序加载时不会有任何问题，但运行逻辑可能完全改变！原因是两个结构的内存布局重叠了。解决这类错误的唯一办法就是全部重写相关的代码。

9. 分配/释放不配对

我们知道 malloc 要和 free 配对使用，new 要和 delete/delete[]配对使用，重载了类 new 操作，应该同时重载类的 delete/delete[]操作。

有时候两个代码看起来都是调用的 free 函数，实际上却调用了不同的实现。比如在 Win32 下，调试版与发布版，单线程与多线程是不同的运行时库，不同的运行时库使用的是不同的内存管理器。如果链接错了库，程序可能崩溃，原因在于在一个内存管理器中分配的内存，在另外一个内存管理器中释放时出现了问题。

10. 返回指向临时变量的指针

栈里面的变量都是临时的，当前函数执行完成时，相关的临时变量和参数都被清除了。不能把指向这些临时变量的指针返回给调用者，这样的指针指向的数据是随机的，会给程序造成不可预料的后果。例如下面的错误例子。

```
char* get_str(void)
{
    char str[] = {"abcd"};
    return str;
}
int main(int argc, char* argv[])
{
    char* p = get_str();
    printf("%s\n", p);
    return 0;
}
```

而下面的代码则没有问题。

```
char* get_str(void)
{
    char* str = {"abcd"};
    return str;
}
int main(int argc, char* argv[])
{
    char* p = get_str();
    printf("%s\n", p);
    return 0;
}
```

11. 试图修改常量

在函数参数前加上 const 修饰符，只是给编译器做类型检查用的，编译器禁止修改这样的变量。

而全局常量和字符串，用强制类型转换绕过去，运行时仍然会出错。原因在于它们是放在常量区里面的，而常量区内存页面是不能修改的。试图对它们修改，会引发内存错误。例如下面的程序在运行时会出错。

```
int main(int argc, char* argv[])
{
    char* p = "abcd";
    *p = '1';
    return 0;
}
```

12. 误解传值与传引用

在 C/C++中，参数默认传递方式是传值的，即在参数入栈时被拷贝一份。在函数里修改这些参数，不会影响外面的调用者，如下。

```
#include <stdlib.h>
#include <stdio.h>
void get_str(char* p)
{
    p = malloc(sizeof("abcd"));
    strcpy(p, "abcd");
    return;
}
int main(int argc, char* argv[])
{
    char* p = NULL;
    get_str(p);
    printf("p=%p\n", p);
    return 0;
}
```

在上述 main 函数里，p 的值仍然是空值。

13. 重名符号

无论是函数名还是变量名，如果在不同的作用范围内重名，自然没有问题。但如果两个符号的作用域有交集，如全局变量和局部变量，全局变量与全局变量之间，重名的现象一定要坚决避免。gcc 有一些隐式规则来决定处理同名变量的方式，编译时可能没有任何警告和错误，但结果通常并非你所期望的。

14. 栈溢出

在前面关于堆栈的一节讲过，在 PC 上，普通线程的栈空间也有十几 MB，通常够用了，定义大一点的临时变量不会有什么问题。而在一些嵌入式中，线程的栈空间可能只有 5KB 大小，甚至小到只有 256 字节。在这样的平台中，栈溢出是最常见的错误之一。在编程时应该清楚自己平台的限制，避免栈溢出的可能。

15. 误用 sizeof

尽管 C/C++通常是按值传递参数，而数组则是例外，在传递数组参数时，数组退化为指针(即按引用传递)，用 sizeof 是无法取得数组的大小的。从下面的代码中可以看出。

```
void test(char str[20])
{
    printf("test:size=%d\n", sizeof(str));
}
int main(int argc, char* argv[])
{
    char str[20];
    test(str);
    printf("main:size=%d\n",sizeof(str));
    return 0;
}
test:size=4
```

```
main:size=20
```

16. 字节对齐

字节对齐主要目的是提高内存访问的效率。但在有的平台（如 arm7）上，就不光是效率问题了，如果不对齐，得到的数据是错误的。所幸的是，大多数情况下，编译会保证全局变量和临时变量按正确的方式对齐。内存管理器会保证动态内存按正确的方式对齐。要注意的是，在不同类型的变量之间转换时要小心，如把 char*强制转换为 int*时，要格外小心。

另外，字节对齐也会造成结构大小的变化，在程序内部用 sizeof 来取得结构的大小，这就足够了。若数据要在不同的机器间传递，在通信协议中要规定对齐的方式，避免对齐方式不一致引发的问题。

17. 字节顺序

字节顺序历来是设计跨平台软件时头疼的问题。字节顺序是关于数据在物理内存中的布局的问题，最常见的字节顺序有两种：大端模式与小端模式。

- 大端模式是高位字节数据存放在低地址处，低位字节数据存放在高地址处。
- 小端模式指低位字节数据存放在内存低地址处，高位字节数据存放在内存高地址处。

举例如下。

```
long n = 0x11223344
```

大端模式和小端模式的说明如表 21-1 所示。

表 21-1　　大端模式和小端模式下的字节说明

模式	第 1 字节	第 2 字节	第 3 字节	第 4 字节
大端模式	0x11	0x22	0x33	0x44
小端模式	0x44	0x33	0x22	0x11

在普通软件中，字节顺序问题并不引人注目。而在开发与网络通信和数据交换有关的软件时，字节顺序问题就要特殊注意了。

21.4 C++编程中的调试技巧

知识点讲解：光盘:视频\PPT 讲解（知识点）\第 21 章\C++编程中的调试技巧.mp4

前面内容讲解了 C++中的常见错误，从本节内容开始，讲解 C++编程中的调试技巧，为读者进行本书后面知识的学习打下基础。

21.4.1 调试标记

适用预处理#define 定义一个或多个调试标记，在代码中对调试部分使用#ifdef 和#endif 进行管理。当程序最终调试完成后，只需要使用#undef 标记，调试代码就会消失。常用的调试标记为 DEBUG，语句格式如下。

```
#define DEBUG
#ifdef DEBUG
调试代码
#endif
```

21.4.2 运行期间调试标记

在程序运行期间打开和关闭调试标记。通过设置一个调试 bool 标记可以实现。这对命令行运行的程序更为方便。例如下面的代码。

```
#include<iostream>
#include <string>
using namespace std;
bool debug =false;
int main(int argc,char*argv[])
```

```
{
    for(int i=0;i<argc;i++)
        if(string(argv[i])=="--debug=on")
                    debug = true;
      bool go=true;
      while(go){
    if(debug)
      {
      调试代码
        }else {}
}
}
```

21.4.3　把变量和表达式转换成字符串

可以使用字符串运算符来实现转换输出定义。

```
#define PR(x)
cout<<#x"="<<x<<""\n""
```

21.4.4　C 语言的 assert()

该宏在<assert>中，当使用 assert 时候，给它一个参数，即一个判读为真的表达式。预处理器产生测试该断言的代码，如果断言不为真，则发出一个错误信息告诉断言是什么，程序会终止。看下面的代码。

```
#include< assert>
using namsapce std;
int main()
{
      int i=100;
      assert(i!=100);
}
```

当调试完毕后，在#include<assert>前加入#define NDEBUG 即可消除宏产生的代码。

21.5　技术解惑

21.5.1　编写规范易懂的代码

现阶段软件开发，都要依靠团队的合作。程序员不再是个人英雄主义的代名词，程序员一方面要依赖大量其他程序员完成的代码，一方面又提供大量代码给其他人使用，代码实际上具备了两个要素：首先是可靠地提供某种功能，其次是清楚地表达作者的思想。任何交流都必须有一定的规范才能进行，体现在代码中就是规范易懂。另外，规范易懂的代码才是可重复使用的，规范的代码具有更长的寿命，具有更好的可维护性，也更方便后期的扩展。

1. 好代码的几个特征

怎么样的代码才算规范易懂，体现在细节上会有无数的争论，实际上无论风格和习惯如何，好的代码都具有以下几个共同的特征。

① 良好的命名：好的变量名和函数名，让阅读代码的人马上就知道该变量或者函数的作用，很容易就能理解程序的大概结构和功能。程序员有必要理解匈牙利命名法。

② 一致性：一致性带来更好的程序，一致的代码缩进风格能够显示出代码的结构，采用何种缩进风格并不重要，实际上，特定的代码风格远没有一致地使用它们重要。

③ 注释：注释是帮助程序读者的一种手段，程序作者也是未来的程序读者之一。最好的注释是简洁地点明程序的突出特征，或是提供一种概念，帮助别人理解程序；但如果注释只是说明代码已经讲明的事情，或者与代码矛盾，或者以精心编排的形式迷惑干扰读者，那就是帮了倒忙。

2. 养成好习惯

前面已经提过，特定的代码风格远没有一致地使用它们重要，所以，把过多的精力放到 A or

B 的选择上是浪费时间，你要做的是坚持。如何书写规范易懂的代码，如何养成良好的习惯，下面是一些提示。

- 按照匈牙利命名法给变量和函数命名。
- 遵循国际流行的代码风格。
- 写代码的同时就遵循你的命名规范和书写风格，千万不能事后补救。
- 利用工具（Parasoft C++ Test）检查你的代码，评估一下自己形成良好的习惯没有。
- 坚持不懈直到养成习惯。

21.5.2 编写安全可靠的代码

在大型应用软件系统中，各个代码片段共同构成完整的系统，代码间的交互非常频繁，程序崩溃往往并不在错误发生的时候就发生，而是延迟了一段时间，经过数个函数之间的中转后才发生，此时定位和查找错误非常费时费力，如何才能及时反映程序中的错误，如何在代码中避免一些幼稚的语义错误呢？一个函数往往会被其他程序员拿来使用，但是他如何正确使用其他人编写的函数呢？这部分内容能够（部分）帮助解决这些问题。

1. 契约编程

契约编程（Design by Contract）的思想在 C++之父 Bjarne 的《C++程序设计语言》中提到过，《面向对象软件构造》则以大篇幅阐释了契约编程，现在越来越多的软件开发人员认识到契约编程的重要性，并逐步地在实际工作中采用契约编程。

对契约编程简单的解释是：对实现的代码块（函数、类）通过规定调用条件（约束）和输出结果，在功能的实现者和调用者之间定义契约。

具体到我们的工作，开发人员应该对完成的每个函数和类，定义契约。契约编程看似平淡无奇，对程序开发没有什么具体的帮助，实际上，契约编程在开发阶段就能够最大程度地保证软件的可靠性和安全性。

在实际工作中，有时候你需要使用其他程序员提供的模块，但你并不知道如何调用，也不知道你传入的参数是否合法，甚至对于功能模块的处理结果也不敢相信。这些本来应该很明显的信息因为模块提供者没有显式地提供，造成了调用者只能忐忑不安地摸着石头过河，浪费了大量时间，而且为了让自己的代码更安全可靠，在代码中做了大量的判断和假设，造成代码结构的破坏和执行效率的损失，最后，调用者依旧不能确保自己的调用是正确的。

而契约编程通过严格规定函数（或类）的行为，在功能提供者和调用者之间明确了相互的权利和义务，避免了上述情况的发生，保证了代码质量和软件质量。

2. 主动调试

主动调试指在写代码的时候，通过加入适量的调试代码，帮助我们在软件错误发生的时候迅速弹出消息框，告知开发人员错误发生的地点，并中止程序。这些调试代码只在 Debug 版中有效，当经过充分测试，发布 Release 版程序的时候，这些调试代码自动失效。

主动调试和契约编程相辅相成，共同保证软件开发的质量。契约编程相当于经济生活中签订的各种合同，而主动调试相当于某方不遵守合同时采取的法律惩罚措施。

各种开发语言和开发工具都提供这些调试语句，标准 C++提供了 assert 函数，MFC 提供了 ASSERT 调试宏帮助我们进行主动调试。在实际工作中，建议统一使用 MFC 的 ASSERT 调试宏。

（1）参数检查

对于编写的函数，除了应明确指定契约外，在函数开始处应该对传入的参数进行检查，确保非法参数传入时立即报告错误信息，如下。

```
BOOL GetPathItem ( int i , LPTSTR szItem , int iLen )
{
ASSERT ( i > 0 );
```

```
ASSERT ( NULL != szItem ) ;
ASSERT ( ( iLen > 0 ) && ( iLen < MAX_PATH ) ) ;
ASSERT ( FALSE == IsBadWriteStringPtr ( szItem , iLen ) ) ;
}
```

对指针的检查尤其要注意，通常程序员会这样进行检查。

```
BOOL EnumerateListItems ( PFNELCALLBACK pfnCallback )
{
ASSERT ( NULL != pfnCallback ) ;
}
```

这样的检查只能够排除指针为空的情况，但是如果指针指向的是非法地址，或者指针指向的对象并不是我们需要的类型，上面的例子就没有办法检查出来，而是统统认为是正确的。完整的检查应该如下。

```
BOOL EnumerateListItems ( PFNELCALLBACK pfnCallback )
{
ASSERT ( FALSE == IsBadCodePtr ( pfnCallback ) ) ;
}
```

（2）内部检查

恰当地在代码中使用 ASSERT，对 Bug 检测和提高调试效率有极大的帮助，下面举个简单的例子加以说明。

```
switch( nType )
{
case GK_ENTITY_POINT:
break;
case GK_ENTITY_PLINE:
break;
default:
ASSERT( 0 );
}
```

在上面的例子中，switch 语句仅仅处理了 GK_ENTITY_POINT 和 GK_ENTITY_PLINE 两种情况，应该是系统中当时只需要处理这两种情况，但是如果后期系统需要处理更多的情况，而此时上面这部分代码又没有及时更新，或者是因为开发人员一时疏忽遗漏了。一个可能导致系统错误或者崩溃的 Bug 就出现了，而使用 ASSERT 可以及时地提醒开发人员疏忽之处，尽可能快地消灭这个 Bug。

还有一些情况，在开发人员编写代码时，如果能够确信在某一点出现情况 A 就是错误的，那么就可以在该处加上 ASSERT，排除情况 A。

综上所述，恰当、灵活地使用 ASSERT 进行主动调试，能够极大提高程序的稳定性和安全性，减少调试时间，提高工作效率。

（3）有用的代码风格

一些好的代码风格也能够帮助你避免一些幼稚的、低级的错误，而这种错误又是很难检测到的。由于 C++语言简洁灵活的特性，有时候敲错一个字符，或者漏敲一个字符，都有可能造成极大的灾难，而这种错误并不是随着你的编程水平和经验的提高就能逐步避免的。

比如程序员经常将等于逻辑判断符==误敲成赋值运算符=，对于这种情况，作者的习惯是，对于逻辑判断，将常量置于==的左边，如果误输入了=，那么编译的时候编译器就会报错。

```
if( INT_MAX == i )
```

21.5.3　Visual C++调试技术

Visual C++调试器可以称得上 Windows 平台下最好的 C/C++调试器之一，而且 Visual C++调试器还可以调试用其他语言，如 Java 编写的程序，可谓功能强大。

尽管 Visual C++调试器具有如此大的威力，它也只能帮助你发现一些隐藏的逻辑错误，对于程序设计和结构的缺陷无能为力。

程序员最常用到的 Visual C++调试技术有设置断点、跟踪调用堆栈和反汇编调试，其他编译器功能均为调试中的辅助工具，因为反汇编调试需要程序员具备汇编语言知识和语言底层结构，这里不再介绍。

1. 调试的先决条件

专业调试者有一个共同的特点，即他们同时也是优秀的开发者。显然，如果你不是一个优秀的开发者，那么你也不可能成为调试专家。以下是要成为一名高水平的，至少是合格的调试者或者开发者所需要精通的领域。

- 了解项目：对项目的了解是防范用户界面、逻辑及性能方面的错误的第一要素。了解各种功能如何在各种源文件里实现，以及在哪儿实现，你就能够缩小查找范围，很快找出问题所在。
- 掌握语言：掌握项目所使用的语言，调试者（开发者）既要知道如何使用这些语言进行编程，还要知道这些语言在后台做些什么。
- 掌握技术：要解决棘手的问题，第一个重要步骤就是抓住所用技术的要领，这并不意味着你必须对所用技术的一切细节都一清二楚，而是说你应该对所使用的技术有一个大概的了解，而且更重要的是，当需要更详细的信息时，你应该确切知道在哪儿查找。
- 操作系统和 CPU：任何项目都实际运行在特定的操作系统和特定的 CPU 下，对操作系统了解越多，对查找错误帮助越大；从理论上来说，掌握汇编语言，你就可以调试解决任何 Bug。

无论从事什么工作，只要是经常从事技术工作的人，都必须不断地学习以跟上技术的发展，更不用说想干得更好或是想走在技术发展的前沿。经常阅读优秀的技术书籍和杂志，多动手编写一些实用程序，阅读其他优秀开发者的代码，作一些反汇编工作，都会有效帮助你提高开发和调试水平（尤其当你将这四者有机结合起来）。

2. 调试过程

确定一个适用于解决所有错误的调试过程有一定的难度，但 John Robbins 提出的调试过程应该说是最实用的。

- 复制错误。
- 描述错误。
- 始终假定错误是自己的问题。
- 分解并解决错误。
- 进行有创见的思考。
- 使用调试辅助工具。
- 开始调试工作。
- 校验错误已被更正。
- 学习和交流。

对错误进行描述有助于改正错误，同时也能够得到同事们的帮助。逐步缩小问题范围、排除不存在错误的代码段，直到找到问题所在，是解决所有问题的普遍适用方法。有些奇怪的错误需要你把视线从代码堆转移到诸如操作系统、硬件环境等其他方面去。善用各种调试辅助工具能够节省大量的时间，而且某些工具本身就不会给你犯有些错误的机会。当你解决了一个 Bug 后，停下来思考一下，是什么导致了这样的错误，以后如何避免？

注意：读者要记住调试器仅仅是个工具，你让它做什么它就只做什么，真正的调试器是你自己脑子中的调试思想。

3. 断点及其用法

在 Visual C++调试器中，在源代码行中设置一个断点很简单。只需要打开源文件，将光标放在想要设置断点的代码行上，按下 F9 快捷键就可以了，再次按下 F9 快捷键就会取消断点。

当运行该代码行的代码时，调试器将在所设置的位置处停止。这种简单的位置断点的功能极其强大，经过统计，只需要单独使用这种断点，就可以解决 99.46%的调试问题。

如果程序并不是每次运行到断点处都会发生错误，那么不停地在调试器和应用程序之间穿梭很快就会让人厌倦，这时高级断点就派上了用场。从本质上来讲，高级断点允许你将某些智慧写入到断点中，让调试器在执行到断点处时，只有当程序内部状态符合你指定的条件时才在断点处中断程序运行，并切换到调试器中。

按下 Alt+F9 快捷键弹出 Breakpoints 对话框，该对话框分为 Location、Data 和 Messages 3 页，分别对应 3 种断点。

- 位置断点：我们通常使用的简单断点均为位置断点，我们还可以设置断点在某个二进制地址或任何函数上，并通过指定各种限定条件来增强位置断点的功能。
- 表达式和变量断点：调试器会让程序一直运行，直到满足所设的条件或者指定数据更改为止。在 Intel CPU 上，这两种断点都尽可能通过 CPU 的特定调试寄存器使用一个硬件断点，如果能够使用调试寄存器，那么程序将能够全速运行，否则调试器将单步执行每个汇编指令，并每步都检查条件，程序的运行速度将极其缓慢甚至无法运行。
- Windows 消息断点：使用消息断点，可以让调试器在窗口过程接收到一个特定的 Windows 消息时中断。消息断点适用于 C SDK 类型的程序，对于使用 MFC 等 C++类库的程序（应该是绝大多数）来说，消息断点并不实用，可以变通地使用位置断点来达到同样效果。

各种高级断点的设置在 MSDN 中有详细的介绍，请在 Visual C++子集下搜索主题 Using Breakpoints：Additional Information 并阅读相关内容。

4. 调用堆栈

有时候我们并不清楚应该在哪里设置断点，只知道程序正在运行就突然崩溃了，这时候如何定位到出错地点呢？这时的选择就是查看调用堆栈，调用堆栈可以帮助我们确定某一特定时刻，程序中各个函数之间的相互调用关系。

方法是当程序执行到某断点处或者程序崩溃，控制权转到调试器后，按下 Alt+7 快捷键，弹出 Call Stack 窗口，你可以看到当前函数调用情况，当前函数在最上面，下面的函数依次调用其上面的函数。在 Call Stack 窗口的弹出菜单上选择 Parameter Values 和 Parameter Types 可以显示各个函数的参数类型和传入值。

5. 使用跟踪工具

有些时候，我们希望了解程序中不同函数之间的协作关系，或者由于文档的缺失，希望能够确认函数在不同情况下被调用时的传入参数值。这时使用断点功能就过分麻烦，而调用堆栈只能查看当前函数的被调用情况，一种较好的方法就是使用 TRACE 宏以及相对应的工具。

程序（Debug 版）运行中，一旦运行到 TRACE 宏，就会向当前 Windows 系统的调试器输出 TRACE 宏内指定的字符串并显示出来，当在 Visual C++环境中调试运行（按 F5 键）程序时，可以在 Output 窗口的 Debug 页看到 TRACE 宏的输出内容。实际上，TRACE 宏是封装了 Windows API 函数 OutputDebugString 的功能，有些辅助工具可以在不惊动 Visual C++调试器的前提下，拦截程序中 TRACE 宏的输出内容。比如《深入浅出 MFC》的附录中提到的 Microsoft System Journal（MSJ），1996 年 1 月的 C/C++专栏介绍的 TraceWin 工具（在较老版本的 MSDN 中可以找到源代码和文档）以及功能强大的免费工具 DebugView。

使用 TRACE 宏，我们可以轻松了解程序中各个函数之间的相互协作关系以及被调用的先后顺序和时间，进一步说，你能够完全掌握程序的执行流程。

注意：TRACE 宏会对程序效率有所影响，所以，当前不用的 TRACE 宏最好删除或者注释掉。

21.5.4 常见的非语法错误

（1）未声明标志符

这类错误通常与头文件有关，通过#include 正确的头文件就可以解决。深层的原因是一个变量、或者函数、或者类都必须先声明才能使用，只要声明出现在使用之前，错误就能得到解决，无论该声明是放置在某个头文件然后被#include 进来还是直接在 cpp 文件中写的都可以。不过自己在 cpp 中直接声明容易产生不一致，通常我们都是把声明放到头文件中。那么怎么知道一个函数或者类在哪个头文件中呢？作者一直采用的方法是用 Find in Files 这个功能，VC 的 IDE 中有，UltraEdit 也有。如果不知道在哪些目录中去找，你可以先找一下哪些目录中有*.h 文件，它们都是“可疑目标”。

（2）XXX 已经声明过了

这类错误与重复包含头文件有关，也有可能是不同的头文件却定义了同一个名字，也就是常说的名字冲突。重复包含的问题好解决，注意一下有经验的人写的头文件中的前几行就知道怎么做了（#ifndef...#define...）。而名字冲突比较麻烦，你可以修改自己的代码，使两个不同的头文件不在一个 cpp 文件中被包含。

（3）未解决的外部符号

这是一个链接错误，某个符号虽然有声明，但是找不到定义。有可能你忘记把定义所在的 cpp 文件放在工程中编译了，也有可能你用到了 template，而 template 的实现却写在了 cpp 文件中。也可能那个定义在 lib 中，你需要找到相应的 lib，然后加入到工程中来。还有一种可能是定义与声明的约定不一样，例如 C 文件中定义了某个函数，在 cpp 文件中使用的话，如果没有在定义前加上 extern“C”，那么就会出这个错。

（4）符号多重定义

这个问题可能是你把某个实现放入了头文件中，而两个以上的 cpp 文件都包含了这个头文件。否则解决起来就一言难尽了。因为可能错误不出在你的代码中，而是在各种运行库、第三方库等地方。解决的方法也多种多样。

第 22 章

初入江湖——图书借阅系统的实现过程

俗话说“实践是检验真理的唯一标准”。我们经过前面知识的学习，了解了 C++技术的基本知识，相信读者都已经摩拳擦掌，迫不及待地想投入到实战项目中来。请不要着急，本节安排读者通过一个简单的实例先来检验一下自己的水平。结果并不重要，希望读者仔细品味其中的过程，理解面向对象编程的思想。

22.1 项 目 要 求

C++是一门基于面向对象的高级语言，面向对象强调把整个系统划分为很多细小的模块，每个模块由多个函数构成，这些函数能够实现某些具体的功能。本项目要求通过面向对象的思想，实现一个简单的图书管理系统。

首先看项目要求定义什么样的系统，完成什么样的功能，这是程序设计的第一步。作为一个图书管理系统，使用者包括图书管理员和借阅者。管理员是系统的操作用户，负责图书的日常管理和维护。他需要掌握图书的借出、还入、添加新书、查询记录、删除记录等信息。

而借阅者是系统的服务对象，整个系统是为借阅者服务的，为了确保系统用户的合法性，使用了会员机制。管理人员可以利用系统管理会员的综合情况，包括会员注册、会员注销、查询会员是否存在、图书借阅等操作。

根据上述项目要求，我们明白了需要做的事情，这样对整个项目就有了大体的了解。

22.2 需 求 分 析

需求分析是整个项目的关键，它是开发人员和使用人员之间的媒介。通过需求分析，可以明确要解决什么样的问题。经过上节内容分析，整个项目分为如下 2 个模块。

1. 图书管理

图书管理模块包括如下处理。

- 图书录入：录入新的图书数据。
- 修改：修改已经录入的数据。
- 查询：根据图书信息查询图书信息。
- 删除：删除某个图书信息。
- 借阅：借出图书，确保有库存才借出，同时要减少库存，并在会员信息中进行更新处理。
- 返还：返回图书，同时增加库存，并删除会员中的相关信息。

2. 会员管理

会员管理模块包括如下处理。

- 会员注册：注册新的用户，不能重复信息。
- 注销：删除某个会员的信息。
- 查询：根据资料查询某个会员用户。

整个系统设置一个会员只能同时借阅 2 本书。

上述模块的具体结构如图 22-1 所示。

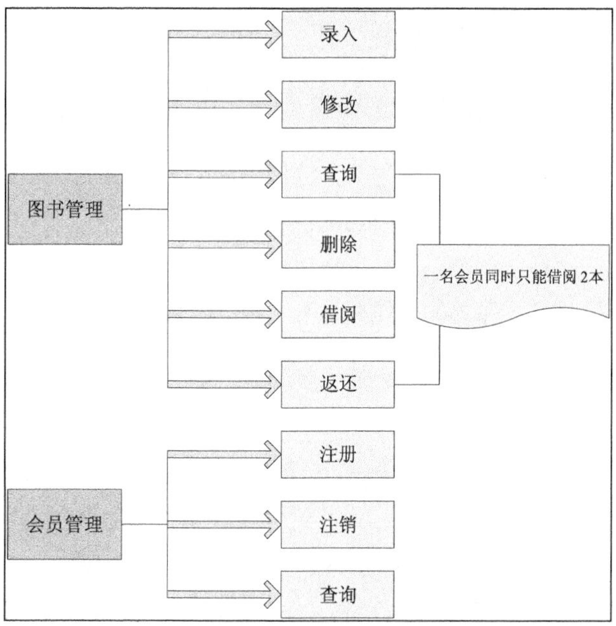

图 22-1 图书借阅系统

22.3　系统具体实现

经过前面 2 节内容介绍，了解了整个系统的要求和需求分析，此时读者在脑海中应该有了一个清晰的认识。从本节内容开始，将介绍整个项目的具体实现过程，首先介绍系统需要的数据结构。

本章项目代码保存在“光盘 daima\22\jieyue”内。

22.3.1　数据结构设计

从前面介绍的系统需求看，本系统中需要用到两大类数据：图书数据和会员用户数据。在本项目中，将使用 C++的结构体来实现这两个大类，下面分别介绍这两个大类的具体实现。

1. 系统图书数据结构

在文件 datainfo.h 中定义了系统图书的数据结构，具体代码如下。

```
/*
图书的数据结构
*/
typedef struct bookshuju{
    char isbn[12];                    //ISBN 12B
    char name[20];                    //书名 20B
    char publisher[20];               //出版社 20B
    char author[20];                  //作者 20B
    short ver;                        //版次
    float price;                      //价格
    short count;                      //库存
}BOOK;
```

2. 系统会员用户数据结构

在文件 datainfo.h 中定义了系统会员用户的数据结构，具体代码如下。

```
/*
会员的数据结构
*/
typedef struct huiyuanshuju{
    char name[20];  //会员名 20B
    char address[20];//住址 20B
    short borrow;//借阅数
    char isbn1[12];                   //第一本的isbn 12B
    char isbn2[12];                   //第二本的isbn 12B
    char isbn3[12];                   //第三本的isbn 12B
}MEMBER;
```

上述两段代码是用 2 个结构体实现的,分别包含了图书的基本信息和会员用户的基本信息。

22.3.2　系统主文件 rent.cpp

系统主文件 rent.cpp 的功能是，显示整个系统的主菜单，获取用户的输入，并管理数据文件。它整个菜单的操作都是通过调用函数实现的，其具体实现代码如下。

```
#include "stdafx.h"
#include <iostream>
#include "tou\mainfunction.h"
int main(void)
{
    short selected=0;
    short selectedsub=0;
    //显示欢迎信息
    showwelcome();
    do{
        selected=showmenu();
        do{
            selectedsub=showsubmenu(selected);
            callsubtask(selectedsub);
        }while(selectedsub!=_QUIT_);
    }while(selected!=_QUIT_);
    return 0;
```

```
}
```

在上述代码中，通过 do….while 语句循环显示了各个菜单命令，具体功能是通过函数 showmenu()实现的。上述文件直接调用了预先定义的处理函数，具体来说，菜单处理文件在文件 mainfunction.h 中进行预先定义。所以在上述文件中只需使用#include "tou\mainfunction.h"进行调用即可。

22.3.3 菜单处理文件 mainfunction.h

菜单处理文件 mainfunction.h 用于实现系统主文件所需要的处理函数，具体代码如下。

```
#ifndef MAINFUNCTION_H_INCLUDED
#define MAINFUNCTION_H_INCLUDED
#define _QUIT_ 0
/*
显示欢迎信息
*/
void showwelcome(void);
/*
显示菜单项，返回选择的菜单
*/
short showmenu(void);
/*
显示字菜单项
*/
short showsubmenu(short menu);
/*
功能调用函数，依据菜单选择调用相应的功能函数
*/
void callsubtask(short selected);
#endif // MAINFUNCTION_H_INCLUDED
```

从上述代码可以看出，文件 mainfunction.h 也是调用了其他文件，并没有定义实现某个具体功能的函数。

22.3.4 函数定义文件 subfunction.h

函数定义文件 subfunction.h 是本实例的函数说明文件，在里面给出了系统中所用到的 18 个函数的具体定义。文件 subfunction.h 的具体实现代码如下。

```
#ifndef SUBFUNCTION_H_INCLUDED
#define SUBFUNCTION_H_INCLUDED
#include "..\tou\datainfo.h"
void mmbook(void);
void listmember(void);
/*
1.录入图书
*/
int inputbook(void);
/*
2.删除图书
*/
int deletebook(void);
/*
3.查询图书
*/
int searchbook(void);
/*
4.修改图书
*/
int modifybook(void);
/*
5.借阅图书
*/
int lendbook(void);
/*
6.归还图书
*/
int returnbook(void);
/*
7.注册会员
*/
```

```
int inputmember(void);
/*
8.注销会员
*/
int deletemember(void);
/*
9.查询会员
*/
int searchmember(void);
/*
10.修改会员
*/
int modifymember(void);
BOOK findbook(char *ISBN);
int removebook(char*ISBN);
MEMBER findmember(char *name);
int removemember(char *name);
int memberborrow(MEMBER member);
int lendbook(BOOK book);
#endif // SUBFUNCTION_H_INCLUDED
```

22.3.5　菜单处理实现文件 mainfunction.cpp

菜单处理实现文件 mainfunction.cpp 的功能是，给出菜单处理函数的具体实现过程。在本文件中定义了如下 4 个函数。

- ❑ 函数 showwelcome(void)：显示系统的欢迎界面。
- ❑ 函数 showmenu(void)：显示系统主菜单项。
- ❑ 函数 showsubmenu(short menu)：显示系统子菜单项。
- ❑ 函数 callsubtask(short selected)：调用某个处理函数。

上述处理函数的具体运作流程如图 22-2 所示。

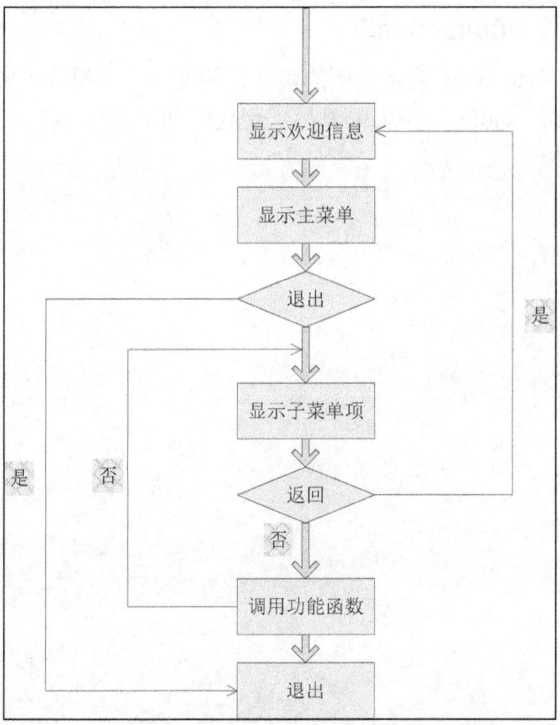

图 22-2　菜单处理实现文件实现流程图

文件 mainfunction.cpp 的具体实现代码如下。

```
#include "stdafx.h"
```

```
#include <iostream>
#include "..\tou\mainfunction.h"
#include "..\tou\subfunction.h"
using namespace std;
/*
```

显示欢迎信息。

```
*/
void showwelcome(void)
{
    cout<<"**********************************"<<endl;
    cout<<"*欢迎使用BookManager图书管理系统*"<<endl;
    cout<<"*            版本：alpha            *"<<endl;
    cout<<"**********************************"<<endl;
}
/*
```

显示菜单项，返回选择的菜单。

```
*/
short showmenu(void)
{
    short selected=0;
    //选择模块
    cout<<"请选择你要使用的模块："<<endl;
    cout<<"1--图书维护"<<endl;
    cout<<"2--图书借阅"<<endl;
    cout<<"3--会员维护"<<endl;
    cout<<"0--退出"<<endl;
    cout<<"请选择：";
    cin>>selected;
    while(selected>3||selected<0)
    {
        cout<<"选择错误！请重选:";
        cin>>selected;
    }
    return selected;
}
/*
```

显示子菜单项。

```
*/
short showsubmenu(short menu)
{
    int selected=0;
    switch(menu)
    {
        case 1:
            cout<<"        图书维护"<<endl;
            cout<<"请选择你要执行的功能："<<endl;
            cout<<"1--录入"<<endl;
            cout<<"2--删除"<<endl;
            cout<<"3--查询"<<endl;
            cout<<"4--修改"<<endl;
            cout<<"5--列表"<<endl;
            cout<<"0--退出"<<endl;
            cout<<"请选择：";
            cin>>selected;
            while(selected>5||selected<0)
            {
                cout<<"选择错误！请重选:";
                cin>>selected;
            }
            break;
        case 2:
            cout<<"        图书借阅"<<endl;
            cout<<"请选择你要执行的功能："<<endl;
            cout<<"1--借阅"<<endl;
            cout<<"2--返还"<<endl;
            cout<<"0--退出"<<endl;
            cout<<"请选择：";
            cin>>selected;
            while(selected>2||selected<0)
            {
                cout<<"选择错误！请重选:";
                cin>>selected;
```

```
            }
            if (selected!=_QUIT_)
                selected+=5;
            break;
        case 3:
            cout<<"        会员维护"<<endl;
            cout<<"请选择你要执行的功能："<<endl;
            cout<<"1--注册"<<endl;
            cout<<"2--注销"<<endl;
            cout<<"3--查询"<<endl;
            cout<<"4--修改"<<endl;
            cout<<"5--列表"<<endl;
            cout<<"0--退出"<<endl;
            cout<<"请选择：";
            cin>>selected;
            while(selected>5||selected<0)
            {
                cout<<"选择错误！请重选:";
                cin>>selected;
            }
            if (selected!=_QUIT_)
                selected+=7;
            break;
        default:
            selected=_QUIT_;
    }
    return selected;
}
/*
```

功能调用函数，依据菜单选择调用相应的功能函数。

```
*/
void callsubtask(short selected)
{
    int rtn;
    switch(selected)
    {
        case 1:
            rtn=inputbook();
            break;
        case 2:
            rtn=deletebook();
            break;
        case 3:
            rtn=searchbook();
            break;
        case 4:
            rtn=modifybook();
            break;
        case 5:
            mmbook();
            break;
        case 6:
            rtn=lendbook();
            break;
        case 7:
            rtn=returnbook();
            break;
        case 8:
            rtn=inputmember();
            break;
        case 9:
            rtn=deletemember();
            break;
        case 10:
            rtn=searchmember();
            break;
        case 11:
            rtn=modifymember();
            break;
        case 12:
            listmember();
            break;
    }
}
```

22.3.6 功能函数实现文件 subfunction.cpp

功能函数实现文件 subfunction.cpp 的功能是，给出系统各个功能函数的具体实现过程。在本文件中定义了如下 3 类函数。

- 图书信息处理。
- 图书借阅处理。
- 会员用户信息处理。

下面分别介绍上述功能模块的具体实现过程。

1. 图书信息处理

图书信息处理模块的功能是实现图书信息的日常维护处理，由如下函数构成。

- 函数 mmbook(void)：列表显示系统内的图书信息。
- 函数 inputbook(void)：添加新的图书信息。
- 函数 findbook(char *ISBN)：显示查询系统内的图书信息。
- 函数 deletebook(void)：用于删除某条图书信息。
- 函数 searchbook(void)：查询处理函数，检索指定参数的图书信息。
- 函数 modifybook(void)：修改系统内已经存在的图书信息。

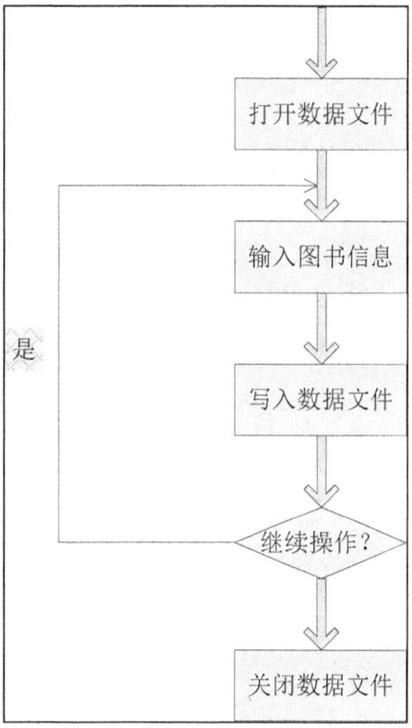

图 22-3 图书添加流程

其中图书添加处理的流程如图 22-3 所示。

上述功能的具体实现代码如下。

```
/*
1. 录入图书
*/
int inputbook(void)
{
      int rtn=1;
      BOOK book;
      char check='n';
      FILE *fp;
      fp=fopen(_DATA_FILE_,"ab");/*追加方式打开文件*/
      if(fp==NULL)
         fp=fopen(_DATA_FILE_,"wb"); /*写方式打开文件*/
      if (fp==NULL)
            rtn=0;
      else
      {
            do{
                  cout<<"录入图书"<<endl;
                  cout<<"ISBN--";
                  cin>>book.isbn;
                  cout<<"书名--";
                  cin>>book.name;
                  cout<<"出版社--";
                  cin>>book.publisher;
                  cout<<"作者--";
                  cin>>book.author;
                  cout<<"版次--";
                  cin>>book.ver;
                  cout<<"价格--";
                  cin>>book.price;
                  cout<<"库存--";
                  cin>>book.count;
                  cout<<"确认保存(y/n):";
```

```
                cin>>check;
                if (check='Y')
                {
                    fwrite(&book,sizeof(book),1,fp);/*块写*/
                }
                cout<<"继续录入吗？(y/n)";
                cin>>check;
            }while(check!='n');
        }
        fclose(fp);
        return rtn;
}
```

图书删除处理的流程如图 22-4 所示。

上述功能的具体实现代码如下。

```
/*
2. 删除图书
*/
int deletebook(void)
{
        char check='n';
        int rtn=1;
        char ISBN[12];
        BOOK book;
        do{
                cout<<"请输入ISBN：";
                cin>>ISBN;
                book=findbook(ISBN);
                if(book.count==-1)
                {
                        rtn=0;
                        cout<<"没有找到！"<<endl;
                }
                else
                {
                        rtn=removebook(ISBN);
                        if (rtn==0)
                                cout<<"删除失败!"<<endl;
                }
                cout<<"继续吗？(y/n)";
                cin>>check;
        }while(check!='n');
        return rtn;
}
```

图书查询处理的流程如图 22-5 所示。

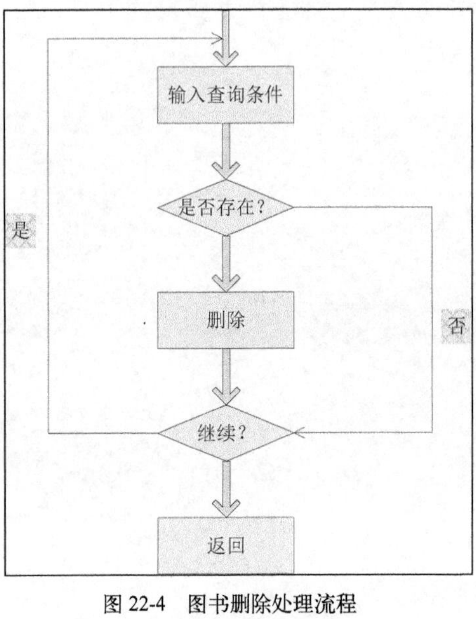

图 22-4　图书删除处理流程

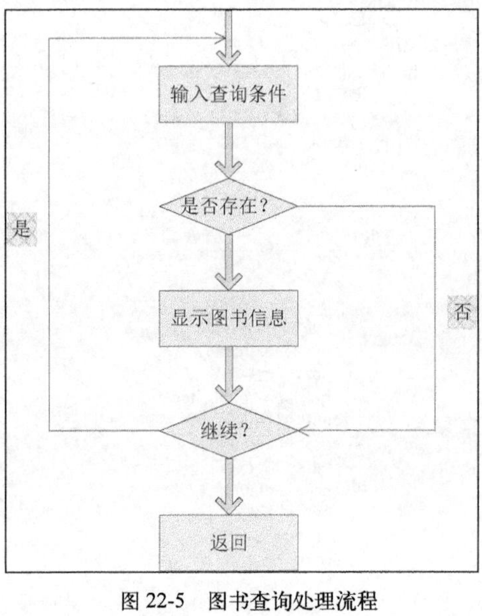

图 22-5　图书查询处理流程

上述功能的具体实现代码如下。

```
/*
查询图书
*/
BOOK findbook(char *ISBN)
{
    BOOK book;
    bool found=false;
    FILE *fp;
    fp=fopen(_DATA_FILE_,"rb");/*读方式打开文件*/
    book.count=-1;
    if(fp!=NULL)
    {
        //fseek(fp,0,SEEK_SET);
        fread(&book,sizeof(book),1,fp);
        while(!feof(fp))
        {
            if (!strcmp(book.isbn,ISBN))
            {
                found=true;
                break;
            }
            fread(&book,sizeof(book),1,fp);
        }
        if (!found)
          book.count=-1;
        fclose(fp);
    }
    return book;
}
int removebook(char *ISBN)
{
    BOOK book;
    FILE *fp;
    FILE *temp;
    temp=fopen(_TEMP_FILE_,"w");/*写方式打开文件*/
    fp=fopen(_DATA_FILE_,"rb");/*读方式打开文件*/
    if(fp!=NULL)
    {
        fread(&book,sizeof(book),1,fp);
        while(!feof(fp))
        {
            if (strcmp(book.isbn,ISBN))
            {
                fwrite(&book,sizeof(book),1,temp);/*块写*/
            }
            fread(&book,sizeof(book),1,fp);
        }
        fclose(fp);
        fclose(temp);
        remove(_DATA_FILE_);
        rename(_TEMP_FILE_,_DATA_FILE_);
    }
    return 1;
}
/*
3. 查询图书
*/
int searchbook(void)
{
    char ISBN[12];
    int rtn=0;
    BOOK book;
    char check='n';
    do{
        cout<<"请输入ISBN: ";
        cin>>ISBN;
        book=findbook(ISBN);
        if (book.count==-1)
            cout<<"没找到"<<endl;
        else
        {
            cout<<"ISBN="<<book.isbn<<endl;
```

```
                cout<<"name="<<book.name<<endl;
                cout<<"publisher="<<book.publisher<<endl;
                cout<<"author="<<book.author<<endl;
                cout<<"ver="<<book.ver<<endl;
                cout<<"price="<<book.price<<endl;
                cout<<"count="<<book.count<<endl;
            }
            cout<<"继续查询吗？(y/n)";
            cin>>check;
        }while(check!='n');
        return rtn;
}
```

图书修改处理的流程如图 22-6 所示。

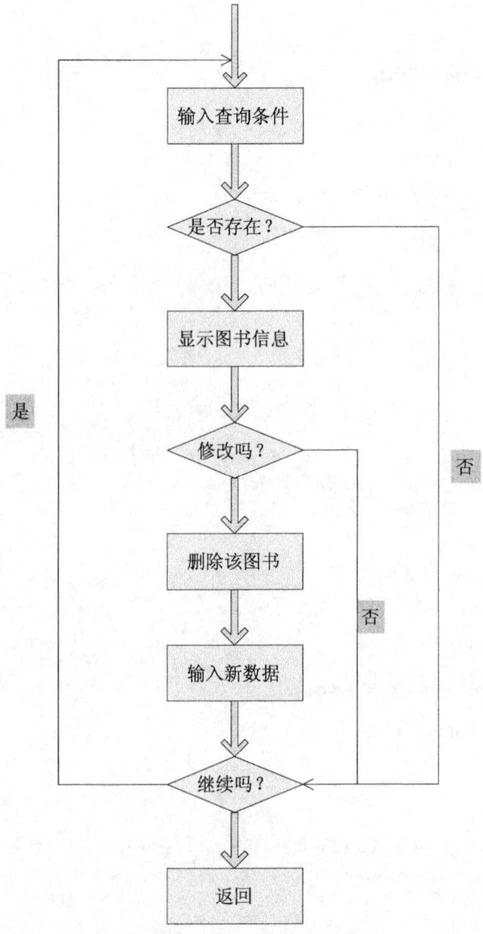

图 22-6 图书修改处理流程

上述功能的具体实现代码如下。

```
/*
4. 修改图书
*/
int modifybook(void)
{
    cout<<"修改图书"<<endl;

    char ISBN[12];
    int rtn=0;
    BOOK book;
    char check='n';
    do{
        cout<<"请输入ISBN：";
```

```
            cin>>ISBN;
            book=findbook(ISBN);
            if (book.count==-1)
                cout<<"没找到"<<endl;
            else
            {
                cout<<"ISBN="<<book.isbn<<endl;
                cout<<"name="<<book.name<<endl;
                cout<<"publisher="<<book.publisher<<endl;
                cout<<"author="<<book.author<<endl;
                cout<<"ver="<<book.ver<<endl;
                cout<<"price="<<book.price<<endl;
                cout<<"count="<<book.count<<endl;
                cout<<"修改吗？ (y/n)";
                cin>>check;
                if (check == 'y')
                {
                    removebook(ISBN);
                    inputbook();
                }
            }
            cout<<"继续吗？ (y/n)";
            cin>>check;
    }while(check!='n');
    return rtn;
}
```

函数 mmbook(void)的具体实现代码如下。

```
#include "stdafx.h"
#include <iostream>
#include "..\tou\subfunction.h"
using namespace std;
const char *_DATA_FILE_ ="book.dat";
const char *_TEMP_FILE_ ="book.tmp";
const char *_MEMBER_FILE_ ="member.dat";
void mmbook(void)
{
    FILE *fp;
    BOOK bk;
    fp=fopen(_DATA_FILE_,"rb");
   cout<<"ISBN     name     publisher     author     ver     price     count"<<endl;
   fread(&bk,sizeof(bk),1,fp);
    while(!feof(fp))
    {
        cout<<bk.isbn<<"    "<<bk.name<<"    "<<bk.publisher<<"    "<<bk.author<<"    "<<bk.ver<<"    "<<bk.price<<"
         "<<bk.count<<endl;
       fread(&bk,sizeof(bk),1,fp);
    }
    fclose(fp);
}
```

2. 图书借阅处理

图书借阅处理模块的功能是实现图书的借出和归还处理，由如下函数构成。

- 函数 lendbook(void)：图书借出处理。
- 函数 returnbook(void)：图书归还处理。

图书借出处理的具体流程如图 22-7 所示。

上述功能的具体实现代码如下。

```
/*
5. 借阅图书
*/
int lendbook(void)
{
    cout<<"借阅图书"<<endl;
   char ISBN[12];
   char name[20];
   MEMBER member;
   BOOK book;
   cout<<"输入图书ISBN: ";
   cin>>ISBN;
   cout<<"输入借阅者姓名: ";
```

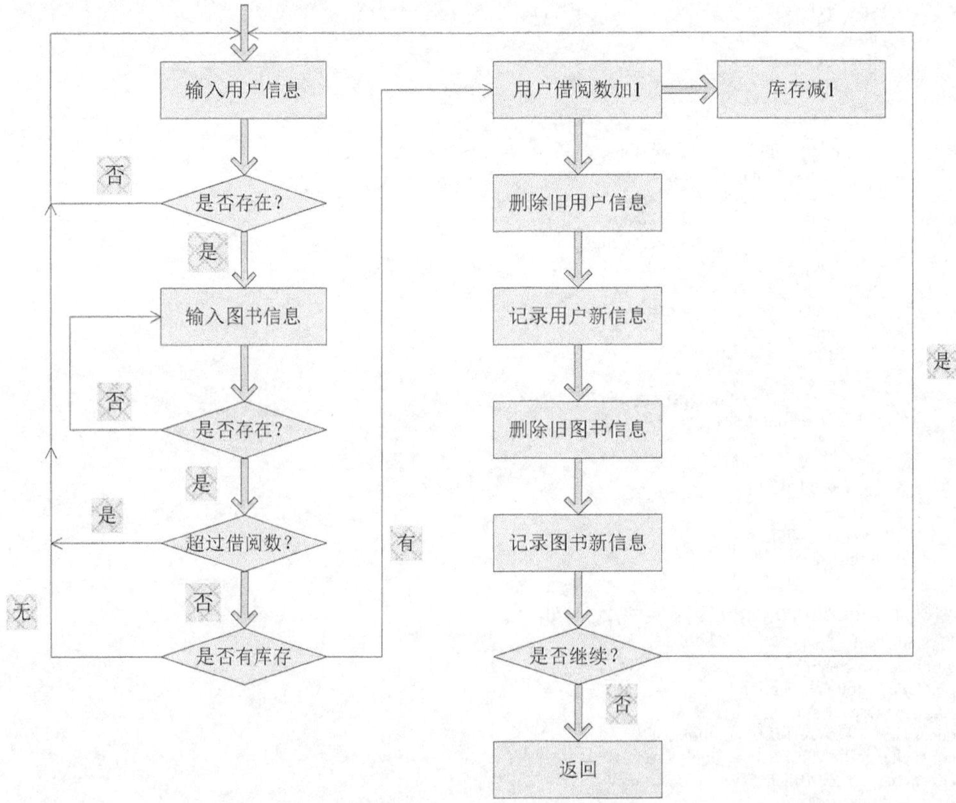

图 22-7　图书借阅处理流程

```
        cin>>name;
        book=findbook(ISBN);
        if (book.count==-1)
            cout<<"图书不存在！"<<endl;
        else
        {
            member=findmember(name);
            if (member.borrow==-1)
                    cout<<"会员不存在"<<endl;
            else
            {
                    if (member.borrow>3)
                            cout<<"借阅超限，不能再借."<<endl;
                    else
                    {
                            if (book.count==0)
                                    cout<<"书已借完!"<<endl;
                            else
                            {
                                    member.borrow++;
                                    book.count--;
                                    if (member.isbn1[0]=='\0')
                                            strcpy(member.isbn1,book.isbn);
                                    else if(member.isbn2[0]=='\0')
                                            strcpy(member.isbn2,book.isbn);
                                    else
                                            strcpy(member.isbn3,book.isbn);
                                    removemember(member.name);
                                    memberborrow(member);
                                    removebook(book.isbn);
                                    lendbook(book);
                            }
                    }
            }
        }
        return 0;
}
```

图书归还处理的具体流程如图 22-8 所示。

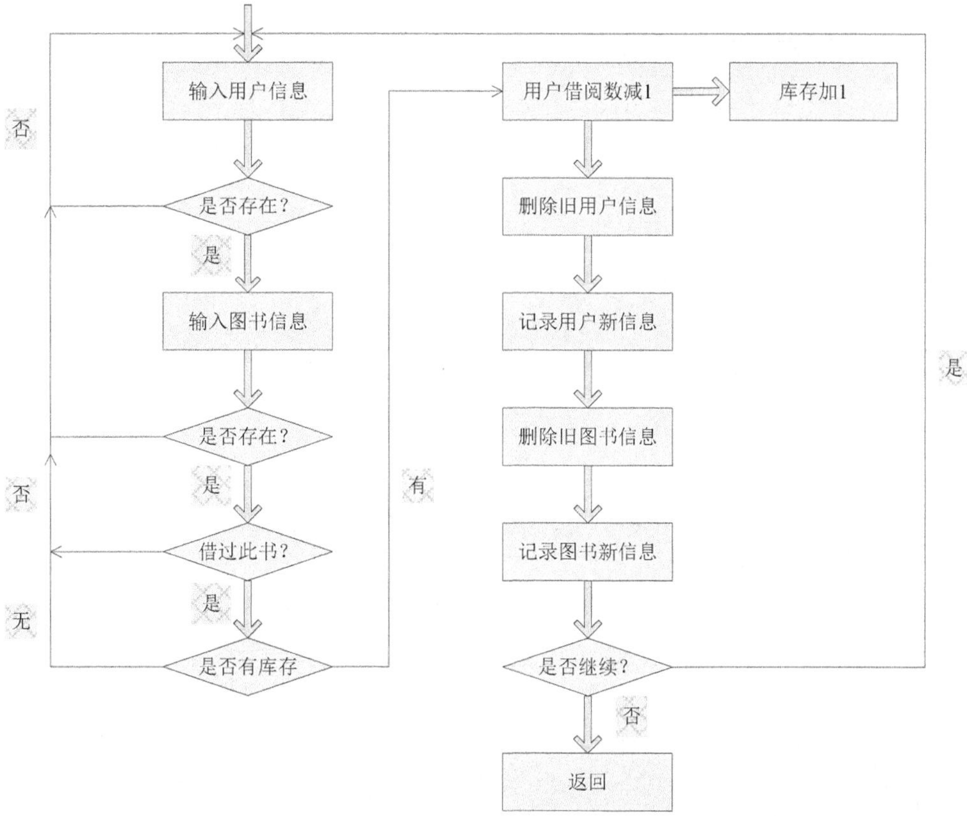

图 22-8　图书归还处理流程

上述功能的具体实现代码如下。

```
/*
6. 归还图书
*/
int returnbook(void)
{
      cout<<"归还图书"<<endl;
    char ISBN[12];
    char name[20];
    MEMBER member;
    BOOK book;
    bool ok=false;
    cout<<"输入图书ISBN: ";
    cin>>ISBN;
    cout<<"输入借阅者姓名: ";
    cin>>name;
    book=findbook(ISBN);
    if (book.count==-1)
        cout<<"图书不存在！ "<<endl;
    else
    {
        member=findmember(name);
        if (member.borrow==-1)
                cout<<"会员不存在"<<endl;
        else
        {
                if (!strcmp(member.isbn1,book.isbn))
                {
                        member.isbn1[0]='\0';
                        ok=true;
                }
                else if(!strcmp(member.isbn2,book.isbn))
```

```
                {
                        member.isbn2[0]='\0';
                        ok=true;
                }
                else if(!strcmp(member.isbn3,book.isbn))
                {
                        member.isbn3[0]='\0';
                        ok=true;
                }
                else
                        cout<<"该会员没有借该书."<<endl;
                if (ok)
                {
                        member.borrow--;
                        book.count++;
                        removemember(member.name);
                        memberborrow(member);
                        removebook(book.isbn);
                        lendbook(book);
                }
        }
    }
    return 0;
}
```

3. 会员用户信息处理

会员用户信息处理模块的功能是，实现对会员用户信息的列举、注册、查询、修改和删除等操作，由如下函数构成。

❑ 函数 listmember(void)：列表显示系统内的会员信息，具体代码如下。

```
void listmember(void)
{
    FILE *fp;
    MEMBER member;
    fp=fopen(_MEMBER_FILE_,"rb");
   cout<<"姓名    地址    借阅数      isbn1      isbn2      isbn3"<<endl;
   fread(&member,sizeof(member),1,fp);
    while(!feof(fp))
    {
        cout<<member.name<<"    "<<member.address<<"    "<<member.borrow<<"    "<<member.isbn1<<"    "<<member.
        isbn2<<"    "<<member.isbn3<<endl;
      fread(&member,sizeof(member),1,fp);
    }
    fclose(fp);
}
```

❑ 函数 inputmember(void)：会员注册处理函数。

具体运作流程如图 22-9 所示。

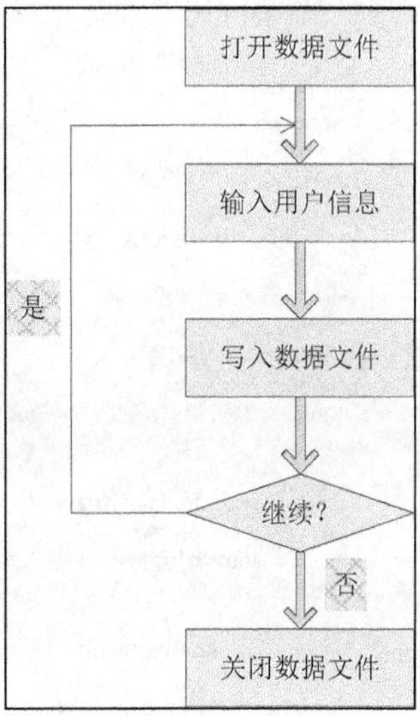

图 22-9 会员注册处理流程

函数 inputmember(void)的具体实现代码如下。

```
/*
7. 注册会员
*/
int inputmember(void)
{
    cout<<"注册会员"<<endl;
   int rtn=1;
    MEMBER member;
    char check='n';
    FILE *fp;
    fp=fopen(_MEMBER_FILE_,"ab");/*追加方式打开文件*/
    if(fp==NULL)
      fp=fopen(_MEMBER_FILE_,"wb"); /*写方式打开文件*/
    if (fp==NULL)
        rtn=0;
    else
    {
        do{
            cout<<"录入会员"<<endl;
            cout<<"姓名--";
            cin>>member.name;
            cout<<"地址--";
            cin>>member.address;
            member.borrow=0;
```

```
                member.isbn1[0]='\0';
                member.isbn2[0]='\0';
                member.isbn3[0]='\0';
                cout<<"确认保存(y/n):";
                cin>>check;
                if (check='Y')
                {
                    fwrite(&member,sizeof(member),1,fp);/*块写*/
                }
                cout<<"继续录入吗？ (y/n)";
                cin>>check;
            }while(check!='n');
        }
        fclose(fp);
        return rtn;
        return 0;
}
```

❑ 函数 deletemember(void)：会员注销处理函数。具体运作流程如图 22-10 所示。

函数 deletemember(void)的具体实现代码如下。

```
/*
8. 注销会员
*/
int deletemember(void)
{
    cout<<"注销会员"<<endl;
    char check='n';
    int rtn=1;
    char name[20];
    MEMBER member;
    do{
        cout<<"请输入姓名：";
        cin>>name;
        member=findmember(name);
        if(member.borrow==-1)
        {
            rtn=0;
            cout<<"没有找到！"<<endl;
        }
        else
        {
            rtn=removemember(name);
            if (rtn==0)
                cout<<"删除失败!"<<endl;
        }
        cout<<"继续吗？ (y/n)";
        cin>>check;
    }while(check!='n');
    return rtn;
}
```

❑ 函数 searchmember(void)：会员用户查询处理函数。

❑ 函数 findmember(char *name)：显示出找到的信息。

上述功能的具体运作流程如图 22-11 所示。

上述功能的具体实现代码如下。

```
/*
9. 查询会员
*/
int searchmember(void)
{
    cout<<"查询会员"<<endl;
    char name[20];
    int rtn=0;
    MEMBER member;
    char check='n';
    do{
        cout<<"请输入姓名：";
        cin>>name;
        member=findmember(name);
        if (member.borrow==-1)
            cout<<"没找到"<<endl;
```

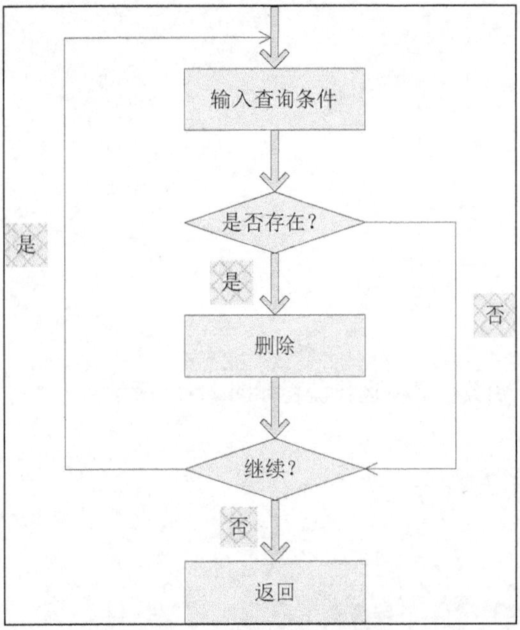

图 22-10　会员注销处理流程

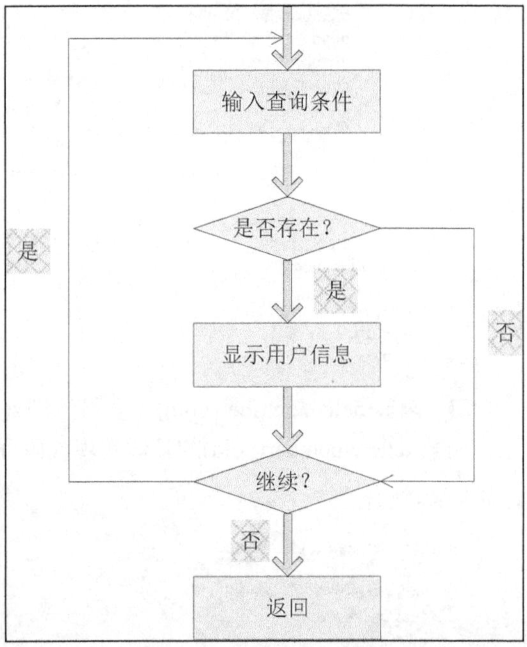

图 22-11　用户查询处理流程

```
            else
            {
                cout<<"姓名      地址      借阅数       isbn1      isbn2      isbn3"<<endl;
                cout<<member.name<<"    "<<member.address<<"    "<<member.borrow<<"    "<<member.isbn1
                <<"    "<<member.isbn2<<"    "<<member.isbn3<<endl;
        }
            cout<<"继续查询吗？(y/n)";
            cin>>check;
        }while(check!='n');
        return rtn;
}
MEMBER findmember(char *name)
{
        MEMBER member;
        bool found=false;
        FILE *fp;
        fp=fopen(_MEMBER_FILE_,"rb");/*读方式打开文件*/
        member.borrow=-1;
        if(fp!=NULL)
        {
            fread(&member,sizeof(member),1,fp);
            while(!feof(fp))
            {
                if (!strcmp(member.name,name))
                {
                    found=true;
                    break;
                }
                fread(&member,sizeof(member),1,fp);
            }
            if (!found)
              member.borrow=-1;
            fclose(fp);
        }
        return member;
}
int removemember(char *name)
{
        MEMBER member;
        FILE *fp;
        FILE *temp;
        temp=fopen(_TEMP_FILE_,"w");/*写方式打开文件*/
        fp=fopen(_MEMBER_FILE_,"rb");/*读方式打开文件*/
```

```
        if(fp!=NULL)
        {
            fread(&member,sizeof(member),1,fp);
            while(!feof(fp))
            {
                if (strcmp(member.name,name))
                {
                    fwrite(&member,sizeof(member),1,temp);/*块写*/
                }
                fread(&member,sizeof(member),1,fp);
            }
            fclose(fp);
            fclose(temp);
            remove(_MEMBER_FILE_);
            rename(_TEMP_FILE_,_MEMBER_FILE_);
        }
        return 1;
}
int memberborrow(MEMBER member)
{
    int rtn=1;
     FILE *fp;
     fp=fopen(_MEMBER_FILE_,"ab");/*追加方式打开文件*/
     if(fp==NULL)
        fp=fopen(_MEMBER_FILE_,"wb"); /*写方式打开文件*/
     if (fp==NULL)
            rtn=0;
     else
     {
          fwrite(&member,sizeof(member),1,fp);/*块写*/
     }
     fclose(fp);
     return rtn;
     return 0;
}
int lendbook(BOOK book)
{
        int rtn=1;
        FILE *fp;
        fp=fopen(_DATA_FILE_,"ab");/*追加方式打开文件*/
        if(fp==NULL)
           fp=fopen(_DATA_FILE_,"wb"); /*写方式打开文件*/
        if (fp==NULL)
            rtn=0;
        else
        {
            fwrite(&book,sizeof(book),1,fp);/*块写*/
      }
        fclose(fp);
        return rtn;
}
```

- 函数 modifymember(void)：会员用户修改处理函数。具体运作流程如图 22-12 所示。函数 modifymember(void)的具体实现代码如下。

```
/*
10. 修改会员
*/
int modifymember(void)
{
    cout<<"修改会员"<<endl;

    char name[20];
    int rtn=0;
    MEMBER member;
    char check='n';
    do{
        cout<<"请输入姓名：";
        cin>>name;
        member=findmember(name);
        if (member.borrow==-1)
            cout<<"没找到"<<endl;
        else
        {
            cout<<"姓名="<<member.name<<endl;
            cout<<"地址="<<member.address<<endl;
```

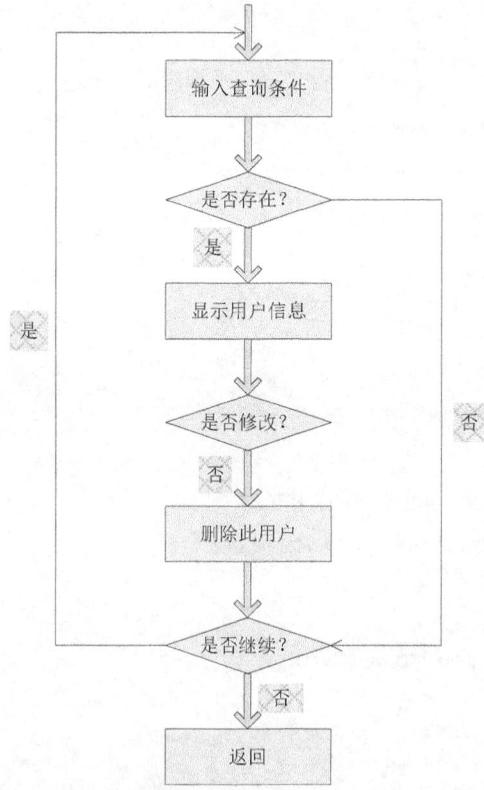

图 22-12　会员修改处理流程

```
                cout<<"借阅数="<<member.borrow<<endl;
                cout<<"ISBN1="<<member.isbn1<<endl;
                cout<<"ISBN2="<<member.isbn2<<endl;
                cout<<"ISBN3="<<member.isbn3<<endl;
                cout<<"修改吗？ (y/n)";
                cin>>check;
                if (check == 'y')
                {
                        removemember(name);
                        inputmember();
                }
        }
        cout<<"继续吗？ (y/n)";
        cin>>check;
    }while(check!='n');
    return rtn;
}
```

至此，整个项目的主要文件代码编写完毕。在 Visual C++6.0 中编译执行后，初始界面会显示系统的主菜单，具体效果如图 22-13 所示。

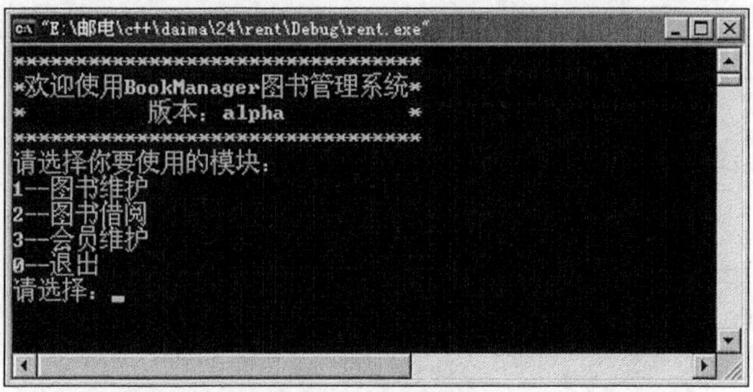

图 22-13　系统主菜单

根据对应提示输入数字，会显示出对应的子菜单。例如输入“1”，则显示“图书维护”的子菜单项，如图 22-14 所示。

还可以继续选择操作，例如接着上述操作，输入“1”，可以完成“图书输入”操作。具体效果如图 22-15 所示。

图 22-14 “图书维护”二级子菜单

图 22-15 “图书添加”三级子菜单

读者可以继续根据控制台提示进行操作，完成需要的功能。为了节省本书篇幅，此处不再一一做详细介绍。

第 23 章

开始闯关（1）——C++实现网络应用项目

上一章内容带领读者了解了一个 C++项目的实现流程，本章将引导读者实现一个网络应用项目，详细讲解 C++网络应用的具体实现流程。希望通过本章内容的学习，读者的水平得到进一步提高，能够将学习到的知识迅速融合到现实应用当中。

23.1 项 目 要 求

本项目要求实现一个基本客户机/服务器的应用案例，实现基本的客户机/服务器通信功能。现在我们先了解一下客户机/服务器的基本知识。

23.1.1 客户机/服务器模式介绍

客户机/服务器系统（Client/server system）简称 C/S 系统。是一类按新的应用模式运行的分布式计算机系统。在这个应用模式中，用户只关心能否完整地解决自己的应用问题，而不关心这些应用问题由系统中哪台或哪几台计算机来完成。在 C/S 系统中，能为应用提供服务（如文件服务、打印服务、拷贝服务、图象服务、通信管理服务等）的计算机或处理器，当其被请求服务时就成为服务器。一台计算机可能提供多种服务，一个服务也可能要由多台计算机组合完成。与服务器相对，提出服务请求的计算机或处理器在当时就是客户机。从客户应用角度看，这个应用的一部分工作在客户机上完成，其他部分的工作则在（一个或多个）服务器上完成。

C/S 系统最重要的特征是：它不是一个主从环境，而是一个平等的环境，即 C/S 系统中各计算机在不同的场合既可能是客户机，也可能是服务器。进入 20 世纪 90 年代，C/S 系统迅速流行，在于它有很多优点：用户使用简单，直观；编程、调试和维护费用低；系统内部负荷可以做到比较均衡，资源利用率较高；允许在一个客户机上运行不同计算机平台上的多种应用；系统易于扩展，可用性较好，对用户需求变化适应性好。

从技术角度看，C/S 系统本质上是将 20 世纪 70 年代就提出的虚拟机器的概念使用于分布式计算机系统，其本质是实现功能的合理分布和处理的“无缝连接”。C/S 系统的实用依赖于若干 20 世纪 90 年代才成熟的技术：首先由于以一系列标准为基础的开放式系统原则被普遍接受，为各种客户机、服务器之间提供中间件（Middleware）成为可能；其次，CASE 工具、视窗技术、面向对象技术、分布式数据库技术等的成熟，为 C/S 系统环境下的编程、调试、运行提供了良好的条件；最后，性能价格比迅速提高的计算机为开销甚大的分布式操作系统提供了可接受的运行条件，使得分布式逻辑处理，分布式服务器等应用模式得以实现。

C/S 系统已广泛用于中小型工商企业，由于通信技术的进展，C/S 系统在地域上可有较大的跨度。如图 23-1 显示了一个学校的客户机\服务器构成模式。

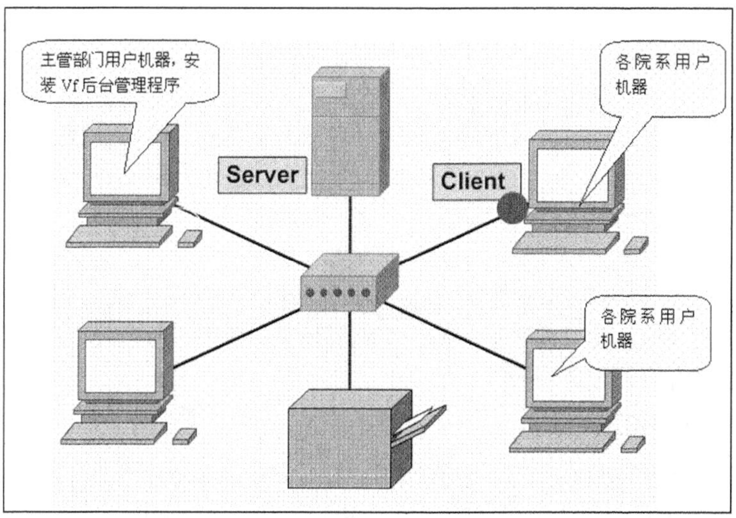

图 23-1 客户机/服务器构成

图 23-1 中的“Server”就是服务器，“各院系用户机器”就是客户机。本项目的要求是：通过 C++编写一个项目程序，能够实现服务器和客户端数据的传输处理。

23.1.2　客户机/服务器模式的运作流程

在 TCP/IP 网络中两个进程间的相互作用的主机模式是客户机/服务器模式（Client/Server model)。该模式的建立基于以下两点。

- ❑ 非对等作用。
- ❑ 通信完全是异步的。

客户机/服务器模式在操作过程中采取的是主动请示方式，下面介绍具体的运作流程。

首先服务器方要先启动，并根据请示提供相应服务，具体过程如下。

① 打开一通信通道并告知本地主机，它愿意在某一个公认地址上接收客户请求。

② 等待客户请求到达该端口。

③ 接收到重复服务请求，处理该请求并发送应答信号。

④ 返回第②步，等待另一客户请求。

⑤ 关闭服务器。

客户方的具体运作流程如下。

① 打开一通信通道，并连接到服务器所在主机的特定端口。

② 向服务器发送服务请求报文，等待并接收应答；继续提出请求……

③ 请求结束后关闭通信通道并终止。

23.2　实 现 原 理

在 C++中是通过 WinSocket 来实现网络项目的。WinSocket 是一个网络编程接口，能够实现网络项目所需要的功能。在本节的内容中，将详细讲解 WinSocket 接口的基本知识。

23.2.1　什么是 winsocket 编程接口

Windows 下网络编程的规范——Windows Sockets 是 Windows 下得到广泛应用的、开放的、支持多种协议的网络编程接口。从 1991 年的 1.0 版到 1995 年的 2.0.8 版，经过不断完善并在 Intel、Microsoft、Sun、SGI、Informix、Novell 等公司的全力支持下，已成为 Windows 网络编程的事实上的标准。

通信的基础是套接口（Socket)，一个套接口是通信的一端。在这一端上你可以找到与其对应的一个名字。一个正在被使用的套接口都有它的类型和与其相关的进程。套接口存在于通信域中。通信域是为了处理一般的线程通过套接口通信而引进的一种抽象概念。套接口通常和同一个域中的套接口交换数据(数据交换也可能穿越域的界限，但这时一定要执行某种解释程序)。Windows Sockets 规范支持单一的通信域，即 Internet 域。

数据报套接口可以用来向许多系统支持的网络发送广播数据包。要实现这种功能，网络本身必须支持广播功能，因为系统软件并不提供对广播功能的任何模拟。广播信息将会给网络造成极重的负担，因为它们要求网络上的每台主机都为它们服务，所以发送广播数据包的能力被限制于那些用显式标记了允许广播的套接口中。

23.2.2　winsocket 中的函数

在 C++项目中实现网络编程项目需要使用 winsocket，winsocket 的核心是它的各个函数。winsocket 通过本身的函数来实现具体的网络功能。在下面的内容中，将详细讲解 winsocket 中常用函数的基本知识。

1. WSA Startup 函数

WSA Startup 函数是一个库连接函数，用于连接 winsocket2 的支持库。具体格式如下。

```
int WSAStartup(WORD wVersionRequested,LPWSADATA lpWSAData );
```

各个参数的具体说明如下。

① wVersionRequested：Windows Sockets API 提供的调用方可使用的最高版本号。高位字节指出副版本（修正）号，低位字节指明主版本号。

② lpWSAData：出参，指向 WSADATA 数据结构的指针，用来接收 Windows Sockets 执行的数据。如果返回值为 0 则表示成功。

要得到错误码，请调用 WSAGetLastError。下面是可能出现的错误值列表。

- WSASYSNOTREADY ：基础网络子系统没有准备好网络通信。
- WSAVERNOTSUPPORTED：Windows Sockets 版本不支持。
- WSAEINPROGRESS：应用程序指出的 winsockets 版本不被该 DLL 支持。
- WSAEPROCLIM：Windows Sockets 支持的任务数到达上线。
- WSAEFAULT lpWSAData：不是一个有效指针。

通常情况下一个应用程序 WSAStartup 函数发生错误，不能通过调用 WSAGetLastError 函数得到确切的错误码。

2. WSAStartup 函数

此函数的使用格式如下。

```
int WSAStartup(
   WORD wVersionRequested,
   LPWSADATA lpWSAData
);
```

使用 Socket 的程序在使用 Socket 之前必须调用 WSAStartup 函数。该函数的第一个参数指明程序请求使用的 Socket 版本，其中高位字节指明副版本，低位字节指明主版本；操作系统利用第二个参数返回请求的 Socket 的版本信息。当一个应用程序调用 WSAStartup 函数时，操作系统根据请求的 Socket 版本来搜索相应的 Socket 库，然后绑定找到的 Socket 库到该应用程序中。以后应用程序就可以调用所请求的 Socket 库中的其他 Socket 函数了。该函数执行成功后返回 0。

假如一个程序要使用 2.1 版本的 Socket，那么程序代码如下。

```
wVersionRequested = MAKEWORD( 2, 1 );
err = WSAStartup( wVersionRequested, &wsaData );
```

3. WSACleanup 函数

此函数的使用格式如下。

```
int WSACleanup (void);
```

应用程序在完成对请求的 Socket 库的使用后，要调用 WSACleanup 函数来解除与 Socket 库的绑定并且释放 Socket 库所占用的系统资源。

4. socket 函数

此函数的使用格式如下。

```
SOCKET socket(
        int af,
        int type,
        int protocol
      );
```

应用程序调用 socket 函数来创建一个能够进行网络通信的套接字。第一个参数指定应用程序使用的通信协议的协议族，对于 TCP/IP 协议族，该参数置 PF_INET；第二个参数指定要创建的套接字类型，流套接字类型为 SOCK_STREAM，数据报套接字类型为 SOCK_DGRAM；第三个参数指定应用程序所使用的通信协议。该函数如果调用成功就返回新创建的套接字的描述符，如果失败就返回 INVALID_SOCKET。套接字描述符是一个整数类型的值。每个进程的进程空间里都有一个套接字描述符表，该表中存放着套接字描述符和套接字数据结构的对应关系。该表中有一个字段存放新创建的套接字的描述符，另一个字段存放套接字数据结构的地址，因此根据套接字描述符就可以找到其对应的套接字数据结构。每个进程在自己的进程空间里都有一个套接字描述符表，但是套接字数据结构都是在操作系统的内核缓冲里。下面是一个创建流套接字的例子。

```
struct protoent *ppe;
ppe=getprotobyname("tcp");
SOCKET ListenSocket=socket(PF_INET,SOCK_STREAM,ppe-&gt;p_proto);
```

5. closesocket 函数

此函数的使用格式如下。

```
int closesocket(
    SOCKET s
 );
```

closesocket 函数用来关闭一个描述符为 s 的套接字。由于每个进程中都有一个套接字描述符表，表中的每个套接字描述符都对应了一个位于操作系统缓冲区中的套接字数据结构，因此有可能有几个套接字描述符指向同一个套接字数据结构。套接字数据结构中专门有一个字段存放该结构的被引用次数，即有多少个套接字描述符指向该结构。当调用 closesocket 函数时，操作系统先检查套接字数据结构中的该字段的值，如果为 1，就表明只有一个套接字描述符指向它，因此操作系统就先把 s 在套接字描述符表中对应的那条表项清除，并且释放 s 对应的套接字数据结构；如果该字段大于 1，那么操作系统仅仅清除 s 在套接字描述符表中的对应表项，并且把 s 对应的套接字数据结构的引用次数减 1。

closesocket 函数如果执行成功就返回 0，否则返回 SOCKET_ERROR。

6. send 函数

此函数的使用格式如下。

```
int send(
    SOCKET s,
    const char FAR *buf,
    int len,
    int flags
 );
```

不论是客户还是服务器应用程序都用 send 函数来向 TCP 连接的另一端发送数据。客户程序一般用 send 函数向服务器发送请求，而服务器则通常用 send 函数来向客户程序发送应答。该函数的第一个参数指定发送端套接字描述符；第二个参数指明一个存放应用程序要发送数据的缓冲区；第三个参数指明实际要发送的数据的字节数；第四个参数一般置 0。这里只描述同步 Socket 的 send 函数的执行流程。当调用该函数时，send 先比较待发送数据的长度 len 和套接字 s 的发送缓冲区的长度，如果 len 大于 s 的发送缓冲区的长度，该函数返回 SOCKET_ERROR；如果 len 小于或者等于 s 的发送缓冲区的长度，那么 send 先检查协议是否正在发送 s 的发送缓冲中的数据，如果是就等待协议把数据发送完，如果协议还没有开始发送 s 的发送缓冲中的数据或者 s 的发送缓冲中没有数据，那么 send 就比较 s 的发送缓冲区的剩余空间和 len，如果 len 大于剩余空间大小，send 就一直等待协议把 s 的发送缓冲中的数据发送完，如果 len 小于剩余空间大小，send 就仅仅把 buf 中的数据 copy 到剩余空间里（注意并不是 send 把 s 的发送缓冲中的数据传到连接的另一端，而是协议传的，send 仅仅是把 buf 中的数据 copy 到 s 的发送缓冲区的剩余空间里）。如果 send 函数 copy 数据成功，就返回实际 copy 的字节数，如果 send 在 copy 数据时出现错误，那么 send 就返回 SOCKET_ERROR；如果 send 在等待协议传送数据时网络断开的话，那么 send 函数也返回 SOCKET_ERROR。要注意 send 函数把 buf 中的数据成功 copy 到 s 的发送缓冲的剩余空间里后它就返回了，但是此时这些数据并不一定立即被传到连接的另一端。如果协议在后续的传送过程中出现网络错误的话，那么下一个 Socket 函数就会返回 SOCKET_ERROR。(每一个除 send 外的 Socket 函数在执行的最开始总要先等待套接字的发送缓冲中的数据被协议传送完毕才能继续，如果在等待时出现网络错误，那么该 Socket 函数就返回 SOCKET_ERROR)。

注意：在 UNIX 系统下，如果 send 在等待协议传送数据时网络断开的话，调用 send 的进程会接收到一个 SIGPIPE 信号，进程对该信号的默认处理是进程终止。

7. recv 函数

此函数的使用格式如下。

```
int recv(
   SOCKET s,
   char FAR *buf,
   int len,
   int flags
);
```

不论是客户还是服务器应用程序都用 recv 函数从 TCP 连接的另一端接收数据。该函数的第一个参数指定接收端套接字描述符；第二个参数指明一个缓冲区，该缓冲区用来存放 recv 函数接收到的数据；第三个参数指明 buf 的长度；第四个参数一般置 0。这里只描述同步 Socket 的 recv 函数的执行流程。当应用程序调用 recv 函数时，recv 先等待 s 的发送缓冲中的数据被协议传送完毕，如果协议在传送 s 的发送缓冲中的数据时出现网络错误，那么 recv 函数返回 SOCKET_ERROR，如果 s 的发送缓冲中没有数据或者数据被协议成功发送完毕后，recv 先检查套接字 s 的接收缓冲区，如果 s 接收缓冲区中没有数据或者协议正在接收数据，那么 recv 就一直等待，直到协议把数据接收完毕。当协议把数据接收完毕，recv 函数就把 s 的接收缓冲中的数据 copy 到 buf 中（注意，协议接收到的数据可能大于 buf 的长度，所以在这种情况下要调用几次 recv 函数才能把 s 的接收缓冲中的数据 copy 完。recv 函数仅仅是 copy 数据，真正的接收数据是协议来完成的)，recv 函数返回其实际 copy 的字节数。如果 recv 在 copy 时出错，那么它返回 SOCKET_ERROR；如果 recv 函数在等待协议接收数据时网络中断了，那么它返回 0。

注意：在 UNIX 系统下，如果 recv 函数在等待协议接收数据时网络断开了，那么调用 recv 的进程会接收到一个 SIGPIPE 信号，进程对该信号的默认处理是进程终止。

8. bind 函数

此函数的使用格式如下。

```
int bind(
    SOCKET s,
    const struct sockaddr FAR *name,
    int namelen
 );
```

当创建了一个 Socket 以后，套接字数据结构中有一个默认的 IP 地址和默认的端口号。一个服务程序必须调用 bind 函数来给其绑定一个 IP 地址和一个特定的端口号。客户程序一般不必调用 bind 函数来为其 Socket 绑定 IP 地址和端口号。该函数的第一个参数指定待绑定的 Socket 描述符；第二个参数指定一个 sockaddr 结构，该结构是如下这样定义的。

```
struct sockaddr {
      u_short sa_family;
   char sa_data[14];
   };
```

sa_family 指定地址族，对于 TCP/IP 协议族的套接字，给其置 AF_INET。当对 TCP/IP 协议族的套接字进行绑定时，我们通常使用另一个地址结构。

```
struct sockaddr_in {
   short       sin_family;
   u_short sin_port;
   struct     in_addr sin_addr;
      char          sin_zero[8];
      };
```

其中，sin_family 置 AF_INET；sin_port 指明端口号；sin_addr 结构体中只有一个唯一的字段 s_addr，表示 IP 地址，该字段是一个整数，一般用函数 inet_addr()把字符串形式的 IP 地址转换成 unsigned long 型的整数值后再置给 s_addr。有的服务器是多宿主机，至少有两个网卡，那么运行在这样的服务器上的服务程序在为其 Socket 绑定 IP 地址时可以把 htonl(INADDR_ANY)置给 s_addr，这样做的好处是不论哪个网段上的客户程序都能与该服务程序通信；如果只给运行在多宿主机上的服务程序的 Socket 绑定一个固定的 IP 地址，那么就只有与该 IP 地址处于同一个网段上的客户程序才能与该服务程序通信。我们用 0 来填充 sin_zero 数组，目的是让 sockaddr_in 结构的大小与 sockaddr 结构的大小一致。下面是一个 bind 函数调用的例子。

```
struct sockaddr_in saddr;
saddr.sin_family = AF_INET;
saddr.sin_port = htons(8888);
saddr.sin_addr.s_addr = htonl(INADDR_ANY);
bind(ListenSocket,(struct sockaddr *)&saddr,sizeof(saddr));
```

9. listen 函数

此函数的使用格式如下。

```
int listen( SOCKET s, int backlog );
```

服务程序可以调用 listen 函数使其流套接字 s 处于监听状态。处于监听状态的流套接字 s 将维护一个客户连接请求队列，该队列最多容纳 backlog 个客户连接请求。假如该函数执行成功，则返回 0；如果执行失败，则返回 SOCKET_ERROR。

10. accept 函数

此函数的使用格式如下。

```
SOCKET accept(
  SOCKET s,
  struct sockaddr FAR *addr,
  int FAR *addrlen
);
```

服务程序调用 accept 函数从处于监听状态的流套接字 s 的客户连接请求队列中取出排在最前的一个客户请求，并且创建一个新的套接字来与客户套接字创建连接通道，如果连接成功，就返回新创建的套接字的描述符，以后与客户套接字交换数据的是新创建的套接字；如果失败就返回 INVALID_SOCKET。该函数的第一个参数指定处于监听状态的流套接字；操作系统利用第二个参数来返回新创建的套接字的地址结构；操作系统利用第三个参数来返回新创建的套接字的地址结构的长度。下面是一个调用 accept 的例子。

```
struct sockaddr_in ServerSocketAddr;
int addrlen;
addrlen=sizeof(ServerSocketAddr);
ServerSocket=accept(ListenSocket,(struct sockaddr *)&ServerSocketAddr,&addrlen);
```

11. connect 函数

此函数的使用格式如下。

```
int connect(
  SOCKET s,
  const struct sockaddr FAR *name,
  int namelen
);
```

客户程序调用 connect 函数来使客户 Socket s 与监听于 name 所指定的计算机的特定端口上的服务 Socket 进行连接。如果连接成功，connect 返回 0；如果失败则返回 SOCKET_ERROR。下面是一个例子。

```
struct sockaddr_in daddr;
memset((void *)&daddr,0,sizeof(daddr));
daddr.sin_family=AF_INET;
daddr.sin_port=htons(8888);
daddr.sin_addr.s_addr=inet_addr("133.197.22.4");
connect(ClientSocket,(struct sockaddr *)&daddr,sizeof(daddr));
```

23.3 具 体 实 现

经过前面两节内容的介绍，我们了解了 WinSocket 编程的基本知识。从本节内容开始，将介绍整个项目的具体实现过程，首先介绍系统需要的数据结构。

本章项目代码保存在“光盘 daima\23\BS”内。本项目客户端的操作流程如图 23-2 所示，服务器端的操作流程如图 23-3 所示。

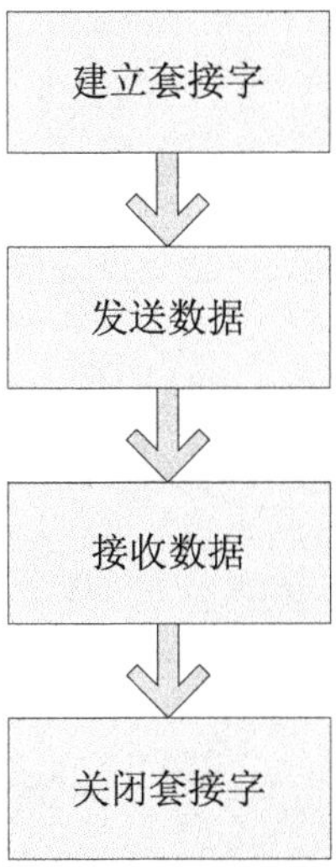

图 23-2 客户端操作流程

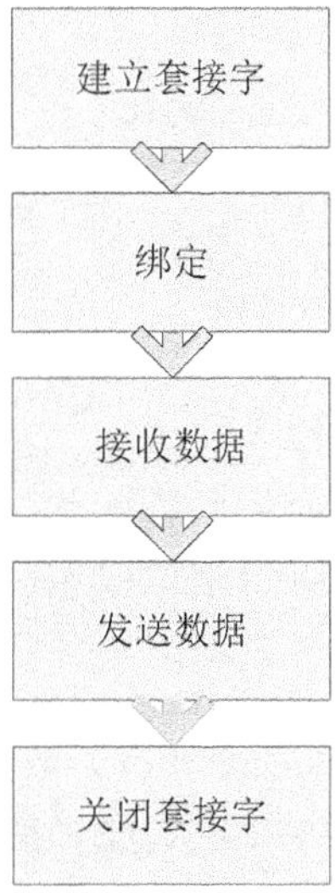

图 23-3 服务器端操作流程

下面详细介绍本项目的编码实现过程。

23.3.1 客户端和服务器端的公用文件

客户端和服务器端都公用了 Socket 操作封装类，它们两者有很少的差别。下面先介绍类的具体实现。

1. 自定义的 Socket 操作封装类头文件

本实例 Socket 操作封装类头文件是 MySocket.h。为了实现系统的结构化设计，提高系统的可重用性，通常会将套接字封装成一个单独的类，这便于对通信操作的扩展。在本项目中，将套接字操作封装为类 CMySocket，具体代码如下。

```
#if !defined(AFX_MYSOCKET_H__7E7116CE_86A9_4092_B51D_21485FBBD78A__INCLUDED_)
#define AFX_MYSOCKET_H__7E7116CE_86A9_4092_B51D_21485FBBD78A__INCLUDED_
#if _MSC_VER > 1000
#pragma once
#endif // _MSC_VER > 1000
#pragma comment(lib, "ws2_32.lib")                    //引入WinSocket链接库支持
#include "windows.h"
#include <winsock.h>                                  //WinSock API头文件
#include <string>
        /**
         * 消息结构
         *
         * @author qgj
         * @version ver0.1
         * @since 2009
         */
typedef struct tagMessage
{
    /**
```

```
     * 消息类型
     */
    int type;                                              //消息类型
    /**
     * 消息体
     */
    char info[256];                                        //消息内容
    /**
     * 用户名
     */
    char name[256];                                        //用户名
    /**
     * 发送到
     */
    char toname[256];                                      //接收方用户名
}message;                                                  //消息结构体
class CMySocket
{
public:
    void reciveinfo(char *info);
    bool run(int msg_type,char * user,char * info,char * touser);    //开始运行
    bool CloseWinSocket();                                 //中止Windows Sockets DLL的使用
    bool InitWinSock();                                    //初始化WinSocket
    CMySocket();
    virtual ~CMySocket();
private:
    SOCKET sock;                                           //套接字
};
#endif // !defined(AFX_MYSOCKET_H__7E7116CE_86A9_4092_B51D_21485FBBD78A__INCLUDED_)
```

在上述代码中，函数 InitWinSock()用于初始化 WinSock 套接字，函数 CloseWinSocket()用于关闭套接字，结构体 tagMessage 用于发送数据，sock 是连接所使用的套接字。

2. 自定义的 Socket 操作封装类的实现文件

Socket 操作封装类的实现文件是 MySocket.cpp，在里面定义了自己的套接字操作扩展类。具体实现代码如下。

```
#include "stdafx.h"
#include "MySocket.h"
CMySocket::CMySocket()
{
}
CMySocket::~CMySocket()
{

}
//初始化WinSocket
bool CMySocket::InitWinSock()
{
    WSADATA wsaData;
    bool bRtn=false;
    if (WSAStartup(MAKEWORD(2, 2), &wsaData) == 0)     //建立与WinSockDLL的连接
    {
        sock=socket(AF_INET,SOCK_DGRAM,0);   //建立数据报套接字，套接字采用ARPA Internet地址格式，协议为TCP
        if (sock!=INVALID_SOCKET)
        {
                sockaddr_in sockaddr;
                sockaddr.sin_addr.S_un.S_addr = INADDR_ANY;       //自动分配地址
                sockaddr.sin_family = AF_INET;                    //地址格式
                sockaddr.sin_port = htons(0);                     //端口
                //将本地地址绑定到socket描述字
                if (bind(sock, (struct sockaddr*)&sockaddr, sizeof(sockaddr)) == 0)
                        bRtn=true;
        }
    }
    return bRtn;
}
//关闭WinSocket
bool CMySocket::CloseWinSocket()
{
    bool bRtn=false;
    if (closesocket(sock)==0)                                        //关闭套接字
        if (WSACleanup()==0)     //中止Windows Sockets DLL的使用
```

```
            bRtn=true;
        return bRtn;
    }
    //开始
    bool CMySocket::run(int msg_type,char * user,char * info,char * touser)
    {
        bool bRtn=false;
        int addr_len =sizeof(struct sockaddr_in);
        message receivebuffer;
        message sendbuffer;
        memset(&receivebuffer,0,sizeof(message));                    //清零
        char serverIP[20]="127.0.0.1";                               //服务器IP
        sockaddr_in server;
        server.sin_addr.S_un.S_addr = inet_addr(serverIP);           //服务器IP
        server.sin_family = AF_INET;                                 //服务器IP地址格式
        server.sin_port = htons(6000);                               //服务器端口
        sendbuffer.type=msg_type;
        strncpy(sendbuffer.info, info, 256);
        strncpy(sendbuffer.name, user, 256);
        strncpy(sendbuffer.toname,touser,256);
        sendto(sock, (const char*)&sendbuffer, sizeof(sendbuffer), 0, (const sockaddr*)&server,addr_len);
        return bRtn;
    }
    //接收消息
    void CMySocket::reciveinfo(char *info)
    {
        sockaddr_in from;
        int addr_len =sizeof(struct sockaddr_in);
        message receivebuffer;
        memset(&receivebuffer,0,sizeof(message));                    //清零处理
    //获取远程主机经指定的socket传来的数据,
    recvfrom(sock, (char *)&receivebuffer, sizeof(message), 0, (sockaddr *)&from, &addr_len);
        strcpy(info,receivebuffer.info);
    }
```

在上述代码中，CMySocket 对 WinSocket2 接口进行了封装。其中函数 InitWinSock()用于初始化套接字，函数 CloseWinSocket()用于关闭套接字，函数 reciveinfo(char *info)用于接收传递的信息。

23.3.2 实现服务器端

本项目使用了数据包套接方式，所以发送和接收函数都要使用 sendto 和 recvfrom。服务器端共有 5 个实现文件，具体说明如下。

1. 预编译头文件 StdAfx.h

预编译头文件 StdAfx.h 是 Visual C++6.0 自动生成的文件，此文件经常保存不常改动的代码。本项目的预编译头文件的实现代码如下。

```
#if !defined(AFX_STDAFX_H__01B73616_BC86_461A_ADAC_5FD2C17EE998__INCLUDED_)
#define AFX_STDAFX_H__01B73616_BC86_461A_ADAC_5FD2C17EE998__INCLUDED_
#if _MSC_VER > 1000
#pragma once
#endif // _MSC_VER > 1000
#define WIN32_LEAN_AND_MEAN              // Exclude rarely-used stuff from Windows headers
#include <iostream>
using namespace std;
#endif // !defined(AFX_STDAFX_H__01B73616_BC86_461A_ADAC_5FD2C17EE998__INCLUDED_)
```

2. 预编译头文件的实现文件

预编译头文件的实现文件 StdAfx.cpp 的实现代码如下。

```
#include "stdafx.h"
```

3. 系统主文件

系统主文件 main.cpp 是系统运行后首先执行的文件，用于建立和启动服务器。具体实现代码如下。

```
#include "stdafx.h"
#include "MySocket.h"
int main(int argc, char* argv[])
{
```

```
    CMySocket mySocket;
    if (mySocket.InitWinSock())
    {
        cout<<"建立与WinSockDLL的连接成功！"<<endl;
        mySocket.run();
    }
    if (mySocket.CloseWinSocket())
        cout<<"断开与WinSockDLL的连接成功！"<<endl;

    return 0;
}
```

在上述代码中，首先调用了 CMySocket 类的 InitWinSock()函数来初始化套接字，然后调用 run 来启动服务器，等待来自客户端的数据。

除了上述 3 个文件外，服务器端还有文件 MySocket.h 和 MySocket.cpp，这两个文件的具体实现已经在前面的内容中进行了介绍。

23.3.3　实现客户端

本项目的客户端共有 5 个实现文件，具体说明如下。

- 预编译头文件 StdAfx.h。
- 预编译头文件的实现文件 StdAfx.cpp。
- 主文件 main.cpp。
- 自定义的 Scoket 操作封装类的头文件 MySocket.h。
- 自定义的 Scoket 操作封装类的实现文件 MySocket.cpp。

1. 客户端的公用文件

本项目中客户端和服务器端的公用文件基本类似，差别只在于一方提出请求，另一方给予应答。所以在此只需对那个服务器的 run 函数进行修改即可实现一个客户端程序。具体实现代码如下。

```
//开始
bool CMySocket::run(int msg_type,char * user,char * info,char * touser)
{
    bool bRtn=false;
    int addr_len =sizeof(struct sockaddr_in);
    message receivebuffer;
    message sendbuffer;
    memset(&receivebuffer,0,sizeof(message));                //清零
    char serverIP[20]="127.0.0.1";                           //服务器IP
    sockaddr_in server;
    server.sin_addr.S_un.S_addr = inet_addr(serverIP);       //服务器IP
    server.sin_family = AF_INET;                             //服务器IP地址格式
    server.sin_port = htons(6000);                           //服务器端口
    sendbuffer.type=msg_type;
    strncpy(sendbuffer.info, info, 256);
    strncpy(sendbuffer.name, user, 256);
    strncpy(sendbuffer.toname,touser,256);
    sendto(sock, (const char*)&sendbuffer, sizeof(sendbuffer), 0, (const sockaddr*)&server,addr_len);
    return bRtn;
}
```

上述函数用于向服务器端发送信息，参数 msg_type 表示发送消息的类型，user 表示用户名，info 表示消息内容。

2. 客户端主文件

客户端主文件 main.cpp 是系统的主文件，用于实现和服务器端的通信。具体实现代码如下。

```
#include "stdafx.h"
#include "MySocket.h"
int main(int argc, char* argv[])
{
    CMySocket mySocket;
    int msg_type;
    char user[256];                                          //本地用户名
    char touser[256];                                        //远程用户名
```

```
        char info[256];                                    //消息
        if (mySocket.InitWinSock())
        {
            cout<<"建立与WinSockDLL的连接成功！"<<endl;
            cout<<"消息类型：";
            cin>>msg_type;
            while(msg_type!=0)
            {
                    if (msg_type!=3)
                    {
                            cout<<"用户名：";
                            cin>>user;
                            strcpy(touser,user);
                    }
                    else
                    {
                            cout<<"远端用户名：";
                            cin>>touser;
                    }
                    cout<<"消息：";
                    cin>>info;
                    mySocket.run(msg_type,user,info,touser);
                    mySocket.reciveinfo(info);
                    cout<<"接收到消息："<<info<<endl;
                    mySocket.reciveinfo(info);
                    cout<<"接收到消息："<<info<<endl;
                    mySocket.reciveinfo(info);
                    cout<<"接收到消息："<<info<<endl;
                    cout<<"------------------------------------------"<<endl;
                    cout<<"消息类型(1:注册，2：注销，3：消息，0:退出)：";
                    cin>>msg_type;
            }
        }
        if (mySocket.CloseWinSocket())
            cout<<"断开与WinSockDLL的连接成功！"<<endl;
        return 0;
}
```

此文件从命令行依次输入信息的类型、用户名和信息内容。这样就可以发送给服务器端，当不再发送时，输入 0 字符，结束操作。

至此，整个项目设计完毕。运行服务器端，如图 23-4 所示。

客户端运行后的效果如图 23-5 所示。

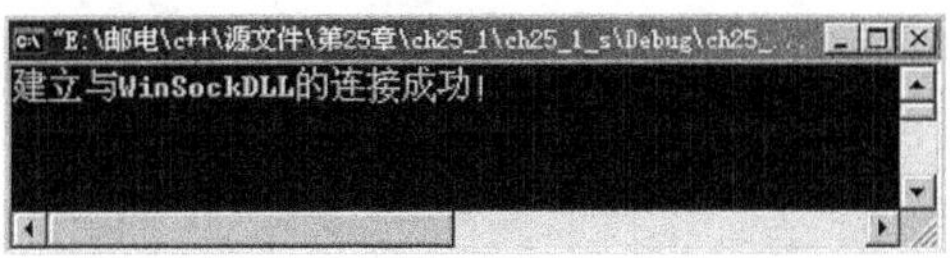

图 23-4　服务器端运行界面

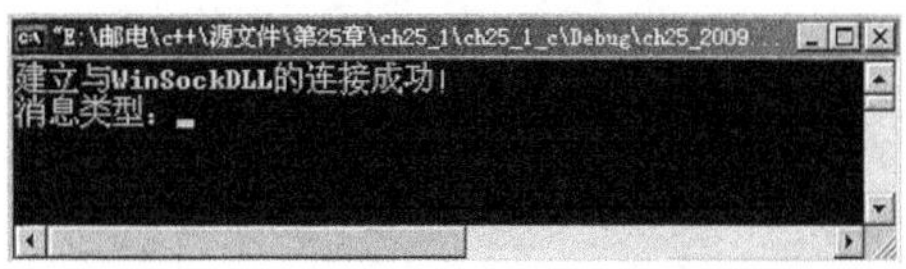

图 23-5　客户端运行界面

这样即可在客户端操作，输入传递的信息，如图 23-6 所示。

客户端向服务器端成功传输数据后，同时在服务器端也会显示发送的信息，如图 23-7 所示。

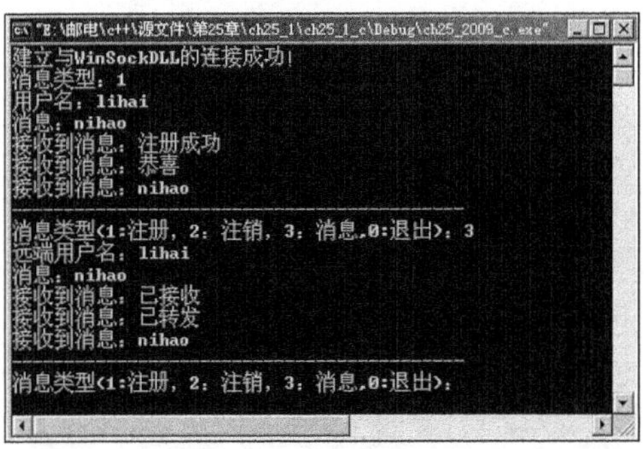

图 23-6　客户端发送信息

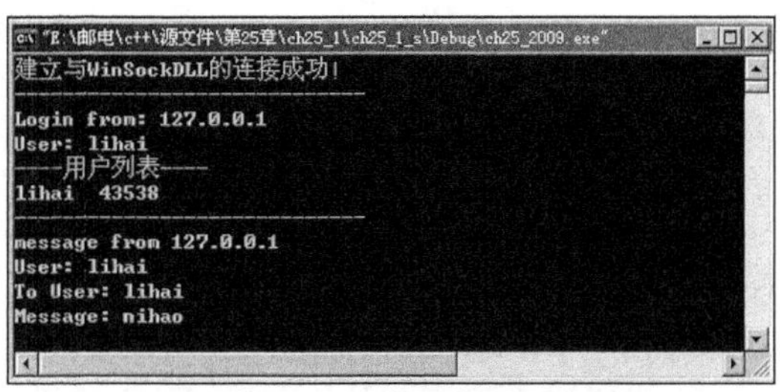

图 23-7　客户端显示传递的信息

第 24 章

开始闯关（2）——C++实现游戏项目

上一章内容带领读者了解了一个 C++网络项目的实现流程，本章将介绍使用 C++开发一个简单游戏的方法，并详细介绍其具体的实现流程。

24.1 计算机游戏基础

计算机游戏经过多年的发展，已经成为影响公众生活，改变公众娱乐方式的重要产业。过去，人们主要是借助电影、电视、音乐等方式来娱乐。而今天，以游戏为代表的电子娱乐正在成为主流娱乐方式。游戏也正在迅速成长为一个庞大的产业。Microsoft Direct X（SDK）是一个基于 COM 技术的多媒体应用程序开发工具包，它代表了未来多媒体应用程序的开发方向。本章将详细介绍游戏设计基本概念和 Direct X 的构架，包括 DirectDraw、Direct 3D、DirectSound，并在 Visual C++6.0 环境下使用 Direct X（SDK）开发多媒体游戏。

24.1.1 游戏的基本流程

一个游戏基本上是一个连续的循环，它完成逻辑动作，并在屏幕上产生一个图像，通常是 30 幅图或更多。具体流程如下。

（1）初始化

在这一步中，游戏运行的初始化操作和其他 Windows 应用程序一样，如内存单元配置、资源采集、从磁盘安装数据等。

（2）进入游戏循环

在这一步中，代码运行进入游戏主循环，此时各种游戏动作和情节开始运行，直到用户退出游戏主循环。

（3）获取玩家的输入信息

在这一步中，处理玩家的输入信息并将其储存到缓存以备下一步人工智能和游戏逻辑使用。

（4）执行人工智能和游戏逻辑

这部分包括游戏代码的主体部分，执行人工智能、物理系统和常规的游戏逻辑，其结果产生下一帧屏幕图像。

（5）渲染下一帧图像

本步中，用户输入、游戏的人工智能和逻辑执行的结果，用来产生游戏的下一帧动画。这个图像通常放在后备的缓存区内，因此无法看到它被渲染的过程。随后该图像被迅速复制到显示区中。

（6）同步显示

使用定时器和等待函数确保游戏和最大帧速同步，通常认为 30 FPS 是可以接受的最低速率，而大多数动作游戏玩家将他们的图形调整为不低于 60 FPS。

（7）循环

返回到游戏循环的入口并重新执行以上步骤。

（8）关闭

这一步结束游戏，表示用户结束主体操作或游戏循环，系统在结束前释放所有资源、刷新系统并返回操作系统。

24.1.2 游戏元素

游戏中的元素包含：界面（图像）、操作界面、声音、游戏性。

（1）界面（图像）

当玩家在进行游戏时，界面（图像）的风格和具体形式将会在第一时间告诉玩家游戏的大致轮廓。这其中主要包括两点。

- 图形技术：2D 图形技术、3D 图形技术。

- 游戏视角：第一人称视角、第三人称视角、俯视角、等轴斜视角、平面横向视角。

（2）操作界面

操作界面是玩家和游戏间联系的纽带。良好的操作界面可以提高游戏的品质。其具体表现如下。

- 输入设备：键盘、操纵杆和游戏手柄。
- 控制键：任何界面系统都包括若干控制键。每个键都有它独特的功能。控制键越多，游戏就越难以掌握。因此简化和优化操作是游戏性的保障。
- 键位的可设置：现实情况复杂多变，玩家口味各不相同。如果游戏有很多选项，允许玩家自己来调整以适应实际情况，这就比固定参数、不可调整的做法要好得多。
- 操作界面的 AI：界面和 AI 的接合点就是游戏是怎样解释并处理玩家的输入的。

（3）声音

声音在游戏中用来给予听觉上的反馈，例如音效、背景音乐、对话等，在游戏中使用高品质的音乐能够增强游戏的表现力。

（4）游戏性

游戏性是玩家和乐趣间的桥梁。它不仅体现在单机上玩家与电脑的对抗中，也体现在多人游戏中二个或更多个人进行的竞争中。游戏性体现了一种游戏与玩家的交互，良好的游戏性是游戏具有可玩度的前提。游戏性常表现在以下方面：游戏的平衡性、游戏的可操作性、游戏的 AI。

24.1.3　游戏层次

游戏系统可分为 3 个层次：游戏层、引擎层、系统层。如图 24-1 所示。

图 24-1　游戏系统（Game Software System）

24.2　项 目 分 析

本项目将要实现一个简单的飞机模型游戏。飞机游戏，也是一种常见的小游戏。当然，它们的常见并不像扫雷或俄罗斯方块游戏一样单一，它们是有许多不同的方案的。它们可以有各自的规则，各自的图像（这是当然的），各自的优点和缺点（这是必然的）。而我们之所以要做这个游戏，是因为各种游戏还是有很多共同的地方，这种游戏对于我们的学习有帮助。

24.2.1　游戏的角色

飞机游戏，主角当然是飞机。飞机分成两方：玩者的一方（分为单人和双人，这里只是实现游戏的单人版，双人版就作为读者的练习）和计算机的一方。我们称为正方和反方。

- 正方：具有生命力（本游戏设置为 5），有火力（本游戏包括 3 种：单火力、双火力和强火力），生命力每次被炸毁就减一，而当火力值大于 5 时，生命力和火力强度同增。

而火力，开始是 0，表示单火力，之后，每次添加一个火力值就加一。

- 反方：由计算机按时地、随机地产生飞机，按时地发射子弹，按时地移动子弹的位置（游戏的实现，往往就是因为要实现计算机的这些按时的“智能”操作）。
- 火力：之所以把火力作为一个角色，因为它的存在是独立的；它的作用又是为正方服务的，它的产生也是我们对程序的专门设置而实现的。我们可以忽略它的存在，同时，由于本游戏的特点（其实也是许多游戏的特点），我们由必须依靠它的存在，它可以给我们生命力和火力。
- 背景：我把背景作为一个角色，确实有一点不大合理，但是，每个人做事都是有他的原因。我在这里把它提出来，只是为了强调它的作用。而现在（更多的是读者今后），我们将要实现的是动态的背景，我们必须利用背景的移动来映射飞机的前进飞行（由于屏幕的限制，这种做法是必然的）。

24.2.2 游戏界面表现

本游戏界面表现是全屏，支持多种分辨率。由于位图的限制，我们不可能画那么多的位图，也不可能利用放大缩小位图的方法，这样会产生严重的闪烁。我们可以利用留空白的方法，首先制造最基本的位图，宽 800 像素，然后，利用获取屏幕大小的函数取得屏幕分辨率的大小，再把位图显示在屏幕的中间。

背景位图的显示，由于我们的背景位图大小是有限制的，高度不可以大于 2000。但是，我们要的是连续不断地显示背景，不能只是背景位图显示完了，重新从头显示，这样会产生背景不连续的效果。

24.3 具体实现

经过前面知识的介绍，我们了解了 C++游戏项目的基本实现流程。在本节的内容中，将详细讲解本项目的具体实现过程。本实例保存在“光盘:\daima\24\”内，命名为“6_1”。

24.3.1 实现相关位图

位图是游戏编程中必不可少的元素，本项目实例的位图说明如下。

- 背景位图：800 × 600　　IDB_BITMAP1。
- 我方飞机：50 × 50　　IDB_BITMAP2。
- 敌方飞机：50 × 50　　IDB_BITMAP3。
- 我方子弹：50 × 50　　IDB_BITMAP4。
- 对方子弹：50 × 50　　IDB_BITMAP6。
- 炸毁飞机：60 × 60　　IDB_BITMAP5（为了更好显示爆炸效果）。
- 火力位图：50 × 50　　IDB_BITMAP7。

24.3.2 变量与函数

因为本实例只有单人版游戏，而敌机又只是在固定位置，所以我们无需建立那么多的类，只是添加一个类就行了。当然，如果想实现双人游戏，或者想改进游戏，实现敌机移动的话，最好还是添加新类。具体实现流程如下。

① 既然是游戏，添加类名为：CGame。添加一个新类后，必须把所有的变量和函数都添加到这个类里面。具体代码如下。

```
//显示信息
 void DrawMessage(CDC*pDC,int width,int height);
 //火力位图是否出现
```

```
void FireOutIf();
//子弹移动
void shotmove();
//敌机发射子弹
void Enemyshot();
//敌机出现
void Enemyplaneout();
//我方射击
void Shot();
//设置透明位图
void TransparentBitmap(HDC hdc, HBITMAP hBitmap,
                          short xStart, short yStart, short xadd,short yadd,
                            COLORREF cTransparentColor);
//透明色
    COLORREF cTransparentColor;
//飞机爆炸位图
CBitmap enemydead;
//敌机子弹位图
CBitmap bmenemyshot;
//敌机位图
CBitmap enemy;
//我方子弹
CBitmap bmshot;
//我方飞机
CBitmap plane;
//我方飞机数量
short numplane;
//背景数组
int back[15][12];
//飞机出现位置
int xStart,yStart;
//火力位图
CBitmap bmfire;
//火力位置
CPoint pointfire;
//是否出现
bool iffire;
//火力强度
int fire;
```

② 添加变量：因为是全屏实现，所以添加如下变量。

```
CmainFrame：
    CRect m_FullScreenRect;//全屏显示时的窗口位置
    void OnFullScreen();
```

但是，View()函数的变量就不是那么简单了。由于我们需要适应多种分辨率的显示，需要让背景位图移动，所以要添加较多的变量。具体代码如下。

```
class CMy6_1View :
          //暂停
                    bool bPause;
                    //屏幕宽度
                    int width;
                    //屏幕高度
                    int height;
                    //类CGame
                    CGame game;
                    //背景位图移动大小：10
                    int goup;
                    //背景位图
                    CBitmap backmap;
```

③ 添加下面的 3 个函数。

```
afx_msg int OnCreate(LPCREATESTRUCT lpCreateStruct);
afx_msg void OnTimer(UINT nIDEvent);
afx_msg void OnKeyDown(UINT nChar, UINT nRepCnt, UINT nFlags);
```

24.3.3 实现全屏

定义函数，实现全屏效果显示。具体代码如下。

```
BOOL CMainFrame::PreCreateWindow(CREATESTRUCT& cs)
{
        if( !CFrameWnd::PreCreateWindow(cs) )
                return FALSE;
```

```
        // TODO: Modify the Window class or styles here by modifying
        //   the CREATESTRUCT cs
        cs.style=WS_POPUPWINDOW;
        //设置为屏幕大小
        cs.cx=::GetSystemMetrics(SM_CXSCREEN);
        cs.cy=::GetSystemMetrics(SM_CYSCREEN);
        return TRUE;
    }
```

24.3.4 类初始化

在此需要对 2 个类进行初始化处理，分别是 CMy6_1View 和 CGame()。初始化类 CMy6_1View 的具体实现代码如下。

```
    CMy6_1View::CMy6_1View()
    {
        // TODO: add construction code here
        backmap.LoadBitmap(IDB_BITMAP1);
        //开始背景位图的位置
        goup=1000;
        //是否暂停
        bPause=true;
    }
```

初始化类 CGame()的具体实现代码如下。

```
    CGame::CGame()
    {
        int i,j;
        plane.LoadBitmap(IDB_BITMAP2);
        bmshot.LoadBitmap(IDB_BITMAP4);
        enemy.LoadBitmap(IDB_BITMAP3);
        enemydead.LoadBitmap(IDB_BITMAP5);
        bmenemyshot.LoadBitmap(IDB_BITMAP6);
        bmfire.LoadBitmap(IDB_BITMAP7);
        //设置透明色
        cTransparentColor=RGB(192,192,192);
        //我方飞机数量5
        numplane=5;
        //飞机开始出现位置
        xStart=5;
        yStart=10;
        //火力没有出现
        iffire=false;
        //火力强度
        fire=0;
        //数组为0
        for(i=0;i<15;i++)
                for(j=0;j<12;j++)
                        back[i][j]=0;
    }
```

24.3.5 实现具体显示界面

本模块是整个项目的核心，功能是将各个游戏元素显示出来。首先，为了适应多屏幕的显示，我们必须获取屏幕的高度和宽度；而由于这个高度和宽度在别的地方也要用到，必须设置为全局变量。通过高度才能充分地显示位图，通过宽度才能使位图显示在屏幕中间。

接着是显示背景，背景的高度是 2000，远远大于屏幕的高度，但是背景的宽度是有限的，我们必须确定位图显示的起点：((width-800)/2,0)。宽度是 800，高度是 height，而我们将要显示的是一张很长的位图，对于位图，应该从位图的哪里开始显示呢？另外，如果位图到了尽头，又怎样才能让它实现头尾相接而连续地显示呢？一个办法就是同时显示两张背景位图，让它们头接尾地出现，当一张出现空白时我们看到的将是另外一张而不是空白。

在具体实现上，依然利用透明背景位图的显示函数，但并没有在 Game 类里面建立一个专门的函数来显示。

通过一个背景数组，可以显示出对应的几种位图，我们利用的是给数组赋值的方法，不同的值表示不同的位图。对应关系如下。

- 我方子弹：2。
- 敌方飞机：3。
- 敌机子弹（向左下角）：4。
- 敌机子弹（向正下方）：5。
- 敌机子弹（向右下角）：6。
- 敌机炸毁：7。
- 我机炸毁：8。

注意：敌机子弹的不同的值是为了下一次下移的需要，我方飞机和火力分别用一个点表示。

本模块的具体实现代码如下。

```
void CMy6_1View::OnDraw(CDC* pDC)
{
    int i,j;
    CMy6_1Doc* pDoc = GetDocument();
    ASSERT_VALID(pDoc);
    // TODO: add draw code for native data here
    CRect WindowRect;
    GetWindowRect(&WindowRect);
    //屏幕宽度
    width=WindowRect.right-WindowRect.left;
    //屏幕高度
    height=WindowRect.bottom-WindowRect.top;
    CDC Dc;
     if(Dc.CreateCompatibleDC(pDC)==FALSE)
             AfxMessageBox("Can't create DC");
    //在不同位置显示位图
   Dc.SelectObject(backmap);
    //显示两张位图使它们连接
    pDC->BitBlt((width-800)/2,0,800,height,&Dc,0,goup-2000,SRCCOPY);
    pDC->BitBlt((width-800)/2,0,800,height,&Dc,0,goup,SRCCOPY);
    CClientDC dc(this);
    //显示
    //检查背景数组
    for(i=0;i<15;i++)
            for(j=0;j<12;j++)
            {
                    //显示我方子弹
                    if(game.back[i][j]==2)
                            //利用透明显示函数
                            game.TransparentBitmap(dc.GetSafeHdc(), game.bmshot,(width-800)/2+i*50+20,j*height/
                            600*50, 0,0, game.cTransparentColor);
                    //显示敌机
                    if(game.back[i][j]==3)
                            game.TransparentBitmap(dc.GetSafeHdc(), game.enemy,(width-800)/2+i*50+20,j*height/
                            600*50, 0,0, game.cTransparentColor);
                    //飞机炸毁
                    if(game.back[i][j]==7||game.back[i][j]==8)
                            game.TransparentBitmap(dc.GetSafeHdc(), game.enemydead,(width-800)/2+i*50+ 20,
                            j*height/600*50, 0,0, game.cTransparentColor);
                    //敌机子弹
                    if((game.back[i][j]==5)||(game.back[i][j]==4)||(game.back[i][j]==6))
                            game.TransparentBitmap(dc.GetSafeHdc(), game.bmenemyshot,(width-800)/2+i*50+ 20,
                            j*height/600*50, 0,0, game.cTransparent Color);
            }
            //显示火力位图
    game.TransparentBitmap(dc.GetSafeHdc(), game.bmfire,(width-800)/2+game.pointfire.x*50+20,   game.pointfire.y*
    height/600*50, 0,0, game.cTransparentColor);
    //显示我方飞机
    game.TransparentBitmap(dc.GetSafeHdc(), game.plane,(width-800)/2+game.xStart*50+20,   game.yStart*height/600*50,
    0,0, game.cTransparentColor);
    //显示信息
    game.DrawMessage(pDC,width,height);
    //信息的飞机位图
    game.TransparentBitmap(dc.GetSafeHdc(), game.plane,(width-800)/2+20,   height-80, 0,0, game.cTransparentColor);
    //信息的火力位图
    game.TransparentBitmap(dc.GetSafeHdc(), game.bmfire,(width-800)/2+800-120, height-80, 0,0, game.cTransparent
    Color);
}
```

24.3.6 信息提示

本模块的功能是，在游戏界面中显示对应的提示信息。具体实现代码如下。

```
void CGame::DrawMessage(CDC *pDC,int width,int height)
{
    int nOldDC=pDC->SaveDC();
    //设置字体
    CFont font;
    if(0==font.CreatePointFont(250,"Comic Sans MS"))
                {
                        AfxMessageBox("Can't Create Font");
                }
    pDC->SelectObject(&font);
  //设置字体颜色及其背景颜色
    CString str;
    pDC->SetTextColor(RGB(0,10,244));
    pDC->SetBkColor(RGB(0,255,0));
  //输出数字
    str.Format("%d",numplane);
    pDC->TextOut((width-800)/2+70,height-80,str);
    str.Format("%d",fire);
    pDC->TextOut((width-800)/2+800-70,height-80,str);
    pDC->TextOut((width-800)/2+200,height-40,"暂停:F3    退出:Esc");
    pDC->RestoreDC(nOldDC);
}
```

下面设置时间间隔。

```
int CMy6_1View::OnCreate(LPCREATESTRUCT lpCreateStruct)
{
    if (CView::OnCreate(lpCreateStruct) == -1)
            return -1;

    // TODO: Add your specialized creation code here
    SetTimer(1,200,NULL);
    return 0;
}
```

24.3.7 和时间段相关的操作

这里的时间段有如下 3 个。

- 第一点就是移动背景位图。
- 第二点是实现对方的智能操作。
- 第三点是清理背景数组不该再出现的位图。

具体实现代码如下。

```
void CMy6_1View::OnTimer(UINT nIDEvent)
{
    // TODO: Add your message handler code here and/or call default
    int i,j;
    //背景位图下移
    goup- =10;
    //位图到了边界
    if(goup<0)
    //位图在开头
            goup=2000;
    //每100点，即两秒执行一次
    if(goup%100==0)
    {
            //出现敌机
            game.Enemyplaneout();
            //敌机发射
            game.Enemyshot();
    }
    if(goup%1100==0)
            //火力位图操作
            game.FireOutIf();
    //重画
    OnDraw(GetDC());
    //数组清空
    for(i=0;i<15;i++)
```

```
            for(j=0;j<12;j++)
                if(game.back[i][j]==2||game.back[i][j]==7||game.back[i][j]==8)
                    game.back[i][j]=0;
        //敌机子弹移动
        game.shotmove();
        CView::OnTimer(nIDEvent);
    }
```

24.3.8 键盘操作

至此，在 View()类里面就剩下一个函数了，即实现和键盘操作处理函数。该游戏用方向键来操作方向，用空格键来发射子弹，用 F3 键来实现暂停，用 Esc 键来实现退出功能。由于最后一个功能可以直接用退出的 ID 号实现，因此这里只在热键编辑。

用键盘操作必定改变位图显示，因此必须重画。而由于火力位图的更换时间较长，所以必须对其进行刷新。具体实现代码如下。

```
    void CMy6_1View::OnKeyDown(UINT nChar, UINT nRepCnt, UINT nFlags)
    {
        // TODO: Add your message handler code here and/or call default
        switch(nChar)
        {
        case VK_F3:
            //暂停是否
            bPause=!bPause;
            //是，设置计时器
            if(bPause)
                SetTimer(1,200,NULL);
            //否，停止计时
            else
                KillTimer(1);
            break;
        //子弹按钮
        case VK_SPACE:
            //我方发射子弹
            game.Shot();
            break;
           //左移
        case VK_LEFT:
            //位置减1
            game.xStart--;
            //边界
            if(game.xStart<0)
                game.xStart=0;
            break;
            //道理同上
        case VK_RIGHT:
            game.xStart++;
            if(game.xStart>14)
                game.xStart=14;
            break;
        //上移
        case VK_UP:
            if(game.yStart>0)
                game.yStart--;
            break;
        //下移
        case VK_DOWN:
            if(game.yStart<10)
                game.yStart++;
            break;
        }
        //如果火力位图位置和我方飞机位置相同
        if((game.pointfire.x==game.xStart)&&(game.pointfire.y==game.yStart))
            {
            //火力位图消失
                game.iffire=false;
          if(game.fire>5)
                {
                    game.fire++;
                    game.numplane++;
                }
```

```
                    else
                            game.fire++;
                    //火力位图移动到见不到的地方
                    game.pointfire.y=-1;
            }
    OnDraw(GetDC());
    CView::OnKeyDown(nChar, nRepCnt, nFlags);
}
```

另外还需要添加透明位图函数，具体代码如下。

```
void CGame::TransparentBitmap(HDC hdc, HBITMAP hBitmap,
short xStart, short yStart, short xadd,short yadd,
COLORREF cTransparentColor){}
```

24.3.9 我方发射子弹

我方火力分三级，分别用 fire= =0，1，>2 表示。分别有一、二、三线子弹射出，一线向前，二线是向左上角和右上角，三线是上面两种的和。

在具体实现上，需要先检查，不出界则给背景数组赋值；如果是遇到敌机，赋值为 7，显示飞机炸毁位图，否则显示我方子弹位图。具体实现代码如下。

```
    //以2表示子弹
void CGame::Shot()
{
        int i;
        //火力0   一线火力
        if(fire==0)
                //从飞机前方到尽头
                for(i=0;i<yStart;i++)
                {
                        //如果有敌机
                        if(back[xStart][i]==3)
                                //敌机被炸位图
                                back[xStart][i]=7;
                        else
                                //我方子弹位图
                                back[xStart][i]=2;
                }
                //火力1   二线火力
        if(fire==1)
        {
                for(i=1;i<=yStart;i++)
                {
                        //如果不出界
                        if((xStart-i)>=0)
                        {
                                //左上角
                                if(back[xStart-i][yStart-i]==3)
                                        back[xStart-i][yStart-i]=7;
                                else
                                        back[xStart-i][yStart-i]=2;
                        }
                        //如果不出界
                        if((xStart+i)<15)
                        {
                                //右上角
                                if(back[xStart+i][yStart-i]==3)
                                        back[xStart+i][yStart-i]=7;
                                else
                                        back[xStart+i][yStart-i]=2;
                        }
                }
        }
        //其他   三线火力
        if(fire>1)
        {
                for(i=1;i<=yStart;i++)
                {
                        if((xStart-i)>=0)
                        {
                                if(back[xStart-i][yStart-i]==3)
                                        back[xStart-i][yStart-i]=7;
```

```
                                else
                                        back[xStart-i][yStart-i]=2;
                        }
                        //正前方
                        if(back[xStart][i]==3)
                                //敌机被炸位图
                                back[xStart][yStart-i]=7;
                        else
                            back[xStart][yStart-i]=2;
                        if((xStart+i)<15)
                        {
                                if(back[xStart+i][yStart-i]==3)
                                        back[xStart+i][yStart-i]=7;
                                else
                                        back[xStart+i][yStart-i]=2;
                        }

                }

        }
}
```

24.3.10　敌机出现

当敌机出现时，利用随机函数，让敌机在前面 3 排随意出现。其中，do~while 循环语句表示必定要产生一只敌机。具体实现代码如下。

```
void CGame::Enemyplaneout()
{
        int x,y;
        //初始化随机数种子
        srand(GetTickCount());
        //循环到飞机出现为止
      do
        {
                x=rand()%15;
                y=rand()%3;
                //如果位置空
                if(back[x][y]==0)
                        //显示敌机
                        back[x][y]=3;
        }while(back[x][y]==0);
}
```

24.3.11　敌机发射子弹

首先检查前面 3 排，如果有敌机且敌机的前面 3 个位置有不为零的，给相应的值。具体实现代码如下。

```
void CGame::Enemyshot()
{
        int i,j;
        for(i=0;i<15;i++)
                for(j=0;j<12;j++)
                        if(back[i][j]==3)
                        {
                                //如果左下方空
                                if(back[i-1][j+1]==0)
                                        //数组赋值4，表示子弹向左下方移动
                                        back[i-1][j+1]=4;
                                //如果下方空
                                if(back[i][j+1]==0)
                                        //数组赋值5，表示子弹向下方移动
                                        back[i][j+1]=5;
                                //如果右下方空
                                if(back[i+1][j+1]==0)
                                        //数组赋值5，表示子弹向右下方移动
                                        back[i+1][j+1]=6;
                        }
}
```

24.3.12 敌机子弹移动

由于游戏性质的规定，人必定是优先于计算机的。具体情况是，清除这一次背景数组的值，移动，检查是否出界，否则赋相应的值。接着检查我方飞机是否被炸，并做相应处理。具体实现代码如下。

```
void CGame::shotmove()
{
	int i,j;
	for(j=11;j>=0;j--)
		for(i=14;i>=0;i--)
		{
			//数组赋值4，表示子弹向左下方移动
			if(back[i][j]==4)
			{
				//清除数组
				back[i][j]=0;
				//如果不出界
				if(i>0)
					//如果左下方空
					if(back[i-1][j+1]==0)
						//数组赋值4，表示子弹向左下方移动
						back[i-1][j+1]=4;
			}
			if(back[i][j]==5)
			{
				back[i][j]=0;
				if(back[i][j+1]==0)
					back[i][j+1]=5;
			}
			if(back[i][j]==6)
			{
				back[i][j]=0;
				if(i<14)
					if(back[i+1][j+1]==0)
						back[i+1][j+1]=6;
			}
			//如果有敌机或子弹
if((back[xStart][yStart]==3)||(back[xStart][yStart]==4)||(back[xStart][yStart]==5)||(back[xStart][yStart]==6))
			{
				//数组赋值8，表示我方被炸
				back[xStart][yStart]=8;
				//飞机数量减1
				numplane--;
			}
			//如果敌方子弹到了下方边界
			if((back[i][11]==4)||(back[i][11]==5)||(back[i][11]==6))
				//赋值0
				back[i][11]=0;
		}
}
```

24.3.13 火力实现

火力位图是定时地出现，位置当然是随机的。但是出现时必须先进行判断，如果已经出现，下移；如果没有出现，才出现。而当它的位置和我方飞机位置相同时，我方火力增强，甚至生命力增强。具体实现代码如下。

```
//火力位图是否出现
void CGame::FireOutIf()
{
	//没有出现
	if(!iffire)
	{
		//随机位置
		pointfire.x=rand()%15;
		pointfire.y=rand()%8;
		//出现
		iffire=true;
	}
	//出现
```

```
            else
            {
                //如果和我方飞机位置相同
                if((pointfire.x==xStart)&&(pointfire.y==yStart))
                {
                    //不出现
                    iffire=false;
                    //如果火力大于5
                    if(fire>5)
                    {
                        //火力加强
                        fire++;
                        //飞机数量加强
                        numplane++;
                    }
                    //否则
                    else
                        //火力加强
                        fire++;
                    //消失
                    pointfire.y=-1;
                }
                else
                {
                    //位置下移
                    pointfire.y++;
                    //出界
                    if(pointfire.y>11)
                        //不出现
                        iffire=false;
                }
            }
}
```

至此，整个项目实例的主要部分介绍完毕，执行后的效果如图 24-2 所示。

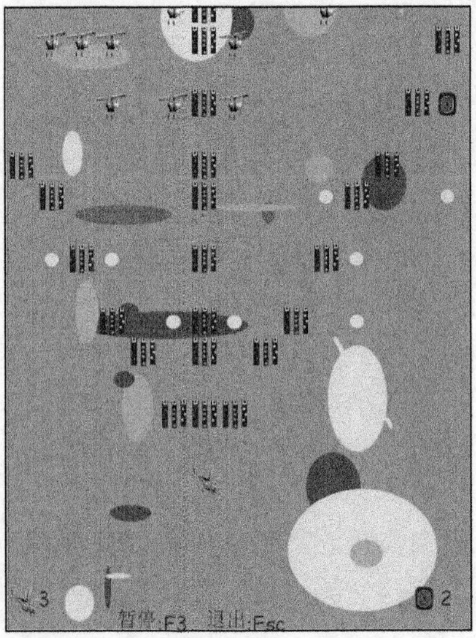

图 24-2　执行效果

第 25 章

功成名就——DirectX 实现媒体播放器

上一章内容带领读者了解了一个 C++游戏项目的实现流程，本章将介绍使用 C++和 DirectX 开发一个媒体播放器的方法，并详细介绍其具体的实现流程。

25.1　DirectX 技术基础

DirectX 为程序员提供了一套完美的基于 COM（Component Object Model，组件对象模型）的游戏和多媒体应用程序编程接口（API，Application Programming Interface），该接口为设计高性能、实时的应用程序提供了所需的资源。在本节的内容中，将简要介绍 DirectX 技术的基本知识，为读者进行后面的学习打下基础。

25.1.1　DirectX 技术概述

从内部原理探讨，DirectX 就是一系列的 DLL（动态链接库），通过这些 DLL，开发者可以在无视于设备差异的情况下访问底层的硬件，DirectX 封装了一些 COM 对象，这些 COM 对象为访问系统硬件提供了一个主要的接口。使用 DirectX 的目的在于，可以使应用程序（特别是游戏）在 Microsoft Windows 下的性能达到甚至超过在 MS-DOS 下的性能，并且为之提供一个强壮、标准化以及文档化的编程环境。

DirectX 优势主要表现在如下两个方面。

（1）为软件开发者提供硬件无关性

Microsoft 开发 DirectX 的初衷就是增强 Windows 下的游戏开发环境，在 DirectX 之前，多数的游戏开发都是基于 MS-DOS 的，那时游戏开发者不得不自己判别硬件的种类并逐一适应。有了 DirectX，游戏开发者就可以享受 DirectX 给他们带来的设备无关性，而丝毫不受影响地直接访问硬件。DirectX 的首要目标即是将 MS-DOS 下的许多特性移植到 Windows 平台上来，在提高应用程序性能的同时，清除个人电脑不断更新的硬件给程序设计带来的障碍。

另外，通过提供应用程序和硬件之间一致的接口，DirectX 让基于 Windows 的应用程序能对现有及未来的硬件系统进行高性能的、实时的访问，发挥了硬件的最大潜能，也使应用程序安装和设置的复杂度大大降低。使用 DirectX 提供的编程接口，软件开发人员能充分地利用硬件特性，却不用操心硬件的具体实现。基于 Windows 的高性能，游戏将从下列技术中获利。

- 专门为提高速度而设计的加速卡。
- 即插即用及其他 Windows 硬件和软件。
- Windows 内建的通信支持（包括 DirectPlay）。

（2）为硬件开发提供的规范

DirectX 建议硬件设计遵循一定的规范，这个规范的制订基于高性能应用程序的开发者和独立硬件供应商的反馈，因而，DirectX 程序员参考的有关内容甚至可能对现在尚未出现的加速硬件的特性进行描述，另一方面，软件也可能仅仅关心在规范所限范围之内的硬件能力，而略过那些不被规范所支持的特性。

DirectX 分为普通的安装包和开发工具包。安装包提供了对 DirectX 程序的支持，安装了 Windows 操作系统的 PC，一般都需要安装 DirectX 的普通安装包，从而支持使用 DirectX 游戏。DirectX 开发工具包，即 DirectX SDK（DirectX Software Develop Kit），它提供了开发 DirectX 程序所需的库文件、头文件、开发文档和代码例子。

25.1.2　DirectX 的基本结构及组成

1. DirectX 的基本结构

DirectX 需要以设备无关的方法提供设备相关的性能，所以 DirectX 的结构是由两个驱动程序构成：硬件操作层（HAL）和硬件模拟层（HEL）。当 DirectX 对象创建时，会同时建立一张“兼容表”，其中记录了当前硬件系统支持的功能，当 DirectX 需要实现某个功能时就查询该表，得到硬件对功能的支持信息，如果功能能够得到硬件支持，则向 HAL 发出请求，以得到硬件的支持，否则就向 HEL 发出请求，以模拟方式实现该功能。图 25-1 所示是 DirectX 的基本结构。

2. DirectX 的基本组成

DirectX SDK 是微软所开发出的一套 API 函数库，最初用于游戏的开发，如今许多的多媒体软件都是使用它所开发出来的。DirectX 中包含了各种组件，用来处理 2D 和 3D 图像、声音、网络连接以及控制各类输入装置，是游戏开发中不可缺少的主角。它包含了编制计算机游戏和多媒体应用程序的最新技术和工具，为广大的程序员提供了一整套的应用程序接口 API，使程序员能够设计高性能实时的应用程序。图 25-2 所示是 DirectX 的基本组成。

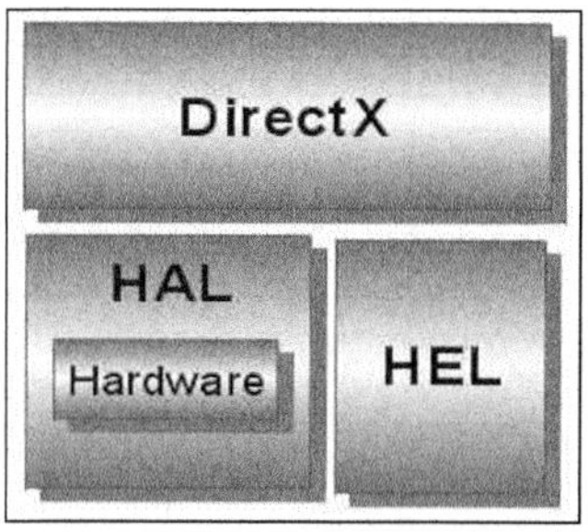

图 25-1 DirectX 的基本结构

图 25-2 DirectX 的基本组成

DirectX 目前主要由表 25-1 所示的 7 个主要部分组成。

表 25-1 DirectX 主要组件

组　件	描　述
DirectDraw	为程序直接访问显存提供接口，同时和其他的 Windows 应用程序保持兼容
Direct3D	为访问 3D 加速设备提供接口
DirectInput	为各种输入设备提供接口，比如鼠标、键盘、力反馈游戏手柄和操纵杆等
DirectPlay	为游戏提供网络功能接口，比如支持通过 IPX、TCP/IP、P2P 等协议进行游戏中的数据传输
DirectSound	为访问声卡提供接口，支持 WAV、MIDI 等文件的直接播放
DirectMusic	此接口主要是生成一系列的原始声音采样反馈给相应的用户事件。处理基于消息的音乐数据。它支持乐器数字接口（MIDI）并为创建交互式音乐提供创作工具
DirectSound3D	通过此接口，可以模拟出某一个声音在三维空间中任何一个位置的播放所产生的效果，从而达到逼真的环绕立体声

25.1.3 DirectX 主要组件介绍

1. DirectDraw 组件

DirectDraw 是 DirectX SDK 的主要组件之一，它允许直接对显示内存操作，支持硬件位块传输、硬件覆盖、表面翻转，并且保持同目前基于 Windows 的应用程序和驱动程序兼容。DirectDraw 是一种软件接口，除了能直接对显示设备存取外，还保持了与 Windows 图形设备接口（Graphics Device Interface，GDI）的兼容性。

DirectDraw 主要提供了完成以下任务的工具：管理多页面、直接访问视频 RAM、换页（Page flipping）、后台缓存（Back buffering）、管理调色板（Palette）、裁剪（Clipping）、视频端口（Video port）。

图 25-3 显示了 DirectDraw 与图形设备接口（Graphics Device Interface，GDI）、硬件操作层（Hardware Abstraction Layer，HAL）、硬件抽象层（Hardware Emulation Layer，HEL）及硬件

（Hardware）之间的关系。DirectDraw 组件与 GDI 位于同一层次，都通过一个与设备相关的抽象层来直接处理硬件设备。与 GDI 不同的是，DirectDraw 会尽可能利用硬件的加速特性。如果硬件不支持某种特性，DirectDraw 会使用硬件抽象层（HEL）试图将该特性进行软件模拟。DirectDraw 可以以设备环境（DC）的形式提供页面存储器，使开发者可以使用 GDI 的函数操作页面对象。

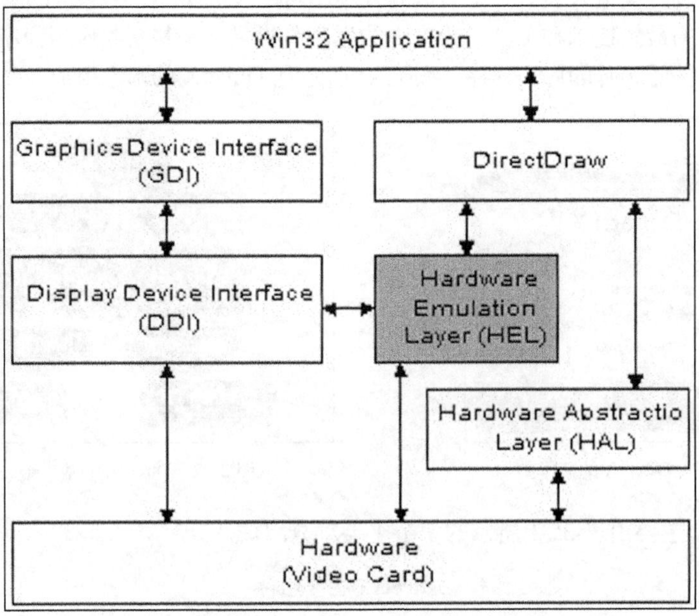

图 25-3　DirectDraw 与 GDI、HAL、HEL、硬件的关系

（1）硬件操作层（Hardware Abstraction Layer，HAL）

DirectDraw 通过硬件操作层（HAL）提供设备索引。HAL 是特殊设备接口，由硬件厂商提供，DirectDraw 可以直接操作硬件，程序无需与 HAL 进行接触。相反，通过 HAL 提供的基础结构，DirectDraw 使用相同的结构让应用程序来显示图形。硬件制造商在 Windows 下实现的 HAL 包含 16-bit 及 32-bit 的代码。在 Windows NT 下，HAL 则是纯 32-bit 的代码。HAL 可以是显示卡驱动程序的一部分或单独的动态链接库，以驱动程序的接口来通信，接口是由驱动程序设计者定义的。

（2）硬件抽象层（Hardware Emulation Layer，HEL）

当通过硬件操作层（HAL）硬件无法支持某些特性，DirectDraw 就试图对其进行模拟，这个功能是通过硬件抽象层来实现的。HEL 提供与 HAL 相同的功能。还有，在 HAL，程序并不直接与 HEL 工作。在主要功能上其结果大体相同，而程序不必理会是由硬件提供的还是 HEL 模拟的。

2. Direct3D 组件

Direct3D 提供了在窗口操作系统上运行 3D 互动游戏的可能，它提供了独立于各种 3D 图形加速硬件的一些独立调用函数。用户可以在两种模式下使用 Direct3D，即立即模式（Immediate Mode）和保留模式（Retained Mode）。Direct3D 立即模式适合于快速开发，Direct3D 保留模式为高级、实时的三维图形提供了更高层的支持和为层次结构和动画之类的图形技术提供内在支持。Direct3D 保留模式建立在 Direct3D 立即模式之上。

Direct3D 为程序开发人员提供了许多高级功能，如：可切换的三度缓冲（使用 z-buffer 或

w-buffer），平面和 Gouraud 阴影，多种光线和光线类型，丰富的素材和纹理支持功能，可靠的软件仿真驱动程序，变换和裁剪，与硬件无关性，在 Windows NT 上的完全硬件加速（提供合适的设备驱动程序时），对专门的 CPU 指令集的内嵌式支持，其中包括 Intel 的 MMX 和 Pentium III 结构以及 AMD 3DNow!结构。

3. DirectSound 组件

DirectSound 提供了程序和音频适配器的混音及播放功能之间的链接。还支持波形声音的捕获和播放。DirectSound 为多媒体应用程序提供低潜伏混合、硬件加速以及直接访问声音设备。在维护与现有设备驱动程序兼容性的同时提供该功能。DirectSound 的设计目标是提高声音的输出速度，实现多路声音混合播放。

4. DirectInput 组件

DirectInput 为 Windows 环境的游戏和实时多媒体应用程序处理输入设备信息，尤其对游戏控制器和力反馈设备提供了完备的支持。DirectInput 和其他 DirectX 组成部分一样，是通过硬件抽象层和硬件仿真层来实现，但是一般来说，所有的游戏控制器都有合适的驱动程序来支持，所以一般来说使用硬件仿真层的内容并不多，大多数的控制器是通过 DirectX 调用驱动程序来完成。

DirectInput 可识别如下 3 种基本设备类型。

- 键盘，标准系统键盘。
- 鼠标，这一类中包括所有类似于鼠标的设备，如触摸板、跟踪球以及相应的按键。
- 游戏杆，相对于其他类型的控制器和力反馈设备而言，这是易于产生误解的名称，其范围从简单的游戏杆直至虚拟现实的复杂设备。

5. DirectPlay 组件

DirectPlay 是为了满足现在流行的网络游戏而开发的 API，它是一个用于连接传输协议和网络设备之间的接口程序。DirectPlay 支持多通信协议，可以运行在采用 TCP/IP 或者是 IPX 协议的网络上，甚至也可以使用 Modem 进行连接，而且 DirectPlay 还为将来的协议预留了很好的扩展空间。DirectPlay 提供了高级的传输层服务（例如，有保证或无保证的传递，慢速链接上的通信扼杀，以及放弃连接检测等），也提供了会话层服务（包括玩家名称表管理和点对点主机转移）。图 25-4 显示了 DirectPlay 体系结构，以及它如何提供与通信服务提供程序无关的独立性。

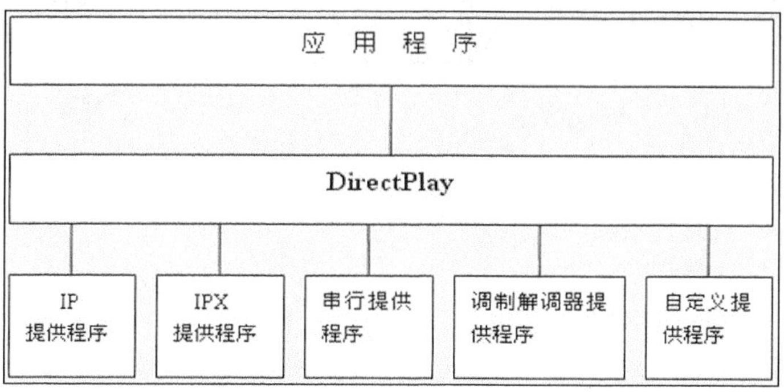

图 25-4 DirectPlay 体系结构

25.2 系统分析和设计

媒体播放器的基本功能是对硬盘或存储设备上的媒体文件进行播放处理，在回放或显示过程中，用户可以控制回放的动作特性和显示特性。在本节的内容中，将对系统进行总体分析和设计处理。

25.2.1　功能需求和效果展示

作为一个基本的媒体播放器，必须具备如下功能。

① 不但能够播放媒体文件，而且还能进行播放速度控制、全屏控制、音量控制、顶部显示、摇曳处理和抓图存盘等操作。

② 能够播放各种主流媒体文件，例如 AVI、ASF、MPG、WMA 等。使用 DirectShow SDK 进行开发时，不需要关心媒体文件的格式，只需安装解码插件集合即可，例如 ffmpeg、ffdshow、xvid、divx 等插件。这样 DirectShow SDK 会自动剖析、渲染媒体文件，定位媒体文件到对应的解码库解码回放流媒体文件。

③ 还需要具备 1/2、1 倍、2 倍速度播放、抓图并保存、全屏显示、静音控制、置顶控制、播放位置定位等功能。

本章实例代码保存在“光盘:\daima\25\”文件夹中，执行后的效果如图 25-5 所示。鼠标在屏幕中右键单击后，将会弹出一系列的控制命令，如图 25-6 所示。

图 25-5　初始效果

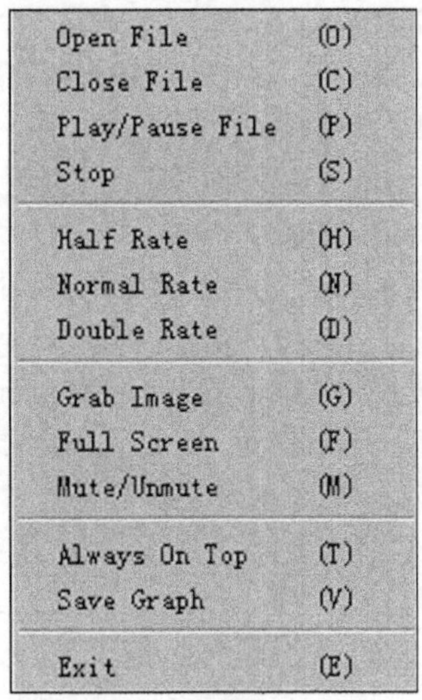

图 25-6　控制命令

图 25-6 中各个控制命令的具体说明如下。

- ❑ Open File：打开要播放的媒体文件。
- ❑ Close File：关闭播放的文件。
- ❑ Play/Pause File：播放/暂停。
- ❑ Stop：停止播放。
- ❑ Half Rate：1/2 速度播放。
- ❑ Normal Rate：正常速度播放。
- ❑ Double Rate：2 倍速度播放。
- ❑ Grab Image：抓图并保存。
- ❑ Full Screen：全屏播放。
- ❑ Mute/Unmute：静音。

- ❑ Always On Top：置顶。
- ❑ Save Graph：保存当前播放的 Graph 滤波器链表。
- ❑ Exit：退出。

25.2.2 设计 FilterGraph 结构

滤波器链表管理器用于控制和管理插入的各种滤波器，并判断其引脚（Pin）的方向和流媒体类型，根据滤波器的类型来决定是否可连接。多媒体播放器的一大特点是不知道调用哪种解码器，也不知道媒体的格式。但是 DirectShow 可以通过 IGraphBuilder 接口的 RenderFile 方法，自动剖析媒体格式并连接系统中的解码器。这样就可以使用 IMediaControl 来控制流媒体的播放、暂停和停止。

IMediaEvevteEx 可以控制媒体信息和状态，IMediaSeeking 可以控制媒体波的位置和速度。

这样，上述所有的滤波器接口就是利用 IMediaBuilder 接口作为滤波器链表管理器的。

25.3 实现媒体控制类

DirectShow SDK 是一个库函数，使用时需要先创建，然后才能使用，最后再销毁。媒体的播放和图像显示等功能都是由 SDK 来完成的。为了系统开发方便，我们把和 SDK 有关的开发函数封装在 CDXGraph 中去。这样，应用程序可以使用其中的成员函数和变量来完成媒体的播放和显示。在该类中包含了回放媒体时所需要的几乎所有的动作和控制方法。读者可以在本实例的基础之上，使用此类来实现功能更加强大、回放控制更加灵活的媒体播放器。

25.3.1 CDXGraph 类初始化

类 CDXGraph 封装了和 DirectShow 有关的接口和方法，此类在文件 CDXGraph.cpp 中实现，其头文件是 CDXGraph.h。文件 CDXGraph.h 中定义了类 CDXGraph，具体代码如下。

```
class CDXGraph
{
public:
    IGraphBuilder   *pGraph;                    //滤波器链表管理器
    IMediaControl   *pMediaControl;             //媒体控制接口，如run、stop、pause
    IMediaEventEx   *pMediaEvent;               //媒体事件接口
    IBasicVideo     *pBasicVideo;               //视频基本接口
    IBasicAudio     *pBasicAudio;               //音频基本接口
    IVideoWindow    *pVideoWindow;              //视频窗口接口
    IMediaSeeking   *pMediaSeeking;             //媒体定位接口

    DWORD                   mObjectTableEntry;

public:
    CDXGraph();
    virtual ~CDXGraph();

public:
    virtual bool Create(void);                  //生成滤波器链表管理器
    virtual void Release(void);                 //释放所有接口
    virtual bool Attach(IGraphBuilder * inGraphBuilder);

    //IGraphBuilder * GetGraph(void);           //Not outstanding reference count
    IMediaEventEx * GetEventHandle(void);       //返回IMediaEventEx指针

    //根据引脚方向连接滤波器
    bool ConnectFilters(IPin * inOutputPin, IPin * inInputPin, const AM_MEDIA_TYPE * inMediaType = 0);
    //断开连接滤波器
    void DisconnectFilters(IPin * inOutputPin);
    //设置显示窗口
    bool SetDisplayWindow(HWND inWindow);
    //设置窗口通知消息
    bool SetNotifyWindow(HWND inWindow);
```

```
    //窗口大小改变处理函数
    bool ResizeVideoWindow(long inLeft, long inTop, long inWidth, long inHeight);
    //处理事件
    void HandleEvent(WPARAM inWParam, LPARAM inLParam);

    //媒体运行状态
    bool Run(void);              // Control filter graph
    bool Stop(void);
    bool Pause(void);
    bool IsRunning(void);    // Filter graph status
    bool IsStopped(void);
    bool IsPaused(void);

    //设置显示窗口全屏显示
    bool SetFullScreen(BOOL inEnabled);
    bool GetFullScreen(void);

    // 媒体定位
    bool GetCurrentPosition(double * outPosition);
    bool GetStopPosition(double * outPosition);
    bool SetCurrentPosition(double inPosition);
    bool SetStartStopPosition(double inStart, double inStop);
    bool GetDuration(double * outDuration);
    bool SetPlaybackRate(double inRate);

    //设置媒体音量: range from -10000 to 0, and 0 is FULL_VOLUME.
    bool SetAudioVolume(long inVolume);
    long GetAudioVolume(void);

    //设置音频平衡: range from -10000(left) to 10000(right), and 0 is both.
    bool SetAudioBalance(long inBalance);
    long GetAudioBalance(void);

    //剖析媒体文件
    //bool RenderFile(char * inFile);
    bool RenderFile(TCHAR * inFile);

    //抓图
    bool SnapshotBitmap(TCHAR *outFile);//const char * outFile);

    int m_nVolume;
    void ChangeAudioVolume(int nVolume);

    //静音开关
    void Mute();
    void UnMute();

private:
    //供GraphEdit调试时使用
    void AddToObjectTable(void) ;
    void RemoveFromObjectTable(void);
    //查询有关接口
    bool QueryInterfaces(void);
};
```

在上述代码中，类 CDXGraph 为播放的媒体文件提供了几乎所有的操作，例如音频控制、抓图、全屏和播放位置控制等。在类的结构器中将所有指针清零，同时在文件 MediaPlayer.cpp 中的 InitInstance()函数中对 COM 进行初始化。

25.3.2　创建 Graph 滤波器链表

在此需要首先创建滤波器链表管理器，然后在该链表下查询、使用各种接口。例如媒体控制接口、基类音频/视频接口、视频窗口接口和媒体定位接口等。实现滤波器链表管理 Graph 的具体代码如下。

```
bool CDXGraph::Create(void)
{
    if (!pGraph)                                          //pGraph为空则创建
    {
        if (SUCCEEDED(CoCreateInstance(CLSID_FilterGraph, NULL, CLSCTX_INPROC_SERVER,
            IID_IGraphBuilder, (void **)&pGraph)))
```

```
        {
            AddToObjectTable();                                     //添加到目标列表，使用GraphEdit调试。
            return QueryInterfaces();
        }
        pGraph = 0;
    }
    return false;
}
```

在上述代码中，如果滤波器不为空，则在此调用该函数时不再重复创建；如果为空，则创建链表管理器 pGraph，然后将其添加到目标列表中，以便使用 GraphEdit 程序进行调试，最后基于 pGraph 查询各种接口。

创建链表管理器 pGraph 后，可以在里面查询、初始化所必需的 DirectShow 接口。具体实现代码如下。

```
bool CDXGraph::QueryInterfaces(void)
{
    if (pGraph)
    {
        HRESULT hr = NOERROR;                                    //函数返回值初始化
        //查询媒体控制接口
        hr |= pGraph->QueryInterface(IID_IMediaControl, (void **)&pMediaControl);
        //查询媒体事件接口
        hr |= pGraph->QueryInterface(IID_IMediaEventEx, (void **)&pMediaEvent);
        //查询基类视频接口
        hr |= pGraph->QueryInterface(IID_IBasicVideo, (void **)&pBasicVideo);
                //查询基音视频接口
        hr |= pGraph->QueryInterface(IID_IBasicAudio, (void **)&pBasicAudio);
        //查询视频窗口接口
        hr |= pGraph->QueryInterface(IID_IVideoWindow, (void **)&pVideoWindow);
        //查询媒体定位接口
        hr |= pGraph->QueryInterface(IID_IMediaSeeking, (void **)&pMediaSeeking);
        if (pMediaSeeking)                                       //查询媒体定位接口成功
        {
                pMediaSeeking->SetTimeFormat(&TIME_FORMAT_MEDIA_TIME);
        }
        return SUCCEEDED(hr);
    }
    return false;
}
```

在上述代码中，滤波器管理器如果不为空，则查询各种必须的接口，并把每次操作的结果放在 hr 中，最后判断 hr 的值。

25.3.3 设计图像窗口

打开媒体文件，开始渲染、分析其媒体格式，然后链接对应的解码器。具体代码如下。

```
bool CDXGraph::RenderFile(TCHAR * inFile)
{
    if (pGraph)
    {
        WCHAR      szFilePath[MAX_PATH];
          //把传入的文件名转换成宽字符串
        MultiByteToWideChar(CP_ACP, 0, inFile, -1, szFilePath, MAX_PATH);
                if (SUCCEEDED(pGraph->RenderFile(inFile, NULL)))
        {   //渲染媒体文件，构建滤波器链表。
            return true;
        }
    }
    return false;
}
```

然后设置媒体显示窗口，把输入窗口句柄与 DirectShow 控制接口 pVideoWindow 捆绑。具体代码如下。

```
//输入显示窗口的句柄：inWindow
bool CDXGraph::SetDisplayWindow(HWND inWindow)
{
    if (pVideoWindow)
    {
        // 首先隐藏视频窗口
```

```
        pVideoWindow->put_Visible(OAFALSE);
        pVideoWindow->put_Owner((OAHWND)inWindow);
        //获取输入窗口的显示区域
        RECT windowRect;
        ::GetClientRect(inWindow, &windowRect);
        pVideoWindow->put_Left(0);
        pVideoWindow->put_Top(0);
        pVideoWindow->put_Width(windowRect.right - windowRect.left);
        pVideoWindow->put_Height(windowRect.bottom - windowRect.top);
        pVideoWindow->put_WindowStyle(WS_CHILD|WS_CLIPCHILDREN|WS_CLIPSIBLINGS);
        pVideoWindow->put_MessageDrain((OAHWND) inWindow);
        // 回复视频窗口
        if (inWindow != NULL)
        {
            pVideoWindow->put_Visible(OATRUE);
        }
        else
        {
            pVideoWindow->put_Visible(OAFALSE);
        }
        return true;
    }
    return false;
}
```

在上述代码中，把传入的视频显示窗口和 DirectShow 的视频窗口接口捆绑。首先隐藏视频窗口，设置视频窗口所属为传入的显示窗口；然后获取传入的显示窗口区域，并将该区域设置到 DirectShow 的视频窗口；最后恢复视频窗口，完成对视频窗口的设置。

设置窗口信息通知，先在文件 CDXGraph.h 中自定义消息 WM_GRAPHNOTIFY，具体代码如下。

```
//滤波器链表通知给特定窗口
#define WM_GRAPHNOTIFY(WM_USER+20)
```

然后实现窗口信息、事件通知函数 SetNotifyWindow(HWND inWindow)，用于输入显示窗口的句柄 inWindow。具体代码如下。

```
bool CDXGraph::SetNotifyWindow(HWND inWindow)
{
    if (pMediaEvent)                                    //媒体事件接口不为空
    {  //设置消息通知窗口
        pMediaEvent->SetNotifyWindow((OAHWND)inWindow, WM_GRAPHNOTIFY, 0);
        return true;                                    //设置成功
    }
    return false;                                       //媒体事件接口为空
}
```

25.3.4　媒体播放控制

项目中的播放控制包括运行 Run、暂停 Pause、停止 Stop、播放媒体定位和静音等。下面的代码实现播放、暂停和停止功能。

```
bool CDXGraph::Run(void)
{
    if (pGraph && pMediaControl)                        //链表和媒体控制接口都不为空
    {
        if (!IsRunning())                               //看是否在播放
        {
            if (SUCCEEDED(pMediaControl->Run()))
            {
                return true;                            //正在运行
            }
        }
        else
        {
            return true;                                //正在运行
        }
    }
    return false;
}

bool CDXGraph::Stop(void)
```

```
{
    if (pGraph && pMediaControl)                    //链表和媒体控制接口都不为空
    {
        if (!IsStopped())                           //看是否已经停止
        {
            if (SUCCEEDED(pMediaControl->Stop()))
            {
                return true;                        //已经停止
            }
        }
        else
        {
            return true;                            //已经停止
        }
    }
    return false;
}

bool CDXGraph::Pause(void)
{
    if (pGraph && pMediaControl)                    //链表和媒体控制接口都不为空
    {
        if (!IsPaused())                            //看是否已经暂停
        {
            if (SUCCEEDED(pMediaControl->Pause()))
            {
                return true;                        //已经暂停
            }
        }
        else
        {
            return true;                            //已经暂停
        }
    }
    return false;
}
```

下面的代码实现播放媒体的播放位置定位，此处包含了时间长度、设置/获取当前播放位置和设置回放速率等。

```
//获取播放时间长度
bool CDXGraph::GetDuration(double * outDuration)
{
    if (pMediaSeeking)
    {
        __int64 length = 0;
        if (SUCCEEDED(pMediaSeeking->GetDuration(&length)))
        {
            *outDuration = ((double)length) / 10000000.;
            return true;
        }
    }
    return false;
}

//获取当前播放位置
bool CDXGraph::GetCurrentPosition(double * outPosition)
{
    if (pMediaSeeking)
    {
        __int64 position = 0;
        if (SUCCEEDED(pMediaSeeking->GetCurrentPosition(&position)))
        {
            *outPosition = ((double)position) / 10000000.;
            return true;
        }
    }
    return false;
}

//设置当前播放位置
bool CDXGraph::SetCurrentPosition(double inPosition)
{
    if (pMediaSeeking)
```

```
    {
        __int64 one = 10000000;
        __int64 position = (__int64)(one * inPosition);
        HRESULT hr = pMediaSeeking->SetPositions(&position, AM_SEEKING_Absolute Positioning | AM_SEEKING_
        SeekToKeyFrame, 0, AM_SEEKING_NoPositioning);
        return SUCCEEDED(hr);
    }
    return false;
}

//设置回复速率
bool CDXGraph::SetPlaybackRate(double inRate)
{
    if (pMediaSeeking)
    {
        if (SUCCEEDED(pMediaSeeking->SetRate(inRate)))
        {
            return true;
        }
    }
    return false;
}
```

通过上述代码实现了对播放文件的定位设置，各个设置的过程基本相同，首先要确保媒体定位接口不为空，然后使用媒体定位接口下的方法实现定位。另外，还需要通过下面的代码来设置媒体播放位置。

```
bool CDXGraph::GetStopPosition(double * outPosition)
{
    if (pMediaSeeking)
    {
        __int64 position = 0;
        if (SUCCEEDED(pMediaSeeking->GetStopPosition(&position)))
        {
            *outPosition = ((double)position) / 10000000.;
            return true;
        }
    }
    return false;
}

bool CDXGraph::SetStartStopPosition(double inStart, double inStop)
{
    if (pMediaSeeking)
    {
        __int64 one = 10000000;
        __int64 startPos = (__int64)(one * inStart);
        __int64 stopPos  = (__int64)(one * inStop);
        HRESULT hr = pMediaSeeking->SetPositions(&startPos, AM_SEEKING_AbsolutePositioning | AM_SEEKING_
        SeekToKeyFrame, &stopPos, AM_SEEKING_AbsolutePositioning | AM_SEEKING_SeekToKeyFrame);
        return SUCCEEDED(hr);
    }
    return false;
}
```

最后讲解静音设置，具体代码如下。

```
void CDXGraph::Mute()
{
    if (!pBasicAudio)                               //如果基类音频接口为空则直接返回
        return;

    pBasicAudio->put_Volume(-10000);                //设置静音
}

void CDXGraph::UnMute()
{
    if (!pBasicAudio)                               //如果基类音频接口为空则直接返回
        return;
    long lVolume = (m_nVolume - 100) * 100;         //设置静音
    pBasicAudio->put_Volume(lVolume);
}
```

25.3.5 视频全屏显示

视频全屏显示是一个播放器的最基本功能之一，本项目中实现视频全屏显示的代码如下。

```
//全屏显示函数
bool CDXGraph::SetFullScreen(BOOL inEnabled)
{
    if (pVideoWindow)//视频窗口接口不为空
    {    //用ture和false来表示全屏开关
        HRESULT hr = pVideoWindow->put_FullScreenMode(inEnabled ? OATRUE : OAFALSE);
        return SUCCEEDED(hr);
    }
    return false;
}
```

25.3.6 抓图保存

抓图保存也是一个播放器的最基本功能之一，本项目中实现抓图保存的具体代码如下。

```
bool CDXGraph::SnapshotBitmap(TCHAR *outFile)
{
    if (pBasicVideo)                                        //基类视频接口不为空
    {
        long bitmapSize = 0;                                //位图大小
        if (SUCCEEDED(pBasicVideo->GetCurrentImage(&bitmapSize, 0)))
        {
            bool pass = false;
            unsigned char * buffer = new unsigned char[bitmapSize];
             //以bitmapSize大小读取图像数据，并放在buffer中。
            if (SUCCEEDED(pBasicVideo->GetCurrentImage(&bitmapSize, (long *)buffer)))
            {
                BITMAPFILEHEADER      hdr;
                LPBITMAPINFOHEADER lpbi;

                lpbi = (LPBITMAPINFOHEADER)buffer;
                int nColors = 0;
                 //创建位图头文件结构体字段信息
                if (lpbi->biBitCount < 8)
                {
                    nColors = 1 << lpbi->biBitCount;
                }
                hdr.bfType          = ((WORD) ('M' << 8) | 'B');        //always is "BM"
                hdr.bfSize          = bitmapSize + sizeof( hdr );
                hdr.bfReserved1     = 0;
                hdr.bfReserved2     = 0;
                hdr.bfOffBits       = (DWORD) (sizeof(BITMAPFILEHEADER) + lpbi->biSize +
                                      nColors * sizeof(RGBQUAD));
                 //可读写二进制创建文件
                CFile bitmapFile((outFile), CFile::modeReadWrite | CFile::modeCreate | CFile::typeBinary);
                bitmapFile.Write(&hdr, sizeof(BITMAPFILEHEADER));
                bitmapFile.Write(buffer, bitmapSize);
                bitmapFile.Close();                 //关闭位图文件
                pass = true;                        //抓图成功
            }
            delete [] buffer;                       //释放缓冲区
            return pass;
        }
    }
    return false;
}
```

25.4 实现播放器主题

经过前面的操作，我们实现了类的设计。本节内容开始介绍播放器主题的实现过程，逐一介绍各个控制按钮和弹出命令功能的具体实现过程。

25.4.1 打开一个媒体文件

单击播放器界面中的【打开】按钮后，即可打开要播放的媒体文件，此处需要添加一个鼠标单击事件响应。具体实现代码如下。

```
void CMediaPlayerDlg::OnBnClickedButtonOpen()
{
    // TODO: 在此添加控件通知处理程序代码
#if 1
    CString strFilter = _T("AVI File (*.avi) | *.avi|");
    strFilter += "MPEG File (*.mpg; *.mpeg) | *.mpg; *.mpeg|";
    strFilter += "MP3 File (*.mp3) | *.mp3|";
    strFilter += "WMA File (*.wma) | *.wma|";
    strFilter += "All File (*.*) | *.*|";
#else
    CString strFilter = _T("AVI File (*.avi)|*.avi|MPEG File (*.mpg)|*.mpg|MP3 File (*.mp3)|*.mp3|All Files (*.*)|*.*||");
#endif
    CFileDialog dlg(TRUE, NULL, NULL, OFN_PATHMUSTEXIST|OFN_HIDEREADONLY, strFilter, this);
    if (dlg.DoModal() == IDOK)
    {
        m_sourceFile = dlg.GetPathName();
         //从路径中获取多媒体文件名称
        m_mediaFileName =GetFileTitleFromFileName(m_sourceFile,1);
        CreateGraph();                                        //创建链表，连接滤波器。
    }
}
```

在上述代码中，将以只读的方式打开要播放的文件，并且过滤了流媒体文件的格式，获取了媒体的路径和文件名。

25.4.2 渲染媒体文件

渲染媒体文件，把显示图像窗口和 DirectShow SDK 的视频窗口接口进行捆绑。因为所有对 DirectShow SDK 的控制是在封装类 CDXGraph 中实现的，所以首先要创建一个 CDXGraph 对象；然后创建滤波器链表管理器，并把读取的文件的路径名修改为宽字符形式。渲染媒体文件，自动剖析媒体格式，构建滤波器列表。如果渲染成功，则设置图像显示窗口并注册消息通知窗口；最后显示第一帧图像后，马上暂停。上述功能的具体实现代码如下。

```
void CMediaPlayerDlg::CreateGraph()
{
    DestroyGraph();                                          //销毁滤波器链表图
    m_pFilterGraph = new CDXGraph();                         //创建CDXGraph对象
    if (m_pFilterGraph->Create())                            //创建滤波器链表管理器
    {
        //if (!m_pFilterGraph->RenderFile(ch))  //渲染媒体文件，构建滤波器链表
        TCHAR *ch1 = m_sourceFile.GetBuffer(m_sourceFile.GetLength());

        if (!m_pFilterGraph->RenderFile(ch1))  //渲染媒体文件，构建滤波器链表
        {
            MessageBox(_T("无法渲染此媒体文件！请确认是否安装相关解码器插件！\n 或者此媒体文件已损坏！"),_
            T("系统提示"),MB_ICONWARNING);
            return;
        }
        m_sourceFile.ReleaseBuffer();
            //设置图像显示窗口
        m_pFilterGraph->SetDisplayWindow(m_videoWindow.GetSafeHwnd());
            //设置窗口消息通知
        m_pFilterGraph->SetNotifyWindow(this->GetSafeHwnd());
        //显示第一帧图像
        m_pFilterGraph->Pause();
    }
}
```

25.4.3 播放媒体文件

单击【播放】按钮后，开始播放选择的媒体文件。同时在标题栏中显示播放速度和媒体文件名。具体实现代码如下。

```
void CMediaPlayerDlg::OnBnClickedButtonPlay()
{
    // TODO: 在此添加控件通知处理程序代码
    if (m_pFilterGraph)
    {
        SetWindowText(_T("1倍速播放 ") + m_mediaFileName);
```

```
        m_pFilterGraph->Run();
        //m_volume = m_pFilterGraph->GetAudioVolume();
        //m_sliderAudio.SetPos(m_volume);
        //m_volume = 100;
        m_pFilterGraph->ChangeAudioVolume(m_volume);
        m_sliderVolume.SetPos(m_volume);
        if (m_playerTimer == 0)
        {
            m_playerTimer = SetTimer(SLIDER_TIMER, 100, NULL);
        }
    }
}
```

为了获取媒体播放的信息和各种事件，需要向窗口发送通知，具体步骤如下。

① 向对话框类中添加自定义的消息处理函数 OnGraphNotify。

```
afx_msg LRESULT OnGraphNotify(WPARAM inWParam, LPARAM inLParam)
```

② 向对话框消息映射部分添加消息映射宏。

```
ON_MESSAGE(WM_GRAPHNOTIFY, OnGraphNotify)
```

消息处理函数 OnGraphNotify 的具体实现代码如下。

```
LRESULT CMediaPlayerDlg::OnGraphNotify(WPARAM inWParam, LPARAM inLParam)
{
    IMediaEventEx *pEvent = NULL;                       //媒体事件接口
    if ((m_pFilterGraph!=NULL) && (pEvent = m_pFilterGraph->GetEventHandle()))
    {
        LONG eventCode = 0;                             //事件码
        LONG eventParam1  = 0;                          //事件码的第一个参数
        LONG eventParam2 = 0;                           //事件码的第二个参数
        while (SUCCEEDED(pEvent->GetEvent(&eventCode, &eventParam1, &eventParam2, 0)))
        {   //获取成功释放事件和参数
            pEvent->FreeEventParams(eventCode, eventParam1, eventParam2);
            switch (eventCode)
            {
            case EC_COMPLETE:                           //播放结束
                OnBnClickedButtonPause();               //暂停播放
                m_pFilterGraph->SetCurrentPosition(0);
                break;
            case EC_USERABORT:                          //用户终止消息
            case EC_ERRORABORT:                         //出错终止消息
                OnBnClickedButtonStop();
                break;
            default:
                break;
            }
        }
    }
    return 0;
}
```

25.4.4 实现控制功能

经过前面的介绍，实际上已经实现了一个最简单的播放器，具备了播放、打开文件和停止播放的功能。但是作为一个视频播放器，还需要添加一些用于控制播放处理的功能。

1. 视频窗口中的右键快捷菜单

在播放视频时，鼠标右键单击后可以弹出图 25-6 所示的菜单命令，通过这些菜单命令可以对当前播放的视频进行控制。编写虚拟函数 PreTranslateMessage，具体实现代码如下。

```
BOOL CMediaPlayerDlg::PreTranslateMessage(MSG* pMsg)
{
        {
        // ToolTip处理如下信息
        m_tooltip.RelayEvent(pMsg);
    }
    //按下鼠标右键
    if (pMsg->message == WM_KEYDOWN)
    {
        if (pMsg->wParam == VK_RETURN || VK_ESCAPE)
        {
            //RestoreFromFullScreen();
            if (m_pFilterGraph != NULL)
```

```
            {
                if (m_pFilterGraph->GetFullScreen())
                {
                    m_pFilterGraph->SetFullScreen(FALSE);
                }
            }

            return TRUE;
        }
    }else if (WM_RBUTTONDOWN == pMsg->message)
    {
        CPoint point;
        //HMENU hmenu;
        CMenu hmenu;
        HMENU hmenuTrackPopup;
        hmenu.LoadMenu(IDR_MENU_MAIN);                //装载菜单
        GetCursorPos(&point);                         //获取鼠标当前位置
        hmenuTrackPopup = GetSubMenu(hmenu, 0);
          //弹出式菜单
        TrackPopupMenu(hmenuTrackPopup, TPM_LEFTALIGN | TPM_LEFTBUTTON, point.x, point.y, 0, this->m_hWnd,
        NULL);
        DestroyMenu(hmenu);
    }
```

2. 在线提示

当把鼠标放在播放器中的一个按钮上面时，系统会提示此按钮的功能信息。此功能的具体实现步骤如下。

① 在类“CMediaPlayerDlg”中定义声明的 tooltip 控件。

```
CToolTipCtrl m_tooltip;
```

② 在类“CMediaPlayerDlg”实现文件的对话框初始函数 OnInitDialog 中添加如下代码。

```
m_tooltip.Create(this);
    m_tooltip.Activate(TRUE);
    //添加各个按钮的提示说明信息
    m_tooltip.AddTool(GetDlgItem(IDC_BUTTON_OPEN), _T("Open Media File"));
    m_tooltip.AddTool(GetDlgItem(IDC_BUTTON_PLAY), _T("Play Media File"));
    m_tooltip.AddTool(GetDlgItem(IDC_BUTTON_PAUSE), _T("Pause Media File"));
    m_tooltip.AddTool(GetDlgItem(IDC_BUTTON_STOP), _T("Stop Media File"));
    m_tooltip.AddTool(GetDlgItem(IDC_BUTTON_GRASP),_T("Grasp Image"));
    m_tooltip.AddTool(GetDlgItem(IDC_BUTTON_EXIT),_T("Exit the App"));
    m_tooltip.AddTool(GetDlgItem(IDC_SLIDER_PLAY),_T("Slider of Player"));
    m_tooltip.AddTool(GetDlgItem(IDC_SLIDER_VOLUME),_T("Slider of Volume"));
    m_tooltip.AddTool(GetDlgItem(IDC_VIDEO_WINDOW),_T("Display Pictures"));
    return TRUE;                                    // 除非将焦点设置到控件，否则返回 TRUE
```

③ 在 PreTranslateMessage 消息处理函数中添加如下代码。

```
m_tooltip.RelayEvent(pMsg);
```

3. 控制播放速率

播放器即可以快速播放视频，也可以加速播放视频。下面介绍控制播放速率的具体实现方法，步骤如下。

① 选中“Half Rate”，以 1/2 速率播放媒体，添加如下时间处理程序。

```
void CMediaPlayerDlg::OnMenuHalfrate()
{
    // TODO: 在此添加命令处理程序代码
    if (m_pFilterGraph)
    {
        m_pFilterGraph->SetPlaybackRate(0.5);
        SetWindowText(_T("1/2倍速播放 ") + m_mediaFileName);
    }
}
```

在此设置回放速率小于 1 表示慢放。

② 选中“Normal Rate”，以正常速率播放媒体，添加如下时间处理程序。

```
void CMediaPlayerDlg::OnMenuNormalrate()
{
    // TODO: 在此添加命令处理程序代码
    if (m_pFilterGraph)
    {
        m_pFilterGraph->SetPlaybackRate(1.0);
```

```
            SetWindowText(_T("1倍速播放 ") + m_mediaFileName);
        }
    }
```

在此设置回放速率小于 1 表示慢放。

③ 选中“Double Rate”，以 2 倍速率播放媒体，添加如下时间处理程序。

```
void CMediaPlayerDlg::OnMenuDoublerate()
{
    // TODO: 在此添加命令处理程序代码
    if (m_pFilterGraph)
    {
        m_pFilterGraph->SetPlaybackRate(2.0);
        SetWindowText(_T("2倍速播放 ") + m_mediaFileName);
    }
}
```

在此设置回放速率大于 2 表示慢放。

4. 全屏和置顶播放

首先选中“FullScreen Display”选项，添加如下事件处理程序代码实现全屏播放功能。

```
void CMediaPlayerDlg::OnMenuFullscreen()
{
    // TODO: 在此添加命令处理程序代码
    static int flag=0;
    if (m_pFilterGraph != NULL)
    {
        if (!flag){
            m_pFilterGraph->SetFullScreen(TRUE);
            flag = 1;
        }else{
            m_pFilterGraph->SetFullScreen(FALSE);
            flag = 0;
        }
    }
}
```

然后实现退出全屏显示，程序首先捕获“Esc”键信息，然后在 PreTranslateMessage 中添加消息捕获处理。具体代码如下。

```
if (pMsg->message == WM_KEYDOWN)
    {
        if (pMsg->wParam == VK_RETURN || VK_ESCAPE)
        {
            //RestoreFromFullScreen();
            if (m_pFilterGraph != NULL)
            {
                if (m_pFilterGraph->GetFullScreen())
                {
                    m_pFilterGraph->SetFullScreen(FALSE);
                }
            }
            return TRUE;
        }
    }
```

最后实现播放置顶处理，添加如下事件处理代码。

```
void CMediaPlayerDlg::OnMenuAlwaysontop()
{
    // TODO: 在此添加命令处理程序代码
    static int flag=0;
    if (!flag)
    {
        ::SetWindowPos(m_hWnd,HWND_TOPMOST,0,0,0,0,SWP_NOMOVE | SWP_NOSIZE);
        flag = 1;
    }
    else
    {
        ::SetWindowPos(m_hWnd,HWND_NOTOPMOST, 0, 0, 0, 0, SWP_NOSIZE | SWP_NOMOVE);
        flag = 0;
    }
}
```

25.4.5　实现拖放功能

此处的拖放功能，是指可以人为拖动滑动条来控制播放文件的位置，并定时滚动对应的媒体播放。具体实现步骤如下。

① 滑动条控件与变量捆绑，在滑动条上单击右键，将“添加变量名”设置为“m_sliderPlayer”。

② 滑动条变量初始化，在 OnInitDialog 函数中添加如下代码。

```
m_sliderPlayer.SetRange(0, 1000);
m_sliderPlayer.SetPos(0);
```

③ 添加水平滚动消息处理函数。首先选中播放器的主对话框，单击鼠标右键，在弹出的命令中选择“属性”，在弹出的对话框中单击消息按钮，查找 WM_HSCROLL，添加 OnHScroll 消息处理函数。具体代码如下。

```
void CMediaPlayerDlg::OnHScroll(UINT nSBCode, UINT nPos, CScrollBar* pScrollBar)
{
    // TODO: 在此添加消息处理程序代码和/或调用默认值
    if (pScrollBar->GetSafeHwnd() == m_sliderPlayer.GetSafeHwnd())
    {
        if (m_pFilterGraph != NULL)
        {
                double duration =1.0;
                m_pFilterGraph->GetDuration(&duration);//获取流媒体文件时间长度
                 //获取滑动条当前位置
                double pos = duration * m_sliderPlayer.GetPos()/1000.0;
                m_pFilterGraph->SetCurrentPosition(pos);//设置当前位置
        }
    }else if (pScrollBar->GetSafeHwnd() == m_sliderVolume.GetSafeHwnd())
    {
        if (m_pFilterGraph != NULL)
        {
                //m_volume = m_sliderAudio.GetPos();
                m_volume = m_sliderVolume.GetPos();
                m_pFilterGraph->ChangeAudioVolume(m_volume);
        }
    } else
    {
        CDialog::OnHScroll(nSBCode, nPos, pScrollBar);
    }
}
```

25.4.6　实现音量调节功能

此功能和播放位置控制类似，具体实现步骤如下。

① 滑动条和变量捆绑，定义变量 m_sliderVolume。

② 初始化滑动条，具体代码如下。

```
m_sliderVolume.SetRange(50,100);
m_sliderVolume.SetPos(50);
```

③ 添加水平滚动消息处理函数，具体代码如下。

```
void CMediaPlayerDlg::OnHScroll(UINT nSBCode, UINT nPos, CScrollBar* pScrollBar)
{
    // TODO: 在此添加消息处理程序代码和/或调用默认值
    if (pScrollBar->GetSafeHwnd() == m_sliderPlayer.GetSafeHwnd())
    {
        if (m_pFilterGraph != NULL)
        {
                double duration =1.0;
                m_pFilterGraph->GetDuration(&duration);
                double pos = duration * m_sliderPlayer.GetPos()/1000.0;
                m_pFilterGraph->SetCurrentPosition(pos);
        }
    }else if (pScrollBar->GetSafeHwnd() == m_sliderVolume.GetSafeHwnd())
    {
        if (m_pFilterGraph != NULL)
        {
                //m_volume = m_sliderAudio.GetPos();
                m_volume = m_sliderVolume.GetPos();
```

```
            m_pFilterGraph->ChangeAudioVolume(m_volume);
        }
    } else
    {
        CDialog::OnHScroll(nSBCode, nPos, pScrollBar);
    }
}
```

上述函数 OnHScroll 是所有滑动条的消息处理函数，能够根据窗口句柄识别具体的滑动条，然后获取当前滑动条的位置，最后设置当前参数。

④ 实现静音控制，编写菜单响应代码。具体代码如下。

```
void CMediaPlayerDlg::OnMenuMute()
{
    // TODO: 在此添加命令处理程序代码
    if (m_pFilterGraph != NULL)
    {
        static int flag=0;
        if (!flag)
        {
            m_pFilterGraph->Mute();
            flag = 1;
        }else
        {
            m_pFilterGraph->UnMute();
            flag = 0;
        }
    }
}
```

25.4.7 添加背景图片

即播放器的背景图像，具体实现步骤如下。

① 加载背景图像资源。

② 修改图像控件 IDC_VIDEO_WINDOW 的属性，设置“Type”属性为“Bitmap”，“Sunken”为“True”，“Image”为“IDB_BITMAP_BKGROUND”。

③ 设置图像显示窗口 m_videoWindow 的模式，在主对话框的初始化中添加如下代码。

```
m_videoWindow.ModifyStyle(0, WS_CLIPCHILDREN);
```

④ 重载 WM_ERASEBKGND 消息，为图像控件 m_videoWindow 创建一个新的剪切区域，以保证其他窗口覆盖图像显示窗口后，再正常显示以前的图像。具体代码如下。

```
BOOL CMediaPlayerDlg::OnEraseBkgnd(CDC* pDC)
{
    // TODO: 在此添加消息处理程序代码和/或调用默认值
#if 1
    CRect rect;
    m_videoWindow.GetClientRect(&rect);
    pDC-> ExcludeClipRect(&rect);
#endif
    return CDialog::OnEraseBkgnd(pDC);
}
```

至此，整个播放器程序的主要代码介绍完毕。因为本书篇幅有限，其他文件的具体实现请读者参阅本书光盘。如果遇到疑难问题，可以参阅本书前面的基础知识部分。

第 26 章

笑傲江湖——C++网络视频监控系统

对于视频监控系统，大家应该不陌生，路口、银行柜台、大型商场等场所都能看到它。而当前关于视频监控的开发仍然是以 C++为主，本章将完整展示用 C++技术实现所有功能的步骤，并详细介绍各段代码的具体实现功能。希望读者通过本章的学习，能够将所学应用到实际工作中。

26.1 系 统 分 析

本章实例保存在“光盘:\daima\26”文件夹内。拥有可以对某区域内部进行视频监控的系统可以节省很大一部分人力，并且比人为的巡逻更加可靠、安全。视频监控系统主要是利用摄像头和视频采集卡进行视频监控的，根据需要，一个视频监控系统应该具有以下功能：

视频监控、云台控制、快照和录像、录像回放、定时自动监控、监控管理及日志。

26.2 系 统 设 计

对于视频监控系统这样的管理系统，必须要满足使用方便、操作灵活和安全性好等设计需求。本系统在设计时应该满足以下几个目标。

- 采用人机对话的操作方式，界面设计美观友好、操作灵活、方便、快捷、准确、数据存储安全可靠。
- 系统可以进行预览、快照和录像等功能。
- 提供云台控制，用户可以根据需要通过云台调节监控的角度，并能够进行对焦和聚焦等监控操作。
- 提供定时自动监控功能，在设置定时时间以后，可以自动调节监控的角度。
- 提供录像回放功能，在用户录像以后可以使用该功能进行回放。
- 提供了日志功能，对用户的操作进行了记录。
- 系统最大限度地实现了易维护性和易操作性。
- 系统运行稳定、安全可靠。

视频监控系统功能结构图如图 26-1 所示。

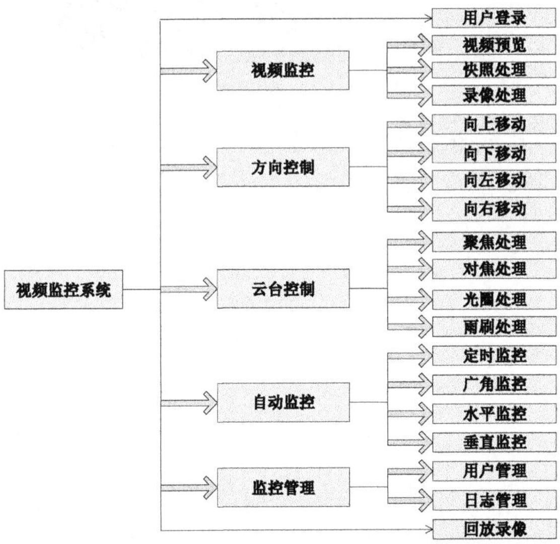

图 26-1 视频监控系统功能结构图

26.3 系 统 预 览

本视频监控系统由多个功能模块组成，下面仅列出几个典型的功能模块，其他模块可参见光盘中的源程序。首先看视频监控系统的登录模块，如图 26-2 所示，该模块用于管理员登录系统。

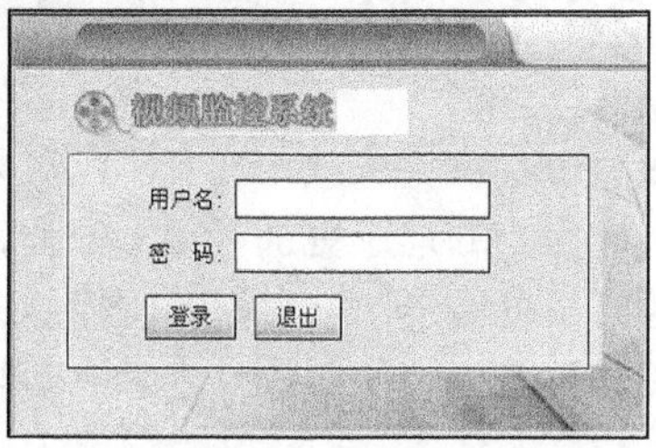

图 26-2　登录界面

视频监控系统主窗口如图 26-3 所示，主窗口用于进行监控等操作。

图 26-3　系统主窗口

无人广角自动监控模块如图 26-4 所示，该模块用于设置指定时间以进行自动监控。

监控管理模块如图 26-5 所示，在该模块中可添加、修改、删除管理员信息。

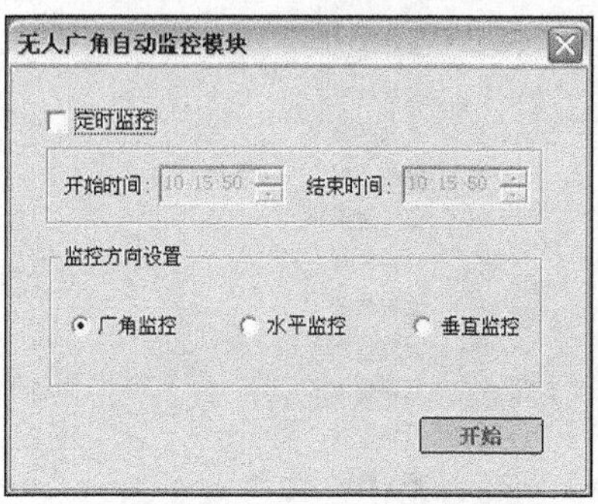

图 26-4　无人广角自动监控模块

图 26-5　监控管理

26.4　数据库设计

本系统采用微软的 Access 数据库，下面介绍 Access 2000 数据库是如何创建的。

1. 创建数据库

① 依次选择“开始”|“程序”|“Microsoft Access”命令，打开 Microsoft Access，如图 26-6 所示。

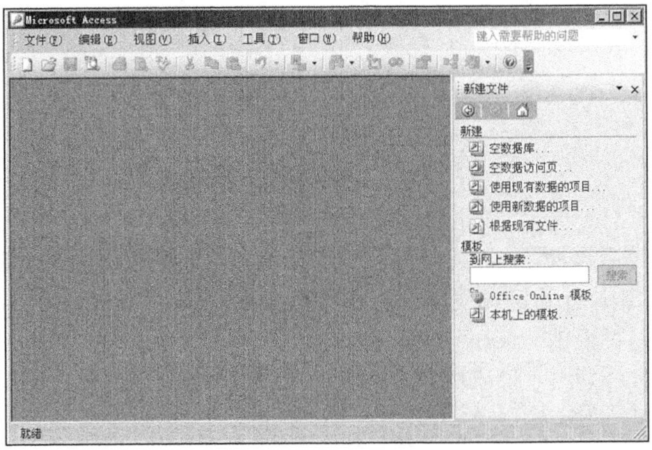

图 26-6 Access 数据库

② 选中“空 Access 数据库”单选按钮，单击【确定】按钮，在弹出的“文件新建数据库”窗口中选择文件保存路径，单击【创建】按钮创建数据库，如图 26-7 所示。

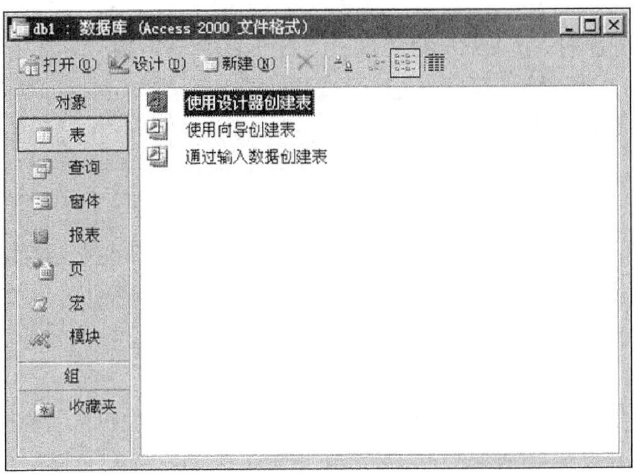

图 26-7 数据库创建向导

2. 数据库概念设计和逻辑设计

首先进行概念设计，根据前面介绍的需求分析和系统设计，规划出本系统中使用的数据库实体对象为管理员实体，管理员实体包括管理员名称和管理员密码。管理员实体 E-R 图如图 26-8 所示。

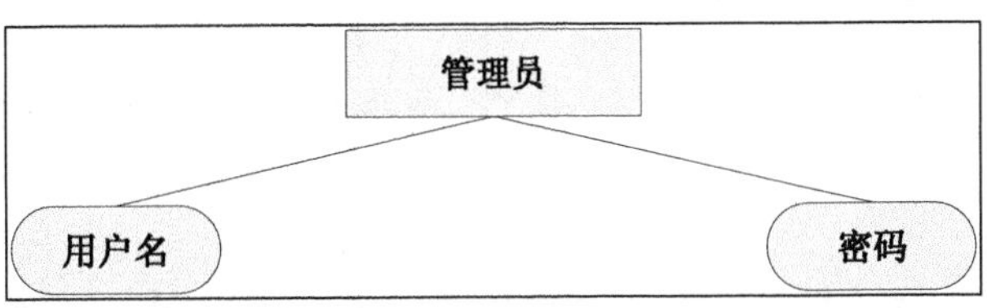

图 26-8 管理员实体 E-R 图

下面开始逻辑设计，首先给出社区视频监控系统数据库中管理员信息表的表结构。管理员信息表用于保存管理员的信息，表结构如图 26-9 所示。

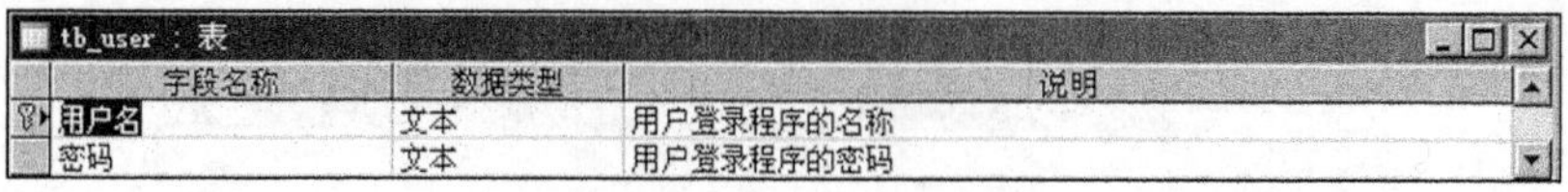

tb_user : 表

字段名称	数据类型	说明
用户名	文本	用户登录程序的名称
密码	文本	用户登录程序的密码

图 26-9　数据库表结构图

26.5　选购监控卡

在开发视频监控系统时，通常需要使用一些专用的监控卡。为了让用户能够进行二次开发，某些监控卡提供了 SDK 开发包，使用开发包提供的函数，用户可以根据需要自行设计监控软件，而不必依赖监控卡厂商提供的监控软件。

在开发视频监控系统时，需要选择一款适宜的监控卡。为了方便用户选购，下面列出选购监控卡时需要注意的几个方面。

（1）有 SDK 开发包

在购买监控卡时，一定要选购具有 SDK 开发包的监控卡。这样，开发人员可以方便地进行二次开发。否则，只有支持 WDM 驱动的监控卡才可以进行二次开发（使用 Direct Show）。

（2）监控卡的性能

购买的监控卡需要满足用户的需求。例如，监控卡的分辨率，高级的监控卡分辨率可以达到 720×516，捕捉的画面接近 DVD 的质量。监控卡是否支持硬件压缩，支持硬件压缩的监控卡，用户不用编写算法进行软件压缩，这样，数据压缩的过程不经过 CPU，能够提高系统的捕捉效率。此外，还需要考虑监控卡能够实现多少路视频捕捉、一台计算机可以同时安装几个监控卡等。

（3）环境需求

对于不同厂家、不同类型的监控卡，其硬件要求通常是不同的。在监控卡的使用手册中，会有监控卡详细的环境需求描述，多数监控卡对于计算机的硬件配置要求比较“苛刻”。尤其是对显卡、CPU、内存的要求。

（4）价格因素

高级的监控卡价格比较昂贵，性能比较突出。在购买监控卡时，需要从自身或用户的角度考虑，既要满足需求又要节约成本。

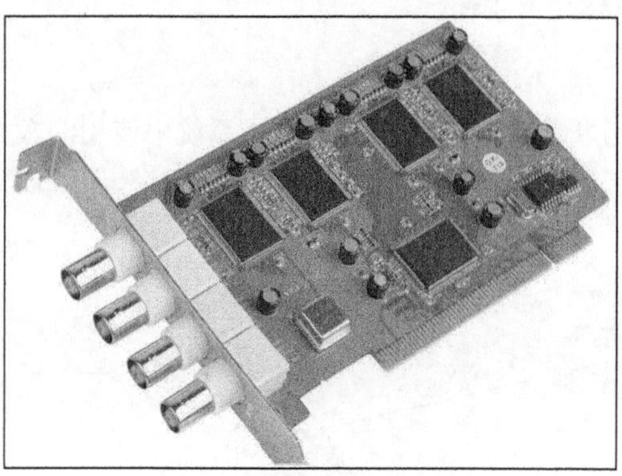

图 26-10　天敏 VC4000 监控卡

在本项目中使用了天敏 VC4000 监控卡，如图 26-10 所示。

天敏的 VC4000，显卡要求支持 DirectDraw 和 Overlay 技术，显卡内存建议 32MB 以上。由于 VC4000 采用的是软压缩技术，因此对 CPU 的要求比较高。对于 8 路的视频需求，要求 CPU 为赛扬 2.4GB 以上；对于 16 路的视频需求，要求 CPU 为赛扬 2.8GB 以上；而对于 24 路（VC4000 支持的视频需求上限）视频需求，要求 CPU 为 P4 2.8GB 以上。至于内存的要求，也是随着视频需求的提高而提高，在 8 路和 16 路环境下，内存应在 256MB 以上；在 24 路环境下，内存要求在 512MB 以上。

然后准备软件，本项目需要使用 MPG4c32.dll、MediaTransmit.dll、MediaTransmit.lib、MediaTransmit.h、Sa7134Capture.dll、Sa7134Capture.lib 和 Sa7134Capture.h 几个文件，在运行程序前，需要将这些文件添加到当前工程中。

26.6 具体编程实现

从本节内容开始，讲解本实例的编程过程，循序渐进地引导读者了解各个文件的设计原理，并掌握具体的实现流程。

26.6.1 设计公共模块

（1）实现按钮修饰

为了使程序的界面更美观，在本系统中使用钩子函数对按钮控件进行了修改，首先创建一个按钮类 CDrawButton 类。CDrawButton 类的具体实现代码如下。

```
//定义按钮状态
enum ButtonState   {bsNormal,bsHot,bsDown};
//按钮包装类
class CDrawButton
{
public:
ButtonState   m_State;                                    //按钮当前状态
WNDPROC    m_OldProc;                                     //记录按钮的窗口函数
int              m_Flag;                                  //是否释放关联按钮的CDrawButton对象
static int       m_Style;                                 //按钮风格
public:
 CDrawButton( )                                           //构造函数
{
m_State     = bsNormal;                                   //设置按钮状态
m_OldProc = NULL;                                         //设置窗口函数
m_Flag       = 0;                                         //设置按钮风格
}
 virtual ~CDrawButton()                                   //析构函数
{
m_State     = bsNormal;                                   //设置按钮状态
m_OldProc = NULL;                                         //设置窗口函数
};
 LRESULT OnPaint( HWND hWnd )                             //绘制窗口时处理函数
{
CWnd* pWnd = CWnd::FromHandle(hWnd);
CPaintDC dc(pWnd);
CString   Text;                                           //标题
CRect   RC;                                               //区域
CFont   Font;                                             //字体
CFont   *pOldFont;                                        //原字体
CBrush   Brush;                                           //画笔
CBrush   *pOldBrush;                                      //原画笔
CPoint   PT(2,2);
 dc.SetBkMode( TRANSPARENT );                             //设置透明
  Font.CreateFont( 12, 0, 0, 0, FW_HEAVY, 0, 0, 0, ANSI_CHARSET, \
OUT_TT_PRECIS, CLIP_DEFAULT_PRECIS, DEFAULT_QUALITY, \
VARIABLE_PITCH | FF_SWISS, "MS Sans Serif" );//创建字体
pOldFont = dc.SelectObject( &Font );                      //将画笔选入设备环境
if( m_State == bsNormal)                                  //判断按钮状态
{
if (m_Style==2)
{
CBitmap bmp;
bmp.LoadBitmap(IDB_BKBUTTON);                             //加载图片资源
Brush.CreatePatternBrush(&bmp);                           //根据图片资源创建画笔
}
else
Brush.CreateSolidBrush( RGB( 200, 200, 200 ) );           //用颜色创建画笔
```

```
dc.SetTextColor( RGB( 80, 80, 80) );                      //设置文本颜色
}
else if( m_State == bsDown )                              //判断按钮是否按下
{
Brush.CreateSolidBrush( RGB( 160, 160, 160 ) );          //用颜色创建画笔
dc.SetTextColor( RGB( 50, 50, 250 ) );                    //设置文本颜色
}
else if( m_State == bsHot )                               //判断按钮是否热点
{
Brush.CreateSolidBrush( RGB( 100, 100, 180 ) );          //用颜色创建画笔
dc.SetTextColor( RGB( 250, 250, 0 ) );                    //设置文本颜色
}
pOldBrush = dc.SelectObject( &Brush );                    //将画刷选入设备环境中
pWnd->GetClientRect( &RC );                               //获得客户区域
dc.RoundRect( &RC, PT );                                  //绘制圆角矩形
HRGN hRgn = CreateRectRgn( RC.left, RC.top, RC.right,
RC.bottom );                                              //创建一个矩形区域
pWnd->SetWindowRgn( hRgn, TRUE );                         //设置窗口区域
DeleteObject( hRgn );
pWnd->GetWindowText(Text );                               //获得窗口显示文本
dc.DrawText( Text, &RC, DT_CENTER | DT_VCENTER |
DT_SINGLELINE );                                          //绘制文本
dc.SelectObject( pOldFont );
dc.SelectObject( pOldBrush );
return TRUE;
}
LRESULT OnLButtonDown( HWND hWnd, UINT nFlags, CPoint point )
//鼠标左键按下时处理函数
{
m_State = bsDown;                                         //设置按钮状态
SetCapture(hWnd);                                         //捕获鼠标
SetFocus(hWnd);                                           //设置焦点
  InvalidateRect(hWnd,NULL,TRUE);                         //重绘窗口区域
return TRUE;
}
LRESULT OnLButtonUp( HWND hWnd, UINT nFlags, CPoint point )
//鼠标左键抬起时处理函数
{
if( m_State != bsNormal )                                 //判断按钮状态
{
m_State = bsNormal;                                       //设置按钮状态
ReleaseCapture();                                         //释放鼠标
InvalidateRect(hWnd,NULL,TRUE);                           //重绘窗口区域
//发送WM_COMMAND消息
    SendMessage( GetParent(hWnd), WM_COMMAND,
GetDlgCtrlID(hWnd), (LPARAM) (hWnd) );
}
return TRUE;
}
 LRESULT LoseFocus(HWND    hWnd)                          //失去焦点时处理函数
{
m_State = bsNormal;                                       //设置按钮状态
InvalidateRect(hWnd,NULL,TRUE);                           //重绘窗口区域
SendMessage( hWnd, WM_KILLFOCUS, (long)hWnd, 0);          //发送WM_KILLFOCUS消息
return TRUE;
}
 LRESULT OnMouseMove(HWND hWnd, UINT nFlags, CPoint point )
//鼠标移动时处理函数
{
HRGN hRgn = CreateRectRgn( 0, 0, 0, 0 );                  //创建矩形区域
GetWindowRgn( hWnd,hRgn );                                //获得窗口区域
BOOL ret = PtInRegion( hRgn, point.x, point.y );
//判断鼠标是否在窗口区域中
if( ret )
{
if( m_State == bsDown)                                    //判断按钮是否按下
return TRUE;
if( m_State != bsHot )                                    //判断按钮是否热点
{
m_State = bsHot;                                          //设置按钮状态
InvalidateRect(hWnd,NULL,TRUE);                           //重绘窗口区域
UpdateWindow(hWnd);                                       //更新显示窗口
SetCap tare(hWnd);                                        //捕获鼠标
```

```
}
}
Else
{
m_State = bsNormal;                                    //设置按钮状态
InvalidateRect(hWnd,NULL,TRUE);                        //重绘按钮区域
ReleaseCapture();                                      //释放鼠标
}
DeleteObject( hRgn );
return TRUE;
}
};
```

在上述代码中涉及的 4 个要点做如下说明。

- SetBkMode：设置背景模式，值为 TRANSPARENT 时进行透明处理。
- CreateFont：初始化指定特性定义的 CFont 对象。
- InvalidateRect：屏蔽一个窗口客户区的全部或部分区域，会导致窗口在事件期间部分重画。
- SendMessage：将指定的消息发送到一个或多个窗口，此函数为指定的窗口调用窗口程序，直到窗口程序处理完消息再返回。

（2）特殊消息处理

接下来定义一个新的定义按钮窗口函数，以取代按钮默认的窗口函数，对一些消息进行特殊处理。具体实现代码如下。

```
LRESULT __stdcall DefWindowProc1(HWND hWnd,UINT Msg,
WPARAM wParam, LPARAM lParam )
{
CPoint pt;
CDrawButton *pButton=(CDrawButton*)GetWindowLong(hWnd,
GWL_USERDATA);                                         //获得窗口信息
switch (Msg)
{
case WM_LBUTTONDBLCLK:                                 //屏蔽双击事件
{
return TRUE;
break;
}
case WM_PAINT:                                         //绘制窗口事件
{
if (pButton->m_Style>0)
return pButton->OnPaint( hWnd);
else
return   CallWindowProc(pButton->m_OldProc, hWnd,Msg,wParam,lParam);
break;
}
case WM_LBUTTONDOWN:                                   //鼠标左键按下事件
{
pt.x = LOWORD(lParam);                                 //鼠标按下的横坐标
pt.y = HIWORD(lParam);                                 //鼠标按下的纵坐标
if (pButton->m_Style>0)
return pButton->OnLButtonDown( hWnd, 0, pt );
else
return   CallWindowProc(pButton->m_OldProc, hWnd,Msg,wParam,lParam);
break;
}
case WM_LBUTTONUP:                                     //鼠标左键抬起事件
{
pt.x = LOWORD(lParam);                                 //鼠标按下的横坐标
pt.y = HIWORD(lParam);                                 //鼠标按下的纵坐标
if (pButton->m_Style>0)
return pButton->OnLButtonUp( hWnd, 0,pt );
else
return   CallWindowProc(pButton->m_OldProc, hWnd,Msg,wParam,lParam);
break;
}
case WM_MOUSEMOVE:                                     //鼠标移动事件
{
pt.x = LOWORD(lParam);                                 //鼠标按下的横坐标
```

```
pt.y = HIWORD(lParam);                                  //鼠标按下的纵坐标
if (pButton->m_Style>0)
return pButton->OnMouseMove(hWnd,0, pt);
else
return    CallWindowProc(pButton->m_OldProc, hWnd,Msg,wParam,lParam);
break;
}
case WM_DESTROY:                                        //销毁窗口
{
   WNDPROC procOld=pButton->m_OldProc;
SetWindowLong(hWnd,GWL_WNDPROC,(long)procOld);//恢复原来的窗口函数
CWnd* pWnd = ::CWnd::FromHandle(hWnd);                 //将按钮对象与控制块分离
if (pWnd)
{
pWnd->Detach();
}
pButton->m_Flag = 1;
return 1;
}
default :
{
break;
}
}
return CallWindowProc(pButton->m_OldProc, hWnd, Msg, wParam, lParam );
}
```

(3) 修饰子类化处理

定义钩子函数，对按钮类控件进行子类化。具体实现代码如下。

```
LRESULT CALLBACK HOOKProc( int nCode, WPARAM wParam, LPARAM lParam )
{
PCWPSTRUCT wc = (PCWPSTRUCT) lParam;
HWND    hWnd = wc->hwnd;
if( hWnd )
{
char ClassName[MAX_PATH] = "";
GetClassName( hWnd, ClassName, MAX_PATH );         //去掉窗口类名
if( strcmp( ClassName, "Button" ) == 0 )
{
CWnd *pWnd = CWnd::FromHandle( hWnd );
if ( pWnd->GetStyle() & BS_RADIOBUTTON )           //判断单选按钮
{
return 1;
}
if ( pWnd->GetStyle() & BS_CHECKBOX )              //判断复选框
{
return 1;
}
WNDPROC WndProc;
WndProc = (WNDPROC) GetWindowLong( hWnd, GWL_WNDPROC );
CDrawButton *pButton=(CDrawButton*)GetWindowLong(hWnd,GWL_USERDATA);
if (pButton != NULL&& pButton->m_Flag==1 )
{
SetWindowLong(hWnd,GWL_USERDATA,0);               //设置窗口信息
//设置窗口对话框函数地址
SetWindowLong( hWnd, GWL_WNDPROC, (LONG)pButton->m_OldProc );
pButton->m_OldProc = NULL;
delete pButton;
}
else if (pButton == NULL )
{
if( WndProc !=DefWindowProc1 )
{
pButton = new CDrawButton;
pButton->m_OldProc = WndProc;
SetWindowLong(hWnd,GWL_USERDATA,(long)pButton);//设置窗口信息
WndProc =    (WNDPROC) SetWindowLong( hWnd, GWL_WNDPROC,
(LONG) DefWindowProc1);                               //设置窗口函数地址
}
}
}
}
return CallNextHookEx( hWndHook, nCode, wParam, lParam );
```

```
}
```

（4）定义安装钩子的函数

定义一个安装钩子的函数 RunHook，具体代码如下。

```
BOOL RunHook( HMODULE hModule, DWORD dwThreadID)
{
hWndHook = SetWindowsHookEx(
WH_CALLWNDPROC, (HOOKPROC) HOOKProc,
hModule, dwThreadID );                                    //安装钩子
return TRUE;
}
```

（5）定义卸载钩子的函数

定义一个卸载钩子的函数 StopHook，具体代码如下。

```
BOOL
  StopHook(){
UnhookWindowsHookEx(hWndHook);                            //卸载钩子
return TRUE;}
```

26.6.2 设计主窗体

视频监控系统的功能主要集中在主窗体，其中，视频监控和云台控制都是在主窗体中操作的，Visual C++中主窗体的设计界面如图 26-11 所示。

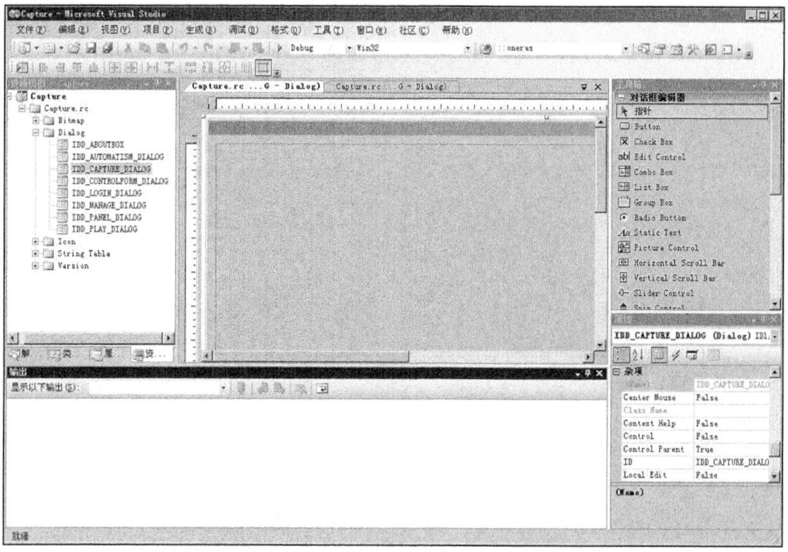

图 26-11 视频监控系统主窗体

主窗体设计步骤如下。

① 打开 Visual C++，在“工具栏”中依次选择“文件”|“新建”|“项目”选项，打开“新建项目”对话框。如图 26-12 所示。

② 在图 26-12 中的左侧选择“MFC”子项，右侧模板中选择“MFC 应用程序”子项，然后命名项目名为“Capture”，然后选择保存路径。单击【确定】按钮后弹出“MFC 应用程序向导”对话框。

③ 依次按照提示创建一个基于对话框的应用程序。

④ 向主窗体中添加两个群组控件、4 个单选按钮控件和 20 个按钮控件。

⑤ 向主窗体中添加 MSComm 控件，MSComm 控件是 ActiveX 控件，所以在使用前需要把 MSComm 控件导入到工程中。在 Visual C++的空白区域单击鼠标，在弹出命令中选择“插入 ActiveX 控件”命令，弹出“插入 ActiveX 控件”对话框，如图 26-13 所示。

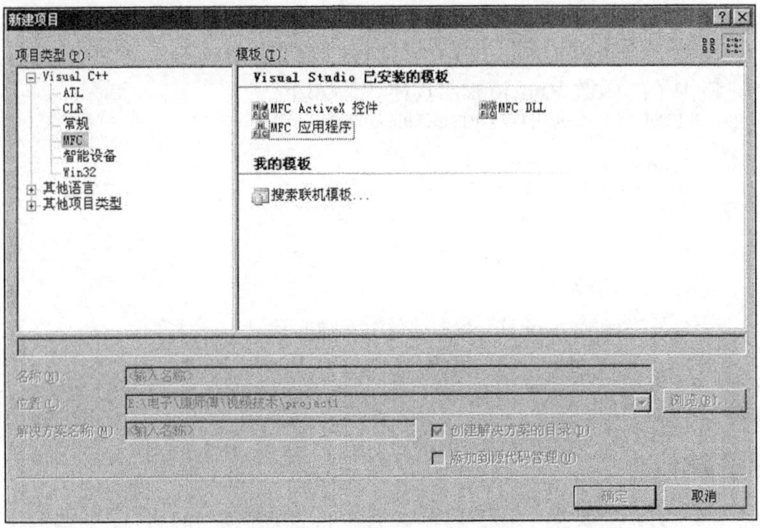

图 26-12　“新建项目”对话框

⑥ 在图 26-13 所示的列表中选择“Microsoft Communications Control，version 6.0”选项，单击［确定］按钮，MSComm 控件就导入到控件面板中了，如图 26-14 所示。

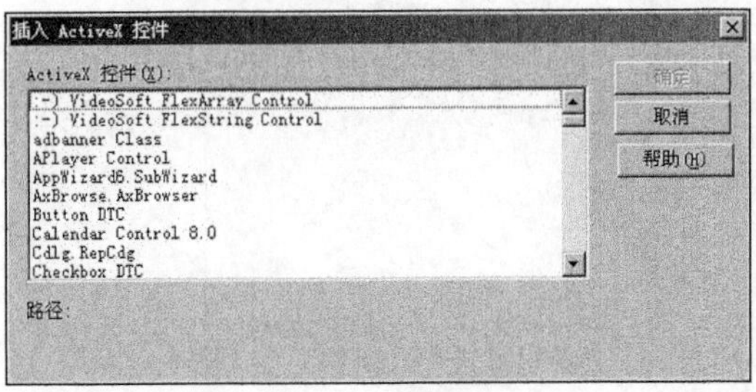

图 26-13　“插入 ActiveX 控件”对话框

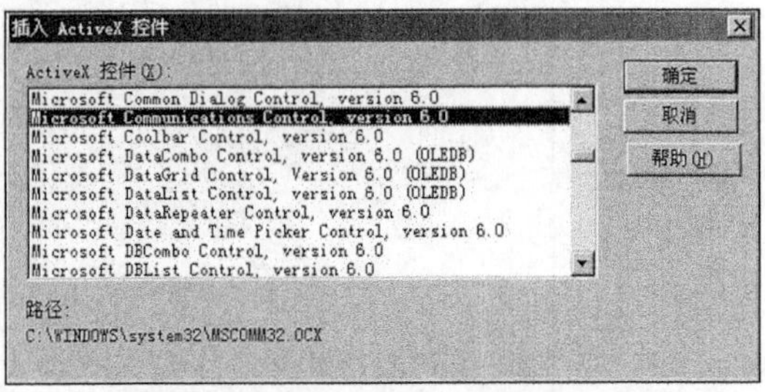

图 26-14　选择“Microsoft Communications Control，version 6.0”选项

⑦ 将 MPG4c32.dll、MediaTransmit.dll、MediaTransmit.lib、MediaTransmit.h、Sa7134Capture.dll、Sa7134Capture.lib 和 Sa7134Capture.h 文件添加到当前工程中。

⑧ 从 CStatic 类派生一个子类 CPreView 类，该类作为视频显示的子窗口。在该类中添加成员变量，具体代码如下。

```
BOOL m_Selected;                    //当前是否被选中
static int m_CurIndex;              //预览窗口当前索引
int m_Index;                        //本窗口索引
BOOL m_ShowImage;                   //是否显示图像，即该路是否有信号
BOOL m_Dbled;                       //双击时窗口是否填充父窗口
PreState m_Stop;                    //预览状态
CBitmap m_Bitmap;                   //无信号时显示的位图资源
```

其中，PreState 是定义的枚举类型 enum PreState　{psStop,psPreview,psRestore};用于定义预览状态、停止、预览、恢复预览。

⑨ 处理 CPreView 类的 WM_PAINT 消息，当窗口关联的视频卡号有信号并处于选中状态时，绘制绿色的边框；在窗口关联的视频卡号无信号时，绘制一幅位图表示当前无信号。具体代码如下。

```
void CPreView::OnPaint()
{
CPaintDC dc(this);
CRect rc;
```

```
GetClientRect(rc);                                   //获得控件的客户区域
if (m_Index==m_CurIndex)                             //判断预览窗口当前索引是否是本窗口索引
m_Selected = TRUE;                                   //当前窗口被选中
else
m_Selected = FALSE;                                  //当前窗口未被选中
if (m_Selected)
{
CPen pen(PS_SOLID,1,RGB(0,255,0));                   //设置钢笔
dc.SelectObject(υ&pen);                              //将画笔选入设备环境
dc.Rectangle(rc);                                    //绘制矩形
}
Else
{
CPen pen(PS_SOLID,1,RGB(55,55,55));                  //设置钢笔
dc.SelectObject(&pen);                               //将钢笔选入设备环境
dc.Rectangle(rc);                                    //绘制矩形
}
if (m_ShowImage)                                     //是否显示图像
{
CBrush brush (RGB(255,0,255));                       //设置画笔
dc.SelectObject(&brush);                             //将画笔选入设备环境
rc.DeflateRect(1,1,1,1);
dc.FillRect(rc,&brush);
}
Else
{
CDC memDC;
memDC.CreateCompatibleDC(&dc);                       //创建一个和指定设备环境相兼容的内存设备环境
memDC.SelectObject(&m_Bitmap);                       //将位图选入设备环境
BITMAP bInfo;
m_Bitmap.GetBitmap(&bInfo);                          //获取位图信息
int x = bInfo.bmWidth;                               //获取图片的宽度
int y = bInfo.bmHeight;                              //获取图片的高度
dc.StretchBlt(1,1,rc.Width()-2,rc.Height()-2,ω&memDC,1,1,x,y,
SRCCOPY);                                            //将位图绘制到窗口
memDC.DeleteDC();                                    //释放内存设备环境
}
}
```

在上述代码中，使用了如下 3 个函数。

- SelectObject：将 GDI 对象选入设备环境。
- Rectangle：根据输入的数据绘制矩形。其使用语法格式如下。

```
BOOL Rectangle( int x1, int y1, int x2, int y2 );
BOOL Rectangle( LPCRECT lpRect );
```

- StretchBlt：从指定设备上下文复制位图，大小可以改变。其使用语法格式如下。

```
BOOL StretchBlt( int x, int y,
int nWidth, int nHeight, CDC* pSrcDC,
int xSrc, int ySrc, int nSrcWidth,
int nSrcHeight, DWORD dwRop );
```

⑩ 处理 CPreView 类的 WM_LBUTTONDOWN 消息，当鼠标左键在窗口按下时将当前窗口标记为选中状态（具有绿色的边框）。具体实现代码如下。

```
void CPreView::OnLButtonDown(UINT nFlags, CPoint point)
{
int preIndex = m_CurIndex ;
if (m_CurIndex==-1)                                  //判断是否有预览窗口
preIndex = m_Index;
m_CurIndex = m_Index;
//刷新预览窗口
((CPanel*)GetParent())->RefreshWnd(preIndex,m_Index);
CStatic::OnLButtonDown(nFlags, point);
}
```

⑪ 处理 CPreView 类的 WM_SIZE 消息，在窗口大小改变时更新视频显示窗口的大小。具体实现代码如下。

```
void CPreView::OnSize(UINT nType, int cx, int cy)
{
if (m_ShowImage)                                     //判断是否显示图片
{
if (!m_Stop)                                         //判断是否停止预览
```

```
{
//更新视频预览窗口
VCAUpdateOverlayWnd(m_hWnd);
VCAUpdateVideoPreview(m_Index,m_hWnd);
}
}
CStatic::OnSize(nType, cx, cy);
}
```

⑫ 处理 CPreView 类的 WM_LBUTTONDBLCLK 消息，当用户双击某个窗口时，将窗口放大到父窗口的大小或者恢复为窗口的初始大小。具体实现代码如下。

```
void CPreView::OnLButtonDblClk(UINT nFlags, CPoint point)
{
if (m_Stop)                                          //在停止预览时禁止双击
return;
m_Dbled = ! m_Dbled;
//记录原始区域大小
CRect rc,prc;
GetClientRect(rc);                                   //获得视频窗口的区域大小
this->MapWindowPoints(GetParent(),rc);
GetParent()->GetClientRect(prc);                     //获得父窗口的客户区域大小
int div = ((CPanel*)GetParent())->m_Div;
prc.DeflateRect(div,div,div,div);
if (m_Dbled)
{
((CPanel*)GetParent())->ShowOnly(m_Index); //显示预览窗口
SetWindowPos(&wndTop,prc.left,prc.top,prc.Width(),
prc.Height(),SWP_SHOWWINDOW);
Invalidate();                                        //刷新窗口
if (m_ShowImage)                                     //是否显示图片
{
//更新视频预览窗口
VCAUpdateOverlayWnd(m_hWnd);
VCAUpdateVideoPreview(m_Index,m_hWnd);
}
}
Else
{
((CPanel*)GetParent())->ShowAll();                   //显示所有预览窗口
((CPanel*)GetParent())->OnSize(0,0,0);
Invalidate();                                        //刷新窗口
if (m_ShowImage)                                     //是否显示图片
{
//更新视频预览窗口
VCAUpdateOverlayWnd(m_hWnd);
VCAUpdateVideoPreview(m_Index,m_hWnd);
}
}
CStatic::OnLButtonDblClk(nFlags, point);
}
```

⑬ 创建一个对话框，作为预览窗口的父窗口。打开对话框属性窗口，将对话框的 ID 改为 IDD_PANEL_DIALOG，修改对话框资源的风格为 Child、边框为 Thin。为对话框创建一个对话框类 CPanel。

⑭ 向 CPanel 类中添加成员变量。具体实现代码如下。

```
CPreView * m_pList;                                  //预览窗口
UINT m_Num;                                          //记录预览窗口的数量UINT
     m_UnitNum;                                      //m_Num的开平方UINT
     m_Div;                                          //预览窗口的间隔
CRect m_PreRC;                                       //所有预览窗口的显示区域
```

⑮ 向 CPanel 类中添加 CreatePreWnd 方法，用于创建预览窗口。具体代码如下。

```
BOOL CPanel::CreatePreWnd(UINT uNum)
{
if (uNum==0)                                         //判断是否有预览窗口
return FALSE;
m_UnitNum = uNum;
m_Num = pow(uNum,2);
m_pList = new CPreView[m_Num ];
CRect rc;
GetClientRect(rc);                                   //获得父窗口的客户区域
```

```
//预览窗口的宽度
int width = (rc.Width()-(uNum+1)*m_Div)/uNum;
//预览窗口的高度
int height = (rc.Height()-(uNum+1)*m_Div)/uNum;
//计算预览窗口的位置
for (int i =0; i<m_Num; i++)
{
int row = i / uNum + 1;                          //计算预览窗口的行位置
int col = i % uNum + 1;                          //计算预览窗口的列位置
int x = col*m_Div+(col-1)*width;                 //计算预览窗口的左上角横坐标
int y = row*m_Div+(row-1)*height;                //计算预览窗口的左上角纵坐标
CRect rect(x,y,x+width,y+height);                //设置预览窗口的显示区域
//创建预览窗口
m_pList[i].Create("www",WS_CHILD|WS_VISIBLE|SS_BLACKFRAME|SS_NOTIFY,rect,this);
m_pList[i].m_Index = i;                          //记录预览窗口索引
}
return TRUE;
}
```

在上述代码中，pow 用于求 x 的 y 次方的值；Create 用于创建文本窗口，并将创建的文本窗口关联到 CStatic 对象上。具体语法格式如下。

```
BOOL Create( LPCTSTR lpszText, DWORD dwStyle,
const RECT& rect, CWnd* pParentWnd, UINT nID = 0xffff );
```

⑯ 向 CPanel 类中添加 RefreshWnd 方法，用于刷新预览窗口。具体实现代码如下。

```
void CPanel::RefreshWnd(int preIndex,int curIndex)
{//刷新预览窗口
m_pList[preIndex].Invalidate();
m_pList[curIndex].Invalidate();
}
```

⑰ 向 CPanel 类中添加 ShowOnly 方法，用于显示预览窗口。主要代码如下。

```
void CPanel::ShowOnly(int Index)
{
for (int i =0; i<m_Num; i++)
{
if (i==Index)
{
m_pList[i].ShowWindow(SW_SHOW);                  //显示预览窗口
}
Else
{
m_pList[i].ShowWindow(SW_HIDE);                  //隐藏预览窗口
}
}
}
```

⑱ 处理 CPanel 类的 WM_SIZE 消息，在窗口大小改变时，调整预览窗口的大小。主要实现代码如下。

```
void CPanel::OnSize(UINT nType, int cx, int cy)
{
CDialog::OnSize(nType, cx, cy);
if (m_Num>0)                                     //创建了预览窗口
{
CRect rc;
GetClientRect(rc);                               //获得父窗口的客户区域
m_PreRC = rc;
m_PreRC.DeflateRect(m_Div,m_Div,m_Div,m_Div);
//预览窗口的宽度
int width   = (rc.Width()-(m_UnitNum+1)*m_Div)/m_UnitNum;
//预览窗口的高度
int height = (rc.Height()-(m_UnitNum+1)*m_Div)/m_UnitNum;
//计算预览窗口的位置
for (int i =0; i<m_Num; i++)
{
int row = i / uNum + 1;                          //计算预览窗口的行位置
int col = i % uNum + 1;                          //计算预览窗口的列位置
int x = col*m_Div+(col-1)*width;                 //计算预览窗口的左上角横坐标
int y = row*m_Div+(row-1)*height;                //计算预览窗口的左上角纵坐标
CRect rect(x,y,x+width,y+height);                //设置预览窗口显示位置
if (m_pList[i].IsWindowVisible())
{
if (!m_pList[i].m_Dbled)                         //是否填充父窗口
```

```
{
m_pList[i].MoveWindow(rect);                //恢复窗口初始大小及位置
m_pList[i].Invalidate();                    //刷新窗口
}
Else
{
m_pList[i].MoveWindow(m_PreRC);             //以预览窗口填充父窗口
m_pList[i].Invalidate();                    //刷新窗口
}
}
}
}
}
```

⑲ 在主对话框中添加如下成员变量，主要代码如下。

```
Int m_DevNum;                               //当前芯片数，也就是有多少路
BOOL m_BStop;                               //是否停止预览
 CPanel m_Frame;                            //预览窗口的父窗口BOOL
  m_Kinescope;                              //是否录像
```

⑳ 当主对话框初始化时，创建预览窗口的父窗口，判断使用的显卡类型并初始化 SDK 开发包。实现代码如下。

```
BOOL CCaptureDlg::OnInitDialog()
{
CDialog::OnInitDialog();
CButton* pBmpButton = (CButton*) GetDlgItem(IDC_BMP);
//此处代码省略
CString strTemp;
m_Frame.Create(IDD_PANEL_DIALOG,NULL);                  //创建预览窗口的父窗口
CRect rc;
GetWindowRect(rc);                                      //获得主窗口的客户区域
//设置预览窗口的父窗口的显示区域
m_Frame.SetWindowPos(&wndTop,0,0,rc.Width()-180,rc.Height
()-10,SWP_SHOWWINDOW);
m_Frame.ShowWindow(SW_SHOW);                            //显示预览窗口的父窗口
CButton* pVGAButton = (CButton*) GetDlgItem(IDC_VGA);
CButton* pPCIButton = (CButton*) GetDlgItem(IDC_PCI);
CString str= "temp";
//读取INI文件中的数据
GetPrivateProfileString("显卡设置","类型","VGA" ,str.GetBuffer
(0), 10, "./syssetting.ini");
BOOL ret;
if(str=="VGA")                                          //判断是否选择了VGA显卡
{
pVGAButton->SetCheck(1);                                //设置VGA按钮选中
pPCIButton->SetCheck(0);                                //设置PCI按钮未选中
//初始化SDK开发包
ret = VCAInitSdk(m_Frame.m_hWnd,PCI_VIEDOMEMORY);
}
Else
{
ret = VCAInitSdk(m_Frame.m_hWnd,PCI_MEMORY_VIDEOMEMORY); //初始化SDK开发包
pVGAButton->SetCheck(0);                                //设置VGA按钮未选中
pPCIButton->SetCheck(1);                                //设置PCI按钮选中
}
if(ret)                                                 //判断初始化SDK开发包是否成功
{
//获得几路视频
m_DevNum = VCAGetDevNum();
m_Frame.CreatePreWnd((int)sqrt(m_DevNum));              //根据获得路数创建视频预览窗口
for (int i = 0; i<m_DevNum; i++)
{
VCAOpenDevice(i,m_Frame.m_pList[i].m_hWnd);             //打开视频预览窗口
BOOL ret = VCAStartVideoPreview(i);                     //开始预览
m_Frame.UpdateAllPreView();                             //更新视频预览窗口
}
m_BStop = FALSE;
}
SetTimer(1,1000,NULL);                                  //设置定时器
return TRUE;
}
```

㉑ 处理主对话框的 WM_TIMER 消息，判断某一路是否有视频信号。主要代码如下。

```
void CCaptureDlg::OnTimer(UINT nIDEvent)
{
//判断某一路是否有信号
eFieldFrequency frequency;
for (int i=0;i<m_DevNum;i++)
{
VCAGetVidFieldFrq(i,frequency);                          //获得视频源输入频率
if(frequency == FIELD_FREQ_0HZ)                          //无信号
{
if (m_Frame.m_pList[i].m_ShowImage == TRUE)
{
m_Frame.m_pList[i].m_ShowImage = FALSE;
m_Frame.m_pList[i].Invalidate();                         //更新预览窗口
}
}
Else
{
if(m_Frame.m_pList[i].m_ShowImage == FALSE)              //判断是否显示图片
{
m_Frame.m_pList[i].m_ShowImage = TRUE;
m_Frame.m_pList[i].Invalidate();                         //更新预览窗口
if(m_Frame.m_pList[i].m_Stop == psPreview)
{
//更新视频预览窗口
VCAUpdateOverlayWnd(m_Frame.m_hWnd);
VCAUpdateVideoPreview(i,m_Frame.m_pList[i].m_hWnd);
}
}
}
}
CDialog::OnTimer(nIDEvent);
}
```

㉒ 处理主对话框的 WM_SIZE 消息，在对话框大小改变时调整视频显示窗口的父窗口大小，从而间接调整预览窗口。实现代码如下。

```
void CCaptureDlg::OnSize(UINT nType, int cx, int cy)
{
CDialog::OnSize(nType, cx, cy);
CRect rc,frc;
GetClientRect(rc);                                       //获取窗口的客户区域
//设置父窗口的大小
m_Frame.SetWindowPos(&wndTop,0,0,rc.Width()-180,rc.Height()-10,SWP_SHOWWINDOW);
m_Frame.GetClientRect(frc);                              //获得父窗口的客户区域
m_Frame.SetWindowPos(NULL,0,7,frc.Width(),rc.Height()-8,0);
m_Frame.ShowWindow(SW_SHOW);                                  //显示父窗口
}
```

㉓ 实现“快照”按钮的单击事件，截取当前预览图像，并根据选择的类型保存成相应的文件。具体实现代码如下。

```
void CCaptureDlg::OnSnapshot()
{
if(CPreView::m_CurIndex != -1)                           //判断是否有预览窗口
{
if(m_Frame.m_pList[CPreView::m_CurIndex].m_ShowImage)
{
CButton* pBmpButton = (CButton*)GetDlgItem(IDC_BMP);
if(pBmpButton->GetCheck() != 0)                          //获取BMP单选按钮的状态
{
//创建文件保存对话框
CFileDialog fDlg(FALSE,"bmp","bmp_001",OFN_HIDEREADONLY
| OFN_OVERWRITEPROMPT,"bmp|*.bmp",this);
if(fDlg.DoModal() == IDOK)
{
CString fName = fDlg.GetPathName();                      //获得文件的保存路径
VCASaveAsBmpFile(CPreView::m_CurIndex,fName);            //保存为BMP文件
}
}
Else
{
//创建文件保存对话框
CFileDialog fDlg(FALSE,"jpg","jpg_001",OFN_HIDEREADONLY
| OFN_OVERWRITEPROMPT,"JPG|*.JPG",this);
```

```
if(fDlg.DoModal() == IDOK)
{
CString fName = fDlg.GetPathName();                    //获得文件的保存路径
VCASaveAsJpegFile(CPreView::m_CurIndex,fName);         //保存为JPG文件
}
}
}
Else
{
MessageBox("当前选择的图像不能预览!","提示");
}
}
}
```

㉔ 实现“显卡类型”按钮的单击事件，设置显卡类型，并将设置结果保存到 INI 文件中。具体实现代码如下。

```
void CCaptureDlg::OnSetting()
{
CButton* pVGAButton = (CButton*)GetDlgItem(IDC_VGA);
int sel = pVGAButton->GetCheck();                      //获得VGA单选按钮的状态
if(sel)
{
WritePrivateProfileString("显卡设置","类型","VGA","./syssetting.ini");
//将数据写入INI文件
}
Else
{
WritePrivateProfileString("显卡设置","类型","PCI","./syssetting.ini");
//将数据写入INI文件
}
MessageBox("要使显卡设置生效,需要重新启动应用程序!","提示");
}
```

㉕ 处理对话框的 WM_WINDOWPOSCHANGED 消息，当对话框位置改变时，更新视频预览窗口的位置。具体实现代码如下。

```
void CCaptureDlg::OnWindowPosChanged(WINDOWPOS FAR* lpwndpos)
{
CDialog::OnWindowPosChanged(lpwndpos);
for (UINT i = 0 ; i< m_DevNum; i++)                    //根据芯片数进行循环
{
if (m_Frame.m_pList[i].m_ShowImage)                    //判断是否显示图片
{
if (m_Frame.m_pList[i].m_Stop==psStop)
{
VCAStopVideoPreview(i);                                //停止预览
VCAUpdateOverlayWnd(m_Frame.GetSafeHwnd());            //更新视频预览窗口
}
else if (m_Frame.m_pList[i].m_Stop==psPreview)
{
m_Frame.m_pList[i].Invalidate();                       //刷新窗口
//更新视频预览窗口
VCAUpdateOverlayWnd(m_Frame.m_hWnd);
VCAUpdateVideoPreview(i,m_Frame.m_pList[i].m_hWnd);
}
}
}
}
```

㉖ 处理“录像”按钮的单击事件，具体实现代码如下。

```
void CCaptureDlg::OnKinescope()
{
if(!m_Kinescope)                                       //判断是否录像
{
if(CPreView::m_CurIndex != -1)
{
//创建文件保存对话框
CFileDialog fDlg(FALSE,"avi","avi_001",OFN_HIDEREADONLY
| OFN_OVERWRITEPROMPT,"AVI|*.avi",this);
if (fDlg.DoModal()==IDOK)
{
m_Kinescope = TRUE;
CString file = fDlg.GetPathName();                     //获得文件保存路径
//设置MPEG压缩的关键帧间隔，必须大于等于帧率
```

```
VCASetKeyFrmInterval(CPreView::m_CurIndex,250);
//设置MPEG压缩的位率，范围为56kbps ~ 10Mbps
VCASetBitRate(CPreView::m_CurIndex,256);
//设置视频捕获帧率，bFrameRateReduction参数为保留参数
//PAL显示帧率始终为25，NTSC显示帧率始终为30
//PAL捕获帧率最大为25，NTSC捕获帧率最大为30
VCASetVidCapFrameRate(CPreView::m_CurIndex,25);
//设置视频捕获尺寸
VCASetVidCapSize(CPreView::m_CurIndex,320,240);
//设置MPEG4_XVID压缩的质量
VCASetXVIDQuality(CPreView::m_CurIndex,10,3);
//设置MPEG4_XVID压缩模式
VCASetXVIDCompressMode(CPreView::m_CurIndex,XVID_VBR_MODE);
BOOL ret = VCAStartVideoCapture(CPreView::m_CurIndex,
CAP_ORIGIN_MPEG4_STREAM,
MPEG4_AVIFILE_CALLBACK ,file);                    //开始视频捕获
GetDlgItem(IDC_KINESCOPE)->SetWindowText("停止录像");
}
}
}
Else
{
m_Kinescope = FALSE;
GetDlgItem(IDC_KINESCOPE)->SetWindowText("录像");
VCAStopVideoCapture(CPreView::m_CurIndex);        //停止视频捕获
}
}
```

至此，系统的主窗体相关程序基本编写完毕。经过上面的操作已经可以完成基本的监控功能，但是，为了使监控更灵活，还要使用另一个硬件设备——云台。云台用于调整摄像头的位置。通常，摄像头安装在云台之上，通过云台的转动实现摄像头在水平、垂直方向的改变，从而实现对监控位置的调整。云台除了能够对摄像头进行转动外，还可以控制摄像头的焦聚、光圈和变倍等，这样可以调整摄像头的捕捉范围和清晰度。

㉗ 在主对话框中添加成员变量，记录 Com 端口信息及云台控制码。具体实现代码如下。

```
unsigned char (*m_pData) [MAXNUM];                //存储云台控制码
int   m_Len;                                      //云台协议使用的字节数
int m_ActoinCount;                                //云台控制动作数
int m_Port;                                       //Com端口
```

㉘ 从 CButton 类派生一个子类 CStageButton，这样在按下按钮时可以不停地控制云台，在释放按钮时停止对云台的控制。声明 CStageButton 类的代码如下。

```
//按钮控制类型：上、下、左、右、自动、焦聚减、焦聚增、对焦减、对焦增、光圈减、光圈增、雨刷减、雨刷增
enum ControlType {ctUp,ctDown,ctLeft,ctRight,ctAuto,ctReFoci,
ctInFoci,ctReLen,ctInLen,ctReAperture,ctInAperture,
ctReBrush,ctInBrush};
class CStageButton : public CButton
{
public:
CStageButton();                                   //构造函数
public:
ControlType m_Type;                               //控制按钮
public:
virtual ~CStageButton();                          //析构函数
protected:
//{{AFX_MSG(CStageButton)
afx_msg void OnLButtonDown(UINT nFlags, CPoint point);  //鼠标左键按下
afx_msg void OnLButtonUp(UINT nFlags, CPoint point);    //鼠标左键抬起
//}}AFX_MSG
DECLARE_MESSAGE_MAP()
};
```

㉙ 在 CStageButton 类的实现代码中，设置当鼠标按下时触发的云台控制代码和鼠标抬起时停止对云台的控制。具体实现代码如下。

```
//当按下鼠标按钮时，根据按钮的类型标识调用不同的方法
void CStageButton::OnLButtonDown(UINT nFlags, CPoint point)
{
switch(m_Type)
{
case ctUp:
```

```
{
((CCaptureDlg*)GetParent())->OnUp();                //控制云台向上
break;
}
case ctDown:
{
((CCaptureDlg*)GetParent())->OnDown();              //控制云台向下
break;
}
case ctLeft:
{
((CCaptureDlg*)GetParent())->OnLeft();              //控制云台向左
break;
}
case ctRight:
{
((CCaptureDlg*)GetParent())->OnRight();             //控制云台向右
break;
}
case ctInFoci:
{
((CCaptureDlg*)GetParent())->OnInFoci();            //设置聚焦减
break;
}
case ctReFoci:
{
((CCaptureDlg*)GetParent())->OnReFoci();            //设置聚焦增
break;
}
case ctInLen:
{
((CCaptureDlg*)GetParent())->OnInLen();             //设置对焦减
break;
}
case ctReLen:
{
((CCaptureDlg*)GetParent())->OnReLen();             //设置对焦增
break;
}
case ctInAperture:
{
((CCaptureDlg*)GetParent())->OnInAperture();        //设置光圈减
break;
}
case ctReAperture:
{
((CCaptureDlg*)GetParent())->OnReAperture();        //设置光圈增
break;
}
case ctInBrush:
{
((CCaptureDlg*)GetParent())->OnInBrush();           //设置画笔减
break;
}
case ctReBrush:
{
((CCaptureDlg*)GetParent())->OnReBrush();           //设置画笔增
break;
}
default:
{
break;
}
}
CButton::OnLButtonDown(nFlags, point);
}
//当释放鼠标按钮时停止对云台的控制
void CStageButton::OnLButtonUp(UINT nFlags, CPoint point)
{
((CCaptureDlg*)GetParent())->OnReset();
CButton::OnLButtonUp(nFlags, point);
}
```

㉚ 为云台控制的按钮关联 CStageButton 类变量，并在对话框初始化时从 INI 文件中读取云

台参数信息，并设置 Com 端口。具体代码如下。

```
m_ButtonUp.m_Type      = ctUp;                  //向上
m_ButtonDown.m_Type    = ctDown;                //向下
m_ButtonLeft.m_Type    = ctLeft;                //向左
m_ButtonRight.m_Type = ctRight;                 //向右
m_InFoci.m_Type        = ctInFoci;              //聚焦减
m_ReFoci.m_Type        = ctReFoci;              //聚焦增
m_InLen.m_Type         = ctInLen;               //对焦减
m_ReLen.m_Type         = ctReLen;               //对焦增
m_InAperture.m_Type    = ctInAperture;          //光圈减
m_ReAperture.m_Type    = ctReAperture;          //光圈增
m_InBrush.m_Type       = ctInBrush;             //画笔减
m_ReBrush.m_Type       = ctReBrush;             //画笔增
m_Len = GetPrivateProfileInt("使用字节数","字节数",8,"./stage.ini");
//获得云台协议使用的字节数
m_ActoinCount = GetPrivateProfileInt("控制项","控制数",13,"./stage.ini");
//获得云台的控制动作数
m_pData = new   unsigned char[m_ActoinCount][MAXNUM];
m_Port = GetPrivateProfileInt("端口设置","端口号",1,"./stage.ini");//获得端口号
GetPrivateProfileString("端口设置","环境设置","9600,n,8,1",
m_Setting.GetBuffer(0),MAX_PATH,"./stage.ini");          //获得环境设置
int data;
char buff[20] = {0};
char var[20]   = {0};
for (int i = 0 ; i<m_ActoinCount ; i++)
{
for (int j = 0 ; j <m_Len; j++)
{
char section[20] = "字节";
itoa(i+1,var,10);
itoa(j+1,buff,10);
strcat(section,buff);
data = GetPrivateProfileInt(var,section,0,"./stage.ini");    //获得各个按钮的字节数
m_pData[i][j] = data;
}
}
m_Com.SetSettings(m_Setting);                   //设置端口信息，并打开端口
m_Com.SetOutBufferSize(512);                    //设置输出缓冲区大小
m_Com.SetCommPort(m_Port);                      //设置端口号
m_Com.SetSThreshold(0);                         //设置传输缓冲区允许的最小字符
m_Com.SetPortOpen(TRUE);
```

㉛ 自定义 MoveCapture 函数，用于向串口发送信息控制云台。具体实现代码如下。

```
void CCaptureDlg::MoveCapture(UINT num)
{
VARIANT vt;                                     //定义VARIANT结构变量
SAFEARRAY* pSafe;                               //定义SAFEARRAY结构指针
SAFEARRAYBOUND band;                            //定义SAFEARRAYBOUND结构变量
band.cElements = m_Len;
band.lLbound     = 0;
pSafe = SafeArrayCreate(VT_UI1,1,&band);
for(long i=0;i<m_Len;i++)
{
SafeArrayPutElement(pSafe,&i,(void*)&m_pData[num][i]);
}
vt.vt        = VT_ARRAY |VT_UI1;
vt.parray = pSafe;
m_Com.SetOutput((COleVariant)vt);               //向串口发送数据
}
```

㉜ 为各个按钮添加进行云台控制的方法。具体实现代码如下。

```
void CCaptureDlg::OnUp()                        //向上移动
{
MoveCapture(0);
}
void CCaptureDlg::OnReset()                     //停止移动
{
MoveCapture(12);
}
void CCaptureDlg::OnDown()                      //向下移动
{
MoveCapture(1);
}
```

```
void CCaptureDlg::OnLeft()                    //向左移动
{
MoveCapture(2);
}
void CCaptureDlg::OnRight()                   //向右移动
{
MoveCapture(3);
}
void CCaptureDlg::OnInFoci()                  //增加聚焦
{
MoveCapture(5);
}
void CCaptureDlg::OnReFoci()                  //减小聚焦
{
MoveCapture(4);
}
void CCaptureDlg::OnInLen()                   //对焦增
{
MoveCapture(7);
}
void CCaptureDlg::OnReLen()                   //对焦减
{
MoveCapture(6);
}
void CCaptureDlg::OnReAperture()              //光圈减
{
MoveCapture(8);
}
void CCaptureDlg::OnInAperture()              //光圈增
{
MoveCapture(9);
}
void CCaptureDlg::OnReBrush()                 //画笔减
{
MoveCapture(10);
}
void CCaptureDlg::OnInBrush()                 //画笔增
{
MoveCapture(11);
}
```

26.7　设计管理员登录模块

用户登录模块用于登录视频监控程序，在登录时必须正确输入用户名和密码才能进入程序，否则，如有 3 次错误将自动退出程序。在管理员登录模块中可以按 Enter 键移动控件焦点，这样可以更加方便用户的操作。要实现这个功能并不难，只要在对话框的虚函数 PreTranslateMessage 中将按下 Enter 键的消息改成 Tab 键即可。在修改时需要用到 Enter 键和 Tab 键的 ASCII 码，Enter 键的 ASCII 码为 13，Tab 键的 ASCII 码为 9。具体实现代码如下。

```
//判断是否按下了Enter键
if(pMsg->message==WM_KEYDOWN && pMsg->wParam==13)
{
pMsg->wParam = 9;                                   //将按下的键改为Tab键
}
```

本模块将使用数据表“tb_user”，具体设计流程如下。

① 创建一个对话框，打开对话框属性窗口，将对话框的 ID 设置为 IDD_LOGIN_DIALOG，将 Border 属性设置为 None。

② 向对话框中添加一个图片控件、两个编辑框控件和两个按钮控件，各控件的属性设置如表 26-1 所示。

表 26-1　　控件资源设置

控件 ID	控 件 属 性	变　量
IDC_EDIT1	无	CString　m_Name
IDC_EDIT2	无	CString　m_PassWord
IDC_STATIC	Type：Bitmap、Image：IDB_LOGIN	无
IDC_OK	取消选择 Visible 属性	CBmpButton　m_OK
IDC_CANCEL	去掉 Visible 属性	CBmpButton　m_Cancel

③ 向对话框中添加 PreTranslateMessage 虚函数，在该函数中获取鼠标按下时的位置，如果是在【登录】按钮上，根据数据的正确性判断是否进入程序；如果在【退出】按钮上，则退出该程序。具体实现代码如下。

```
BOOL CLogin::PreTranslateMessage(MSG* pMsg)
{
if(pMsg->message==WM_KEYDOWN && pMsg->wParam==13)    //判断是否按下了Enter键
{
pMsg->wParam = 9;                                     //将按下的键改为Tab键
}
if(pMsg->message == WM_LBUTTONDOWN)                   //判断鼠标左键是否按下
{
CRect rect,rc;
m_OK.GetWindowRect(&rect);                            //获得"登录"按钮的区域
m_Cancel.GetWindowRect(υ&rc);                         //获得"退出"按钮的区域
CPoint point;
GetCursorPos(ϖ&point);                                //获得鼠标的位置
if(rect.PtInRect(point))                              //判断鼠标是否在"登录"按钮上
{
UpdateData(TRUE);
if(m_Name.IsEmpty() || m_PassWord.IsEmpty())          //判断数据是否为空
{
MessageBox("用户名或密码不能为空");
return FALSE;
}
m_Time++;                                             //计算登录次数
try
{
//创建连接对象实例
m_pConnection.CreateInstance("ADODB.Connection");
//设置连接字符串
CString strConnect="DRIVER={Microsoft Access Driver (*.mdb)};\
uid=;pwd=;DBQ=shujuku.mdb;";
//使用Open方法连接数据库
m_pConnection->Open((_bstr_t)strConnect,"","",adModeUnknown);
}
catch(_com_error e)
{
AfxMessageBox(e.Description());
}
//设置SQL语句
CString sql;
sql.Format("select * from tb_user where 用户名 = '%s'
and 密码 = '%s'",
m_Name,m_PassWord);
m_pRecordset = m_pConnection->Execute((_bstr_t)sql,NULL,
adCmdText);                                           //执行SQL语句
if(!m_pRecordset->adoEOF)
{
CDialog::OnOK();                                      //进入主窗体并关闭登录框
}
Else
{
if(m_Time == 3)                                       //判断错误是否超过3次
{
MessageBox("密码3次不正确");
CDialog::OnCancel();                                  //关闭对话框
}
Else
{
```

```
MessageBox("用户名或密码不正确");
m_Name = "";
m_PassWord = "";
UpdateData(FALSE);                                    //更新控件显示
}
}
m_pRecordset->Close();                                //关闭记录集
m_pConnection->Close();                               //断开数据库连接
}
if(rc.PtInRect(point))                                //判断鼠标是否在退出按钮上
{
CDialog::OnCancel();                                  //退出程序
}
}
return CDialog::PreTranslateMessage(pMsg);
}
```

其中，GetWindowRect 是该函数返回指定窗口的边框矩形的尺寸。该尺寸相对于屏幕坐标左上角的屏幕坐标；GetCursorPos 是该函数检取光标的位置，用屏幕坐标表示；PtInRect 是该函数判断指定的点是否位于矩形内部。

26.8　设计监控管理模块

监控管理模块的功能是，实现添加、修改和删除登录用户信息，并查看日志信息。Visual C++ 中监控管理模块的设计界面如图 26-15 所示。

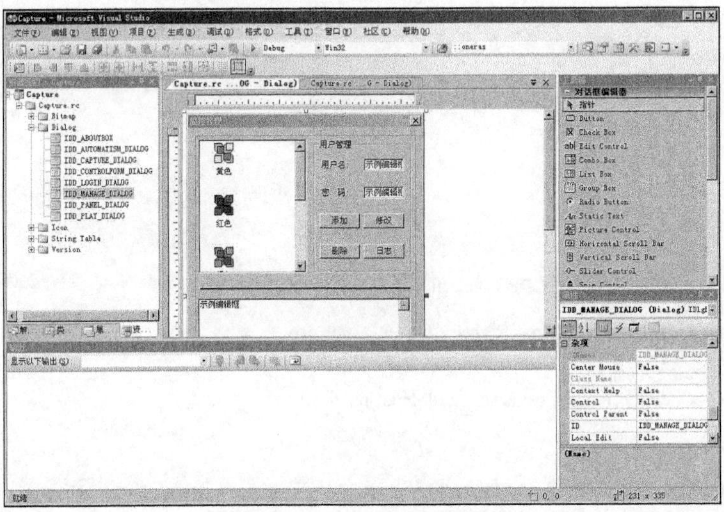

图 26-15　监控管理模块界面

26.8.1　监控管理技术分析

在监控管理模块中，使用了读取文本文件的技术，使用 CFile 类的成员函数 Read 可以读取文本文件中的数据，使用成员函数 Write 可以将数据写入文本文件中。

① Read：读取文件到缓冲区。返回值是返回已经读取到缓冲区的数据大小。其语法格式如下。

```
virtual UINT Read( void* lpBuf, UINT nCount );
```

参数说明如下。

- ❑ lpBuf：是一个指向缓冲区的指针，用来保存从文件中读取的数据。
- ❑ nCount：从文件中读取数据的大小。

② Write：将缓冲区中的数据写入文件。其语法格式如下。

```
virtual void Write( const void* lpBuf, UINT nCount );
```

参数说明如下。

- lpBuf：提供将要写入的数据的缓冲区。
- nCount：将要写入数据的大小。

26.8.2 编程监控管理

本模块使用数据表“tb_user”，具体实现流程如下。

① 创建一个对话框，打开对话框属性窗口，将对话框的 ID 设置为 IDD_LOGIN_DIALOG，将对话框标题设置为“监控管理”。

② 向对话框中添加一个群组控件、两个静态文本控件、3 个编辑框控件、一个列表视图控件和 4 个按钮控件，各控件的属性设置如表 26-2 所示。

表 26-2 控件资源设置

控件 ID	控 件 属 性	变 量
IDC_EDIT1	无	CString m_Name
IDC_EDIT2	无	CString m_PassWord
IDC_EDIT3	Multiline、Horizontal scroll、Vertical scroll、Auto VScroll	CString m_Log
IDC_LIST1	View ：Icon	CListCtrl m_List
IDC_BUTTONADD	去掉 Visible 属性	CBmpButton m_OK
IDC_BUTTONMOD	去掉 Visible 属性	CBmpButton m_Cancel
IDC_BUTTONDEL		
IDC_BUTTONLOG		

③ 在对话框的头文件中声明变量。具体实现代码如下。

```
CImageList m_ImageList;                    //定义图像列表对象
_ConnectionPtr m_pConnection;              //定义连接对象指针
_RecordsetPtr m_pRecordset;                //定义记录集对象指针
Int m_nExpandedHeight;                     //对话框展开高度
Int m_nNormalHeight;                       //对话框收缩高度
BOOL m_bExpand;                            //对话框是否展开
CString m_UserName;                        //用户名
CString m_LogPath;                         //日志内容
```

④ 向对话框中添加 OnInitDialog 方法，在对话框初始化时设置图像列表控件，并将部分对话框隐藏。具体实现代码如下。

```
BOOL CManagedlg::OnInitDialog()
{
CDialog::OnInitDialog();
m_bExpand = FALSE;
CRect rcDlg, rcMarker;
GetWindowRect(rcDlg);                                    //获得窗口客户区域
m_nExpandedHeight = rcDlg.Height();                      //为窗口展开的高度赋值
GetDlgItem(IDC_STATIC1)-υ>GetWindowRect(rcMarker);       //获得静态文本控件在窗口中的位置
m_nNormalHeight = (rcMarker.top - rcDlg.top); //计算窗口收缩时的高度
Display();                                               //收缩对话框
m_ImageList.Create(32,32,ILC_COLOR24|ILC_MASK,1,0); //创建列表视图窗口
m_ImageList.Add(AfxGetApp()->LoadIcon(IDI_ICON1));       //向图像列表中添加图标
m_List.SetImageList(ϖ&m_ImageList,LVSIL_NORMAL);         //用列表视图控件关联图像列表
AddToList();                                             //向列表视图控件中添加数据
return TRUE;
}
```

其中，GetDlgItem 是检索指定的对话框中的控制句柄；SetImageList 是使用列表视图控件关联图像列表。

⑤ 添加自定义函数 OnInitADOConn，用于连接数据库。具体实现代码如下。

```
void CManagedlg::OnInitADOConn(){
try
{
```

```
//创建连接对象实例
m_pConnection.CreateInstance("ADODB.Connection");
//设置连接字符串
CString strConnect="DRIVER={Microsoft Access Driver (*.mdb)};\
uid=;pwd=;DBQ=shujuku.mdb;";
//使用Open方法连接数据库
m_pConnection->Open((_bstr_t)strConnect,"","",adModeUnknown);
}
catch(_com_error e)
{
AfxMessageBox(e.Description());
}
}
```

⑥ 添加自定义函数 ExitConnect，用于关闭记录集并断开数据库连接。具体实现代码如下。

```
void CManagedlg::ExitConnect()
{
if(m_pRecordset!=NULL)
m_pRecordset->Close();                                    //关闭记录集
m_pConnection->Close();                                   //断开数据库连接
}
```

⑦ 添加自定义函数 AddToList，用于将数据库中的数据添加到列表视图控件中。具体实现代码如下。

```
void CManagedlg::AddToList()
{
OnInitADOConn();                                          //连接数据库
CString sql;
sql.Format("select 用户名 from tb_user ",m_Name,m_PassWord);
//设置SQL语句
m_pRecordset = m_pConnection->Execute((_bstr_t)sql,NULL,adCmdText);
//根据SQL语句打开记录集
int i = 0;
while(!m_pRecordset->adoEOF)
{
m_List.InsertItem(i,(char*)(_bstr_t)m_pRecordset->GetCollect
("用户名"),0);                                            //向列表视图控件中插入数据
m_pRecordset->MoveNext();                                 //将记录集指针移动到下一条
i++;
}
ExitConnect();                                            //关闭记录集并断开数据库连接
}
```

⑧ 处理【添加】按钮的单击事件，用于向数据库中添加新用户。具体实现代码如下。

```
void CManagedlg::OnButtonadd()
{
UpdateData(TRUE);
if(m_Name.IsEmpty() || m_PassWord.IsEmpty())              //判断数据是否为空
{
MessageBox("用户名或密码不能为空");
return;
}
OnInitADOConn();                                          //连接数据库
//设置SQL语句
CString sql;
sql.Format("insert into tb_user (用户名,密码) values ('%s','%s')",
m_Name,m_PassWord);
m_pConnection->Execute((_bstr_t)sql,NULL,adCmdText);      //执行SQL语句
m_pConnection->Close();                                   //断开数据库连接
m_List.DeleteAllItems();                                  //删除列表视图控件中的数据
AddToList();                                              //向列表视图控件中添加数据
}
```

⑨ 处理【修改】按钮的单击事件，用于修改数据库中用户的密码。具体实现代码如下。

```
void CManagedlg::OnButtonmod()
{
UpdateData(TRUE);
if(m_Name.IsEmpty() || m_PassWord.IsEmpty())              //判断数据是否为空
{
MessageBox("用户名或密码不能为空");
return;
}
OnInitADOConn();                                          //连接数据库
//设置SQL语句
```

```
    CString sql;
    sql.Format("update tb_user set 用户名='%s',密码='%s' where 用户名='%s' ",
    m_Name,m_PassWord,m_Name);
    m_pConnection->Execute((_bstr_t)sql,NULL,adCmdText);     //执行SQL语句
    m_pConnection->Close();                                  //断开数据库连接
    m_List.DeleteAllItems();                                 //删除列表视图控件中的数据
    AddToList();                                             //向列表视图控件中添加数据
    }
```

⑩ 处理【删除】按钮的单击事件，用于删除数据库中的用户。具体实现代码如下。

```
    void CManagedlg::OnButtondel()
    {
    UpdateData(TRUE);
    if(m_Name.IsEmpty())                                     //判断用户名是否为空
    {
    MessageBox("用户名不能为空");
    return;
    }
    OnInitADOConn();                                         //连接数据库
    CString sql;
    sql.Format("delete * from tb_user where 用户名='%s' ",m_Name);//设置SQL语句
    m_pConnection->Execute((_bstr_t)sql,NULL,adCmdText);     //执行SQL语句
    m_pConnection->Close();                                  //断开数据库连接
    m_List.DeleteAllItems();                                 //删除列表视图控件中的数据
    AddToList();                                             //向列表视图控件中添加数据
}
```

⑪ 处理列表视图控件的 NM_CLICK 事件，当单击列表视图控件中的图标时，将用户名显示在编辑框中。具体实现代码如下。

```
    void CManagedlg::OnClickList1(NMHDR* pNMHDR, LRESULT* pResult)
     {
    int pos = m_List.GetSelectionMark();                     //获得列表控件当前选择的节点
    m_Name   = m_List.GetItemText(pos,0);                    //将用户名显示到编辑框中
    UpdateData(FALSE);                                       //更新控件显示
    *pResult = 0;
    }
```

⑫ 添加自定义函数 Display，用于控制对话框的伸展和收缩。具体实现代码如下。

```
    void CManagedlg::Display()
    {
    CRect rcDlg;
    GetWindowRect(rcDlg);                                    //获得窗口的客户区域
    if(m_bExpand)                                            //判断是否展开
    {
    //设置范围
    rcDlg.SetRect( rcDlg.left, rcDlg.top, rcDlg.left + rcDlg.Width
    (),rcDlg.top + m_nExpandedHeight);
    CFile file;
    file.Open(m_LogPath,CFile::modeRead);                    //打开日志文件
    DWORD size = file.GetLength();                           //获得文件大小
    char read[256];
    file.Read(read,size);                                    //读取文件内容
    CString str="";
    for(int i=0;i<size;i++)
    {
    str += read[i];                                          //将文件内容赋值给字符串str
    }
    m_Log = str;
    UpdateData(FALSE);                                       //更新控件显示
    }
    Else
    {
    //设置范围
    rcDlg.SetRect(rcDlg.left, rcDlg.top, rcDlg.left + rcDlg.
    Width(),rcDlg.top + m_nNormalHeight);
    }
    MoveWindow(rcDlg);                                       //改变窗体显示范围
    }
```

26.8.3 单元测试处理

在测试程序时发现，当单击【日志】按钮以后，对话框会伸展，但是再次单击【日志】按

钮时，对话框却没有收缩，为什么会出现这样的问题呢？下面来看一下【日志】按钮的单击事件代码。

```
void CManagedlg::OnButton4()
{
m_bExpand = TRUE;
Display();
}
```

从上面的代码中发现按下【日志】按钮后，变量 m_bExpand 的值一直是 TRUE，所以当再次按下【日志】按钮时，对话框还是处于伸展状态。发现了问题所在就好办了，只要修改变量 m_bExpand 的值就可以使对话框进行伸缩显示了。具体实现代码如下。

```
void CManagedlg::OnButton4()
{
m_bExpand = !m_bExpand;
Display();
}
```

26.9 设计广角自动监控模块

广角自动监控模块主要用于进行自动监控，用户可以设置摄像头自动转动的方向，也可以进行定时监控。下面介绍具体实现过程。

26.9.1 可行性分析

在无人广角自动监控时需要使用进程，进程的创建通过 CreateProcess 函数来实现，CreateProcess 函数通过创建一个新的进程及在其地址空间内运行的主线程来启动并运行一个新的程序。具体在执行 CreateProcess 函数时，首先由操作系统负责创建一个进程内核对象，初始计数为 1，并立即为新进程创建一块虚拟地址空间。随后将可执行文件或其他任何必要的动态链接库文件的代码和数据装载到该地址空间中。在创建主线程时，也是首先由系统负责创建一个线程内核对象，并初始化为 1。最后启动主线程并执行进程的入口函数 WinMain，完成对进程和执行线程的创建。

CreateProcess 函数用于创建一个新进程，其使用格式如下。

```
BOOL CreateProcess(LPCTSTR lpApplicationName,LPTSTR lpCommandLine,
LPSECURITY_ATTRIBUTES lpProcessAttributes,
LPSECURITY_ATTRIBUTES lpThreadAttributes,
BOOL bInheritHandles,DWORD dwCreationFlags, LPVOID lpEnvironment,
LPCTSTR lpCurrentDirectory,LPSTARTUPINFO lpStarupInfo,
LPPROCESS_INFORMATION lpProcessInformation );
```

上述函数中各个参数的具体说明如下。

- lpCommandLine：命令行字符串。
- lpProcessAttributes：进程的安全属性。
- lpThreadAttributes：线程的安全属性。
- bInheritHandles：句柄继承标志。
- dwCreationFlags：创建标志。
- lpEnvironment：指向新的环境块的指针。
- lpCurrentDirectory：指向当前目录名的指针。
- lpStarupInfo：指向启动 STARTUPINFO 结构的指针。
- lpProcessInformation：指向 PROCERSS_INFORMATION 结构的指针。

其中参数 dwCreationFlags 的取值信息如表 26-3 所示。

表 26-3　　参数 dwCreationFlags 具体值

取　值	说　明
CREATE_DEFAULT_ERROR_MODE	指定新进程不继承父进程的错误模式，而采用自身的默认错误模式
CREATE_NEW_CONSOLE	为新进程创建一个新的控制台窗口，如果同时设置了 ETACHED_PROCESS 标志，将会产生错误
CREATE_NEW_PROCESS_GROUP	用于修改进程列表。将进程作为一个新的进程组的根进程。此进程组包括了所有由此根进程继承的进程。新的进程组标识与返回到 pProcess_Information 参数中的进程的标识相同。进程组可以通过 GenerateConsoleCtrlEvent 函数来向一组控制台进程发送 Ctrl+C 和 Ctrl+Break 通知
CREATE_SEPARATE_WOW_VDM	指定新的进程在自己的 DOS 虚拟机（VDM）上运行（只针对在 Windows NT 架构操作系统下运行的 16 位应用程序而言）。该标志将占据过多的内存空间，如果没有必要，一般不使用此标志
CREATE_SHARED_WOW_VDM	指定进程使用一个公共的 VDM（只针对在 Windows NT 架构操作系统下运行的 16 位应用程序而言）
CREATE_SUSPENDED	导致新进程被创建，但是主线程被挂起。此时父进程可以进行修改子进程地址空间中的内存、设置子进程和主线程的优先级等操作。在父进程修改子进程后，允许子进程使用 ResumeThread 函数来继续执行代码
CREATE_UNICODE_ENVIRONMENT	指出子线程的环境块包含有 Unicode 字节
DEBUG_PROCESS	指出父进程想要调试子进程和子进程将来生成的任何进程。被调试进程中发生的事件，将会通知给调试程序（通常是父进程）
DEBUG_ONLY_THIS_PROCESS	与 DEBUG_PROCESS 标志类似，但只有最接近调试程序的子进程才会向其报告所发生的事件
DETACHED_PROCESS	用于限制子进程对父进程的访问权限

26.9.2　编程实现

广角自动监控实现过程如下。

① 创建一个对话框，打开对话框属性窗口，将对话框的 ID 设置为“IDD_AUTOMATISM_DIALOG”，将对话框标题设置为“无人广角自动监控”。

② 向对话框中添加一个群组控件、一个图形控件、一个复选框控件、两个静态文本控件、两个时间控件、3 个单选按钮控件和一个按钮控件，各控件的属性设置如表 26-4 所示。

表 26-4　　控件资源设置

控件 ID	控 件 属 性	变　量
IDC_TIMECHECK	取消选择 Auto 属性	无
IDC_DATETIMEPICKER1	Format：Time	CDateTimeCtrl　m_StartTime
IDC_DATETIMEPICKER2	Format：Time	CDateTimeCtrl　m_Log
IDC_AMPLITUDE	取消选择 Auto 属性	无
IDC_HORIZONTAL	取消选择 Auto 属性	无
IDC_VERTICAL	取消选择 Auto 属性	无
IDC_OK	Caption：开始	无

③ 在对话框的头文件中声明变量，具体实现代码如下。

```
CCaptureDlg* m_pMain;                    //主窗口指针
HANDLE m_hThread;                        //线程句柄
UINT m_Num;                              //监控方向
BOOL m_Time;                             //定时监控
BOOL m_Count;                            //记录复选框是否按下
CString m_UserName;                      //用户名
CString m_LogPath;                       //日志文件路径
```

```
CTime starttime;                          //开始时间
CTime stoptime;                           //结束时间
```

④ 向对话框中添加 OnInitDialog 方法，在对话框初始化时设置单选按钮的状态，使时间控件不可用，并设置定时器。具体实现代码如下。

```
BOOL CAutodlg::OnInitDialog()
{
CDialog::OnInitDialog();
CButton* pButton = (CButton*)GetDlgItem(IDC_AMPLITUDE);
pButton->SetCheck(1);                     //设置“广角监控”单选按钮为选中状态
m_Num = 0;
m_Time = FALSE;
m_Count = FALSE;
//设置时间控件不可用
GetDlgItem(IDC_DATETIMEPICKER1)->EnableWindow(FALSE);
GetDlgItem(IDC_DATETIMEPICKER2)->EnableWindow(FALSE);
SetTimer(1,1000,NULL);                    //设置定时器
return TRUE;
}
```

⑤ 处理对话框的 WM_TIMER 事件，判断是否定时监控，如果是，则获取系统时间，当然，系统时间等于开始监控时间时开始监控。具体实现代码如下。

```
void CAutodlg::OnTimer(UINT nIDEvent)
{
if(m_Time)                                //判断是否定时监控
{
CTime time= CTime::GetCurrentTime();      //获得系统当前时间
m_StartTime.GetTime(starttime);           //获得开始监控时间
m_StopTime.GetTime(stoptime);             //获得停止监控时间
if(time == starttime)                     //判断系统时间是否等于开始监控时间
{
OnOK();                                   //关闭当前窗口
KillTimer(1);                             //停止定时器
}
}
CDialog::OnTimer(nIDEvent);
}
```

⑥ 在主窗体中编写线程函数，在线程函数中判断是广角监控、水平监控和垂直监控的哪一种，并根据相应的方向实现自动监控功能。具体实现代码如下。

```
DWORD WINAPI ThreadProc(LPVOID lpParameter )
{
CCaptureDlg* pDlg = (CCaptureDlg*)lpParameter;
while (true)
{
switch(pDlg->m_Num)
{
case 0:
pDlg->MoveCapture(0);                     //向上
Sleep(2000);                              //延时2秒
pDlg->MoveCapture(2);                     //向左
Sleep(22000);                             //延时22秒
pDlg->MoveCapture(1);                     //向下
Sleep(2000);                              //延时2秒
pDlg->MoveCapture(3);                     //向右
Sleep(22000);                             //延时22秒
pDlg->MoveCapture(1);                     //向下
Sleep(2000);                              //延时2秒
pDlg->MoveCapture(2);                     //向左
Sleep(22000);                             //延时22秒
pDlg->MoveCapture(0);                     //向上
Sleep(2000);                              //延时2秒
pDlg->MoveCapture(3);                     //向右
Sleep(22000);                             //延时22秒
break;
case 1:
pDlg->MoveCapture(2);                     //向左
Sleep(22000);                             //延时22秒
pDlg->MoveCapture(3);                     //向右
Sleep(22000);                             //延时22秒
break;
case 2:
```

```
pDlg->MoveCapture(0);                                    //向上
Sleep(2000);                                             //延时2秒
pDlg->MoveCapture(1);                                    //向下
Sleep(2000);                                             //延时2秒
break;
}
}
return 0;
}
```

⑦ 处理主窗体中“自动监控”按钮的单击事件，当按钮被按下时创建线程并打开无人广角自动监控模块。具体实现代码如下。

```
void CCaptureDlg::OnAutomatism()
{
CAutodlg dlg;                                            //CAutodlg类对象
if(dlg.DoModal()==IDOK)
{
DWORD threadID;
m_hThread = ::CreateThread(NULL,0,ThreadProc,(LPVOID)this,0,
&threadID);                                              //创建线程
m_Num = dlg.m_Num;
m_Time = dlg.m_Time;
if(m_Time)                                               //判断是否定时监控
{
m_StopTime = dlg.stoptime;                               //获得关闭时间
}
}
Invalidate();                                            //刷新窗口
}
```

⑧ 在主窗体的 WM_TIMER 事件中判断系统时间是否等于停止时间，如果等于则停止定时监控。具体实现代码如下。

```
if(m_Time)                                               //判断是否定时监控
{
CTime time= CTime::GetCurrentTime();                     //获得系统当前时间
if(time == m_StopTime)                                   //判断系统时间是否等于关闭时间
{
OnStop();                                                //当系统时间等于关闭时间时停止监控
m_Time = FALSE;
}
}
```

26.9.3 单元测试

在测试广角自动监控模块时曾出现数据无法传递的问题，为了解决这一问题，笔者仔细研究了传递值时的代码，发现原来逻辑上有错误，下面先来看一下程序的原始代码。

```
void CAutodlg::OnTimer(UINT nIDEvent)
{
if(m_Time)
{
CTime time= CTime::GetCurrentTime();
m_StartTime.GetTime(starttime);
m_StopTime.GetTime(stoptime);
CCaptureDlg dlg;
dlg.m_StopTime = stoptime;
dlg.m_Time = m_Time;
dlg.m_Num = m_Num;
if(time == starttime)
{
OnOK();
KillTimer(1);
}
}
CDialog::OnTimer(nIDEvent);
}
```

在上述代码中，定义了一个 CCaptureDlg 类对象，然后进行赋值，看上去没有错误，可是为变量赋的值却无法传递到主窗口中，这是为什么呢？仔细看就会发现这里犯了一个逻辑上的错误，那就是定义的 CCaptureDlg 类对象和当前打开的主窗口并不是一个，所以在这里传递过去的值没有传递到主窗口中，而是传到了新建的 CCaptureDlg 类对象中。发现问题以后就好解决了，在主窗口调用无人广角自动监控模块时为相关变量赋值即可解决这一问题。具体实现代码如下。

```
void CCaptureDlg::OnAutomatism()
{
CAutodlg dlg;                                           //CAutodlg类对象
if(dlg.DoModal()==IDOK)
{
DWORD threadID;
m_hThread = ::CreateThread(NULL,0,ThreadProc,(LPVOID)this,
0,&threadID);                                           //创建线程
m_Num = dlg.m_Num;
m_Time = dlg.m_Time;
if(m_Time)                                              //判断是否定时监控
{
m_StopTime = dlg.stoptime;                              //获得关闭时间
}
}
Invalidate();                                           //刷新窗口
}
```

26.10　设计视频回放模块

视频回放模块的功能是，将监控时录制的录像播放出来。

1. 技术分析

在视频回放模块中使用了 Windows Media Player 控件，该控件需要手动添加到工程中。步骤如下。

在 Visual C++的空白区域单击鼠标，在弹出命令中选择“插入 ActiveX 控件”命令，弹出“插入 ActiveX 控件”对话框，在此选择“Windows Media Player”按钮，然后单击【确定】按钮，将“Windows Media Player”控件添加到控件面板中，如图 26-16 所示。

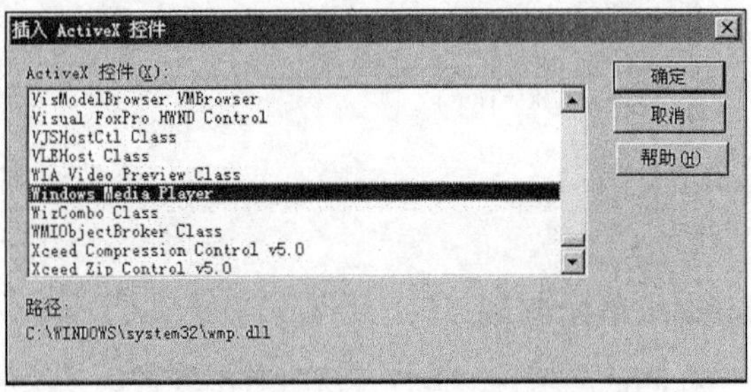

图 26-16　“插入 ActiveX 控件”对话框

Windows Media Player 控件的主要方法如下。

- GetMute：获得静音属性。
- GetPlayState：获得播放状态。
- GetVolume：获得音量。
- Open：打开播放文件。
- Pause：暂停。
- Play：播放。
- SetShowControls：设置是否显示控制面板。

2. 编程实现

① 创建一个对话框，打开对话框属性窗口，将对话框的 ID 设置为 IDD_PLAY_DIALOG，将对话框标题设置为“视频回放”。

② 向对话框中添加一个 Windows Media Player 控件、一个静态文本控件和一个按钮控件。

③ 实现【回放】按钮的单击事件，打开要回放的 AVI 文件，并将路径显示在静态文本控件中，使用 Windows Media Player 控件播放 AVI 文件。具体是实现代码如下。

```
void CPlaydlg::OnPlay()
{
```

```
//创建打开文件对话框
CFileDialog fDlg(TRUE,"","",OFN_HIDEREADONLY |
OFN_OVERWRITEPROMPT,"AVI|*.avi",this);
if(fDlg.DoModal()==IDOK)
{
CString path = fDlg.GetPathName();                    //获得文件路径
m_Path.SetWindowText(path);                           //使用静态文本控件显示文件路径
m_MediaPlay.Open(path);                               //播放文件
}
}
```

其中，GetPathName 用于获得选择文件的完整路径；Open 用于播放 AVI 文件。

26.11　分析绚丽界面的实现方法

本实例的运行效果十分美观大方，区别于传统的应用软件。这究竟是怎样实现的呢？本节将具体介绍绚丽软件界面的实现方法。

① 在主窗口的头文件中添加变量，记录对话框的标题信息、边框高度、宽度、标题栏、标题栏按钮的显示区域等信息。具体实现代码如下。

```
CBitmap        m_BKGround;                  //声明CBitmap类型变量
CString        m_Caption;                   //对话框标题
int            m_BorderWidth;               //边框宽度
int            m_BorderHeight;              //边框高度
int            m_FrameWidth ;               //窗体3D宽度
int            m_FrameHeight;               //窗体3D高度
int            m_CaptionHeight;             //标题栏的高度
int            m_TitleDrawHeight;           //标题栏实际的绘制高度
int            m_ButtonWidth;               //按钮位图宽度
int            m_ButtonHeight;              //按钮位图高度
COLORREF       m_CapitonColor;              //标题字体颜色
CFont          m_CaptionFont;               //标题字体
```

② 定义宏，用于标识绘制窗口的哪一部分。具体实现代码如下。

```
define FLEFTBAR             1               //左边框
#define FLEFTTITLE          2               //左标题
#define FRIGHTTITLE         4               //右标题
#define FMIDTITLE           8               //中间标题
#define FRIGHTBAR           16              //右边框
#define FBOTTOMBAR          32              //底边框
#define FMINBUTTON          64              //最小化按钮
#define FMAXBUTTON          128             //最大化按钮
#define FCLOSEBUTTON        256             //关闭按钮
#define FALL                511             //所有标识
#define MAXNUM              100
```

③ 在对话框初始化时初始化对话框的边框高度、宽度等信息，并设置标题栏显示文本及字体。具体实现代码如下。

```
//加载背景位图
m_BKGround.LoadBitmap(IDB_BKGROUND);
m_BorderHeight  = GetSystemMetrics(SM_CYBORDER);           //尺寸不可变的边框高度
m_BorderWidth   = GetSystemMetrics(SM_CXBORDER);           //尺寸不可变的边框宽度
m_CaptionHeight = GetSystemMetrics(SM_CYCAPTION);          //窗口标题的高度
SetWindowText(m_Caption);                                  //设置窗体标题
m_CaptionFont.CreateFont(14,10,0,3,600,0,0,0,ANSI_CHARSET,
OUT_DEFAULT_PRECIS,
CLIP_DEFAULT_PRECIS,DEFAULT_QUALITY,FF_ROMAN,"宋体");   //创建窗体标题字体
CBitmap bitmap;
bitmap.LoadBitmap(IDB_MINBT);                              //加载位图资源
BITMAPINFO bInfo;
bitmap.GetObject(sizeof(bInfo),&bInfo);
m_ButtonWidth = bInfo.bmiHeader.biWidth;
m_ButtonHeight = bInfo.bmiHeader.biHeight;
bitmap.DeleteObject();                                     //释放环境
```

④ 向对话框中添加自定义函数 DrawDialog，用于绘制对话框的各个部分。具体实现代码如下。

```
void CCaptureDlg::DrawDialog(UINT Flags)
{
```

```
//获得边框信息
m_FrameHeight  = GetSystemMetrics(SM_CYFIXEDFRAME);
m_BorderHeight  = GetSystemMetrics(SM_CYBORDER);
m_FrameWidth  = GetSystemMetrics(SM_CXFIXEDFRAME);
m_BorderWidth  = GetSystemMetrics(SM_CXBORDER);
m_CaptionHeight = GetSystemMetrics(SM_CYCAPTION);          //窗口标题高度
CRect Clientrect;
GetClientRect(Clientrect);                                  //获得客户区域
CRect WinRC,FactRC;
GetWindowRect(WinRC);
FactRC.CopyRect(CRect(0,0,WinRC.Width(),WinRC.Height()));
CWindowDC WindowDC(this);                                   //获取窗口设备上下文
CBitmap LeftLine,*OldObj;
BITMAPINFO bitinfo;
CDC memDC;
memDC.CreateCompatibleDC(&WindowDC);
int leftwidth     = 0;                                      //左标题的宽度
int rightwidth    = 0;                                      //右标题的宽度
int leftlinewidth = 0;                                      //窗体边框和3D宽度
int rLineWidth;
int bLineHeight;
DeleteObject(LeftLine);
LeftLine.LoadBitmap(IDB_RIGHTTITLE);                        //加载右标题
LeftLine.GetObject(sizeof(bitinfo),&bitinfo);
rightwidth = bitinfo.bmiHeader.biWidth;
LeftLine.Detach();
int x,y;
//……此处代码省略
CPoint pos(30,1);
m_MinRect.CopyRect(CRect(m_RTitleRc.left+pos.x,
(m_TitleDrawHeight+2*m_BorderHeight
-m_ButtonHeight)/2+pos.y,m_ButtonWidth,m_ButtonHeight));
//最小化按钮区域
pos.x = 55;
m_MaxRect.CopyRect(CRect(m_RTitleRc.left+pos.x,
(m_TitleDrawHeight+2*m_BorderHeight
-m_ButtonHeight)/2+pos.y,m_ButtonWidth,m_ButtonHeight));
//最大化按钮区域
pos.x = 80;
m_CloseRect.CopyRect(CRect(m_RTitleRc.left+pos.x,
(m_TitleDrawHeight+2*m_BorderHeight
-m_ButtonHeight)/2+pos.y,m_ButtonWidth,m_ButtonHeight));
//关闭按钮区域
//……此处代码省略
LeftLine.DeleteObject();
memDC.DeleteDC();
DrawCaption();
}
```

⑤ 在自定义函数 DrawDialog 中添加代码，用于绘制对话框的左边线。具体实现代码如下。

```
if(Flags & FLEFTBAR)                                        //绘制左边线
{
DeleteObject(LeftLine);
LeftLine.LoadBitmap(IDB_LEFTBAR);                           //加载左边框位图资源
LeftLine.GetObject(sizeof(bitinfo),&bitinfo);
x = bitinfo.bmiHeader.biWidth;                              //获取位图宽
y = bitinfo.bmiHeader.biHeight;                             //获取位图高
OldObj = memDC.SelectObject(&LeftLine);
//判断位图的宽度与窗体边缘的宽度
leftlinewidth = (x> m_FrameWidth+m_BorderWidth)? x:m_FrameWidth+m_BorderWidth;
WindowDC.StretchBlt(0,m_CaptionHeight,leftlinewidth,
FactRC.Height()-m_CaptionHeight,&memDC,0,0,x,y,SRCCOPY);   //绘制左边框
memDC.SelectObject(OldObj);
LeftLine.Detach();
}
```

⑥ 在自定义函数 DrawDialog 中添加代码，用于绘制对话框的左标题。具体实现代码如下。

```
if(Flags & FLEFTTITLE)                                      //绘制左标题
{
DeleteObject(LeftLine);
LeftLine.LoadBitmap(IDB_LEFTTITLE);                         //加载左标题位图资源
//获取位图大小
LeftLine.GetObject(sizeof(bitinfo),&bitinfo);
OldObj = memDC.SelectObject(&LeftLine);
```

```
leftwidth = x = bitinfo.bmiHeader.biWidth;                    //获取位图宽
y = bitinfo.bmiHeader.biHeight;                               //获取位图高
m_TitleDrawHeight = (m_CaptionHeight+4 > y) ? m_CaptionHeight+4 : y; //计算标题的高度
m_LTitleRc.CopyRect(CRect(0,0,x,m_TitleDrawHeight));          //左标题区域
WindowDC.StretchBlt(m_LTitleRc.left,m_LTitleRc.top,m_LTitleRc.Width(),
m_LTitleRc.Height(),&memDC,0,0,x,y,SRCCOPY);                  //绘制左标题
memDC.SelectObject(OldObj);
LeftLine.Detach();
}
```

⑦ 在自定义函数 DrawDialog 中添加代码，用于绘制对话框的右标题。具体实现代码如下。

```
if(Flags & FRIGHTTITLE)                                       //绘制右标题
{
DeleteObject(LeftLine);
LeftLine.LoadBitmap(IDB_RIGHTTITLE);                          //加载右标题位图资源
//获取位图大小
LeftLine.GetObject(sizeof(bitinfo),&bitinfo);
OldObj = memDC.SelectObject(&LeftLine);
x = bitinfo.bmiHeader.biWidth;                                //获取位图宽
y = bitinfo.bmiHeader.biHeight;                               //获取位图高
m_TitleDrawHeight = (m_CaptionHeight+4 > y) ? m_
CaptionHeight+4 : y;                                          //计算右标题高度
m_RTitleRc.CopyRect(CRect(FactRC.right-x,0,FactRC.right,
m_TitleDrawHeight));                                          //右标题区域
WindowDC.StretchBlt(m_RTitleRc.left,m_RTitleRc.top,m_RTitleRc.Width(),
m_RTitleRc.Height(),&memDC,0,0,x,y,SRCCOPY);                  //绘制右标题
DeleteObject( memDC.SelectObject(OldObj));
LeftLine.Detach();
}
```

⑧ 在自定义函数 DrawDialog 中添加代码，用于绘制对话框的中间标题。具体实现代码如下。

```
if(Flags & FMIDTITLE)                                         //绘制中间标题
{
DeleteObject(LeftLine);
LeftLine.LoadBitmap(IDB_MIDTITLE);                            //加载中间标题位图资源
//获取位图大小
LeftLine.GetObject(sizeof(bitinfo),&bitinfo);
OldObj = memDC.SelectObject(&LeftLine);
x = bitinfo.bmiHeader.biWidth;                                //获取位图宽
y = bitinfo.bmiHeader.biHeight;                               //获取位图高
m_TitleDrawHeight = (m_CaptionHeight+4 > y) ? m_
CaptionHeight+4 : y ; //计算中间标题高度
m_MTitleRc.CopyRect(CRect(m_LTitleRc.right,0,m_
RTitleRc.left,m_TitleDrawHeight));
WindowDC.StretchBlt(m_MTitleRc.left,m_MTitleRc.
top,m_MTitleRc.Width(),
m_MTitleRc.Height(),&memDC,0,0,x,y,SRCCOPY);                  //绘制中间标题
LeftLine.Detach();
memDC.SelectObject(OldObj);
}
```

⑨ 在自定义函数 DrawDialog 中添加代码，用于绘制对话框的右边框。具体实现代码如下。

```
if(Flags & FRIGHTBAR)                                         //绘制右边框
{
DeleteObject(LeftLine);
LeftLine.LoadBitmap(IDB_RIGHTBAR);                            //加载右边框位图资源
//获取位图大小
LeftLine.GetObject(sizeof(bitinfo),&bitinfo);
OldObj = memDC.SelectObject(&LeftLine);
x = bitinfo.bmiHeader.biWidth;                                //获取位图宽
y = bitinfo.bmiHeader.biHeight;                               //获取位图高
rLineWidth = m_FrameWidth + m_BorderWidth;
rLineWidth = rLineWidth>x? rLineWidth:x;
WindowDC.StretchBlt(m_RTitleRc.right-rLineWidth,m_
TitleDrawHeight,rLineWidth,
FactRC.Height()-m_TitleDrawHeight,&memDC,0,0,x,y,
SRCCOPY)                                                      //绘制右边框
memDC.SelectObject(OldObj);
LeftLine.Detach();
}
```

⑩ 自定义函数 DrawDialog 添加代码，用于绘制对话框的底边框。具体实现代码如下。

```
if(Flags & FBOTTOMBAR)                                        //绘制底边框
{
```

```
DeleteObject(LeftLine);
LeftLine.LoadBitmap(IDB_BOTTOMBAR);                    //加载底边框位图资源
//获取位图大小
LeftLine.GetObject(sizeof(bitinfo),&bitinfo);
OldObj = memDC.SelectObject(&LeftLine);
x = bitinfo.bmiHeader.biWidth;                         //获取位图宽
y = bitinfo.bmiHeader.biHeight;                        //获取位图高
bLineHeight = m_BorderHeight + m_FrameHeight;
bLineHeight = bLineHeight>y? bLineHeight:y;
WindowDC.StretchBlt(leftlinewidth,FactRC.Height
()-bLineHeight,m_RTitleRc.right
-rLineWidth-leftlinewidth, bLineHeight,&memDC,
0,0,x,y,SRCCOPY);                                      //绘制底边框
memDC.SelectObject(OldObj);
LeftLine.Detach();
}
```

⑪ 在自定义函数 DrawDialog 中添加代码，用于绘制对话框的最小化按钮。具体实现代码如下。

```
if(Flags & FMINBUTTON)                                 //绘制最小化按钮
{
DeleteObject(LeftLine);
LeftLine.LoadBitmap(IDB_MINBT);                        //加载最小化按钮
//获取位图大小
LeftLine.GetObject(sizeof(bitinfo),&bitinfo);
OldObj = memDC.SelectObject(&LeftLine);
x = bitinfo.bmiHeader.biWidth;                         //获取位图宽
y = bitinfo.bmiHeader.biHeight;                        //获取位图高
WindowDC.StretchBlt(m_MinRect.left,m_MinRect.top,m_MinRect.right,
m_MinRect.bottom,&memDC,0,0,x,y,SRCCOPY);              //绘制最小化按钮
memDC.SelectObject(OldObj);
LeftLine.Detach();
}
```

⑫ 在自定义函数 DrawDialog 中添加代码，用于绘制对话框的最大化按钮。具体实现代码如下。

```
if ( Flags & FMAXBUTTON)                               //绘制最大化按钮
{
DeleteObject(LeftLine);
LeftLine.LoadBitmap(IDB_MAXBT);
//获取位图大小
LeftLine.GetObject(sizeof(bitinfo),&bitinfo);
OldObj =    memDC.SelectObject(&LeftLine);
x = bitinfo.bmiHeader.biWidth;                         //获取位图宽
y = bitinfo.bmiHeader.biHeight;                        //获取位图高
WindowDC.StretchBlt(m_MaxRect.left,m_MaxRect.top,m_MaxRect.right,
m_MaxRect.bottom,&memDC,0,0,x,y,SRCCOPY);              //绘制最大化按钮
memDC.SelectObject(OldObj);
LeftLine.Detach();
}
```

⑬ 在自定义函数 DrawDialog 中添加代码，用于绘制对话框的关闭按钮。具体实现代码如下。

```
if(Flags & FCLOSEBUTTON)                               //绘制关闭按钮
{
DeleteObject(LeftLine);
LeftLine.LoadBitmap(IDB_CLOSEBT);
//获取位图大小
LeftLine.GetObject(sizeof(bitinfo),&bitinfo);
OldObj = memDC.SelectObject(&LeftLine);
x = bitinfo.bmiHeader.biWidth;                         //获取位图宽
y = bitinfo.bmiHeader.biHeight;                        //获取位图高
WindowDC.StretchBlt(m_CloseRect.left,m_CloseRect.top,m_CloseRect.right,
m_CloseRect.bottom,&memDC,0,0,x,y,SRCCOPY);            //绘制关闭按钮
memDC.SelectObject(OldObj);
LeftLine.Detach();
}
```

⑭ 在对话框的 WM_SIZE 消息中添加代码，当对话框的大小改变时重新绘制对话框的标题、边框及按钮。具体实现代码如下。

```
CPoint pos(30,1);
m_MinRect.CopyRect(CRect(m_RTitleRc.left+pos.x,(m_TitleDrawHeight
+2*m_BorderHeight -m_ButtonHeight)/2+pos.y,m_ButtonWidth,
m_ButtonHeight));                                      //最小化按钮区域
pos.x = 55;
m_MaxRect.CopyRect(CRect(m_RTitleRc.left+pos.x,(m_TitleDrawHeight
+2*m_BorderHeight -m_ButtonHeight)/2+pos.y,m_ButtonWidth,
```

```
m_ButtonHeight));                                           //最大化按钮区域
pos.x = 80;
m_CloseRect.CopyRect(CRect(m_RTitleRc.left+pos.x,(m_TitleDrawHeight
+2*m_BorderHeight -m_ButtonHeight)/2+pos.y,m_ButtonWidth,
m_ButtonHeight));                                           //关闭按钮区域
Invalidate();                                               //刷新窗口
```

⑮ 处理对话框的 WM_NCMOUSEMOVE 消息，当鼠标移动到标题栏按钮上时，绘制标题栏按钮的热点效果；当鼠标离开标题栏按钮时，恢复标题栏按钮原来的效果。具体实现代码如下。

```
void CCaptureDlg::OnNcMouseMove(UINT nHitTest, CPoint point)
{
CRect tempMin,tempMax,tempClose,ClientRect;
CWindowDC WindowDC (this);                                  //CWindowDC类对象
CDC memDC;
memDC.CreateCompatibleDC(&WindowDC);                        //创建内存设备环境
BITMAPINFO bInfo;
CBitmap LeftLine;
int x,y;
GetWindowRect(ClientRect);
tempMin.CopyRect(CRect(m_MinRect.left+ ClientRect.left,ClientRect.top
+m_MinRect.top,m_MinRect.right+m_MinRect.left+ ClientRect.left,
m_MinRect.bottom+m_MinRect.top+ClientRect.top));            //设置最小化按钮区域
tempMax.CopyRect(CRect(m_MaxRect.left+ ClientRect.left,ClientRect.top
+m_MaxRect.top,m_MaxRect.right+m_MaxRect.left+ ClientRect.left,
m_MaxRect.bottom+m_MaxRect.top+ClientRect.top));            //设置最大化按钮区域
tempClose.CopyRect(CRect(m_CloseRect.left+ ClientRect.left,ClientRect.top
+m_CloseRect.top,m_CloseRect.right+m_CloseRect.left+ ClientRect.left,
m_CloseRect.bottom+m_CloseRect.top+ClientRect.top));        //设置关闭按钮区域
if(tempMin.PtInRect(point))                                 //鼠标在最小化按钮上移动时，更改按钮显示的位图
{
if(m_ButtonState != bsMin)
{
LeftLine.LoadBitmap(IDB_MINHOTBT);                          //加载最小化按钮位图资源
LeftLine.GetObject(sizeof(bInfo),&bInfo);
x = bInfo.bmiHeader.biWidth;                                //获得位图宽度
y = bInfo.bmiHeader.biHeight;                               //获得位图高度
memDC.SelectObject(&LeftLine);
WindowDC.StretchBlt(m_MinRect.left,m_MinRect.top,m_MinRect.right,
m_MinRect.bottom,&memDC,0,0,x,y,SRCCOPY);                   //绘制最小化按钮
m_IsDrawForm = FALSE;
m_ButtonState = bsMin;
LeftLine.Detach();
}
}
else if(tempMax.PtInRect(point))
{
if(m_ButtonState!=bsMax && m_ButtonState!=bsRes)
{
LeftLine.LoadBitmap(IDB_MAXHOTBT);                          //加载最大化按钮位图资源
LeftLine.GetObject(sizeof(bInfo),&bInfo);
x = bInfo.bmiHeader.biWidth;                                //获得位图宽度
y = bInfo.bmiHeader.biHeight;                               //获得位图高度
memDC.SelectObject(&LeftLine);
WindowDC.StretchBlt(m_MaxRect.left,m_MaxRect.top,m_MaxRect.right,
m_MaxRect.bottom,&memDC,0,0,x,y,SRCCOPY);                   //绘制最大化按钮
m_IsDrawForm = FALSE;
if (m_IsMax)
{
m_ButtonState = bsMax;
}
Else
{
m_ButtonState = bsRes;
}
LeftLine.Detach();
}
}
else if(tempClose.PtInRect(point))
{
if(m_ButtonState != bsClose)
{
LeftLine.LoadBitmap(IDB_CLOSEHOTBT);                        //加载关闭按钮位图资源
LeftLine.GetObject(sizeof(bInfo),&bInfo);
```

```
x = bInfo.bmiHeader.biWidth;                                    //获得位图宽度
y = bInfo.bmiHeader.biHeight;                                   //获得位图高度
memDC.SelectObject(&LeftLine);
WindowDC.StretchBlt(m_CloseRect.left,m_CloseRect.top,m_CloseRect.right,
m_CloseRect.bottom,&memDC,0,0,x,y,SRCCOPY);                     //绘制关闭按钮
m_IsDrawForm = FALSE;
m_ButtonState = bsClose;
LeftLine.Detach();
}
}
Else
{
if(m_IsDrawForm == FALSE)
{
if(m_ButtonState == bsMin)
DrawDialog( FMINBUTTON);                                        //重绘最小化按钮
else if(m_ButtonState == bsClose)
DrawDialog( FCLOSEBUTTON);                                      //重绘关闭按钮
else if(m_ButtonState == bsMax || m_ButtonState==bsRes)
DrawDialog( FMAXBUTTON);                                        //重绘最大化按钮
}
m_ButtonState = bsNone;
}
LeftLine.DeleteObject();
ReleaseDC(&memDC);
CDialog::OnNcMouseMove(nHitTest, point);
}
```

⑯ 处理对话框的 WM_NCLBUTTONDOWN 消息，用于响应标题栏按钮的鼠标单击事件。具体实现代码如下。

```
void CDrawDialogDlg::OnNcLButtonDown(UINT nHitTest, CPoint point)
{
switch (m_ButtonState)
{
case bsClose:                                                   //关闭窗口
{
OnCancel();
}
break;
case bsMin:                                                     //最小化窗口
{
ShowWindow(SW_SHOWMINIMIZED);
}
break;
case bsMax:                                                     //最大化窗口
{
m_ButtonState = bsMax;
ShowWindow(SW_SHOWMAXIMIZED);
m_IsMax = FALSE;
}
break;
case bsRes:                                                     //恢复窗口
{
ShowWindow(SW_RESTORE);
m_IsMax = TRUE;
}
break;
}
CDialog::OnNcLButtonDown(nHitTest, point);
}
```

⑰ 处理对话框的 WM_NCACTIVATE 消息，在窗口的非客户区域激活时重绘窗口。具体实现代码如下所示。

```
BOOL CDrawDialogDlg::OnNcActivate(BOOL bActive)
{
OnPaint() ;                                                     //重绘窗口
return TRUE;
}
```

经过上述编码后，绚丽的界面效果功能设计完毕，本项目实例的介绍也基本结束。因为受本书篇幅的限制，还有很多文件的具体实现不再进行介绍，读者可参考本书所附带的光盘。

特别优惠

购买本书的读者专享**异步社区购书优惠券**。

使用方法：注册成为社区用户，在下单购书时输入 S4XC5 使用优惠码，然后点击“使用优惠码”，即可在原折扣基础上享受全单9折优惠。（订单满39元即可使用，本优惠券只可使用一次）

纸电图书组合购买

社区独家提供纸质图书和电子书组合购买方式，价格优惠，一次购买，多种阅读选择。

社区里还可以做什么？

提交勘误

您可以在图书页面下方提交勘误，每条勘误被确认后可以获得100积分。热心勘误的读者还有机会参与书稿的审校和翻译工作。

写作

社区提供基于Markdown的写作环境，喜欢写作的您可以在此一试身手，在社区里分享您的技术心得和读书体会，更可以体验自出版的乐趣，轻松实现出版的梦想。

如果成为社区认证作译者，还可以享受异步社区提供的作者专享特色服务。

会议活动早知道

您可以掌握IT圈的技术会议资讯，更有机会免费获赠大会门票。

加入异步

扫描任意二维码都能找到我们：

异步社区	微信服务号	微信订阅号	官方微博	QQ群：368449889

社区网址：www.epubit.com.cn

投稿 & 咨询：contact@epubit.com.cn